Springer-Lehrbuch

T0220078

Springer
Berlin
Heidelberg
New York
Hongkong
London
Mailand
Paris
Tokio

Konrad Königsberger

Analysis 2

Fünfte, korrigierte Auflage
Mit 150 Abbildungen

 Springer

Prof. Dr. Konrad Königsberger
Technische Universität
Zentrum Mathematik
Boltzmannstraße 3
85747 Garching bei München, Deutschland
e-mail: kk@mathematik.tu-muenchen.de

Mathematics Subject Classification (2000): 26, 26A

Die Deutsche Bibliothek – CIP-Einheitsaufnahme

Bibliografische Information Der Deutschen Bibliothek
Die Deutsche Bibliothek verzeichnet diese Publikation in der Deutschen Nationalbibliografie;
detaillierte bibliografische Daten sind im Internet über <http://dnb.ddb.de> abrufbar.

ISBN 3-540-20389-3 Springer-Verlag Berlin Heidelberg New York

ISBN 3-540-43580-8 4. Aufl. Springer-Verlag Berlin Heidelberg New York

Springer-Verlag ist ein Unternehmen von Springer Science+Business Media GmbH

springer.de

Satz: Vom Autor gelieferte Postscript-files.
Einbandgestaltung: *design & production* GmbH, Heidelberg
Druck- und Bindearbeiten: Strauss Offsetdruck, Mörlenbach

Gedruckt auf säurefreiem Papier   44/3142ck - 5 4 3 2 1 0

Vorwort zur fünften Auflage

In der neuen Auflage habe ich an einigen Stellen die Ausführungen präziser gestaltet und die bekannt gewordenen Druckfehler korrigiert. Für Hinweise und vielfältige Hilfe bin ich meinem Mitarbeiter Dipl.-Mathematiker Frank Hofmaier zu großem Dank verpflichtet.

Garching bei München, Dezember 2003   Konrad Königsberger

Vorwort zur vierten Auflage

Für die neue Auflage habe ich den gesamten Text noch einmal sorgfältig durchgesehen und dabei die Kapitel zur Funktionentheorie und zum Integralsatz von Stokes auch etwas umgestaltet und erweitert.

Die Arbeit am Computer hat Herr Dipl.-Mathematiker Frank Hofmaier mit großer Sachkenntnis und Zuverlässigkeit besorgt. Dafür bin ich ihm sehr zu Dank verpflichtet.

München, Juni 2002   Konrad Königsberger

Vorwort zur dritten Auflage

In der dritten Auflage hat der Text keine einschneidenden Änderungen erfahren. Er wurde lediglich an einigen Stellen gestrafft und an anderen ergänzt; die Aufgaben wurden im Anschluß an Erprobungen mit Studierenden etwas überarbeitet.

Bei der technischen Vorbereitung der neuen Auflage hat mich mein studentischer Mitarbeiter Frank Hofmaier mit viel Engagement und Sachkenntnis unterstützt; ihm gebührt mein ganz besonderer Dank.

München, Aschermittwoch 2000   Konrad Königsberger

Vorwort zur zweiten Auflage

Für die vorliegende zweite Auflage habe ich den gesamten Text gründlich überarbeitet und erweitert. Neu hinzugekommen sind die drei Kapitel „Vektorfelder und Differentialgleichungen", „Die Fundamentalsätze der Funktionentheorie" und „Der Satz von Stokes".

Beim Thema Vektorfelder habe ich vor allem auf die qualitative Seite Wert gelegt. Die Elemente der Funktionentheorie wurden unmittelbar im Anschluß an das Kapitel über Pfaffsche Formen und Kurvenintegrale dargestellt, wobei die Cauchy-Theorie sogleich ihre Homotopieversion gewinnt. Das Kapitel über Differentialformen und den Satz von Stokes ist als Einstieg in die Theorie der differenzierbaren Mannigfaltigkeiten konzipiert.

Die neue Auflage hätte ohne die Hilfe meiner Mitarbeiter Dr. Thomas Honold und Diplom-Mathematiker Johannes Küster nicht die vorliegende Gestalt gewonnen. Herr Honold hat den Text mit großer Sorgfalt gelesen und wesentlich zu dessen Verbesserung beigetragen; Herr Küster hat die äußere Gestaltung des Textes meisterhaft ausgeführt sowie sämtliche Abbildungen mit feinem Gespür neu erstellt; dabei waren nicht wenige Programmieraufgaben und technische Probleme zu lösen. Beiden Herren bin ich zu großem Dank verpflichtet. Schließlich danke ich herzlich meiner Frau, die stets für die nötige Arbeitsruhe gesorgt hat.

München, im August 1997   Konrad Königsberger

Vorwort zur ersten Auflage

Der vorliegende Band stellt den zweiten Teil eines Analysiskurses für Studenten der Mathematik, Physik und Informatik dar und ist der mehrdimensionalen Differential- und Integralrechnung gewidmet.

Die Differentialrechnung wird, aufbauend auf dem Konzept der linearen Approximation, zunächst für Funktionen auf Gebieten in einem $\mathbb{R}^n$ und dann koordinatenfrei für Abbildungen auf Gebieten in einem endlichdimensionalen normierten Raum entwickelt.

In der Integralrechnung bringen wir das Lebesgue-Integral, da nur dieses eine leistungsfähige Theorie zur Vertauschung von Integration und Grenzwertprozessen ermöglicht. Die vorliegende Einführung scheint in der Lehrbuchliteratur neu zu sein. Das für Treppenfunktionen elementar erklärte Integral wird fortgesetzt auf die Klasse derjenigen Funktionen, die sich beliebig genau durch Treppenfunktionen approximieren lassen, wobei als Approximationsmaß die L^1-Halbnorm dient, die wir ohne Zuhilfenahme des Integrals für alle Funktionen auf dem $\mathbb{R}^n$ definieren. Als Anwendungen der Integralrechnung im $\mathbb{R}^n$ behandeln wir die Approximation von Funktionen durch Faltung mit Dirac-Folgen, den Umkehrsatz der Fourier-Transformation sowie quadratintegrierbare Funktionen. Bei der Integration über Untermannigfaltigkeiten und allgemeiner über $\mathscr{C}^1$-Flächen im $\mathbb{R}^n$ legen wir Wert darauf, Singularitäten in hinreichender Allgemeinheit miteinzubeziehen. Als Singularitätenmengen lassen wir Hausdorff-Nullmengen einer geeigneten Dimension zu. Dadurch wird es dann auch möglich, den Gaußschen Integralsatz in einer Allgemeinheit aufzustellen, wie sie die Theorie der partiellen Differentialgleichungen erfordert. Im abschließenden Kapitel studieren wir Kurvenintegrale und gehen dabei auch auf das Zusammenspiel von Analysis und globalen geometrischen Strukturen ein.

All jenen, die mich mit Rat und Tat unterstützten, möchte ich an dieser Stelle meinen Dank aussprechen. Herr Dr. G. Fritz und Frau Dr. M. Rösler haben große Teile des Textes gründlich durchgesehen und zahlreiche Verbesserungen angeregt. Herr Dipl.-Math. Th. Honold hat mit Engagement und größter Sorgfalt die letzte Korrektur gelesen. Frau Dipl.-Math. B. Eggert fertigte mit Präzision und Ausdauer die Abbildungen an. Die umfangreiche Arbeit der Erstellung von TeX-Makros sowie der Erfassung und Gestaltung des Textes führte Herr cand. math. J. Küster mit großer Sachkenntnis aus. Ein herzlicher Dank gilt auch meiner Frau, die mit Geduld und Verständnis die Arbeit an diesem Buch begleitet hat. Dem Verlag schließlich danke ich für manche Ermunterung und die vertrauensvolle Zusammenarbeit.

München, im Juli 1993 Konrad Königsberger

Inhaltsverzeichnis

1 Elemente der Topologie

Begriffe wie „Konvergenz", „Stetigkeit", „Abgeschlossenheit" treten in der Analysis in verschiedenen Zusammenhängen auf und können jeweils auf einen Umgebungsbegriff bezogen werden. Die mengentheoretische Topologie klärt solche Begriffe und untersucht die damit gegebenen Strukturen in einem einheitlichen Rahmen. Wesentliche Beiträge dazu stammen von Cantor, Fréchet und Hausdorff.

1.1 Topologie des euklidischen Raumes $\mathbb{R}^n$

Der für Folgen in $\mathbb{R}$ oder $\mathbb{C}$ eingeführte Konvergenzbegriff beruht auf dem mit dem Absolutbetrag gegebenen Abstand. Im $\mathbb{R}^n$ erzeugt die euklidische Norm einen analogen Abstandsbegriff. Die euklidische Norm ist für einen Vektor $x = (x_1, \ldots, x_n) \in \mathbb{R}^n$ durch

$$\|x\| := \sqrt{x_1^2 + \cdots + x_n^2}$$

erklärt und erfüllt folgende Regeln:

1. $\|x\| > 0$ für $x \neq 0$,
2. $\|\alpha x\| = |\alpha| \cdot \|x\|$ für $\alpha \in \mathbb{R}$,
3. $\|x + y\| \leq \|x\| + \|y\|$ *(Dreiecksungleichung)*.

Die Regel 3 zeigt man mit Hilfe der Cauchy-Schwarzschen Ungleichung; siehe Band 1, 9.8.

Der euklidische Abstand zweier Punkte $a, b \in \mathbb{R}^n$ ist dann die Zahl

$$d(a, b) := \|a - b\|.$$

Der Raum $\mathbb{R}^n$ zusammen mit der euklidischen Norm und der euklidischen Metrik heißt *euklidischer* $\mathbb{R}^n$.

Wir verallgemeinern sogleich eine Bezeichnung aus Band 1: Unter der *offenen Kugel mit Mittelpunkt a und Radius $r > 0$* versteht man die Menge

$$K_r(a) := \left\{ x \in \mathbb{R}^n \mid \|x - a\| < r \right\}.$$

Konvergenz. Eine Folge (x_k) von Punkten im $\mathbb{R}^n$ heißt *konvergent*, wenn es einen Punkt $a \in \mathbb{R}^n$ gibt so, daß gilt:

$$(1) \qquad\qquad \|x_k - a\| \to 0 \qquad \text{für } k \to \infty.$$

In diesem Fall heißt a *Grenzwert* von (x_k), und man schreibt $\lim\limits_{k\to\infty} x_k = a$ oder $x_k \to a$ für $k \to \infty$.

Geometrisch bedeutet die Forderung (1), daß jede Kugel $K_\varepsilon(a)$ fast alle Folgenglieder enthält.

Lemma: *Eine Folge von Punkten $x_k = (x_{k1}, \ldots, x_{kn})$ des euklidischen $\mathbb{R}^n$ konvergiert genau dann gegen $a = (a_1, \ldots, a_n)$, wenn für $\nu = 1, \ldots, n$ $x_{k\nu} \to a_\nu$ gilt.*

Konvergenz bedeutet also komponentenweise Konvergenz.

Beweis: Die Behauptung folgt aus den n Abschätzungen

$$|x_{k\nu} - a_\nu| \leq \|x_k - a\| \leq |x_{k1} - a_1| + \cdots + |x_{kn} - a_n|. \qquad\qquad \square$$

Das Lemma führt die Konvergenztheorie der Folgen im euklidischen $\mathbb{R}^n$ auf den Fall $n = 1$ zurück. Neben Rechenregeln kann damit der wichtige Satz von Bolzano-Weierstraß übertragen werden. Man definiert:

(i) Eine Folge (x_k) heißt *beschränkt*, wenn alle ihre Glieder in einer Kugel $K_r(0)$ mit geeignetem Radius r liegen.

(ii) Eine Folge (x_k) heißt *Cauchyfolge*, wenn es zu jedem $\varepsilon > 0$ einen Index $N(\varepsilon)$ gibt so, daß $\|x_k - x_l\| < \varepsilon$ für alle $k, l > N(\varepsilon)$.

Satz (Bolzano-Weierstraß): *Im euklidischen $\mathbb{R}^n$ gilt:*

(i) *Jede beschränkte Folge besitzt eine konvergente Teilfolge.*

(ii) *Jede Cauchyfolge konvergiert.*

Beweis: (i) zeigt man durch vollständige Induktion nach n. Für Folgen in $\mathbb{R}$ und in $\mathbb{C}$ wurde der Satz in Band 1, 5.5 gezeigt. Der Induktionsschritt von $\mathbb{R}^{n-1}$ auf $\mathbb{R}^n$ wird wie die Ausdehnung des Satzes von $\mathbb{R}$ auf $\mathbb{C}$ durchgeführt, siehe loc. cit.

(ii) Ist (x_k) mit $x_k = (x_{k1}, \ldots, x_{kn})$ eine Cauchyfolge, so sind die n Komponentenfolgen $(x_{k\nu})$, $\nu = 1, \ldots, n$, wegen $|x_{k\nu} - x_{l\nu}| \leq \|x_k - x_l\|$ Cauchyfolgen in $\mathbb{R}$. Sind $a_1, \ldots, a_n$ deren Grenzwerte, so konvergiert (x_k) gegen $a := (a_1, \ldots, a_n)$. $\qquad\qquad \square$

Umgebungen. Eine Menge $U \subset \mathbb{R}^n$ heißt *Umgebung* von $a \in \mathbb{R}^n$, wenn sie eine Kugel $K_\varepsilon(a)$, $\varepsilon > 0$, mit Mittelpunkt a enthält. $K_\varepsilon(a)$ heißt auch ε-*Umgebung von a*.

Beispiel: Die Kugel $K_r(b)$ ist Umgebung jedes Punktes $a \in K_r(b)$. Denn für jede positive Zahl $\varepsilon < r - \|b - a\|$ liegt $K_\varepsilon(a)$ in $K_r(b)$.

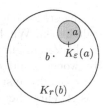

Elementare Regeln:

1. Der Durchschnitt zweier Umgebungen von a ist eine Umgebung von a.
2. Jede Obermenge einer Umgebung von a ist eine Umgebung von a.
3. Je zwei verschiedene Punkte a, b besitzen punktfremde Umgebungen; z. B. die Kugelumgebungen $K_\varepsilon(a)$ und $K_\varepsilon(b)$ mit $\varepsilon := \frac{1}{3}\|b - a\|$. *(Hausdorffsche Trennungseigenschaft)*

Offene Mengen. Eine Menge $U \subset \mathbb{R}^n$ heißt *offen*, wenn sie Umgebung eines jeden Punktes $a \in U$ ist; ausführlicher: Wenn es zu jedem Punkt $a \in U$ eine Kugel $K_\varepsilon(a)$ gibt, die in U enthalten ist. Die leere Menge ist nach dieser Definition offen.

Beispiel: Die offene Kugel $K_r(b)$ ist offen im Sinn dieser Definition. Insbesondere sind die Kugelumgebungen offene Umgebungen.

Elementare Regeln:

(O1) *Der Durchschnitt endlich vieler offener Mengen ist offen.*

(O2) *Die Vereinigung beliebig vieler offener Mengen ist offen.*

Abgeschlossene Mengen. Eine Menge $A \subset \mathbb{R}^n$ heißt *abgeschlossen*, wenn ihr Komplement $A^{\mathsf{C}} := \mathbb{R}^n \setminus A$ offen ist.

Beispiele:

1. Die sogenannte *abgeschlossene Kugel*

$$\overline{K}_r(b) := \left\{ x \in \mathbb{R}^n \mid \|x - b\| \le r \right\}$$

ist abgeschlossen im Sinn der Definition. Ist nämlich a ein Punkt außerhalb von $\overline{K}_r(b)$, so liegt auch jede Kugel $K_\varepsilon(a)$ mit $\varepsilon < \|b - a\| - r$ außerhalb.

2. Der $\mathbb{R}^n$ und die leere Menge sind offen und abgeschlossen zugleich.

3. Die Menge $\{1/n \mid n \in \mathbb{N}\} \subset \mathbb{R}$ ist weder offen noch abgeschlossen.

Obigen Regeln für offene Mengen entsprechen jetzt:

(A1) *Die Vereinigung zweier abgeschlossener Mengen ist abgeschlossen.*

(A2) *Der Durchschnitt beliebig vieler abgeschlossener Mengen ist abgeschlossen.*

Abgeschlossene Mengen (und auch offene) können eine komplizierte Gestalt haben. Wir betrachten ein Beispiel aus der fraktalen Geometrie. Sei A_0 die Vereinigung der abgeschlossenen Quadrate $[k; k+1] \times [j; j+1]$ im $\mathbb{R}^2$, wobei k und j ganze Zahlen sind derart, daß $k - j$ durch 2 teilbar ist; diese Quadrate sind wie die schwarzen Felder eines Schachbretts verteilt. Aus A_0 entstehen durch Ähnlichkeitsabbildungen die weiteren Mengen

$$A_n := \left(\frac{1}{3}\right)^n \cdot A_0 = \left\{ \left(\frac{1}{3}\right)^n a \;\middle|\; a \in A_0 \right\}, \quad n \in \mathbb{N}.$$

Die Komplemente $\mathbb{R}^2 \setminus A_n$ sind als Vereinigungen offener Quadrate offen. Alle A_n sind also abgeschlossen; folglich ist es auch ihr Durchschnitt

$$A = \bigcap_{n=0}^{\infty} A_n.$$

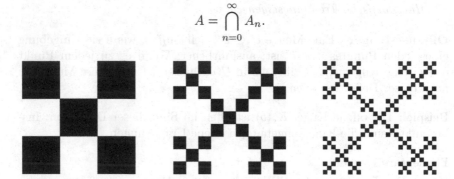

Ausschnitte aus A_0, $A_0 \cap A_1$ und $A_0 \cap A_1 \cap A_2$

Der Schnitt von A mit dem abgeschlossenen Quadrat $Q = [0; 1] \times [0; 1]$ kann als ein 2-dimensionales Analogon des Cantorschen Diskontinuums angesehen werden; vgl. Band 1, 7.5.

Ein wichtiges Charakteristikum der abgeschlossenen Mengen ist ihre „Abgeschlossenheit" bei der Bildung von Grenzwerten.

Satz: *Eine Menge $A \subset \mathbb{R}^n$ ist genau dann abgeschlossen, wenn der Grenzwert jeder in $\mathbb{R}^n$ konvergenten Folge (a_k) mit $a_k \in A$ für alle k ebenfalls in A liegt.*

Beweis: Sei A abgeschlossen. Läge der Grenzwert a einer konvergenten Folge (a_k) mit $a_k \in A$ für alle k in $U := \mathbb{R}^n \setminus A$, so enthielte die offene Menge U als Umgebung von a fast alle a_k. Widerspruch!

Es habe nun A die angegebene Eigenschaft für Folgen. Angenommen, A ist nicht abgeschlossen, d. h. $U := \mathbb{R}^n \setminus A$ nicht offen. Dann gibt es einen Punkt $a \in U$ derart, daß keine Kugel um a in U liegt. Insbesondere enthält jede Kugel $K_{1/k}(a)$, $k = 1, 2, \ldots$, einen Punkt a_k mit $a_k \notin U$. Die Folge (a_k) liegt in A und konvergiert wegen $\|a_k - a\| < 1/k$; ihr Grenzwert a jedoch gehört nicht zu A. Widerspruch! □

Randpunkte. $x \in \mathbb{R}^n$ heißt *Randpunkt der Menge* $M \subset \mathbb{R}^n$, wenn jede Umgebung von x Punkte sowohl aus M als auch aus dem Komplement M^C enthält. Die Menge aller Randpunkte von M bezeichnen wir mit ∂M. Aus Symmetriegründen gilt $\partial(M^C) = \partial M$.

Beispiele: Der Rand der Kugel $K_r(a)$ ist die Sphäre $\{x \mid \|x - a\| = r\}$. Der Rand von $\mathbb{Q}$ in $\mathbb{R}$ ist ganz $\mathbb{R}$.

Lemma: *Für jede Menge* $M \subset \mathbb{R}^n$ *gilt:*

a) $M \setminus \partial M$ *ist offen. Jede offene Menge* U *mit* $U \subset M$ *liegt in* $M \setminus \partial M$.

b) $M \cup \partial M$ *ist abgeschlossen. Jede abgeschlossene Menge* A *mit* $A \supset M$ *umfaßt* $M \cup \partial M$.

c) ∂M *ist abgeschlossen.*

Beweis: a) Jeder Punkt $a \in M \setminus \partial M$ hat eine offene Umgebung V mit $V \subset M$; sonst wäre a ein Randpunkt. V enthält keinen Punkt x aus ∂M; sonst enthielte V als Umgebung von x auch Punkte aus M^C, im Widerspruch zur Wahl von V. Also gilt $a \in V \subset M \setminus \partial M$. Mithin ist $M \setminus \partial M$ offen.

Die weitere Behauptung $U \subset M \setminus \partial M$ beweist man wie soeben die Behauptung $V \subset M \setminus \partial M$.

b) folgt mittels Komplementbildung aus a). $M^C \setminus \partial(M^C)$ ist offen, also

$$(*) \qquad \left(M^C \setminus \partial(M^C)\right)^C = M \cup \partial(M^C) = M \cup \partial M$$

abgeschlossen. Weiter ist $A^C \subset M^C$ offen. Nach der zweiten Aussage in a) gilt also $A^C \subset M^C \setminus \partial(M^C)$ und daraus folgt mit $(*)$ $M \cup \partial M \subset A$.

c) folgt aus b) wegen $\partial M = (M \cup \partial M) \cap \left(M^C \cup \partial(M^C)\right)$. $\square$

Das Lemma ergibt sofort eine Charakterisierung der offenen und der abgeschlossenen Mengen anhand ihrer Randpunkte:

Satz: *Eine Menge* $U \subset \mathbb{R}^n$ *ist genau dann offen, wenn sie keinen ihrer Randpunkte enthält. Eine Menge* $A \subset \mathbb{R}^n$ *ist genau dann abgeschlossen, wenn sie alle ihre Randpunkte enthält.*

Bezeichnungen: Für beliebiges $M \subset \mathbb{R}^n$ heißen
$M° := M \setminus \partial M$ der *offene Kern* oder auch das *Innere* von M,
$\overline{M} := M \cup \partial M$ die *abgeschlossene Hülle* von M.

Nach dem Satz ist $M°$ die größte offene Menge, die in M liegt, und $\overline{M}$ die kleinste abgeschlossene Menge, die M umfaßt.

Häufungspunkte. $x \in \mathbb{R}^n$ heißt *Häufungspunkt der Menge* $M \subset \mathbb{R}^n$, wenn jede Umgebung von x mindestens einen von x verschiedenen Punkt aus M enthält. Induktiv kann man dann unter Verwendung der Hausdorffschen Trennungseigenschaft sogar eine Folge paarweise verschiedener Punkte $x_k \in M$ mit $\|x - x_k\| < 1/k$, $k \in \mathbb{N}$, konstruieren. Die Menge aller Häufungspunkte von M bezeichnen wir mit $\mathscr{H}(M)$.

Lemma: *Für jede Menge $M \subset \mathbb{R}^n$ gilt $M \cup \mathscr{H}(M) = M \cup \partial M = \overline{M}$.*

Beweis: Ein Häufungspunkt x von M, der nicht in M liegt, ist ein Randpunkt, da jede Umgebung von x einen Punkt aus M sowie den nicht in M liegenden Punkt x enthält. Umgekehrt ist ein Randpunkt x von M, der nicht in M liegt, ein Häufungspunkt.   □

Das Lemma und der vorangehende Satz implizieren eine weitere Charakterisierung der abgeschlossenen Mengen:

Satz: *Eine Menge $A \subset \mathbb{R}^n$ ist genau dann abgeschlossen, wenn sie alle ihre Häufungspunkte enthält.*

1.2 Topologie metrischer Räume

Neben dem $\mathbb{R}^n$ treten in der Analysis viele weitere Räume mit einer Umgebungsstruktur auf. Wichtige Kategorien bilden die normierten und allgemeiner die metrischen Räume. Die Letzteren spielten eine Vorreiterrolle bei der Ausformung des Begriffs des topologischen Raumes.

I. Normierte Räume. Metrische Räume

Definition (Normierter Raum): Sei $\mathbb{K} = \mathbb{R}$ oder $\mathbb{C}$. Eine *Norm* auf einem $\mathbb{K}$-Vektorraum V ist eine Funktion $\| \ \| : V \to \mathbb{R}$ so, daß für alle $x, y \in V$ und $\alpha \in \mathbb{K}$ gilt:

(N1) $\|0\| = 0$ und $\|x\| > 0$ für $x \neq 0$,

(N2) $\|\alpha x\| = |\alpha| \cdot \|x\|$,

(N3) $\|x + y\| \leq \|x\| + \|y\|$ *(Dreiecksungleichung)*.

Das Paar $(V, \| \ \|)$ heißt *normierter Raum*. Wenn klar ist, welche Norm auf V verwendet wird, schreiben wir für $(V, \| \ \|)$ nur V.

Beispiele normierter Räume:

1. *Der Raum $\mathbb{K}^n$ mit der für $p \geq 1$ definierten p-Norm* (siehe Band 1, 9.8)

$$\|x\|_p := \left(\sum_{\nu=1}^{n} |x_\nu|^p \right)^{1/p}.$$

Die Norm $\| \ \|_2$ heißt auch im Fall $\mathbb{K} = \mathbb{C}$ *euklidische Norm*.

Eine weitere, oft verwendete Norm auf $\mathbb{K}^n$ ist die *Maximumsnorm*

$$\|x\|_\infty := \max\{|x_1|, \ldots, |x_n|\}.$$

(N1) und (N2) gelten offensichtlich; (N3) folgt aus

$$|x_\nu + y_\nu| \leq |x_\nu| + |y_\nu| \leq \|x\|_\infty + \|y\|_\infty.$$

Man zeigt leicht, daß $\|x\|_\infty = \lim_{p \to \infty} \|x\|_p$.

Im Folgenden fassen wir den Vektorraum $\mathbb{K}^{n \times m}$ der $n \times m$-Matrizen mit Elementen in $\mathbb{K}$ stets auch als den $n \cdot m$-dimensionalen Raum $\mathbb{K}^{n \cdot m}$ auf. Die Normen auf $\mathbb{K}^{n \cdot m}$ stellen dann auch Normen auf $\mathbb{K}^{n \times m}$ dar. Zum Beispiel hat eine Matrix $A = (a_{ij})$ die Maximumsnorm $\|A\|_\infty = \max_{i,j} |a_{ij}|$.

2. *Der Raum $\mathscr{C}[a;b]$ der stetigen Funktionen auf einem Intervall $[a;b]$ mit einer L^p-Norm oder der Supremumsnorm:*

$$\|f\|_p := \left(\int_a^b |f(x)|^p \, dx\right)^{1/p} \qquad (L^p\text{-}Norm),$$

$$\|f\|_{[a;b]} := \sup\{|f(x)| \mid x \in [a;b]\} \qquad (Supremumsnorm).$$

Die L^2-Norm spielt in der Theorie der Fourierreihen eine wichtige Rolle, siehe Band 1, 16.7, die Supremumsnorm für die gleichmäßige Konvergenz, siehe Band 1, 15.

3. *Vektorräume mit Skalarprodukt $\langle \ , \ \rangle$.* Durch $\|x\| := \sqrt{\langle x, x \rangle}$ wird in solchen eine Norm definiert. Die Dreiecksungleichung folgt aus der Cauchy-Schwarzschen Ungleichung. Der euklidische $\mathbb{R}^n$ und $\mathscr{C}[a;b]$ mit der L^2-Norm gehören in diese Kategorie.

In einem normierten Raum definiert man die Begriffe „Konvergenz", „Umgebung", „offene Menge", „abgeschlossene Menge", „Häufungspunkt" wie im euklidischen $\mathbb{R}^n$. Dabei wird nur der abgeleitete, durch $d(x,y) := \|x - y\|$ erklärte Begriff des Abstandes gebraucht. Wir betrachten daher sogleich Räume, in denen lediglich ein Abstandsbegriff gegeben ist.

Definition (Metrischer Raum): Sei X irgendeine Menge. Eine *Metrik* auf X ist eine Funktion d, die je zwei Punkten $x, y \in X$ eine reelle Zahl $d(x,y)$ zuordnet so, daß gilt:

(M1) $d(x,x) = 0$ und $d(x,y) > 0$ für $x \neq y$,

(M2) $d(x,y) = d(y,x)$,

(M3) $d(x,y) \leq d(x,z) + d(z,y)$ (*Dreiecksungleichung*).

Das Paar (X, d) heißt *metrischer Raum*; oft schreiben wir dafür nur X. Die Zahl $d(x,y)$ heißt *Abstand* der Punkte x und y.

Beispiele metrischer Räume:

1. Die normierten Räume $(V, \| \ \|)$ mit $d(x,y) := \|x - y\|$.

2. Jede nicht leere Menge X zusammen mit $d(x,y) := \begin{cases} 0, & \text{falls } x = y, \\ 1, & \text{falls } x \neq y. \end{cases}$

II. Die Topologie eines metrischen Raumes

Um für einen metrischen Raum (X, d) eine Topologie zu definieren, ahmt man die Begriffsbildungen für den euklidischen $\mathbb{R}^n$ soweit als möglich nach. Zunächst definiert man als *offene Kugel mit Mittelpunkt $a \in X$ und Radius $r > 0$* die Menge

$$K_r(a) := \big\{ x \in X \mid d(x,a) < r \big\}.$$

Die geometrische Gestalt einer Kugel in einem normierten $\mathbb{R}^n$ etwa hängt natürlich von der Norm ab. Die nebenstehende Abbildung zeigt die Einheitskreise $K_1(0) = \big\{ x \mid \|x\|_p < 1 \big\}$ im $\mathbb{R}^2$ bezüglich der p-Normen für $p = 1, 2$ und ∞.

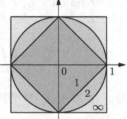

Wir definieren weiter Umgebungen, offene und abgeschlossene Mengen, sowie die Konvergenz von Folgen.

Definition: Eine Menge $U \subset X$ heißt *Umgebung* von a, wenn es eine Kugel $K_\varepsilon(a)$ mit $K_\varepsilon(a) \subset U$ gibt. $K_\varepsilon(a)$ heißt wieder *ε-Umgebung* oder *Kugelumgebung* von a. Das hiermit in (X, d) eingeführte System von Umgebungen erfüllt dieselben elementaren Regeln wie jenes im euklidischen $\mathbb{R}^n$; es hat insbesondere die Hausdorffsche Trennungseigenschaft.

Definition: Eine Menge $U \subset X$ heißt *offen*, wenn sie Umgebung eines jeden ihrer Punkte ist, d. h., wenn es zu jedem $u \in U$ eine Kugel $K_\varepsilon(u)$ gibt, welche in U enthalten ist. Die leere Menge wird als offen erklärt. Die Gesamtheit der offenen Teilmengen des metrischen Raumes (X, d) heißt *die von d erzeugte Topologie auf X* und wird mit $\mathscr{O}(d)$ bezeichnet. Ferner heißt eine Menge $A \subset X$ *abgeschlossen*, wenn ihr Komplement $X \setminus A$ offen ist. Wie im euklidischen $\mathbb{R}^n$ gelten folgende Regeln:

(O1)   *Der Durchschnitt endlich vieler offener Mengen ist offen.*

(O2)   *Die Vereinigung beliebig vieler offener Mengen ist offen.*

(A1)   *Die Vereinigung endlich vieler abgeschlossener Mengen ist abgeschlossen.*

(A2)   *Der Durchschnitt beliebig vieler abgeschlossener Mengen ist abgeschlossen.*

Definition: Eine Folge (x_k) in X heißt *konvergent*, wenn es einen Punkt $a \in X$ gibt derart, daß $d(x_k, a) \to 0$ für $k \to \infty$ gilt. Gegebenenfalls heißt a Grenzwert und man schreibt dafür $\lim\limits_{k \to \infty} x_k = a$ oder $x_k \to a$.

Eine Folge besitzt höchstens einen Grenzwert. Für Grenzwerte a' und a'' gilt nämlich $d(a', a'') = 0$ wegen $d(a', a'') \leq d(a', x_k) + d(x_k, a'')$ für alle k.

Die Charakterisierung abgeschlossener Mengen im euklidischen $\mathbb{R}^n$ mittels Folgen gilt samt Beweis auch in metrischen Räumen:

Satz: *Eine Menge $A \subset X$ ist genau dann abgeschlossen, wenn der Grenzwert jeder in X konvergenten Folge (a_k) mit $a_k \in A$ ebenfalls in A liegt.*

Für einen metrischen Raum X definiert man weiter: $x \in X$ heißt *Häufungspunkt* der Menge $M \subset X$, wenn jede Umgebung von x mindestens einen von x verschiedenen Punkt von M enthält. $x \in X$ heißt *innerer Punkt* von M, wenn es eine Umgebung U von x mit $U \subset M$ gibt.

Wir besprechen noch zwei oft gebrauchte Konstruktionen metrischer Räume und die durch sie erzeugten Topologien. Die erste betrifft Teilmengen, die zweite direkte Produkte.

Teilraumtopologie. Es sei (X, d) ein metrischer Raum und $X_0 \subset X$ eine Teilmenge. Diese wird zu einem metrischen Raum, indem man für Punkte $x, y \in X_0$ als Abstand die Zahl $d(x, y)$ festsetzt. Die Einschränkung $d_0 := d \,|\, X_0 \times X_0$ heißt *induzierte Metrik* oder *Spurmetrik* auf X_0. Eine Kugel in X_0 bezüglich der Spurmetrik ist der Durchschnitt einer Kugel in X mit X_0. Damit folgt, daß eine Menge $U_0 \subset X_0$ bezüglich der Spurmetrik offen ist genau dann, wenn es eine offene Menge U in X mit $U_0 = U \cap X_0$ gibt. Die von d_0 auf X_0 erzeugte Topologie $\mathcal{O}(d_0) = \{U \cap X_0 \mid U \in \mathcal{O}(d)\}$ heißt *Spur-* oder *Teilraumtopologie*. Besonders wichtig ist für uns der Fall, daß X_0 eine Teilmenge eines normierten $\mathbb{K}^n$ ist.

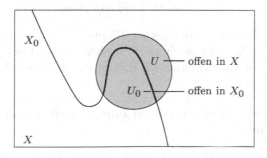

Definition der Spurtopologie: $U_0 = U \cap X_0$ ist offen in X_0

Statt *offen (abgeschlossen, Umgebung) bezüglich der Spurtopologie* sagen
wir auch kurz *offen (abgeschlossen, Umgebung) in* X_0 oder X_0-*offen* (X_0-
abgeschlossen, X_0-*Umgebung*). Man beachte, daß eine X_0-offene Menge
nicht offen in X sein muß. Für $X = \mathbb{R}$ und $X_0 = \mathbb{Q}$ etwa ist $(0;1) \cap \mathbb{Q}$
zwar $\mathbb{Q}$-offen, aber nicht $\mathbb{R}$-offen. *Ist* X_0 *jedoch eine offene Teilmenge von*
X, *so sind die* X_0-*offenen Mengen genau die in* X_0 *enthaltenen offenen*
Teilmengen von X. Diese Feststellung bleibt richtig, wenn an jeder Stelle
„offen" durch „abgeschlossen" ersetzt wird.

Produkttopologie. Es seien (X, d_X) und (Y, d_Y) metrische Räume. Auf
$X \times Y$ wird dann durch

$$d\big((x_1, y_1),\, (x_2, y_2)\big) := \max\big(d_X(x_1, x_2),\, d_Y(y_1, y_2)\big)$$

eine Metrik, die sogenannte *Produktmetrik*, definiert (Beweis als Übung).
Die Kugel $K_r(a, b) \subset X \times Y$ bezüglich der Produktmetrik ist gerade das
direkte Produkt $K_r(a) \times K_r(b)$ der Kugeln $K_r(a) \subset X$ und $K_r(b) \subset Y$.
Die von der Produktmetrik erzeugte Topologie auf $X \times Y$ heißt *Produkt-*
topologie. Eine Menge $W \subset X \times Y$ ist genau dann offen, wenn es zu jedem
Punkt $(x, y) \in W$ Umgebungen U von x in X und V von y in Y gibt so,
daß $U \times V \subset W$. Man beachte, daß die Produkte $U \times V$ offener Mengen
$U \subset X$ und $V \subset Y$ nicht die einzigen offenen Mengen in $X \times Y$ sind.

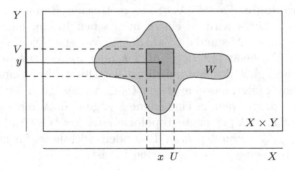

Definition der Produkttopologie

Vereinbarung: Teilmengen metrischer Räume sehen wir im Folgenden als
Teilräume mit der Spurtopologie an, falls nicht ausdrücklich etwas anderes
festgelegt wird; analog Produkte als Räume mit der Produkttopologie.

III. Äquivalenz der Normen auf einem endlich-dimensionalen Vektorraum

Verschiedene Metriken erzeugen unter Umständen dieselbe Topologie. Sind
d und d^* Metriken auf X und enthält jede d-Kugel eine d^*-Kugel mit

demselben Mittelpunkt, so ist jede d-offene Menge auch d^*-offen, und es gilt $\mathcal{O}(d) \subset \mathcal{O}(d^*)$. Enthält überdies auch jede d^*-Kugel eine d-Kugel mit demselben Mittelpunkt, so gilt $\mathcal{O}(d) = \mathcal{O}(d^*)$. Metriken d und d^* mit $\mathcal{O}(d) = \mathcal{O}(d^*)$ heißen *äquivalent*. Zum Beispiel ist $d^* := \dfrac{d}{1+d}$ eine zu d äquivalente Metrik; in dieser haben je zwei Punkte einen Abstand < 1.

Für äquivalente Metriken d und d^* gilt: *Eine Folge in X konvergiert bezüglich d genau dann, wenn sie bezüglich d^* konvergiert.*

Zwei Normen $\| \ \|$ und $\| \ \|^*$ auf einem Vektorraum heißen *äquivalent*, wenn sie äquivalente Metriken, d. h. dieselbe Topologie, erzeugen.

Lemma: *Zwei Normen $\| \ \|$ und $\| \ \|^*$ auf einem $\mathbb{K}$-Vektorraum V sind genau dann äquivalent, wenn es positive Zahlen c und C gibt so, daß*

$$(2) \qquad c\,\|x\| \leq \|x\|^* \leq C\,\|x\| \qquad \text{für alle } x \in V.$$

Beweis: $\| \ \|$ und $\| \ \|^*$ seien äquivalent. Die Kugeln bezüglich $\| \ \|$ und $\| \ \|^*$ bezeichnen wir mit K bzw. K^*. Mit einem geeigneten $r > 0$ gilt dann $K_r^*(0) \subset K_1(0)$. Für $x \neq 0$ folgt $rx/2\,\|x\|^* \in K_r^*(0) \subset K_1(0)$; für jedes x gilt also $c\,\|x\| \leq \|x\|^*$ mit $c := r/2$. Aus Symmetriegründen besteht eine analoge Abschätzung $\|x\|^* \leq C\,\|x\|$. Damit ist (2) gezeigt. Umgekehrt folgt aus (2) sofort $K_{cr}^*(a) \subset K_r(a) \subset K_{Cr}^*(a)$. $\qquad \square$

Beispiel: Die euklidische Norm und die Maximumsnorm auf $\mathbb{R}^n$ sind äquivalent. Zwischen beiden besteht nämlich die Abschätzung

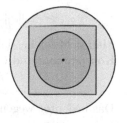

$$\|x\|_\infty \leq \|x\|_2 \leq \sqrt{n}\,\|x\|_\infty\,.$$

Jede Kugel bezüglich der euklidischen Norm enthält eine Kugel bezüglich der Maximumsnorm und umgekehrt

Satz: *Je zwei Normen auf einem endlich-dimensionalen $\mathbb{K}$-Vektorraum sind äquivalent.*

Beweis: a) Zunächst für den $\mathbb{R}^n$. Es genügt zu zeigen, daß jede Norm $\| \ \|$ zur euklidischen Norm $\| \ \|_2$ äquivalent ist.

Sei $e_1, \ldots, e_n$ die Standardbasis. Für $x = \sum_{\nu=1}^{n} x_\nu e_\nu$ gilt dann nach der Cauchy-Schwarzschen-Ungleichung

$$(*) \qquad \|x\| \leq \sum_{\nu=1}^{n} |x_\nu| \cdot \|e_\nu\| \leq C\,\|x\|_2\,,$$

wobei $C := \sqrt{\sum_{\nu=1}^{n} \|e_\nu\|^2}$. $(*)$ ist eine Abschätzung (2) rechts.

Um eine Abschätzung (2) links zu gewinnen, betrachten wir

$$c := \inf\{ \|x\| \mid x \in S \},$$

wobei $S := \{ x \in \mathbb{R}^n \mid \|x\|_2 = 1 \}$ die sog. euklidische Einheitssphäre ist.
Wir zeigen: $c > 0$. Angenommen, es sei $c = 0$. Dann gibt es in S eine
Folge (x_k) mit $\|x_k\| \to 0$. Nach dem Satz von Bolzano-Weierstraß in 1.1
hat (x_k) eine Teilfolge, die bezüglich der euklidischen Norm konvergiert.
Wir nehmen an, (x_k) sei bereits diese Teilfolge. Für den Grenzwert a folgt
$a_1^2 + \cdots + a_n^2 = \lim(x_{k1}^2 + \cdots + x_{kn}^2) = 1$; d. h., es ist $a \in S$.

Andererseits haben wir wegen $(*)$ für alle k

$$\|a\| \le \|a - x_k\| + \|x_k\| \le C \|a - x_k\|_2 + \|x_k\|.$$

Mit $k \to \infty$ folgt daraus $\|a\| = 0$, also $a = 0$, im Widerspruch zu $a \in S$.
Damit ist gezeigt, daß $c > 0$.

Für $x \ne 0$ ist $x/\|x\|_2 \in S$; also gilt $c \le \|x/\|x\|_2\|$, und damit

$$c \|x\|_2 \le \|x\|.$$

Diese Ungleichung gilt auch für $x = 0$. Zusammen mit $(*)$ zeigt sie die
Äquivalenz der beiden Normen.

b) Für einen beliebigen Vektorraum V. Seien $\| \ \|$ und $\| \ \|^*$ Normen auf
V. Mit Hilfe eines $\mathbb{R}$-Isomorphismus $\varphi\colon \mathbb{R}^n \to V$ übertragen wir diese auf
den $\mathbb{R}^n$: Für $x \in \mathbb{R}^n$ setzen wir

$$\|x\|_\varphi := \|\varphi(x)\| \quad \text{und} \quad \|x\|_\varphi^* := \|\varphi(x)\|^*.$$

Man sieht leicht, daß $\| \ \|_\varphi$ und $\| \ \|_\varphi^*$ Normen auf $\mathbb{R}^n$ sind. Nach a) gibt es
Konstanten c und C so, daß für alle $x \in \mathbb{R}^n$

$$c \|x\|_\varphi \le \|x\|_\varphi^* \le C \|x\|_\varphi.$$

Das bedeutet wegen der Surjektivität von φ für alle $y \in V$

$$c \|y\| \le \|y\|^* \le C \|y\|. \qquad \qquad \square$$

Der Satz hat eine wichtige Konsequenz. Die mit Hilfe einer Norm in einem endlich-dimensionalen Vektorraum eingeführte Topologie hängt nicht
von der Art der Norm ab. Insbesondere sind die *offenen Mengen, die Umgebungen und die konvergenten Folgen in einem beliebig normierten* $\mathbb{R}^n$
identisch mit jenen im euklidischen $\mathbb{R}^n$; *Konvergenz etwa bedeutet stets
komponentenweise Konvergenz.* Ferner darf in Erörterungen, die nur offene Mengen, Umgebungen, konvergente Folgen und daraus abgeleitete
Begriffe involvieren, mit einer Norm gearbeitet werden, die der Sachlage
angepaßt ist oder Rechnungen vereinfacht. Oft ist die Maximumsnorm eine
solche.

1.3 Stetige Abbildungen

I. Stetigkeit

Wir dehnen den Begriff der Stetigkeit einer Funktion auf einer Menge in $\mathbb{C}$ aus auf Abbildungen eines metrischen Raumes in einen anderen.

Definition: Es seien (X, d_X) und (Y, d_Y) metrische Räume. Eine Abbildung $f: X \to Y$ heißt *stetig im Punkt* $a \in X$, wenn es zu jedem $\varepsilon > 0$ ein $\delta > 0$ gibt so, daß gilt:

$$(3) \qquad d_Y\big(f(x), f(a)\big) < \varepsilon \qquad \text{für alle } x \in X \text{ mit } d_X(x, a) < \delta.$$

Die Abbildung heißt *stetig in* X, wenn sie in jedem Punkt stetig ist.

Auf Mengen $X \subset \mathbb{K}^n$ und $Y \subset \mathbb{K}^m$ sind die von Normen auf $\mathbb{K}^n$ bzw. $\mathbb{K}^m$ erzeugten Spurmetriken zu nehmen. Die Stetigkeit einer Abbildung hängt in solchen Fällen jedoch nicht von den verwendeten Normen ab, da alle Normen auf $\mathbb{K}^n$ bzw. $\mathbb{K}^m$ zueinander äquivalent sind. Ein Wechsel der Normen erfordert höchstens eine Änderung der Zahl δ.

Eine wichtige Klasse stetiger Abbildungen bilden die Lipschitz-stetigen Abbildungen. $f: X \to Y$ heißt *Lipschitz-stetig*, wenn es eine Konstante $L \geq 0$ gibt so, daß für alle $x, x' \in X$ gilt. $d_Y\big(f(x), f(x')\big) \leq L \cdot d_X(x, x')$. Mit $\delta := \varepsilon/(L + 1)$ ist dann (3) erfüllt.

Beispiele:

1. *Jede lineare Abbildung* $f: V \to W$ *eines endlich-dimensionalen normierten Raumes* $(V, \| \ \|_V)$ *in einen normierten Raum* $(W, \| \ \|_W)$ *ist Lipschitz-stetig; insbesondere ist es jede Koordinatenfunktion* $x_\nu: \mathbb{K}^n \to \mathbb{K}$, $x_\nu(a_1, \ldots, a_n) := a_\nu$.

Beweis: Sei $e_1, \ldots, e_n$ eine Basis in V und M das Maximum der Zahlen $\|f(e_1)\|_W, \ldots, \|f(e_n)\|_W$. Für $x = \sum_1^n x_\nu e_\nu$ und $a = \sum_1^n a_\nu e_\nu$ gilt dann

$$\|f(x) - f(a)\|_W \leq M \cdot \sum_{\nu=1}^n |x_\nu - a_\nu|.$$

Nun definiert $y \mapsto \sum_1^n |y_\nu|$ eine Norm auf V. Da diese wegen $\dim V < \infty$ zu $\| \ \|_V$ äquivalent ist, gibt es eine Konstante C so, daß $\sum_1^n |y_\nu| \leq C \|y\|_V$. Damit folgt

$$\|f(x) - f(a)\|_W \leq CM \cdot \|x - a\|_V. \qquad \square$$

2. *Jede Norm* $\| \ \| : V \to \mathbb{R}$ *ist Lipschitz-stetig mit der Konstanten* 1, da

$$\big| \|x\| - \|y\| \big| \leq \|x - y\|.$$

3. *Abstandsfunktionen.* Sei X ein metrischer Raum. Als *Abstand* eines Punktes $x \in X$ von einer Menge $A \subset X$, $A \neq \emptyset$, definiert man die Zahl

$$d(x, A) := \inf \big\{ d(x, a) \mid a \in A \big\}.$$

Wir zeigen: *Die Funktion* $x \mapsto d(x, A)$ *ist Lipschitz-stetig auf* X.

Beweis: Für $x, y \in X$ gilt zunächst $d(x, A) \leq d(x, y) + d(y, A)$; zusammen mit der durch Vertauschen von x und y entstehenden Ungleichung folgt $\big| d(x, A) - d(y, A) \big| \leq d(x, y)$. $\qquad\qquad\qquad\qquad\qquad$ □

Das in Band 1, 7.1 angegebene Folgenkriterium für Stetigkeit läßt sich samt Beweis sofort auf Abbildungen metrischer Räume ausdehnen; man hat nur Beträge $|x - a_k|$ durch Abstände $d(x, a_k)$ zu ersetzen.

Folgenkriterium: *Eine Abbildung* $f \colon X \to Y$ *ist genau dann stetig in* $a \in X$, *wenn sie jede Folge* (x_k) *in* X *mit* $x_k \to a$ *in eine Folge* $(f(x_k))$ *mit* $f(x_k) \to f(a)$ *abbildet.*

Mit Hilfe des Folgenkriteriums kann man leicht die Rechenregeln I und II aus Band 1, 7.2 übertragen. Da deren Beweise im wesentlichen wörtlich weitergelten, begnügen wir uns, diese Regeln zu formulieren; dabei seien X, Y, Y_1, Y_2 und Z beliebige metrische Räume, W ein normierter $\mathbb{K}$-Vektorraum.

Regel I: *Sind* $f_1, f_2 \colon X \to W$ *stetig in* a, *so ist es auch* $f_1 + f_2$. *Es sei ferner* $g \colon X \to \mathbb{K}$ *stetig in* a. *Dann ist* $f g \colon X \to W$ *stetig in* a *und im Fall* $g(a) \neq 0$ *auch* f/g.

Folgerung: *Die rationalen Funktionen sind im Definitionsbereich stetig.*

Eine Funktion auf einer offenen Menge $X \subset \mathbb{K}^n$ heißt *rational*, wenn sie als Quotient von Polynomfunktionen darstellbar ist; eine Funktion auf $\mathbb{K}^n$ heißt *Polynomfunktion*, wenn sie durch endlich viele Additionen und Multiplikationen aus den Koordinatenfunktionen $x_1, \ldots, x_n$ und den Konstanten entsteht.

Beispiel: *Die Abbildung* $p \colon \mathbb{R}^{n+1} \setminus \{0\} \to \mathbb{R}^{n+1}$ *mit* $p(x) := \dfrac{x}{\|x\|_2}$ *ist stetig.* Ihr Bild ist die (euklidische) n-*Sphäre*

$$S^n := \big\{ x \in \mathbb{R}^{n+1} \mid \|x\|_2 = 1 \big\}.$$

Regel II: *In* $X \xrightarrow{\ f\ } Y \xrightarrow{\ g\ } Z$ *sei* f *stetig in* a *und* g *stetig in* $f(a)$. *Dann ist* $g \circ f$ *stetig in* a.

Beispiel: Die Funktion $h \colon X \to \mathbb{R}$, $h(x) := \mathrm{e}^{\|x\|}$, ist stetig.

Regel III: $f = (f_1, f_2)\colon X \to Y_1 \times Y_2$ *ist genau dann stetig in a, wenn* $f_1\colon X \to Y_1$ *und* $f_2\colon X \to Y_2$ *in a stetig sind.* $f = (f_1, \ldots, f_n)\colon X \to \mathbb{K}^n$ *ist genau dann stetig in a, wenn dort jede der n Komponentenfunktionen* $f_\nu\colon X \to \mathbb{K}$ *stetig ist.*

Beweis: Die Konvergenz $\big(f_1(x_k), f_2(x_k)\big) \to \big(f_1(a), f_2(a)\big)$ bedeutet in der Produktmetrik die komponentenweise Konvergenz. □

Sind bei einer Abbildung $f\colon \mathbb{R}^n \to Y$ alle Beschränkungen auf achsen-parallele Geraden stetig, so folgt nicht notwendig, daß sie stetig ist. Ein Beispiel hierfür liefert die Funktion f auf $\mathbb{R}^2$ mit $f(0,0) = 0$ und

$$(4) \qquad f(x,y) = \frac{2xy}{x^2 + y^2} \qquad \text{für } (x,y) \neq (0,0).$$

Alle Funktionen $x \mapsto f(x,c)$ und $y \mapsto f(d,y)$ sind stetig. Die Funktion f aber ist im Nullpunkt unstetig, da $f(t,t) - f(0,0) = 1$ für alle $t \neq 0$.

Wir betrachten noch die Beschränkungen von f auf die vom Nullpunkt ausgehenden Halbgeraden. In den Punkten $(x,y) = (r\cos\varphi, r\sin\varphi)$ mit $r \neq 0$ hat f den nur von φ abhängigen Wert $\sin 2\varphi$. Insbesondere nimmt f in *jeder* Umgebung des Nullpunktes *alle* seine Funktionswerte an.

Der Graph der Funktion f stellt im wesentlichen das *Plückersche Konoid* dar. Darunter versteht man die Nullstellenmenge im $\mathbb{R}^3$ des Polynoms $2xy - (x^2 + y^2) \cdot z$. Diese setzt sich zusammen aus dem Graphen von f und der z-Achse.

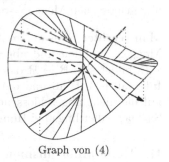

Die Abbildung zeigt 16 Halbgeraden auf dem Graphen von f zu jeweils gleichen Funktions-werten. Die eingezeichneten Achsen stellen die Geraden $x = y$ und $x = -y$ dar. Auf diesen nimmt f seine Extrema 1 und -1 an.

Graph von (4)

Wir charakterisieren schließlich den Begriff der Stetigkeit allein mit Hilfe des Begriffs der Umgebung.

Satz: *Es seien X und Y metrische Räume. $f\colon X \to Y$ ist genau dann stetig im Punkt $a \in X$, wenn es zu jeder Umgebung V von $f(a)$ eine Umgebung U von a mit $f(U) \subset V$ gibt.*

Beweis: Es sei f stetig in a. Sei V eine beliebige Umgebung von $b := f(a)$ und $K_\varepsilon(b) \subset V$ eine Kugelumgebung. Zu ε wähle man ein δ gemäß (3). Mit $U := K_\delta(a)$ gilt dann $f(U) \subset K_\varepsilon(b) \subset V$. Somit erfüllt f die im Satz genannte Bedingung. Sei nun umgekehrt diese erfüllt. Dann gibt es zu jeder Kugel $K_\varepsilon(b) =: V$ eine Umgebung U von a mit $f(U) \subset K_\varepsilon(b)$. In U liegt eine Kugel $K_\delta(a)$. Mit dieser gilt ebenfalls $f\big(K_\delta(a)\big) \subset K_\varepsilon(b)$, d. h., f erfüllt die Stetigkeitsbedingung (3). □

Folgerung (globale Stetigkeit): $f\colon X \to Y$ *ist genau dann stetig auf ganz X, wenn eine der folgenden gleichwertigen Bedingungen erfüllt ist:*

(i) *Das Urbild $f^{-1}(V)$ jeder offenen Menge $V \subset Y$ ist offen in X.*

(ii) *Das Urbild $f^{-1}(A)$ jeder abgeschlossenen Menge $A \subset Y$ ist abgeschlossen in X.*

Beweis: (i) Sei f stetig. Da eine offene Menge $V \subset Y$ Umgebung eines jeden Punktes in V ist, ist die Urbildmenge $f^{-1}(V)$ Umgebung eines jeden ihrer Punkte; d. h., $f^{-1}(V)$ ist offen. Sei umgekehrt die angegebene Bedingung erfüllt. Eine Umgebung V eines Punktes $f(a)$ enthält eine offene Menge V' mit $f(a) \in V'$. Deren Urbild $f^{-1}(V') =: U'$ ist als offene Menge eine Umgebung von a und erfüllt $f(U') \subset V$. f ist also stetig in a.

(ii) folgt aus (i) mittels Bildung von Komplementen.   □

Anwendung: *Ist $f\colon X \to \mathbb{R}$ stetig, so gilt für jedes $c \in \mathbb{R}$:*

(i) $U := \big\{ x \in X \mid f(x) < c \big\}$ *ist offen;*

(ii) $A := \big\{ x \in X \mid f(x) \le c \big\}$ *ist abgeschlossen.*

Denn U ist das f-Urbild der offenen Menge $(-\infty; c) \subset \mathbb{R}$ und A das der abgeschlossenen Menge $(-\infty; c]$.

Man beachte: Eine stetige Abbildung muß offene Mengen nicht auf offene Mengen abbilden und abgeschlossene Mengen nicht auf abgeschlossene; z. B. bildet $\sin\colon \mathbb{R} \to \mathbb{R}$ das offene Intervall $(0; 2\pi)$ auf das abgeschlossene Intervall $[-1; 1]$ ab und die abgeschlossene Menge $\{2n\pi + 1/n \mid n \in \mathbb{N}\}$ auf die nicht abgeschlossene Menge $\{\sin 1/n \mid n \in \mathbb{N}\}$. Günstiger ist die Sachlage allerdings bei Homöomorphismen.

II. Homöomorphismen. Beispiele

Die Umkehrung einer bijektiven stetigen Abbildung muß nicht stetig sein. Zum Beispiel bildet $x \mapsto e^{\mathrm{i}x}$ das Intervall $[0; 2\pi)$ bijektiv und stetig auf die Kreislinie $\mathrm{S}^1 \subset \mathbb{C}$ ab; ihre Umkehrung aber ist unstetig im Punkt 1.

   Eine bijektive stetige Abbildung $f\colon X \to Y$, deren Umkehrabbildung ebenfalls stetig ist, heißt *Homöomorphismus* von X auf Y; ferner heißen zwei metrische Räume X und Y zueinander homöomorph, wenn es einen Homöomorphismus zwischen ihnen gibt. Ein Homöomorphismus bildet offene Mengen auf offene Mengen ab und abgeschlossene auf abgeschlossene. Homöomorphe Räume haben dieselben Topologien, können aber sehr verschiedene geometrische Formen haben. Wir bringen einige Beispiele.

Beispiel 1: *Jeder Isomorphismus $f\colon V \to W$ zwischen endlich-dimensionalen normierten Räumen ist nach I. Beispiel 1 ein Homöomorphismus.*

Beispiel 2: *Die Kugel $K_1(0) \subset \mathbb{R}^n$ bezüglich einer beliebigen Norm $\| \; \|$ ist homöomorph zum $\mathbb{R}^n$.* Ein Homöomorphismus $f\colon K_1(0) \to \mathbb{R}^n$ und seine Umkehrung f^{-1} sind gegeben durch

$$(5) \qquad f(x) := \frac{x}{1 - \|x\|}, \qquad f^{-1}(x) = \frac{x}{1 + \|x\|}.$$

Damit folgt, daß auch alle Kugeln des $\mathbb{R}^n$ zu verschiedenen Normen untereinander homöomorph sind.

Beispiel 3: Inversion und stereographische Projektion. Sei $p \in \mathbb{R}^n$ und $\alpha \in \mathbb{R}$, $\alpha > 0$. Unter der *Inversion mit dem Pol p und der Potenz α* versteht man die Abbildung $i\colon \mathbb{R}^n \setminus \{p\} \to \mathbb{R}^n \setminus \{p\}$ mit den folgenden Eigenschaften:

1. x und $i(x)$ liegen auf der gleichen Halbgeraden durch p, d.h., es ist $i(x) - p = \lambda \cdot (x - p)$ mit einer Zahl $\lambda > 0$;
2. $\|i(x) - p\|_2 \cdot \|x - p\|_2 = \alpha$.

Die Abbildung i verallgemeinert die in Band 1, 3.2 betrachtete Inversion am Kreis. Nach 1. und 2. hat sie die Darstellung

$$(6) \qquad i(x) = p + \frac{\alpha}{\|x - p\|_2^2} \cdot (x - p).$$

Mit Hilfe der oben angegebenen Rechenregeln und Beispiele stetiger Abbildungen sieht man sofort, daß sie stetig ist. Ferner gilt $i^{-1} = i$. Die Inversion bildet also homöomorph ab. In 3.1.IV zeigen wir, daß sie auch winkeltreu abbildet.

Die stereographische Projektion. Es sei jetzt i_N die Inversion mit dem Pol $N = (0, \dots, 0, 1) \in \mathbb{R}^{n+1}$ und der Potenz 2. i_N hat die Darstellung

$$i_N(x) = N + \frac{2}{\|x - N\|_2^2} \cdot (x - N).$$

Wir zeigen: *i_N bildet die Hyperebene $\mathbb{R}_0^n \subset \mathbb{R}^{n+1}$, $\mathbb{R}_0^n := \{x \mid x_{n+1} = 0\}$, bijektiv auf die „gelochte" Sphäre $S^n \setminus \{N\}$ ab.*

Zum Beweis bezeichne $\langle \; , \; \rangle$ das Standardskalarprodukt auf $\mathbb{R}^{n+1}$. Für $x \in \mathbb{R}^{n+1} \setminus \{N\}$ gilt dann

$$\|i_N(x)\|_2^2 = 1 \iff 1 + \frac{4}{\|x - N\|_2^2} \cdot \langle x - N, N \rangle + \frac{4}{\|x - N\|_2^2} = 1$$

$$\iff \langle x - N, N \rangle = -1$$

$$\iff \langle x, N \rangle = 0 \iff x_{n+1} = 0;$$

da jeder Punkt $y \neq N$ ein Punkt $i_N(x)$ ist, folgt die Behauptung.

Wir ordnen nun jedem Punkt $x \in \mathbb{R}^n$ den Punkt $(x,0) \in \mathbb{R}_0^n \subset \mathbb{R}^{n+1}$ zu und definieren mittels i_N die Abbildung

(6') $\sigma_N \colon \mathbb{R}^n \to S^n \setminus \{N\}, \qquad \sigma_N(x) := i_N(x,0).$

σ_N heißt *stereographische Projektion* von $\mathbb{R}^n$ auf $S^n \setminus \{N\}$.

σ_N ist bijektiv und stetig; ferner ist auch σ_N^{-1} stetig. Die stereographische Projektion ist also ein Homöomorphismus von $\mathbb{R}^n$ auf $S^n \setminus \{N\}$.

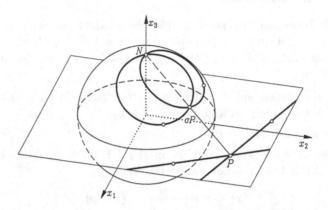

Abbildung zweier Geraden durch stereographische Projektion

Bemerkung: Die stereographische Projektion dient unter anderem zur Kompaktifizierung von $\mathbb{C}$. Man erweitert $\mathbb{C}$ um ein Element ∞, das man *unendlich fernen Punkt* nennt, setzt dann $\sigma \colon \mathbb{C} \to S^2 \setminus \{N\}$ bei Identifizierung von $\mathbb{C}$ mit $\mathbb{R}^2$ fort zu der Abbildung $\hat{\sigma} \colon \mathbb{C} \cup \{\infty\} \to S^2$ mit $\hat{\sigma}(z) := \sigma(z)$ für $z \in \mathbb{C}$ und $\hat{\sigma}(\infty) := N$ und nennt $U \subset \mathbb{C} \cup \{\infty\}$ offen genau dann, wenn $\hat{\sigma}(U)$ offen in S^2 ist. $\hat{\sigma}$ wird dadurch zu einem Homöomorphismus. $\mathbb{C} \cup \{\infty\}$ heißt *Ein-Punkt-Kompaktifizierung* von $\mathbb{C}$, und S^2 ist ein Modell derselben.

Beispiel 4: Polarkoordinatenabbildungen. Nach Band 1, 8.9 kann man jeden Punkt $(x_1, x_2) \in \mathbb{R}^2$ mit Zahlen $r, \varphi \in \mathbb{R}$ darstellen in der Form

$$x_1 = r \cos \varphi,$$
$$x_2 = r \sin \varphi.$$

Entsprechend erklären wir nun eine stetige Abbildung $P_2 \colon \mathbb{R}^2 \to \mathbb{R}^2$:

(7) $P_2(r, \varphi) := \begin{pmatrix} r \cos \varphi \\ r \sin \varphi \end{pmatrix}.$

P_2 *bildet den offenen Streifen* $\mathbb{R}_+ \times (-\pi; \pi)$ *homöomorph auf* $\mathbb{R}^2 \setminus S$ *ab*, wobei S die Halbgerade $\{(t,0) : t \leq 0\}$ ist. $\mathbb{R}^2 \setminus S$ nennt man oft die „längs der negativen x_1-Achse geschlitzte Ebene".

Die Umkehrabbildung $g_2\colon \mathbb{R}^2 \setminus S \to \mathbb{R}_+ \times (-\pi;\pi)$ ist gegeben durch

$$g_2(x_1,x_2) := \left(r,\ \mathrm{sign}\,x_2 \cdot \arccos \frac{x_1}{r}\right) \quad \text{mit } r := \sqrt{x_1^2 + x_2^2}.$$

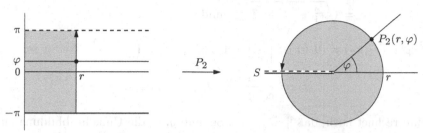

Abbildung des Streifens $\mathbb{R}_+ \times (-\pi;\pi)$ auf die geschlitzte Ebene $\mathbb{R}^2 \setminus S$

Wir konstruieren nun rekursiv Abbildungen $P_n\colon \mathbb{R}^n \to \mathbb{R}^n$, $n > 2$, durch

$$(7_n) \qquad P_n\big(r,\varphi_1,\ldots,\varphi_{n-1}\big) := \begin{pmatrix} P_{n-1}(r,\varphi_1,\ldots,\varphi_{n-2}) \cdot \cos\varphi_{n-1} \\ r \cdot \sin\varphi_{n-1} \end{pmatrix}.$$

Im Fall $n = 3$ etwa lauten die Koordinaten x_1, x_2, x_3 des Bildpunktes $x = P_3\big(r,\varphi_1,\varphi_2\big)$ ausführlich

$$x_1 = r\cos\varphi_1\cos\varphi_2,$$
$$x_2 = r\sin\varphi_1\cos\varphi_2,$$
$$x_3 = r\sin\varphi_2.$$

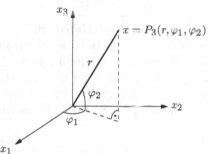

φ_1 heißt *geographische Länge* und φ_2 *geographische Breite* des Punktes $x = P_3\big(r,\varphi_1,\varphi_2\big)$.

Satz: *Die Polarkoordinatenabbildung $P_n\colon \mathbb{R}^n \to \mathbb{R}^n$ hat folgende Eigenschaften:*

(i) $\|P_n\big(r,\varphi_1,\ldots,\varphi_{n-1}\big)\|_2^2 = r^2.$

(ii) *P_n bildet den offenen Streifen $\mathbb{R}_+ \times \Pi \subset \mathbb{R}^n$ homöomorph ab auf den „geschlitzten Raum" $\mathbb{R}^n \setminus (S \times \mathbb{R}^{n-2})$; dabei sei*

$$\Pi := \begin{cases} (-\pi;\pi) & \text{im Fall } n = 2, \\ (-\pi;\pi) \times \left(-\dfrac{\pi}{2};\dfrac{\pi}{2}\right)^{n-2} & \text{im Fall } n > 2. \end{cases}$$

Beweis: (i) folgt mit der Rekursionsformel (7_n) aus $\|P_2(r,\varphi)\|_2^2 = r^2$.

(ii) Sei $n \geq 3$. Wir konstruieren die gesuchte Umkehrabbildung rekursiv. Für einen Punkt $x = (x_1, \ldots, x_n) \in \mathbb{R}^n \setminus (S \times \mathbb{R}^{n-2})$ setzen wir zunächst

$$r := \sqrt{x_1^2 + \cdots + x_n^2} \qquad \text{und} \qquad \varphi_{n-1} := \arcsin \frac{x_n}{r}.$$

Wegen $(x_1, x_2) \neq (0,0)$ ist $\left|\dfrac{x_n}{r}\right| < 1$, also $\varphi_{n-1} \in \left(-\dfrac{\pi}{2}; \dfrac{\pi}{2}\right)$. Weiter sei

$$x' := \frac{1}{\cos \varphi_{n-1}} \cdot (x_1, \ldots, x_{n-1}).$$

Man rechnet nach, daß $\|x'\|_2^2 = r^2$. Sei nun g_{n-1} die Umkehrabbildung zu $P_{n-1} \mid \mathbb{R}_+ \times \Pi$. Dann wird die Umkehrabbildung zu $P_n \mid \mathbb{R}_+ \times \Pi$ gegeben durch

$$g_n(x) := (g_{n-1}(x'), \varphi_{n-1}). \qquad \square$$

Beispiel 5: *Die spezielle unitäre Gruppe* $\mathrm{SU}(2)$ *ist homöomorph zur dreidimensionalen Sphäre* $S^3 = \{x \in \mathbb{R}^4 \mid \|x\|_2 = 1\}$.

$\mathrm{SU}(2)$ besteht aus den komplexen 2×2-Matrizen U mit $U\overline{U}^{\mathsf{T}} = E$ und $\det U = 1$. Das sind genau die Matrizen der Gestalt

$$U = \begin{pmatrix} z & w \\ -\overline{w} & \overline{z} \end{pmatrix} \qquad \text{mit} \quad |z|^2 + |w|^2 = 1.$$

Jede komplexe 2×2-Matrix wird als Element von $\mathbb{C}^4$ aufgefaßt. $\mathrm{SU}(2)$ wird dadurch zu einem (mit der Spurtopologie versehenen) Teilraum von $\mathbb{C}^4$. Wir erklären eine Abbildung $f \colon \mathrm{SU}(2) \to S^3$ durch $f(U) := (x_1, x_2, x_3, x_4)$, wobei $z = x_1 + \mathrm{i}x_2$ und $w = x_3 + \mathrm{i}x_4$ gelte mit $x_1, x_2, x_3, x_4 \in \mathbb{R}$. Wegen $|z|^2 + |w|^2 = 1$ liegt $f(U)$ tatsächlich auf S^3. f ist stetig und hat eine stetige Umkehrung $f^{-1} \colon S^3 \to \mathrm{SU}(2)$; es ist

$$f^{-1}(x_1, x_2, x_3, x_4) = \begin{pmatrix} x_1 + \mathrm{i}x_2 & x_3 + \mathrm{i}x_4 \\ -x_3 + \mathrm{i}x_4 & x_1 - \mathrm{i}x_2 \end{pmatrix}. \qquad \square$$

Bemerkung: $\mathrm{SU}(2)$ ist mit der Matrizenmultiplikation eine Gruppe. Dabei sind die Multiplikation $\mathrm{SU}(2) \times \mathrm{SU}(2) \to \mathrm{SU}(2)$ und die Inversenbildung $\mathrm{SU}(2) \to \mathrm{SU}(2)$ *stetige* Abbildungen, da sie durch rationale Funktionen beschrieben werden können. Man sagt, $\mathrm{SU}(2)$ sei eine *topologische Gruppe*. Der Homöomorphismus $\mathrm{SU}(2) \to S^3$ verpflanzt die stetige Gruppenoperation von $\mathrm{SU}(2)$ auf S^3. Man kann zeigen, daß nur die Sphären der Dimensionen 0, 1 und 3 stetige Gruppenmultiplikationen zulassen. In engem Zusammenhang damit steht der berühmte Satz von Kervaire und Bott-Milnor (1958): *Nur in den Dimensionen* 1, 2, 4 *und* 8 *gibt es Divisionsalgebren über* $\mathbb{R}$.

Literatur: Der Band „Zahlen", Grundwissen Mathematik 1. Springer 1992.

III. Grenzwerte

Wie der Begriff der Stetigkeit kann auch der des Grenzwertes auf Abbildungen metrischer Räume ausgedehnt werden. Er wird wie im Eindimensionalen mittels stetiger Fortsetzungen erklärt.

Im Folgenden seien X, Y beliebige metrische Räume und $f \colon D \to Y$ eine Abbildung auf einer Menge $D \subset X$.

Definition: Die Abbildung $f \colon D \to Y$ hat im Häufungspunkt $a \in X$ von D den *Grenzwert* $b \in Y$, wenn die Abbildung $F \colon D \cup \{a\} \to Y$ mit

$$F(x) := \begin{cases} f(x) & \text{für } x \in D \backslash \{a\}, \\ b & \text{für } x = a \end{cases}$$

im Punkt a stetig ist. Man schreibt dann $\lim_{x \to a} f(x) = b$.

Gehört der Häufungspunkt a zu D, so besagt $\lim_{x \to a} f(x) = f(a)$, daß f in a stetig ist.

Aufgrund der Anbindung des Begriffs des Grenzwertes an den Begriff der Stetigkeit kann man die ε-δ-Formulierung, das Folgenkriterium und die Rechenregeln des Abschnitts I. sinngemäß übertragen. Wir notieren lediglich die ε-δ-Formulierung.

ε-δ-Formulierung: $f \colon D \to Y$ hat in einem Häufungspunkt $a \in X$ von D den Grenzwert $b \subset Y$, wenn es zu jedem $\varepsilon > 0$ ein $\delta > 0$ gibt so, daß $d_Y\big(f(x), b\big) < \varepsilon$ für $x \in D \setminus \{a\}$ mit $d_X(x, a) < \delta$.

IV. Gleichmäßig konvergente Folgen stetiger Abbildungen

Die Konstruktion stetiger Funktionen durch gleichmäßig konvergente Folgen von Funktionen spielt auch im Höherdimensionalen eine große Rolle. Wir betrachten hier sogleich Folgen von Abbildungen in einen vollständigen metrischen Raum. Die Vollständigkeit des Bildraumes sichert dabei die punktweise Konvergenz. Den Begriff der Vollständigkeit eines metrischen Raumes definieren wir in Anlehnung an die Formulierung der Vollständigkeit von $\mathbb{R}$ mittels Cauchyfolgen.

Definition: Ein metrischer Raum (X, d) heißt *vollständig*, wenn jede Cauchyfolge in X einen Grenzwert hat. Dabei heißt eine Folge (x_k) in X *Cauchyfolge*, wenn es zu jedem $\varepsilon > 0$ einen Index $N(\varepsilon)$ gibt derart, daß $d(x_k, x_l) < \varepsilon$ gilt für alle $k, l \geq N(\varepsilon)$.

Zum Beispiel ist jede abgeschlossene Teilmenge des euklidischen $\mathbb{R}^n$ nach dem Folgenkriterium für abgeschlossene Mengen in 1.1 vollständig, da jede Cauchyfolge in $\mathbb{R}^n$ dort konvergiert.

Eine besonders wichtige Kategorie vollständiger metrischer Räume stellen die Banachräume dar.

Definition: Ein normierter $\mathbb{K}$-Vektorraum V heißt *Banachraum*, wenn er vollständig ist, d. h., wenn jede Cauchyfolge in V einen Grenzwert hat.

Stefan Banach (1892–1945), polnischer Mathematiker. Von ihm stammen grundlegende Beiträge zur Funktionalanalysis. Der nach ihm benannte Fixpunktsatz wird in zahlreichen Existenzbeweisen, zum Beispiel in 3.3, verwendet.

Beispiele von Banachräumen:

1. *Jeder endlich-dimensionale normierte Vektorraum* $(V, \|\ \|)$.

Beweis: Mit Hilfe eines $\mathbb{R}$-Isomorphismus $\varphi\colon V \to \mathbb{R}^n$ übertrage man die Norm von V auf den $\mathbb{R}^n$: Für $x \in \mathbb{R}^n$ setze man dazu $\|x\|_\varphi := \|\varphi^{-1}(x)\|$. φ bildet dann Cauchyfolgen in $(V, \|\ \|)$ auf solche in $(\mathbb{R}^n, \|\ \|_\varphi)$ ab. Nach dem Satz von Bolzano-Weierstraß, siehe 1.1, und wegen der Äquivalenz von $\|\ \|_\varphi$ zu $\|\ \|_2$ konvergieren die Cauchyfolgen in $(\mathbb{R}^n, \|\ \|_\varphi)$, und damit auch die Cauchyfolgen in $(V, \|\ \|)$.

2. $\mathscr{C}[a; b]$ *mit der Supremumsnorm.* Denn jede auf $[a; b]$ gleichmäßig konvergente Folge stetiger Funktionen besitzt dort eine stetige Grenzfunktion.

3. *Die Hilberträume.*

Definition: Ein $\mathbb{K}$-Vektorraum mit einem Skalarprodukt heißt *Hilbertraum*, wenn er mit der vom Skalarprodukt induzierten Norm vollständig ist.

Beispiel: Der Hilbertsche Folgenraum ℓ^2. Die Elemente dieses Raumes sind die quadratsummierbaren Folgen komplexer Zahlen, d. h. die Folgen $a = (\alpha_1, \alpha_2, \ldots)$ mit

$$\|a\|_2 := \left(\sum_{\nu=1}^{\infty} |\alpha_\nu|^2 \right)^{1/2} < \infty.$$

Die Gesamtheit dieser Folgen bildet einen Vektorraum: Für quadratsummierbare Folgen $a = (\alpha_\nu)$ und $b = (\beta_\nu)$ ergibt sich nämlich aus der Ungleichung $\sum_{\nu=1}^{n} |\alpha_\nu \overline{\beta}_\nu| \leq \|a\|_2 \cdot \|b\|_2$ die absolute Konvergenz der Reihe

$$(8) \qquad\qquad \langle a, b \rangle := \sum_{\nu=1}^{\infty} \alpha_\nu \overline{\beta}_\nu$$

und damit

$$\sum_{\nu=1}^{\infty} |\alpha_\nu + \beta_\nu|^2 \leq \|a\|_2^2 + 2\sum_{\nu=1}^{\infty} |\alpha_\nu \overline{\beta}_\nu| + \|\beta\|_2^2 < \infty.$$

Die Summe $a + b$ ist also ebenfalls quadratsummierbar. Folglich ist ℓ^2 ein Vektorraum. Durch (8) wird auf ihm ein Skalarprodukt erklärt.

Wir zeigen, daß ℓ^2 vollständig ist. Die Elemente $a^k = (\alpha_1^k, \alpha_2^k, \ldots) \in \ell^2$, $k \in \mathbb{N}$, mögen eine Cauchyfolge bilden, und $\varepsilon > 0$ sei beliebig vorgegeben. Dann gibt es ein N so, daß

$$(*) \qquad \left\| a^k - a^l \right\|_2^2 = \sum_{\nu=1}^{\infty} \left| \alpha_\nu^k - \alpha_\nu^l \right|^2 < \varepsilon^2 \qquad \text{für } k, l \geq N.$$

Dann gilt erst recht $\left| \alpha_\nu^k - \alpha_\nu^l \right| < \varepsilon$ für $k, l \geq N$ und jedes $\nu \in \mathbb{N}$. Jede Komponentenfolge $(\alpha_\nu^k)_{k \in \mathbb{N}}$ ist also eine Cauchyfolge und besitzt einen Grenzwert α_ν. Aus $(*)$ erhalten wir ferner für jedes n und alle $k, l \geq N$ die Ungleichungen $\sum_1^n \left| \alpha_\nu^k - \alpha_\nu^l \right|^2 < \varepsilon^2$ und aus diesen für $l \to \infty$

$$\sum_{\nu=1}^{n} \left| \alpha_\nu^k - \alpha_\nu \right|^2 \leq \varepsilon^2 \qquad \text{für } k \geq N \text{ und jedes } n,$$

also

$$\sum_{\nu=1}^{\infty} \left| \alpha_\nu^k - \alpha_\nu \right|^2 \leq \varepsilon^2 \qquad \text{für } k \geq N.$$

Hiernach hat die Folge $a := (\alpha_1, \alpha_2, \ldots)$ die Eigenschaft, daß $a - a_N$ zu ℓ^2 gehört. Wegen $a = a - a_N + a_N$ gehört sie also schon selbst zu ℓ^2. Die letzte Ungleichung kann man nun in der Form $\left\| a_k - a \right\|_2^2 \leq \varepsilon^2$ für $k \geq N$ schreiben, in der sie besagt, daß $a_k \to a$ für $k \to \infty$.   □

Historisches. Der Begriff des Hilbertraumes kristallisierte sich ab etwa 1906 aus den Untersuchungen Hilberts und seiner Schüler über Integralgleichungen heraus. Hilbert hatte erkannt, daß gewisse Typen von Integralgleichungen mittels einer Orthonormalbasis von Funktionen in lineare Gleichungssysteme in ℓ^2 übergehen. Hilberträume spielen auch in der Quantenphysik eine maßgebliche Rolle.

David Hilbert (1862–1943) war der führende Mathematiker in den ersten Jahrzehnten dieses Jahrhunderts. Unter Mitwirkung von Felix Klein (1849–1925) und Hermann Minkowski (1864–1909) schuf er die berühmte Göttinger Schule, die alle Gebiete der Mathematik, einschließlich der Mathematischen Logik und der Grundlagenforschung, sowie die Mathematische Physik prägte. Auf dem Internationalen Mathematikerkongreß in Paris 1900 formulierte er 23 Probleme, die für die Mathematik im 20. Jahrhundert richtungweisend wurden.

Wir kommen zur Konstruktion stetiger Abbildungen durch gleichmäßig konvergente Folgen.

Definition: Es seien X und Y metrische Räume. Eine Folge von Abbildungen $f_k : X \to Y$ heißt *gleichmäßig konvergent auf* X, wenn es zu jedem $\varepsilon > 0$ ein $N(\varepsilon)$ gibt so, daß gilt:

$$d_Y\big(f_k(x), f_l(x)\big) < \varepsilon \qquad \text{für alle } x \in X \text{ und } k, l \geq N(\varepsilon).$$

Wir setzen nun zusätzlich voraus, Y sei vollständig. Für jedes $x \in X$ ist dann $(f_k(x))$ eine Cauchyfolge in Y. Wegen der Vollständigkeit von Y konvergiert diese. Durch $\lim_{k \to \infty} f_k(x) =: f(x)$ wird also eine Grenzabbildung $f: X \to Y$ definiert. Aus $d(f_k(x), f_l(x)) < \varepsilon$ für alle $x \in X$ und alle $k, l \geq N(\varepsilon)$ folgt für $k \to \infty$ wegen der Stetigkeit der Abstandsfunktion

$$d(f(x), f_l(x)) \leq \varepsilon \quad \text{für alle } x \in X \text{ und alle } l \geq N(\varepsilon).$$

Damit zeigt man wie in Band 1, 15.2:

Satz: *Es sei Y ein vollständiger metrischer Raum. Dann definiert eine auf X gleichmäßig konvergente Folge stetiger Abbildungen $f_k: X \to Y$ eine Grenzabbildung $f: X \to Y$, und diese ist stetig.*

Als Anwendung beweisen wir das

Fortsetzungslemma von Tietze: *Jede stetige Funktion $f: A \to \mathbb{R}$ auf einer abgeschlossenen Teilmenge A eines metrischen Raumes X kann zu einer stetigen Funktion $F: X \to \mathbb{R}$ fortgesetzt werden.*

Beweis: a) Wir zeigen zunächst folgende Approximationsaussage:

Zu jeder stetigen Funktion $u: A \to \mathbb{R}$ mit $|u| \leq a$, $a \in \mathbb{R}$, gibt es eine stetige Funktion $v: X \to \mathbb{R}$ mit $|v| \leq \frac{1}{3}a$ auf X und $|u - v| \leq \frac{2}{3}a$ auf A.

Beweis der Approximationsaussage im Fall $a \neq 0$: Sei

$$A^- := \left\{ x \in A \mid u(x) \leq -\frac{a}{3} \right\}, \qquad A^+ := \left\{ x \in A \mid u(x) \geq \frac{a}{3} \right\}.$$

A^- und A^+ sind punktfremde abgeschlossene Mengen. Sind beide nicht leer, so wählen wir eine stetige Funktion $g: X \to [-1; 1]$ mit $g \mid A^- = -1$ und $g \mid A^+ = 1$, etwa

$$g(x) := \frac{d(x, A^-) - d(x, A^+)}{d(x, A^-) + d(x, A^+)}.$$

In den Fällen $A^+ \neq \emptyset$, $A^- = \emptyset$ und $A^+ = \emptyset$ wählen wir $g := 1$ bzw. $g := -1$. In allen Fällen leistet dann $v := \frac{1}{3}ag$ die gewünschte Approximation.

b) Beweis des Lemmas unter der zusätzlichen Voraussetzung, daß $|f| < 1$. Wir definieren induktiv eine Folge stetiger Funktionen $f_k: X \to \mathbb{R}$ mit

$$|f(x) - f_k(x)| \leq \left(\frac{2}{3} \right)^k \quad \text{für alle } x \in A.$$

Wir beginnen mit $f_0 := 0$.

Sei nun f_k wie gewünscht definiert. Dann gibt es nach der Approximationsaussage a) zu $f - f_k$ eine stetige Funktion v_k auf X mit

$$\left| f - f_k - v_k \right| \leq \left(\frac{2}{3} \right)^{k+1} \text{ auf } A \qquad \text{und} \qquad \left| v_k \right| \leq \frac{1}{3} \left(\frac{2}{3} \right)^k \text{ auf } X.$$

Wir setzen $f_{k+1} := f_k + v_k$. f_{k+1} ist eine stetige Funktion auf X mit der gewünschten Approximationsgüte.

Die Folge (f_k) sei wie angegeben definiert. Dann gilt weiter:

(i) (f_k) konvergiert auf A punktweise gegen f.

(ii) (f_k) konvergiert auf X gleichmäßig, da für alle $x \in X$ und $p > q$

$$\left| f_p(x) - f_q(x) \right| = \left| \sum_{k=q}^{p-1} v_k(x) \right| \leq \sum_{k=q}^{\infty} \frac{1}{3} \cdot \left(\frac{2}{3} \right)^k = \left(\frac{2}{3} \right)^q .$$

Die Grenzfunktion F der Folge (f_k) ist also stetig auf X und stimmt auf A mit f überein.

c) Beweis des Lemmas im allgemeinen Fall. Wir führen ihn auf Fall b) zurück. Sei dazu $h \colon \mathbb{R} \to (-1; 1)$ ein Homöomorphismus, etwa wie in (5). Die Funktion $\varphi := h \circ f$ erfüllt $|\varphi| < 1$, besitzt also nach b) eine stetige Fortsetzung Φ auf X. Die Funktion $F := h^{-1} \circ \Phi$ ist dann eine stetige Fortsetzung von f. $\qquad\qquad\square$

V. Lineare Abbildungen. Die Operatornorm

Nach I. Beispiel 1 ist eine lineare Abbildung eines normierten Vektorraumes V in einen anderen Lipschitz-stetig, falls $\dim V < \infty$. Dagegen kann eine lineare Abbildung unstetig sein, falls $\dim V = \infty$. Zum Beispiel ist die Differentiation $\mathrm{D} \colon \mathscr{C}^1[0; 1] \to \mathbb{C}$, $\mathrm{D}f := f'(0)$, in dem mit der Supremumsnorm versehenen Raum $\mathscr{C}^1[0; 1]$ unstetig, da die Normen der Funktionen $f_n(x) := (\sin n^2 x)/n$ eine Nullfolge bilden, während die Folge der Ableitungen $f'_n(0)$ divergiert.

Lemma: *Es seien V, W normierte Vektorräume. Eine lineare Abbildung $A \colon V \to W$ ist genau dann stetig, wenn es eine Konstante C gibt so, daß $\|Ax\| \leq C \|x\|$ für alle $x \in V$ gilt. In diesem Fall ist A sogar Lipschitzstetig.*

Beweis: Es sei C eine Konstante wie angegeben. Aus Linearitätsgründen gilt dann $\|Ax - Ax_0\| \leq C \|x - x_0\|$; d.h., A ist Lipschitz-stetig. Sei nun A (wenigstens) in 0 stetig. Dann gibt es zu $\varepsilon = 1$ ein $\delta > 0$ so, daß $\|A\xi\| \leq 1$ gilt für $\xi \in V$ mit $\|\xi\| \leq \delta$. Damit folgt für alle $x \in V$, $x \neq 0$,

$$\|Ax\| = \frac{\|x\|}{\delta} \cdot \left\| A\left(\delta \cdot \frac{x}{\|x\|} \right) \right\| \leq \frac{1}{\delta} \|x\| . \qquad\qquad\square$$

Die Operatornorm. Es seien V und W normierte Vektorräume über $\mathbb{K}$, und $\mathrm{L}(V,W)$ bezeichne den Vektorraum der *stetigen* $\mathbb{K}$-linearen Abbildungen von V in W. Auf $\mathrm{L}(V,W)$ führt man die sogenannte Operatornorm ein. (Lineare Abbildungen heißen auch lineare Operatoren.) Man definiert dazu für eine stetige lineare Abbildung $A\colon V \to W$

(9)
$$\|A\|_{\mathrm{L}(V,W)} := \sup\big\{\|Ax\|_W \mid x \in V,\ \|x\|_V \le 1\big\}.$$

Nach dem Lemma ist $\|A\|_{\mathrm{L}(V,W)} < \infty$. Die Zahl $\|A\|_{\mathrm{L}(V,W)}$, für die wir, wenn keine Verwechslungsgefahr besteht, auch nur $\|A\|$ schreiben, heißt *Operatornorm* von A. Sie hängt von der Norm auf V und der Norm auf W ab. Geometrisch ist die Operatornorm als größter „Dehnungskoeffizient" der Abbildung zu deuten; wegen $\dfrac{Ax}{\|x\|} = A\Big(\dfrac{x}{\|x\|}\Big)$ gilt nämlich auch

$$\|A\| = \sup\left\{\frac{\|Ax\|_W}{\|x\|_V} \;\middle|\; x \in V, x \ne 0\right\}.$$

Durch (9) ist in der Tat eine Norm auf $\mathrm{L}(V,W)$ erklärt: (N1) und (N2) sind offensichtlich erfüllt; (N3) folgt aus der für alle $x \in V$ mit $\|x\| \le 1$ gültigen Abschätzung $\big\|(A+B)\,x\big\| \le \|Ax\| + \|Bx\| \le \|A\| + \|B\|$.

Eigenschaften der Operatornorm:

1. Für alle $x \in V$ gilt

(10)
$$\|Ax\| \le \|A\| \cdot \|x\|.$$

2. In der Situation $U \xrightarrow{\;B\;} V \xrightarrow{\;A\;} W$, in der U, V, W normierte Räume und A, B stetige lineare Operatoren sind, gilt die Ungleichung

(11)
$$\|AB\| \le \|A\| \cdot \|B\|.$$

Nach (10) gilt nämlich $\|ABx\| \le \|A\| \cdot \|Bx\| \le \|A\| \cdot \|B\| \cdot \|x\|$.

Beispiel 1: Es sei $\big(V, \langle\ ,\ \rangle\big)$ ein euklidischer Vektorraum und $A\colon V \to \mathbb{K}$ die einem Element $v \in V$ mittels $Ax := \langle v, x\rangle$ zugeordnete Linearform. Wegen $|Ax| \le \|v\| \cdot \|x\|$ und $A\big(v/\|v\|\big) = \|v\|$, falls $v \ne 0$, hat A die Operatornorm $\|A\| = \|v\|$.

Beispiel 2: Die *Zeilensummennorm* auf $\mathrm{L}(\mathbb{K}^n, \mathbb{K}^m)$. Darunter versteht man die zu den Maximumsnormen auf $\mathbb{K}^n$ und $\mathbb{K}^m$ gehörende Operatornorm.

Diese hat für eine lineare Abbildung $A\colon \mathbb{K}^n \to \mathbb{K}^m$ mit der Matrix (a_{ij}) den Wert:

$$(12) \qquad\qquad \|A\| = \max_i \sum_{j=1}^n |a_{ij}|.$$

Beweis: Für $x = (x_1, \ldots, x_n)$ mit $|x_j| \leq 1$ besteht die Abschätzung

$$\|Ax\|_\infty = \max_i \left| \sum_{j=1}^n a_{ij} x_j \right| \leq \max_i \sum_{j=1}^n |a_{ij}| =: M.$$

Der Wert M wird auch erreicht: Wir wählen i_0 so, daß $M = \sum_{j=1}^n |a_{i_0 j}|$, und setzen $\xi_j := |a_{i_0 j}| / a_{i_0 j}$, falls $a_{i_0 j} \neq 0$ ist, und sonst $\xi_j := 1$. Dann hat $\xi := (\xi_1, \ldots, \xi_n)$ die Norm $\|\xi\|_\infty = 1$, und es gilt $\|A\xi\|_\infty = M$. $\qquad \square$

Den Vektorraum $\mathrm{L}(\mathbb{K}^n, \mathbb{K}^m)$ identifizieren wir stets mit dem Vektorraum $\mathbb{K}^{m \times n}$ der $m \times n$-Matrizen mit Elementen in $\mathbb{K}$. Dabei wird eine Operatornorm auf $\mathrm{L}(\mathbb{K}^n, \mathbb{K}^m)$ auch als Norm auf $\mathbb{K}^{m \times n}$ aufgefaßt und dann ebenfalls als Operatornorm bezeichnet. Wegen der Äquivalenz aller Normen auf $\mathbb{K}^{m \times n}$ erhält man:

Lemma: *Eine Folge von Matrizen $A_k \in \mathbb{K}^{m \times n}$ konvergiert in einer Operatornorm gegen die Matrix $A \in \mathbb{K}^{m \times n}$ genau dann, wenn sie komponentenweise gegen A konvergiert.*

In der Differentialrechnung bekommen wir es mit Funktionen auf einem metrischen Raum X mit Werten in $\mathrm{L}(V, W)$ zu tun. Die Frage der Stetigkeit solcher Funktionen bezieht sich stets auf die von der Operatornorm in $\mathrm{L}(V, W)$ erzeugte Topologie. Im Fall endlich-dimensionaler Vektorräume V und W hat man dafür einen einfachen Test:

Stetigkeitstest: *Seien V und W endlich-dimensional. Eine Funktion $\varphi\colon X \to \mathrm{L}(V, W)$ ist genau dann stetig, wenn für jeden Vektor $v \in V$ die Funktion $X \to W$, $x \mapsto \varphi(x)v$, stetig ist.*

Beweis: Es genügt, den Fall $V = \mathbb{K}^n$ und $W = \mathbb{K}^m$ zu betrachten, da jeder Isomorphismus $\mathrm{L}(V, W) \to \mathbb{K}^{m \times n}$ wegen $\dim \mathrm{L}(V, W) < \infty$ auch ein Homöomorphismus ist. Nun ist eine Abbildung $\varphi\colon X \to \mathbb{K}^{m \times n}$ genau dann stetig, wenn ihre mn Komponentenfunktionen $\varphi_{\mu\nu}\colon X \to \mathbb{K}$ stetig sind. Das wiederum ist genau dann der Fall, wenn die n Abbildungen

$$x \mapsto \begin{pmatrix} \varphi_{1\nu}(x) \\ \vdots \\ \varphi_{m\nu}(x) \end{pmatrix} = \varphi(x) e_\nu$$

stetig sind; dabei seien $e_1, \ldots, e_n$ die Standardbasisvektoren des $\mathbb{K}^n$. Damit ergibt sich sofort das angegebene Kriterium. $\qquad \square$

1.4   Kompakte Räume

Wichtige Aussagen der Analysis erhält man in vielen Fällen bereits aufgrund der Kompaktheit der involvierten Räume. In Band 1 haben wir
Teilmengen von $\mathbb{R}$ als kompakt bezeichnet, wenn sie zugleich abgeschlossen
und beschränkt sind; dort haben wir auch gezeigt, daß diese Mengen gerade diejenigen sind, welche die Heine-Borelsche Überdeckungseigenschaft
besitzen. Bei der folgenden Verallgemeinerung definieren wir Kompaktheit durch die genannte Überdeckungseigenschaft. Für Teilmengen eines
endlich-dimensionalen normierten Vektorraumes erweist sich diese wieder
als gleichwertig mit der Eigenschaft, abgeschlossen und beschränkt zu sein.

I. Kompaktheit

Unter einer *offenen Überdeckung* eines metrischen Raumes X versteht man
eine Familie $\{U_i\}_{i \in I}$ offener Mengen in X derart, daß jeder Punkt $x \in X$
in mindestens einem U_i liegt; dabei ist I irgendeine Indexmenge.

Definition: Ein metrischer Raum X heißt *kompakt*, wenn aus jeder (wohl-
gemerkt: aus *jeder*) vorgegebenen offenen Überdeckung $\{U_i\}_{i \in I}$ von X
endlich viele $U_{i_1}, \ldots, U_{i_r}$ so ausgewählt werden können, daß auch diese X
überdecken:
$$X = U_{i_1} \cup \cdots \cup U_{i_r}.$$
Eine Menge $K \subset X$ heißt kompakt, wenn sie als Teilraum kompakt ist;
Letzteres bedeutet: Aus jeder Familie $\{U_i\}_{i \in I}$ offener Mengen in X mit
$K \subset \bigcup_{i \in I} U_i$ können endlich viele $U_{i_1}, \ldots, U_{i_r}$ so ausgewählt werden, daß
$K \subset U_{i_1} \cup \cdots \cup U_{i_r}$. *(Heine-Borelsche Überdeckungseigenschaft)*

Definition: Ein metrischer Raum X heißt *folgenkompakt*, wenn jede
Folge von Punkten in X eine konvergente Teilfolge besitzt. Eine Teilmenge
$K \subset X$ heißt *folgenkompakt*, wenn sie als Teilraum folgenkompakt ist; d. h.,
wenn jede Folge in K eine konvergente Teilfolge besitzt, deren Grenzwert
in K liegt. *(Bolzano-Weierstraß-Eigenschaft)*

Lemma: *Sei X ein metrischer Raum. Dann gilt:*
a) *Ist X kompakt, so ist X auch folgenkompakt.*
b) *Jede folgenkompakte Menge $K \subset X$ ist beschränkt und abgeschlossen.*

Eine Menge $M \subset X$ heißt *beschränkt*, wenn es eine Kugel $K_r(b)$ gibt mit
$M \subset K_r(b)$.

Beweis: a) Sei (a_k) eine Folge in X und $A := \{a_k \mid k \in \mathbb{N}\}$. Ist die Menge A endlich, so hat die Folge (a_k) sogar eine konstante Teilfolge. Sei die

Menge A nun unendlich. Wir zeigen zunächst, daß sie einen Häufungspunkt in X hat. Angenommen, das sei nicht der Fall. Dann hat jeder Punkt $x \in X$ eine offene Umgebung $U(x)$, die nur endlich viele Punkte aus A enthält. Die Umgebungen $U(x)$, $x \in X$, bilden eine offene Überdeckung von X. Als kompakter Raum wird X bereits von gewissen endlich vielen $U(x_1), \ldots, U(x_r)$ überdeckt. Somit enthält auch A nur endlich viele Punkte. Widerspruch!

Sei nun $a \in X$ ein Häufungspunkt von A. Dann enthält für jedes $\nu \in \mathbb{N}$ die Kugel $K_{1/\nu}(a)$ unendlich viele Punkte aus A. Es gibt also eine streng monoton wachsende Indexfolge (k_ν), so daß $d(a_{k_\nu}, a) < 1/\nu$ gilt. Die Teilfolge (a_{k_ν}) hat dann den Grenzwert $a \in X$.

b) Wäre K nicht beschränkt, so gäbe es bei beliebigem $b \in X$ eine Folge (x_k) in K mit $d(x_k, b) > k$. Diese Folge aber hätte keine konvergente Teilfolge. Wäre K nicht abgeschlossen, so gäbe es eine konvergente Folge in K, deren Grenzwert nicht in K liegt. Dann läge auch der Grenzwert jeder ihrer Teilfolgen außerhalb von K. □

Bemerkung: Man kann für einen beliebigen metrischen Raum X auch die Umkehrung von a) zeigen. Dagegen gilt die Umkehrung von b) nicht allgemein. Ein Beispiel liefert der Raum $\mathscr{C}[0; \pi]$ mit der Supremumsnorm. Die abgeschlossene Einheitskugel $\overline{K}_1(0) = \{ f \in \mathscr{C}[0; \pi] \mid \|f\|_{[0;\pi]} \le 1 \}$ dieses Raumes ist nicht folgenkompakt und damit auch nicht kompakt. Sonst hätte die Folge der Funktionen $e_k \in \overline{K}_1(0)$, $e_k(x) := e^{ikx}$, eine konvergente Teilfolge, was wegen $\|e_k - e_l\|_{[0;\pi]} = 2$ für alle $k \ne l$ nicht der Fall ist. Die Umkehrung der Aussage b) gilt jedoch, falls X ein endlich-dimensionaler normierter Raum ist.

Satz: *Für eine Teilmenge $K \subset V$ eines endlich-dimensionalen normierten Raumes V sind folgende Aussagen äquivalent:*

1. *K ist abgeschlossen und beschränkt.*

2. *K ist kompakt.*

3. *K ist folgenkompakt.*

Beweis: Nach dem Lemma ist nur noch $1 \Rightarrow 2$ zu zeigen.

a) Wir behandeln zunächst den Fall $V = \mathbb{R}^n$. Angenommen, $\{U_i\}$ sei eine offene Überdeckung von K derart, daß K nicht von endlich vielen der U_i überdeckt wird. Als beschränkte Menge liegt K in einem abgeschlossenen Würfel W; dessen Kantenlänge sei s. Wir zerlegen den Würfel W in 2^n abgeschlossene Würfel der halben Kantenlänge und finden einen Teilwürfel W_1 derart, daß auch $K \cap W_1$ nicht von endlich vielen der U_i überdeckt wird. Durch Wiederholung dieses Verfahrens findet man eine Folge abgeschlossener Würfel W_k der Kantenlänge $s/2^k$ mit $W_1 \supset W_2 \supset W_3 \supset \cdots$ und der Eigenschaft:

(∗) Keine der Mengen $K \cap W_k$, $k \in \mathbb{N}$, wird von endlich vielen der U_i überdeckt.

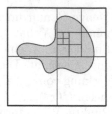

K und einige W_k

Wir wählen dann in jeder Menge $K \cap W_k$ einen Punkt x_k. Nach Konstruktion der Würfelfolge (W_k) ist (x_k) eine Cauchyfolge. Deren Grenzwert $a \in \mathbb{R}^n$ liegt wegen der Abgeschlossenheit von K in K. a liegt auch in einer offenen Menge U der Überdeckung. Diese Menge U enthält fast alle Würfel W_k, insbesondere fast alle Durchschnitte $K \cap W_k$ im Widerspruch zu (∗).

b) Den allgemeinen Fall führen wir nun mit Hilfe eines Isomorphismus $\varphi \colon V \to \mathbb{R}^n$ auf den Fall a) zurück. Da φ auch ein Homöomorphismus ist, gelten für $K \subset V$ die Äquivalenzen:

K hat die Heine-Borel-Eigenschaft $\Longleftrightarrow$ $\varphi(K)$ hat diese,

K hat die Bolzano-Weierstraß-Eigenschaft $\Longleftrightarrow$ $\varphi(K)$ hat diese,

K ist abgeschlossen $\Longleftrightarrow$ $\varphi(K)$ ist abgeschlossen;

und da φ und φ^{-1} nach 1.3.I. Beispiel 1 Lipschitz-stetig sind, gilt ferner:

K ist beschränkt $\Longleftrightarrow$ $\varphi(K)$ ist beschränkt.

Diese Äquivalenzen reduzieren den Satz auf den Fall a). □

Beispiel: *Die Gruppe* $O(n)$ *der orthogonalen* $n \times n$*-Matrizen ist kompakt.* Dabei ist $O(n)$ als Teilraum von $\mathbb{R}^{n \times n}$ aufzufassen.

$O(n)$ ist beschränkt, da $O(n)$ in der Einheitskugel $\overline{K}_1(0) \subset \mathbb{R}^{n \times n}$ bezüglich der Maximumsnorm liegt. Außerdem ist $O(n)$ abgeschlossen, da die Matrizen durch die n^2 Polynomgleichungen $XX^{\mathsf{T}} = E$ definiert sind.

Satz: *Jede abgeschlossene Teilmenge* A *eines kompakten Raumes* X *ist kompakt.*

Beweis: Sei $\{U_i\}_{i \in I}$ eine Familie offener Mengen in X mit $A \subset \bigcup_{i \in I} U_i$. Dann bilden die offene Menge $X \setminus A$ und die Mengen U_i, $i \in I$, eine offene Überdeckung von X. Mit geeignet ausgewählten $U_{i_1}, \ldots, U_{i_s}$ gilt also $X = (X \setminus A) \cup \left(U_{i_1} \cup \cdots \cup U_{i_s} \right)$; danach wird A von $U_{i_1} \cup \cdots \cup U_{i_s}$ überdeckt. □

II. Stetige Abbildungen kompakter Räume

Wichtige Existenzaussagen der Analysis beruhen auf Eigenschaften stetiger Abbildungen kompakter Räume, insbesondere auf dem Satz von der Annahme eines Maximums und dem Satz von der gleichmäßigen Stetigkeit.

Beide Sätze wurden für kompakte Teilmengen $K \subset \mathbb{C}$ bereits in Band 1 gezeigt. Wir verallgemeinern sie nun auf Abbildungen kompakter Räume.

Satz: *Sei $f\colon X \to Y$ eine stetige Abbildung eines kompakten Raumes X in einen beliebigen Raum Y. Dann ist auch das Bild $f(X)$ kompakt.*

Beweis: Sei $\{V_i\}$ eine offene Überdeckung von $f(X)$. Die Mengen $U_i := f^{-1}(V_i)$ bilden dann ein offene Überdeckung von X. Gewisse endlich viele $U_{i_1}, \ldots, U_{i_r}$ dieser Urblider überdecken X, deren Bilder $V_{i_1}, \ldots, V_{i_r}$ also der Bildmenge $f(X)$. $\qquad\square$

Folgerung (Satz vom Maximum und Minimum): *Jede stetige Funktion $f\colon X \to \mathbb{R}$ auf einem kompakten Raum X nimmt ein Maximum und ein Minimum an.*

Beweis: Das Bild $f(X) \subset \mathbb{R}$ ist beschränkt, hat also ein Supremum M und ein Infimum m. Ferner ist $f(X)$ abgeschlossen; also sind M und m Elemente von $f(X)$. $\qquad\square$

Beispiel: Als *Abstand* zweier nicht leerer Teilmengen K und A eines metrischen Raumes (X, d) definiert man die Zahl

$$d(K, A) := \inf \{d(k, a) \mid k \in K, \ a \in A\}.$$

Wir zeigen: *Ist K kompakt, A abgeschlossen und $K \cap A$ leer, so gibt es einen Punkt $p \in K$ mit $d(p, A) = d(K, A)$; insbesondere ist $d(K, A) > 0$.*

Beweis: Die Funktion $x \mapsto d(x, A)$ ist stetig und nimmt auf K ein Minimum an; es gibt also einen Punkt $p \in K$ mit $d(p, A) = d(K, A)$. Da p nicht in A liegt und A abgeschlossen ist, gibt es eine Kugel $K_r(p)$, die A nicht schneidet. Folglich ist $d(p, a) \geq r$ für $a \in A$, also $d(p, A) \geq r$. $\qquad\square$

Die analoge Aussage im Fall zweier nur abgeschlossener Mengen kann falsch sein. Zum Beispiel haben das Achsenkreuz $A = \{(x, y) \mid xy = 0\}$ in $\mathbb{R}^2$ und die Hyperbel $H = \{(x, y) \mid xy = 1\}$ den Abstand 0.

Definition: Seien X, Y metrische Räume. Eine Abbildung $f\colon X \to Y$ heißt *gleichmäßig stetig auf X*, wenn es zu jedem $\varepsilon > 0$ ein $\delta > 0$ gibt so, daß für jedes Punktepaar $x_1, x_2 \in X$ mit $d_X(x_1, x_2) < \delta$ gilt:

$$d_Y\big(f(x_1), f(x_2)\big) < \varepsilon.$$

Satz: *Eine stetige Abbildung $f\colon X \to Y$ eines kompakten metrischen Raumes X in einen metrischen Raum Y ist sogar gleichmäßig stetig.*

Beweis wörtlich wie in Band 1, 7.5.

III. Produkträume mit kompaktem Faktor

Tubenlemma: *Es sei X ein beliebiger und K ein kompakter metrischer Raum. Sei ferner $W \subset X \times K$ eine offene Menge, die die „Faser" über dem Punkt $x_0 \in X$, d. h. die Menge $\{x_0\} \times K$, enthält. Dann gibt es eine Umgebung $U \subset X$ von x_0 derart, daß $U \times K \subset W$.*

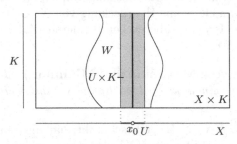

Jede Umgebung W einer kompakten Faser $\{x_0\} \times K$
enthält eine Tubenumgebung $U \times K$

Beweis: Zu jedem Punkt (x_0, y), $y \in K$, wähle man offene Umgebungen U_y von x_0 in X und V_y von y in K mit $U_y \times V_y \subset W$. Die Gesamtheit der V_y, $y \in K$, bildet eine offene Überdeckung von K. Als kompakter Raum wird K bereits von gewissen endlich vielen $V_{y_1}, \ldots, V_{y_r}$ überdeckt. Dann ist $U := U_{y_1} \cap \cdots \cap U_{y_r}$ eine Umgebung von x_0 mit $U \times K \subset W$.   □

Folgerung: *Das Produkt $K \times L$ kompakter Räume K und L ist kompakt.*

Beweis: Sei $\{W_i\}$ eine offene Überdeckung von $K \times L$. Jede Faser $\{x\} \times L$, $x \in K$, wird bereits von gewissen endlich vielen $W_{i,x}$ überdeckt. Diese $W_{i,x}$ überdecken nach dem Tubenlemma eine Menge der Gestalt $U_x \times L$, wobei U_x eine offene Umgebung von x ist. Geeignete endlich viele der U_x überdecken K. Insgesamt findet man so endlich viele W_i, die $K \times L$ überdecken.   □

Anwendung: Stetigkeit parameterabhängiger Integrale. Wichtige Funktionen der Analysis kann man als parameterabhängige Integrale darstellen; zum Beispiel die Gammafunktion, siehe 8.4, oder die sogenannten Besselfunktionen $J_n \colon \mathbb{R} \to \mathbb{R}$, $n \in \mathbb{Z}$; diese besitzen die Darstellung

$$J_n(x) = \frac{1}{\pi} \int_0^\pi \cos(x \sin t - nt) \, dt.$$

Wir beweisen mit Hilfe des Tubenlemmas einen Stetigkeitssatz für parameterabhängige Integrale im Fall eines kompakten Integrationsintervalls. Den Fall eines nicht kompakten Integrationsintervalls behandeln wir erst in der Integrationstheorie; siehe 8.4.

Es sei $f\colon X \times [a;b] \to \mathbb{C}$ eine stetige Funktion auf dem Produkt eines metrischen Raumes X und eines kompakten Intervalls $[a;b] \subset \mathbb{R}$. Integration längs der „Fasern" $\{x\} \times [a;b]$ ergibt eine Funktion

$$F\colon X \to \mathbb{C}, \qquad F(x) := \int_a^b f(x,t)\,\mathrm{d}t.$$

Satz: *Die Funktion F ist stetig.*

Beweis: Wir beweisen die Stetigkeit in $x_0 \in X$. Sei $\varepsilon > 0$ gegeben. Die Funktion $\varphi(x,t) := f(x,t) - f(x_0,t)$ auf $X \times [a;b]$ verschwindet auf der Faser $\{x_0\} \times [a;b]$ und ist stetig. Daher ist die Menge

$$W := \left\{ (x,t) \in X \times [a;b] \mid |\varphi(x,t)| < \varepsilon \right\}$$

eine offene Umgebung von $\{x_0\} \times [a;b]$. W enthält eine Menge der Gestalt $U \times [a;b]$, wobei U eine Umgebung von x_0 ist. Für $x \in U$ gilt dann

$$\left| F(x) - F(x_0) \right| \le \int_a^b \left| f(x,t) - f(x_0,t) \right| \mathrm{d}t \le |b-a| \cdot \varepsilon. \qquad \square$$

Falls auch X ein kompaktes Intervall ist, $X = [c;d]$, kann F darüber integriert werden. Dadurch erhält man das sogenannte *iterierte Integral*

$$\int_c^d \left(\int_a^b f(x,y)\,\mathrm{d}y \right) \mathrm{d}x = \int_c^d F(x)\,\mathrm{d}x.$$

In 7.4 werden wir sehen, daß dieses den Wert des 2-dimensionalen Integrals der stetigen Funktion f auf dem Rechteck $[c;d] \times [a;b]$ darstellt.

1.5 Zusammenhang

Der Zwischenwertsatz für stetige Funktionen in der Version von Band 1 setzt als Definitionsbereich ein Intervall voraus. Wir verallgemeinern diesen wichtigen Satz jetzt auf stetige Abbildungen, deren Definitionsbereich zusammenhängend ist.

Definition: Ein metrischer Raum X heißt *zusammenhängend*, wenn es keine Zerlegung $X = U \cup V$ gibt, in der U und V disjunkt, offen und nicht leer sind. Eine Teilmenge $X_0 \subset X$ heißt zusammenhängend, wenn sie es als Teilraum ist.

Beispiel: Die Hyperbel $H = \left\{ x \in \mathbb{R}^2 \mid x_1^2 - x_2^2 = 1 \right\}$ hängt nicht zusammen: Ihre beiden Äste $H_+ = H \cap (\mathbb{R}_+ \times \mathbb{R})$ und $H_- = H \cap (\mathbb{R}_- \times \mathbb{R})$ bilden eine Zerlegung in nicht leere, punktfremde, H-offene Teilmengen.

Satz: *Eine Menge $X \subset \mathbb{R}$ mit mindestens zwei Punkten ist genau dann zusammenhängend, wenn sie ein Intervall ist.*

Beweis: Es sei $X = I$ ein Intervall. Angenommen, es gäbe eine Zerlegung $I = U \cup V$, in der U und V disjunkte, I-offene, nicht leere Mengen sind. Wir wählen dann Punkte $u \in U$ und $v \in V$, wobei wir $u < v$ annehmen dürfen. Da I ein Intervall ist, liegt $[u;v]$ in I. Sei $s := \sup\bigl([u;v] \cap U\bigr)$. Da $U = I \setminus V$ in I abgeschlossen ist, liegt s in U. Damit folgen $s < v$ und $(s;v] \subset V$. Andererseits gehört wegen der Offenheit von U in I ein gewisses Intervall $[s;s+\varepsilon)$ zu U. Wir erhalten also einen Widerspruch zu $U \cap V = \emptyset$.

Umgekehrt sei X kein Intervall. Dann gibt es Punkte $u, v \in X$ und zwischen diesen einen Punkt $s \notin X$. Die Mengen $U := X \cap (-\infty; s)$ und $V := X \cap (s; \infty)$ sind dann disjunkt, X-offen und nicht leer, und es gilt $U \cup V = X$. Somit hängt X nicht zusammen. $\Box$

Satz: *Das Bild $f(X)$ eines zusammenhängenden Raumes X unter einer stetigen Abbildung $f \colon X \to Y$ ist zusammenhängend.*

Beweis: Andernfalls gäbe es disjunkte, nicht leere, $f(X)$-offene Mengen U und V mit $f(X) = U \cup V$, und man erhielte in $X = f^{-1}(U) \cup f^{-1}(V)$ eine analoge Zerlegung von X. Widerspruch! $\Box$

Folgerung (Zwischenwertsatz): *Es sei X ein zusammenhängender Raum und $f \colon X \to \mathbb{R}$ eine stetige Funktion auf ihm. Ferner seien a und b Punkte in X. Dann nimmt f jeden Wert zwischen $f(a)$ und $f(b)$ an.*

Beweis: Im Fall $f(a) \neq f(b)$ ist $f(X)$ ein Intervall. $\Box$

In der Analysis spielt noch ein weiterer Zusammenhangsbegriff eine Rolle.

Definition: Ein metrischer Raum X heißt *wegzusammenhängend*, wenn es zu je zwei Punkten $a, b \in X$ eine stetige Kurve $\gamma \colon [\alpha; \beta] \to X$ mit $\gamma(\alpha) = a$ und $\gamma(\beta) = b$ gibt. Man sagt dann, γ *verbinde a und b.*

Beispiel 1: *Jede konvexe Menge X in einem normierten Vektorraum ist wegzusammenhängend.* X heißt *konvex*, wenn mit je zwei Punkten a und $b \in X$ auch die Verbindungsstrecke $[a;b] := \bigl\{a + t(b-a) \mid t \in [0;1]\bigr\}$ in X liegt. $\gamma(t) := a + t(b-a)$, $t \in [0;1]$, definiert dann eine Verbindungskurve.

Beispiel 2: *Für $n \geq 2$ sind $\mathbb{R}^n \setminus \{0\}$ und die Sphäre S^{n-1} wegzusammenhängend.*

Beweis: Seien $a, b \in \mathbb{R}^n \setminus \{0\}$. Wegen $n \geq 2$ gibt es einen weiteren Punkt $c \in \mathbb{R}^n$ derart, daß 0 weder auf der Strecke $[a;c]$ noch auf der Strecke $[c;b]$

liegt. Der Streckenzug $\gamma \colon [0; 2] \to \mathbb{R}^n \setminus \{0\}$,

$$\gamma(t) := \begin{cases} a + t(c - a) & \text{für } t \in [0; 1], \\ c + (t - 1)(b - c) & \text{für } t \in [1; 2], \end{cases}$$

verbindet dann a und b. Liegen a und b auf S^{n-1}, so ist $\gamma / \|\gamma\|_2$ eine Kurve auf S^{n-1}, die a und b verbindet. $\square$

Lemma: *Jeder wegzusammenhängende Raum X ist zusammenhängend.*

Beweis: Angenommen, es gibt eine Zerlegung $X = U \cup V$ in disjunkte, nicht leere, offene Mengen. Wir verbinden dann Punkte $u \in U$ und $v \in V$ mit einer stetigen Kurve $\gamma : [0; 1] \to X$ und erhalten in $\gamma^{-1}(U) \cup \gamma^{-1}(V)$ eine Zerlegung des Intervalls $[0; 1]$ in disjunkte, nicht leere, $[0; 1]$-offene Teilmengen. Eine solche gibt es aber nicht. $\square$

Satz: *Jede zusammenhängende offene Menge X in einem normierten Vektorraum ist wegzusammenhängend. Je zwei Punkte $a, b \in X$ können sogar durch einen Streckenzug in X verbunden werden.*

Letzteres besagt: Es gibt Punkte $a_0 := a, a_1, \ldots, a_k := b$ derart, daß jede Verbindungsstrecke $[a_{i-1}; a_i]$ in X liegt.

Beweis: Wir betrachten die Menge

$$U := \big\{ x \in X \mid \text{Es gibt einen Streckenzug in } X \text{ von } a \text{ nach } x \big\}.$$

U hat folgende Eigenschaften:

(i) U ist offen. Denn jede Kugel $K(u) \subset X$ mit Mittelpunkt $u \in U$ liegt ganz in U: Setzt man nämlich für $x \in K(u)$ einen Streckenzug in X von a nach u mit der Strecke $[u; x]$ zusammen, so erhält man einen Streckenzug in X von a nach x.

(ii) $V := X \setminus U$ ist offen. Denn jede Kugel $K(v) \subset X$ mit Mittelpunkt $v \in V$ liegt ganz in V: Sonst gäbe es einen Streckenzug in X von a zu einem Punkt $x \in K(v)$ und damit auch zum Mittelpunkt v.

Nach (i) und (ii) ist $X = U \cup V$ eine Zerlegung in disjunkte, offene Mengen. Da U wegen $a \in U$ nicht leer ist und da X zusammenhängt, ist $U = X$. $\square$

Bemerkung: Der Satz gilt nicht für beliebige zusammenhängende Teilmengen eines normierten Raumes. Zum Beispiel ist die Menge in $\mathbb{R}^2$, die aus dem Nullpunkt und dem Graphen der Funktion $\sin 1/x$, $x > 0$, besteht, zusammenhängend, aber nicht wegzusammenhängend; Beweis als Aufgabe.

Definition: Eine zusammenhängende offene Menge in einem normierten Raum heißt *Gebiet*.

Wir bringen noch ein weiteres Beispiel. Dieses hat für den Orientierungs-begriff in endlich-dimensionalen $\mathbb{R}$-Vektorräumen eine große Bedeutung; siehe 13.4. Es seien

- $\mathrm{GL}(n, \mathbb{R})$ die Gruppe der rellen $n \times n$-Matrizen A mit $\det A \neq 0$,

- $\mathrm{GL}^+(n, \mathbb{R})$ die Gruppe der rellen $n \times n$-Matrizen A mit $\det A > 0$.

$\mathrm{GL}(n, \mathbb{R})$ und $\mathrm{GL}^+(n, \mathbb{R})$ fassen wir als Teilräume von $\mathbb{R}^{n \times n}$ auf.

Satz: *Die Gruppe* $\mathrm{GL}(n, \mathbb{R})$, $n \geq 1$, *ist nicht zusammenhängend; die Untergruppe* $\mathrm{GL}^+(n, \mathbb{R})$ *hingegen ist zusammenhängend.*

Beweis (von Thomas Honold): $\mathrm{GL}(n, \mathbb{R})$ ist nicht zusammenhängend. Andernfalls wäre das Bild unter der stetigen Abbildung $\det : \mathrm{GL}(n, \mathbb{R}) \to \mathbb{R}$ zusammenhängend; tatsächlich aber ist dieses Bild $\mathbb{R}^*$. Dem Nachweis, daß $\mathrm{GL}^+(n, \mathbb{R})$ zusammenhängt, stellen wir zwei Hilfssätze voran.

Hilfssatz 1: *Es seien* $U, V \in \mathrm{GL}^+(n, \mathbb{R})$ *Matrizen derart, daß* VU^{-1} *keinen negativen Eigenwert hat. Dann liegt auch ihre Verbindungsstrecke* $[U; V] := \{tU + (1 - t)V \mid t \in [0; 1]\}$ *in* $\mathrm{GL}^+(n, \mathbb{R})$.

Beweis: Zu zeigen ist, daß $D(t) := \det(tU + (1 - t)V) > 0$ für $t \in [0; 1]$. Wegen der Stetigkeit der Funktion D und $D(0) > 0$, $D(1) > 0$ genügt es zu zeigen, daß D in $(0; 1)$ keine Nullstelle hat. Nun gilt für $t \in (0; 1)$

$$D(t) = (1 - t)^n \det U \cdot \det \left(\frac{t}{1 - t} E + VU^{-1} \right) = (1 - t)^n \det U \cdot \chi \left(\frac{-t}{1 - t} \right);$$

dabei bezeichnet χ das charakteristische Polynom von VU^{-1}. Nach Voraussetzung ist $\chi(\lambda) \neq 0$ für $\lambda < 0$. Damit folgt die Behauptung. $\square$

Hilfssatz 2: *Jede Matrix* $A \in \mathrm{GL}^+(n, \mathbb{R})$ *besitzt eine Darstellung*

$$A = T^2 B \quad \text{mit} \quad T, B \in \mathrm{GL}^+(n, \mathbb{R}),$$

wobei T *und* B *keine negativen Eigenwerte haben.*

Beweis: Wegen $\det A > 0$ ist die Anzahl der negativen Eigenwerte von A gerade. Diese Eigenwerte seien $\lambda_1, \ldots, \lambda_{2k}$. Nach einem einfachen Reduktionssatz, siehe etwa [9] Kapitel 8.3.3, gibt es ein $V \in \mathrm{GL}(n, \mathbb{R})$ so, daß $V^{-1}AV$ die Gestalt

$$V^{-1}AV = \begin{pmatrix} \Lambda & * \\ 0 & C \end{pmatrix} =: A'$$

hat, wobei Λ eine obere Dreiecksmatrix ist mit $\lambda_1, \ldots, \lambda_{2k}$ in der Diagonale und C keine negativen Eigenwerte hat. Es genügt, den Hilfssatz für A' zu zeigen.

Sei T die $n \times n$-Matrix mit k Kästchen $I = \begin{pmatrix} 0 & -1 \\ 1 & 0 \end{pmatrix}$ und der $(n - 2k)$-reihigen Einheitsmatrix E_{n-2k} längs der Diagonale:

$$T := \mathrm{Diag}(\underbrace{I, \ldots, I}_{k-\mathrm{mal}}, E_{n-2k}).$$

T hat keine negativen Eigenwerte; ferner gilt

$$T^2 = \begin{pmatrix} -E_{2k} & 0 \\ 0 & E_{n-2k} \end{pmatrix} \quad \text{und} \quad B := T^{-2}A' = \begin{pmatrix} -A & * \\ 0 & C \end{pmatrix}.$$

Da auch B keine negativen Eigenwerte hat, ist der Hilfssatz damit bewiesen. $\square$

Wir kommen zum Nachweis, daß $\mathrm{GL}^+(n, \mathbb{R})$ zusammenhängt. Wir zeigen dazu, daß jedes $A \in \mathrm{GL}^+(n, \mathbb{R})$ mit der Einheitsmatrix E durch einen Streckenzug in $\mathrm{GL}^+(n, \mathbb{R})$ verbunden werden kann; das genügt. Sei $A = T^2 B$ eine Darstellung wie in Hilfssatz 2. Dann ist $[E; B]$, $[B; TB]$, $[TB; T^2B]$ ein Streckenzug von E nach A, der nach Hilfssatz 1 ganz in $\mathrm{GL}^+(n, \mathbb{R})$ liegt. $\square$

Der Zusammenhang stellt eine wichtige topologische Invariante dar: *Sind X und Y homöomorphe Räume, so ist X genau dann zusammenhängend, wenn das für Y zutrifft.* Diese Tatsache ermöglicht es manchmal, zwei Räume als nicht homöomorph zu erkennen. Wir demonstrieren das an einem für die Dimensionstheorie bedeutsamen Beispiel.

Cantor entdeckte 1878, daß $\mathbb{R}$ bijektiv auf $\mathbb{R}^2$ abgebildet werden kann. Ferner zeigte Peano 1890, daß es stetige surjektive Abbildungen des Intervalls $I = [0; 1]$ auf das Quadrat I^2 gibt; siehe Band 1, 12.10, Aufgabe 14. Die Abbildung von Cantor ist nicht stetig, die von Peano nicht bijektiv. Erst 1911 bewies Brouwer, daß es keine homöomorphe Abbildung von $\mathbb{R}^m$ auf $\mathbb{R}^n$ gibt, wenn $m \neq n$ ist. Der Beweis benützt Hilfsmittel, die hier nicht zur Verfügung stehen. Immerhin können wir aufgrund der Invarianz des Zusammenhangs den Satz für $m = 1$ zeigen; für $m = 2$ siehe 5.6 Aufgabe 13.

Satz: $\mathbb{R}^n$ *ist für $n > 1$ nicht homöomorph zu $\mathbb{R}$.*

Beweis: Für $n > 1$ ist $\mathbb{R}^n \setminus \{0\}$ nach Beispiel 2 zusammenhängend, die Menge $\mathbb{R} \setminus \{y\}$ jedoch für keinen Punkt $y \in \mathbb{R}$, da sie kein Intervall ist. Gäbe es einen Homöomorphismus $f \colon \mathbb{R}^n \to \mathbb{R}$, so induzierte dieser aber einen Homöomorphismus $\mathbb{R}^n \setminus \{0\} \to \mathbb{R} \setminus \{f(0)\}$. $\square$

L. E. Brouwer (1891–1961). Begründer des Intuitionismus. Von ihm stammen wichtige Beiträge zur Topologie, insbesondere zur Dimensionstheorie. Die Klärung des Dimensionsbegriffes war im Anschluß an die Mengenlehre von Cantor unausweichlich geworden. Vgl. Band 1, 5.8 Aufgabe 20.

1.6 Potenzreihen in Banachalgebren

Unter einer Reihe $\sum_{k=1}^{\infty} x_k$, $x_k \in V$, in einem Banachraum V versteht man wie im Fall $V = \mathbb{C}$ die Folge der Partialsummen $S_n = \sum_{k=1}^{n} x_k$. Die Reihe heißt *konvergent*, wenn die Folge (S_n) konvergiert; gegebenenfalls heißt deren Grenzwert *Wert der Reihe*, und man schreibt auch für diesen $\sum_{k=1}^{\infty} x_k$. Ferner heißt die Reihe *absolut konvergent*, falls die Reihe der Normen $\sum_{k=1}^{\infty} \|x_k\|$ konvergiert. Die Folge der Partialsummen einer absolut konvergenten Reihe ist offensichtlich eine Cauchyfolge. Somit gilt:

Satz 1: *Jede absolut konvergente Reihe in einem Banachraum konvergiert.*

Wir betrachten im Weiteren Banachräume, die zusätzlich eine mit der Norm verträgliche multiplikative Struktur aufweisen.

Definition: Ein normierter $\mathbb{K}$-Vektorraum $\mathscr{A}$ heißt *normierte $\mathbb{K}$-Algebra*, wenn in ihm eine bilineare und assoziative, aber nicht notwendig kommutative Verknüpfung (Multiplikation) $\mathscr{A} \times \mathscr{A} \to \mathscr{A}$, $(x, y) \mapsto xy$, erklärt ist und die Norm die *multiplikative Dreiecksungleichung*

(N4) $$\|xy\| \leq \|x\| \cdot \|y\|$$

erfüllt. Eine normierte Algebra, die zugleich ein Banachraum ist, heißt *Banachalgebra*.

Beispiele von Banachalgebren:

1. *Jede endlich-dimensionale normierte $\mathbb{K}$-Algebra.* Zum Beispiel der Matrizenraum $\mathbb{K}^{n \times n}$ mit irgendeiner Operatornorm; allgemeiner, der Raum $L(X, X)$ der linearen Abbildungen eines endlich-dimensionalen normierten Vektorraums in sich.

2. *Die Algebra $\mathscr{C}[a; b]$ mit der Supremumsnorm.*

Folgerungen aus (N4):

1. $\|x^k\| \leq \|x\|^k$ *für $k = 2, 3, \ldots$*

2. *Aus $x_k \to x$ und $y_k \to y$ folgt $x_k y_k \to xy$. Insbesondere gilt für jede konvergente Reihe und jedes Element $a \in \mathscr{A}$ $a\left(\sum_{k=1}^{\infty} x_k\right) = \sum_{k=1}^{\infty} a x_k$.*

   Beweis im Wesentlichen wörtlich wie im Fall $\mathscr{A} = \mathbb{C}$.

Im Folgenden sei $\mathscr{A}$ stets eine Banachalgebra mit Einselement, d. h. mit einem Element e derart, daß $ae = ea = a$ für jedes $a \in \mathscr{A}$ gilt. Ein solches Element ist eindeutig bestimmt und wird oft mit 1 bezeichnet. Die Algebra $\mathbb{K}^{n \times n}$ etwa hat als Einselement die Einheitsmatrix. Für jedes $x \in \mathscr{A}$ setzen wir $x^0 := 1$.

Satz 2: *Sei $\mathscr{A}$ eine Banachalgebra über $\mathbb{K}$ mit Eins. Ist $P(z) = \sum_{k=0}^{\infty} a_k z^k$ eine Potenzreihe mit Koeffizienten $a_k \in \mathbb{K}$ und Konvergenzradius R, so konvergiert für jedes Element $x \in K_R^{\mathscr{A}}(0) := \{x \in \mathscr{A} \mid \|x\| < R\}$ die Reihe*

$$P_{\mathscr{A}}(x) := \sum_{k=0}^{\infty} a_k x^k$$

absolut. Die hierdurch erklärte Funktion $P_{\mathscr{A}} \colon K_R^{\mathscr{A}}(0) \to \mathscr{A}$ ist in jeder Kugel $\overline{K}_r^{\mathscr{A}}(0)$ mit $r < R$ Lipschitz-stetig: Für beliebige $x, y \in \overline{K}_r^{\mathscr{A}}(0)$ gilt

$$(13) \qquad \left\| P_{\mathscr{A}}(x) - P_{\mathscr{A}}(y) \right\| \leq \|x - y\| \cdot \sum_{k=1}^{\infty} k \, |a_k| \, r^{k-1}.$$

Für jedes $x \in K_R^{\mathscr{A}}(0)$ ist die Funktion $t \mapsto P_{\mathscr{A}}(tx)$ im Intervall $(-\rho; \rho)$ differenzierbar ($\rho := R/\|x\|$ bzw. $\rho = \infty$ für $x = 0$) und hat die Ableitung

$$(14) \qquad \frac{d}{dt} P_{\mathscr{A}}(tx) := \lim_{h \to 0} \frac{P_{\mathscr{A}}\big((t+h)x\big) - P_{\mathscr{A}}(tx)}{h} = x \cdot P'_{\mathscr{A}}(tx);$$

dabei bezeichnet P' die Ableitung von P.

Beweis: Die absolute Konvergenz der Reihe $P_{\mathscr{A}}(x)$ für $x \in K_R^{\mathscr{A}}(0)$ folgt wegen $\|a_k x^k\| \leq |a_k| \cdot \|x\|^k$ aus der absoluten Konvergenz der Reihe $P(z)$ für $|z| < R$. Die Lipschitz-Stetigkeit ergibt sich aus der für $x, y \in \mathscr{A}$ mit $\|x\| \leq r$ und $\|y\| \leq r$ geltenden Abschätzung $\|x^k - y^k\| \leq \|x - y\| \cdot k r^{k-1}$, und diese folgt aus der Identität $x^k - y^k = \sum_{i=0}^{k-1} x^{k-1-i}(x-y)y^i$.
Zum Nachweis von (14) verwenden wir die Potenzreihe

$$\Phi(t) := \sum_{k=0}^{\infty} |a_k| \, \|x\|^k \, t^k, \quad t \in (-\rho; \rho).$$

Es sei $t \in (-\rho; \rho)$ fixiert. Da Φ in $|t|$ differenzierbar ist, gibt es zu jedem $\varepsilon > 0$ ein $\delta > 0$ so, daß

$$\left| \frac{\Phi(|t| + h) - \Phi(|t|)}{h} - \dot{\Phi}(|t|) \right| < \varepsilon, \quad \text{falls } |h| < \delta, \ h \neq 0.$$

Für diese h gilt dann

$$\left\| \frac{P_{\mathscr{A}}\big((t+h)x\big) - P_{\mathscr{A}}(tx)}{h} - x \cdot P'_{\mathscr{A}}(tx) \right\| \leq \left| \frac{\Phi(|t| + |h|) - \Phi(|t|)}{|h|} - \dot{\Phi}(|t|) \right| < \varepsilon.$$

Daraus folgt die Behauptung.   □

Zusatz: *Für jede Matrix $A \in \mathbb{K}^{n \times n}$ mit $\|A\| < R$, wobei $\|\ \|$ eine beliebige Operatornorm sei, konvergiert die Reihe $\sum_{k=0}^{\infty} a_k A^k$ in dieser Norm; sie konvergiert ferner komponentenweise.*

Als Beispiele betrachten wir die geometrische Reihe und die Exponentialreihe.

Geometrische Reihe und Inversenbildung. Es sei $\mathscr{A}$ eine Banachalgebra mit Eins. *Dann hat $1 - x$ für jedes Element $x \in \mathscr{A}$ mit $\|x\| < 1$ ein Inverses; und zwar ist*

$$(1 - x)^{-1} = \sum_{n=0}^{\infty} x^n =: G_{\mathscr{A}}(x);$$

es gilt nämlich

$$(1 - x) \cdot G_{\mathscr{A}}(x) = \sum_{n=0}^{\infty} x^n - \sum_{n=0}^{\infty} x^{n+1} = 1,$$

und ebenso $G_{\mathscr{A}}(x) \cdot (1 - x) = 1$.   □

Die Menge der invertierbaren Elemente einer Banachalgebra $\mathscr{A}$ mit Einselement bezeichnet man mit $\mathscr{A}^*$. $\mathscr{A}^*$ ist mit der Multiplikation von $\mathscr{A}$ als Verknüpfung eine Gruppe und heißt *Einheitengruppe* von $\mathscr{A}$. Die Einheitengruppe der Matrizenalgebra $\mathbb{K}^{n \times n}$ ist die Gruppe $\mathrm{GL}(n, \mathbb{K})$; allgemeiner: Die Einheitengruppe in der Algebra der linearen Abbildungen $X \to X$ eines endlich-dimensionalen normierten Vektorraums ist die Gruppe $\mathrm{L}^*(X, X)$ der Isomorphismen.

Satz 3: *Die Einheitengruppe $\mathscr{A}^*$ einer Banachalgebra $\mathscr{A}$ mit Eins ist eine offene Menge in $\mathscr{A}$, und die Inversenbildung*

$$\mathrm{Inv} \colon \mathscr{A}^* \to \mathscr{A}^*, \quad x \mapsto x^{-1},$$

ist stetig. Insbesondere ist $\mathrm{Inv} \colon \mathrm{L}^*(X, X) \to \mathrm{L}^*(X, X)$ stetig.

Beweis: Sei $a \in \mathscr{A}^*$. Dann enthält $\mathscr{A}^*$ auch die Kugel um a mit dem Radius $r := 1/\|a^{-1}\|$. Aus $\|x - a\| \leq 1/\|a^{-1}\|$ folgt nämlich zunächst

$$\|1 - a^{-1}x\| \leq \|a^{-1}\| \cdot \|a - x\| < 1;$$

also ist $a^{-1}x$ invertierbar und damit auch x. Mithin ist $\mathscr{A}^*$ offen. Ferner ist das zu $x \in K_r(a)$ inverse Element gegeben durch

$$x^{-1} = G_{\mathscr{A}}(1 - a^{-1}x)\, a^{-1}.$$

Die durch $x \mapsto 1 - a^{-1}x$ und durch $y \mapsto ya^{-1}$ definierten Abbildungen in $\mathscr{A}$ sind Lipschitz-stetig und $G_{\mathscr{A}} \colon K_1(0) \to \mathscr{A}$ ist stetig nach obigem Satz. Somit ist auch $x \mapsto x^{-1}$ stetig.   □

Bemerkung: Die geometrische Reihe wird oft angewendet, um Operatoren zu invertieren. Man bezeichnet sie auch als *Neumannsche Reihe* nach Carl Neumann (1832–1925), der sie erstmals zur Lösung gewisser Integralgleichungen einsetzte.

Die Exponentialabbildung. Wie im Fall $\mathscr{A} = \mathbb{C}$ definiert und zeigt man

$$\exp\colon \mathscr{A} \to \mathscr{A}, \qquad \exp x = \mathrm{e}^x := \sum_{k=0}^{\infty} \frac{x^k}{k!} = \lim_{n\to\infty} \left(1 + \frac{x}{n}\right)^n.$$

Die Exponentialabbildung in $\mathscr{A}$ hat dieselben charakteristischen Eigenschaften wie die Exponentialfunktion in $\mathbb{C}$:

Satz 4: *Für vertauschbare Elemente $x, y \in \mathscr{A}$, d. h. Elemente mit $xy = yx$, gilt das Additionstheorem*

$$\mathrm{e}^{x+y} = \mathrm{e}^x \cdot \mathrm{e}^y.$$

Insbesondere ist für jedes $x \in \mathscr{A}$ durch $\gamma(t) := \mathrm{e}^{tx}$, $t \in \mathbb{K}$, ein Homomorphismus $\gamma\colon \mathbb{K} \to \mathscr{A}^*$ definiert. Dieser ist differenzierbar, und es gilt

(15)
$$\dot{\gamma}(t) = \left(\mathrm{e}^{tx}\right)^{\cdot} = x\,\mathrm{e}^{tx}.$$

Beweis: Das Additionstheorem beweist man wie in Band 1, 8.1. Damit ergibt sich auch die Invertierbarkeit von e^x; es gilt nämlich $\mathrm{e}^x \cdot \mathrm{e}^{-x} = \mathrm{e}^0 = 1$. Die weiteren Behauptungen sind mit Satz 3 gezeigt. $\square$

Die Exponentialabbildung in einer Banachalgebra hat vielfältige Anwendungen. Wegen (15) spielt sie zum Beispiel eine fundamentale Rolle bei Systemen linearer Differentialgleichungen mit konstanten Koeffizienten; siehe 4.3.

Beispiele:

1. Sei $\Lambda = \mathrm{Diag}(\lambda_1, \ldots, \lambda_n)$ eine Diagonalmatrix mit den Diagonalelementen $\lambda_1, \ldots, \lambda_n$. Dann ist $\Lambda^k = \mathrm{Diag}(\lambda_1^k, \ldots, \lambda_n^k)$, und es ergibt sich

$$\mathrm{e}^{\Lambda} = \sum_{k=0}^{\infty} \frac{\Lambda^k}{k!} = \mathrm{Diag}(\mathrm{e}^{\lambda_1}, \ldots, \mathrm{e}^{\lambda_n}).$$

2. Sei $I = \begin{pmatrix} 0 & -1 \\ 1 & 0 \end{pmatrix}$ und $t \in \mathbb{K}$. Wegen $I^{2k} = (-1)^k E$ erhält man

$$\mathrm{e}^{tI} = \left(1 - \frac{t^2}{2!} + \frac{t^4}{4!} - \cdots\right) E + \left(t - \frac{t^3}{3!} + \frac{t^5}{5!} - \cdots\right) I = \begin{pmatrix} \cos t & -\sin t \\ \sin t & \cos t \end{pmatrix}.$$

Wegen dieser Formel wird die Matrix I oft als *infinitesimale Erzeugende der Drehgruppe* bezeichnet.

3. Sei $A = \begin{pmatrix} a & -b \\ b & a \end{pmatrix} = aE + bI$, I wie in Beispiel 2. E und I sind vertauschbar; also gilt $e^{tA} = e^{taE} \cdot e^{tbI}$ für $t \in \mathbb{K}$. Mit Beispiel 1 und 2 folgt

$$e^{tA} = e^{at} \begin{pmatrix} \cos bt & -\sin bt \\ \sin bt & \cos bt \end{pmatrix}.$$

Bemerkung: Ist $AB \neq BA$, so hat man im allgemeinen $e^{A+B} \neq e^A e^B$. Zum Beispiel gilt mit $A = \begin{pmatrix} 1 & 0 \\ 0 & 0 \end{pmatrix}$ und $B = \begin{pmatrix} 0 & 1 \\ 0 & 0 \end{pmatrix}$

$$e^A e^B = \begin{pmatrix} e & e \\ 0 & 1 \end{pmatrix} \quad \text{und} \quad e^{A+B} = \begin{pmatrix} e & e-1 \\ 0 & 1 \end{pmatrix}.$$

1.7 Aufgaben

1. Für Mengen $A, B \subset \mathbb{R}^n$ gilt

   a) $\overline{A \cup B} = \overline{A} \cup \overline{B}$,

   b) $(A \cap B)^\circ = A^\circ \cap B^\circ$.

2. Jede offene Menge $M \subset \mathbb{R}^n$ ist eine Vereinigung abzählbar vieler offener Kugeln.

3. Eine Norm $\| \ \|$ auf einem Vektorraum V wird genau dann von einem Skalarprodukt $\langle \ , \ \rangle$ induziert, d. h., es gilt $\|x\| = \sqrt{\langle x, x \rangle}$, wenn sie das *Parallelogrammgesetz* erfüllt:

   $$\|x + y\|^2 + \|x - y\|^2 = 2\|x\|^2 + 2\|y\|^2.$$

   Welche p-Normen auf $\mathbb{K}^n$ werden von einem Skalarprodukt induziert?

4. Es seien $I, J \subset \mathbb{R}$ kompakte Intervalle und $f \colon I \times J \to \mathbb{R}$ eine stetige Funktion. Man zeige, daß die durch $F(x) := \sup_{y \in J} \{f(x, y)\}$ definierte Funktion $F \colon J \to \mathbb{R}$ stetig ist.

5. Die Funktion $f \colon \mathbb{R}^2 \to \mathbb{R}$ mit $f(0, 0) = 0$ und $f(x, y) := |y/x^2| \cdot e^{-|y/x^2|}$ für $(x, y) \neq (0, 0)$ ist in $(0, 0)$ unstetig, aber die Beschränkung $f \,|\, G$ auf jede Gerade G durch den Nullpunkt ist stetig auf G.

6. Man zeige, daß die punktierte Ebene $\mathbb{R}^2 \setminus \{0\} = \mathbb{C}^*$ und der Zylinder $Z := \{(x_1, x_2, x_3) \mid x_1^2 + x_2^2 = 1\} \subset \mathbb{R}^3$ homöomorph sind. Ein Homöomorphismus $f \colon \mathbb{C}^* \to Z$ ist gegeben durch

   $$f(z) := \left(\frac{\operatorname{Re} z}{|z|}, \frac{\operatorname{Im} z}{|z|}, \ln|z| \right).$$

7. Es sei $A \subset \mathbb{R}^{n \times n}$ eine nicht-singuläre, symmetrische Matrix mit $k \geq 1$ positiven Eigenwerten. Man zeige: Die Quadrik $\{x \in \mathbb{R}^n \mid x^\top A x = 1\}$ ist homöomorph zu $S^{k-1} \times \mathbb{R}^{n-k}$.

8. Es seien A, B nicht leere, abgeschlossene und disjunkte Teilmengen eines metrischen Raumes X. Dann gibt es offene disjunkte Mengen U, V in X mit $A \subset U$ und $B \subset V$.

    Hinweis: Es gibt eine stetige Funktion $\varphi \colon X \to \mathbb{R}$ mit $\varphi \mid A = 0$, $\varphi \mid B = 1$.

9. Sei $a \in \mathbb{K}^n$. Man ermittle für die Linearform $L_a \colon \mathbb{K}^n \to \mathbb{K}$, $x \mapsto a^\top x$, die Operatornorm bezüglich der 1-Norm auf $\mathbb{K}^n$.

10. Man zeige: Die abgeschlossene Einheitskugel in ℓ^2 ist nicht kompakt; dagegen ist die Menge $Q \subset \ell^2$ der Folgen $z = (z_1, z_2, \ldots)$ mit $|z_\nu| \leq \frac{1}{\nu}$ kompakt; Q heißt *Hilbertwürfel*.

11. Es sei K ein kompakter und Y ein beliebiger metrischer Raum. Dann ist jede stetige Bijektion $f \colon K \to Y$ sogar ein Homöomorphismus.

12. Es sei K eine kompakte Teilmenge eines metrischen Raumes X und $\{U_i\}_{i \in I}$ sei eine Überdeckung von K durch offene Mengen in X. Dann gibt es ein $r > 0$ derart, daß jede Kugel $K_r(x)$, $x \in K$, in einer der Mengen U_i liegt.

13. *Satz von Baire.* Sei (A_k) eine Folge abgeschlossener Mengen im $\mathbb{R}^n$ derart, daß ihre Vereinigung A eine offene Kugel enthält. Dann enthält auch mindestens ein A_k eine offene Kugel.

    Hinweis: Angenommen, alle A_k° sind leer. Dann gibt es eine Folge abgeschlossener Kugeln $K_k \subset A$ mit $K_{k+1} \subset K_k$ und $A_k \cap K_k = \emptyset$. Man zeige, daß $\bigcap_{k=1}^\infty K_k$ nicht leer ist, und leite einen Widerspruch ab.

14. Man zeige: Zu jeder stetigen Funktion $f \colon S^n \to \mathbb{R}$, $n \geq 1$, gibt es ein Paar antipodaler Punkte $x, -x \in S^n$ mit $f(x) = f(-x)$.

    Beispiel: Bei jeder stetigen Temperaturverteilung auf der Erdoberfläche gibt es antipodale Orte, in denen gleichzeitig dieselbe Temperatur herrscht.

    Hinweis: Zwischenwertsatz.

15. Ist G ein Gebiet im $\mathbb{R}^n$, $n \geq 2$, und V ein affiner Unterraum des $\mathbb{R}^n$ einer Dimension $\leq n - 2$, so ist auch $G \setminus V$ ein Gebiet.

16. Je zwei Punkte einer zusammenhängenden offenen Menge $U \subset \mathbb{R}^n$ lassen sich durch eine stetig differenzierbare Kurve in U verbinden.

17. Für jede Matrix $A \in \mathbb{C}^{n \times n}$ zeige man:

    a) Ist $T \in \mathbb{C}^{n \times n}$ invertierbar, so gilt $T^{-1} \cdot e^A \cdot T = e^{T^{-1} A T}$.

    b) $\det e^A = e^{\mathrm{Spur}\, A}$.

18. Es sei $\mathscr{A}$ eine Banachalgebra mit Einselement. Man zeige:

a) Sind $G(z) = \sum_0^\infty c_k z^k$ und $F(z) = \sum_1^\infty a_k z^k$ konvergente Potenz-reihen mit positiven Konvergenzradien R_G bzw. R_F und ist $x \in \mathscr{A}$ ein Element mit $\|x\| < R_F$ und $\sum_1^\infty |a_k| \cdot \|x\|^k < R_G$, so gilt

$$(G \circ F)_{\mathscr{A}}(x) = G_{\mathscr{A}}\big(F_{\mathscr{A}}(x)\big).$$

Man vergleiche Band 1, 14.2.

b) Für jedes $x \in \mathscr{A}$ mit $\|1 - x\| < 1$ konvergiert die Reihe

$$\ln(1 + x) := \sum_{k=1}^\infty \frac{(-1)^{k-1}}{k} \, x^k$$

absolut, und es gilt $\exp\big(\ln(1 + x)\big) = 1 + x$.

19. *Normen und konvexe Mengen im $\mathbb{R}^n$.* Man zeige:

(i) Für jede Norm auf $\mathbb{R}^n$ ist die Kugel $\overline{K}_1(0)$ konvex und symme-trisch (d. h., mit x liegt auch $-x$ in $\overline{K}_1(0)$).

(ii) Sei umgekehrt $K \subset \mathbb{R}^n$ eine kompakte Menge, die konvex und symmetrisch ist, und deren offener Kern nicht leer ist. Setzt man $\|0\| = 0$ und

$$\|x\| := \frac{1}{\max\{t \in \mathbb{R} \mid tx \in K\}} \quad \text{für } x \neq 0,$$

so ist $\| \ \|$ eine Norm auf $\mathbb{R}^n$, und es gilt $\overline{K}_1(0) = K$.

20. *Spektralradius einer Matrix $A \in \mathbb{C}^{n \times n}$.* Sind $\lambda_1, \ldots, \lambda_n$ die Eigenwerte von A, so heißt $\rho(A) := \max\{|\lambda_1|, \ldots, |\lambda_n|\}$ *Spektralradius* von A; $\|A\|_2$ bezeichne die Operatornorm von $A \colon \mathbb{C}^n \to \mathbb{C}^n$ bezüglich der euklidischen Norm auf $\mathbb{C}^n$. Man zeige:

$$\|A\|_2 = \sqrt{\rho(\overline{A}^{\mathsf{T}} A)}.$$

21. Seien $P, Q \colon V \to V$ lineare Abbildungen eines normierten Vektor-raums $V \neq 0$, die die sogenannte *Heisenberg-Relation* $PQ - QP = \mathrm{id}$ erfüllen. Dann können P und Q nicht zugleich stetig sein.

Hinweis: Es gilt $(*)$ $PQ^n - Q^n P = nQ^{n-1}$ für alle $n \in \mathbb{N}$. Wären P und Q stetig, so folgte für großes n $\|Q^{n-1}\| = 0$, also $Q^{n-1} = 0$. Induktiv folgte aus $(*)$ weiter $Q^k = 0$ für $k \leq n - 1$.

2 Differenzierbare Funktionen

Die Differentialrechnung im $\mathbb{R}^1$ wird in diesem und im nächsten Kapitel zur Differentialrechnung im $\mathbb{R}^n$ erweitert. Ihr Gegenstand sind wieder die Funktionen oder Abbildungen, die sich lokal hinreichend gut durch lineare Funktionen bzw. Abbildungen approximieren lassen.

2.1 Begriff der Differenzierbarkeit. Elementare Feststellungen

Vorbemerkung. Eine Funktion f einer reellen Veränderlichen heißt bekanntlich an einer Stelle a differenzierbar, wenn der Grenzwert

$$\lim_{h \to 0} \frac{f(a + h) - f(a)}{h}$$

existiert. Gleichwertig damit ist die Existenz einer (von a abhängigen) linearen Abbildung $L \colon \mathbb{R} \to \mathbb{C}$ derart, daß

$$\lim_{h \to 0} \frac{f(a + h) - f(a) - Lh}{|h|} = 0$$

gilt; dabei ist dann $Lh = f'(a)h$. In dieser zweiten Formulierung besagt die Differenzierbarkeit, daß der Zuwachs $f(a + h) - f(a)$ der Funktion durch den Wert Lh einer linearen Abbildung L so gut approximiert werden kann, daß der Fehler $f(a + h) - f(a) - Lh$ schneller als $|h|$ gegen Null geht.

Das Prinzip der Approximation der Zuwächse durch die Werte einer linearen Abbildung wird auch der Differentialrechnung im $\mathbb{R}^n$ zugrundegelegt.

Im Folgenden treten sowohl der Punktraum $\mathbb{R}^n$ als auch der Vektorraum $\mathbb{R}^n$ auf und sollten eigentlich unterschiedlich bezeichnet werden. Mit einem Punkt $a \in \mathbb{R}^n$ und einem Vektor $h \in \mathbb{R}^n$ ist $a + h$ ein Punkt. Elemente von $\mathbb{R}^n$ schreiben wir meistens als Zeilen, bei Rechnungen mit Matrizen jedoch immer als Spalten.

I. Begriff der Differenzierbarkeit

Definition: Eine Funktion $f: U \to \mathbb{C}$ auf einer offenen Menge $U \subset \mathbb{R}^n$ heißt *differenzierbar* im Punkt $a \in U$, wenn es eine lineare Abbildung $L: \mathbb{R}^n \to \mathbb{C}$ gibt derart, daß

(1)
$$\lim_{h \to 0} \frac{f(a + h) - f(a) - Lh}{\|h\|} = 0.$$

Dabei ist es gleichgültig, welche Norm verwendet wird, da alle Normen auf $\mathbb{R}^n$ zueinander äquivalent sind. Die Funktion heißt *differenzierbar auf U*, wenn sie in jedem Punkt $x \in U$ differenzierbar ist.

Oft formuliert man die Bedingung (1) anhand des durch

(2)
$$f(a + h) - f(a) = Lh + R(h)$$

erklärten Restes $R(h)$; sie lautet dann

(1′)
$$\lim_{h \to 0} \frac{R(h)}{\|h\|} = 0.$$

Die Bedingung (1) wird von höchstens einer linearen Abbildung L erfüllt. Ist etwa L^* eine weitere, so gilt für jeden Vektor v mit $\|v\| = 1$

$$(L - L^*)(v) = \lim_{t \downarrow 0} \frac{(L - L^*)(tv)}{\|tv\|} = 0.$$

Da die Menge der Einheitsvektoren den $\mathbb{R}^n$ aufspannt, folgt $L = L^*$.

Die eindeutig bestimmte lineare Abbildung L heißt *Differential* oder auch *Linearisierung* der Funktion f im Punkt a und wird mit $\mathrm{d}f(a)$ oder $\mathrm{d}f_a$ bezeichnet. In älteren Büchern wird das Differential auch totales Differential genannt.

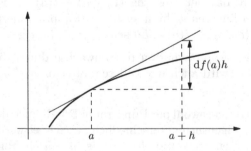

Approximation des Funktionszuwachses $f(a + h) - f(a)$
durch den Wert $\mathrm{d}f(a)h$ des Differentials

Sei $e_1, \ldots, e_n$ die Standardbasis des $\mathbb{R}^n$. Wegen der Linearität von $\mathrm{d}f(a)$ gilt dann für jeden Vektor $h = (h_1, \ldots, h_n)^\top \in \mathbb{R}^n$

$$(3) \qquad \mathrm{d}f(a)h = \sum_{\nu=1}^n (\mathrm{d}f(a)e_\nu) \cdot h_\nu.$$

Die 1-zeilige Matrix

$$(4) \qquad f'(a) := (\mathrm{d}f(a)e_1, \ldots, \mathrm{d}f(a)e_n)$$

nennen wir die *Ableitung* von f in a. Wir werden sie in (8) mittels partieller Ableitungen darstellen. Der Wert $\mathrm{d}f(a)h$ ergibt sich durch Multiplikation der Matrix $f'(a)$ mit dem Vektor $h \in \mathbb{R}^n$:

$$(3') \qquad \mathrm{d}f(a)h = f'(a)h.$$

Die affin-lineare Funktion

$$(5) \qquad \mathrm{T}f(x; a) := f(a) + f'(a)(x - a)$$

heißt *lineare Approximation* von f in a, und bei reellem f deren Graph

$$(6) \qquad \left\{ (x, x_{n+1}) \in \mathbb{R}^{n+1} \,\middle|\, x_{n+1} = \mathrm{T}f(x; a) \right\}$$

die *Tangentialhyperebene* an den Graphen von f in $(a, f(a))$.

Wie im Fall $n = 1$ gilt:

Satz: *Eine in a differenzierbare Funktion ist dort auch stetig.*

Denn in (2) gilt $Lh \to 0$ und $R(h) \to 0$ für $h \to 0$.

Beispiele:

1. Sei $f(x) := Ax + b$, A eine 1-zeilige Matrix und $b \in \mathbb{C}$. Die durch $Lh := Ah$ erklärte lineare Abbildung erfüllt die Bedingung (1). f ist also in jedem Punkt a differenzierbar, und es gilt erwartungsgemäß

$$\mathrm{d}f(a)h = Ah, \qquad f'(a) = A.$$

2. Sei $f(x) := x^\top A x$, $A = (a_{ik})$ eine symmetrische $n \times n$-Matrix. Es gilt

$$f(a + h) - f(a) = 2a^\top A h + h^\top A h.$$

$Lh := 2a^\top A h$ definiert eine lineare Abbildung und $R(h) := h^\top A h$ erfüllt die Bedingung (1'); mit $\sigma := \sum_{i,k=1}^n |a_{ik}|$ gilt nämlich $|R(h)| \leq \sigma \|h\|_\infty^2$. f ist also in jedem Punkt a differenzierbar, und es gilt

$$\mathrm{d}f(a)h = 2a^\top A h, \qquad f'(a) = 2a^\top A.$$

II. Darstellung des Differentials durch Richtungsableitungen

Es sei f eine in a differenzierbare Funktion. Die Werte $\mathrm{d}f(a)h$, $h \in \mathbb{R}^n$, sollen jetzt mit Hilfe von Richtungsableitungen ermittelt werden.

Für alle $t \in \mathbb{R}$ mit hinreichend kleinem Betrag gilt zunächst

$$f(a + th) = f(a) + \mathrm{d}f(a)\,th + R(th).$$

Da der Rest R die Bedingung $(1')$ erfüllt, ergibt sich

$$(7) \qquad \mathrm{d}f(a)h = \lim_{t \to 0} \frac{f(a + th) - f(a)}{t}.$$

Definition: Sei $f\colon U \to \mathbb{C}$ eine (nicht notwendig differenzierbare) Funktion in einer Umgebung U von a. Dann versteht man unter der *Ableitung von f im Punkt a in Richtung des Vektors* $h \in \mathbb{R}^n$ im Existenzfall den Grenzwert

$$\boxed{\partial_h f(a) := \lim_{t \to 0} \frac{f(a + th) - f(a)}{t}.}$$

Die Ableitungen in den Richtungen $e_1, \ldots, e_n$ der Standardbasis heißen *partielle Ableitungen* von f, und f heißt *partiell differenzierbar* in a, wenn alle partiellen Ableitungen $\partial_{e_1} f(a), \ldots, \partial_{e_n} f(a)$ existieren. Weitere Bezeichnungen für die partiellen Ableitungen sind:

$$\partial_{e_\nu} f(a) = \partial_\nu f(a) = \frac{\partial f}{\partial x_\nu}(a) = f_{x_\nu}(a).$$

Satz: *Eine in a differenzierbare Funktion f hat dort Richtungsableitungen in jeder Richtung; sie ist dort insbesondere partiell differenzierbar. Ihr Differential in a hat für jeden Vektor $h = (h_1, \ldots, h_n)^\mathsf{T} \in \mathbb{R}^n$ den Wert*

$$(8) \qquad \boxed{\mathrm{d}f(a)h = f'(a)h = \partial_h f(a) = \sum_{\nu=1}^{n} \partial_\nu f(a) \cdot h_\nu,}$$

und ihre Ableitung $f'(a)$ ist die 1-zeilige Matrix

$$(4^*) \qquad \boxed{f'(a) = (\partial_1 f(a), \ldots, \partial_n f(a)).}$$

Beweis: Die Existenz aller Richtungsableitungen ist mit der Herleitung von (7) gezeigt. Die Formeln sind wegen $\mathrm{d}f(a)e_\nu = \partial_\nu f(a)$ identisch mit (3), $(3')$ und (4). $\square$

Berechnung partieller Ableitungen: Die Definition

$$\partial_\nu f(a) = \lim_{t \to 0} \frac{f(\overset{\bullet}{a} + te_\nu) - f(a)}{t}$$

mit $a = (a_1, \ldots, a_n)$ läuft darauf hinaus, in $f(x_1, \ldots, x_n)$ alle Variablen x_k bis auf die ν-te konstant $= a_k$ zu setzen und die dann nur noch von x_ν abhängige Funktion als Funktion einer Veränderlichen zu differenzieren.

Beispiel: $f(x, y) = \sin 2x \cdot e^{3y}$.

$$\partial_x f(a, b) = 2 \cos 2a \cdot e^{3b}, \qquad \partial_y f(a, b) = 3 \sin 2a \cdot e^{3b}.$$

III. Das Hauptkriterium für Differenzierbarkeit

Um eine Funktion f auf Differenzierbarkeit in a zu untersuchen, klärt man zunächst, ob sie partiell differenzierbar ist. Im positiven Fall prüft man weiter, ob die einzige als Differential in Frage kommende lineare Abbildung

$$L \colon \mathbb{R}^n \to \mathbb{C}, \qquad Lh = \sum_{\nu=1}^{n} \partial_\nu f(a) \cdot h_\nu,$$

die Bedingung (1) erfüllt.

Daß die bloße Existenz der partiellen Ableitungen nicht die Differenzierbarkeit impliziert, zeigt die Funktion $f \colon \mathbb{R}^2 \to \mathbb{R}$ mit $f(0, 0) = 0$ und

$$f(x, y) = \frac{xy}{x^2 + y^2} \quad \text{für } (x, y) \neq (0, 0)$$

(siehe 1.3 (4)). f ist im Nullpunkt nicht stetig, also erst recht nicht differenzierbar. f ist aber überall partiell differenzierbar; speziell in $(0, 0)$ hat f wegen $f(x, 0) = 0$ und $f(0, y) = 0$ die partiellen Ableitungen $\partial_x f(0, 0) = 0$ und $\partial_y f(0, 0) = 0$. In den Punkten $(0, y)$, $y \neq 0$, gilt $\partial_x f(0, y) = 1/y$; $\partial_x f$ ist also im Nullpunkt unstetig; ebenso $\partial_y f$.

Das folgende, weitergehende Beispiel zeigt, daß selbst die Existenz aller Richtungsableitungen nicht die Differenzierbarkeit zur Folge hat.

Beispiel: Sei $f \colon \mathbb{R}^2 \to \mathbb{R}$ definiert durch
$f(0, 0) = 0$ und

$$f(x, y) = \frac{x^2 y}{x^2 + y^2} \quad \text{für} \quad (x, y) \neq (0, 0).$$

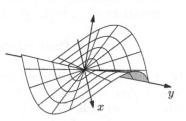

Wegen $f(tx, ty) = tf(x, y)$ für alle $t \in \mathbb{R}$ besteht der Graph von f aus Geraden durch den Nullpunkt.

Diese hat im Nullpunkt Ableitungen in jeder Richtung $h = (h_1, h_2)$; und zwar gilt

$$\partial_h f(0,0) = \lim_{t \to 0} \frac{f(th_1, th_2) - f(0,0)}{t} = f(h_1, h_2).$$

Insbesondere sind die partiellen Ableitungen $\partial_x f(0,0)$ und $\partial_y f(0,0)$ Null. Als Differential im Nullpunkt kommt also höchstens $L = 0$ in Frage. Damit aber wird die Bedingung (1) nicht erfüllt, da für alle $(h_1, h_1) \neq (0,0)$

$$\frac{f(h_1, h_1) - f(0,0) - L(h_1, h_1)}{\|(h_1, h_1)\|_\infty} = \frac{h_1^3}{2h_1^2 |h_1|} = \pm \frac{1}{2}$$

gilt. Folglich ist f im Nullpunkt nicht differenzierbar. Man stellt leicht fest, daß die partielle Ableitung f_x im Nullpunkt unstetig ist. $\square$

Wir zeigen nun, daß eine Funktion mit stetigen partiellen Ableitungen auch differenzierbar ist.

Differenzierbarkeitskriterium: *Existieren in einer Umgebung U von $a \in \mathbb{R}^n$ alle partiellen Ableitungen $\partial_1 f, \ldots, \partial_n f$ und sind diese im Punkt a stetig, so ist f in a differenzierbar.*

Beweis: Wir dürfen f als reell voraussetzen, da ein komplexes f genau dann differenzierbar ist, wenn $\mathrm{Re}\, f$ und $\mathrm{Im}\, f$ differenzierbar sind. Wir zeigen dann, daß die Linearform $L \colon \mathbb{R}^n \to \mathbb{R}$ mit $Lh := \sum_{\nu=1}^n \partial_\nu f(a) \cdot h_\nu$ die Bedingung (1) erfüllt.

Sei Q ein offener achsenparalleler Quader in U mit $a \in Q$. Jeder Punkt $a + h \in Q$ kann mit a durch einen stückweise achsenparallelen Streckenzug in Q verbunden werden. Man setze dazu $a_0 := a$ und $a_\nu := a_{\nu-1} + h_\nu e_\nu, \nu = 1, \ldots, n$; insbesondere ist $a_n = a + h$. Dann gilt

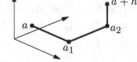

$$f(a + h) - f(a) = \sum_{\nu=1}^n \big(f(a_\nu) - f(a_{\nu-1})\big).$$

Die Differenzen in dieser Summe formen wir gemäß dem Mittelwertsatz der Differentialrechnung einer Veränderlichen um. Wir betrachten dazu die Funktionen $\varphi_\nu \colon [0; h_\nu] \to \mathbb{R}, \varphi_\nu(t) := f(a_{\nu-1} + te_\nu)$. Mit diesen gilt

$$f(a_\nu) - f(a_{\nu-1}) = \varphi_\nu(h_\nu) - \varphi_\nu(0).$$

Die Funktionen φ_ν sind wegen der partiellen Differenzierbarkeit von f differenzierbar, und es gilt $\varphi_\nu'(t) = \partial_\nu f(a_{\nu-1} + te_\nu)$. Nach dem Mittelwertsatz gibt es ferner Zahlen τ_ν in $[0; h_\nu]$ so, daß $\varphi_\nu(h_\nu) - \varphi_\nu(0) = h_\nu \varphi'(\tau_\nu)$. Mit $\xi_\nu := a_{\nu-1} + \tau_\nu e_\nu$ folgt nun $f(a_\nu) - f(a_{\nu-1}) = h_\nu \partial_\nu f(\xi_\nu)$.

Damit ergibt sich

$$f(a + h) - f(a) - Lh = \sum_{\nu=1}^{n} (\partial_\nu f(\xi_\nu) - \partial_\nu f(a)) \cdot h_\nu$$

und weiter

$$\left| f(a + h) - f(a) - Lh \right| \leq \|h\|_\infty \cdot \sum_{\nu=1}^{n} \left| \partial_\nu f(\xi_\nu) - \partial_\nu f(a) \right|.$$

Für $h \to 0$ gilt $\xi_\nu \to a$, $\nu = 1, \ldots, n$; wegen der Stetigkeit der partiellen Ableitungen in a erhält man also

$$\lim_{h \to 0} \frac{f(a + h) - f(a) - Lh}{\|h\|_\infty} = 0. \qquad \square$$

Beispiel: Differentiation rotationssymmetrischer Funktionen

Es sei $F: I \to \mathbb{C}$ eine Funktion auf einem Intervall $I \subset [0; \infty)$. Mit F erklärt man auf der *Kugelschale* $K(I) := \left\{ x \in \mathbb{R}^n \ \middle| \ \|x\|_2 = \sqrt{\sum_1^n x_\nu^2} \in I \right\}$ eine Funktion f durch

(9) $$f(x) := F(\|x\|_2).$$

Es sei nun I offen und F stetig differenzierbar. Dann ist auch $K(I)$ offen, und f hat an jeder Stelle $x \in K(I)$, $x \neq 0$, die partiellen Ableitungen

$$\partial_\nu f(x) = F'(\|x\|_2) \cdot \frac{x_\nu}{\|x\|_2}, \qquad \nu = 1, \ldots, n.$$

Diese sind offensichtlich stetig. Somit ist f an jeder von 0 verschiedenen Stelle $x \in K(I)$ differenzierbar und hat dort die Ableitung

(9') $$f'(x) = \frac{F'(\|x\|_2)}{\|x\|_2} \cdot x^\mathsf{T}.$$

Definition: Eine differenzierbare Funktion $f: U \to \mathbb{C}$ auf einer offenen Menge $U \subset \mathbb{R}^n$ heißt *stetig differenzierbar auf* U, wenn $df: U \to \mathrm{L}(\mathbb{R}^n, \mathbb{C})$ stetig ist; dieses ist nach dem Stetigkeitstest in 1.3.V gleichwertig zur Stetigkeit der Ableitung

$$f': U \to \mathbb{C}^n, \qquad x \mapsto (\partial_1 f(x), \ldots, \partial_n f(x)).$$

Mit dem Differenzierbarkeitskriterium folgt, daß eine Funktion $f: U \to \mathbb{C}$ genau dann stetig differenzierbar ist, wenn alle n partiellen Ableitungen $\partial_1 f, \ldots, \partial_n f$ auf U existieren und stetig sind. Den Vektorraum der stetig differenzierbaren Funktionen auf U bezeichnet man mit $\mathscr{C}^1(U)$.

IV. Der Gradient

Auf $\mathbb{R}^n$ sei jetzt ein Skalarprodukt $\langle\ ,\ \rangle$ gegeben. Bekanntlich kann dann
jede Linearform $L\colon \mathbb{R}^n \to \mathbb{R}$ mit Hilfe eines eindeutig bestimmten Vektors
$g \in \mathbb{R}^n$ folgendermaßen dargestellt werden: $Lh = \langle g, h\rangle$ für alle $h \in \mathbb{R}^n$.
Ist L das Differential einer in a differenzierbaren reellwertigen Funktion f,
so nennt man den Vektor g den *Gradienten* von f in a bezüglich $\langle\ ,\ \rangle$ und
bezeichnet ihn mit $\operatorname{grad} f(a)$. Der Gradient von f in a bezüglich $\langle\ ,\ \rangle$ ist
also der durch die Forderung

$$(10) \qquad \boxed{\mathrm{d}f(a)h = \partial_h f(a) = \langle \operatorname{grad} f(a), h\rangle}$$

eindeutig bestimmte Vektor in $\mathbb{R}^n$. Im Fall des Standardskalarproduktes
etwa ist $\operatorname{grad} f(a)$ nach dem letzten Teil von (8) der Spaltenvektor

$$\operatorname{grad} f(a) = \begin{pmatrix} \partial_1 f(a) \\ \vdots \\ \partial_n f(a) \end{pmatrix} =: \nabla f(a);$$

gesprochen „Nabla-$f(a)$".

Beispiel: Die in (9) definierte rotationssymmetrische Funktion f hat im Fall
einer reellen $\mathscr{C}^1$-Funktion F im Punkt
$a \neq 0$ den Gradienten

$$\operatorname{grad} f(a) = \frac{F'\big(\|a\|_2\big)}{\|a\|_2} \cdot a.$$

Dieser ist im Fall $F'(\|a\|_2) > 0$ zum
Ortsvektor $\overrightarrow{0a}$ direkt parallel und im
Fall $F'(\|a\|_2) < 0$ antiparallel.

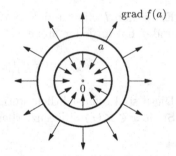

grad $f(a)$

Zwei Niveaulinien (fett) sowie
Gradienten einer rotationssymmetrischen Funktion

   Es bezeichne $\|\ \|$ die zum Skalarprodukt gehörige Norm. Aufgrund der
Cauchy-Schwarzschen Ungleichung gibt es einen Winkel φ zwischen den
Vektoren $\operatorname{grad} f(a)$ und h derart, daß gilt:

$$\boxed{\partial_h f(a) = \big\|\operatorname{grad} f(a)\big\| \cdot \|h\| \cdot \cos\varphi.}$$

Nach dieser Darstellung zeichnet sich der Gradient durch folgende Maxi-
malitätseigenschaft aus:

(i) *Seine Länge* $\|\operatorname{grad} f(a)\|$ *ist das Maximum aller Richtungsableitungen* $\partial_h f(a)$ *nach den Einheitsvektoren:*

$$\|\operatorname{grad} f(a)\| = \max\{\partial_h f(a) \mid \|h\| = 1\} =: M.$$

(ii) *Im Fall* $M \neq 0$ *gibt es genau einen Einheitsvektor* v *mit* $\partial_v f(a) = M$, *und mit diesem ist* $\operatorname{grad} f(a) = Mv$. Der Gradient zeigt also die Richtung des stärksten Anstiegs der Funktion im Punkt a an.

Bemerkung: Wir haben den Gradienten in Bezug auf ein Skalarprodukt eingeführt. Er kann allgemeiner in Bezug auf eine nicht ausgeartete symmetrische Bilinearform erklärt werden; im $\mathbb{R}^4$ etwa bezüglich der für die Relativitätstheorie bedeutsamen *Minkowski-Form* $\langle\ ,\ \rangle_M$ mit der Matrix $(\langle e_i, e_j \rangle_M) = \operatorname{Diag}(1,1,1,-1)$. Die zu (10) analoge Forderung

$$df(a)h = \langle \operatorname{grad}_M f(a), h \rangle_M \qquad \text{für } h \in \mathbb{R}^4$$

erfüllt in diesem Fall $\operatorname{grad}_M f(a) := \big(f_x(a), f_y(a), f_z(a), -f_t(a)\big)^\mathsf{T}$.

V. Rechenregeln

Algebraische Regeln: *Sind* $f, g\colon U \to \mathbb{C}$ *differenzierbar in* $a \in U$, *dann sind auch* $f + g$ *und* $f \cdot g$ *in* a *differenzierbar, und es gilt*

$$d(f + g)(a) = df(a) + dg(a),$$

$$d(f \cdot g)(a) = g(a)\, df(a) + f(a)\, dg(a).$$

Ist zusätzlich $f(a) \neq 0$, *so ist auch* $1/f$ *in* a *differenzierbar mit*

$$d\left(\frac{1}{f}\right)(a) = -\frac{df(a)}{f^2(a)}.$$

Für die Ableitungen gelten hiernach dieselben Regeln wie im Fall $n = 1$:

$$(f + g)'(a) = f'(a) + g'(a),$$

$$(f \cdot g)'(a) = f'(a)g(a) + f(a)g'(a).$$

$$\left(\frac{1}{f}\right)'(a) = -\frac{f'(a)}{f^2(a)}.$$

Sind f *und* g *in* U *stetig differenzierbar, dann sind es auch* $f + g$ *und* fg; *ferner* f/g *in* $\{x \in U \mid g(x) \neq 0\}$.

Beweis: Wir zeigen nur die Quotientenregel, und dazu, daß die Linearform $-df(a)/f^2(a)$ die Bedingung (1) erfüllt.

Für hinreichend kurze Vektoren $h \in \mathbb{R}^n$ ist auch $f(a+h) \neq 0$, und es gilt

$$\frac{1}{\|h\|} \left(\frac{1}{f(a+h)} - \frac{1}{f(a)} + \frac{\mathrm{d}f(a)h}{f^2(a)} \right) =$$

$$\frac{-1}{f(a)f(a+h)} \left(\frac{f(a+h) - f(a) - \mathrm{d}f(a)h}{\|h\|} + \frac{f(a) - f(a+h)}{f(a)} \cdot \frac{\mathrm{d}f(a)h}{\|h\|} \right).$$

Die beiden Summanden rechts gehen mit $h \to 0$ gegen Null: der erste wegen der Differenzierbarkeit von f in a, der zweite, weil $f(a+h) - f(a)$ gegen Null geht und der Bruch $\mathrm{d}f(a)h/\|h\|$ beschränkt ist, zum Beispiel durch die Operatornorm von $\mathrm{d}f(a)$. Damit folgt die Behauptung. $\qquad \square$

Folgerung: *Jede rationale Funktion ist in ihrem Definitionsbereich stetig differenzierbar.*

Als weitere Rechenregel bringen wir eine erste Version der Kettenregel. In Verallgemeinerung der Richtungsableitung berechnen wir hier die Ableitung einer Funktion längs einer Kurve. Wir betrachten dazu die Situation

$$I \xrightarrow{\gamma} U \xrightarrow{f} \mathbb{C},$$

in der $I \subset \mathbb{R}$ ein beliebiges Intervall und $U \subset \mathbb{R}^n$ eine offene Menge ist. Die Kettenregel hierfür wird uns unter anderem dazu dienen, wichtige Sachverhalte der Differentialrechnung in $\mathbb{R}$ wie den Mittelwertsatz, den Schrankensatz und die Taylorformel auf Funktionen in $\mathbb{R}^n$ auszudehnen.

Kettenregel (erste Version): *Es sei $\gamma = (\gamma_1, \ldots, \gamma_n) \colon I \to U$ differenzierbar in t_0 und $f \colon U \to \mathbb{C}$ differenzierbar in $a = \gamma(t_0)$. Dann ist $f \circ \gamma$ differenzierbar in t_0 und hat dort die Ableitung*

$$\boxed{\frac{\mathrm{d}(f \circ \gamma)}{\mathrm{d}t}(t_0) = \mathrm{d}f(a)\,\dot{\gamma}(t_0) = f'(a)\,\dot{\gamma}(t_0) = \sum_{i=1}^{n} \partial_i f(a) \cdot \dot{\gamma}_i(t_0).}$$

Mit Hilfe des Gradienten lautet diese Formel nach (10)

$$\boxed{\frac{\mathrm{d}(f \circ \gamma)}{\mathrm{d}t}(t_0) = \left\langle \operatorname{grad} f(a),\, \dot{\gamma}(t_0) \right\rangle.}$$

Beweis: Nach Voraussetzung gilt für $k \in \mathbb{R}$ und $h \in \mathbb{R}^n$ mit hinreichend kleinen Beträgen

$$\gamma(t_0 + k) = \gamma(t_0) + \dot{\gamma}(t_0)k + r_1(k)\,|k|, \qquad \text{wobei } \lim_{k \to 0} r_1(k) = 0,$$

$$f(a + h) = f(a) + \mathrm{d}f(a)h + r_2(h)\,\|h\|, \qquad \text{wobei } \lim_{h \to 0} r_2(h) = 0.$$

Setzt man $h := \gamma(t_0 + k) - \gamma(t_0)$, so folgt

$$(*) \qquad f\big(\gamma(t_0 + k)\big) = f\big(\gamma(t_0)\big) + \mathrm{d}f\big(\gamma(t_0)\big)\,\dot\gamma(t_0)\,k + R(k),$$

wobei

$$R(k) := \mathrm{d}f(a)r_1(k)\,|k| + r_2\big(\gamma(t_0 + k) - \gamma(t_0)\big) \cdot \big\|\dot\gamma(t_0)k + r_1(k)\,|k|\big\|.$$

Dieses Restglied hat offensichtlich die Eigenschaft $\lim\limits_{k\to 0} \dfrac{R(k)}{k} = 0$. Damit folgt aus $(*)$ die Behauptung. $\qquad\square$

Beispiel: Sei f eine differenzierbare Funktion auf $\mathbb{R}^2$. Wir betrachten ihre Komposition $F := f \circ P_2$ mit der Polarkoordinatenabbildung P_2:

$$F(r, \varphi) = f\big(r\cos\varphi, r\sin\varphi\big).$$

Differenziert man F bei festgehaltenem φ nach r, erhält man die partielle Ableitung F_r und analog F_φ; in beiden Fällen ergibt die Kettenregel

$$F_r(r, \varphi) = f_x\big(r\cos\varphi, r\sin\varphi\big) \cdot \cos\varphi + f_y\big(r\cos\varphi, r\sin\varphi\big) \cdot \sin\varphi,$$

$$F_\varphi(r, \varphi) = f_x\big(r\cos\varphi, r\sin\varphi\big)\cdot(-r\sin\varphi) + f_y\big(r\cos\varphi, r\sin\varphi\big)\cdot(r\cos\varphi).$$

Anwendung: Orthogonalität von Gradient und Niveaumenge. Auf $\mathbb{R}^n$ sei ein Skalarprodukt gegeben. Sei $f\colon U \to \mathbb{R}$ eine differenzierbare Funktion auf einer offenen Menge $U \subset \mathbb{R}^n$ und $\gamma\colon I \to U$ eine differenzierbare Kurve, die in einer Niveaumenge von f verläuft, d. h., es ist $f\big(\gamma(t)\big) = c$ für eine geeignete Konstante c und alle $t \in I$. *Dann steht der Gradient von f im Punkt $\gamma(t)$ senkrecht auf dem Tangentialvektor $\dot\gamma(t)$,*

$$\boxed{\operatorname{grad} f\big(\gamma(t)\big) \perp \dot\gamma(t), \quad t \in I.}$$

Beweis: Wegen der Konstanz von $f \circ \gamma$ ergibt die Kettenregel in der Gradientenformulierung $\big\langle \operatorname{grad} f\big(\gamma(t)\big), \dot\gamma(t)\big\rangle = 0$. $\qquad\square$

Im Fall $U \subset \mathbb{R}^2$ kann man sich den Graphen von f als Landschaft über U mit $f(x)$ als Höhe über dem Punkt x vorstellen. Die Niveaulinien von f sind dann ihre Höhenlinien. Nach dem Bewiesenen steht der Gradient von f in x senkrecht auf der Höhenlinie durch x; und zwar zeigt $\operatorname{grad} f(x)$ in die Richtung des stärksten Anstiegs von f und $-\operatorname{grad} f(x)$ in die des steilsten Abfalls (Fallrichtung); ferner ist $\|\operatorname{grad} f(x)\|$ ein Maß für die Steilheit am Ort x.

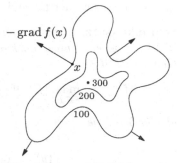

Höhenlinien und Fallrichtungen

2.2   Mittelwertsatz und Schrankensatz

Wir wenden uns der Aufgabe zu, den Zuwachs $f(b) - f(a)$ einer differenzierbaren Funktion mit Hilfe ihrer Ableitung darzustellen oder abzuschätzen. Mit Hilfe einer im Definitionsbereich verlaufenden Kurve von a nach b führen wir diese Aufgabe auf den eindimensionalen Fall zurück.

Mittelwertsatz: *Es sei f eine reelle differenzierbare Funktion in einer offenen Menge $U \subset \mathbb{R}^n$. Ferner seien $a, b \in U$ Punkte, deren Verbindungsstrecke in U liegt. Dann gibt es einen Punkt $\xi \in [a; b]$ mit*

$$f(b) - f(a) = \mathrm{d}f(\xi)(b - a) = f'(\xi)(b - a).$$

Beweis: Wir setzen $\gamma(t) := a + t\,(b - a)$, $t \in [0; 1]$, und betrachten die Funktion $F := f \circ \gamma \colon [0; 1] \to \mathbb{R}$. Mit dieser gilt: $f(b) - f(a) = F(1) - F(0)$. F ist nach der Kettenregel differenzierbar. Nach dem Mittelwertsatz der Differentialrechnung einer Veränderlichen gibt es also ein $\tau \in (0; 1)$ so, daß $F(1) - F(0) = \dot{F}(\tau) = \mathrm{d}f\big(\gamma(\tau)\big)(b - a)$. Somit leistet der Punkt $\xi := \gamma(\tau)$ das Behauptete.   □

Folgerung: *Sei $U \subset \mathbb{R}^n$ eine zusammenhängende offene Menge. Hat eine Funktion $f \colon U \to \mathbb{C}$ überall die Ableitung 0, so ist sie konstant.*

Beweis: Es genügt, die Behauptung für reelles f zu zeigen. Seien a und b beliebige Punkte in U. Dazu wähle man Punkte $a_0 := a, a_1, \ldots, a_k := b$ derart, daß jede Strecke $[a_{i-1}; a_i]$ in U liegt. Der Mittelwertsatz kann dann bei jeder Strecke $[a_{i-1}; a_i]$ angewendet werden und ergibt wegen $f' = 0$: $f(a) = f(a_1) = \cdots = f(a_{k-1}) = f(b)$.   □

In zahlreichen Fällen benötigt man nicht den exakten Wert eines Funktionszuwachses $f(y) - f(x)$, sondern nur eine in bestimmten Bereichen universell gültige Abschätzung desselben durch den Abstand von x und y. Eine solche liefert der folgende Satz.

Schrankensatz: *Eine $\mathscr{C}^1$-Funktion $f \colon U \to \mathbb{C}$ auf einer offenen Menge U ist auf jeder kompakten konvexen Teilmenge $K \subset U$ Lipschitz-stetig. Genauer: Mit*

$$\|f'\|_K := \max_{\xi \in K} \|f'(\xi)\|_{1, K} = \max_{\xi \in K} \big(|\partial_1 f(\xi)| + \cdots + |\partial_n f(\xi)|\big)$$

gilt für beliebige $x, y \in K$

$$\big|f(y) - f(x)\big| \leq \|f'\|_K \cdot \|y - x\|_\infty \,.$$

Beweis: Mit $x, y \in K$ liegt auch die Strecke $[x; y]$ in K. Folglich ist die Funktion $F := f \circ \gamma \colon [0; 1] \to \mathbb{C}$ mit $\gamma(t) := x + t\,(y - x)$ definiert. Nach dem Schrankensatz für Funktionen einer Veränderlichen gilt daher

$$\left| f(y) - f(x) \right| = \left| F(1) - F(0) \right| \leq \left\| \dot{F} \right\|_{[0;1]}.$$

Die Kettenregel ergibt die Abschätzung $\left| \dot{F}(t) \right| \leq \sum_{i=1}^{n} \left| \partial_i f(\gamma(t)) \right| \cdot \left| y_i - x_i \right|$. Damit folgt die Behauptung. $\qquad\qquad\square$

Während der Mittelwertsatz und der Schrankensatz nur dann angewendet werden können, wenn die Strecke $[a; b]$ in U liegt, liefert der folgende Satz eine Darstellung des Zuwachses $f(b) - f(a)$ einer komplexen Funktion, sofern sich a und b durch irgendeine $\mathscr{C}^1$-Kurve in U verbinden lassen.

Satz (Integraldarstellung des Funktionszuwachses): *Es sei f eine komplexe $\mathscr{C}^1$-Funktion auf einer offenen Menge $U \subset \mathbb{R}^n$. Weiter seien a, b Punkte in U und $\gamma \colon [\alpha; \beta] \to U$ eine $\mathscr{C}^1$-Kurve in U mit $\gamma(\alpha) = a$ und $\gamma(\beta) = b$. Dann gilt*

$$(11) \qquad f(b) - f(a) = \int\limits_{\alpha}^{\beta} \mathrm{d}f(\gamma(t))\dot{\gamma}(t)\,\mathrm{d}t = \int\limits_{\alpha}^{\beta} f'(\gamma(t))\dot{\gamma}(t)\,\mathrm{d}t.$$

Das Integral ist das sogenannte *Kurvenintegral des Differentials* $\mathrm{d}f$ *längs* γ; siehe Kapitel 5.

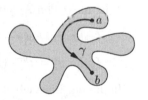

Beweis: Die Behauptung ergibt sich unmittelbar aus dem Hauptsatz der Differential- und Integralrechnung, da der Integrand nach der Kettenregel die Ableitung der Funktion $f \circ \gamma$ ist. $\qquad\square$

Wir benützen die Integraldarstellung (11), um eine prinzipiell interessante Darstellung der Änderung $f(x) - f(a)$ einer $\mathscr{C}^1$-Funktion in der Nähe von a zu gewinnen. Im Fall $n = 1$ ergibt sich diese unmittelbar aus der Definition der Differenzierbarkeit; siehe Band 1, 9.1.

Anwendung: *Zu jeder stetig differenzierbaren Funktion f in einer Kugel $K_r(a)$ gibt es in dieser Kugel stetige Funktionen $q_1, \ldots, q_n$ derart, daß*

$$f(x) - f(a) = \sum_{i=1}^{n} q_i(x)(x_i - a_i).$$

Im Punkt a gilt $\partial_\nu f(a) = q_\nu(a)$.

Beweis: Wir stellen $f(x) - f(a)$ mittels (11) dar und verwenden dazu die Kurve $\gamma(t) := a + t\,(x - a)$, $t \in [0; 1]$. Wegen $\dot{\gamma}(t) = x - a$ erhalten wir

$$f(x)-f(a)=\int\limits_0^1 f'\big(\gamma(t)\big)\cdot(x-a)\,\mathrm{d}t=\sum_{i=1}^n\underbrace{\left(\int\limits_0^1 \partial_i f\big(a+t\,(x-a)\big)\,\mathrm{d}t\right)}_{=:\,q_i(x)}\cdot(x_i-a_i).$$

Die Funktionen q_i sind nach dem Satz über paramcterabhängige Integrale in 1.4.III stetig; wir haben damit eine Darstellung wie behauptet. Aus dieser folgt nach Definition der partiellen Ableitung auch $\partial_\nu f(a)=q_\nu(a)$.

$\square$

2.3   Höhere Ableitungen. Der Satz von Schwarz

Die partiellen Ableitungen $\partial_1 f,\ldots,\partial_n f$ einer Funktion können ihrerseits partiell differenzierbar sein. Dann heißen die Funktionen $\partial_{ij}f:=\partial_i(\partial_j f)$ *partielle Ableitungen 2. Ordnung* von f. Weitere Bezeichnungen dafür sind

$$f_{x_j x_i}\quad\text{und}\quad\frac{\partial^2 f}{\partial x_j\partial x_i}.$$

Z.B. hat $f(x,y)=x^y$ auf $\mathbb{R}_+\times\mathbb{R}$ die partiellen Ableitungen 1.Ordnung

$$f_x(x,y)=yx^{y-1},\qquad f_y(x,y)=x^y\ln x$$

und die partiellen Ableitungen 2.Ordnung

$$f_{xx}(x,y)=y(y-1)x^{y-2},\qquad f_{xy}(x,y)=x^{y-1}\big(1+y\ln x\big),$$

$$f_{yx}(x,y)=x^{y-1}\big(1+y\ln x\big),\qquad f_{yy}(x,y)=x^y(\ln x)^2.$$

In diesem Beispiel ist $f_{xy}=f_{yx}$. Im allgemeinen ist jedoch $\partial_{ij}f\neq\partial_{ji}f$, wie Aufgabe 3 zeigt. Es kommt sogar vor, daß nur eine der beiden partiellen Ableitungen $\partial_{ij}f$ oder $\partial_{ji}f$ existiert. Der folgende Satz von H. A. Schwarz (1843–1921) zeigt jedoch, daß derartiges nicht eintritt, wenn eine der partiellen Ableitungen $\partial_{ij}f$, $\partial_{ji}f$ stetig ist.

Satz (Schwarz): *Die Funktion f besitze in einer Umgebung von $a\in\mathbb{R}^n$ die partiellen Ableitungen $\partial_i f$, $\partial_j f$ und $\partial_{ji}f$. Ferner sei $\partial_{ji}f$ in a stetig. Dann existiert auch $\partial_{ij}f(a)$, und es gilt*

$$\partial_{ij}f(a)=\partial_{ji}f(a).$$

Im Beweis verwenden wir ein Analogon des Mittelwertsatzes. Sei $Q\subset\mathbb{R}^2$ das achsenparallele Rechteck mit den gegenüberliegenden Ecken (a,b) und $(a+h,b+k)$, $h,k\neq 0$. Für eine Funktion φ auf Q setzen wir

$$D_Q\varphi:=\varphi(a+h,b+k)-\varphi(a+h,b)-\varphi(a,b+k)+\varphi(a,b).$$

Lemma: *φ sei reell und besitze auf Q die partiellen Ableitungen $\partial_1\varphi$ und $\partial_{21}\varphi$. Dann gibt es in Q einen Punkt (ξ,η) mit $\mathrm{D}_Q\varphi = hk \cdot \partial_{21}\varphi(\xi,\eta)$.*

Beweis: Wir setzen $u(x) := \varphi(x, b + k) - \varphi(x, b)$. Zweimalige Anwendung des Mittelwertsatzes für Funktionen einer Veränderlichen ergibt dann mit geeigneten Stellen ξ zwischen a und $a + h$ sowie η zwischen b und $b + k$

$$\mathrm{D}_Q\varphi = u(a + h) - u(a) = hu'(\xi)$$

$$= h\left(\partial_1\varphi(\xi, b + k) - \partial_1\varphi(\xi, b)\right) = hk\,\partial_{21}\varphi(\xi,\eta). \qquad \square$$

Beweis des Satzes von Schwarz: Es genügt, ihn für reelles f zu zeigen. Man setze dann für (x, y) aus einer Umgebung $V \subset \mathbb{R}^2$ von $(0,0)$

$$\varphi(x, y) := f(a + xe_i + ye_j).$$

Bei geeigneter Wahl von V existieren in V die partiellen Ableitungen $\partial_1\varphi$, $\partial_2\varphi$ und $\partial_{21}\varphi$; ferner ist $\partial_{21}\varphi$ im Punkt $(0,0)$ stetig. Zu zeigen hat man, daß $\partial_{12}\varphi$ in $(0,0)$ existiert, und, daß gilt:

$$(\ast) \qquad\qquad \partial_{12}\varphi(0,0) = \partial_{21}\varphi(0,0).$$

Sei dazu $\varepsilon > 0$ gegeben. Man wähle eine Umgebung $V' \subset V$ von $(0,0)$ so, daß für $(x, y) \in V'$ die Abschätzung $\left|\partial_{21}\varphi(x, y) - \partial_{21}\varphi(0,0)\right| < \varepsilon$ gilt, und weiter ein abgeschlossenes achsenparalleles Rechteck $Q \subset V'$ mit gegenüberliegenden Ecken $(0,0)$ und (h, k), $h, k \neq 0$. Nach dem Lemma ist dann

$$\left|\frac{\mathrm{D}_Q\varphi}{hk} - \partial_{21}\varphi(0,0)\right| < \varepsilon.$$

Wegen

$$\frac{\mathrm{D}_Q\varphi}{hk} = \frac{1}{h}\left(\frac{\varphi(h, k) - \varphi(h, 0)}{k} - \frac{\varphi(0, k) - \varphi(0, 0)}{k}\right)$$

folgt mit $k \to 0$

$$\left|\frac{\partial_2\varphi(h, 0) - \partial_2\varphi(0, 0)}{h} - \partial_{21}\varphi(0,0)\right| \le \varepsilon$$

für alle hinreichend kleinen $|h| \neq 0$. Damit ist $(\ast)$ bewiesen. $\qquad \square$

Definition: Sei $U \subset \mathbb{R}^n$ offen. Eine Funktion $f\colon U \to \mathbb{C}$ heißt *k-mal stetig differenzierbar* oder auch *$\mathscr{C}^k$-Funktion*, $k \ge 1$, wenn alle partiellen Ableitungen $\partial_{i_1} \cdots \partial_{i_k} f$ k-ter Ordnung auf U existieren und stetig sind. Den Vektorraum der $\mathscr{C}^k$-Funktionen auf U bezeichnet man mit $\mathscr{C}^k(U)$.

Aufgrund des Satzes von Schwarz spielt bei einer $\mathscr{C}^k$-Funktion f die Reihenfolge der partiellen Ableitungen in $\partial_{i_1} \cdots \partial_{i_k} f$ keine Rolle.

Schließlich definiert man $\mathscr{C}^\infty(U) := \bigcap_{k=1}^{\infty} \mathscr{C}^k(U)$.

Differentiale höherer Ordnung

Aufgrund des Satzes von Schwarz kann man einer in einer Umgebung eines
Punktes $a \in \mathbb{R}^n$ p-mal stetig differenzierbaren Funktion f in Verallgemeinerung des Differentials eine symmetrische, p-fach lineare Abbildung

$$d^{(p)} f(a) \colon \underbrace{\mathbb{R}^n \times \cdots \times \mathbb{R}^n}_{p\text{-mal}} \to \mathbb{C}$$

zuordnen.

Wir betrachten zunächst den Fall $p = 2$. Die fragliche Bilinearform
erklären wir für ein Paar von Vektoren $(u, v) \in \mathbb{R}^n \times \mathbb{R}^n$ durch

$$(12) \qquad\qquad d^{(2)} f(a)\,(u, v) := \partial_u(\partial_v f)(a).$$

Die Definition ist sinnvoll: Zunächst gilt mit $v = (v_1, \ldots, v_n)$ nach (8)
$\partial_v f(x) = \sum_{i=1}^{n} \partial_i f(x) v_i$. Die Funktion $\partial_v f$ ist in einer Umgebung von a
stetig differenzierbar, da die n Summanden $\partial_1 f, \ldots, \partial_n f$ diese Eigenschaft
haben. $\partial_v f$ besitzt also in a Richtungsableitungen, und es gilt

$$(12') \qquad\qquad \partial_u(\partial_v f)(a) = \sum_{i,j=1}^{n} \partial_{ij} f(a)\, v_i u_j.$$

Die Zuordnung $(u, v) \mapsto \partial_u \partial_v f(a)$ ist linear in jeder der Variablen u, v
und symmetrisch nach dem Satz von Schwarz. Sie heißt *Differential zweiter Ordnung* von f in a. (12') liefert bereits die Matrixdarstellung dieses
Differentials bezüglich der Standardbasis des $\mathbb{R}^n$: Wir setzen

$$f''(a) = H_f(a) := \begin{pmatrix} \partial_{11} f(a) & \cdots & \partial_{1n} f(a) \\ \vdots & & \vdots \\ \partial_{n1} f(a) & \cdots & \partial_{nn} f(a) \end{pmatrix};$$

diese Matrix heißt *Hesse-Matrix* oder auch *zweite Ableitung* von f in a.
Die zweite Ableitung ist eine symmetrische Matrix, und mit ihr gilt

$$(12'') \qquad\qquad d^{(2)} f(a)(u, v) = u^\mathsf{T} f''(a)\, v.$$

Beispiel: Die eingangs betrachtete Funktion $f(x, y) = x^y$ hat im Punkt
$a = (1, 1)$ die 2. Ableitung

$$f''(a) = \begin{pmatrix} f_{xx}(a) & f_{xy}(a) \\ f_{yx}(a) & f_{yy}(a) \end{pmatrix} = \begin{pmatrix} 0 & 1 \\ 1 & 0 \end{pmatrix}.$$

Auf die geometrische Bedeutung der zweiten Ableitung einer Funktion
gehen wir im Anschluß an die Taylorapproximaton in Abschnitt 2.5 ein.

Wir kommen zur Definition von $d^{(p)}f(a)$ für beliebige $p \geq 1$: Analog zum Fall $p = 2$ setzen wir für beliebige Vektoren $v^1, \ldots, v^p \in \mathbb{R}^n$:

$$(13) \qquad \boxed{d^{(p)}f(a)(v^1, \ldots, v^p) := \partial_{v^1} \cdots \partial_{v^p} f(a).}$$

Die hierdurch erklärte Abbildung $d^{(p)}f(a)$ ist invariant gegen Vertauschungen der Variablen $v^1, \ldots, v^p$ und linear in jeder einzelnen. Mit Hilfe der partiellen Ableitungen p-ter Ordnung von f und der Komponenten der Vektoren $v^1, \ldots, v^p$ hat sie die Darstellung

$$(13') \qquad d^{(p)}f(a)(v^1, \ldots, v^p) = \sum_{i_1=1}^{n} \cdots \sum_{i_p=1}^{n} \partial_{i_1} \cdots \partial_{i_p} f(a) v_{i_1}^1 \cdots v_{i_p}^p.$$

Lineare Differentialoperatoren. Der Laplace-Operator

Ersetzt man in einem Polynom $P(x) = \sum a_{k_1 \ldots k_n} x_1^{k_1} \cdots x_n^{k_n}$, $a_{k_1 \ldots k_n} \subset \mathbb{C}$, die Veränderlichen x_i durch die Ableitungsoperatoren ∂_i, so entsteht ein sog. *linearer Differentialoperator* $P(D)$ *mit konstanten Koeffizienten:* Hat P den Grad k, $k := \max\{k_1 + \cdots + k_n\}$, so ist $P(D)$ die lineare Abbildung

$$P(D): \mathscr{C}^k(U) \to \mathscr{C}(U), \quad P(D)f := \sum a_{k_1 \ldots k_n} \partial_1^{k_1} \cdots \partial_n^{k_n} f;$$

dabei bedeutet ∂_i^p, daß ∂_i p-mal anzuwenden ist.

Die zur euklidischen Metrik auf $\mathbb{R}^n$ gehörende quadratische Form $Q(x) = x_1^2 + \cdots + x_n^2$ induziert hiernach den Differentialoperator

$$\boxed{\Delta := \partial_1^2 + \cdots + \partial_n^2.}$$

Δ heißt (der zu Q gehörige) *Laplace-Operator.*

P. S. Laplace (1749–1827), frz. Mathematiker und Astronom. Hauptarbeitsgebiete Mathematische Physik, Potentialtheorie, Wahrscheinlichkeitstheorie und Himmelsmechanik mit ersten Untersuchungen zur Stabilität des Sonnensystems. Zuerst Republikaner, dann kurze Zeit Minister unter Napoleon.

Auf den Laplace-Operator wird man auch durch die Spur der Hessematrix $H_f(x)$ einer $\mathscr{C}^2$-Funktion geführt:

$$(14) \qquad \operatorname{Spur} H_f(x) = \sum_{i=1}^{n} \partial_i^2 f(x) = \Delta f(x).$$

Aufgrund dieses Zusammenhangs impliziert die Drehinvarianz der Spur eine analoge, äußerst wichtige Invarianzeigenschaft des Laplace-Operators.

Lemma (Drehinvarianz des Laplace-Operators): *Für jede Orthonormalbasis* $v_1, \ldots, v_n$ *des euklidischen* $\mathbb{R}^n$ *gilt*

$$\Delta f = \partial^2_{v_1} f + \cdots + \partial^2_{v_n} f.$$

Beweis: Nach (12″) ist $\partial_{v_i}\partial_{v_i} f(x) = v_i^\mathsf{T} H_f(x)\, v_i$. Mit Hilfe der Matrix
$V := (v_1, \ldots, v_n)$ und der Standardbasis des $\mathbb{R}^n$ folgt $\partial_{v_i}\partial_{v_i} f = e_i^\mathsf{T} \widetilde{H} e_i$,
wobei $\widetilde{H} := V^\mathsf{T} H_f V$. Damit ergibt sich $\sum_{i=1}^{n} \partial^2_{v_i} f = \mathrm{Spur}\,\widetilde{H}$. Nach Voraussetzung ist die Matrix V orthogonal. Folglich haben H_f und $\widetilde{H}$ dieselbe
Spur. Zusammen mit (14) ergibt sich nun die Behauptung.   □

Der Laplace-Operator tritt im Raumanteil zahlreicher Differentialgleichungen der Analysis und der Mathematischen Physik auf. Die Ursache
dafür liegt in der bei isotropen Medien erforderlichen Invarianz gegen Dre-
hungen des Koordinatensystems. Unter den linearen Differentialoperatoren
2. Ordnung mit konstanten Koeffizienten haben nur der Laplace-Operator
und seine Vielfachen diese Eigenschaft; siehe Aufgabe 21. Wir führen drei
Beispiele solcher Differentialgleichungen an:

1. Die homogene und die inhomogene *Potentialgleichung*

$$\Delta u = 0 \qquad \text{bzw.} \qquad \Delta u = \text{const.}$$

Die Gleichung $\Delta u = 0$ trat erstmals in der Hydrodynamik von Euler auf,
die Gleichung $\Delta u = \text{const.}$ in der Gravitationstheorie kontinuierlich verteil-
ter Massen von Laplace. Die Lösungen der homogenen Gleichung $\Delta u = 0$
heißen *harmonische* Funktionen. In der Dimension 2 bilden diese Funktionen den Ausgangspunkt der Riemannschen Funktionentheorie.

2. Die *Wellen-* oder *Schwingungsgleichung*

$$\Delta \Psi = \frac{1}{c^2}\, \Psi_{tt} \qquad (c > 0)$$

für eine Funktion Ψ einer Orts- und der Zeitvariablen t. Diese Gleichung
beherrscht die Dynamik elektrischer und magnetischer Felder.

3. Die *Wärmeleitungsgleichung*

$$\Delta \Psi = \frac{1}{k}\, \Psi_t \qquad (k > 0).$$

Diese tritt bei Ausgleichsvorgängen wie der Wärmeleitung in homogenen
Medien, der Diffusion oder dem Elektrizitätstransport auf.

Δf für eine rotationssymmetrische Funktion. Es sei F eine $\mathscr{C}^2$-Funktion
auf einem Intervall $I \subset (0;\infty)$ und $f(x) := F\big(\|x\|_2\big)$ für $x \in K(I) \subset \mathbb{R}^n$.

Die Funktion f hat die partiellen Ableitungen $\partial_\nu f(x) = F'(r) \cdot \dfrac{x_\nu}{r}$ und

$$\partial_\nu^2 f(x) = F''(r) \cdot \frac{x_\nu^2}{r^2} + F'(r) \left(\frac{1}{r} - \frac{x_\nu^2}{r^3} \right).$$

Somit folgt

(15) $$\boxed{\; \Delta f(x) = F''(r) + \frac{n-1}{r} F'(r). \;}$$

Beispiel: Eine rotationssymmetrische Lösung der Wärmeleitungsgleichung.
Sei

$$\psi \colon \mathbb{R}^n \times \mathbb{R}_+ \to \mathbb{R}, \quad \psi(x,t) := \frac{1}{t^{n/2}} \exp\left(-\frac{\|x\|^2}{4kt} \right),$$

$(x \in \mathbb{R}^n, t \in \mathbb{R}_+)$. Bei Anwendung auf die Raumvariable x ergibt (15)

$$\Delta\psi(x,t) = \frac{1}{t^{n/2}} \left(\frac{r^2}{4k^2 t^2} - \frac{n}{2kt} \right) \exp\left(-\frac{r^2}{4kt} \right);$$

andererseits ist

$$\partial_t\psi(x,t) = \frac{1}{t^{n/2}} \left(\frac{r^2}{4kt^2} - \frac{n}{2t} \right) \exp\left(-\frac{r^2}{4kt} \right).$$

ψ löst also die Wärmeleitungsgleichung $\Delta\psi = \dfrac{1}{k}\psi_t$ und ist zu jedem Zeitpunkt t rotationssymmetrisch.

ψ hat bemerkenswerte weitere Eigenschaften. An jedem Ort $x \neq 0$ gilt $\psi(x,t) \to 0$ für $t \downarrow 0$, am Ort $x = 0$ aber $\psi(0,t) \to \infty$ für $t \downarrow 0$. Weiter hat das Integral über $\mathbb{R}$ im Fall $n = 1$ für alle $t > 0$ den gleichen Wert:

$$\int_{-\infty}^{\infty} \frac{1}{\sqrt{t}} e^{-x^2/4kt}\, dx = 2\sqrt{k} \int_{-\infty}^{\infty} e^{-\xi^2}\, d\xi = 2\sqrt{k\pi}.$$

Analog für $n > 1$. Aufgrund der angeführten Eigenschaften stellt ψ eine sogenannte Dirac-Schar dar; vgl. 10.1.II.

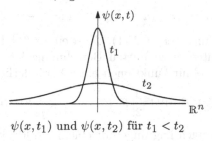

$\psi(x,t_1)$ und $\psi(x,t_2)$ für $t_1 < t_2$

In (idealisierender) physikalischer Hinsicht beschreibt ψ die Wärmeausbreitung im $\mathbb{R}^n$, die eine zum Zeitpunkt $t = 0$ im Punkt $x = 0$ gelegene unendlich heiße Wärmequelle auslöst. Die gesamte, über den Raum verteilte Wärmemenge ist zeitlich konstant.

Zum Abschluß ermitteln wir alle rotationssymmetrischen harmonischen Funktionen in einer Kugelschale. Nach (15) gilt $\Delta f = 0$ genau dann, wenn F die Bedingung $F'' + \dfrac{n-1}{r} F' = 0$ erfüllt. Diese ist eine lineare Differentialgleichung 1. Ordnung für F'. Deren Lösungen sind αr^{1-n} ($\alpha \in \mathbb{C}$); damit folgt $F(r) = a \ln r + b$ im Fall $n = 2$ und $F(r) = ar^{2-n} + b$ im Fall $n > 2$ ($a, b \in \mathbb{C}$). Insbesondere ist die durch

$$(16) \qquad N(x) := \begin{cases} \ln \|x\|_2 & \text{im Fall } n = 2, \\ -1/\|x\|_2^{n-2} & \text{im Fall } n > 2 \end{cases}$$

auf $\mathbb{R}^n \setminus \{0\}$ erklärte Funktion eine Lösung der Potentialgleichung $\Delta f = 0$. (Das Minuszeichen bewirkt, daß in beiden Fällen $N(x) \to -\infty$ geht für $\|x\|_2 \to 0$.) N ist bis auf einen konstanten Faktor das sogenannte *Newton-Potential* in $\mathbb{R}^n \setminus \{0\}$. Wir fassen zusammen:

Satz: *Die Gesamtheit der rotationssymmetrischen harmonischen Funktionen in einer Kugelschale besteht aus den Funktionen $aN + b$, $a, b \in \mathbb{C}$. Insbesondere ist jede rotationssymmetrische harmonische Funktion in einer Kugel $K_R(0)$ konstant.*

2.4 Die Taylorapproximation

Wir dehnen die Taylorformel für Funktionen in Intervallen $I \subset \mathbb{R}$ auf Funktionen in Gebieten $U \subset \mathbb{R}^n$ aus. Anhand der Einschränkungen auf die Geraden durch den Entwicklungspunkt führen wir das Problem auf den eindimensionalen Fall zurück.

Sei $f \colon U \to \mathbb{R}$ eine $\mathscr{C}^{p+1}$-Funktion auf einer offenen Menge $U \subset \mathbb{R}^n$. Weiter seien $a, x \in U$ Punkte, deren Verbindungsstrecke in U liegt. Wir betrachten dann die Funktion $F \colon [0; 1] \to \mathbb{R}$,

$$F(t) := f(a + th), \qquad h := x - a.$$

Es gilt $f(a) = F(0)$ und $f(x) = F(1)$. F ist eine $\mathscr{C}^{p+1}$-Funktion auf $[0; 1]$, wie sich mit der unten ausgeführten Berechnung der Ableitungen zeigt. Nach der Taylorformel für Funktionen einer Veränderlichen gilt also

$$F(1) = F(0) + F'(0) + \frac{1}{2!} F''(0) + \cdots + \frac{1}{p!} F^{(p)}(0) + R_{p+1},$$

wobei das Restglied nach Lagrange mit einem $\tau \in [0; 1]$ in der Form

$$R_{p+1} = \frac{1}{(p+1)!} F^{(p+1)}(\tau)$$

dargestellt werden kann. Die Ableitungen $F^{(k)}$ berechnen wir durch wiederholte Anwendung der Kettenregel:

$$F'(t) = \sum_{i=1}^{n} \partial_i f(a + th) \cdot h_i,$$

$$F''(t) = \sum_{i=1}^{n} \sum_{j=1}^{n} \partial_j \partial_i f(a + th) \cdot h_i h_j,$$

$$\vdots$$

$$F^{(p)}(t) = \sum_{i_1=1}^{n} \cdots \sum_{i_p=1}^{n} \partial_{i_1} \cdots \partial_{i_p} f(a + th) \cdot h_{i_1} \cdots h_{i_p}.$$

Wir stellen $F^{(k)}(t)$ mit Hilfe des Differentials $\mathrm{d}^{(k)} f(a)$ dar. Dazu führen wir allgemein für einen Vektor $x \in \mathbb{R}^n$ folgende Bezeichnung ein:

$$(17) \qquad \mathrm{d}^{(k)} f(a)\, x^k := \mathrm{d}^{(k)} f(a)\, \underbrace{(x, \ldots, x)}_{k\text{-mal}};$$

komponentenweise nach $(13')$:

$$(17') \qquad \mathrm{d}^{(k)} f(a)\, x^k = \sum_{i_1=1}^{n} \cdots \sum_{i_k=1}^{n} \partial_{i_1} \cdots \partial_{i_k} f(a)\, x_{i_1} \cdots x_{i_k}.$$

$\mathrm{d}^{(k)} f(a)\, x^k$ ist ein homogenes Polynom vom Grad k. Damit gilt:

$$(18) \qquad\qquad F^{(k)}(t) = \mathrm{d}^{(k)} f(a + th) h^k.$$

Schließlich setzen wir $d^{(0)} f(a)\, x^0 := f(a)$.

Wir definieren nun als *Taylorpolynom der Ordnung p* von f in a:

$$\boxed{\; \mathrm{T}_p f(x; a) := \sum_{k=0}^{p} \frac{1}{k!} \mathrm{d}^{(k)} f(a)(x - a)^k. \;}$$

$\mathrm{T}_1 f(x; a)$ ist die bereits in (5) eingeführte lineare Approximation.

Wir fassen zusammen:

Satz (Taylorformel mit Rest): *Es sei* $f : U \to \mathbb{R}$ *eine* $\mathscr{C}^{p+1}$*-Funktion. Sind* $a, x \in U$ *Punkte, deren Verbindungsstrecke in* U *liegt, so gilt*

$$f(x) = \mathrm{T}_p f(x; a) + R_{p+1}(x; a),$$

wobei das Restglied mit einem geeigneten Punkt $\xi \in [a; x]$ *in der Form*

$$R_{p+1}(x; a) = \frac{1}{(p + 1)!} \mathrm{d}^{(p+1)} f(\xi)(x - a)^{p+1}$$

dargestellt werden kann.

Folgerung (Qualitative Taylorformel): *Ist $f: U \to \mathbb{R}$ eine $\mathscr{C}^p$-Funktion, so gilt an jeder Stelle $a \in U$ für $x \to a$*

$$\boxed{f(x) = \mathrm{T}_p f(x; a) + o(\|x - a\|^p);}$$

d. h., es gilt

$$\lim_{x \to a} \frac{f(x) - \mathrm{T}_p f(x; a)}{\|x - a\|^p} = 0.$$

$\mathrm{T}_p f(x; a)$ stellt also ein Polynom eines Grades $\leq p$ dar, welches f in der Nähe von a derart gut approximiert, daß der Fehler $f(x) - \mathrm{T}_p f(x; a)$ für $x \to a$ schneller als $\|x - a\|^p$ gegen Null geht.

Beweis: Zu $\varepsilon > 0$ wähle man eine Kugel $K_r(a) \subset U$ so, daß für $y \in K_r(a)$

$$\frac{1}{p!} \sum_{i_1=1}^{n} \cdots \sum_{i_p=1}^{n} \left| \partial_{i_1} \cdots \partial_{i_p} f(y) - \partial_{i_1} \cdots \partial_{i_p} f(a) \right| < \varepsilon$$

gilt. Für jeden Vektor $h \in \mathbb{R}^n$ erhält man dann wegen $|h_{i_1} \cdots h_{i_p}| \leq \|h\|_\infty^p$

$$(*) \qquad \left| \frac{1}{p!} \left(\mathrm{d}^{(p)} f(y) - \mathrm{d}^{(p)} f(a) \right) h^p \right| \leq \varepsilon \cdot \|h\|_\infty^p.$$

Zu beliebigem $x \in K_r(a)$ wähle man weiter einen Punkt $\xi \in [a; x]$, mit dem die Taylorformel mit Rest gilt:

$$f(x) = \mathrm{T}_{p-1} f(x; a) + \frac{1}{p!} \mathrm{d}^{(p)} f(\xi)(x - a)^p$$

$$= \mathrm{T}_p f(x; a) + \frac{1}{p!} \left(\mathrm{d}^{(p)} f(\xi) - \mathrm{d}^{(p)} f(a) \right)(x - a)^p.$$

Hieraus folgt aufgrund der Abschätzung $(*)$ die Behauptung. $\square$

Wir geben noch explizit das *Taylorpolynom der Ordnung* 2 an. Wegen $\mathrm{d}f(a)h = f'(a)h$ und $\mathrm{d}^{(2)} f(a)\, h^2 = h^{\mathsf{T}} f''(a)h$ lautet dieses

$$\mathrm{T}_2 f(x; a) = f(a) + f'(a)(x - a) + \frac{1}{2}(x - a)^{\mathsf{T}} f''(a)(x - a);$$

explizit:

$$\mathrm{T}_2 f(x; a) = f(a) + \sum_{i=1}^{n} \partial_i f(a)(x_i - a_i) + \frac{1}{2} \sum_{i,j=1}^{n} \partial_{ij} f(a)(x_i - a_i)(x_j - a_j).$$

Beispiel: Sei $f(x, y) = x^y$. Wir bestimmen das Taylorpolynom 2. Ordnung im Punkt $(1, 1)$. Die partiellen Ableitungen erster und zweiter Ordnung haben wir bereits zu Beginn des Abschnitts 2.3 berechnet: Es ist

$$f'(1,1) = (f_x(1,1),\, f_y(1,1)) = (1,0)$$

und

$$f''(1,1) = \begin{pmatrix} f_{xx}(1,1) & f_{xy}(1,1) \\ f_{yx}(1,1) & f_{yy}(1,1) \end{pmatrix} = \begin{pmatrix} 0 & 1 \\ 1 & 0 \end{pmatrix}.$$

Damit ergibt sich:

$$T_2 f\big((x,y);\,(1,1)\big) = 1 + (x-1) + (x-1)(y-1).$$

Taylorreihen. Es sei $f \in \mathscr{C}^\infty(U)$. Dann heißt die Reihe

$$\sum_{k=0}^{\infty} \frac{1}{k!}\, d^{(k)} f(a)(x-a)^k$$

Taylorreihe von f im Punkt $a \in U$. Die Reihe konvergiert genau dann gegen $f(x)$, wenn $\lim_{k \to \infty} R_k(x;a) = 0$. Ferner heißt f *reell-analytisch in U*, wenn jeder Punkt $a \in U$ eine Umgebung hat, in der f durch die Taylorreihe in a dargestellt wird.

Lemma: *Wird $f \in \mathscr{C}^\infty(U)$ in einer Kugel $K_r(a) \subset U$ durch eine Reihe homogener Polynome P_k mit $\operatorname{Grad} P_k = k$ dargestellt,*

$$f(x) = \sum_{k=0}^{\infty} P_k(x-a), \qquad x \in K_r(a),$$

so ist diese die Taylorreihe von f in a.

Beweis: Wir betrachten wieder $F\colon [0;1] \to \mathbb{R}$, $F(t) := f\big(a + t\,(x-a)\big)$. Aufgrund der Homogenität der P_k gilt

$$F(t) = \sum_{k=0}^{\infty} P_k\big(t\,(x-a)\big) = \sum_{k=0}^{\infty} t^k P_k(x-a).$$

Differentiation dieser Potenzreihe in t ergibt $F^{(k)}(0) = k!\, P_k(x-a)$. Nach (18) gilt also $d^{(k)} f(a)(x-a)^k = k!\, P_k(x-a)$. $\qquad\square$

Beispiel: Die Taylorentwicklung der Funktion $\dfrac{1}{1-x-y}$ in $(0,0)$ erhält man mit Hilfe der geometrischen Reihe:

$$\frac{1}{1-x-y} = 1 + (x+y) + (x+y)^2 + \cdots$$

Die Reihe konvergiert genau in dem Streifen $S = \big\{(x,y) \mid |x+y| < 1\big\}$. Man beachte, daß das Konvergenzgebiet weder ein Kreis noch ein Rechteck ist, wie man vom Eindimensionalen her vielleicht vermuten könnte.

2.5 Zur Bedeutung der zweiten Ableitung

Mit der Dimension n wächst auch der Formenreichtum der Graphen von
Funktionen auf Gebieten im $\mathbb{R}^n$. Wesentliche Elemente der lokalen Geome-
trie der Graphen reeller $\mathscr{C}^2$-Funktionen werden maßgeblich von der zweiten
Ableitung bestimmt, falls diese nicht ausgeartet ist.

I. Schmiegquadriken

Es sei f eine reelle $\mathscr{C}^2$-Funktion in einer Umgebung von $a \in \mathbb{R}^n$. Ist $f''(a)$
nicht die Nullmatrix, so beschreibt die quadratische Gleichung

$$x_{n+1} = \mathrm{T}_2 f(x;a) = f(a) + f'(a)(x-a) + \frac{1}{2}(x-a)^{\mathsf{T}} f''(a)(x-a)$$

eine Quadrik im $\mathbb{R}^{n+1}$. Diese heißt wegen $f(x) - \mathrm{T}_2 f(x;a) = o(\|x-a\|^2)$
Schmiegquadrik an den Graphen von f in $(a, f(a))$. Die Schmiegquadrik
hat im Punkt $(a, f(a))$ dieselbe Tangentialhyperebene wie der Graph und
auch dieselbe Krümmung, wie in der Differentialgeometrie gezeigt wird.

Im Fall $n = 2$ kann man durch eine affine Koordinatentransformation
jede Schmiegquadrik in eine der folgenden Normalformen bringen:

(E) $z = \pm(x^2 + y^2)$ *(elliptisches Paraboloid)*,

(H) $z = x^2 - y^2$ *(hyperbolisches Paraboloid)*,

(P) $z = \pm\, x^2$ *(parabolischer Zylinder)*.

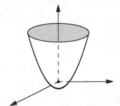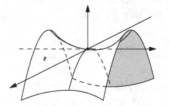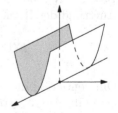

Elliptisches Paraboloid   Hyperbolisches Paraboloid   Parabolischer Zylinder

Eine Transformation in die Form (E) bzw. (H) bzw. (P) ist genau dann
möglich, wenn die Hessematrix $f''(a)$ definit bzw. indefinit bzw. singulär
aber $\neq 0$ ist.

Bekanntlich heißen eine quadratische Form

$$Q\colon \mathbb{R}^n \to \mathbb{R}, \qquad Q(x) = x^{\mathsf{T}} A x,$$

und auch die sie repräsentierende Matrix A

positiv definit, wenn $Q(x) > 0$ ist für alle $x \neq 0$,

negativ definit, wenn $Q(x) < 0$ ist für alle $x \neq 0$,

positiv semidefinit, wenn $Q(x) \geq 0$ ist für alle x,

negativ semidefinit, wenn $Q(x) \leq 0$ ist für alle x,

indefinit, wenn Q sowohl positive als auch negative Werte annimmt.

Wir kennzeichnen diese fünf Fälle der Reihe nach mit

$$Q > 0, \qquad Q < 0, \qquad Q \geq 0, \qquad Q \leq 0, \qquad Q \gtrless 0.$$

Diese fünf Fälle lassen sich durch die Eigenwerte (EW) von Q wie folgt charakterisieren:

$Q > 0 \iff$ alle EW sind > 0,

$Q < 0 \iff$ alle EW sind < 0,

$Q \geq 0 \iff$ alle EW sind ≥ 0,

$Q \leq 0 \iff$ alle EW sind ≤ 0,

$Q \gtrless 0 \iff Q$ hat EW > 0 und < 0.

Im Fall $n = 2$ hat man folgendes einfache Kriterium: $A = \begin{pmatrix} a & b \\ b & c \end{pmatrix}$ ist

positiv definit $\iff \det A > 0$ und $a > 0$,

negativ definit $\iff \det A > 0$ und $a < 0$,

semidefinit $\iff \det A \geq 0$,

indefinit $\iff \det A < 0$.

Sei f wieder eine reelle $\mathscr{C}^2$-Funktion in einer Umgebung von $a \in \mathbb{R}^n$. Ihr Graph heißt im Punkt $(a, f(a))$

elliptisch $\iff f''(a)$ ist definit (positiv oder negativ),

hyperbolisch $\iff f''(a)$ ist nicht singulär und indefinit,

parabolisch $\iff f''(a)$ ist singulär und $\neq 0$,

flach $\iff f''(a) = 0$.

Ein hyperbolischer Punkt heißt auch *Sattelpunkt*.

Graphen mit verschiedenartigen Flachpunkten liefern zum Beispiel die Real- und Imaginärteile der Potenzfunktionen $(x + \mathrm{i}y)^k$, $k \geq 3$, am Nullpunkt. Wir betrachten den Fall $k = 3$ noch näher: Sei

$$f(x, y) := \mathrm{Im}(x + \mathrm{i}y)^3 = 3x^2 y - y^3.$$

Die 2. Ableitung lautet

$$f''(x, y) = 6 \begin{pmatrix} y & x \\ x & -y \end{pmatrix}.$$

Hiernach ist der Graph im Nullpunkt flach und in jedem weiteren Punkt hyperbolisch. Mit $re^{i\varphi} := x + iy$ gilt ferner $f(x,y) = r^3 \sin 3\varphi$. Danach ist $f(x,y)$ außerhalb des Nullpunktes positiv für $0 < \varphi < \pi/3$ und negativ für $-\pi/3 < \varphi < 0$. Ferner bleibt der Graph bei einer Drehung um den Winkel $2\pi/3$ invariant. In $(0,0)$ laufen also drei „Bergrücken" und drei „Senken" zusammen. Eine solche Fläche nennt man *Affensattel*.

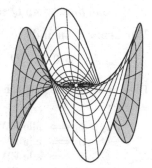

Affensattel

II. Lokale Maxima und Minima

Sei f eine reelle Funktion auf $X \subset \mathbb{R}^n$. Man sagt, f habe in $a \in X$ ein *lokales Maximum* bzw. *Minimum*, wenn es in X eine Umgebung V von a gibt, so daß $f(x) \leq f(a)$ bzw. $f(x) \geq f(a)$ für alle $x \in V$ gilt. Kann V so gewählt werden, daß sogar $f(x) < f(a)$ bzw. $f(x) > f(a)$ für alle $x \in V \setminus \{a\}$ gilt, so heißt a Stelle eines *isolierten* lokalen Maximums bzw. Minimums.

Notwendiges Kriterium: *Sei $U \subset \mathbb{R}^n$ offen. Hat $f\colon U \to \mathbb{R}$ in a ein lokales Extremum und ist f in a partiell differenzierbar, so gilt*

$$(19) \qquad \boxed{\partial_1 f(a) = \cdots = \partial_n f(a) = 0.}$$

Ist f in a differenzierbar, so besagt (19): $\mathrm{d}f(a) = 0$.

Beweis: Die durch $F(t) := f(a+te_k)$ in einem hinreichend kleinen Intervall um $0 \in \mathbb{R}$ erklärte Funktion hat in $t = 0$ ein lokales Extremum. Also ist $F'(0) = 0$. Damit folgt $\partial_k f(a) = F'(0) = 0$. $\qquad\qquad \square$

Eine im Punkt a differenzierbare Funktion f heißt *stationär in a*, wenn $\mathrm{d}f(a) = 0$. Nach dem soeben Bewiesenen hat eine differenzierbare Funktion auf einer offenen Menge höchstens an stationären Stellen lokale Extrema. Ist f in a stationär und zusätzlich elliptisch, so hat f in a tatsächlich ein lokales Extremum; ist f zusätzlich hyperbolisch, so hat f einen Sattelpunkt und kein Extremum. Genauer:

Hinreichendes Kriterium: *Es sei* $U \subset \mathbb{R}^n$ *eine offene Menge und* $f\colon U \to \mathbb{R}$ *eine* $\mathscr{C}^2$-*Funktion mit* $f'(a) = 0$. *Dann gilt:*

$f''(a) > 0 \;\Rightarrow\; f$ *hat in* a *ein isoliertes lokales Minimum,*

$f''(a) < 0 \;\Rightarrow\; f$ *hat in* a *ein isoliertes lokales Maximum,*

$f''(a) \gtreqless 0 \;\Rightarrow\; f$ *hat in* a *kein lokales Extremum.*

Im indefiniten Fall gibt es Geraden G_1 *und* G_2 *durch den Punkt* a *derart, daß* $f \,|\, U \cap G_1$ *in* a *ein isoliertes lokales Maximum hat und* $f \,|\, U \cap G_2$ *ein isoliertes lokales Minimum.*

Beweis: Sei zunächst $f''(a) > 0$. Wegen $f'(a) = 0$ gilt nach der qualitativen Taylorformel für hinreichend kurze Vektoren h

$$f(a + h) = f(a) + \frac{1}{2} h^{\mathsf{T}} f''(a) h + R(h),$$

wobei $R(h) / \|h\|^2 \to 0$ für $h \to 0$. Die Funktion $h \mapsto h^{\mathsf{T}} f''(a) h$ hat auf der Einheitssphäre $\{x \mid \|x\| = 1\}$ wegen $f''(a) > 0$ ein positives Minimum m. Da jeder Vektor h das $\|h\|$-fache eines Einheitsvektors ist, folgt für alle h

$$h^{\mathsf{T}} f''(a) h \geq m \, \|h\|^2 .$$

Wir wählen nun eine Kugel $K_\varepsilon(a) \subset U$ so klein, daß $|R(h)| \leq \frac{1}{4} m \, \|h\|^2$ für $\|h\| < \varepsilon$ gilt. Für $a + h \in K_\varepsilon(a)$ erhalten wir dann

$$f(a + h) \geq f(a) + \frac{m}{4} \, \|h\|^2 .$$

Danach nimmt f innerhalb $K_\varepsilon(a)$ genau im Punkt a ein Minimum an. Im Fall $f''(a) > 0$ ist damit die Behauptung bewiesen.

Der Fall $f''(a) < 0$ wird durch Übergang zu $-f$ auf den soeben behandelten zurückgeführt.

Es sei schließlich $f''(a)$ indefinit. Wir wählen dann Vektoren v und w mit $v^{\mathsf{T}} f''(a) v > 0$ bzw. $w^{\mathsf{T}} f''(a) w < 0$ und betrachten die Funktionen

$$F_v(t) := f(a + tv),$$
$$F_w(t) := f(a + tw),$$

die in geeigneten Intervallen um $0 \in \mathbb{R}$ definiert sind. Ihre ersten und zweiten Ableitungen in 0 sind

$$F_v'(0) = f'(a)v = 0, \qquad F_v''(0) = v^{\mathsf{T}} f''(a) v > 0,$$
$$F_w'(0) = f'(a)w = 0, \qquad F_w''(0) = w^{\mathsf{T}} f''(a) w < 0.$$

Somit hat F_v in 0 ein isoliertes lokales Minimum, F_w ein isoliertes lokales Maximum, und f daher in a kein lokales Extremum. $\qquad\square$

Beispiel: Die Funktion $f(x,y) = y^2\,(x-1) + x^2\,(x+1)$ auf $\mathbb{R}^2$ soll auf Extrema untersucht werden. Die erste Ableitung von f ist

$$f'(x,y) = \left(y^2 + 3x^2 + 2x,\ 2(x-1)y\right).$$

Die Bedingung $f'(x,y) = (0,0)$ ergibt als stationäre Punkte $P_1 = (0,0)$ und $P_2 = \left(-\frac{2}{3}, 0\right)$. Wir betrachten weiter die zweite Ableitung von f:

$$f''(x,y) = \begin{pmatrix} 6x+2 & 2y \\ 2y & 2(x-1) \end{pmatrix};$$

es ergibt sich:

$f''(P_1) = \begin{pmatrix} 2 & 0 \\ 0 & -2 \end{pmatrix}$ ist indefinit, P_1 ist also ein Sattelpunkt;

$f''(P_2) = \begin{pmatrix} -2 & 0 \\ 0 & -\frac{10}{3} \end{pmatrix}$ ist negativ definit, P_2 ist also eine Maximalstelle.

Die Abbildung zeigt verschiedene Höhen-linien von f. Auf der stark ausgezogenen ist $f = 0$; auf den schwach ausgezogenen ist $f > 0$ und auf den gestrichelten $f < 0$. Die Höhenlinien in der Nähe der Maxi-malstelle P_2 sind Ovale, die Höhenlinien in der Nähe des Sattelpunktes zerfallen in getrennte Äste.

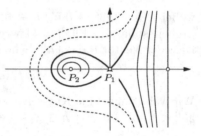

Bei Semidefinitheit der zweiten Ableitung kann ein lokales Extremum vorliegen oder auch nicht. Zum Beispiel haben die Funktionen auf $\mathbb{R}^2$

$$f(x,y) = x^2 + y^3 \qquad \text{und} \qquad g(x,y) = x^2 + y^4$$

an der stationären Stelle $(0,0)$ gleiche semidefinite zweite Ableitungen:

$$f''(0,0) = \begin{pmatrix} 2 & 0 \\ 0 & 0 \end{pmatrix} = g''(0,0).$$

f hat in $(0,0)$ kein lokales Extremum, g dagegen hat dort sein absolutes Minimum.

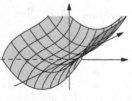

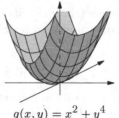

$$f(x,y) = x^2 + y^3 \qquad\qquad g(x,y) = x^2 + y^4$$

Nach dem folgenden Satz ist die Semidefinitheit der zweiten Ableitung immerhin eine *notwendige* Bedingung für ein lokales Extremum.

Satz: *Hat die $\mathscr{C}^2$-Funktion $f \colon U \to \mathbb{R}$, U eine offene Menge, in $a \in U$*

ein lokales Maximum, so ist $f''(a) \leq 0$;

ein lokales Minimum, so ist $f''(a) \geq 0$.

Beweis: Wir zeigen die Behauptung über das Maximum und nehmen im Gegenteil an, es gäbe einen Vektor v mit $v^{\mathsf{T}} f''(a) v > 0$. Dann folgt wie bei der Behandlung des indefiniten Falls im vorangehenden Kriterium, daß die Beschränkung von f auf die Gerade $a + \mathbb{R}v$ in a ein isoliertes lokales Minimum besitzt, was einem lokalen Maximum von f in a widerspricht. $\square$

Als Anwendung beweisen wir eine wichtige Eigenschaft der harmonischen Funktionen. Siehe auch 12.6.

Schwaches Maximumprinzip für harmonische Funktionen: *Es sei $U \subset \mathbb{R}^n$ eine beschränkte offene Menge und f eine stetige reelle Funktion auf $\overline{U}$, die in U harmonisch ist. Dann nimmt f ihr Maximum und ihr Minimum auf dem Rand von U an.*

Beweis: Da mit f auch $-f$ in U harmonisch ist, genügt es, die Aussage über das Maximum zu zeigen. Es sei dazu M das Maximum von f auf der kompakten Menge $\overline{U}$ und μ das Maximum auf der kompakten Teilmenge ∂U. Wir nehmen an, es sei $\mu < M$. Dann gibt es eine so kleine Zahl $\varepsilon > 0$, daß das Maximum von $f_\varepsilon := f + \varepsilon (x_1^2 + \cdots + x_n^2)$ auf ∂U ebenfalls $< M$ ist. Das Maximum von f_ε in $\overline{U}$ ist $\geq M$; es muß also in einem Punkt $a \in U$ angenommen werden. Dort ist dann $f_\varepsilon''(a) \leq 0$, und das bedeutet, daß alle Eigenwerte dieser Matrix ≤ 0 sind. Damit folgt weiter

$$\Delta f_\varepsilon(a) = \operatorname{Spur} f_\varepsilon''(a) \leq 0,$$

da die Spur die Summe der Eigenwerte ist. Tatsächlich aber gilt

$$\Delta f_\varepsilon(a) = 2n\varepsilon > 0,$$

da f in U harmonisch ist. Die Annahme $\mu < M$ führt also zu einem Widerspruch. $\square$

Bemerkung: Das Maximumprinzip verwendet man unter anderem für Eindeutigkeitsbeweise, zum Beispiel beim *Dirichletschen Randwertproblem*. Bei diesem ist auf dem Rand eines beschränkten Gebietes $U \subset \mathbb{R}^n$ eine stetige Funktion $f \colon \partial U \to \mathbb{R}$ gegeben, und gesucht wird eine stetige Funktion $h \colon \overline{U} \to \mathbb{R}$ derart, daß (i) $h \,|\, U$ harmonisch ist und (ii) $h \,|\, \partial U = f$ gilt. Diese Randwertaufgabe besitzt höchstens eine Lösung, da die Differenz zweier Lösungen auf ∂U Null ist und damit auch auf U.

III. Konvexität von Funktionen

Der Begriff der Konvexität einer Funktion auf einer Menge $U \subset \mathbb{R}^n$ wird wörtlich wie im Fall $n = 1$ eingeführt. Als Definitionsbereiche sind dabei nur konvexe Mengen angebracht. Wir zeigen, daß für $\mathscr{C}^2$-Funktionen die in Band 1, 9.7 aufgestellten Konvexitätskriterien sinngemäß weitergelten.

Definition: Sei $U \subset \mathbb{R}^n$ konvex. $f \colon U \to \mathbb{R}$ heißt *konvex*, wenn für je zwei verschiedene Punkte $a, b \in U$ und jede Zahl $t \in (0; 1)$ gilt:

$$f\big((1 - t)a + tb\big) \le (1 - t)f(a) + tf(b).$$

Gilt für alle $t \in (0; 1)$ sogar $<$, so heißt f *streng konvex*. f heißt *konkav (streng konkav)*, wenn $-f$ konvex (streng konvex) ist.

Offensichtlich ist f genau dann konvex (streng konvex), wenn für je zwei verschiedene Punkte $a, b \in U$ die durch $F_{a,b}(t) := f\big(a + t(b - a)\big)$ auf $[0; 1]$ gegebene Funktion konvex (streng konvex) ist.

Konvexitätskriterium: *Es sei $f \colon U \to \mathbb{R}$ eine $\mathscr{C}^2$-Funktion auf einer konvexen offenen Menge U. Dann gilt:*

(i) *f ist genau dann konvex, wenn $f''(x) \ge 0$ gilt für alle $x \in U$.*

(ii) *f ist streng konvex, wenn $f''(x) > 0$ gilt für alle $x \in U$.*

Beweis: (i) Es sei f konvex. Zu $x \in U$ wähle man eine Kugel $K_r(x) \subset U$. Dann ist auch $F_{x,x+h}$ konvex für jeden Vektor h mit $\|h\| < r$. Für jeden solchen Vektor h gilt daher nach dem Konvexitätskriterium in Band 1, 9.7 $h^{\mathsf{T}} f''(x) h = F''_{x,x+h}(0) \ge 0$. Aus Homogenitätsgründen folgt daraus $h^{\mathsf{T}} f''(x) h \ge 0$ für alle Vektoren h; d.h., es ist $f''(x) \ge 0$.

Es sei umgekehrt $f''(x) \ge 0$ für alle $x \in U$. Für $a, b \in U$ gilt dann

$$F''_{a,b}(t) = (b - a)^{\mathsf{T}} f''\big(a + t(b - a)\big)(b - a) \ge 0.$$

$F_{a,b}$ ist also konvex für alle a, b; folglich ist auch f konvex.

(ii) Es sei nun $f''(x) > 0$ für alle $x \in U$. Wie soeben gilt dann $F''_{a,b}(t) > 0$ für alle $t \in (0; 1)$ und alle $a, b \in U$ mit $a \ne b$. $F_{a,b}$ ist also streng konvex, und folglich ist f es auch. $\square$

Beispiel: Die Funktion $z_k \colon \mathbb{R}^2 \to \mathbb{R}$,

$$z_1(x, y) := x^2 + y^2, \quad \text{ist streng konvex,}$$
$$z_2(x, y) := x^2, \qquad\quad\ \ \text{ist konvex, aber nicht streng konvex,}$$
$$z_3(x, y) := x^2 - y^2, \quad \text{ist weder konvex noch konkav.}$$

Der Graph von z_1 ist überall elliptisch, der von z_3 überall hyperbolisch.

2.6 Differentiation parameterabhängiger Integrale

Wir setzen die in 1.4.III begonnene Diskussion parameterabhängiger Integrale fort und untersuchen sie auf Differenzierbarkeit. Wir beschränken uns wieder auf Integrale mit kompakten Integrationsintervallen und behandeln die Integrale mit nicht kompakten Integrationsintervallen erst im Rahmen der Konvergenzsätze für das Lebesgue-Integral.

Es sei $f\colon U \times [a; b] \to \mathbb{C}$ eine Funktion auf dem Produkt einer offenen Menge $U \subset \mathbb{R}^n$ und eines kompakten Intervalls $[a; b] \subset \mathbb{R}$. Für jedes $x \in U$ sei die Funktion $t \mapsto f(x, t)$ stetig. Wir definieren dann eine Funktion F auf U durch

$$(20) \qquad F(x) := \int_a^b f(x, t)\, \mathrm{d}t, \qquad x \in U.$$

Differentiationssatz: *f habe zusätzlich folgende Eigenschaften:*
 (i) *Für jedes $t \in [a; b]$ ist $x \mapsto f(x, t)$ nach x_ν partiell differenzierbar.*
 (ii) *Die Funktion $(x, t) \mapsto \partial_{x_\nu} f(x, t)$ ist stetig auf $U \times [a; b]$.*
Dann ist F nach x_ν stetig partiell differenzierbar, und es gilt

$$\boxed{\frac{\partial F}{\partial x_\nu}(x) = \int_a^b \frac{\partial f}{\partial x_\nu}(x, t)\, \mathrm{d}t.}$$

Beweis: Es genügt, den Satz für $U \subset \mathbb{R}^1$ und reelles f zu zeigen. Seien $x_0 \in U$ und $\varepsilon > 0$ gegeben. Wir setzen $\psi(x, t) := \partial_x f(x, t) - \partial_x f(x_0, t)$. ψ ist stetig auf $U \times [a; b]$ und verschwindet auf der Faser $\{x_0\} \times [a; b]$. Somit ist $W := \big\{(x, t) \in U \times [a; b] \mid |\psi(x, t)| < \varepsilon \big\}$ eine Umgebung dieser Faser und enthält nach dem Tubenlemma eine Produktmenge $I \times [a; b]$, wobei I ein offenes Intervall in U mit $x_0 \in I$ ist. In $x \in I \setminus \{x_0\}$ gilt

$$\frac{F(x) - F(x_0)}{x - x_0} - \int_a^b \partial_x f(x_0, t)\, \mathrm{d}t = \int_a^b \left(\frac{f(x, t) - f(x_0, t)}{x - x_0} - \partial_x f(x_0, t) \right) \mathrm{d}t.$$

Nach dem Mittelwertsatz gibt es zwischen x und x_0 ein $\xi(t)$ so, daß

$$\left| \frac{f(x, t) - f(x_0, t)}{x - x_0} - \partial_x f(x_0, t) \right| = \left| \psi(\xi(t), t) \right|.$$

Damit folgt wegen $I \times [a; b] \subset W$ und nach Definition von W

$$\left| \frac{F(x) - F(x_0)}{x - x_0} - \int_a^b \partial_x f(x_0, t)\, \mathrm{d}t \right| \leq \varepsilon (b - a).$$

Also ist F in x_0 differenzierbar und $F'(x_0)$ hat den behaupteten Wert.

Die Stetigkeit von F' schließlich ergibt sich mit dem Stetigkeitssatz in 1.4.III. □

Als Anwendung des Differentiationssatzes beweisen wir einen Vertauschbarkeitssatz für iterierte Integrale.

Satz: *Ist $f : [c; d] \times [a; b] \to \mathbb{C}$ stetig, so gilt*

$$\int_c^d \left(\int_a^b f(x, t)\, \mathrm{d}t \right) \mathrm{d}x = \int_a^b \left(\int_c^d f(x, t)\, \mathrm{d}x \right) \mathrm{d}t.$$

Beweis: Wir betrachten die auf $[c; d]$ wie folgt erklärten Funktionen

$$\Phi_1(\xi) := \int_c^\xi \left(\int_a^b f(x, t)\, \mathrm{d}t \right) \mathrm{d}x,$$

$$\Phi_2(\xi) := \int_a^b \left(\int_c^\xi f(x, t)\, \mathrm{d}x \right) \mathrm{d}t.$$

Der Integrand zu Φ_1 ist stetig auf $[c; d]$; die Funktion Φ_1 selbst nach dem Hauptsatz der Differential- und Integralrechnung also differenzierbar mit $\Phi_1'(\xi) = \int_a^b f(\xi, t)\, \mathrm{d}t$. Die Funktion Φ_2 ist nach dem Differentiationssatz differenzierbar mit $\Phi_2'(\xi) = \int_a^b f(\xi, t)\, \mathrm{d}t$. Also gilt $\Phi_1' = \Phi_2'$. Damit folgt $\Phi_1 = \Phi_2$ wegen $\Phi_1(c) = \Phi_2(c) = 0$. □

Man kann den Differentiationssatz durch wiederholte Anwendung auf den Fall einer iterierten Integration über einen Quader ausdehnen. Es sei $Q := [a_1; b_1] \times \cdots \times [a_k; b_k] \subset \mathbb{R}^k$. Das iterierte Integral einer stetigen Funktion $\varphi : Q \to \mathbb{C}$ definiert man durch k sukzessive Integrationen über die Intervalle $[a_1; b_1], \ldots, [a_k; b_k]$; man setzt

$$\int_Q \varphi(y)\, \mathrm{d}y := \int_{a_k}^{b_k} \left(\cdots \int_{a_2}^{b_2} \left(\int_{a_1}^{b_1} \varphi(y_1, \ldots, y_k)\, \mathrm{d}y_1 \right) \mathrm{d}y_2 \cdots \right) \mathrm{d}y_k.$$

Beispiel: Harmonizität des Newton-Potentials. Auf einem Quader $Q := [a_1; b_1] \times [a_2; b_2] \times [a_3; b_3]$ in $\mathbb{R}^3$ sei eine stetige Funktion (Massendichte) $\rho : Q \to \mathbb{R}$ gegeben. Das Potential der von diesem Körper herrührenden Anziehungskraft in $x \in \mathbb{R}^3 \setminus Q$ ist bis auf Konstanten gegeben durch

$$u(x) := \int_Q \rho(y)\, N(x - y)\, \mathrm{d}y$$

$$= \int\limits_{a_1}^{b_1} \left(\int\limits_{a_2}^{b_2} \left(\int\limits_{a_3}^{b_3} \frac{-\rho(y_1, y_2, y_3)}{\sqrt{(x_1 - y_1)^2 + (x_2 - y_2)^2 + (x_3 - y_3)^2}} \, dy_3 \right) dy_2 \right) dy_1 ;$$

hierbei bezeichnet N die in 2.3 (16) eingeführte harmonische Funktion auf $\mathbb{R}^3 \setminus \{0\}$ mit $N(x) = \frac{-1}{\|x\|_2}$.

Behauptung: *u ist eine harmonische Funktion auf $\mathbb{R}^3 \setminus Q$.*

Beweis: Der Integrand

$$f(x, y) := \rho(y) \, N(x - y), \qquad x \in \mathbb{R}^3 \setminus Q, \ y \in Q,$$

ist stetig auf $(\mathbb{R}^3 \setminus Q) \times Q$ und hat dort stetige partielle Ableitungen $\partial_{x_i} f$ und $\partial_{x_i} \partial_{x_j} f$, $i, j = 1, 2, 3$. Mehrmalige Anwendung des Satzes ergibt, daß u zweimal stetig partiell differenzierbar ist, und Δu durch Differentiation unter dem Integralzeichen berechnet werden kann.

$$(\partial_{x_1}^2 + \partial_{x_2}^2 + \partial_{x_3}^2) u = \int\limits_Q \rho(y) \cdot \left((\partial_{x_1}^2 + \partial_{x_2}^2 + \partial_{x_3}^2) N(x - y) \right) dy.$$

Da $x \mapsto N(x - y)$ harmonisch auf $\mathbb{R}^3 \setminus \{y\}$ ist, verschwindet der Integrand, und es folgt $\Delta u = 0$. □

Bemerkung: In der Integrationstheorie werden wir dieses Beispiel wesentlich verallgemeinern; wir zeigen in 8.4, daß die Aussage gültig bleibt, wenn man den Quader Q durch ein beliebiges Kompaktum ersetzt.

2.7 Die Eulersche Differentialgleichung der Variationsrechnung

Die Variationsrechnung handelt von Kurven, Flächen und Ähnlichem im Hinblick auf bestimmte Optimalitätseigenschaften. Sie hat grundlegende Bedeutung für Naturwissenschaft und Technik, da in deren Sicht viele Gleichgewichtszustände und Bewegungsvorgänge durch Minimalprinzipien wie das vom Minimum der potentiellen Energie oder das der kleinsten Wirkung ausgezeichnet sind. Ausgehend von solchen Prinzipien führt die Variationsrechnung in naturgemäßer Weise zu den typischen Differentialgleichungen der Mathematischen Physik. Hier kann nur ein allererster Eindruck von dieser zentralen Disziplin der Analysis vermittelt werden.

Den ersten Anstoß zur Entwicklung der Variationsrechnung gab 1696
Johann Bernoulli mit seinem Problem der Kurve kürzester Laufzeit; sie-
he Band 1, 12.1. Wir erläutern hier die Fragestellung noch an dem von
Euler behandelten Problem der Rotationsfläche kleinsten Inhalts, einem
Spezialfall des Plateauschen Problems der Minimalflächen.

Beispiel: Die Rotationsminimalfläche. Zwischen zwei koaxiale Kreislinien
im Raum soll eine Rotationsfläche kleinsten Flächeninhalts eingespannt
werden. Bei geeigneten Abmessungen kann eine solche Fläche als Seifen-
haut realisiert werden. Die Oberflächenspannung bewirkt, daß ihr Flächeninhalt möglichst klein wird.

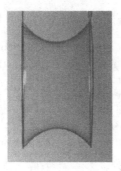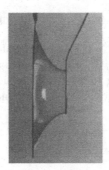

Seifenhäute zwischen zwei koaxialen Kreislinien

Mathematische Formulierung: Zu gegebenen Punkten $A = (a, \alpha)$ und $B = (b, \beta)$ mit $a < b$ wird eine $\mathscr{C}^1$-Funktion $y \colon [a; b] \to \mathbb{R}_+$ mit den Randwerten
$y(a) = \alpha$ und $y(b) = \beta$ gesucht so, daß die durch Rotation ihres Graphen
um die x-Achse entstehende Fläche einen möglichst kleinen Flächeninhalt

$$(21) \qquad J(y) := 2\pi \int_a^b y(x)\sqrt{1 + y'^2(x)}\, dx$$

hat. (Die Formel für $J(y)$ werden wir in 11.7 herleiten.)

Gegeben seien für das Folgende eine $\mathscr{C}^2$-Funktion

$$L \colon [a; b] \times \mathbb{R} \times \mathbb{R} \to \mathbb{R}, \qquad (x, y, p) \mapsto L(x, y, p),$$

sowie Randwerte $\alpha, \beta \in \mathbb{R}$. Die Funktion L heißt *Lagrange-Funktion* des
Problems. Im Beispiel der Rotationsminimalfläche etwa ist $L(x, y, p) = y\sqrt{1 + p^2}$. Es bezeichne $\mathscr{K}$ die Menge der reellen $\mathscr{C}^2$-Funktionen auf $[a; b]$,
die in den Randpunkten a und b die gegebenen Werte α bzw. β annehmen:

$$\mathscr{K} := \left\{ y \in \mathscr{C}^2_\mathbb{R}[a; b] \mid y \text{ reell},\ y(a) = \alpha,\ y(b) = \beta \right\}.$$

$\mathscr{K}$ heißt zulässige Konkurrenzschar. Auf dieser induziert L eine Funktion

$$J\colon \mathscr{K} \to \mathbb{R}, \qquad J(y) := \int_a^b L\big(x,\, y(x),\, y'(x)\big)\,\mathrm{d}x.$$

Gesucht wird ein Element $\varphi \in \mathscr{K}$, in dem J ein Extremum annimmt.

Das hiermit formulierte Extremalproblem ist von anderer Art als die bisher betrachteten, insofern der Definitionsbereich der Funktion J eine Teilmenge des *unendlich*-dimensionalen $\mathbb{R}$-Vektorraumes $\mathscr{C}^2_{\mathbb{R}}[a;b]$ ist. Wir begnügen uns damit, eine notwendige Bedingung analog der in 2.5.II herzuleiten, und zeigen, daß diese zu einer Differentialgleichung äquivalent ist. Brauchbare hinreichende Kriterien sind schwer zu gewinnen.

Um die gesuchte Bedingung herzuleiten, betrachten wir Deformationen der Funktionen aus $\mathscr{K}$. Wir bilden diese Deformationen mit Hilfe der Funktionen aus

$$\mathscr{K}_0 := \big\{ h \in \mathscr{C}^2_{\mathbb{R}}[a;b] \mid h(a) = h(b) = 0 \big\}.$$

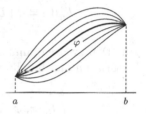

φ und einige
Deformationen

Sei $\varphi \in \mathscr{K}$. Für jedes $h \in \mathscr{K}_0$ gehören dann auch alle Funktionen $\varphi + th$, $t \in \mathbb{R}$, zu $\mathscr{K}$. Die durch

$$F_h(t) := J(\varphi + th) = \int_a^b L\big(x,\, \varphi + th,\, \varphi' + th'\big)\,\mathrm{d}x$$

(im Integranden haben wir das Argument x bei φ und h weggelassen) erklärte Funktion $F_h\colon \mathbb{R} \to \mathbb{R}$ ist nach dem Differentiationssatz in 2.6 differenzierbar: Durch Differentiation unter dem Integral erhält man

$$F_h'(t) = \int_a^b \Big(L_y(\dots)h(x) + L_p(\dots)h'(x) \Big)\,\mathrm{d}x$$

$((\dots) := (x,\, \varphi + th,\, \varphi' + th'))$; offensichtlich ist der Integrand stetig in (t,x), wie es der Differenzierbarkeitssatz voraussetzt.

Die Ableitung $\delta_h J(\varphi) := F_h'(0)$ bezeichnet man als die *erste Variation von J in Richtung h*; ferner heißt J *stationär in φ*, falls $\delta_h J(\varphi) = 0$ gilt für jedes $h \in \mathscr{K}_0$. Hat J in $\varphi \in \mathscr{K}$ ein Extremum, so hat jede Funktion F_h, $h \in \mathscr{K}_0$, in $0 \in \mathbb{R}$ ein Extremum, und dann gilt $F_h'(0) = 0$. Für unser Extremalproblem erhalten wir also die notwendige Bedingung: *Die Funktion J nimmt in $\varphi \in \mathscr{K}$ höchstens dann ein Extremum an, wenn sie in φ stationär ist.*

Die Eigenschaft von J, in φ stationär zu sein, übersetzen wir nun in eine Differentialgleichung für φ.

Satz (Eulersche Differentialgleichung der Variationsrechnung):
J wird in $\varphi \in \mathscr{K}$ genau dann stationär, wenn φ auf $[a; b]$ die Gleichung

(22)
$$\boxed{\frac{\mathrm{d}}{\mathrm{d}x} L_p\big(x, \varphi(x), \varphi'(x)\big) = L_y\big(x, \varphi(x), \varphi'(x)\big)}$$

erfüllt.

Diese Differentialgleichung wird oft auch nach Lagrange benannt, da die heute übliche Herleitung im Wesentlichen auf ihn zurückgeht.

Beweis: Nach Definition ist J in φ genau dann stationär, wenn für jedes $h \in \mathscr{K}_0$

$$F'_h(0) = \int\limits_a^b \Big(L_y(x, \varphi, \varphi')h + L_p(x, \varphi, \varphi')h' \Big) \, \mathrm{d}x = 0$$

gilt. Den zweiten Summanden dieses Integrals formen wir durch partielle Integration um; beachtet man dabei $h(a) = h(b) = 0$, so erhält man

$$\int\limits_a^b L_p(x, \varphi, \varphi')h' \, \mathrm{d}x = - \int\limits_a^b \Big(\frac{\mathrm{d}}{\mathrm{d}x} L_p(x, \varphi, \varphi') \Big) h \, \mathrm{d}x.$$

Somit ist J in φ genau dann stationär, wenn für jedes $h \in \mathscr{K}_0$

$$\int\limits_a^b \Big(L_y(x, \varphi, \varphi') - \frac{\mathrm{d}}{\mathrm{d}x} L_p(x, \varphi, \varphi') \Big) h \, \mathrm{d}x = 0$$

gilt. Hieraus folgt mit dem anschließenden Lemma die Gleichung (22). □

Lemma (Nulltest): *Ist $f : [a; b] \to \mathbb{R}$ stetig und gilt für jede 2-mal stetig differenzierbare (Test-)Funktion $h : [a; b] \to \mathbb{R}$ mit $h(a) = h(b) = 0$*

$$\int\limits_a^b f\, h \, \mathrm{d}x = 0,$$

so ist $f = 0$.

Beweis: Angenommen, in $x_0 \in (a; b)$ sei $f(x_0) \neq 0$, etwa $f(x_0) > 0$. Wir wählen dann in $(a; b)$ ein Intervall $[a'; b']$, auf dem $f(x) \geq \frac{1}{2} f(x_0)$ ist, und dazu eine $\mathscr{C}^2$-Funktion $h : [a; b] \to \mathbb{R}$, die auf $(a'; b')$ positiv ist und außerhalb $(a'; b')$ Null; zum Beispiel sei $h(x) := (x - a')^4 (x - b')^4$ für $x \in (a'; b')$. Mit einem solchen h ergibt sich der Widerspruch

$$\int\limits_a^b f\, h \, \mathrm{d}x \geq \frac{1}{2} f(x_0) \cdot \int\limits_{a'}^{b'} h \, \mathrm{d}x > 0. \qquad\qquad \square$$

Die Bedingung (22) für eine Minimallösung φ ist eine Differentialgleichung 2. Ordnung. Ausgeschrieben lautet sie

$$(22')\qquad L_{pp}\varphi'' + L_{py}\varphi' + L_{px} - L_y = 0$$

mit (x, φ, φ') als Argument in den L-Termen. In wichtigen Fällen hat man zur Lösung sogleich eine erste Information:

Lemma: *Hängt L nicht von x ab, so ist für jede Lösung φ von (22)*

$$E_\varphi := L_p(\varphi, \varphi')\varphi' - L(\varphi, \varphi')$$

konstant.

Bemerkung: In physikalischen Problemen stellt E_φ die Energie des Systems dar.

Beweis: Mit (22') und wegen $L_x = 0$ ergibt sich

$$\frac{\mathrm{d}}{\mathrm{d}x} E_\varphi = \left(L_{py}\varphi'^2 + L_{pp}\varphi'\varphi'' + L_p\varphi'' \right) - L_y\varphi' - L_p\varphi''$$

$$= \varphi'\left(L_{py}\varphi' + L_{pp}\varphi'' - L_y \right) = 0. \qquad \square$$

Behandlung des Problems der Rotationsminimalfläche. Zu minimieren ist das Integral

$$J(y) = \int\limits_a^b y(x)\sqrt{1 + y'^2(x)}\, \mathrm{d}x.$$

Nach (22) hat man für eine Minimallösung φ die Differentialgleichung

$$(23)\qquad \frac{\mathrm{d}}{\mathrm{d}x}\left(\varphi(x)\, \frac{\varphi'(x)}{\sqrt{1 + \varphi'^2(x)}} \right) - \sqrt{1 + \varphi'^2(x)} = 0.$$

Da die Funktion L nicht von x abhängt, ist $L_p(x, \varphi, \varphi')\varphi' - L(x, \varphi, \varphi')$ nach dem letzten Lemma konstant. Damit folgt

$$\frac{\varphi}{\sqrt{1 + \varphi'^2}} = c, \qquad c \in \mathbb{R}.$$

Aufgrund der geometrischen Herkunft des Problems setzen wir die Randwerte α, β als positiv voraus, was $c > 0$ bedingt. Mit der letzten Identität vereinfacht sich (23) zu $\varphi'' - \frac{1}{c^2}\varphi = 0$. Aus den Lösungen dieser linearen Differentialgleichung erhält man schließlich als Lösungen von (23)

$$\varphi(x) = c \cosh \frac{1}{c}(x - x_0).$$

Diese Funktionen stellen sogenannte *Kettenlinien* dar; die von ihnen erzeugten Rotationsflächen heißen *Katenoide* (lateinisch *catena* Kette).

Schließlich sind noch die Konstanten c und x_0 so zu bestimmen, daß die Randbedingungen erfüllt werden. Dabei beschränken wir uns auf den Spezialfall $\alpha = \beta > 0$; oBdA nehmen wir dann $a = -b$, $b > 0$ an.

Symmetriegründe ergeben sofort $x_0 = 0$. Zur Bestimmung von c haben wir dann noch die Gleichung $c \cosh b/c = \alpha$, d. h.

$$(*) \qquad\qquad \frac{\cosh b/c}{b/c} = \frac{\alpha}{b}.$$

Die hier auftretende Funktion $f(t) = \dfrac{1}{t} \cdot \cosh t$ hat folgende Eigenschaften:

(i) Es gibt eine Stelle $t_0 > 0$ so, daß f in $(0; t_0]$ streng monoton fällt und in $[t_0; \infty)$ streng monoton wächst.

(ii) $\displaystyle\lim_{t \downarrow 0} f(t) = \infty$ und $\displaystyle\lim_{t \to \infty} f(t) = \infty$.

Näherungsweise ist $t_0 = 1.1999$ und $\mu := f(t_0) = 1.5089$.

Damit folgt: Die Gleichung $(*)$ hat für $\alpha/b < \mu$ keine Lösung, für $\alpha/b = \mu$ genau eine und für $\alpha/b > \mu$ genau zwei Lösungen. Beachtet man, daß die Bedingung (22) nur notwendig ist, kommt man schließlich zu dem

Ergebnis: *Das Problem der Rotations-minimalfläche mit $a = -b$ und gleichen Randwerten $\alpha = \beta$ hat im Fall*

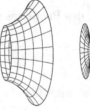

$\alpha/b < \mu$ *keine Lösung,*
$\alpha/b = \mu$ *höchstens eine Lösung,*
$\alpha/b > \mu$ *höchstens zwei Lösungen.*

Mehrere gesuchte Funktionen. Analog läßt sich der Fall behandeln, daß ein n-Tupel $y = (y_1, \ldots, y_n)$ von Funktionen gesucht wird. Gegeben seien eine $\mathscr{C}^2$-Funktion

$$L \colon [a; b] \times \mathbb{R}^n \times \mathbb{R}^n \to \mathbb{R},$$

$$(t, y_1, \ldots, y_n, p_1, \ldots, p_n) \mapsto L(t, y_1, \ldots, y_n, p_1, \ldots, p_n),$$

sowie Vektoren $\alpha, \beta \in \mathbb{R}^n$. $\mathscr{K}$ bezeichne die Menge der n-Tupel $y = (y_1, \ldots, y_n)$ reeller $\mathscr{C}^2$-Funktionen auf $[a; b]$ mit $y(a) = \alpha$ und $y(b) = \beta$. Auf dieser induziert L eine Funktion $J \colon \mathscr{K} \to \mathbb{R}$ durch

$$J(y) := \int\limits_a^b L\big(t, y_1(t), \ldots, y_n(t), \dot{y}_1(t), \ldots, \dot{y}_n(t)\big)\, \mathrm{d}t.$$

Wie im Fall $n = 1$ zeigt man: Nimmt J in $\varphi = (\varphi_1, \ldots, \varphi_n) \in \mathscr{K}$ ein Extremum an, so erfüllt φ die n Eulerschen Differentialgleichungen

$$(24) \qquad \frac{\mathrm{d}}{\mathrm{d}t} L_{p_i}\big(t, \varphi(t), \dot{\varphi}(t)\big) - L_{y_i}\big(t, \varphi(t), \dot{\varphi}(t)\big) = 0, \qquad i = 1, \ldots, n.$$

Anwendung: Hamiltonsches Prinzip und Lagrangesche Bewegungsgleichungen. Wir betrachten ein physikalisches System, dessen Lage zum Zeitpunkt t durch n Ortskoordinaten $q_1(t), \ldots, q_n(t)$ beschrieben werde. Die Bewegung des Systems sei festgelegt durch seine kinetische Energie $T(q, \dot{q})$ $= \sum_{i,k} a_{ik}(q)\dot{q}_i\dot{q}_k$ und seine potentielle Energie $U(q)$. Das *Hamiltonsche Prinzip* besagt dafür: *Zwischen zwei Zeitpunkten* t_0, t_1 *verläuft die Bewegung so, daß das* n-*Tupel* $q = (q_1, \ldots, q_n)$ *das Integral*

$$J(q) = \int\limits_{t_0}^{t_1} \left(T(q, \dot{q}) - U(q) \right) \mathrm{d}t$$

stationär macht. Nach (24) ergeben sich als notwendige Bedingung sofort die sogenannten *Lagrangeschen Bewegungsgleichungen*

$$\frac{\mathrm{d}}{\mathrm{d}t}\frac{\partial T}{\partial \dot{q}_i} - \frac{\partial}{\partial q_i}(T - U) = 0, \qquad i = 1, \ldots, n.$$

Diese Gleichungen nehmen eine besonders einfache Gestalt an, wenn T nicht von q abhängt, d. h., wenn die a_{ik} Konstanten sind: $T = \sum_{i,k} a_{ik}\dot{q}_i\dot{q}_k$ mit $a_{ik} = a_{ki}$. Die Bewegungsgleichungen gehen dann über in

$$\sum_{k=1}^{n} a_{ik}\ddot{q}_k = -U_{q_i}(q), \qquad i = 1, \ldots, n,$$

kurz

(25) $$\boxed{A\ddot{q} = -U'^{\mathsf{T}}(q), \quad A = (a_{ik}).}$$

Schlußbemerkung. Perronsches Paradoxon. Während jede stetige reelle Funktion auf einem kompakten Raum ein Maximum und ein Minimum annimmt, besteht in der Variationsrechnung die Schwierigkeit, daß sinnvoll formulierte Probleme unter Umständen keine Lösung besitzen, eben weil die zur Konkurrenz zugelassene Schar von Funktionen oder Kurven im allgemeinen nicht sachgemäß mit der Topologie eines kompakten Raumes versehen werden kann. Die Existenz einer Lösung eines gegebenen Extremalproblems bedarf stets eines eigenen Beweises, was oft eine wesentliche Schwierigkeit bedeutet. Die Eulerschen Gleichungen stellen nur eine notwendige Bedingung dar; unter ihren Lösungen muß keine Lösung des Extremalproblems vorhanden sein. Ein Beispiel bringt die Aufgabe 22.

Den vorliegenden logischen Sachverhalt beleuchtet besonders scharf das *Perronsche Paradoxon*: Gesucht werde die größte natürliche Zahl. Diese muß 1 sein, denn für $n \neq 1$ ist n^2 eine größere natürliche Zahl als n.

Perron, Oskar (1880–1975). Vielseitiger Mathematiker mit wichtigen Arbeiten zur Analysis, Arithmetik und nichteuklidischen Geometrie.

2.8 Aufgaben

1. Es sei $A \in \mathbb{R}^{n \times n}$ und $N := \{x \in \mathbb{R}^n \mid x^{\mathsf{T}} A x = 0\}$. Man zeige, daß die Funktion $f \colon \mathbb{R}^n \setminus N \to \mathbb{R}$, $f(x) := 1/x^{\mathsf{T}} A x$, überall differenzierbar ist, und berechne ihr Differential.

2. Die Funktion $f \colon \mathbb{R}^2 \to \mathbb{R}$ mit $f(0,0) = 0$ und $f(x,y) = \dfrac{x^3}{\sqrt{x^2 + y^2}}$ für $(x,y) \neq (0,0)$ ist überall differenzierbar.

3. Es sei $f(0,0) := 0$ und $f(x,y) := \dfrac{x^3 y - x y^3}{x^2 + y^2}$ für $(x,y) \neq (0,0)$. Man zeige:

   a) f ist eine $\mathscr{C}^1$-Funktion auf $\mathbb{R}^2$.

   b) $\partial_{xy} f$ und $\partial_{yx} f$ existieren auf $\mathbb{R}^2$ und sind stetig auf $\mathbb{R}^2 \setminus \{(0,0)\}$.

   c) $\partial_{xy} f(0,0) = 1$ und $\partial_{yx} f(0,0) = -1$.

4. Es sei $f \colon \mathbb{R}^n \to \mathbb{C}$ differenzierbar und homogen vom Grad k. Letzteres besagt: Es gilt $f(tx) = t^k f(x)$ für alle $t \in \mathbb{R}_+$ und $x \in \mathbb{R}^n$. Man differenziere die Funktion $t \mapsto f(tx)$ und beweise die sogenannte *Eulersche Identität* $f'(x)\, x = k f(x)$.

5. Sind $g \colon U \to \mathbb{R}$, $U \subset \mathbb{R}^n$, und $f \colon V \to \mathbb{C}$, $V \subset \mathbb{R}$, k-mal stetig differenzierbar mit $g(U) \subset V$, so ist auch $f \circ g$ k-mal stetig differenzierbar; ferner gilt $(f \circ g)' = (f' \circ g) \cdot g'$.

6. Man zeige, daß

$$f \colon \mathbb{R}^n \to \mathbb{R}, \quad f(x) := \begin{cases} \exp\bigl(1/(\|x\|_2^2 - 1)\bigr), & \text{falls } \|x\|_2 < 1, \\ 0, & \text{falls } \|x\|_2 \geq 1, \end{cases}$$

   eine $\mathscr{C}^\infty$-Funktion ist.

7. Es sei $c \in \mathbb{R}_+$. Man zeige: Für jedes $f \in \mathscr{C}^2(\mathbb{R})$ und $v \in \mathbb{R}^n$ ist

$$\psi \colon \mathbb{R}^n \times \mathbb{R} \to \mathbb{R}, \quad \psi(x,t) := f\bigl(\langle v, x \rangle - c \, \|v\|_2\, t\bigr),$$

   eine Lösung der Wellengleichung $\Delta \psi - \dfrac{1}{c^2} \psi_{tt} = 0$.

8. Sei $f \colon \mathbb{R}^2 \to \mathbb{C}$ eine $\mathscr{C}^2$-Funktion und $F(r, \varphi) := f(r \cos \varphi,\, r \sin \varphi)$. Dann gilt in jedem Punkt $(x,y) := (r \cos \varphi,\, r \sin \varphi)$ mit $r \neq 0$

$$\Delta f(x,y) = \left(F_{rr} + \frac{1}{r^2} \cdot F_{\varphi\varphi} + \frac{1}{r} \cdot F_r \right)(r, \varphi).$$

   Weiter zeige man damit, daß die Potenzfunktionen $\mathbb{C} \to \mathbb{C}$, $z \mapsto z^k$ ($k \in \mathbb{N}$), aufgefaßt als Funktionen auf $\mathbb{R}^2$, harmonisch sind.

9. Für $\mathscr{C}^2$-Funktionen f und g auf einer offenen Menge im $\mathbb{R}^n$ gilt

$$\Delta(fg) = f\,\Delta g + 2\,\langle \operatorname{grad} f, \operatorname{grad} g \rangle + g\,\Delta f.$$

10. Man berechne das Taylorpolynom 3. Grades der Funktion x^y in $(1,1)$.

11. Man ermittle die Taylorreihe der Funktion $\sqrt{1 + x^2 + y^2}$ in $(0,0)$.

12. Es sei f eine $\mathscr{C}^p$-Funktion in einer Umgebung von $a \in \mathbb{R}^n$ und P ein Polynom eines Grades $\leq p$ mit $f(x) = P(x) + o(\|x - a\|^p)$ für $x \to a$. Dann gilt $P(x) = \mathrm{T}_p f(x; a)$.

13. Man untersuche folgende Funktionen auf Extrema:

    a) $f(x,y) = x^3 + y^3 + 3xy$ in $\mathbb{R}^2$;

    b) $f(x,y,z) = x^2 + y^2 + z^2 - 2xyz$ in $\mathbb{R}^3$.

14. Es sei f eine $\mathscr{C}^1$-Funktion in einer Umgebung der abgeschlossenen Halbebene $H := \mathbb{R} \times [0; \infty)$ und $p := (a,0)$ ein Randpunkt. Man zeige: Hat $f|H$ in p ein Extremum, so gilt $\partial_x f(p) = 0$.

15. Man untersuche $f(x,y) = y\,(x - 1)\mathrm{e}^{-(x^2 + y^2)}$ in $[0; \infty)^2$ auf Extrema.

16. *Ein Beispiel von Peano.* Man zeige, daß die Funktion

$$f \colon \mathbb{R}^2 \to \mathbb{R}, \quad f(x,y) = (y - x^2)(y - 2x^2),$$

    in $(0,0)$ kein lokales Minimum hat, daß aber jede Beschränkung $f|G$ auf eine Gerade G durch $(0,0)$ dort ein isoliertes lokales Minimum hat.

17. Sei $\varphi \colon \mathbb{R} \to \mathbb{R}$ eine $\mathscr{C}^\infty$-Funktion mit $\varphi(x) > 0$ für $|x| < 1$ und $\varphi(x) = 0$ für $|x| \geq 1$. Man definiere

$$f \colon \mathbb{R}^2 \to \mathbb{R}, \quad f(x,y) := \begin{cases} \dfrac{1}{x}\varphi\!\left(\dfrac{y}{x^2} - 2\right), & \text{falls } x \neq 0, \\[2mm] 0, & \text{falls } x = 0, \end{cases}$$

    und zeige:

    a) $f \in \mathscr{C}^\infty(\mathbb{R}^2 \setminus \{(0,0)\})$.

    b) f ist in keiner Umgebung von $(0,0)$ beschränkt.

    c) Für jedes $h \in \mathbb{R}^2$ gibt es ein $\varepsilon > 0$ so, daß $f((0,0) + th) = 0$ für alle $t \in (-\varepsilon; \varepsilon)$. (Insbesondere sind alle Richtungsableitungen im Ursprung Null.)

18. Ist ρ eine stetige Funktion auf $Q := [a; b] \times [c; d] \subset \mathbb{R}^2$, so definiert

$$u(x,y) := \int_a^b \left(\int_c^d \ln((x - s)^2 + (y - t)^2) \cdot \rho(s,t)\,\mathrm{d}t \right) \mathrm{d}s$$

eine harmonische Funktion auf $\mathbb{R}^2 \setminus Q$.

19. Sei $f\colon \mathbb{R}^2 \to \mathbb{R}$ die Funktion mit $f(0,0) = 0$ und $f(x,t) = \dfrac{x^3 t}{(x^2 + t^2)^2}$ für $(x,t) \neq (0,0)$. Man zeige: Durch

$$F(x) := \int_0^1 f(x,t)\,\mathrm{d}t$$

wird eine differenzierbare Funktion $F\colon \mathbb{R} \to \mathbb{R}$ definiert, wobei

$$F'(0) \neq \int_0^1 \partial_x f(0,t)\,\mathrm{d}t.$$

20. Man zeige: Zu jeder $\mathscr{C}^k$-Funktion f in $K_r(a) \subset \mathbb{R}^n$ gibt es $\mathscr{C}^{k-1}$-Funktionen $q_1, \ldots, q_n$ in $K_r(a)$ mit $q_\nu(a) = \partial_\nu f(a)$ derart, daß

$$f(x) - f(a) = \sum_{\nu=1}^n q_\nu(x) \cdot (x_\nu - a_\nu).$$

21. *Charakterisierung des Laplace-Operators durch die Drehinvarianz.* Der Differentialoperator $P(\mathrm{D})\colon \mathscr{C}^2(\mathbb{R}^n) \to \mathscr{C}^0(\mathbb{R}^n)$,

$$P(\mathrm{D})f := \sum_{i,k=1}^n c_{ik} \partial_i \partial_k f, \qquad c_{ik} \in \mathbb{R},$$

habe die Eigenschaft: Für jede $\mathscr{C}^2$-Funktion f auf $\mathbb{R}^n$ und jede orthogonale Matrix $A \in \mathbb{R}^{n \times n}$ gilt mit der durch $x \mapsto f(Ax)$ erklärten Funktion f_A $\big(P(\mathrm{D})f_A\big)(x) = \big(P(\mathrm{D})f\big)(Ax)$. Dann gilt $P(\mathrm{D}) = c\,\Delta$, $c \in \mathbb{R}$.

22. Man zeige: Das Infimum der Integrale $\int_0^1 (y'^2 - 1)^2 \,\mathrm{d}x$ unter den $\mathscr{C}^2$-Funktionen $y\colon [0;1] \to \mathbb{R}$ mit $y(0) = y(1) = 0$ ist 0; aber keine dieser Funktionen ergibt das Infimum.

23. Die *hyperbolische Länge* einer Kurve $\gamma\colon [a;b] \to \big(x, y(x)\big)$ in der sogenannten Poincaré-Halbebene $\mathbb{R} \times \mathbb{R}_+$ ist gegeben durch

$$\lambda_h(\gamma) := \int\limits_a^b \frac{\sqrt{1 + y'^2(x)}}{y(x)} \,\mathrm{d}x.$$

Man zeige: Für eine Kurve kürzester hyperbolischer Länge zwischen zwei Punkten gilt $(x - c)^2 + y^2(x) = R^2$ für geeignete $c, R \in \mathbb{R}$.

Hinweis: Man vereinfache die Eulersche Differentialgleichung zu $\frac{\mathrm{d}}{\mathrm{d}x}(yy') = 0$.

3 Differenzierbare Abbildungen

Die Differentialrechnung wird in diesem Kapitel mit dem Studium differenzierbarer Abbildungen fortgeführt. Differenzierbare Abbildungen treten in vielfältiger Weise auf: als Koordinatentransformationen, als Vektorfelder, bei der Darstellung von Flächen und Mannigfaltigkeiten. Ein neues, wesentliches Moment bringt der Satz über die lokale Umkehrbarkeit.

Wir betrachten sogleich Abbildungen aus einem endlich-dimensionalen normierten Vektorraum in einen weiteren solchen Raum.

3.1 Begriff der Differenzierbarkeit. Elementare Feststellungen

Im Folgenden seien X und Y endlich-dimensionale normierte Vektorräume über $\mathbb{K} = \mathbb{R}$ oder $\mathbb{C}$. Ferner sei $f\colon U \to Y$ eine Abbildung auf einer offenen Menge $U \subset X$. Besonders wichtig ist natürlich der Fall, daß X ein normierter $\mathbb{K}^n$ und Y ein normierter $\mathbb{K}^m$ ist, und dann f eine Abbildung

$$(1) \qquad f = \begin{pmatrix} f_1 \\ \vdots \\ f_m \end{pmatrix} \colon U \to \mathbb{K}^m, \qquad U \subset \mathbb{K}^n;$$

wir bezeichnen diesen Fall als Standardfall. Weiter spielt der Vektorraum $L(X,Y)$ der $\mathbb{K}$-linearen Abbildungen von X in Y eine Rolle. Auf ihm verwenden wir stets die von den Normen auf X und Y induzierte Operatornorm; siehe dazu 1.3.V. Die Endlichkeit der Dimensionen von X und Y hat zur Folge, daß jede lineare Abbildung $X \to Y$ stetig ist, ferner, daß X, Y und $L(X,Y)$ vollständige normierte Räume sind.

I. Differenzierbarkeit

Wie für eine Funktion definiert man den Begriff der Differenzierbarkeit einer Abbildung in einem Punkt als eine qualifizierte Approximierbarkeit durch eine lineare Abbildung.

Definition: $f\colon U \to Y$ heißt *differenzierbar* im Punkt $a \in U$, genauer $\mathbb{K}$-differenzierbar, wenn es eine $\mathbb{K}$-lineare Abbildung $L\colon X \to Y$ gibt derart, daß der durch

$$f(a + h) = f(a) + Lh + R(h)$$

erklärte Rest R die Bedingung

(2)
$$\lim_{h \to 0} \frac{R(h)}{\|h\|} = 0$$

erfüllt.

Wie für Funktionen zeigt man, daß es höchstens eine solche Abbildung L gibt. Diese heißt das *Differential* oder auch die *Linearisierung von f in a* und wird mit $\mathrm{d}f(a)$ bezeichnet. $\mathrm{d}f(a)$ ist ein Element des Raums $\mathrm{L}(X,Y)$. Bezüglich Basen in X und Y kann $\mathrm{d}f(a)$ durch eine Matrix dargestellt werden; diese heißt dann die *Funktionalmatrix* oder auch *Ableitung* von f in a (bezüglich der Basen) und wird mit $f'(a)$ bezeichnet; zur Berechnung von $f'(a)$ im Standardfall siehe (4). Im Fall $\dim X = \dim Y$ heißt die Determinante von $f'(a)$ *Funktionaldeterminante* von f in a.

Beispiel 1: Eine affine Abbildung $f\colon \mathbb{K}^n \to \mathbb{K}^m$,

$$f(x) := Ax + b, \qquad A \in \mathbb{K}^{m \times n}, \quad b \in \mathbb{K}^m,$$

ist an jedem Punkt $a \in \mathbb{K}^n$ differenzierbar. Ihre Ableitung bezüglich der Standardbasen von $\mathbb{K}^n$ bzw. $\mathbb{K}^m$ ist erwartungsgemäß die Matrix A und ihr Differential die durch $h \mapsto Ah$ gegebene lineare Abbildung $\mathbb{K}^n \to \mathbb{K}^m$:

$$f'(a) = A, \qquad \mathrm{d}f(a)h = Ah \quad \text{für } h \in \mathbb{K}^n.$$

Denn mit der genannten linearen Abbildung und mit $R = 0$ wird die Definition erfüllt.

Beispiel 2: Sei $\mathscr{A}$ eine endlich-dimensionale normierte Algebra über $\mathbb{K}$, zum Beispiel die Matrizenalgebra $\mathbb{K}^{n \times n}$, und sei q die Quadratabbildung:

$$q\colon \mathscr{A} \to \mathscr{A}, \quad q(x) := x^2.$$

Für jedes Element $h \in \mathscr{A}$ gilt

$$q(a + h) = q(a) + ah + ha + h^2.$$

$h \mapsto ah + ha$ stellt eine lineare Abbildung $\mathscr{A} \to \mathscr{A}$ dar und $R(h) := h^2$ erfüllt wegen $\|h^2\| \le \|h\|^2$ die Bedingung (2). q ist also in jedem Punkt a differenzierbar, und das Differential $\mathrm{d}q(a)\colon \mathscr{A} \to \mathscr{A}$ ist gegeben durch

$$\mathrm{d}q(a)h = ah + ha.$$

Ist $\mathscr{A}$ kommutativ, so gilt $\mathrm{d}q(a)h = 2ah$.

Reduktionslemma: *Eine Abbildung $f = (f_1, f_2)\colon U \to Y_1 \times Y_2$ in eine direkte Summe ist genau dann differenzierbar im Punkt $a \in U$, wenn dort $f_1\colon U \to Y_1$ und $f_2\colon U \to Y_2$ differenzierbar sind. Gegebenenfalls ist*

$$(3) \qquad \mathrm{d}f(a) = \big(\mathrm{d}f_1(a),\, \mathrm{d}f_2(a)\big).$$

Beweis: f_1 und f_2 seien differenzierbar in a. Dann gilt für $i = 1, 2$

$$f_i(a + h) = f_i(a) + \mathrm{d}f_i(a)h + R_i(h)$$

wobei R_i die Bedingung (2) erfüllt. Wir setzen $Lh := \big(\mathrm{d}f_1(a)h,\, \mathrm{d}f_2(a)h\big)$. L ist eine lineare Abbildung $X \to Y_1 \times Y_2$, und mit ihr gilt

$$f(a + h) = f(a) + Lh + \big(R_1(h),\, R_2(h)\big).$$

$R(h) := \big(R_1(h),\, R_2(h)\big)$ erfüllt die Bedingung (2). f ist also differenzierbar in a und hat dort das Differential $\mathrm{d}f(a) = L$. Analog zeigt man die Umkehrung. □

Im Standardfall liefert eine mehrmalige Anwendung des Lemmas das folgende Korollar; dabei schreiben wir Vektoren des $\mathbb{K}^m$ spaltenweise und demgemäß auch die rechte Seite der Formel (3).

Korollar: *Die Abbildung* (1) *ist genau dann in $a \in U$ differenzierbar, wenn dort jede der Komponentenfunktionen $f_1, \ldots, f_m$ differenzierbar ist. Gegebenenfalls gilt für $h \in \mathbb{K}^n$*

$$\mathrm{d}f(a)h = f'(a)h,$$

wobei die Funktionalmatrix $f'(a)$ folgende Gestalt hat:

$$(4) \qquad f'(a) = \begin{pmatrix} f_1'(a) \\ \vdots \\ f_m'(a) \end{pmatrix} = \begin{pmatrix} \partial_1 f_1(a) & \ldots & \partial_n f_1(a) \\ \vdots & & \vdots \\ \partial_1 f_m(a) & \ldots & \partial_n f_m(a) \end{pmatrix}.$$

Eine Abbildung $\gamma = (\gamma_1, \ldots, \gamma_m)^\mathsf{T}\colon I \to \mathbb{K}^m$ eines Intervalls ist hiernach genau dann differenzierbar in $t \in I$, wenn dort jede ihrer Komponenten $\gamma_1, \ldots, \gamma_m$ differenzierbar ist, und dann gilt $\dot{\gamma}(t) = \big(\dot{\gamma}_1(t), \ldots, \dot{\gamma}_m(t)\big)^\mathsf{T}$. Die in Band 1, 12.1 gegebene Definition der Differenzierbarkeit und Ableitung einer Kurve stimmt also mit der neuen überein.

Aufgrund des Korollars kann man das in 2.1 aufgestellte hinreichende Hauptkriterium für die $\mathbb{R}$-Differenzierbarkeit von Funktionen unmittelbar auf Abbildungen ausdehnen:

Differenzierbarkeitskriterium: *Eine Abbildung*

$$f = (f_1, \ldots, f_m) \colon U \to \mathbb{R}^m, \qquad U \subset \mathbb{R}^n,$$

ist in $a \in U$ $\mathbb{R}$-differenzierbar, wenn alle nm partiellen Ableitungen $\partial_\nu f_\mu$, $\nu = 1, \ldots, n$, $\mu = 1, \ldots, m$, in einer Umgebung von a existieren und im Punkt a stetig sind.

Das Differential einer in a differenzierbaren Abbildung kann wie für Funktionen mit Hilfe von *Richtungsableitungen* berechnet werden. In Verallgemeinerung von 2.1 (7) gilt

$$(5) \qquad \mathrm{d}f(a)h = \lim_{t \to 0} \frac{f(a + th) - f(a)}{t} =: \partial_h f(a).$$

$\partial_h f(a)$ heißt *Ableitung von f in Richtung h im Punkt a*. Die Ableitungen in den Richtungen einer fest gewählten Basis $e_1, \ldots, e_n$ für X heißen die *partiellen Ableitungen bezüglich der Basis* und werden auch wieder mit $\partial_1 f(a), \ldots, \partial_n f(a)$ bezeichnet. Mit der Funktionalmatrix $f'(a)$ bezüglich der Basen in X und in Y hat man für die Richtungsableitung die Darstellung $\partial_h f(a) = f'(a)h$. Insbesondere ist im Standardfall $\partial_\nu f(a) = f'(a)e_\nu$ gleich der ν-ten Spalte in der Funktionalmatrix:

$$f'(a) = \big(\partial_1 f(a), \ldots, \partial_n f(a)\big) \qquad \text{mit} \qquad \partial_\nu f(a) = \begin{pmatrix} \partial_\nu f_1(a) \\ \vdots \\ \partial_\nu f_m(a) \end{pmatrix}.$$

Definition: Eine differenzierbare Abbildung $f \colon U \to Y$ auf einer offenen Menge $U \subset X$ heißt *stetig differenzierbar in U*, wenn ihr Differential $\mathrm{d}f \colon U \to \mathrm{L}(X, Y)$, $x \mapsto \mathrm{d}f(x)$, stetig ist.

Stetigkeitstest: Zum Nachweis der Stetigkeit von $\mathrm{d}f$ verwendet man oft den in 1.3.V aufgestellten Test; dieser besagt hier: $\mathrm{d}f \colon U \to \mathrm{L}(X, Y)$ *ist genau dann stetig, wenn für jeden Vektor $h \in X$ die Abbildung $U \to Y$, $x \mapsto \mathrm{d}f(x)h$, stetig ist.*

Dieser Test zeigt unmittelbar, daß die Abbildungen der Beispiele 1 und 2 stetig differenzierbar sind.

Das Reduktionslemma läßt sich offensichtlich wie folgt ergänzen: *Eine Abbildung $f \colon U \to Y_1 \times Y_2$ in eine direkte Summe ist genau dann stetig differenzierbar, wenn ihre beiden Komponenten $f_i \colon U \to Y_i$, $i = 1, 2$, stetig differenzierbar sind.*

Für den Standardfall impliziert diese Ergänzung: *Die Abbildung (1) ist genau dann stetig differenzierbar, wenn alle Komponentenfunktionen $f_1, \ldots, f_m$ stetig differenzierbar sind.*

Beispiel 3: Die Polarkoordinatenabbildungen als differenzierbare Abbildungen. Mit dem Redukionslemma und seiner Ergänzung sieht man sofort, daß die durch

$$(6) \qquad P_2(r, \varphi) := \begin{pmatrix} r \cos \varphi \\ r \sin \varphi \end{pmatrix}$$

und die Rekursionsformel

$$(6_n) \qquad P_{n+1}(r, \varphi_1, \ldots, \varphi_n) := \begin{pmatrix} P_n(r, \varphi_1, \ldots, \varphi_{n-1}) \cdot \cos \varphi_n \\ r \sin \varphi_n \end{pmatrix}$$

definierten Abbildungen $P_n \colon \mathbb{R}^n \to \mathbb{R}^n$ stetig differenzierbar sind. Die Funktionalmatrix von P_2 lautet

$$(6') \qquad P_2'(r, \varphi) = \begin{pmatrix} \cos \varphi & -r \sin \varphi \\ \sin \varphi & r \cos \varphi \end{pmatrix}.$$

Ihre erste Spalte $\partial_r P_2$ und ihre zweite $\partial_\varphi P_2$ stehen bezüglich des Standardskalarproduktes aufeinander senkrecht und haben die Länge 1 bzw. $|r|$. Analog gilt für jedes P_n':

1. *Die Spalten $\partial_r P_n, \partial_{\varphi_1} P_n, \ldots, \partial_{\varphi_{n-1}} P_n$ der Matrix P_n' bilden ein Orthogonalsystem bezüglich des Standardskalarproduktes.*
2. *Ihre Längen bezüglich der euklidischen Norm sind:*

$$\|\partial_r P_n\| = 1,$$

$$\|\partial_{\varphi_\nu} P_n\| = |r| \cdot |\cos \varphi_{\nu+1}| \cdots |\cos \varphi_{n-1}| \qquad \text{für } \nu = 1, \ldots, n-2,$$

$$\|\partial_{\varphi_{n-1}} P_n\| = |r|.$$

Beweis durch Induktion nach n: Dazu ist nur noch der Schluß von n auf $n+1$ auszuführen. Aus (6_n) erhalten wir zunächst Rekursionformeln für die Spalten von P_{n+1}' (wir notieren dabei nur die wesentlichen Argumente):

$$\partial_r P_{n+1} = \begin{pmatrix} \partial_r P_n \cdot \cos \varphi_n \\ \sin \varphi_n \end{pmatrix},$$

$$(6_n') \qquad \partial_{\varphi_\nu} P_{n+1} = \begin{pmatrix} \partial_{\varphi_\nu} P_n \cdot \cos \varphi_n \\ 0 \end{pmatrix}, \qquad \nu = 1, \ldots, n-1,$$

$$\partial_{\varphi_n} P_{n+1} = \begin{pmatrix} -P_n \cdot \sin \varphi_n \\ r \cos \varphi_n \end{pmatrix}.$$

Zu 1. Anhand der Rekursionsformeln $(6_n')$ sieht man sofort, daß aufgrund der Induktionsannahme die Spalten $\partial_r P_{n+1}, \partial_{\varphi_1} P_{n+1}, \ldots, \partial_{\varphi_{n-1}} P_{n+1}$ orthogonal zueinander sind.

Ferner gilt:

$$\langle \partial_r P_{n+1}, \partial_{\varphi_n} P_{n+1} \rangle = (r - \langle \partial_r P_n, P_n \rangle) \cos\varphi_n \sin\varphi_n = 0$$

wegen $\langle \partial_r P_n, P_n \rangle = \frac{1}{2}\partial_r \langle P_n, P_n \rangle = \frac{1}{2}\partial_r r^2 = r$. Schließlich ist für $\nu < n$

$$\langle \partial_{\varphi_\nu} P_{n+1}, \partial_{\varphi_n} P_{n+1} \rangle = -\langle \partial_{\varphi_\nu} P_n, P_n \rangle \cos\varphi_n \sin\varphi_n$$
$$= -\frac{1}{2}\partial_{\varphi_\nu} \langle P_n, P_n \rangle \cos\varphi_n \sin\varphi_n = 0.$$

Zu 2. Mit der Induktionsannahme ergeben die Rekursionsformeln $(6'_n)$ sofort $\|\partial_r P_{n+1}\| = 1$ und $\|\partial_{\varphi_\nu} P_{n+1}\| = |r| \cdot |\cos\varphi_{\nu+1}| \cdots |\cos\varphi_n|$ für $\nu = 1, \ldots, n-1$; für $\nu = n$ schließlich ergeben sie

$$\left\| \partial_{\varphi_n} P_{n+1} \right\|^2 = \|P_n\|^2 \sin^2\varphi_n + r^2 \cos^2\varphi_n = r^2. \qquad \square$$

Folgerung: *Die Funktionaldeterminante von P_n hat den Wert*

$$(6'') \qquad \det P'_n(r, \varphi_1, \ldots, \varphi_{n-1}) = r^{n-1} \cdot \prod_{k=2}^{n-1} \cos^{k-1}\varphi_k.$$

Beweis: $(6'')$ ergibt sich aus $\det P'_2(r, \varphi) = r$ mit der Rekursionsformel

$$\det P'_{n+1} = r\cos^{n-1}\varphi_n \cdot \det P'_n, \qquad n \geq 2.$$

Diese folgt im Fall $\cos\varphi_n = 0$ offensichtlich aus $(6'_n)$. Im Fall $\cos\varphi_n \neq 0$ addiert man zunächst das $r\sin\varphi_n \cos^{-1}\varphi_n$-fache der (ersten) Spalte $\partial_r P_{n+1}$ von P'_{n+1} zur (letzten) Spalte $\partial_{\varphi_n} P_{n+1}$. Dabei geht wegen $r\partial_r P_n = P_n$ die letzte Spalte in $(0, \ldots, 0, r\cos^{-1}\varphi_n)^\mathsf{T}$ über. Entwickeln nach dieser neuen letzten Spalte ergibt die angegebene Rekursionsformel. $\qquad \square$

Definition: Eine Abbildung

$$f = (f_1, \ldots, f_m) \colon U \to \mathbb{K}^m, \qquad U \subset \mathbb{K}^n,$$

heißt k-*mal stetig differenzierbar in U*, wenn alle Komponentenfunktionen $f_1, \ldots, f_m$ k-mal stetig differenzierbar sind. Den Raum der k-mal stetig differenzierbaren Abbildungen $U \to \mathbb{K}^m$ bezeichnet man mit $\mathscr{C}^k(U, \mathbb{K}^m)$. Ferner setzt man $\mathscr{C}^\infty(U, \mathbb{K}^m) = \bigcap\limits_{k=1}^{\infty} \mathscr{C}^k(U, \mathbb{K}^m)$.

Ein Beispiel einer $\mathscr{C}^\infty$-Abbildung stellen die oben diskutierten Polarkoordinatenabbildungen dar.

II. Rechenregeln

X, Y und Z seien normierte $\mathbb{K}$-Vekrorräume.

Kettenregel: *In $V \xrightarrow{g} U \xrightarrow{f} Z$ (V offen in X, U offen in Y) sei g differenzierbar in a und f differenzierbar in $b := g(a)$. Dann ist $f \circ g$ differenzierbar in a, und es gilt*

$$d(f \circ g)(a) = df(b) \circ dg(a).$$

Für Ableitungen besagt das

$$(f \circ g)'(a) = f'(b) \cdot g'(a).$$

Sind g und f stetig differenzierbar, dann ist es auch $f \circ g$.

Beweis: Nach Voraussetzung gilt

$$g(a + h) = g(a) + dg(a)\,h + \|h\|\,r_1(h) \qquad \text{mit } \lim_{h \to 0} r_1(h) = 0,$$

$$f(b + k) = f(b) + df(b)\,k + \|k\|\,r_2(k) \qquad \text{mit } \lim_{k \to 0} r_2(k) = 0.$$

Mit $k := dg(a)h + \|h\|\,r_1(h)$ folgt

$$(f \circ g)(a + h) = (f \circ g)(a) + \big(df(b) \circ dg(a)\big)h + R(h),$$

wobei

$$R(h) := \|h\|\,df(b)\,r_1(h) + \|k\|\,r_2(k).$$

Da $dg(a)$ Lipschitz-stetig ist, gilt für k mit einer geeigneten Konstanten c eine Abschätzung $\|k\| \leq \|h\|\,(c + \|r_1(h)\|)$. Damit folgt $R(h)/\|h\| \to 0$ für $h \to 0$. Das beweist die Differenzierbarkeit von $f \circ g$ in a sowie die Formel für das Differential. Die Aussage zur stetigen Differenzierbarkeit ergibt sich leicht mit dem in I. genannten Stetigkeitstest. $\square$

Beispiel 1: Sei $f \colon U \to \mathbb{R}^m$, U eine offene Menge im $\mathbb{R}^n$, differenzierbar. Weiter sei $g \colon \mathbb{R}^p \to \mathbb{R}^n$ eine affine Abbildung, $g(x) = Ax + b$. Dann definiert $F(x) := f(Ax + b)$ eine differenzierbare Abbildung in $g^{-1}(U)$, und es gilt

$$F'(x) = f'(Ax + b) \cdot A.$$

Beispiel 2: Abbildung von Tangentialvektoren differenzierbarer Kurven. Eine differenzierbare Abbildung $f \colon U \to \mathbb{K}^m$, U eine offene Menge in $\mathbb{K}^n$, ordnet einer differenzierbaren Kurve $\gamma \colon I \to U$ die sogenannte *Bildkurve* $f \circ \gamma \colon I \to \mathbb{K}^m$ zu. Diese ist nach der Kettenregel ebenfalls differenzierbar und hat für $t_0 \in I$ den Tangentialvektor

$$\frac{d}{dt}(f \circ \gamma)(t_0) = df(\gamma(t_0))\,\dot{\gamma}(t_0) = f'(\gamma(t_0))\,\dot{\gamma}(t_0).$$

Tangentialvektoren werden also durch das Differential bzw. mittels Funktionalmatrizen abgebildet.

Wir wenden diese Feststellung auf das Netz der zu den Basisvektoren $e_1, \ldots, e_n \in \mathbb{R}^n$ parallelen Geraden an. Für $a \in U$ sei $\varepsilon_i(t) := a + te_i$, t aus einem Intervall um $0 \in \mathbb{R}$ derart, daß $\varepsilon_i(t) \in U$. Die Bildkurve $f \circ \varepsilon_i$ hat für $t = 0$ im Punkt $f(a)$ den Tangentialvektor $f'(a)e_i$. *Dieser ist gerade der i-te Spaltenvektor der Funktionalmatrix $f'(a)$.* Die Kurven $f \circ \varepsilon_1, \ldots, f \circ \varepsilon_n$ heißen die *von f erzeugten Koordinatenlinien durch $f(a)$.*

Wir betrachten als Beispiel die Polarkoordinatenabbildung $P_2 \colon \mathbb{R}^2 \to \mathbb{R}^2$, siehe (6). Diese bildet die Geraden $g_{\varphi_0} \colon r \mapsto (r, \varphi_0)$ auf die Geraden durch den Nullpunkt ab und die Geraden $\tilde{g}_{r_0} \colon \varphi \mapsto (r_0, \varphi)$ auf die Kreise um den Nullpunkt. Die Spalten ihrer Funktionalmatrix

$$P_2'(r_0, \varphi_0) = \begin{pmatrix} \cos \varphi_0 & -r_0 \sin \varphi_0 \\ \sin \varphi_0 & r_0 \cos \varphi_0 \end{pmatrix}$$

sind im Bildpunkt $P_2(r_0, \varphi_0)$ Tangentialvektoren an $P_2 \circ g_{\varphi_0}$ bzw. $P_2 \circ \tilde{g}_{r_0}$.

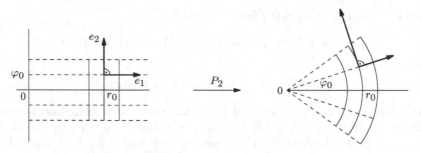

Abbildung der Tangentialvektoren e_1 und e_2 durch die Ableitung $P_2'(r_0, \varphi_0)$

Als weitere Regel bringen wir eine allgemeine Produktregel. An die Stelle der Multiplikation $\mathbb{K} \times \mathbb{K} \to \mathbb{K}$ von Zahlen tritt dabei eine bilineare Abbildung $\beta \colon Y_1 \times Y_2 \to Z$, wobei Y_1, Y_2 und Z endlich-dimensionale normierte Vektorräume sind.

Beispiele bilinearer Abbildungen:

a) die Multiplikation $\mathbb{K} \times Y \to Y$ einer Zahl mit einem Vektor;

b) die Skalarprodukte $Y \times Y \to \mathbb{R}$ im Fall eines $\mathbb{R}$-Vektorraums Y;

c) das Vektorprodukt $\mathbb{R}^3 \times \mathbb{R}^3 \to \mathbb{R}^3$ des euklidischen $\mathbb{R}^3$;

d) die Multiplikation $\mathscr{A} \times \mathscr{A} \to \mathscr{A}$ in einer normierten Algebra; zum Beispiel im Matrizenraum $\mathbb{K}^{n \times n}$.

Lemma: *Jede bilineare Abbildung* $\beta\colon Y_1 \times Y_2 \to Z$ *ist stetig differenzierbar und ihr Differential* $\mathrm{d}\beta(a_1, a_2)$ *hat für* $(h_1, h_2) \in Y_1 \times Y_2$ *den Wert*

$$(7) \qquad \mathrm{d}\beta(a_1, a_2)(h_1, h_2) = \beta(h_1, a_2) + \beta(a_1, h_2).$$

Beweis: Die Differenzierbarkeit und die Formel (7) folgen aus der Identität

$$\beta(a_1 + h_1, a_2 + h_2) = \beta(a_1, a_2) + \beta(h_1, a_2) + \beta(a_1, h_2) + \beta(h_1, h_2)$$

in Verbindung mit einer Abschätzung

$$(*) \qquad \|\beta(h_1, h_2)\| \le c \,\|(h_1, h_2)\|^2 \,,$$

c eine geeignete Konstante; aufgrund einer solchen Abschätzung erfüllt nämlich $\beta(h_1, h_2)$ die Restbedingung (2). Wegen der Äquivalenz der Normen auf $Y_1 \times Y_2$ genügt es, $(*)$ für eine zweckmäßig gewählte Norm zu verifizieren. Wir konstruieren eine solche mittels Basen $u_1, \ldots, u_n$ für Y_1 und $v_1, \ldots, v_m$ für Y_2; und zwar setzen wir

$$\left\| \left(\sum_{i=1}^{n} \zeta_i\, u_i, \ \sum_{k=1}^{m} \eta_k\, v_k \right) \right\| := \max\left\{ |\xi_1|, \ldots, |\xi_n|, |\eta_1|, \ldots, |\eta_m| \right\}.$$

Die Abschätzung $(*)$ gilt dann mit $c := \sum_{i,k} \|\beta(u_i, v_k)\|$.

Die Stetigkeit der Abbildung $\mathrm{d}\beta\colon Y_1 \times Y_2 \to L(Y_1 \times Y_2, Z)$ mit $(a_1, a_2) \mapsto \mathrm{d}\beta(a_1, a_2)$ ergibt sich daraus, daß $\mathrm{d}\beta$ nach (7) linear ist. Damit ist die Behauptung bewiesen. $\qquad\qquad\square$

Wir wenden uns nun der Produktregel zu. Gegeben seien zwei Abbildungen $f_i\colon U \to Y_i$, $i = 1, 2$, auf einer offenen Menge $U \subset X$ sowie eine bilineare Abbildung $\beta\colon Y_1 \times Y_2 \to Z$. Damit definieren wir ein „Produkt"

$$f_1 \times_\beta f_2 \colon U \to Z, \qquad (f_1 \times_\beta f_2)(u) := \beta\big(f_1(u),\, f_2(u)\big).$$

Produktregel: *Sind* f_1 *und* f_2 *in* $a \in U$ *differenzierbar, dann ist auch* $f_1 \times_\beta f_2$ *in* a *differenzierbar, und für* $h \in X$ *gilt*

$$(8) \qquad \boxed{\ \mathrm{d}(f_1 \times_\beta f_2)(a)h = \beta\big(\mathrm{d}f_1(a)h,\, f_2(a)\big) + \beta\big(f_1(a),\, \mathrm{d}f_2(a)h\big).\ }$$

Mit Funktionalmatrizen bedeutet das

$$(8') \qquad \boxed{\ (f_1 \times_\beta f_2)'(a)h = \beta\big(f_1'(a)h,\, f_2(a)\big) + \beta\big(f_1(a),\, f_2'(a)h\big).\ }$$

Sind f_1 *und* f_2 *stetig differenzierbar in* U, *dann ist es auch* $f_1 \times_\beta f_2$.

In diesen Formeln ist auf die Reihenfolge der „Faktoren" zu achten, wenn
die Bilinearform nicht symmetrisch ist. Ferner: h ist im Fall $X = \mathbb{K}$ ein
Skalar und kann gekürzt werden; die Produktregel nimmt dann die von
der Analysis im $\mathbb{R}^1$ her gewohnte Gestalt an.

Beweis: Das Produkt $f_1 \times_\beta f_2$ ist die Komposition von $f\colon U \to Y_1 \times Y_2$,
$f(u) := (f_1(u), f_2(u))$, und β. Nach der Kettenregel ist es in a differenzierbar, und sein Differential erhält man, wenn man in (7) $(f_1(a), f_2(a))$
für (a_1, a_2) und $(\mathrm{d}f_1(a)h, \mathrm{d}f_2(a)h)$ für (h_1, h_2) einsetzt. $\square$

Beispiele:

1. Das Vektorprodukt $f \times g\colon I \to \mathbb{R}^3$ differenzierbarer Abbildungen $f, g\colon$
$I \to \mathbb{R}^3$, I ein Intervall, ist ebenfalls differenzierbar, und es gilt

$$(f \times g)' = f' \times g + f \times g'.$$

2. Sei $U \subset \mathbb{K}^n$ offen. Das Produkt $fF\colon U \to \mathbb{K}^m$, $x \mapsto f(x)F(x)$, einer
differenzierbaren Funktion $f\colon U \to \mathbb{K}$ und einer differenzierbaren Abbildung $F\colon U \to \mathbb{K}^m$ ist differenzierbar, und in $a \in U$ gilt für $h \in \mathbb{K}^n$

$$(fF)'(a)h = \big(f'(a)h\big) \cdot F(a) + f(a) \cdot \big(F'(a)h\big) = \big(F(a)f'(a) + f(a)F'(a)\big)h;$$

d. h., es ist
$$(fF)'(a) = F(a)f'(a) + f(a)F'(a).$$

Man beachte die Reihenfolge in dieser Formel!

3. Die Inversion

$$i\colon \mathbb{R}^n \setminus \{0\} \to \mathbb{R}^n \setminus \{0\}, \quad i(x) = \frac{x}{\|x\|_2^2},$$

ist differenzierbar. Die Funktion $f(x) := 1/\|x\|_2^2$ ist in $a \neq 0$ differenzier-
bar und hat die Ableitung $f'(a) = -2a^{\mathsf{T}}/\|a\|_2^4$. Mit dem vorangehenden
Beispiel ergibt sich, daß auch $i = f \cdot \mathrm{id}$ differenzierbar ist und folgende
Ableitung hat:

$$i'(a) = -2\frac{aa^{\mathsf{T}}}{\|a\|_2^4} + \frac{1}{\|a\|_2^2}E = \frac{1}{\|a\|_2^4}\left(\|a\|_2^2\, E - 2aa^{\mathsf{T}}\right).$$

III. Differentiation von Potenzreihen

Es sei $\mathscr{A}$ eine endlich-dimensionale normierte Algebra über $\mathbb{K}$ mit Einselement. Wir zeigen, daß eine Potenzreihe mit Konvergenzradius R in der
Kugel $K_R^{\mathscr{A}}(0) = \big\{x \in \mathscr{A} \mid \|x\| < R\big\}$ eine $\mathscr{C}^1$-Abbildung definiert.

Satz: *Sei* $P(z) = \sum_{k=0}^{\infty} \alpha_k z^k$, $z \in \mathbb{C}$, *eine Potenzreihe mit Koeffizienten in* $\mathbb{K}$ *und Konvergenzradius* R. *Dann ist die Abbildung*

$$P_{\mathscr{A}} : K_R^{\mathscr{A}}(0) \to \mathscr{A}, \quad P_{\mathscr{A}}(x) := \sum_{k=0}^{\infty} \alpha_k x^k, \quad (0^0 = 1),$$

stetig differenzierbar, und für $h \in \mathscr{A}$ *gilt*

$$(9) \qquad \mathrm{d}P_{\mathscr{A}}(x)\, h = \sum_{k=1}^{\infty} \alpha_k \left(\sum_{\nu=0}^{k-1} x^\nu h\, x^{k-\nu-1} \right).$$

Für kommutatives $\mathscr{A}$, *zum Beispiel* $\mathscr{A} = \mathbb{C}$, *ergibt sich*

$$(10) \qquad \mathrm{d}P_{\mathscr{A}}(x)\, h = P'_{\mathscr{A}}(x) \cdot h \quad \text{mit} \quad P'_{\mathscr{A}}(x) := \sum_{k=1}^{\infty} k\alpha_k x^{k-1}.$$

Beweis: Wir betrachten zunächst die Differenzen $(x+h)^k - x^k$. Dazu denken wir uns $(x+h)^k$ unter Beachtung der Reihenfolge der Faktoren ausmultipliziert und alle Glieder, die mindestens zweimal den Faktor h enthalten, zur Summe $R_k(h)$ zusammengefaßt:

$$(x+h)^k - x^k = L_k(h) + R_k(h), \qquad L_k(h) := \sum_{\nu=0}^{k-1} x^\nu h\, x^{k-1-\nu}.$$

Durch $h \mapsto L_k(h)$ wird eine lineare Abbildung $L_k : \mathscr{A} \to \mathscr{A}$ definiert. Für diese gilt nach der additiven und der multiplikativen Dreiecksungleichung:

$$(*_L) \qquad \|L_k(h)\| \leq \|h\| \cdot k\, \|x\|^{k-1}.$$

Analog schätzen wir den Rest $R_k(h)$ ab; da die Zahlen $\|x\|$ und $\|h\|$ vertauschbar sind, erhalten wir wie bei der Binomialentwicklung im kommutativen Fall

$$\|R_k(h)\| \leq \sum_{\nu=2}^{k} \binom{k}{\nu} \|h\|^\nu \|x\|^{k-\nu}.$$

Mit $\binom{k}{\nu} \leq k\,(k-1)\binom{k-2}{\nu-2}$ für $\nu \geq 2$ folgt weiter

$$(*_R) \qquad \|R_k(h)\| \leq \|h\|^2 \cdot k\,(k-1)\big(\|x\| + \|h\|\big)^{k-2}.$$

Wir definieren nun

$$L(h) := \sum_{k=1}^{\infty} \alpha_k L_k(h), \qquad R(h) := \sum_{k=2}^{\infty} \alpha_k R_k(h).$$

An jeder Stelle $x \in K_R^{\mathscr{A}}(0)$ konvergiert die Reihe $L(h)$ nach $(*_L)$ für alle $h \in \mathscr{A}$, da die Potenzreihe $\sum k\alpha_k z^{k-1}$ denselben Konvergenzradius hat wie $\sum \alpha_k z^k$. Analog konvergiert $R(h)$ nach $(*_R)$ an jeder Stelle $x \in K_R^{\mathscr{A}}(0)$ für alle $h \in \mathscr{A}$ mit $\|x\| + \|h\| < R$; und zwar gilt dann

$$(*) \qquad \|R(h)\| \leq \|h\|^2 \cdot \sum_{k=2}^{\infty} k\,(k-1)\,|\alpha_k|\,(\|x\| + \|h\|)^{k-2}.$$

Insgesamt erhalten wir

$$P_{\mathscr{A}}(x+h) - P_{\mathscr{A}}(x) = L(h) + R(h);$$

dabei ist L eine lineare Abbildung $\mathscr{A} \to \mathscr{A}$, und R erfüllt wegen $(*)$ die Restbedingung $\lim\limits_{h \to \infty} R(h)/\|h\| = 0$.

Die stetige Differenzierbarkeit sieht man wieder mit dem Stetigkeitstest: Für jedes $h \in \mathscr{A}$ ist $x \mapsto \mathrm{d}P_{\mathscr{A}}(x)h$ in $K_R^{\mathscr{A}}(0)$ stetig, da die Reihe in (9) nach $(*_L)$ für jedes $r < R$ die Majorante $\sum k\,|\alpha_k|\,r^{k-1}$ besitzt und somit in $K_r^{\mathscr{A}}(0)$ gleichmäßig konvergiert.   □

Beispiel: *Die Exponentialabbildung* $\exp\colon \mathscr{A} \to \mathscr{A}$ *ist stetig differenzierbar und ihr Differential im Punkt* 0 *ist gegeben durch*

$$\mathrm{d}\exp(0)h = \sum_{k=1}^{\infty} \frac{1}{k!}\left(\sum_{\nu=0}^{k-1} 0^{\nu}\,h\,0^{k-\nu-1}\right) = h;$$

d.h., es ist $\mathrm{d}\exp(0) = \mathrm{id}$.

Als Anwendung des obigen Satzes diskutieren wir die Inversenbildung in einer normierten Algebra. Es sei $\mathscr{A}$ eine endlich-dimensionale normierte Algebra mit Eins über $\mathbb{K}$ und $\mathscr{A}^*$ ihre Einheitengruppe. Zum Beispiel sei $\mathscr{A}$ die Matrizenalgebra $\mathbb{K}^{n \times n}$ und dann $\mathscr{A}^*$ die Gruppe $\mathrm{GL}(n, \mathbb{K})$. In 1.6 haben wir gezeigt, daß die Inversenbildung $\mathrm{Inv}\colon \mathscr{A}^* \to \mathscr{A}^*$, $x \mapsto x^{-1}$, stetig ist. Wir beweisen nun, daß sie sogar stetig differenzierbar ist.

Satz: *Die Inversenbildung* $\mathrm{Inv}\colon \mathscr{A}^* \to \mathscr{A}^*$ *ist stetig differenzierbar und ihr Differential in* $a \in \mathscr{A}^*$ *ist gegeben durch*

$$(11) \qquad \boxed{\mathrm{d}\,\mathrm{Inv}(a)\,h = -a^{-1}ha^{-1}, \qquad h \in \mathscr{A}.}$$

Beweis: Es bezeichne G die geometrische Reihe. Wie in 1.6 ausgeführt, besitzt Inv in einer geeigneten Umgebung eines Elementes $a \in \mathscr{A}^*$ die Darstellung $\mathrm{Inv} = \psi \circ G_{\mathscr{A}} \circ \varphi$, wobei φ und ψ die linearen Abbildungen $x \mapsto 1 - a^{-1}x$ bzw. $x \mapsto xa^{-1}$ sind. φ, ψ und $G_{\mathscr{A}}$ sind stetig differenzierbar; nach der Kettenregel ist es also auch Inv.

Zur Berechnung von $\mathrm{d}\,\mathrm{Inv}$ verwenden wir, daß das Produkt $\mathrm{Inv} \cdot \mathrm{id}$ die konstante Abbildung $x \mapsto 1$ ist. Mit der Produktregel folgt daraus

$$\mathrm{d}\,\mathrm{Inv}(x)h \cdot \mathrm{id}(x) + \mathrm{Inv}(x) \cdot \mathrm{d}\,\mathrm{id}(x)h = 0.$$

Das ist gerade (11).   □

IV. $\mathbb{R}$-Differenzierbarkeit und $\mathbb{C}$-Differenzierbarkeit. Konformität einer Abbildung

In der Definition der Differenzierbarkeit einer Abbildung $f: U \to Y$ in $a \in U \subset X$ wurden X und Y als $\mathbb{K}$-Vektorräume vorausgesetzt und die Existenz einer $\mathbb{K}$-linearen Abbildung $X \to Y$ verlangt so, daß (2) gilt. Man muß daher genauer von $\mathbb{K}$-Differenzierbarkeit sprechen.

Da jeder $\mathbb{C}$-Vektorraum auch als $\mathbb{R}$-Vektorraum angesehen werden kann, und jede $\mathbb{C}$-lineare Abbildung $X \to Y$ als $\mathbb{R}$-lineare Abbildung, ist *jede $\mathbb{C}$-differenzierbare Abbildung auch $\mathbb{R}$-differenzierbar.* Die Umkehrung gilt jedoch nicht. Ein Beispiel liefert die Konjugation $f: \mathbb{C} \to \mathbb{C}$, $f(z) := \bar{z}$. Diese ist $\mathbb{R}$-linear und folglich $\mathbb{R}$-differenzierbar mit dem $\mathbb{R}$-Differential $\mathrm{d}f(a) = f$ für alle a. Sie ist aber nicht $\mathbb{C}$-differenzierbar; sonst wäre ihr $\mathbb{C}$-Differential wegen der Einzigkeit der Differentiale identisch mit dem $\mathbb{R}$-Differential, welches aber nicht $\mathbb{C}$-linear ist.

Wir gehen noch etwas näher auf den Fall $X = Y = \mathbb{C}$ ein. Eine Funktion $f: U \to \mathbb{C}$ auf einer offenen Menge $U \subset \mathbb{C}$ ist in a komplex-differenzierbar (= $\mathbb{C}$-differenzierbar) genau dann, wenn sie eine Darstellung

$$f(a + h) = f(a) + Ah + R(h)$$

besitzt, wobei A eine Konstante ist und R die Bedingung $R(h)/|h| \to 0$ für $h \to 0$ erfüllt. Gleichwertig dazu ist, daß der Grenzwert

$$\lim_{h \to 0} \frac{f(a + h) - f(a)}{h} \quad (=: f'(a))$$

existiert (in $X = \mathbb{C}$ kann durch h dividiert werden). Gegebenenfalls ist der Grenzwert die Zahl A. Zum Beispiel stellt jede Potenzreihe $\sum_{k=0}^{\infty} a_k z^k$ nach dem vorangehenden Abschnitt im offenen Konvergenzkreis eine komplex-differenzierbare Funktion dar; deren Ableitung ist $\sum_{k=1}^{\infty} k a_k z^{k-1}$.

Wir fassen jetzt den Definitionsbereich einer in a komplex-differenzierbaren Funktion $f: U \to \mathbb{C}$ als Teilmenge des $\mathbb{R}^2$ auf. Als Abbildung auf $U \subset \mathbb{R}^2$ ist f $\mathbb{R}$-differenzierbar, und ihr Differential $\mathrm{d}f(a): \mathbb{R}^2 \to \mathbb{C}$ ist gegeben durch $\mathrm{d}f(a)(h_1, h_2) = f'(a)(h_1 + \mathrm{i}h_2)$. Bei dieser Auffassung hat f die partiellen Ableitungen

$$f_x(a) = \lim_{\substack{h \to 0 \\ h \in \mathbb{R}}} \frac{f(a + h) - f(a)}{h} = f'(a), \quad f_y(a) = \lim_{\substack{h \to 0 \\ h \in \mathbb{R}}} \frac{f(a + \mathrm{i}h) - f(a)}{h} = \mathrm{i}f'(a).$$

Diese erfüllen hiernach die sog. *Cauchy-Riemannsche Differentialgleichung*

$$(12) \qquad \boxed{f_x(a) = -\mathrm{i}f_y(a).}$$

Für $u := \operatorname{Re} f$ und $v := \operatorname{Im} f$ besagt die Beziehung (12)

(12')
$$u_x(a) = v_y(a), \qquad u_y(a) = -v_x(a).$$

Dieses Gleichungspaar bezeichnet man als *Cauchy-Riemannsche Differentialgleichungen des Funktionenpaares* (u, v) oder auch des Funktionenpaares $(-v, u)$.

Ist umgekehrt $f \colon U \to \mathbb{C}$ in a $\mathbb{R}$-differenzierbar und erfüllen die partiellen Ableitungen die Cauchy-Riemannsche Differentialgleichung (12), so kann die für die reelle Differenzierbarkeit charakteristische Darstellung

$$f(a + h) = f(a) + f_x(a)h_1 + f_y(a)h_2 + \|h\|_2 \cdot r(h), \quad h = (h_1, h_2),$$

mit $\lim_{h \to 0} r(h) = 0$ auch in die komplexe Version

$$f(a + h) = f(a) + Ah + |h|\, r(h), \quad h = h_1 + \mathrm{i}h_2, \quad A := f_x(a),$$

gebracht werden. f ist dann also komplex-differenzierbar. Wir erhalten damit:

Lemma: *Eine Funktion $f \colon U \to \mathbb{C}$ auf einer offenen Menge $U \subset \mathbb{C} = \mathbb{R}^2$ ist in $a \in U$ genau dann komplex-differenzierbar, wenn sie dort reell-differenzierbar ist und die partiellen Ableitungen die Cauchy-Riemannsche Differentialgleichung (12) erfüllen. Gegebenenfalls gilt*

$$f'(a) = f_x(a) = -\mathrm{i}f_y(a).$$

Die nachfolgenden Überlegungen zeigen, daß die Cauchy-Riemannschen Differentialgleichungen (12') auf das engste mit der Frage der Konformität der Abbildung f zusammenhängen.

Konformität

Bei vielen Abbildungsaufgaben spielen die Abbildungen, die „im Kleinen", d. h. in linearer Näherung ähnliche Bilder vermitteln, eine bevorzugte Rolle. Nach den grundlegenden Untersuchungen von Gauß zur Flächentheorie nennt man solche Abbildungen konform. Die unten gegebene Definition präzisiert die Konformität einer Abbildung als eine bestimmte Eigenschaft des Differentials.

Für den Rest dieses Abschnitts sei auf $\mathbb{R}^k$ und $\mathbb{R}^n$ die euklidische Metrik eingeführt. Ferner sei $k \leq n$. Zunächst erinnern wir an die Definition der Ähnlichkeitsabbildung in der Analytischen Geometrie; siehe etwa M. Koecher [9], Kapitel 5.

Definition: Eine lineare Abbildung $L \colon \mathbb{R}^k \to \mathbb{R}^n$ heißt *Ähnlichkeits-abbildung* oder auch *konform*, wenn sie eine der beiden folgenden gleich-wertigen Bedingungen erfüllt:

(i) L ist *winkeltreu*; dieses bedeutet: Für je zwei von 0 verschiedene Vekto-ren $v, w \in \mathbb{R}^k$ sind Lv und Lw von Null verschieden, und der Cosinus eines Winkels zwischen Lv und Lw ist gleich dem Cosinus eines Win-kels zwischen v und w:

$$\frac{\langle Lv, Lw \rangle}{\|Lv\|_2 \cdot \|Lw\|_2} = \frac{\langle v, w \rangle}{\|v\|_2 \cdot \|w\|_2}.$$

(ii) Für die L beschreibende Matrix A gibt es eine Zahl $\rho \neq 0$ so, daß $A^\mathsf{T} A = \rho^2 E$ gilt. Im Fall $k = n$ besagt diese Bedingung, daß $\rho^{-1} A$ orthogonal ist; A nennen wir in diesem Fall eine *Ähnlichkeitsmatrix*.

Definition: Eine differenzierbare Abbildung $f \colon U \to \mathbb{R}^n$ auf einer offenen Menge $U \subset \mathbb{R}^k$ heißt *konform im Punkt* $x \in U$, wenn ihr Differential $\mathrm{d}f(x) \colon \mathbb{R}^k \to \mathbb{R}^n$ in x konform ist, d. h., wenn es eine Zahl $\rho(x) \neq 0$ gibt so, daß

$$\boxed{(f'(x))^\mathsf{T} \cdot f'(x) = \rho(x)^2 E.}$$

Nach Beispiel 2 zur Kettenregel werden die Tangentialvektoren der dif-ferenzierbaren Kurven durch den Punkt x durch das Differential $\mathrm{d}f(x)$ abgebildet. Ist f in x konform, so bleibt dabei der Cosinus eines Winkels zwischen zwei Kurven erhalten.

Beispiel: Konformität von Inversion und stereographischer Projektion

Wir zeigen zunächst: *Die Inversion* $i \colon \mathbb{R}^n \setminus \{p\} \to \mathbb{R}^n \setminus \{p\}$ *mit dem Pol p und der Potenz α bildet überall konform ab.*

Nach 1.3 (6) ist

$$i(x) = p + \frac{\alpha}{\|x - p\|_2^2} \cdot (x - p).$$

Die Ableitung $i'(x)$ berechnet man wie in Beispiel 3 zur Produktregel; man erhält

$$i'(x) = \frac{\alpha}{\|x - p\|_2^4} \left(-2(x - p)(x - p)^\mathsf{T} + \|x - p\|_2^2 E \right).$$

Damit ergibt sich

$$(*) \qquad (i'(x))^\mathsf{T} \cdot i'(x) = \frac{\alpha^2}{\|x - p\|_2^4} \cdot E.$$

i erfüllt also überall die Bedingung der Definition.   □

Wir zeigen ferner: *Die stereographische Projektion* $\sigma\colon \mathbb{R}^n \to S^n \setminus \{N\}$ *mit dem Pol* $N = (0,\dots,0,1) \in \mathbb{R}^{n+1}$ *bildet überall konform ab.*

Beweis: σ ist mit Hilfe der Inversion i mit dem Pol N und der Potenz 2 definiert durch $\sigma(x) = \mathrm{i}(x,0)$. Danach besteht die Matrix $\big(\sigma'(x)\big)^{\mathsf{T}} \cdot \sigma'(x)$ aus den ersten n Zeilen und Spalten der Matrix $\big(i'(x)\big)^{\mathsf{T}} \cdot i'(x)$. Wegen (*) ist sie also ein skalares Vielfaches der n-reihigen Einheitsmatrix. $\qquad\square$

Für $k = n = 2$ stellen wir nun den angekündigten Bezug der Cauchy-Riemannschen Differentialgleichungen zur Konformität her.

Satz: *Eine differenzierbare Abbildung $f = (u,v)\colon U \to \mathbb{R}^2$ auf einer offenen Menge $U \subset \mathbb{R}^2$ ist genau dann konform in $z \in U$, wenn sie folgende zwei Bedingungen erfüllt:*

(i) *das Paar (u,v) oder das Paar (v,u) genügt im Punkt z den Cauchy-Riemannschen Differentialgleichungen;*

(ii) $u_x^2(z) + v_x^2(z) \neq 0$.

Beweis: Eine reelle 2×2-Matrix ist genau dann orthogonal, wenn sie eine der beiden Gestalten $\begin{pmatrix} \alpha & \beta \\ -\beta & \alpha \end{pmatrix}$ oder $\begin{pmatrix} \alpha & \beta \\ \beta & -\alpha \end{pmatrix}$ hat, wobei $\alpha^2 + \beta^2 = 1$ gilt.

Folglich ist die Funktionalmatrix $\begin{pmatrix} u_x & u_y \\ v_x & v_y \end{pmatrix}(z)$ genau dann eine Ähnlichkeitsmatrix, wenn sie (i) und (ii) erfüllt. $\qquad\square$

Korollar: *Eine komplex-differenzierbare Funktion $f = u + \mathrm{i}v\colon U \to \mathbb{C}$ auf einer offenen Menge $U \subset \mathbb{C}$ ist genau dann konform im Punkt $z \in U$, wenn $f'(z) = u_x(z) + \mathrm{i}v_x(z) \neq 0$.*

3.2   Der Schrankensatz

Wir erweitern den in 2.2 aufgestellten Schrankensatz auf den Fall differenzierbarer Abbildungen.

Zunächst verallgemeinern wir den Begriff der Supremumsnorm einer Funktion auf Abbildungen. Sei K ein kompakter Raum, V ein normierter Vektorraum und $\varphi\colon K \to V$ eine stetige Abbildung. Man definiert dann

$$\|\varphi\|_K := \sup_{x \in K} \|\varphi(x)\|.$$

Hierdurch wird eine Norm auf dem Raum $\mathscr{C}(K,V)$ der stetigen Abbildungen von K in V erklärt, die sogenannte *Supremumsnorm* auf $\mathscr{C}(K,V)$.

X und Y seien wieder endlich-dimensionale normierte $\mathbb{K}$-Vektorräume und differenzierbar meint stets $\mathbb{K}$-differenzierbar.

Schrankensatz: *Eine $\mathscr{C}^1$-Abbildung $f \colon U \to Y$ auf einer offenen Menge $U \subset X$ ist auf jeder kompakten konvexen Teilmenge $K \subset U$ Lipschitzstetig. Für je zwei Punkte $x, y \in K$ gilt*

(13)
$$\boxed{\;\|f(x) - f(y)\| \le \|\mathrm{d}f\|_K \cdot \|x - y\|.\;}$$

Dabei ist $\|\mathrm{d}f\|_K$ die Supremumsnorm von $\mathrm{d}f \colon K \to \mathrm{L}(X, Y)$ bezüglich K, und $\mathrm{L}(X, Y)$ sei wie üblich mit der Operatornorm versehen.

Wir geben noch explizit die Supremumsnorm von $\mathrm{d}f$ für eine Abbildung $f = (f_1, \dots, f_m) \colon U \to \mathbb{K}^m$, $U \subset \mathbb{K}^n$, an, wobei auf $\mathbb{K}^n$ und $\mathbb{K}^m$ jeweils die Maximumsnorm eingeführt sei. $\|\mathrm{d}f(\xi)\|$ ist dann nach 1.3.V Beispiel 2 die Zeilensummennorm; damit erhält man

$$\|\mathrm{d}f\|_K = \sup_{\xi \in K} \left(\max_\mu \sum_{\nu=1}^n |\partial_\nu f_\mu(\xi)| \right).$$

Beweis des Schrankensatzes: Es sei $\gamma(t) := y + t\,(x - y)$ und $L := \|\mathrm{d}f\|_K$. Wir betrachten dann für $\varepsilon \in \mathbb{R}$ die Funktion $F_\varepsilon \colon [0; 1] \to \mathbb{R}$,

$$F_\varepsilon(t) := \big\| f\big(\gamma(t)\big) - f(y) \big\| - t \cdot (L + \varepsilon)\,\|x - y\|.$$

Wir zeigen: Für jedes $\varepsilon > 0$ ist $F_\varepsilon(1) \le 0$. Mit $\varepsilon \downarrow 0$ folgt daraus dann $F_0(1) \le 0$, was gerade die Behauptung darstellt.

Wir nehmen an, es sei $F_\varepsilon(1) > 0$ für ein $\varepsilon > 0$. Zu einer beliebig gewählten Zahl c zwischen $F_\varepsilon(0) = 0$ und $F_\varepsilon(1)$ gibt es eine Stelle $t_0 \in (0; 1]$ mit $F_\varepsilon(t_0) = c$ und $F_\varepsilon(t) > c$ für alle $t \in (t_0; 1]$. Dann ist

(∗)
$$\varphi(t) := \frac{F_\varepsilon(t) - F_\varepsilon(t_0)}{t - t_0} > 0 \quad \text{für alle } t \in (t_0; 1].$$

Aus der Definition von $F_\varepsilon(t)$ folgt ferner für alle $t \in (t_0; 1]$

$$\varphi(t) \le \left\| \frac{f\big(\gamma(t)\big) - f\big(\gamma(t_0)\big)}{t - t_0} \right\| - (L + \varepsilon)\,\|x - y\|.$$

Nun ist

$$\lim_{t \downarrow t_0} \left\| \frac{f\big(\gamma(t)\big) - f\big(\gamma(t_0)\big)}{t - t_0} \right\| = \big\| \mathrm{d}f\big(\gamma(t_0)\big)(x - y) \big\| \le L\,\|x - y\|.$$

Somit gibt es ein $t_1 \in (t_0; 1]$ mit $\varphi(t_1) \le 0$, im Widerspruch zu (∗). $\square$

3.3   Der Satz von der lokalen Umkehrbarkeit

Wir befassen uns in diesem Abschnitt mit der Frage, wann eine stetig differenzierbare Abbildung eine ebensolche Umkehrung besitzt. Abbildungen mit dieser Eigenschaft verwendet man oft, um Probleme durch sachgemäße Transformationen zu vereinfachen. Als Hauptergebnis zeigen wir, daß eine $\mathscr{C}^1$-Abbildung, deren Differential an einem Punkt umkehrbar ist, in einer gewissen Umgebung dieses Punktes auch eine $\mathscr{C}^1$-Umkehrung besitzt.

X und Y seien weiterhin endlich-dimensionale normierte $\mathbb{K}$-Vektorräume und differenzierbar meint $\mathbb{K}$-differenzierbar.

Definition: Eine bijektive $\mathscr{C}^1$-Abbildung $\Phi\colon U \to V$ einer offenen Menge $U \subset X$ auf eine offene Menge $V \subset Y$ heißt *Diffeomorphismus*, wenn die Umkehrung $\Phi^{-1}\colon V \to U$ ebenfalls eine $\mathscr{C}^1$-Abbildung ist.

Beispiel: Die Inversion $i\colon \mathbb{R}^n \setminus \{0\} \to \mathbb{R}^n \setminus \{0\}$, $i(x) := x/\|x\|_2^2$, ist nach 3.1.II Beispiel 3 stetig differenzierbar; wegen $i^{-1} = i$ ist auch ihre Umkehrung stetig differenzierbar. i ist also ein Diffeomorphismus.

Wir notieren zunächst elementare Eigenschaften von Diffeomorphismen.

Lemma: *Es sei $\Phi\colon U \to V$ ein Diffeomorphismus und $\Psi\colon V \to U$ seine Umkehrung. Dann gilt:*

1. *X und Y haben die gleiche Dimension.*
2. *Für jedes $x \in U$ sind die Differentiale $\mathrm{d}\Phi(x)$ und $\mathrm{d}\Psi(y)$, $y = \Phi(x)$, zueinander inverse Isomorphismen:*

$$(14) \qquad \boxed{\mathrm{d}\Psi(y) = \big(\mathrm{d}\Phi(x)\big)^{-1}.}$$

Für Funktionalmatrizen besagt das

$$(14') \qquad \boxed{\Psi'(y) = \big(\Phi'(x)\big)^{-1}.}$$

Beweis: Aus $\Psi \circ \Phi = \mathrm{id}_U$ und $\Phi \circ \Psi = \mathrm{id}_V$ folgen mit der Kettenregel die Beziehungen $\mathrm{d}\Psi(y) \circ \mathrm{d}\Phi(x) = \mathrm{id}_X$ und $\mathrm{d}\Phi(x) \circ \mathrm{d}\Psi(y) = \mathrm{id}_Y$. Mittels Linearer Algebra ergeben sich damit die Behauptungen.   □

Bemerkungen: In 1.5 haben wir gezeigt, daß $\mathbb{R}^1$ und $\mathbb{R}^n$ für $n > 1$ nicht homöomorph sind. Die erste Feststellung des Lemmas ergibt nun, daß $\mathbb{R}^m$ und $\mathbb{R}^n$ für $m \neq n$ nicht diffeomorph sind. Die zweite Feststellung impliziert, daß gewisse Eigenschaften der Differentiale eines Diffeomorphismus auch den Differentialen der Umkehrung zukommen. Ist etwa $\mathrm{d}\Phi(x)$ konform, so ist auch $\mathrm{d}\Psi(y)$, $y = \Phi(x)$, konform.

Eine $\mathscr{C}^1$-Abbildung $\Phi\colon U \to V$ ist nach dem Lemma höchstens dann ein Diffeomorphismus, wenn alle Differentiale $\mathrm{d}\Phi(x)$, $x \in U$, Isomorphismen sind; im Fall $X = Y = \mathbb{R}^n$ bedeutet das, daß alle Ableitungen $\Phi'(x)$, $x \in U$, invertierbar sind. *Diese notwendige Bedingung reicht auch hin, wenn $\Phi\colon I \to J$ eine surjektive $\mathscr{C}^1$-Abbildung eines offenen Intervalls $I \subset \mathbb{R}^1$ auf ein offenes Intervall $J \subset \mathbb{R}^1$ ist.* In diesem Fall hat nämlich Φ' ein einheitliches Vorzeichen; Φ ist dann also streng monoton und die Umkehrfunktion $\Psi\colon J \to I$ nach den Regeln für die Differentiation von Umkehrfunktionen stetig differenzierbar. Im Höherdimensionalen steht das Monotonieargument nicht zur Verfügung, und die Situation ist tatsächlich verwickelter. Zum Beispiel ist die Ableitung (6') der Polarkoordinatenabbildung P_2 an jeder Stelle $(r, \varphi) \in \mathbb{R}^* \times \mathbb{R}$ invertierbar; $P_2 \mid \mathbb{R}^* \times \mathbb{R}$ läßt aber wegen seiner Periodizität, $P_2(r, \varphi + 2\pi) = P_2(r, \varphi)$, nicht einmal eine stetige Umkehrung zu.

Wir setzen nun voraus, daß $\Phi\colon U \to V$ eine stetige Umkehrung besitzt, und zeigen, daß dann die Invertierbarkeit aller Differentiale $\mathrm{d}\Phi(x)$, $x \in U$, sogar die stetige Differenzierbarkeit der Umkehrung nach sich zieht.

Satz: *Es sei $\Phi\colon U \to V$ ein stetig differenzierbarer Homöomorphismus einer offenen Menge $U \subset X$ auf eine offene Menge $V \subset Y$. Jedes Differential $\mathrm{d}\Phi(x)$, $x \in U$, sei ein Isomorphismus. Dann ist auch die Umkehrabbildung $\Psi\colon V \to U$ stetig differenzierbar, und für diese gelten die Ableitungsregeln (14) bzw. (14').*

Beweis: Als erstes beweisen wir die Differenzierbarkeit der Umkehrabbildung. Für den Nachweis in einem Punkt $\Phi(x_0)$, $x_0 \in U$, dürfen wir $x_0 = 0$ und $\Phi(x_0) = 0$ annehmen; andernfalls betrachtet man $\Phi(x + x_0) - \Phi(x_0)$. Sodann genügt es, die Differenzierbarkeit von $I \circ \Phi$ in 0 zu zeigen, wobei I der Isomorphismus $\mathrm{d}\Phi(0)^{-1}\colon Y \to X$ ist; nach der Kettenregel hat $I \circ \Phi$ in $x_0 = 0$ das Differential id_X. Aufgrund dieser Reduktionen nehmen wir von vornherein an:

$$(*) \qquad \Phi(0) = 0, \quad \mathrm{d}\Phi(0) = \mathrm{id}_X,$$

und zeigen die Differenzierbarkeit von Ψ im Punkt 0.

Sei $k \in V$ und $h := \Psi(k)$. Wegen $(*)$ besteht aufgrund der Differenzierbarkeit von Φ in 0 eine Darstellung

$$\Phi(h) = h + R(h), \quad \text{wobei} \quad \lim_{h \to 0} \frac{R(h)}{\|h\|} = 0.$$

Daraus folgt wegen $\Phi(h) = k$ für Ψ die Darstellung

$$(**) \qquad \Psi(k) = k + R^*(k) \quad \text{mit} \quad R^*(k) := -R\big(\Psi(k)\big).$$

Wir zeigen, daß R^* die Restbedingung für die Differenzierbarkeit von Ψ
erfüllt. Da R die Restbedingung für Φ erfüllt und Ψ stetig ist, gibt es
Zahlen $r, \delta > 0$ so, daß $\|R(h)\| \leq \frac{1}{2}\|h\|$, falls $\|h\| \leq r$, und $\|\Psi(k)\| \leq r$,
falls $\|k\| \leq \delta$. Nach Definition von R^* folgt

$$\|R^*(k)\| \leq \frac{1}{2}\|\Psi(k)\|, \quad \text{falls} \quad \|k\| \leq \delta,$$

und damit wegen $(**)$

$$\|\Psi(k)\| \leq 2\|k\|, \quad \text{falls} \quad \|k\| \leq \delta.$$

Wir erhalten also für $k \neq 0$ mit $\|k\| \leq \delta$

$$\frac{\|R^*(k)\|}{\|k\|} \leq 2\frac{\|R(\Psi(k))\|}{\|\Psi(k)\|} = 2\frac{\|R(h)\|}{\|h\|}.$$

Wegen $h = \Psi(k) \to 0$ für $k \to 0$ folgt, daß auch R^* die Restbedingung (2)
erfüllt. Das beweist die Differenzierbarkeit von Ψ.

Schließlich haben wir zu zeigen, daß $d\Psi\colon U \to L(Y, X)$ stetig ist. Dazu
nehmen wir o. B. d. A. an, es sei $Y = X$; aufgrund der Kettenregel genügt
es nämlich, die Stetigkeit des Differentials der Umkehrung im Fall $i \circ \Phi$, i
irgendein Isomorphismus $X \to Y$ zu zeigen. Des Weiteren folgt aus $\Psi \circ \Phi =$
id_U mittels Kettenregel $d\Psi(y) = \big(d\Phi(x)\big)^{-1}$, $x = \Psi(y)$. Es ist also

$$d\Psi = \mathrm{Inv} \circ d\Phi \circ \Psi;$$

dabei bezeichnet Inv die Inversion im Raum $L^*(X, X)$ der Isomorphismen
$X \to X$. Ψ und $d\Phi$ sind nach Voraussetzung stetig, Inv ist es nach 1.6
Satz 3. Somit ist auch $d\Psi\colon U \to L(X, X)$ stetig. $\square$

Beispiel: Die Polarkoordinatenabbildung $P_2\colon \mathbb{R}^2 \to \mathbb{R}^2$ bildet den Halbstreifen $\mathbb{R}_+ \times (-\pi; \pi)$ homöomorph ab auf die geschlitzte Ebene $\mathbb{R}^2 \setminus S$,
$S := \big\{(x, 0) \mid x \leq 0\big\}$; siehe 1.3. II Beispiel 4. Ihre Funktionaldeterminante
$\det P_2'(r, \varphi) = r$ hat in $\mathbb{R}_+ \times (-\pi; \pi)$ keine Nullstelle. P_2 *bildet also den*
Halbstreifen $\mathbb{R}_+ \times (-\pi; \pi)$ *diffeomorph ab auf* $\mathbb{R}^2 \setminus S$.

Wir berechnen noch die Ableitung der Umkehrabbildung $P_2^{-1}\colon \mathbb{R}^2 \setminus S \to$
$\mathbb{R}_+ \times (-\pi; \pi)$ in einem Punkt $(x, y) = P_2(r, \varphi) \in \mathbb{R}^2 \setminus S$. Aufgrund von
$(14')$ erhält man wegen $\cos\varphi = x/r$ und $\sin\varphi = y/r$, $r = \sqrt{x^2 + y^2}$,

$$P_2^{-1\,'}(x, y) = \big(P_2'(r, \varphi)\big)^{-1} = \begin{pmatrix} \cos\varphi & -r\sin\varphi \\ \sin\varphi & r\cos\varphi \end{pmatrix}^{-1} = \begin{pmatrix} \dfrac{x}{\sqrt{x^2 + y^2}} & \dfrac{y}{\sqrt{x^2 + y^2}} \\ \dfrac{-y}{x^2 + y^2} & \dfrac{x}{x^2 + y^2} \end{pmatrix}.$$

Wir wenden uns nun der Herleitung des eingangs angekündigten Satzes über die lokale Umkehrbarkeit einer stetig differenzierbaren Abbildung zu. Dazu zeigen wir mit Hilfe des Banachschen Fixpunktsatzes, daß lokal eine stetige Umkehrung existiert; nach dem soeben bewiesenen Satz ist diese sogar stetig differenzierbar. Der Banachsche Fixpunktsatz erweitert den in Band 1, 14.4 aufgestellten Kontraktionssatz. Er wird oft herangezogen, um die Existenz von Lösungen zu beweisen, indem man diese als Lösungen geeigneter Fixpunktgleichungen interpretiert.

Definition: Sei (M, d) ein metrischer Raum. Eine Abbildung $\varphi\colon M \to M$ heißt *Kontraktion*, wenn es eine Zahl $\lambda < 1$ gibt so, daß für alle $x, y \in M$

$$d\big(\varphi(x), \varphi(y)\big) \leq \lambda\, d(x, y).$$

Beispiel: Es sei X ein endlich-dimensionaler normierter Vektorraum und $\varphi\colon K \to X$ eine $\mathscr{C}^1$-Abbildung auf einer kompakten, konvexen Menge $K \subset X$ mit $\varphi(K) \subset K$. Ferner sei $\big\|\mathrm{d}\varphi\big\|_K < 1$. Dann ist $\varphi\colon K \to K$ eine Kontraktion; nach dem Schrankensatz gilt nämlich für alle $x, y \in K$

$$\big\|\varphi(x) - \varphi(y)\big\| \leq \|\mathrm{d}\varphi\|_K \cdot \|x - y\|.$$

Banachscher Fixpunktsatz: *Eine Kontraktion $\varphi\colon M \to M$ eines vollständigen metrischen Raumes M besitzt genau einen Fixpunkt; darunter versteht man einen Punkt $\xi \in M$ mit $\varphi(\xi) = \xi$. Für jeden Startwert $x_0 \in M$ konvergiert die Folge (x_n) mit $x_{n+1} := \varphi(x_n)$ gegen ξ.*

Beweis: Induktiv zeigt man zunächst

$$d(x_n, x_{n+1}) \leq \lambda^n d(x_0, x_1).$$

Damit folgt

$$d(x_n, x_{n+p}) \leq \frac{\lambda^n}{1 - \lambda} d(x_0, x_1).$$

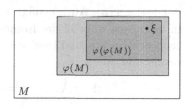

(x_n) ist also eine Cauchyfolge und besitzt wegen der Vollständigkeit von M einen Grenzwert $\xi := \lim x_n$. Dieser ist ein Fixpunkt: Da eine Kontraktion stetig ist (sogar Lipschitz-stetig), gilt nämlich

$$\varphi(\xi) = \varphi(\lim_{n\to\infty} x_n) = \lim_{n\to\infty} \varphi(x_n) = \lim_{n\to\infty} x_{n+1} = \xi.$$

Ist nun η irgendein Fixpunkt von φ, so folgt

$$d(\xi, \eta) = d\big(\varphi(\xi), \varphi(\eta)\big) \leq \lambda\, d(\xi, \eta),$$

also $d(\xi, \eta) = 0$ wegen $\lambda < 1$; d. h., es ist $\xi = \eta$. $\qquad\square$

Satz von der lokalen Umkehrbarkeit: *Es sei* $\Phi\colon U \to Y$ *eine* $\mathscr{C}^1$*-Abbildung auf einer offenen Menge* $U \subset X$*. Im Punkt* $a \in U$ *sei das Differential* $\mathrm{d}\Phi(a)\colon X \to Y$ *ein Isomorphismus. Dann gibt es eine offene Umgebung* $U_0 \subset U$ *von* a *derart, daß* $V := \Phi(U_0)$ *eine offene Umgebung von* $b = \Phi(a)$ *ist und die auf* U_0 *eingeschränkte Abbildung* $\Phi\colon U_0 \to V$ *ein Diffeomorphismus.*

Bemerkung: Die Isomorphie des Differentials $\mathrm{d}\Phi(a)$ erkennt man im Fall $X = Y = \mathbb{K}^n$ leicht an der Funktionalmatrix: $\mathrm{d}\Phi(a)$ ist genau dann ein Isomorphismus, wenn $\Phi'(a)$ invertierbar ist.

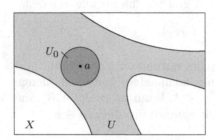 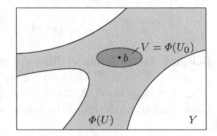

Die Restriktion $\Phi \,|\, U_0$ bildet U_0 diffeomorph auf V ab

Beweis: Wir konstruieren zunächst in einer geeigneten Umgebung von $b = \Phi(a)$ eine stetige Umkehrabbildung. Die wesentlichen Hilfsmittel hierzu sind der Schrankensatz und der Fixpunktsatz.

Wir dürfen $a = 0$ und $\Phi(a) = 0$ annehmen; andernfalls betrachte man $\Phi(x+a) - \Phi(a)$. Auch genügt es, den Satz für die Abbildung $I \circ \Phi\colon U \to X$ zu beweisen, wobei I der Isomorphismus $(\mathrm{d}\Phi(0))^{-1}\colon Y \to X$ sei; $I \circ \Phi$ hat nach der Kettenregel in $a = 0$ das Differential id_X. Wir nehmen also von vornherein an:

$$Y = X, \qquad a = \Phi(a) = 0, \qquad \mathrm{d}\Phi(0) = \mathrm{id}_X\,.$$

a) Die für y „in der Nähe von 0" zu lösende Gleichung $y = \Phi(x)$ schreiben wir als Fixpunktgleichung. Dazu setzen wir für $y \in X$ und $x \in U$

$$\varphi_y(x) := y + x - \Phi(x).$$

Die Fixpunkte von φ_y sind genau die Φ-Urbilder von y.

Wir legen zunächst fest, auf welche φ_y und mit welchem Definitionsbereich der Fixpunktsatz angewendet werden soll. Dazu wählen wir ein $r > 0$ so, daß die Kugel $\overline{K}_{2r}(0)$ in U liegt und daß für $x \in \overline{K}_{2r}(0)$ gilt:

$$\left\| \mathrm{id}_X - \mathrm{d}\Phi(x) \right\| \le \frac{1}{2}.$$

Wegen $\mathrm{d}\Phi(0) = \mathrm{id}_X$ und der Stetigkeit von $\mathrm{d}\Phi$ gibt es ein solches r. Nun ist $\mathrm{d}\varphi_y = \mathrm{id}_X - \mathrm{d}\Phi$. Der Schrankensatz liefert also für $x_1, x_2 \in \overline{K}_{2r}(0)$

(a$_1$) $$\left\| \varphi_y(x_2) - \varphi_y(x_1) \right\| \leq \frac{1}{2} \left\| x_2 - x_1 \right\|.$$

Hieraus folgt für $\|y\| < r$ und $\|x\| \leq 2r$

(a$_2$) $$\left\| \varphi_y(x) \right\| \leq \left\| \varphi_y(x) - \varphi_y(0) \right\| + \|y\| < 2r.$$

Die Abbildungen φ_y mit $\|y\| < r$ bilden nach (a$_2$) die Kugel $\overline{K}_{2r}(0)$ in sich ab und sind nach (a$_1$) Kontraktionen mit $\lambda = \frac{1}{2}$. $\overline{K}_{2r}(0)$ ist als abgeschlossene Teilmenge von X vollständig. Nach dem Fixpunktsatz hat also jede dieser Abbildungen φ_y genau einen Fixpunkt $x \in \overline{K}_{2r}(0)$, und dieser liegt nach (a$_2$) sogar in $K_{2r}(0)$. Zu jedem $y \in K_r(0)$ gibt es daher genau ein $x \in K_{2r}(0)$ mit $\varphi_y(x) = x$, d. h. mit $\Phi(x) = y$. Wir setzen nun

$$\Psi(y) := x, \qquad V := K_r(0), \qquad U_0 := \Phi^{-1}(V) \cap K_{2r}(0).$$

Hiermit ist dann eine Umkehrabbildung $\Psi \colon V \to U_0$ zu $\Phi \,|\, U_0$ definiert.

b) Wir zeigen, daß Ψ stetig ist. Seien $y_1, y_2 \in V$. Für die Bildpunkte $x_1 := \Psi(y_1)$ und $x_2 := \Psi(y_2)$ gilt dann

$$x_2 - x_1 = \varphi_0(x_2) - \varphi_0(x_1) + \Phi(x_2) - \Phi(x_1)$$

Daraus folgt mittels (a$_1$)

$$\|x_2 - x_1\| \leq \frac{1}{2} \|x_2 - x_1\| + \left\| \Phi(x_2) - \Phi(x_1) \right\|.$$

Wegen $\Phi(x_i) = y_i$ bedeutet das $\left\| \Psi(y_2) - \Psi(y_1) \right\| \leq 2 \left\| y_2 - y_1 \right\|$. Insbesondere ist Ψ stetig.

c) Wir zeigen weiter, daß das Differential $\mathrm{d}\Phi(x)$ in jedem Punkt $x \in U_0$ ein Isomorphismus ist. Wegen $\|x\| < 2r$ und aufgrund der Wahl von r gilt $\left\| (\mathrm{id}_X - \mathrm{d}\Phi(x))v \right\| \leq \frac{1}{2} \|v\|$ für jeden Vektor $v \in X$. Aus $\mathrm{d}\Phi(x)v = 0$ folgt somit $\|v\| \leq \frac{1}{2} \|v\|$, also $v = 0$, d. h., $\mathrm{d}\Phi(x)$ ist invertierbar.

Nach den Feststellungen b) und c) erfüllt die Einschränkung von Φ auf U_0 die Voraussetzungen des vorhergehenden Satzes. Φ bildet danach U_0 diffeomorph auf V ab. $\qquad\qquad\Box$

Beispiel 1: Das Differential der Polarkoordinatenabbildung $P_n \colon \mathbb{R}^n \to \mathbb{R}^n$ in einem Punkt $a = (r, \varphi_1, \ldots, \varphi_{n-1})$ ist nach (6'') genau dann ein Isomorphismus, wenn $r \cdot \cos \varphi_{n-1} \cdots \cos \varphi_2 \neq 0$ ist. Zu jedem solchen Punkt a gibt es also eine offene Umgebung U_0 und eine offene Umgebung V um $b := P_n(a)$ derart, daß P_n U_0 diffeomorph auf V abbildet.

Beispiel 2: Es sei $\mathscr{A}$ eine endlich-dimensionale normierte Algebra mit Einselement. Das Differential der Exponentialabbildung $\exp\colon \mathscr{A} \to \mathscr{A}$ im Nullpunkt ist nach dem Beispiel in 3.1.III die Identität. Die Exponential-abbildung bildet also eine geeignete Umgebung von $0 \in \mathscr{A}$ diffeomorph auf eine gewisse Umgebung von $1 \in \mathscr{A}^*$ ab.

Man sagt, eine $\mathscr{C}^1$-Abbildung $\Phi\colon U \to Y$ sei im Punkt $a \in U$ ein *lokaler Diffeomorphismus*, wenn es Umgebungen U_0 von a und V von $b = \Phi(a)$ gibt so, daß die Einschränkung $\Phi\,|\,U_0$ ein Diffeomorphismus von U_0 auf V ist. Damit kann der Satz von der lokalen Umkehrbarkeit auch so ausgesprochen werden: *Eine $\mathscr{C}^1$-Abbildung $\Phi\colon U \to Y$ ist in einem Punkt $a \in U$ ein lokaler Diffeomorphismus, falls das Differential $\mathrm{d}\Phi(a)$ invertierbar ist.*

Der Satz von der lokalen Umkehrbarkeit hat zahlreiche wichtige Anwendungen. Als unmittelbare Konsequenzen notieren wir den Offenheitssatz und den Diffeomorphiesatz.

Offenheitssatz: *Sei $\Phi\colon U \to Y$ eine $\mathscr{C}^1$-Abbildung auf einer offenen Menge $U \subset X$, deren sämtliche Differentiale $\mathrm{d}\Phi(x)$, $x \in U$, invertierbar sind. Dann ist die Bildmenge $\Phi(U)$ offen.*

Beweis: Jeder Punkt $x \in U$ besitzt nach dem Umkehrsatz eine Umgebung U_x, deren Bild $\Phi(U_x)$ offen ist. Also ist auch $\Phi(U) = \bigcup\limits_{x \in U} \Phi(U_x)$ offen. $\square$

Diffeomorphiesatz: *Sei $\Phi\colon U \to Y$ eine injektive $\mathscr{C}^1$- Abbildung auf einer offenen Menge $U \subset X$, deren sämtliche Differentiale $\mathrm{d}\Phi(x)$, $x \in U$, invertierbar sind. Dann ist Φ ein Diffeomorphismus von U auf $\Phi(U)$.*

Beweis: Die Umkehrabbildung $\Psi\colon \Phi(U) \to U$ ist stetig, denn für jede offene Menge $U' \subset U$ ist das Urbild $\Psi^{-1}(U') = \Phi(U')$ offen nach dem vorangehenden Satz; $\Phi\colon U \to \Phi(U)$ ist also ein Homöomorphismus. Nach dem eingangs bewiesenen Satz ist Φ sogar ein Diffeomorphismus. $\square$

Die Sätze dieses Abschnitts gelten insbesondere für stetig komplex-differenzierbare Abbildungen. Wir formulieren nochmals den Satz von der lokalen Umkehrbarkeit im Fall $X = Y = \mathbb{C}$:

Satz: *Es sei $f\colon U \to \mathbb{C}$ eine stetig komplex-differenzierbare Funktion auf einer offenen Menge $U \subset \mathbb{C}$. In einem Punkt $a \in U$ sei $f'(a) \neq 0$. Dann gibt es eine offene Umgebung $U_0 \subset U$ von a mit den Eigenschaften:*

1. *f bildet U_0 bijektiv auf eine offene Umgebung V von $f(a)$ ab.*
2. *Die Umkehrung $g = f^{-1}\colon V \to U_0$ ist komplex-differenzierbar und hat in $w = f(z)$ die Ableitung*

$$g'(w) = \frac{1}{f'(z)}.$$

Beispiel: Die Exponentialfunktion auf $\mathbb{C}$ bildet den Streifen $S := \{z \in \mathbb{C} \mid |\mathrm{Im}\, z| < \pi\}$ bijektiv auf die geschlitzte Ebene $\mathbb{C}^- = \mathbb{C} \setminus (-\infty; 0]$ ab; siehe Band 1, 8.10. Ihre Ableitung $(\mathrm{e}^z)' = \mathrm{e}^z$ ist stetig und überall $\neq 0$. Somit ist die Umkehrung $\ln \colon \mathbb{C}^- \to S$, d.h. der Hauptzweig des Logarithmus, komplex-differenzierbar, und in $w = \mathrm{e}^z \in \mathbb{C}^-$ gilt

$$(\ln w)' = \frac{1}{\mathrm{e}^z} = \frac{1}{w}.$$

3.4 Auflösen von Gleichungen. Implizit definierte Abbildungen

Am Beispiel $f(x,y) = x^2(1-x^2) - y^2 = 0$ erläutern wir zunächst typische Situationen, die auftreten können, wenn man eine Gleichung $f(x,y) = 0$ durch eine Funktion $y = g(x)$ oder $x = g^*(y)$ aufzulösen versucht.

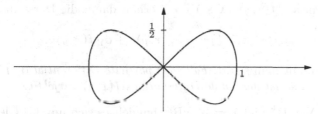

Die Nullstellenmenge von $f(x,y) = x^2(1-x^2) - y^2$

In der Nähe von $(0,0)$ hat diese Kurve zwei Zweige; zu jedem $x \neq 0$ mit $|x| < 1$ gibt es zwei verschiedene y_1, y_2 mit $f(x,y_1) = 0 = f(x,y_2)$ und zu jedem $y \neq 0$ mit $|y| < \frac{1}{2}$ vier verschiedene Punkte $x_1, \ldots, x_4$ mit $f(x_\nu, y) = 0$. In *keiner* Umgebung von $(0,0)$ gibt es also eine Auflösung $y = g(x)$ oder $x = g^*(y)$. Wir stellen fest, daß $f_x(0,0) = f_y(0,0) = 0$.

Ferner hat die Gleichung $f(x,y) = 0$ in *keiner* Umgebung der Punkte $(1,0)$ und $(-1,0)$ eine Auflösung der Gestalt $y = g(x)$. Jede Umgebung von $x_0 = 1$ oder $x_0 = -1$ enthält nämlich Punkte x, zu denen zwei y-Werte gehören. In der Nähe von $(1,0)$ und $(-1,0)$ gibt es andererseits Auflösungen der Gestalt $x = g^*(y)$; diejenige mit $g^*(0) = 1$ etwa lautet

$$x = g(y) = \frac{1}{2}\sqrt{2 + 2\sqrt{1-4y^2}} \quad \text{für} \quad y \in [-\tfrac{1}{2}; \tfrac{1}{2}].$$

Wir stellen fest: In den Punkten $(\pm 1, 0)$ ist $f_y = 0$ aber $f_x \neq 0$.

In diesem Abschnitt zeigen wir, daß eine Gleichung $f(x,y) = 0$ in der Nähe einer Nullstelle (a,b) von f eine differenzierbare Auflösung $y = g(x)$ besitzt, sofern $f_y(a,b) \neq 0$ ist.

Wir betrachten folgendes allgemeine Problem: Seien X, Y und Z endlich-dimensionale normierte $\mathbb{K}$-Vektorräume mit $\dim Y = \dim Z$. Ferner sei $f\colon U \to Z$ eine $\mathscr{C}^1$-Abbildung auf einer offenen Menge $U \subset X \times Y$. Wir fragen nach der Lösbarkeit der Gleichung $f(x, y) = 0$ in der Nähe einer *gegebenen* Nullstelle (a, b) von f, wobei $a \in X$ und $b \in Y$ sei.

Zur Formulierung einer geeigneten Voraussetzung führen wir die sogenannten *partiellen Differentiale*

$$\mathrm{d}_X f(x, y)\colon X \to Z,$$
$$\mathrm{d}_Y f(x, y)\colon Y \to Z$$

ein; diese sind definiert durch

$$\mathrm{d}_X f(x, y)h := \mathrm{d}f(x, y)(h, 0) \quad \text{für } h \in X,$$
$$\mathrm{d}_Y f(x, y)k := \mathrm{d}f(x, y)(0, k) \quad \text{für } k \in Y.$$

Das Differential $\mathrm{d}f(x, y)\colon X \times Y \to Z$ erhält damit die Darstellung

$$(15) \qquad \mathrm{d}f(x, y)(h, k) = \mathrm{d}_X f(x, y)h + \mathrm{d}_Y f(x, y)k.$$

Dieser entnimmt man sofort: *Falls das partielle Differential* $\mathrm{d}_Y f(x, y)$ *invertierbar ist, so ist das totale Differential* $\mathrm{d}f(x, y)$ *surjektiv.*

Im Fall $X = \mathbb{R}^k$ und $Y = Z = \mathbb{R}^m$ handelt es sich um das Gleichungssystem

$$f_1(x_1, \ldots, x_k, \ y_1, \ldots, y_m) = 0,$$
$$\vdots \qquad\qquad\qquad\qquad \vdots$$
$$f_m(x_1, \ldots, x_k, \ y_1, \ldots, y_m) = 0.$$

Das Differential $\mathrm{d}f(x, y)\colon \mathbb{R}^k \times \mathbb{R}^m \to \mathbb{R}^m$ wird dann durch die Matrix

$$f' = \begin{pmatrix} \partial_{x_1} f_1 & \cdots & \partial_{x_k} f_1 & \partial_{y_1} f_1 & \cdots & \partial_{y_m} f_1 \\ \vdots & & \vdots & \vdots & & \vdots \\ \partial_{x_1} f_m & \cdots & \partial_{x_k} f_m & \partial_{y_1} f_m & \cdots & \partial_{y_m} f_m \end{pmatrix}$$

dargestellt, ferner die partiellen Differentiale $\mathrm{d}_X f(x, y)\colon \mathbb{R}^k \to \mathbb{R}^m$ und $\mathrm{d}_Y f(x, y)\colon \mathbb{R}^m \to \mathbb{R}^m$ durch die Teilmatrizen

$$f'_X = \begin{pmatrix} \partial_{x_1} f_1 & \cdots & \partial_{x_k} f_1 \\ \vdots & & \vdots \\ \partial_{x_1} f_m & \cdots & \partial_{x_k} f_m \end{pmatrix} \quad \text{bzw.} \quad f'_Y = \begin{pmatrix} \partial_{y_1} f_1 & \cdots & \partial_{y_m} f_1 \\ \vdots & & \vdots \\ \partial_{y_1} f_m & \cdots & \partial_{y_m} f_m \end{pmatrix}.$$

Satz über implizite Funktionen: *Sei $f\colon U \to Z$ eine $\mathscr{C}^1$-Abbildung in einer Umgebung $U \subset X \times Y$ einer Nullstelle (a,b) von f. In (a,b) sei das partielle Differential $\mathrm{d}_Y f(a,b)$ invertierbar. Dann gibt es Umgebungen $U' \subset X$ von a und $U'' \subset Y$ von b sowie eine $\mathscr{C}^1$-Abbildung $g\colon U' \to U''$ mit der Eigenschaft, daß die Nullstellenmenge von f innerhalb $U' \times U''$ genau der Graph von g ist:*

$$f(x,y) = 0, \quad (x,y) \in U' \times U'' \quad\Longleftrightarrow\quad y = g(x), \quad x \in U'.$$

Man sagt, die Abbildung g sei durch die Gleichung $f(x,y) = 0$ in der Nähe der Nullstelle (a,b) *implizit* definiert.

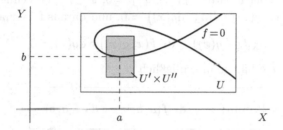

Die Nullstellenmenge von f innerhalb $U' \times U''$ ist genau der Graph von g

Bemerkungen: 1. Im Fall $X = \mathbb{R}^k$ und $Y = Z = \mathbb{R}^m$ ist $\mathrm{d}_Y f(a,b)$ genau dann invertierbar, wenn die Matrix $f'_Y(a,b)$ invertierbar ist.

2. Gelegentlich wird der Satz verkürzt so formuliert: Die Lösungsmannigfaltigkeit der Gleichung $f(x,y) = 0$ kann in der Nähe einer Lösung durch k Parameter beschrieben werden; oder auch: Sie besitzt k Freiheitsgrade.

3. Der Satz ist wie der von der lokalen Umkehrbarkeit ein „lokaler" Satz: Er stellt nur in hinreichender Nähe einer gegebenen Lösung die Existenz einer Auflösung fest. Zudem liefert er ein weiteres Beispiel dafür, daß sich differenzierbare Abbildungen unter geeigneten Regularitätsvoraussetzungen lokal wie ihre Linearisierungen verhalten.

Beweis: Wir betrachten die durch $\Phi(x,y) := \bigl(x, f(x,y)\bigr)$ definierte Abbildung $\Phi\colon U \to X \times Z$. Ihr Differential im Punkt (a,b) ist gegeben durch

$$\mathrm{d}\Phi(a,b)(h,k) = \bigl(h, \mathrm{d}_X f(a,b)\,h + \mathrm{d}_Y f(a,b)\,k\bigr), \quad (h,k) \in X \times Y.$$

Da $\mathrm{d}_Y f(a,b)$ ein Isomorphismus ist, ist auch $\mathrm{d}\Phi(a,b)$ ein Isomorphismus.

Auf Φ kann also in (a,b) der Umkehrsatz angewendet werden. Danach gibt es Umgebungen U_0 von (a,b) und V von $\Phi(a,b) = (a,0)$ so, daß die auf U_0 eingeschränkte Abbildung $\Phi\colon U_0 \to V$ ein Diffeomorphismus ist.

Deren Umkehrabbildung $\Phi^{-1}\colon V \to U_0$ hat dieselbe Bauart wie Φ: Mit einer geeigneten $\mathscr{C}^1$-Abbildung $h\colon V \to Y$ gilt $\Phi^{-1}(\xi,\eta) = \bigl(\xi, h\,(\xi,\eta)\bigr)$ für $(\xi,\eta) \in V$. Für $(x,y) \in U_0$ bestehen damit die Äquivalenzen

$$(*)\qquad f(x,y) = 0 \iff \Phi(x,y) = (x,0) \iff y = h\,(x,0).$$

Insbesondere ist $h(a,0) = b$. Wegen der Stetigkeit von h gibt es Umgebungen U' von a und U'' von b mit $U' \times U'' \subset U_0$ und so, daß für $x \in U'$ $h\,(x,0)$ in U'' liegt. Wir definieren nun $g\colon U' \to U''$ durch $g(x) := h(x,0)$. g ist eine $\mathscr{C}^1$-Abbildung, die in $U' \times U''$ nach $(*)$ die verlangte Auflösung der Gleichung $f(x,y) = 0$ liefert. $\qquad\qquad\qquad\qquad\qquad\square$

Zusatz. Das Differential von g in a kann man im nachhinein mit Hilfe der Kettenregel aus der Identität $f\bigl(x,g(x)\bigr) = 0$, $x \in U'$, berechnen. Zunächst ergibt sich $\mathrm{d}f\bigl(x,g(x)\bigr) \circ \bigl(\mathrm{id}_X, \mathrm{d}g(x)\bigr) = 0$, und daraus folgt nach (15)

$$\mathrm{d}_X f\bigl(x,g(x)\bigr) + \mathrm{d}_Y f\bigl(x,g(x)\bigr) \circ \mathrm{d}g(x) = 0.$$

Wegen $g(a) = b$ erhält man schließlich

$$(16)\qquad \boxed{\;\mathrm{d}g(a) = -\bigl(\mathrm{d}_Y f(a,b)\bigr)^{-1} \circ \mathrm{d}_X f(a,b).\;}$$

Im Fall $X = \mathbb{R}^k$ und $Y = Z = \mathbb{R}^m$ besagt das für die Funktionalmatrix

$$(16')\qquad \boxed{\;g'(a) = -\bigl(f'_Y(a,b)\bigr)^{-1} \cdot f'_X(a,b).\;}$$

Spezialfall von (16'): *Hat man nur eine Gleichung $f(x_1,\ldots,x_n) = 0$ und ist $c = (c_1,\ldots,c_n)$ eine Nullstelle mit $\partial_n f(c) \neq 0$, so gibt es in einer Umgebung von $c^* := (c_1,\ldots,c_{n-1})$ eine Auflösung $x_n = g(x_1,\ldots,x_{n-1})$; diese hat in c^* die Ableitung*

$$(16'')\qquad \boxed{\;g'(c^*) = -\frac{1}{\partial_n f(c)} \cdot \Bigl(\partial_1 f(c),\ldots,\partial_{n-1} f(c)\Bigr).\;}$$

Beispiel 1: Gegeben seien das Gleichungssystem

$$f_1(x,y_1,y_2) = x^3 + y_1^3 + y_2^3 - 7 = 0,$$

$$f_2(x,y_1,y_2) = xy_1 + y_1 y_2 + y_2 x + 2 = 0$$

und die Nullstelle $(2,-1,0)$. In der Nähe dieser Nullstelle soll das Gleichungssystem hinsichtlich Auflösbarkeit nach y_1, y_2 untersucht werden.

Wir berechnen zunächst die Funktionalmatrix nach diesen Variablen:

$$\partial_Y f(2,-1,0) = \begin{pmatrix} 3y_1^2 & 3y_2^2 \\ x+y_2 & x+y_1 \end{pmatrix}\Big|_{(2,-1,0)} = \begin{pmatrix} 3 & 0 \\ 2 & 1 \end{pmatrix}.$$

Diese Matrix ist invertierbar. Es gibt also in einem hinreichend kleinen offenen Intervall I um $a = 2$ zwei $\mathscr{C}^1$-Funktionen $g_1, g_2 \colon I \to \mathbb{R}$ mit $(g_1(2), g_2(2)) = (-1,0)$ und $f_i(x, g_1(x), g_2(x)) = 0$, $i = 1,2$. Deren Ableitungen im Punkt $a = 2$ erhält man mittels $(16')$:

$$\begin{pmatrix} g_1'(2) \\ g_2'(2) \end{pmatrix} = -\begin{pmatrix} 3 & 0 \\ 2 & 1 \end{pmatrix}^{-1} \cdot \begin{pmatrix} \partial_x f_1 \\ \partial_x f_2 \end{pmatrix}\Big|_{(2,-1,0)} = \begin{pmatrix} -4 \\ 9 \end{pmatrix}.$$

Beispiel 2: Wurzeln matrixwertiger Funktionen. Es sei U eine Umgebung von $0 \in X$ und $A \colon U \to \mathbb{K}^{n \times n}$ eine $\mathscr{C}^1$-Abbildung mit $A(0) = E$. Wir zeigen: *Es gibt in einer geeigneten Umgebung $U' \subset U$ von 0 eine $\mathscr{C}^1$-Abbildung $B \colon U' \to \mathbb{K}^{n \times n}$ mit $B(0) = E$ und*

$$B^2(x) = A(x).$$

Zum Beweis setzen wir $Y = \mathbb{K}^{n \times n}$ und betrachten die durch $f(x,y) := A(x) - y^2$ definierte Abbildung $f \colon U \times Y \to U \times Y$. Diese erfüllt in $(0, E)$ die Voraussetzung des Satzes: $f(0, E) = 0$; ferner gilt $d_Y f(0, E)H = 2H$ für $H \in \mathbb{K}^{n \times n}$; insbesondere ist $d_Y f(0, E)$ invertierbar. Somit gibt es in einer hinreichend kleinen Umgebung $U' \subset U$ von 0 eine $\mathscr{C}^1$-Abbildung $B \colon U' \to Y$ mit $B(0) = E$ und $f(x, B(x)) = 0$.

3.5 Differenzierbare Untermannigfaltigkeiten

Der Satz über implizite Funktionen führt in geometrischer Sicht zum Begriff der differenzierbaren Untermannigfaltigkeit eines normierten Raumes. Das sind diejenigen Teilmengen, die lokal und in „flachmachenden" Koordinaten wie offene Teilmengen eines $\mathbb{R}^d$ aussehen. Untermannigfaltigkeiten sind Spezialfälle der in vielen Gebieten der modernen Mathematik bedeutsamen abstrakten Mannigfaltigkeiten; letztere skizzierte bereits Riemann 1854 unter dem Einfluß der Physik in seinem Habilitationsvortrag „Über die Hypothesen, welche der Geometrie zugrunde liegen". Die abstrakten Mannigfaltigkeiten sehen lokal ebenfalls wie offene Mengen in einem $\mathbb{R}^d$ aus, müssen aber nicht in einen Vektorraum eingebettet sein.

Im Folgenden seien X und Y endlich-dimensionale normierte Räume über $\mathbb{R}$. Ferner bezeichne $\mathbb{R}_0^d \subset \mathbb{R}^n$ den d-dimensionalen Unterraum

$$\mathbb{R}_0^d := \{x \in \mathbb{R}^n \mid x_{d+1} = \cdots = x_n = 0\}.$$

I. Elementare Feststellungen

Definition: Eine nicht leere Menge $M \subset X$ heißt *d-dimensionale diffe-renzierbare Untermannigfaltigkeit von* X, wenn es zu jedem Punkt $a \in M$ eine offene Umgebung $U \subset X$ und einen Diffeomorphismus $\varphi \colon U \to V$ auf eine offene Teilmenge V eines $\mathbb{R}^n$ gibt so, daß gilt:

$$(17) \qquad\qquad \varphi(M \cap U) = \mathbb{R}_0^d \cap V.$$

Ein solcher Diffeomorphismus φ heißt eine *Karte für* M und $M \cap U$ deren *Kartengebiet*. Ferner heißt eine Menge $\{\varphi_i\}_{i \in I}$ von Karten mit Karten-gebieten $M \cap U_i$ ein *Atlas für* M, wenn $\{U_i\}_{i \in I}$ eine Überdeckung von M ist. Nach dem Lemma in 3.3 ist die Dimensionszahl d eindeutig bestimmt.

Die Kurzbezeichnung „Untermannigfaltigkeit" oder auch nur „Mannig-faltigkeit" bedeutet im Folgenden stets „differenzierbare Untermannig-faltigkeit". Ist φ von der Klasse $\mathscr{C}^p$, so sagt man, M sei eine $\mathscr{C}^p$-Unter-mannigfaltigkeit.

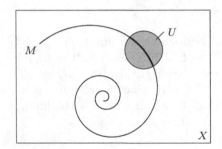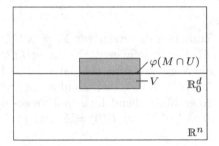

Beispiel 1: *Die Sphäre* S^{n-1} *im euklidischen* $\mathbb{R}^n$ *ist eine* $(n-1)$-*dimen-sionale Untermannigfaltigkeit.*

Besonders einfach zeigt man das mit dem unten folgenden Satz vom regulären Wert; siehe dort Beispiel 1. Wir geben hier für die Sphäre einen Atlas aus zwei Karten an.

Sei $N = (0, 0, \dots, 1)$ der Nordpol und $S = (0, 0, \dots, 0, -1)$ der Südpol der Sphäre. Die Inversion $i_N \colon \mathbb{R}^n \setminus N \to \mathbb{R}^n \setminus N$ mit dem Pol N und der Potenz 2 ist ein Diffeomorphismus, der die gelochte Sphäre $\mathrm{S}^{n-1} \setminus N$ bijektiv auf die Hyperebene $\mathbb{R}_0^{n-1} \subset \mathbb{R}^n$ abbildet (siehe 1.3.II Beispiel 3); i_N ist also eine Karte für S^{n-1}. Eine zweite Karte wird geliefert durch die Inversion i_S mit dem Pol S. $\mathrm{S}^{n-1} \setminus N$ und $\mathrm{S}^{n-1} \setminus S$ sind zwei Kartengebiete auf der Sphäre und überdecken diese.

Beispiel 2: *Der Graph* M *einer* $\mathscr{C}^1$-*Abbildung* $f \colon \Omega \to Y$ *auf einer offenen Menge* $\Omega \subset X$ *ist eine Untermannigfaltigkeit von* $X \times Y$; *ihre Dimension ist gleich der des Raumes* X: $\dim M = \dim X$.

Beweis: Man wähle Isomorphismen $i\colon X \to \mathbb{R}^n$ und $j\colon Y \to \mathbb{R}^m$, und setze dann $U := \Omega \times Y$, $V := i(\Omega) \times \mathbb{R}^m$, und definiere $\varphi\colon U \to V$ durch $\varphi(x,y) := \big(i(x), j(f(x) - y)\big)$. φ ist ein Diffeomorphismus und bildet den Graphen von f auf die Menge $i(\Omega) \times \{0\}$ in $\mathbb{R}_0^n \subset \mathbb{R}^{n+m}$ ab; der Graph ist also eine Untermannigfaltigkeit; deren Dimension ist $n = \dim X$. $\qquad\square$

Eine Karte $\varphi\colon U \to V$ einer d-dimensionalen Untermannigfaltigkeit $M \subset X$ induziert einen Homöomorphismus der in M offenen Menge $M \cap U$ auf die in $\mathbb{R}_0^d$ offene Menge $V \cap \mathbb{R}_0^d$. Nach einer eventuellen Verkleinerung von U erhält man auch einen Homöomorphismus von $M \cap U$ auf eine offene Kugel in $\mathbb{R}_0^d$. *Somit besitzt jeder Punkt in einer d-dimensionalen Untermannigfaltigkeit Umgebungen, die dieselben topologischen Eigenschaften wie offene Kugeln in $\mathbb{R}^d$ haben.* Zum Beispiel hat jeder Punkt a einer 1-dimensionalen Untermannigfaltigkeit M eine M-Umgebung Ω derart, daß $\Omega \setminus \{a\}$ die Vereinigung von zwei disjunkten zusammenhängenden Mengen ist, und jeder Punkt a einer Untermannigfaltigkeit M einer Dimension > 1 eine M-Umgebung Ω derart, daß $\Omega \setminus \{a\}$ zusammenhängt; siehe Beispiel 2 in 1.5. Danach können die Kegel $K = \{x \in \mathbb{R}^{n+1} \mid x_1^2 + \cdots + x_n^2 = x_{n+1}^2\}$ keine Untermannigfaltigkeiten von $\mathbb{R}^{n+1}$ sein. Denn jede K-Umgebung der Spitze 0 zerfällt durch Entfernen dieses Punktes im Fall $n = 1$ in mindestens vier disjunkte zusammenhängende Mengen und im Fall $n > 1$ in mindestens zwei. Eine notwendige analytische Bedingung dafür, daß M eine Mannigfaltigkeit ist, liefert der Satz im unten folgenden Abschnitt II, wonach alle Tangentialkegel T_aM, $a \in M$, Vektorräume sein müssen, und zwar der gleichen Dimension; vgl. Aufgabe 18.

Der folgende Satz charakterisiert Untermannigfaltigkeiten lokal als Lösungsmengen gewisser Gleichungssysteme.

Satz: *Eine nicht leere Teilmenge M eines n-dimensionalen normierten Raumes X ist genau dann eine Untermannigfaltigkeit der Dimension d, wenn es zu jedem Punkt $a \in M$ eine Umgebung $U \subset X$ von a gibt sowie $n - d$ $\mathscr{C}^1$-Funktionen $f_1, \ldots, f_{n-d}\colon U \to \mathbb{R}$ folgender Art:*

(i) $M \cap U = \big\{x \in U \mid f_1(x) = \cdots = f_{n-d}(x) = 0\big\}$,

(ii) *die Differentiale $\mathrm{d}f_1(a), \ldots, \mathrm{d}f_{n-d}(a)$ sind linear unabhängig.*

Im Fall $X = \mathbb{R}^n$ bedeutet (ii), daß die Ableitungen $f_1'(a), \ldots, f_{n-d}'(a)$ linear unabhängig sind.

Beweis: a) Sei M eine d-dimensionale Untermannigfaltigkeit. Zu $a \in M$ wähle man eine Karte $\varphi = (\varphi_1, \ldots, \varphi_n)\colon U \to V$ mit (17). Dann leisten die Funktionen $f_\nu := \varphi_{d+\nu}$, $\nu = 1, \ldots, n - d$, das Gewünschte: (i) folgt aus (17) und (ii) daraus, daß $\mathrm{d}\varphi(a) = \big(\mathrm{d}\varphi_1(a), \ldots, \mathrm{d}\varphi_n(a)\big)\colon X \to \mathbb{R}^n$ ein Isomorphismus ist.

b) Die angegebene Bedingung sei erfüllt. Wegen (ii) können wir d Linearformen $l_1, \ldots, l_d \colon X \to \mathbb{R}$ wählen derart, daß die n Linearformen
$l_1, \ldots, l_d, \mathrm{d}f_1(a), \ldots, \mathrm{d}f_{n-d}(a)$ eine Basis des Vektorraums der Linearformen auf X darstellen. Wir betrachten nun die Abbildung

$$\Phi \colon U \to \mathbb{R}^n, \quad \Phi(x) := \big(l_1(x), \ldots, l_d(x), f_1(x), \ldots, f_{n-d}(x)\big).$$

Aufgrund der Wahl der $l_1, \ldots, l_d$ ist $\mathrm{d}\Phi(a)$ ein Isomorphismus. Somit gibt
es nach dem Satz von der lokalen Umkehrbarkeit eine Umgebung $U_0 \subset U$
von a, die durch die Einschränkung $\varphi := \Phi|U_0$ diffeomorph auf $V := \varphi(U_0)$
abgebildet wird. Ferner gilt $\varphi(U_0 \cap M) = \mathbb{R}_0^d \cap V$ wegen (i). Also ist
$\varphi \colon U_0 \to V$ eine Karte für M bei a. $\square$

Im Fall eines global definierten Gleichungssystems folgt aus dem soeben
bewiesenen Satz ein oft verwendetes hinreichendes Mannigfaltigkeitskriterium. Liegt ein lineares Gleichungssystem vor, handelt es sich dabei um
den Satz: Ist $f \colon X \to Y$ eine reguläre, d. h. surjektive, lineare Abbildung,
so ist für jedes $c \in Y$ der Lösungsraum der Gleichung $f(x) = c$ ein affiner
Unterraum von X der Dimension $\dim X - \dim Y$. Der folgende Satz verallgemeinert dieses Ergebnis auf den Fall einer Gleichung $f(x) = c$, wobei
f eine $\mathscr{C}^1$-Abbildung ist und c ein sogenannter regulärer Wert.

Definition: Ein Punkt $x \in U \subset X$ heißt ein *regulärer Punkt* der differenzierbaren Abbildung $f \colon U \to Y$, wenn das Differential $\mathrm{d}f(x) \colon X \to Y$
surjektiv abbildet. Ferner heißt ein Punkt $y \in Y$ ein *regulärer Wert* von
f, wenn alle $x \in f^{-1}(y)$ reguläre Punkte sind. (y heißt auch regulärer
Wert, wenn $f^{-1}(y)$ leer ist.) Bildet $\mathrm{d}f(x)$ nicht surjektiv ab, so heißt x ein
singulärer Punkt und $f(x)$ ein *singulärer Wert* von f.

Im Fall $X = \mathbb{R}^n$, $Y = \mathbb{R}^m$ ist ein $y \in \mathbb{R}^m$ genau dann ein regulärer Wert
von f, wenn die Funktionalmatrix $f'(x)$ in allen Punkten $x \in f^{-1}(y)$ den
Rang m hat. Für $m = 1$ bedeutet das, daß $f'(x) \neq 0$ ist in allen derartigen
Punkten x.

Bemerkung: Nach einem Satz von Sard sind die singulären Werte einer $\mathscr{C}^1$-
Abbildung „selten": Sie stellen nur eine Teilmenge vom Lebesgue-Maß 0 dar.

Wir kommen nun zu dem angekündigten Mannigfaltigkeitskriterium.

Satz vom regulären Wert: *Es sei $f \colon U \to Y$ eine $\mathscr{C}^1$-Abbildung auf
einer offenen Teilmenge $U \subset X$ und $M := f^{-1}(c)$ die Niveaumenge zu
einem regulären Wert $c \in Y$. Ist M nicht leer, so ist M eine Untermann-
nigfaltigkeit von X der Dimension*

(18) $$\boxed{\dim M = \dim X - \dim Y.}$$

Beweis: Wegen der Surjektivität der Differentiale $df(a)\colon X \to Y$, $a \in M$, ist $\dim X \geq \dim Y$. Sei $n := \dim X$ und $d := \dim X - \dim Y$. Wir wählen dann einen Isomorphismus $i\colon Y \to \mathbb{R}^{n-d}$ und betrachten die Abbildung

$$F\colon X \to \mathbb{R}^{n-d}, \quad F(x) := i \circ f(x) - C, \quad C := i(c).$$

Damit gilt: $M = F^{-1}(0)$. Ferner ist jedes Differential $dF(a) = i \circ df(a)$, $a \in M$, surjektiv; d.h., die Differentiale $dF_1(a), \ldots, dF_{n-d}(a)$ der Komponentenfunktionen $F_1, \ldots, F_{n-d}$ sind linear unabhängig. Nach obigem Satz ist M also eine Untermannigfaltigkeit von X der Dimension d. $\qquad\square$

Beispiel 1: *Eine nicht leere Quadrik $Q = \{x \mid x^{\mathsf{T}} A x = 1\}$ im $\mathbb{R}^n$, A eine reelle, symmetrische $n \times n$-Matrix, ist eine $(n-1)$-dimensionale Untermannigfaltigkeit.*

Beweis: Q ist die Niveaumenge zum Wert 1 der stetig differenzierbaren Funktion $f\colon \mathbb{R}^n \to \mathbb{R}$, $f(x) := x^{\mathsf{T}} A x$. In jedem Punkt $x \in Q$ ist deren Ableitung $f'(x) = 2x^{\mathsf{T}} A$ von 0 verschieden. Also ist 1 ein regulärer Wert von f. Damit folgt die Behauptung. $\qquad\square$

Beispiel 2: *Die orthogonale Gruppe $\mathrm{O}(n) = \{X \in \mathbb{R}^{n \times n} \mid X^{\mathsf{T}} X = E\}$ ist eine Untermannigfaltigkeit von $\mathbb{R}^{n \times n}$ der Dimension $\frac{1}{2} n(n-1)$.*

Beweis: $\mathrm{O}(n)$ ist das Urbild der Einheitsmatrix E unter der Abbildung

$$f\colon \mathbb{R}^{n \times n} \to \mathbb{R}_{\mathrm{s}}^{n \times n}, \quad f(X) := X^{\mathsf{T}} X;$$

dabei sei $\mathbb{R}_{\mathrm{s}}^{n \times n}$ der Vektorraum der symmetrischen, reellen $n \times n$-Matrizen. f ist stetig differenzierbar, und das Differential $df(A)\colon \mathbb{R}^{n \times n} \to \mathbb{R}_{\mathrm{s}}^{n \times n}$ in $A \in \mathbb{R}^{n \times n}$ ist gegeben durch

$$df(A)H = A^{\mathsf{T}} H + H^{\mathsf{T}} A, \quad H \in \mathbb{R}^{n \times n}.$$

E ist ein regulärer Wert von f, d.h., $df(A)$ ist für jede orthogonale Matrix A surjektiv; denn die Gleichung $df(A)H = S$, $S \in \mathbb{R}_{\mathrm{s}}^{n \times n}$, besitzt eine Lösung, nämlich $H = \frac{1}{2} A S$. Somit ist $\mathrm{O}(n)$ eine Untermannigfaltigkeit von $\mathbb{R}^{n \times n}$ und hat die Dimension

$$\dim \mathbb{R}^{n \times n} - \dim \mathbb{R}_{\mathrm{s}}^{n \times n} = n^2 - \frac{1}{2} n(n+1) = \frac{1}{2} n(n-1). \qquad\square$$

Beispiel 3: Konfigurationsräume. Die Lage eines Systems von n Punkten im $\mathbb{R}^3$ ist durch deren $3n$ Koordinaten, zwischen denen bestimmte Relationen bestehen, charakterisiert. Zum Beispiel ist die Lage eines orientierten Stabes der Länge l gegeben durch den Anfangspunkt $x = (x_1, x_2, x_3)$ und den Endpunkt $y = (y_1, y_2, y_3)$, wobei $f(x,y) = \sum_{i=1}^{3} (x_i - y_i)^2 = l^2$ gilt. Die Menge M aller solchen 6-Tupel (x,y) ist eine Quadrik, und zwar nach Beispiel 1 eine 5-dimensionale Untermannigfaltigkeit des $\mathbb{R}^6$.

II.   Tangentialkegel und Tangentialraum

Definition: Sei M eine nicht leere Teilmenge von X. Ein Vektor $v \in X$ heißt *Tangentialvektor an M im Punkt $a \in M$* oder auch *Geschwindigkeitsvektor*, wenn es in M eine stetig differenzierbare Kurve $\alpha \colon (-\varepsilon; \varepsilon) \to M$, $\varepsilon > 0$, gibt mit $\alpha(0) = a$ und $\dot{\alpha}(0) = v$. Die Gesamtheit der Tangentialvektoren an M in a heißt *Tangentialkegel* von M in a und wird mit $\mathrm{T}_a M$ bezeichnet. Ist $\mathrm{T}_a M$ ein Vektorraum, so wird er auch Tangential*raum* genannt. Ferner heißt $\mathrm{T}_a^{\mathrm{aff}} M := a + \mathrm{T}_a M$ *affiner* Tangentialkegel bzw. *affiner Tangentialraum*.

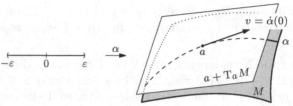

Tangentialvektor und Tangentialraum an M im Punkt a

Satz: *Es sei M eine d-dimensionale differenzierbare Untermannigfaltigkeit von X. Dann gilt in jedem Punkt $a \in M$:*

(i) *$\mathrm{T}_a M$ ist ein $\mathbb{R}$-Vektorraum der Dimension d.*

(ii) *Ist M die Niveaumenge einer $\mathscr{C}^1$-Abbildung $f \colon U \to Y$ auf einer offenen Menge $U \subset X$ zu einem regulären Wert $c \in Y$, $M = f^{-1}(c)$, so ist $\mathrm{T}_a M$ der Kern des Differentials $\mathrm{d}f(a)$:*

$$(19) \qquad \boxed{\mathrm{T}_a M = \operatorname{Kern} \mathrm{d}f(a).}$$

Im Fall $X = \mathbb{R}^n$ und $Y = \mathbb{R}^m$ gilt also

$$(19') \qquad \boxed{\mathrm{T}_a M = \{v \in \mathbb{R}^n \mid f'(a)v = 0\}.}$$

Beweis: (i) gilt offensichtlich für den Prototypen einer d-dimensionalen Untermannigfaltigkeit, für $M = \mathbb{R}_0^d \cap V$, V offen im $\mathbb{R}^n$: Hier ist

$$(*) \qquad\qquad \mathrm{T}_a\big(\mathbb{R}_0^d \cap V\big) = \mathbb{R}_0^d.$$

Der allgemeine Fall ergibt sich nun mit Hilfe einer Karte $\varphi \colon U \to V$ (Bezeichnung wie bei (17)). φ ordnet jeder Kurve $\alpha \colon (-\varepsilon; \varepsilon) \to M \cap U$ die Bildkurve $\alpha^* := \varphi \circ \alpha$ in $\mathbb{R}_0^d \cap V$ zu, und jede Kurve in $\mathbb{R}_0^d \cap V$ ist eine solche Bildkurve. Für die Tangentialvektoren in $t = 0$ gilt

$$\dot{\alpha}(0) = \big(\mathrm{d}\varphi(a)\big)^{-1} \dot{\alpha}^*(0).$$

Aus (∗) folgt daher $T_a(M \cap U) = (\mathrm{d}\varphi(a))^{-1}\mathbb{R}_0^d$. Damit folgt bereits (i), da $T_a M = T_a(M \cap U)$.

(ii) Für $\alpha\colon (-\varepsilon; \varepsilon) \to M$ gilt $f \circ \alpha = c$, also $\mathrm{d}f(a)\dot{\alpha}(0) = 0$; somit ist

$$(\ast\ast) \qquad T_a M \subset \operatorname{Kern} \mathrm{d}f(a).$$

Die beiden Vektorräume $T_a M$ und Kern $\mathrm{d}f(a)$ haben die gleiche Dimension; da $\mathrm{d}f(a)\colon X \to Y$ surjektiv abbildet, gilt nämlich $\dim \operatorname{Kern} \mathrm{d}f(a) = \dim X - \dim Y = \dim M$. Wegen $(\ast\ast)$ sind sie sogar identisch. □

Wir berechnen Tangentialräume in den oben angeführten Beispielen 1 und 2 und verwenden dabei die dort benützten Bezeichnungen.

Beispiel 1: *Tangentialraum und affiner Tangentialraum der Quadrik* $Q = \{x \in \mathbb{R}^n \mid x^\mathsf{T} A x = 1\}$ *im Punkt* $a \in Q$. Wegen $f'(a) = 2a^\mathsf{T} A$ ergibt (19′)

$$T_a Q = \{v \in \mathbb{R}^n \mid a^\mathsf{T} A v = 0\}.$$

Der affine Tangentialraum in a besteht aus den Punkten $x \in \mathbb{R}^n$ derart, daß $(x - a) \in T_a Q$. Wegen $a^\mathsf{T} A a = 1$ und $a^\mathsf{T} A(x - a) = 0$ ergibt sich die in der Analytischen Geometrie gebräuchliche Formel

$$T_a^{\mathrm{aff}} Q = \{x \in \mathbb{R}^n \mid a^\mathsf{T} A x = 1\}.$$

Beispiel 2: *Der Tangentialraum der orthogonalen Gruppe* $O(n)$ *im Einselement* E. Wegen $\mathrm{d}f(E)H = H + H^\mathsf{T}$ ergibt (19)

$$T_E O(n) = \{H \in \mathbb{R}^{n \times n} \mid H + H^\mathsf{T} = 0\}.$$

$T_E O(n)$ *ist also der Raum der schiefsymmetrischen* $n \times n$-*Matrizen.*

In diesem Beispiel induziert die Exponentialfunktion für Matrizen eine Abbildung des Tangentialraumes in die Gruppe: $\exp\colon T_E O(n) \to O(n)$. Denn für eine schiefsymmetrische Matrix H ist e^H eine orthogonale Matrix; da H und H^T vertauschbar sind, gilt nämlich $\mathrm{e}^H \cdot (\mathrm{e}^H)^\mathsf{T} = \mathrm{e}^{H+H^\mathsf{T}} = E$. Die Exponentialabbildung liefert ferner eine Kurve $\alpha\colon \mathbb{R} \to O(n)$ mit $\alpha(0) = E$ und $\dot{\alpha}(0) = H \in T_E O(n)$: Man setze dazu $\alpha(t) := \mathrm{e}^{tH}$. Nach 1.6 (15) ist dann $\dot{\alpha}(0) = H$.

Bemerkung: Die Abbildung $T_E O(n) \to O(n)$ hat ein Analogon bei beliebigen Liegruppen. Unter einer Liegruppe versteht man eine Gruppe, die zugleich eine Mannigfaltigkeit ist und deren Multiplikation und Inversenbildung differenzierbare Abbildungen sind. Beispiele sind $\mathbb{K}^{n \times n}$, $\mathrm{GL}(n, \mathbb{K})$ und $O(n)$, ferner die in Aufgabe 14 angeführte Lorentzgruppe.

Lie, Sophus (1842–1899), norwegischer Mathematiker. Arbeitete über Differentialgleichungen und begründete die Theorie der kontinuierlichen Transformationsgruppen, insbesondere solcher, die Differentialgleichungen invariant lassen.

III. Normalenraum an Mannigfaltigkeiten im euklidischen $\mathbb{R}^n$

Es sei jetzt im $\mathbb{R}^n$ das Standardskalarprodukt eingeführt. Unter einem *Normalenvektor* einer Menge $M \subset \mathbb{R}^n$ im Punkt $a \in M$ verstehen wir jeden Vektor aus $\mathbb{R}^n$, der auf dem Tangentialkegel $\mathrm{T}_a M$ senkrecht steht, und unter dem *Normalenraum* $\mathrm{N}_a M$ das orthogonale Komplement zu $\mathrm{T}_a M$:

$$\mathrm{N}_a M := (\mathrm{T}_a M)^{\perp}.$$

Die Normalenräume sind für jedes $M \subset \mathbb{R}^n$ Vektorräume; ihre Dimension im Fall einer d-dimensionalen Mannigfaltigkeit ist $n - d$.

Der Satz über den Tangentialraum ergibt folgendes

Korollar: *Ist $M = f^{-1}(c)$ die Niveaumenge einer stetig differenzierbaren Abbildung $f = (f_1, \ldots, f_{n-d}) \colon U \to \mathbb{R}^{n-d}$ zum regulären Wert $c \in \mathbb{R}^{n-d}$, so bilden die Gradienten $\operatorname{grad} f_1(a), \ldots, \operatorname{grad} f_{n-d}(a)$ in einem Punkt $a \in M$ eine Basis des Normalenraumes $\mathrm{N}_a M$:*

$$(20) \qquad \mathrm{N}_a M = \Big[\operatorname{grad} f_1(a), \ldots, \operatorname{grad} f_{n-d}(a)\Big].$$

Beweis: Die Transponierten der angeschriebenen Gradienten sind gerade die Zeilen der Matrix $f'(a)$. Die Bedingung (19') dafür, daß ein Vektor $v \in \mathbb{R}^n$ zu $\mathrm{T}_a M$ gehört, lautet deshalb auch: $\langle \operatorname{grad} f_i(a), v \rangle = f_i'(a)\, v = 0$ für $i = 1, \ldots, n - d$. Die $n - d$ Gradienten $\operatorname{grad} f_1(a), \ldots, \operatorname{grad} f_{n-d}(a)$ stehen danach senkrecht auf $\mathrm{T}_a M$. Sie sind außerdem wegen der Regularität des Wertes c linear unabhängig. (Die Matrix $f'(a)$ hat den Rang $n - d$.) Sie bilden somit eine Basis für $\mathrm{N}_a M$. $\square$

Es seien nun M_1 und M_2 zwei sich in a schneidende Untermannigfaltigkeiten des $\mathbb{R}^n$. Man sagt, diese beiden *stehen in a aufeinander senkrecht*, wenn ihre Normalenräume aufeinander senkrecht stehen: $\mathrm{N}_a M_1 \perp \mathrm{N}_a M_2$. Sind M_1 und M_2 die Nullstellenmengen von $\mathscr{C}^1$-Funktionen f_1 bzw. f_2 mit 0 als regulärem Wert, so stehen M_1 und M_2 in a aufeinander senkrecht genau dann, wenn die Gradienten aufeinander senkrecht stehen:

$$\operatorname{grad} f_1(a) \perp \operatorname{grad} f_2(a).$$

Beispiel: Orthogonalität konfokaler Flächen zweiter Ordnung
Es seien $0 < a < b < c$; es sei ferner für jede reelle Zahl $t \neq a, b, c$

$$q_t(x, y, z) := \frac{x^2}{a - t} + \frac{y^2}{b - t} + \frac{z^2}{c - t}.$$

Die durch

$$Q(t) := \big\{ (x, y, z) \mid q_t(x, y, z) = 1 \big\}$$

definierte Quadrik ist für $t < a$ ein Ellipsoid, für $a < t < b$ ein einschaliges Hyperboloid und für $b < t < c$ ein zweischaliges Hyperboloid.

Es sei weiter $p = (x_0, y_0, z_0)$ ein Punkt mit $x_0 y_0 z_0 \neq 0$. Mit Hilfe des Zwischenwertsatzes und eines Monotonieargumentes zeigt man leicht, daß die Gleichung $q_t(p) = 1$ genau eine Lösung $t_1 < a$ hat, genau eine Lösung $t_2 \in (a; b)$ und genau eine Lösung $t_3 \in (b; c)$.

Behauptung: $Q(t_1)$, $Q(t_2)$ und $Q(t_3)$ *stehen in p aufeinander senkrecht.*

Beweis: Das Skalarprodukt der Gradienten von q_{t_i} und q_{t_k}, $i \neq k$, in p ist

$$\frac{4x_0^2}{(a - t_i)(a - t_k)} + \frac{4y_0^2}{(b - t_i)(b - t_k)} + \frac{4z_0^2}{(c - t_i)(c - t_k)}$$

$$= \frac{4}{(t_i - t_k)}\big(q_{t_i}(p) - q_{t_k}(p)\big) = 0. \qquad \square$$

Konfokale Flächen zweiter Ordnung:
Ellipsoid,
einschaliges Hyperboloid,
zweischaliges Hyperboloid

3.6 Extrema unter Nebenbedingungen

Bei vielen Optimierungsaufgaben ist nicht einfach das Extremum einer Funktion gesucht, sondern das Extremum unter zusätzlichen Bedingungen; in der Mechanik etwa das Minimum der Wirkungsfunktion, wobei die Phasenbahn in einer gegebenen Fläche verlaufen muß.

Wir betrachten hier folgendes Problem: Gegeben sind eine Funktion $f: U \to \mathbb{R}$ und weitere Funktionen $\varphi_1, \ldots, \varphi_k: U \to \mathbb{R}$ auf einer Menge $U \subset \mathbb{R}^n$. Sei M die Nullstellenmenge von $\varphi = (\varphi_1, \ldots, \varphi_k): U \to \mathbb{R}^k$:

$$M = \{x \in U \mid \varphi(x) = 0\}.$$

Gesucht werden Punkte $x_0 \in M$ mit $f(x) \leq f(x_0)$ für alle $x \in M$ oder $f(x) \geq f(x_0)$ für $x \in M$. Solche heißen *Maximal- bzw. Minimalpunkte von f auf M* oder auch *unter der Nebenbedingung $\varphi = 0$*. Der folgende Satz bringt eine notwendige Bedingung dafür, falls M eine Mannigfaltigkeit ist.

Satz (Multiplikatorregel von Lagrange): f *und* $\varphi = (\varphi_1, \ldots, \varphi_k)$ *seien stetig differenzierbar auf einer offenen Menge* $U \subset \mathbb{R}^n$; *die Matrix* $\varphi'(x)$ *habe in jedem Punkt* $x \in M$ *den Rang* k. *Dann gilt: Ist* $x_0 \in M$ *ein Extremalpunkt von* f *auf* M, *so ist* $f'(x_0)$ *eine Linearkombination von* $\varphi_1'(x_0), \ldots, \varphi_k'(x_0)$: *Es gibt Zahlen* $\lambda_1, \ldots, \lambda_k \in \mathbb{R}$, *sogenannte Lagrange-Multiplikatoren, mit*

$$(21) \qquad\qquad f'(x_0) = \sum_{i=1}^{k} \lambda_i \varphi_i'(x_0).$$

Im euklidischen $\mathbb{R}^n$ *bedeutet* (21):

$$(21') \qquad\qquad \operatorname{grad} f(x_0) = \sum_{i=1}^{k} \lambda_i \operatorname{grad} \varphi_i(x_0);$$

aufgrund von (20) *bedeutet das weiter:*

$$\operatorname{grad} f(x_0) \in \mathrm{N}_{x_0} M.$$

Beweis: Wir zeigen (21') und dazu, daß jeder Tangentialvektor $v \in \mathrm{T}_{x_0} M$ auf $\operatorname{grad} f(x_0)$ senkrecht steht. Das genügt. Zu $v \in \mathrm{T}_{x_0} M$ gibt es eine stetig differenzierbare Kurve $\alpha: (-\varepsilon; \varepsilon) \to M$ mit $\alpha(0) = x_0$ und $\dot\alpha(0) = v$. Die durch $F(t) := f(\alpha(t))$ definierte Funktion $F: (-\varepsilon; \varepsilon) \to \mathbb{R}$ hat in $t = 0$ ein lokales Extremum. Folglich ist $\dot{F}(0) = 0$, also $\langle \operatorname{grad} f(x_0), v \rangle = 0$. $\square$

Die Multiplikatorregel hat im Fall $f'(x_0) \neq 0$ und $k = 1$ eine einfache geometrische Bedeutung. Die Niveaufläche N von f durch x_0 und M sind dann in einer Umgebung von x_0 $(n-1)$-dimensionale Untermannigfaltigkeiten, und (21') besagt, daß sich diese beiden in x_0 berühren: $\mathrm{T}_{x_0} N = \mathrm{T}_{x_0} M$.

Die Notwendigkeit dieser Bedingung ist leicht einzusehen. In der nebenstehenden Abbildung sind Niveaulinien einer Funktion f zu den Niveaus $-2, -1, 0, 1, 2$ skizziert. Ein Punkt x, in dem sich M und eine Niveaulinie von f transversal schneiden, kann kein Extremalpunkt sein. Denn durch Verschieben von x längs M erreicht man dann sowohl größere als auch kleinere Niveaus von f; dagegen erzielt man durch Verschieben des Berührungspunktes x_0 auf M nur größere Niveaus.

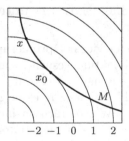

Beispiel 1: Es soll das Maximum von $f(x) = x_1 \cdots x_n$ auf

$$M = \big\{ x \in \mathbb{R}^n \mid \varphi(x) = x_1 + \cdots + x_n = 1, \quad \text{alle } x_\nu > 0 \big\}$$

bestimmt werden. f nimmt auf M ein Maximum an; f besitzt nämlich auf der kompakten Menge $\overline{M}$ ein Maximum, und dieses wird wegen $f(x) > 0$ für $x \in M$ und $f(x) = 0$ für $x \in \overline{M} \setminus M$ bereits in M angenommen.

Es sei nun $x^0 \in M$ eine Maximalstelle. Wegen $\varphi'(x) = (1, \ldots, 1) \neq 0$ ist die Multiplikatorregel anwendbar; es gibt also eine Zahl λ mit $f'(x^0) = \lambda \cdot \varphi'(x^0)$, d. h. mit

$$\partial_\nu f(x^0) = \frac{x_1^0 \cdots x_n^0}{x_\nu^0} = \lambda \qquad \text{für } \nu = 1, \ldots, n.$$

Daraus folgt $x_1^0 = \cdots = x_n^0$. Wegen $\varphi(x^0) = 1$ ist also $x_\nu^0 = 1/n$. Somit nimmt f sein Maximum auf M genau im Punkt $(1/n, \ldots, 1/n)$ an, und das Maximum ist $1/n^n$; für $x \in M$ gilt also

$$x_1 \cdots x_n \leq \frac{1}{n^n}.$$

Wir leiten hieraus noch die Ungleichung zwischen dem arithmetischen und dem geometrischen Mittel her. Es seien $a_1, \ldots, a_n$ beliebige positive Zahlen. Der Punkt $(a_1/\alpha, \ldots, a_n/\alpha)$ mit $\alpha := a_1 + \ldots + a_n$ liegt in M. Wendet man auf ihn die vorangehende Ungleichung an, erhält man

$$\sqrt[n]{a_1 \cdots a_n} \leq \frac{a_1 + \ldots + a_n}{n}.$$

Beispiel 2: *Es sei M eine Untermannigfaltigkeit des euklidischen $\mathbb{R}^n$ und a ein Punkt außerhalb M. Weiter sei $x_0 \in M$ ein Punkt minimalen Abstandes von a. Dann steht die Gerade durch a und x_0 senkrecht auf M.*

Beweis: x_0 ist eine Minimalstelle der Funktion $f(x) = \|x - a\|^2$ auf M. Nach $(21')$ gilt also $\operatorname{grad} f(x_0) = 2(x_0 - a) \in \mathrm{N}_{x_0} M$. ☐

Anwendung: Eigenwerte quadratischer Formen als Extrema unter Nebenbedingungen. Sei A eine symmetrische, reelle $n \times n$-Matrix und sei

$$f(x) := x^\top A x, \qquad x \in \mathbb{R}^n.$$

Wir fragen nach dem Maximum der Funktion f auf der euklidischen Einheitssphäre S^{n-1}, d. h. unter der Nebenbedingung

$$\varphi(x) = x^\top x - 1 = 0.$$

Wegen der Kompaktheit von S^{n-1} nimmt f an einer Stelle $v \in S^{n-1}$ ein Maximum m an. Ferner ist $\varphi'(x) = 2x^\top \neq 0$ für alle $x \in S^{n-1}$. Nach der Multiplikatorregel gibt es also eine Zahl λ mit $f'(v) = \lambda\varphi'(v)$, d. h. mit $2v^\top A = 2\lambda v^\top$, also $Av = \lambda v$. Ferner gilt $\lambda = \lambda v^\top v = v^\top A v = f(v) = m$.

Ergebnis: *Jede Maximalstelle v von f auf S^{n-1} ist ein Eigenvektor von A, und das Maximum $m = f(v)$ ist der Eigenwert zu v. Insbesondere besitzt A einen reellen Eigenwert.*

Der folgende Satz verallgemeinert dieses Ergebnis.

Satz von der Hauptachsentransformation: *Jede symmetrische Matrix $A \in \mathbb{R}^{n \times n}$ hat Eigenvektoren $v_1, \ldots, v_n$ folgender Art:*

(i) *$v_1, \ldots, v_n$ stehen paarweise aufeinander senkrecht.*

(ii) *Der Eigenwert λ_k zu v_k ist das Maximum von f auf $\mathrm{S}^{n-1} \cap H_{k-1}$; dabei seien $H_0 := \mathbb{R}^n$ und $H_k := [v_1, \ldots, v_k]^\perp$ für $k \geq 1$.*

Beweis: Wir konstruieren $v_1, \ldots, v_n$ induktiv. Als v_1 wählen wir eine Maximalstelle von f auf S^{n-1}. Es seien nun $v_1, \ldots, v_k$ paarweise orthogonale Eigenvektoren von A zu Eigenwerten $\lambda_1, \ldots, \lambda_k$. Wir fragen nach dem Maximum von f auf $\mathrm{S}^{n-1} \cap H_k$, d.h. unter den Nebenbedingungen

$$\varphi_0(x) := \varphi(x) = x^\mathsf{T} x - 1 = 0,$$
$$\varphi_1(x) := v_1^\mathsf{T} x = 0,$$
$$\vdots \qquad \qquad \vdots$$
$$\varphi_k(x) := v_k^\mathsf{T} x = 0.$$

Wegen der Kompaktheit von $\mathrm{S}^{n-1} \cap H_k$ nimmt f an einer Stelle $v_{k+1} \in \mathrm{S}^{n-1} \cap H_k$ ein Maximum m an. Ferner sind auf $\mathrm{S}^{n-1} \cap H_k$ die Ableitungen $\varphi_0'(x) = 2x^\mathsf{T}$, $\varphi_1' = v_1^\mathsf{T}, \ldots, \varphi_k' = v_k^\mathsf{T}$ linear unabhängig. Es gibt also Zahlen $\mu_0, \ldots, \mu_k$ mit $f'(v_{k+1}) = \sum_{i=0}^{k} \mu_i \varphi_i'(v_{k+1})$, d.h. mit

$$2v_{k+1}^\mathsf{T} A = 2\mu_0 v_{k+1}^\mathsf{T} + \sum_{i=1}^{k} \mu_i v_i^\mathsf{T}.$$

Wegen $v_{k+1}^\mathsf{T} A v_i = \lambda_i v_{k+1}^\mathsf{T} v_i = 0$ für $i = 1, \ldots, k$ und der Orthogonalität der $v_1, \ldots, v_k$ folgt daraus $\mu_1 = \cdots = \mu_k = 0$ und damit $A v_{k+1} = \mu_0 v_{k+1}$. v_{k+1} ist also ein Eigenvektor von A zum Eigenwert μ_0 und μ_0 ist das Maximum von f auf $\mathrm{S}^{n-1} \cap H_k$, da $\mu_0 = \mu_0 v_{k+1}^\mathsf{T} v_{k+1} = v_{k+1}^\mathsf{T} A v_{k+1} = m$. $\qquad \square$

3.7 Aufgaben

1. Man zeige: Die Abbildung $f \colon \mathbb{R}^2 \to \mathbb{R}^2$, $f(x,y) := \bigl(x(1-y), xy\bigr)$, bildet den Streifen $\mathbb{R}_+ \times (0;1)$ diffeomorph auf den offenen ersten Quadranten $\mathbb{R}_+^2$ ab. Man berechne $f'(x,y)$.

2. Es sei X ein endlich-dimensionaler $\mathbb{R}$-Vektorraum mit Skalarprodukt.

   a) Man zeige, daß die Abbildung der Einheitskugel in X

   $$f \colon K_1(0) \to X, \qquad f(x) := \frac{x}{\sqrt{1 - \langle x, x \rangle}},$$

   ein Diffeomorphismus ist, und berechne ihr Differential.

   b) Im Fall $X = \mathbb{R}^n$ konstruiere man einen Diffeomorphismus der Kugel $K_1(0)$ auf den Würfel $(-1;1)^n \subset \mathbb{R}^n$.

3. Ist die in 1.7 Aufgabe 6 angegebene Abbildung $f\colon \mathbb{C}^* \to Z$ konform?

4. *Die Joukowski-Abbildung* $f\colon \mathbb{C} \setminus \{0\} \to \mathbb{C}$, $z \mapsto \frac{1}{2}(z + \frac{1}{z})$. Man zeige:

   a) f ist auf $\mathbb{C} \setminus \{-1, 0, 1\}$ stetig komplex-differenzierbar und konform.

   b) Das Bild einer Kreislinie $\{z \in \mathbb{C} \mid |z| = r\}$, $r > 0$, unter f ist
      - für $r \neq 1$ eine Ellipse mit den Brennpunkten ± 1 und den Halbachsen $\frac{1}{2}(r + \frac{1}{r})$ bzw. $\frac{1}{2}|r - \frac{1}{r}|$,
      - für $r = 1$ das abgeschlossene Intervall $[-1; 1]$.

      Das Bild einer Halbgeraden $\{re^{i\varphi} \mid r \in \mathbb{R}_+\}$, $\varphi \notin \mathbb{Z} \cdot \frac{\pi}{2}$, ist ein Ast einer Hyperbel mit den Brennpunkten ± 1.

   c) f bildet sowohl $D_1 := \{z \in \mathbb{C} \mid |z| > 1\}$ als auch $D_2 := \{z \in \mathbb{C} \mid 0 < |z| < 1\}$ bijektiv auf $\mathbb{C} \setminus [-1; 1]$ ab, und die jeweiligen Umkehrabbildungen sind stetig komplex-differenzierbar und konform.

   Die Joukowski-Abbildung spielt eine wichtige Rolle in der Aerodynamik, da sie geeignete Kreise durch 1 in Tragflächenprofile abbildet; siehe Meyberg Vachenauer: Höhere Mathematik 2 für Ingenieure.

5. Es seien $Y_1, \ldots, Y_m$ und Z endlich-dimensionale normierte $\mathbb{K}$-Vektorräume und $f\colon Y_1 \times \ldots \times Y_m \to Z$ eine m-fach lineare Abbildung. Man zeige, daß f stetig differenzierbar ist, und berechne $\mathrm{d}f$. Was ergibt sich für die Determinantenfunktion $\det\colon (\mathbb{K}^n)^n \to \mathbb{K}$?

6. Die Gleichung $z^3 + z + xy = 1$ hat für jedes $(x, y) \in \mathbb{R}^2$ genau eine reelle Lösung $g(x, y)$. Man zeige, daß $g\colon \mathbb{R}^2 \to \mathbb{R}$ differenzierbar ist, und berechne $g'(1, 1)$. Man untersuche g auf Extrema.

7. Man zeige, daß das Gleichungssystem

$$x^2 + uy + e^v = 0,$$
$$2x + u^2 - uv = 5,$$

in einer Umgebung des Punktes $(2, 5)$ durch eine $\mathscr{C}^1$-Abbildung $(x, y) \mapsto (u(x, y), v(x, y))$ mit $u(2, 5) = -1$ und $v(2, 5) = 0$ aufgelöst werden kann, und berechne deren Ableitung in diesem Punkt.

8. *Diagonalisierung matrixwertiger Funktionen.* Es sei $U \subset X$ eine Umgebung von 0 und $A\colon U \to \mathbb{R}_s^{n \times n}$ eine $\mathscr{C}^1$-Abbildung, wobei $A(0)$ eine invertierbare Diagonalmatrix ist. $\mathbb{R}_\Delta^{n \times n}$ bezeichne den Raum der oberen Dreieckmatrizen in $\mathbb{R}^{n \times n}$. Man zeige: Es gibt eine Umgebung $U' \subset U$ von 0 und eine $\mathscr{C}^1$-Abbildung $B\colon U' \to \mathbb{R}_\Delta^{n \times n}$ mit $B(0) = E$ so, daß für alle $x \in U$ gilt:

$$A(x) = B(x)^\mathsf{T} A(0) B(x).$$

9. Es sei $f\colon U \to \mathbb{R}^m$, U eine offene Menge in $\mathbb{R}^n$, eine stetig differen-
    zierbare Abbildung, deren Differential $\mathrm{d}f(x_0)$ in $x_0 \in U$ den Rang m
    hat. Dann enthält $f(U)$ eine offene Umgebung von $f(x_0)$.

10. Es sei $f\colon X \to X$ ein Diffeomorphismus eines endlich-dimensionalen
    normierten Vektorraumes X auf sich und $g\colon X \to X$ eine $\mathscr{C}^1$-Abbil-
    dung, die außerhalb einer kompakten Teilmenge von X verschwindet.
    Man zeige: Es gibt ein $\varepsilon > 0$ derart, daß für jedes $\lambda \in \mathbb{K}$ mit $|\lambda| < \varepsilon$
    die „gestörte" Abbildung $f + \lambda g\colon X \to X$ ein Diffeomorphismus ist.

    Hinweis: Man orientiere sich am Beweis des lokalen Umkehrsatzes.

11. Sei $h > 0$ und $\varphi\colon U = (0;\infty) \times \mathbb{R} \to \mathbb{R}^3$,

    $$\varphi(r,\vartheta) := \bigl(r\cos\vartheta, r\sin\vartheta, h\vartheta\bigr).$$

    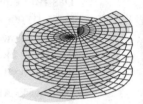

    Man zeige auf zwei Weisen, daß die *Wendel-
    fläche* $W := \varphi(U)$ eine Untermannigfaltigkeit
    des $\mathbb{R}^3$ ist.

12. *Rotationsflächen im* $\mathbb{R}^3$. Es sei $M = f^{-1}(0)$ eine 1-dimensionale Unter-
    mannigfaltigkeit des $\mathbb{R}^2$, wobei $f\colon \mathbb{R}_+ \times \mathbb{R} \to \mathbb{R}$ eine stetig differen-
    zierbare Funktion sei mit 0 als regulärem Wert. Man zeige:

    $$R := \Bigl\{(x,y,z) \in \mathbb{R}^3 \ \Big| \ f\bigl(\sqrt{x^2 + y^2},\, z\bigr) = 0\Bigr\}$$

    ist eine 2-dimensionale Untermannigfaltigkeit des $\mathbb{R}^3$. Durch Rotation
    einer Kreislinie etwa erhält man einen sogenannten Torus. Man stelle
    einen solchen als Nullstellenmenge einer $\mathscr{C}^1$-Funktion dar.

    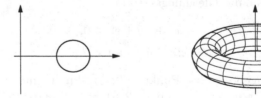

    Torus als Rotationsmannigfaltigkeit

13. Sei $f\colon \mathbb{R}^4 \to \mathbb{R}^3$ definiert durch

    $$f(x,y,u,v) := \bigl(z\overline{w} + \overline{z}w,\ \mathrm{i}\,(\overline{z}w - z\overline{w}),\ |z|^2 - |w|^2\bigr);$$

    wobei $z = x + \mathrm{i}y$ und $w = u + \mathrm{i}v$. Man zeige:

    a) Das Urbild $f^{-1}(p)$ jedes vom Nullpunkt verschiedenen Punktes $p \in$
        $\mathbb{R}^3$ ist eine 1-dimensionale Untermannigfaltigkeit des $\mathbb{R}^4$.

    b) Die Einschränkung $h = f \,|\, S^3$ bildet S^3 surjektiv auf S^2 ab.

Bemerkung: Die Abbildung $h\colon \mathrm{S}^3 \to \mathrm{S}^2$ wurde von Heinz Hopf bei Untersuchungen zur Homotopietheorie gefunden und heißt *Hopf-Abbildung.* Die Existenz analoger Abbildungen $\mathrm{S}^{2n-1} \to \mathrm{S}^n$ hängt mit der Existenz von Divisionsalgebren der Dimension n zusammen.

Literatur: Der Band „Zahlen" in Grundwissen Mathematik. Springer 1992.

14. Die *Lorentzgruppe* der speziellen Relativitätstheorie. Es sei D die 4-reihige Diagonalmatrix $\mathrm{Diag}(1,1,1,-1)$. Unter der Lorentzgruppe versteht man die Gruppe $\mathrm{O}(3,1)$ der reellen 4×4-Matrizen X mit $X^{\mathsf T} D X = D$. Man zeige: $\mathrm{O}(3,1)$ ist eine 6-dimensionale Untermannigfaltigkeit des $\mathbb{R}^{4\times 4}$.

15. Die *spezielle lineare Gruppe* $\mathrm{SL}(n) := \big\{ A \in \mathbb{R}^{n\times n} \mid \det A = 1 \big\}$. Man zeige:

   a) $\mathrm{SL}(n)$ ist eine $(n^2 - 1)$-dimensionale Mannigfaltigkeit in $\mathbb{R}^{n\times n}$.

   b) $\mathrm{T}_E \mathrm{SL}(n)$ ist der Vektorraum der $(n \times n)$-Matrizen mit der Spur 0. Ist A eine Matrix mit der Spur 0, so definiert $\gamma(t) := \mathrm{e}^{tA}$, $t \in \mathbb{R}$, eine Kurve in $\mathrm{SL}(n)$ mit $\gamma(0) = E$ und $\dot\gamma(0) = A$.
   Hinweis: $\det \mathrm{e}^A = \mathrm{e}^{\mathrm{Spur}\,A}$, siehe 1.7 Aufgabe 17.

16. Es seien M und N Untermannigfaltigkeiten des $\mathbb{R}^m$ bzw. $\mathbb{R}^n$. Man zeige: $M \times N$ ist eine Untermannigfaltigkeit des $\mathbb{R}^{m\times n}$ der Dimension $\dim M + \dim N$. Man interpretiere den Konfigurationsraum eines orientierten Stabes im $\mathbb{R}^3$ als direktes Produkt $\mathbb{R}^3 \times \mathrm{S}^2$.

17. a) Es seien M_1 und M_2 $(n-1)$-dimensionale Untermannigfaltigkeiten des $\mathbb{R}^n$. Ferner sei $M_1 \cap M_2$ nicht leer und in jedem Punkt $a \in M_1 \cap M_2$ gelte $\dim\,(\mathrm{T}_a M_1 \cap \mathrm{T}_a M_2) = n - 2$. Dann ist $M_1 \cap M_2$ eine Untermannigfaltigkeit der Dimension $n - 2$.

   b) Ist M eine 2-dimensionale Untermannigfaltigkeit des $\mathbb{R}^3$ und E eine Ebene in R^3, welche M in nur einem Punkt a schneidet, so ist E die affine Tangentialebene an M in a.

18. Es sei $N := \big\{ (x,y) \in \mathbb{R}^2 \mid x^3 = y^2 \big\}$. Man zeige: Für $a \in N$, $a \neq (0,0)$, hat $\mathrm{T}_a N$ die Dimension 1, dagegen hat $\mathrm{T}_{(0,0)} N$ die Dimension 0. Man folgere, daß N keine Untermannigfaltigkeit des $\mathbb{R}^2$ ist.

19. Eine *Einbettung der reellen projektiven Ebene* $\mathbb{P}^2$ *in den* $\mathbb{R}^6$. Die Punkte von $\mathbb{P}^2$ sind per definitionem die Geraden des $\mathbb{R}^3$ durch den Nullpunkt; $\mathbb{P}^2$ kann auch mit der Menge der ungeordneten Paare von Antipoden $p, -p$ der Sphäre S^2 identifiziert werden. Eine bijektive Abbildung des $\mathbb{P}^2$ auf eine 2-dimensionale Untermannigfaltigkeit des $\mathbb{R}^6$ erhält man mit Hilfe von

$$f\colon \mathbb{R}^3 \to \mathbb{R}^6, \quad f(x,y,z) := \big(x^2, y^2, z^2, yz, zx, xy\big).$$

Dazu zeige man:

a) Für $p, q \in S^2$ gilt $f(p) = f(q)$ genau dann, wenn $q = -p$. $\mathbb{P}^2$ kann also mit $M := f(S^2)$ identifiziert werden.

b) M ist eine 2-dimensionale Untermannigfaltigkeit des $\mathbb{R}^6$.

20. Man bestimme den achsenparallelen Quader größten Volumens, der dem Ellipsoid $x^2/a^2 + y^2/b^2 + z^2/c^2 = 1$ einbeschrieben ist.

21. Es seien $a_1, \ldots, a_n$ beliebige positive Zahlen und $p_1, \ldots, p_n$ positive Zahlen mit $p_1 + \cdots + p_n = 1$. Man zeige:

$$a_1^{p_1} \cdots a_n^{p_n} \leq p_1 a_1 + \cdots + p_n a_n.$$

22. In 2.6 haben wir gesehen, daß eine $\mathscr{C}^2$-Funktion $f \colon \mathbb{R}^n \to \mathbb{R}$ in der Nähe einer stationären Stelle a mit nicht ausgearteter Hessematrix $f''(a)$ durch die quadratische Form $(x - a)^\mathsf{T} f''(a)(x - a)$ approximiert wird. Das Lemma von Morse besagt, daß f lokal und in geeigneten Koordinaten diese quadratische Form ist.

Lemma von Morse: *Sei f eine reelle $\mathscr{C}^\infty$-Funktion in einer Umgebung U von $0 \in \mathbb{R}^n$ mit $f(0) = 0$, $f'(0) = 0$ und nicht ausgearteter Hessematrix $f''(0)$. Dann existiert ein Diffeomorphismus $\varphi \colon U_0 \to V$ einer Umgebung $U_0 \subset U$ von 0 auf eine Umgebung V von 0 so, daß*

$$f \circ \varphi^{-1}(y) = y_1^2 + \cdots + y_k^2 - \left(y_{k+1}^2 + \cdots + y_n^2\right).$$

Beweisskizze: Durch 2-malige Anwendung von 2.8 Aufgabe 20 konstruiere man eine $\mathscr{C}^\infty$-Abbildung $A \colon U \to \mathbb{R}_s^{n \times n}$ mit

$$f(x) = \frac{1}{2} x^\mathsf{T} A(x) x \quad \text{und} \quad A(0) = f''(0).$$

Mit Aufgabe 8 konstruiere man weiter eine $\mathscr{C}^1$-Abbildung $G \colon U' \to \mathbb{R}^{n \times n}$ mit $A(x) = G(x)^\mathsf{T} \mathrm{E}_{k,n-k} G(x)$, wobei $\mathrm{E}_{k,n-k}$ die Diagonalmatrix mit k Elementen 1 und $n - k$ Elementen -1 sei; $k :=$ Anzahl der positiven Eigenwerte von $A(0)$. Man setze $\varphi(x) := G(x)x$. Dadurch ist ein Diffeomorphismus $\varphi \colon U_0 \to V$ einer Umgebung von 0 erklärt; mit diesem gilt die Behauptung.

4 Vektorfelder

Vektorfelder treten in der Mathematik und Physik in mannigfacher Weise auf. Wir diskutieren sie hier im Zusammenhang mit krummlinigen Koordinatensystemen und als Systeme gewöhnlicher Differentialgleichungen.

4.1 Vektorfelder. Koordinatensysteme

Definition (Vektorfeld): Unter einem *Vektorfeld* v auf einer Menge $\Omega \subset \mathbb{R}^n$ versteht man eine Abbildung, die jedem Punkt $x \in \Omega$ einen Vektor $v(x) \in \mathbb{R}^n$ zuordnet, $v \colon \Omega \to \mathbb{R}^n$. Ist v eine $\mathscr{C}^k$-Abbildung, so spricht man von einem $\mathscr{C}^k$-Vektorfeld.

Geometrisch deutet man ein Vektorfeld v dadurch, daß man sich an jeden Punkt $x \in \Omega$ den Vektor $v(x)$ angeheftet denkt; formal: Man bildet die Paare $\big(x, v(x)\big)$, $x \in \Omega$. Physikalisch deutet man ein Vektorfeld oft als Geschwindigkeitsfeld einer stationären, d. h. zeitunabhängigen Strömung, wobei $v(x)$ der Geschwindigkeitsvektor am Punkt x ist.

Beispiele:

1. **Konstante Felder.** Diese sind definiert durch $v(x) = v \in \mathbb{R}^n$ für alle $x \in \Omega$. Im folgenden fassen wir jeden Vektor $v \in \mathbb{R}^n$ bei Bedarf als konstantes Vektorfeld auf und bezeichnen dieses ebenfalls mit v: $v(x) = v$.

2. **Zentralfelder.** Auf einer Kugelschale $K(I)$ mit Zentrum 0 des euklidischen $\mathbb{R}^n$, I ein Intervall, sind diese definiert durch

$$v(x) = a\big(\|x\|\big) \cdot x, \qquad a \colon I \to \mathbb{R} \text{ eine Funktion.}$$

In $\mathbb{R}^3 \setminus \{0\}$ etwa ist ein solches das Gravitationsfeld $v(x) = -\dfrac{x}{\|x\|^3}$.

3. **Rotationsfelder.** Auf einem Kreisring $K(I)$ mit Zentrum 0 des euklidischen $\mathbb{R}^2$ sind diese definiert durch

$$v(x) = a\big(\|x\|\big) \cdot (-x_2, x_1), \qquad a \colon I \to \mathbb{R} \text{ eine Funktion.}$$

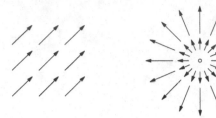 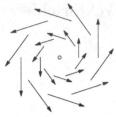

Konstantes Feld   Zentralfeld $v(x) = x$ Rotationsfeld $v(x) = \begin{pmatrix} -x_2 \\ x_1 \end{pmatrix}$

4. Gradientenfelder. Ist $f \colon \Omega \to \mathbb{R}$ eine differenzierbare Funktion auf einer offenen Menge Ω des euklidischen $\mathbb{R}^n$, so wird das *Gradientenfeld* $\operatorname{grad} f \colon \Omega \to \mathbb{R}^n$ von f definiert durch die Zuordnung $x \mapsto \operatorname{grad} f(x)$.

Vektorfelder $\eta_1, \dots, \eta_n \colon \Omega \to \mathbb{R}^n$ heißen eine *Basis der Vektorfelder auf* Ω, falls in jedem Punkt $x \in \Omega$ die Vektoren $\eta_1(x), \dots, \eta_n(x)$ eine Basis des $\mathbb{R}^n$ bilden. In diesem Fall kann jedes weitere Vektorfeld $v \colon \Omega \to \mathbb{R}^n$ mit eindeutig bestimmten Funktionen $a_1, \dots, a_n \colon \Omega \to \mathbb{R}$ aus den Feldern $\eta_1, \dots, \eta_n$ linear kombiniert werden: $v(x) = \sum_{i=1}^{n} a_i(x)\eta_i(x)$, $x \in \Omega$. Eine Basis von Vektorfeldern auf Ω nennt man auch ein *Feld von n-Beinen*.

Vektorfelder $\eta_1, \dots, \eta_n$ auf einer Teilmenge Ω des euklidischen $\mathbb{R}^n$ heißen *orthogonal (orthonormal)*, falls für jeden Punkt $x \in \Omega$ die Vektoren $\eta_1(x), \dots, \eta_n(x)$ orthogonal (orthonormal) sind. Zum Beispiel bilden das Zentralfeld $v_2(x, y) = (x, y)$ und das Rotationsfeld $v_1(x, y) = (-y, x)$ auf $\mathbb{R}^2 \setminus \{(0, 0)\}$ ein Feld orthogonaler 2-Beine.

Wir verallgemeinern nun den Begriff der Ableitung in Richtung eines Vektors zur Ableitung in Richtung eines Vektorfeldes.

Definition (Ableitung längs eines Vektorfeldes): Es sei $f \colon \Omega \to \mathbb{R}^m$ eine differenzierbare Abbildung auf einer offenen Menge $\Omega \subset \mathbb{R}^n$ und $v \colon \Omega \to \mathbb{R}^n$ ein Vektorfeld. Dann heißt die Ableitung von f in x in Richtung des Vektors $v(x)$ *Ableitung von f im Punkt x längs des Vektorfeldes v* und wird mit $\partial_v f(x)$ bezeichnet; d. h., es ist

$$\partial_v f(x) := \partial_{v(x)} f(x) = \lim_{t \to 0} \frac{f\big(x + tv(x)\big) - f(x)}{t}.$$

Die Darstellung $\partial_h f(x) = \mathrm{d}f(x)h = f'(x)h$ der Ableitung in Richtung des Vektors $h \in \mathbb{R}^n$ ergibt dafür

(1) $$\partial_v f(x) = \mathrm{d}f(x)v(x) = f'(x)v(x).$$

Mit $v(x) = \big(v_1(x), \ldots, v_n(x)\big)$ lautet (1)

$$(1') \qquad \partial_v f(x) = \sum_{i=1}^{n} \frac{\partial f}{\partial x_i}(x)\, v_i(x).$$

Diese Formel verkürzt man oft zu $\partial_v = \sum v_i \partial_i$ und sogar zu $v = \sum v_i \partial_i$. In diesem Sinn bedeutet speziell ∂_i das konstante Standardfeld e_i.

Beispiel: Es seien $\eta_1, \ldots, \eta_n$ orthonormale Vektorfelder auf der offenen Teilmenge Ω des euklidischen $\mathbb{R}^n$. Der Gradient einer differenzierbaren Funktion $f\colon \Omega \to \mathbb{R}$ besitzt dann die Darstellung

$$\operatorname{grad} f(x) = \sum_{i=1}^{n} \big\langle \operatorname{grad} f(x), \eta_i(x) \big\rangle\, \eta_i(x).$$

Die Koeffizienten $\big\langle \operatorname{grad} f(x), \eta_i(x) \big\rangle$ sind nach 2.1 (10) gerade die Ableitungen von f im Punkt x längs der Vektorfelder η_i; es gilt also

$$(2) \qquad \operatorname{grad} f(x) = \sum_{i=1}^{n} \partial_{\eta_i} f(x) \cdot \eta_i(x).$$

Diese Darstellung verallgemeinert die Darstellung $\operatorname{grad} f(x) = \sum\limits_{i=1}^{n} \partial_i f(x) e_i$ durch das Standard-n-Bein $e_1, \ldots, e_n$.

Koordinatensysteme und Felder von n-Beinen

Bisher haben wir stets mit konstanten Feldern von n-Beinen gearbeitet, im $\mathbb{R}^n$ in der Regel mit dem Standard-n-Bein $e_1, \ldots, e_n$. Um besondere Strukturen, zum Beispiel Symmetrien, zu berücksichtigen und dadurch Probleme zu vereinfachen, ist es jedoch oft zweckmäßig, Koordinaten einzuführen, welche Felder ortsabhängiger n-Beine erzeugen, die der Sachlage angepaßt sind. In zahlreichen Anwendungen hat man es mit Koordinatentransformationen zu tun, die zu Feldern orthogonaler n-Beine führen.

Es sei Ω eine offene Teilmenge des $\mathbb{R}^n$. Unter einer $\mathscr{C}^1$-*Koordinatentransformation* auf Ω versteht man einen $\mathscr{C}^1$-Diffeomorphismus $\Phi\colon \Omega \to \tilde{\Omega}$ auf eine offene Menge $\tilde{\Omega} \subset \mathbb{R}^n$. Anstelle des Terminus Koordinaten*transformation* verwenden wir im Hinblick auf allgemeinere Situationen auch die Bezeichnung Koordinaten*system*. Ist nämlich Ω keine offene Teilmenge des $\mathbb{R}^n$, sondern irgendeines topologischen Raumes, so führt ein Homöomorphismus $\Phi\colon \Omega \to \tilde{\Omega}$ reelle Koordinaten in Ω ein.

Eine $\mathscr{C}^1$-Abbildung $\Phi\colon \Omega \to \mathbb{R}^n$ definiert nach dem Diffeomorphiesatz in 3.3 genau dann ein $\mathscr{C}^1$-Koordinatensystem $\Phi\colon \Omega \to \tilde{\Omega}$, $\tilde{\Omega} := \Phi(\Omega)$, wenn sie injektiv abbildet und die Funktionalmatrix $\Phi'(x)$ für alle Punkte $x \in \Omega$ invertierbar ist.

In manchen Fällen gibt man eine Koordinatentransformation auf Ω auch mit Hilfe des Umkehrdiffeomorphismus $\Psi = \Phi^{-1}\colon \tilde{\Omega} \to \Omega$ an; man spricht dann von einer *Parametrisierung* von Ω. Die Bilder $\Psi \circ \varepsilon_i$ der achsenparallelen Geradenstücke ε_i in $\tilde{\Omega}$ ($\varepsilon_i(t) = \xi + t e_i$, $\xi \in \tilde{\Omega}$, $|t|$ hinreichend klein) bezeichnet man als *Koordinatenlinien* des Koordinatensystems Φ. Die Tangentialvektoren der Koordinatenlinien durch $x = \Psi(\xi) \in \Omega$ sind nach der Kettenregel die Bilder $\mathrm{d}\Psi(\xi)e_1,\ldots,\mathrm{d}\Psi(\xi)e_n$ der Basisvektoren $e_1,\ldots,e_n$ unter $\mathrm{d}\Psi(\xi)$. Diese Tangentialvektoren treten zugleich als die Spalten $\Psi'(\xi)e_1,\ldots,\Psi'(\xi)e_n$ der Funktionalmatrix $\Psi'(\xi)$ auf.

Eine Parametrisierung $\Psi\colon \tilde{\Omega} \to \Omega$ gibt Anlaß zu Vektorfeldern $\eta_1,\ldots,\eta_n$ auf Ω. Wir definieren diese im Punkt $x \in \Omega$ durch

$$\eta_i(x) := \partial_i \Psi(\xi) = \Psi'(\xi)e_i, \quad \xi = \Phi(x), \qquad i = 1,\ldots,n.$$

Die hiermit erklärten n Felder $\eta_1,\ldots,\eta_n$ bilden wegen der Invertierbarkeit der Funktionalmatrizen $\Psi'(\xi)$ für alle $\xi \in \tilde{\Omega}$ ein Feld von n-Beinen auf Ω.

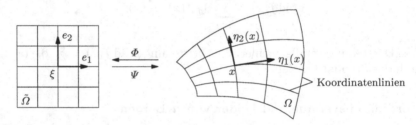

Koordinatensystem Φ und Parametrisierung Ψ

Beispiel: 2-Beine mittels ebener Polarkoordinaten. Die Polarkoordinatenabbildung P_2 bildet den Halbstreifen $\tilde{\Omega} = \mathbb{R}_+ \times (-\pi; \pi)$ diffeomorph auf die längs der negativen x-Achse geschlitzte Ebene $\Omega = \mathbb{R}^2 \setminus S$, $S = \{(x,0) \mid x \le 0\}$, ab: $\Psi := P_2 \mid \tilde{\Omega}$ *parametrisiert* Ω, *und* $\Phi = \Psi^{-1}$ *ist ein Koordinatensystem auf* Ω. Φ ordnet jedem Punkt $(x,y) \in \Omega$ seine in $\tilde{\Omega}$ gelegenen Polarkoordinaten (r,φ) zu. Aus den Spalten von

$$\Psi'(r,\varphi) = P_2'(r,\varphi) = \begin{pmatrix} \cos\varphi & -r\sin\varphi \\ \sin\varphi & r\cos\varphi \end{pmatrix}$$

ergibt sich für die Felder $\eta_1, \eta_2\colon \Omega \to \mathbb{R}^2$ die Darstellung

$$(3) \qquad \eta_1(x,y) = \frac{1}{\sqrt{x^2+y^2}} \begin{pmatrix} x \\ y \end{pmatrix}, \quad \eta_2(x,y) = \begin{pmatrix} -y \\ x \end{pmatrix}. \qquad \square$$

Die Felder η_1, η_2 stehen an jeder Stelle (x,y) aufeinander senkrecht; ferner ist $\|\eta_1(x,y)\|_2 = 1$ und $\|\eta_2(x,y)\|_2 = r = \sqrt{x^2+y^2}$.

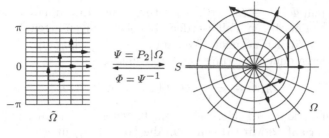

2-Beine mittels ebener Polarkoordinaten in $\mathbb{R}^2 \setminus S$

Es sei weiter eine Funktion $F \colon \Omega \to \mathbb{R}^m$ gegeben. Dieser ordnen wir mit Hilfe des Koordinatensystems Φ und dessen Umkehrung Ψ die Funktion $\tilde{F} := F \circ \Psi \colon \tilde{\Omega} \to \mathbb{R}^m$ zu. $\tilde{F}$ heißt *die nach $\tilde{\Omega}$ zurückgeholte Funktion*; mit ihr gilt $F = \tilde{F} \circ \Phi$.

$$\tilde{\Omega} \underset{\Phi}{\overset{\Psi}{\rightleftarrows}} \Omega$$
$$\tilde{F} \searrow \quad \swarrow F$$
$$\mathbb{R}^m$$

Wir machen einige Anmerkungen zur Untersuchung einer Funktion F mit Hilfe ihrer zurückgeholten Funktion $\tilde{F}$.

Die Kettenregel ergibt sofort, daß F genau dann differenzierbar ist, wenn $\tilde{F}$ differenzierbar ist, und daß sich die Ableitungen in korrespondierenden Punkten $\xi \in \tilde{\Omega}$ und $x = \Psi(\xi) \subset \Omega$ wechselseitig darstellen lassen:

(4) $\qquad \tilde{F}'(\xi) = F'(x) \cdot \Psi'(\xi), \qquad F'(x) = \tilde{F}'(\xi) \cdot \Phi'(x);$

dabei ist $\Phi'(x) = \bigl(\Psi'(\xi)\bigr)^{-1}$. Insbesondere gilt

(4$_i$) $\qquad \partial_i \tilde{F}(\xi) = F'(x) \cdot \partial_i \Psi(\xi), \qquad i = 1, \ldots, n.$

Die Untersuchung von F mittels $\tilde{F}$ vereinfacht sich unter Umständen, wenn man mit einem orthogonalen Koordinatensystem arbeitet. Zur Definition eines solchen setzen wir auf $\mathbb{R}^n$ die euklidische Metrik voraus.

Definition: Ein $\mathscr{C}^1$-Koordinatensystem $\Phi \colon \Omega \to \tilde{\Omega}$ heißt *orthogonal*, wenn das Differential $d\Psi(\xi)$ des Umkehrdiffeomorphismus $\Psi \colon \tilde{\Omega} \to \Omega$ in jedem Punkt $\xi \in \tilde{\Omega}$ die Standardbasis $e_1, \ldots, e_n$ des $\mathbb{R}^n$ in eine Orthogonalbasis überführt, d.h., wenn die Spalten $\eta_i(x) = \partial_i \Psi(\xi) = \Psi'(\xi) e_i$, $i = 1, \ldots, n$, der Matrix $\Psi'(\xi)$ für alle $\xi \in \tilde{\Omega}$ orthogonal zueinander sind. Geometrisch: Wenn in jedem Punkt $x \in \Omega$ die Koordinatenlinien durch x aufeinander senkrecht stehen.

Beispiel: Die Abbildung $\Phi = \bigl(P_2 | \tilde{\Omega}\bigr)^{-1}$, $\tilde{\Omega} = \mathbb{R}_+ \times (-\pi; \pi)$, stellt nach (3) ein orthogonales Koordinatensystem auf $\mathbb{R}^2 \setminus S$ dar.

Es sei nun $\Phi\colon \Omega \to \tilde{\Omega} \subset \mathbb{R}^n$ ein orthogonales Koordinatensystem und $\Psi = \Phi^{-1}$. Für diesen Fall werden die oben eingeführten Vektorfelder $\eta_1, \ldots, \eta_n$ zusätzlich normiert. Wir setzen $L_i(\xi) := \|\eta_i(x)\|_2 = \|\partial_i \Psi(\xi)\|_2$ und definieren ohne Änderung der Bezeichnung

$$(5) \qquad \eta_i(x) := \frac{1}{L_i(\xi)} \cdot \partial_i \Psi(\xi), \qquad \xi = \Phi(x).$$

Die hiermit erklärten Felder $\eta_1, \ldots, \eta_n$ bilden eine Orthonormalbasis der Vektorfelder auf Ω. Mit (5) geht nun die Formel (4_i) über in

$$(4_i') \qquad \partial_{\eta_i} F(x) = \frac{1}{L_i(\xi)} \partial_i \tilde{F}(\xi), \qquad i = 1, \ldots, n.$$

Der Gradient in orthogonalen Koordinaten. Durch Kombination von (2) und $(4_i')$ erhält man für den Gradienten einer differenzierbaren Funktion $f\colon \Omega \to \mathbb{R}$ die folgende Darstellung mittels $\tilde{f}$:

$$(6) \qquad \boxed{\operatorname{grad} f(x) = \sum_{i=1}^n \frac{\partial_i \tilde{f}(\xi)}{L_i(\xi)}\, \eta_i(x).}$$

$\operatorname{grad} f(x)$ hat also in der durch das Koordinatensystem Φ induzierten Orthonormalbasis $\eta_1(x), \ldots, \eta_n(x)$ die mit der zurückgeholten Funktion $\tilde{f}$ errechneten Komponenten $\dfrac{\partial_1 \tilde{f}(\xi)}{L_1(\xi)}, \ldots, \dfrac{\partial_n \tilde{f}(\xi)}{L_n(\xi)}$. Insbesondere ergibt sich

$$\left\| \operatorname{grad} f(x) \right\|^2 = \sum_{i=1}^n \left(\frac{\partial_i \tilde{f}(\xi)}{L_i(\xi)} \right)^2.$$

Beispiel: Für die Abbildung $\Psi = P_2 \,|\, \tilde{\Omega}$ ist $L_1 = 1$ und $L_2(r, \varphi) = |r|$. Damit folgt für den Gradienten der Funktion f im Punkt $(x, y) = P_2(r, \varphi)$ anhand der durch $\tilde{f}(r, \varphi) := f(r \cos\varphi, r \sin\varphi)$ erklärten Funktion

$$\left\| \operatorname{grad} f(x, y) \right\|^2 = \tilde{f}_r(r, \varphi)^2 + \frac{1}{r^2} \tilde{f}_\varphi(r, \varphi)^2.$$

4.2 Integralkurven in Vektorfeldern. Gewöhnliche Differentialgleichungen

Unter einer *Integralkurve* in einem Vektorfeld $v\colon \Omega \to \mathbb{R}^n$ versteht man eine differenzierbare Kurve $\varphi\colon I \to \Omega$ mit $\dot{\varphi}(t) = v(\varphi(t))$ für jedes $t \in I$. Deutet man v als Geschwindigkeitsfeld einer strömenden Flüssigkeit, so ist eine Integralkurve die mit Zeitplan versehene Bahnkurve eines mitgeführten Partikel.

Beispiel: Die Bedingung für eine Integralkurve $\varphi = (\varphi_1, \varphi_2)$ im Rotationsfeld $v(x,y) = (-y, x)$ lautet

$$\dot{\varphi}_1 = -\varphi_2,$$
$$\dot{\varphi}_2 = \varphi_1,$$

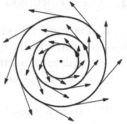

oder äquivalent $\dot{\varphi} = i\varphi$ für $\varphi := \varphi_1 + i\varphi_2$. Die Lösungen hierzu sind die Kurven $\varphi(t) = c\,e^{it}$, $t \in \mathbb{R}$, wobei c eine komplexe Konstante ist.

Drei Integralkurven
in einem Rotationsfeld

Die Frage nach der Existenz von Integralkurven behandeln wir allgemeiner für *zeitabhängige* Vektorfelder, sogenannte *dynamische Systeme*. Unter einem solchen versteht man eine stetige Abbildung $F \colon U \to \mathbb{K}^n$ auf einer offenen Menge $U \subset \mathbb{R} \times \mathbb{K}^n$. Die Punkte in U bezeichnen wir in der Regel mit (t, x), wobei $t \in \mathbb{R}$ und $x \in \mathbb{K}^n$ sei. In der Physik bedeutet t oft die Zeit. Unter einer *Lösung* oder auch *Integralkurve* des dynamischen Systems F versteht man eine differenzierbare Kurve $\varphi \colon I \to \mathbb{K}^n$, I ein Intervall, mit der Eigenschaft, daß $\big(t, \varphi(t)\big) \in U$ und

$$\dot{\varphi}(t) = F\big(t, \varphi(t)\big) \qquad \text{für alle } t \in I.$$

Die letzte Forderung notiert man als die Gleichung

$$\dot{x} = F(t, x)$$

oder ausführlich als das Gleichungssystem

$$\dot{x}_1 = F_1\big(t, x_1, \ldots, x_n\big),$$
$$\cdots\cdots\cdots\cdots\cdots\cdots$$
$$\dot{x}_n = F_n\big(t, x_1, \ldots, x_n\big).$$

Die Gleichung $\dot{x} = F(t, x)$ wird als eine *gewöhnliche Differentialgleichung 1. Ordnung* bezeichnet.

Oft ist noch ein sogenannter *Anfangswert* $(t_0, x_0) \in U$ vorgegeben und dann eine Lösung φ mit $\varphi(t_0) = x_0$ gesucht. Man spricht in diesem Fall von einem *Anfangswertproblem* (AWP) und notiert dieses mit

$$(7) \qquad\qquad \dot{x} = F(t, x), \qquad x(t_0) = x_0.$$

In Band 1, Kapitel 10 und 13 haben wir bereits einige elementar lösbare Differentialgleichungen behandelt. Jetzt untersuchen wir die Frage der Existenz und Eindeutigkeit von Lösungen einer sehr allgemeinen Klasse von Differentialgleichungen sowie qualitative Eigenschaften der Lösungen wie etwa das Langzeitverfahren.

I. Vorbereitungen

Vereinbarung: Im gesamten Abschnitt 4.2 verwenden wir auf $\mathbb{K}^n$ die Maximumsnorm. Die dazugehörige Operatornorm auf dem Matrizenraum $\mathbb{K}^{n \times n}$ ist die Zeilensummennorm; diese hat für $A = (a_{ik})$ nach 1.3 (12) den Wert $\|A\| = \max\limits_i \sum_{k=1}^n |a_{ik}|$.

Wir treffen zunächst Vorbereitungen.

1. Lokale Lipschitz-Stetigkeit. Es sei $U \subset \mathbb{R} \times \mathbb{K}^n$ eine offene Menge. Die Abbildung

$$F \colon U \to \mathbb{K}^m, \quad (t, x) \mapsto F(t, x) \quad \text{mit } t \in \mathbb{R},\ x \in \mathbb{K}^n,$$

heißt *Lipschitz-stetig bezüglich* x, wenn sie stetig ist und es eine Konstante $L \geq 0$ gibt derart, daß für alle Punkte (t, x) und (t, x') aus U gilt:

$$\|F(t, x) - F(t, x')\| \leq L\, \|x - x'\|.$$

F heißt *lokal* Lipschitz-stetig bezüglich x, wenn es zu jedem Punkt (t_0, x_0) in U eine Umgebung $U_0 \subset U$ gibt derart, daß die Einschränkung $F \,|\, U_0$ Lipschitz-stetig bezüglich x ist.

Das folgende Lemma beschreibt eine umfangreiche Klasse lokal Lipschitzstetiger Abbildungen.

Lemma: *Die Abbildung F sei an jeder Stelle $(t, x) \in U$ nach $x_1, \ldots, x_n$ partiell differenzierbar, und die partiellen Ableitungen $\partial_{x_1} F, \ldots, \partial_{x_n} F$ seien auf U stetig. Dann ist F lokal Lipschitz-stetig bezüglich x. Schärfer: F ist Lipschitz-stetig bezüglich x auf jeder kompakten Teilmenge $Q = I \times K$ von U, wobei I ein Intervall und K eine konvexe Menge in $\mathbb{K}^n$ ist.*

Beweis: Sind $F_1, \ldots, F_n$ die Komponenten von F und ist M das Maximum der Normen $\|\partial_{x_i} F_k\|_Q$, $i, k = 1, \ldots, n$, so ist $L := nM$ eine obere Schranke für die Norm von $F'(x)$, $x \in Q$, nach dem Schrankensatz in 3.2 also eine Lipschitz-Konstante. $\qquad\square$

2. Integrale mit Werten in $\mathbb{C}^n$. Wir benötigen im Folgenden das Integral einer stetigen Abbildung $f \colon [a; b] \to \mathbb{C}^n$. Sind $f_1, \ldots, f_n$ deren Komponenten, so definieren wir

$$\int_a^b f(t)\,\mathrm{d}t := \left(\int_a^b f_1(t)\,\mathrm{d}t, \ldots, \int_a^b f_n(t)\,\mathrm{d}t \right)^{\mathsf{T}}.$$

Es gilt

$$\left\| \int_a^b f(t)\,\mathrm{d}t \right\| \leq \left| \int_a^b \|f(t)\|\,\mathrm{d}t \right|.$$

Zum Beweis sei f_i eine Komponente von f mit $\left\| \int_a^b f(t)\,dt \right\| = \left| \int_a^b f_i(t)\,dt \right|$. Für diese gilt

$$\left| \int_a^b f_i(t)\,dt \right| \leq \left| \int_a^b |f_i(t)|\,dt \right| \leq \left| \int_a^b \|f(t)\|\,dt \right|.$$

Damit folgt die behauptete Regel. $\qquad\qquad\qquad\qquad\qquad\qquad\qquad\qquad\square$

3. Die Integralversion einer Differentialgleichung. Zur Konstruktion von Lösungen der Differentialgleichung $\dot{x} = F(t, x)$ geht man oft zu einer äquivalenten Integralgleichung über. Man erhält diese aufgrund des Hauptsatzes der Differential- und Integralrechnung:

Lemma: *Es sei $F \colon U \to \mathbb{K}^n$ stetig auf der offenen Menge $U \subset \mathbb{R} \times \mathbb{K}^n$. Eine stetige Funktion $\varphi \colon I \to \mathbb{K}^n$ auf einem Intervall I mit $\bigl(t, \varphi(t)\bigr) \in U$ für alle $t \in I$ löst genau dann das AWP (7), wenn für alle $t \in I$ gilt:*

$$\varphi(t) = \varphi(t_0) + \int_{t_0}^{t} F\bigl(s, \varphi(s)\bigr)\,ds.$$

Diese Umformulierung macht es möglich, mit stetigen Funktionen zu arbeiten statt mit differenzierbaren, was für Grenzprozesse vorteilhaft ist.

4. Eine Wachstumsabschätzung. Wir werden wiederholt Anlaß haben, mit Hilfe einer von Gronwall 1918 in anderem Zusammenhang aufgestellten Ungleichung das Wachstum von Lösungen abzuschätzen.

Lemma von Gronwall: *Es sei $g \colon I \to \mathbb{R}$ eine stetige Funktion auf einem Intervall I mit $g \geq 0$. Für ein t_0 und alle $t \in I$ erfülle g eine Ungleichung*

$$g(t) \leq A \left| \int_{t_0}^{t} g(s)\,ds \right| + B$$

mit Konstanten $A, B \geq 0$. Dann gilt für alle $t \in I$

$$g(t) \leq B\,e^{A|t - t_0|}.$$

Beweis: Wir zeigen die Behauptung für $t > t_0$. Diese bedarf nur in der Umgebung eines Punktes t mit $g(t) > 0$ eines Beweises. In einer solchen impliziert die gegebene Ungleichung mittels $G(t) := A \int_{t_0}^{t} g(s)\,ds + B$

$$\dot{G} = Ag \leq AG.$$

Daraus folgt $G(t) \leq G(t_0)\,e^{A\,(t - t_0)} = Be^{A(t - t_0)}$. Wegen $g \leq G$ ist damit die Behauptung bewiesen. $\qquad\qquad\qquad\qquad\qquad\qquad\qquad\qquad\square$

II. Eindeutigkeitssatz und lokaler Existenzsatz

Eindeutigkeitssatz: *Das dynamische System $F \colon U \to \mathbb{K}^n$, $U \subset \mathbb{R} \times \mathbb{K}^n$, sei lokal Lipschitz-stetig bezüglich x. Stimmen zwei Integralkurven φ_1, $\varphi_2 \colon I \to \mathbb{K}^n$ von F in einem Punkt $t_0 \in I$ überein, so gilt $\varphi_1 = \varphi_2$ auf ganz I.*

Beweis: Es sei $I' \subset I$ die Menge der Punkte $t \in I$ mit $\varphi_1(t) = \varphi_2(t)$. Aus Stetigkeitsgründen ist I' abgeschlossen in I. Wir zeigen, daß I' auch offen in I ist. Sei $t_0 \in I'$ und $J \times V \subset U$ eine Umgebung von $(t_0, \varphi_1(t_0))$, in der F Lipschitz-stetig bezüglich x ist etwa mit der Konstanten L. Es sei $\psi := \varphi_2 - \varphi_1$. Wegen $\psi(t_0) = 0$ folgt aufgrund der Integralversion einer Differentialgleichung für alle $t \in J \cap I$

$$\|\psi(t)\| \le \left| \int_{t_0}^{t} \big\| F\big(s, \varphi_2(s)\big) - F\big(s, \varphi_1(s)\big) \big\| \, \mathrm{d}s \right| \le L \left| \int_{t_0}^{t} \|\psi(s)\| \, \mathrm{d}s \right|.$$

Nach dem Lemma von Gronwall ist $\psi = 0$ in $J \cap I$, d. h., I' umfaßt $J \cap I$. Da I' nicht leer ist und I zusammenhängt, folgt $I' = I$. $\qquad\qquad\square$

Bemerkung: Der Eindeutigkeitssatz gilt ohne die Lipschitz-Bedingung im allgemeinen nicht. Wir erinnnern an das in Band 1, 13.2 diskutierte AWP $\dot{x} = \sqrt{|x|}$, $x(0) = 0$. Dieses besitzt unendlich viele Lösungen auf $\mathbb{R}$, darunter $x(t) = 0$ und $x(t) = \frac{1}{4} \operatorname{sign} t \cdot t^2$.

Lokaler Existenzsatz (Picard-Lindelöf): *Das dynamische System $F \colon U \to \mathbb{K}^n$ auf der offenen Menge $U \subset \mathbb{R} \times \mathbb{K}^n$ sei lokal Lipschitz-stetig bezüglich x. Dann gibt es zu jedem Punkt $(t_0, x_0) \in U$ ein Intervall $I_\delta(t_0) = (t_0 - \delta; t_0 + \delta)$, auf dem das Anfangswertproblem*

$$(7) \qquad\qquad \dot{x} = F(t, x), \qquad x(t_0) = x_0,$$

eine (und nur eine) Lösung besitzt. Genauer:
Es sei $Q := \overline{I}_a(t_0) \times \overline{K}_b(x_0)$ irgendein kompakter Quader in U, auf dem F Lipschitz-stetig bezüglich x ist mit der Konstanten L. Ferner sei $\delta \le a$ eine positive Zahl mit $\delta \|F\|_Q \le b$ und $\delta L < 1$. Dann besitzt das AWP (7) auf $I_\delta(t_0)$ genau eine Lösung φ. Diese verläuft in $\overline{K}_b(x_0)$, d. h., es gilt

$$(8) \qquad\qquad \|\varphi(t) - x_0\| \le b \qquad \text{für alle } t \in I_\delta(t_0),$$

und ist die Grenzfunktion der durch die Picard-Lindelöf-Iteration

$$(9) \qquad \boxed{\; \varphi_0 := x_0, \qquad \varphi_{k+1}(t) := x_0 + \int_{t_0}^{t} F\big(s, \varphi_k(s)\big) \, \mathrm{d}s \;}$$

definierten und auf $I_\delta(t_0)$ gleichmäßig konvergenten Folge (φ_k).

Beweis: Es genügt, eine stetige Funktion $\varphi\colon I_\delta(t_0) \to \mathbb{K}^n$ zu konstruieren, die für alle $t \in I_\delta(t_0)$ die Ungleichung (8) und die Integralgleichung

$$(10) \qquad \varphi(t) = x_0 + \int_{t_0}^{t} F\big(s, \varphi(s)\big)\, \mathrm{d}s$$

erfüllt.

Wir wollen (10) als eine Fixpunktgleichung auffassen. Dazu sei $\mathscr{M}$ der Raum aller stetigen Funktionen $\psi\colon I_\delta(t_0) \to \mathbb{K}^n$ mit $\|\psi(t) - x_0\| \le b$ für alle $t \in I_\delta(t_0)$ und P die Abbildung, die einer Funktion $\psi \in \mathscr{M}$ die durch

$$(P\psi)(t) := x_0 + \int_{t_0}^{t} F\big(s, \psi(s)\big)\, \mathrm{d}s$$

erklärte Funktion $P\psi\colon I_\delta(t_0) \to \mathbb{K}^n$ zuordnet. $P\psi$ ist stetig und erfüllt

$$\big\|(P\psi)(t) - x_0\big\| = \left\| \int_{t_0}^{t} F\big(s, \psi(s)\big)\, \mathrm{d}s \right\| \le \left| \int_{t_0}^{t} \big\|F\big(s, \psi(s)\big)\big\|\, \mathrm{d}s \right| \le \delta\, \|F\|_Q \le b.$$

Für $\psi \in \mathscr{M}$ ist also auch $P\psi \in \mathscr{M}$.

Mittels $P\colon \mathscr{M} \to \mathscr{M}$ lautet die Integralgleichung (10) nun: $P\varphi = \varphi$. Um auf diese Gleichung den Banachschen Fixpunktsatz aus 3.3 anwenden zu können, führen wir in $\mathscr{M}$ eine Metrik ein: Für $\psi_1, \psi_2 \subset \mathscr{M}$ setzen wir

$$d(\psi_1, \psi_2) := \sup\Big\{ \|\psi_1(t) - \psi_2(t)\| \;\Big|\; t \in I_\delta(t_0) \Big\}.$$

Bei dieser Metrik konvergiert eine Folge (ψ_k) in $\mathscr{M}$ genau dann, wenn sie gleichmäßig auf $I_\delta(t_0)$ konvergiert, und da $\overline{K}_b(x_0)$ abgeschlossen ist, folgt, daß $(\mathscr{M}, d)$ ein vollständiger metrischer Raum ist. Ferner ist $P\colon \mathscr{M} \to \mathscr{M}$ nun eine Kontraktion, da

$$d\big(P\psi_1, P\psi_2\big) = \sup_{I_\delta} \left\| \int_{t_0}^{t} \Big(F\big(s, \psi_1(s)\big) - F\big(s, \psi_2(s)\big) \Big)\, \mathrm{d}s \right\|$$

$$\le \sup_{I_\delta} \left| \int_{t_0}^{t} \big\| F\big(s, \psi_1(s)\big) - F\big(s, \psi_2(s)\big) \big\|\, \mathrm{d}s \right|$$

$$\le \sup_{I_\delta} \left| \int_{t_0}^{t} L\, \|\psi_1(s) - \psi_2(s)\|\, \mathrm{d}s \right| \le \delta L \cdot d(\psi_1, \psi_2).$$

Nach dem Fixpunktsatz aus 3.3 gibt es genau ein $\varphi \in \mathscr{M}$ mit $P\varphi = \varphi$. φ verläuft in $\overline{K}_b(x_0)$ und löst das Anfangswertproblem (7). $\qquad\square$

III. Maximale Integralkurven

Definition: Eine Integralkurve $\varphi\colon I \to \mathbb{K}^n$ des dynamischen Systems $F\colon U \to \mathbb{K}^n$ durch den Punkt $\big(t_0, \varphi(t_0)\big)$ heißt *maximal*, wenn für jede weitere Integralkurve $\psi\colon J \to \mathbb{K}^n$ durch diesen Punkt gilt: $J \subset I$ und $\psi = \varphi\,|\,J$.

Lemma: *Ist das dynamische System F lokal Lipschitz-stetig bezüglich x, so besitzt das AWP (7) eine (und nur eine) maximale Lösung.*

Beweis: Sei I die Vereinigung aller Intervalle I_α, in denen das AWP eine Lösung φ_α hat (α Element einer geeigneten Indexmenge). Zu $t \in I$ wähle man ein I_α mit $t \in I_\alpha$ und setze $\varphi(t) := \varphi_\alpha(t)$. Ist I_β ein weiteres Intervall mit $t \in I_\beta$, so gilt $[t_0; t] \subset I_\alpha \cap I_\beta$, und mit dem Eindeutigkeitssatz folgt $\varphi_\alpha(t) = \varphi_\beta(t)$. Also ist $\varphi(t)$ unabhängig von I_α definiert. $\varphi\colon I \to \mathbb{K}^n$ ist offensichtlich eine maximale Lösung. $\square$

Der folgende Satz macht eine wichtige Aussage über die Definitionsintervalle der maximalen Integralkurven.

Satz: *Es sei $\varphi\colon (\alpha; \beta) \to \mathbb{K}^n$ eine maximale Integralkurve des bezüglich x lokal Lipschitz-stetigen dynamischen Systems $F\colon U \to \mathbb{K}^n$. Im Fall $\beta < \infty$ gibt es zu jeder kompakten Menge $K \subset U$ in jedem Intervall $(\gamma; \beta)$ ein $\tau \in (\gamma; \beta)$ mit $\big(\tau, \varphi(\tau)\big) \notin K$. Eine analoge Aussage gilt im Fall $\alpha > -\infty$. Kurz: Eine maximale Integralkurve, die nur eine endliche Lebensdauer hat, verläßt jedes Kompaktum.*

Beweis: Angenommen, für alle $t \in (\gamma; \beta)$ gelte $\big(t, \varphi(t)\big) \in K$. Wir behaupten dann zunächst, daß φ auf $(\alpha; \beta]$ stetig fortgesetzt werden kann. Dazu genügt es zu zeigen, daß φ auf $(\gamma; \beta)$ gleichmäßig stetig ist. Das aber folgt aus der für alle $t_1, t_2 \in (\gamma; \beta)$ gültigen Abschätzung

$$\big\|\varphi(t_2) - \varphi(t_1)\big\| = \left\|\int_{t_1}^{t_2} \dot\varphi(s)\,\mathrm{d}s\right\| \le \left|\int_{t_1}^{t_2} \big\|F\big(s, \varphi(s)\big)\big\|\,\mathrm{d}s\right| \le \|F\|_K \cdot |t_2 - t_1|.$$

Die stetige Fortsetzung von φ auf $(\alpha; \beta]$ werde mit $\tilde\varphi$ bezeichnet. Wir zeigen nun, daß auch diese eine Integralkurve von F ist. Da K abgeschlossen ist, liegt $\big(\beta, \tilde\varphi(\beta)\big)$ in K, also in U. Ferner gilt für beliebige $t, t_0 \in (\alpha; \beta)$

$$(*) \qquad\qquad \tilde\varphi(t) = \tilde\varphi(t_0) + \int_{t_0}^{t} F\big(s, \tilde\varphi(s)\big)\,\mathrm{d}s.$$

Wegen der Stetigkeit von $\tilde\varphi$ auf $(\alpha; \beta]$ gilt $(*)$ auch noch für $t = \beta$. Damit folgt, daß $\tilde\varphi\colon (\alpha; \beta] \to \mathbb{K}^n$ die Differentialgleichung $\dot x = F(t, x)$ löst im Widerspruch zur Maximalität der Lösung $\varphi\colon (\alpha; \beta) \to \mathbb{K}^n$. $\square$

Für ein dynamisches System, dessen Definitionsbereich die spezielle Gestalt $I \times \Omega$ hat, enthält der Satz die folgende wichtige Aussage:

Korollar: *Es sei $\varphi\colon (\alpha;\beta) \to \mathbb{K}^n$ eine maximale Integralkurve des bezüglich x lokal Lipschitz-stetigen dynamischen Systems $F\colon I \times \Omega \to \mathbb{K}^n$. Ist β nicht der rechte Randpunkt des Intervalls I, so gibt es zu jeder kompakten Teilmenge $K \subset \Omega$ und jedem Intervall $(\gamma;\beta)$ ein $t \in (\gamma;\beta)$ mit $\varphi(t) \notin K$. Analog mit α. Verläuft φ in einer kompakten Teilmenge von Ω, so ist φ auf ganz I erklärt.*

Beweis: $[\gamma;\beta] \times K$ ist eine kompakte Teilmenge von $I \times \Omega$, und auf diese kann der Satz angewendet werden. $\qquad\square$

Es gibt Vektorfelder, die auf ganz $\mathbb{R} \times \mathbb{K}^n$ definiert sind, beste Differenzierbarkeitseigenschaften haben und trotzdem keine auf ganz $\mathbb{R}$ definierte Lösung besitzen. Ein Beispiel ist $\dot{x} = 1 + x^2$ auf $\mathbb{R} \times \mathbb{R}$. Die Lösungen $\varphi_c(t) = \tan(t - c)$ auf den Intervallen $I_{\pi/2}(c)$ sind bereits die Lösungen mit den größtmöglichen Definitionsintervallen: Eine auf einem Intervall einer Länge $> \pi$ definierte Lösung müßte nach dem Eindeutigkeitssatz auf einem gewissen Intervall $I_{\pi/2}(c)$ mit φ_c übereinstimmen, was wegen $|\varphi_c(t)| \to \infty$ für $t \to c \pm \pi/2$ nicht möglich ist. Ist $\dot{x} = 1 + x^2$ das Bewegungsgesetz eines sich auf einer Geraden ($= \mathbb{R}$) bewegenden Punktes, so wächst dessen Geschwindigkeit mit der Entfernung $|x|$ stärker als proportional zu $|x|$, und er entweicht bereits in endlicher Zeit ins Unendliche. Wächst dagegen $\dot{x}$ höchstens proportional zu $|x|$, so erfordert ein solches Entweichen unendlich lange Zeit. Ein analoger Sachverhalt liegt allgemein bei linear beschränkten Feldern vor.

Definition: Eine Abbildung $F\colon I \times \mathbb{K}^n \to \mathbb{K}^n$ heißt *linear beschränkt*, wenn es stetige Funktionen $a, b\colon I \to \mathbb{R}$ gibt so, daß für alle $(t, x) \in I \times \mathbb{K}^n$
$$\|F(t, x)\| \le a(t)\,\|x\| + b(t).$$

Satz: *Jede maximale Integralkurve φ eines linear beschränkten und bezüglich x lokal Lipschitz-stetigen dynamischen Systems $F\colon I \times \mathbb{K}^n \to \mathbb{K}^n$ ist auf ganz I erklärt.*

Beweis: Es sei $(\alpha;\beta) \subset I$ das Definitionsintervall von φ. Wäre etwa β nicht der rechte Randpunkt von I, so wäre φ auf $[t_0;\beta)$, t_0 ein beliebiger Punkt in $(\alpha;\beta)$, unbeschränkt. Nun folgt aus $\varphi(t) = \varphi(t_0) + \int_{t_0}^{t} F\big(s, \varphi(s)\big)\,\mathrm{d}s$

$$\|\varphi(t)\| \le \|a\|_{[t_0;\beta]} \cdot \left| \int_{t_0}^{t} \|\varphi(s)\|\,\mathrm{d}s \right| + \|\varphi(t_0)\| + \|b\|_{[t_0;\beta]} \cdot |\beta - t_0|.$$

Aufgrund dieser Abschätzung müßte φ aber nach dem Lemma von Gronwall in $[t_0;\beta)$ beschränkt sein. Widerspruch! $\qquad\square$

Maximale Integralkurven in Vektorfeldern

Es sei $v\colon \Omega \to \mathbb{K}^n$ ein Vektorfeld auf einer offenen Menge $\Omega \subset \mathbb{K}^n$. Das zugeordnete dynamische System $F\colon \mathbb{R} \times \Omega \to \mathbb{K}^n$, $F(t,x) := v(x)$, wird als *autonom* bezeichnet, und Ω heißt dessen *Phasenraum*. Ist v lokal Lipschitz-stetig, dann hat F diese Eigenschaft bezüglich x. Wir zeigen, daß jede naximale Integralkurve in einem lokal Lipschitz-stetigen Vektorfeld konstant oder periodisch oder doppelpunktfrei ist. Zum Nachweis stützen wir uns auf zwei einfache aber wichtige Bemerkungen zu Zeitverschiebungen bei Integralkurven.

Notiz zur Zeitverschiebung: *Es sei $\varphi\colon I \to \Omega$ eine maximale Integralkurve in dem lokal Lipschitz-stetigen Vektorfeld $v\colon \Omega \to \mathbb{K}^n$. Dann gilt:*

(i) *Für jedes $c \in \mathbb{R}$ ist auch $\varphi_c\colon I + c \to \Omega$, $\varphi_c(t) := \varphi(t - c)$, eine maximale Integralkurve von v.*

(ii) *Ist $\psi\colon J \to \Omega$ eine maximale Integralkurve mit $\psi(s) = \varphi(r)$ für einen Zeitpunkt $s \in J$ bzw. $r \in I$, so gilt $J = I + s - r$ und $\psi = \varphi_{s-r}$.*

Beweis: (i) $\dot{\varphi}_c(t) = \dot{\varphi}(t - c) = v\big(\varphi(t - c)\big) = v\big(\varphi_c(t)\big)$.

(ii) Aus $\varphi_{s-r}(s) = \varphi(r) = \psi(s)$ folgt aufgrund der Maximalität von φ_{s-r} und von ψ, daß $J \subset I + s - r \subset J$ gilt und $\varphi_{s-r} = \psi$.   □

φ und φ_c sind im allgemeinen verschiedene Kurven, ihre Spuren in Ω aber sind identisch. Löst φ das AWP $\dot{x} = v(x)$ mit der Anfangsbedingung $x(t_0) = x_0$, so löst φ_{t_0} das mit der Anfangsbedingung $x(0) = x_0$. Man verwendet dies oft, um den Anfangszeitpunkt einer Integralkurve auf 0 zu normieren. Als Konsequenz aus (ii) ergibt sich, daß die Spuren der maximalen Integralkurven den Phasenraum Ω disjunkt zerlegen. Die Gesamtheit dieser Spuren heißt *Phasenportrait* des Vektorfeldes.

Satz von den drei Typen maximaler Integralkurven: *Es sei v ein lokal Lipschitz-stetiges Vektorfeld auf Ω. Dann geht durch jeden Punkt von Ω bis auf Zeitverschiebungen genau eine maximale Integralkurve, und für jede solche trifft genau einer der drei folgenden Fälle zu:*

(i) *Für wenigstens ein $t_0 \in I$ ist $\dot{\varphi}(t_0) = 0$. Dann gilt $I = \mathbb{R}$, und φ ist konstant, wobei $\varphi(t)$ eine Nullstelle von v ist.*

(ii) *Für alle $t \in I$ ist $\dot{\varphi}(t) \ne 0$, und φ besitzt einen Doppelpunkt, d. h., es ist $\varphi(r) = \varphi(s)$ für geeignete $r, s \in I$, $r \ne s$. Dann gilt $I = \mathbb{R}$, und φ ist periodisch; mit $p := s - r$ gilt $\varphi(t + p) = \varphi(t)$ für alle $t \in \mathbb{R}$.*

(iii) *Für alle $t \in I$ ist $\dot{\varphi}(t) \ne 0$, und φ besitzt keinen Doppelpunkt.*

Die Nullstellen von v sind nach (i) die Spuren der konstanten Integralkurven und heißen *kritische Punkte* oder *Gleichgewichtspunkte* des Feldes.

Beweis: Es seien φ und ψ maximale Integralkurven, die durch $x_0 \in \Omega$ gehen; es sei also $\varphi(r) = \psi(s)$ für geeignetes r bzw. s. Dann ist nach Teil (ii) der Notiz $\psi = \varphi_{s-r}$. Zur Typeneinteilung:

a) Gilt $\dot\varphi(t_0) = 0$, so ist $x_0 = \varphi(t_0)$ eine Nullstelle von v wegen $v\big(\varphi(t_0)\big) = \dot\varphi(t_0)$. Daher löst auch die konstante Funktion $\psi\colon \mathbb{R} \to \Omega$, $\psi(t) = x_0$ das AWP $\dot x = v(x)$, $x(t_0) = x_0$. Wegen der Maximalität von φ folgt (i).

b) Es sei nun $\varphi(s) = \varphi(r)$ mit $p := s - r \neq 0$. Nach Aussage (ii) der Notiz gilt dann $I = I + p$ und $\varphi = \varphi_p$. Hiermit folgt die Behauptung.   □

Die konstanten und die periodischen Integralkurven in einem Vektorfeld sind als die interessanten Sonderfälle anzusehen; die doppelpunktfreien als der Regelfall. Alle drei Typen können in ein und demselben Vektorfeld auftreten, wie das folgende Beispiel zeigt.

Beispiel: Gegeben sei das autonome System in $\mathbb{R}^2$

$$(11) \qquad \begin{pmatrix} \dot x \\ \dot y \end{pmatrix} = \begin{pmatrix} y \\ -x \end{pmatrix} + (1 - x^2 - y^2) \begin{pmatrix} x \\ y \end{pmatrix} =: v(x,y).$$

Durch jeden Punkt von $\mathbb{R}^2$ geht bis auf Zeitverschiebungen genau eine maximale Integralkurve. Der Punkt $(0,0)$ ist die einzige Nullstelle von v, die Kurve $t \mapsto (0,0)$, $t \in \mathbb{R}$, somit die einzige konstante maximale Integralkurve. Jede nicht konstante Lösungskurve verläuft ganz in $\mathbb{R}^2 \setminus (0,0)$. Solche konstruieren wir nun mit Hilfe des Ansatzes

$$(12) \qquad \begin{aligned} x(t) &= r(t) \cos \varphi(t), \\ y(t) &= r(t) \sin \varphi(t), \end{aligned}$$

wobei r und φ stetig differenzierbare Funktionen sein sollen, $r > 0$. Eine einfache Rechnung ergibt, daß (11) in $\mathbb{R}^2 \setminus (0,0)$ für Kurven $\big(x(t), y(t)\big)$ der Bauart (12) gleichwertig ist zu dem System

$$\dot r = r\,(1 - r^2), \qquad \dot\varphi = 1.$$

$\dot r = r\,(1 - r^2)$ ist eine Differentialgleichung mit getrennten Veränderlichen. Typische Lösungen sind:

a) die konstanten Lösungen $r = 0$ und $r = 1$;

b) die streng monoton wachsende Lösung $r\colon \mathbb{R} \to (0;1)$, $r(t) = \sqrt{\dfrac{1}{1 + e^{-2t}}}$;
   dabei gilt $\lim\limits_{t \to -\infty} r(t) = 0$ und $\lim\limits_{t \to \infty} r(t) = 1$;

c) die streng monoton fallende Lösung $r\colon \mathbb{R}_+ \to (1;\infty)$, $r(t) = \sqrt{\dfrac{1}{1 - e^{-2t}}}$;
   dabei gilt $\lim\limits_{t \downarrow 0} r(t) = \infty$ und $\lim\limits_{t \to \infty} r(t) = 1$.

Durch Zeitverschiebung erhält man aus diesen Lösungen sämtliche maximalen Lösungen von $\dot{r} = r\,(1 - r^2)$. Setzt man diese Lösungen und die Lösung $\varphi(t) = t$ von $\dot{\varphi} = 1$ in (12) ein, erhält man Lösungen von (11). Im Fall (a) ist diese periodisch (unendlich oft durchlaufene Kreislinie), in den Fällen (b) und (c) sind diese doppelpunktfrei (Spiralen, die mit $t \to \infty$ asymptotisch gegen die Spur der periodischen Lösungen gehen). Alle weiteren Lösungen von (11) erhält man schließlich durch Zeitverschiebung.

Eine konstante, eine periodische und zehn doppelpunktfreie Lösungen für (11)

IV. Die Universalität der Systeme 1. Ordnung

Neben den Gleichungen der Gestalt $\dot{x} = F(t, x)$ hat man auch Gleichungen zu betrachten, in denen höhere Ableitungen auftreten. Eine solche ist zum Beispiel die Schwingungsgleichung $\ddot{x} = -x$. Man führt diese auf ein System 1. Ordnung zurück, indem man $x_1 := x$ und $x_2 := \dot{x}_1$ setzt; man erhält dadurch das zum Rotationsfeld $v(x_1, x_2) = (x_2, -x_1)$ gehörige System

$$\dot{x}_1 = x_2,$$
$$\dot{x}_2 = -x_1.$$

Allgemein ordnet man einer Differentialgleichung n-ter Ordnung

$$(13) \qquad\qquad x^{(n)} = f\big(t, x, \dot{x}, \ldots, x^{(n-1)}\big),$$

wobei $f \colon U \to \mathbb{K}$ eine skalarwertige Funktion sei, U eine offene Menge in $\mathbb{R} \times \mathbb{K}^n$, das System 1. Ordnung

$$
\begin{array}{ll}
& \dot{x}_1 = x_2, \\
& \dot{x}_2 = x_3, \\
(14) \qquad & \qquad\vdots \qquad\qquad\qquad \text{vektoriell} \quad \dot{x} = F(t,x) = \begin{pmatrix} x_2 \\ \vdots \\ x_n \\ f(t,x) \end{pmatrix}, \\
& \dot{x}_{n-1} = x_n, \\
& \dot{x}_n = f(t, x_1, \ldots, x_n),
\end{array}
$$

zu. Offensichtlich ist $\varphi \colon I \to \mathbb{K}^n$, $\varphi = (\varphi_1, \ldots, \varphi_n)$, genau dann eine Integralkurve dieses Systems, wenn sie die Bauart $\varphi = (\varphi_1, \dot{\varphi}_1, \ldots, \varphi_1^{(n-1)})$ hat, wobei $\varphi_1 \colon I \to \mathbb{K}$ die Gleichung (13) löst. Man sieht auch sofort, daß F genau dann lokal Lipschitz-stetig bezüglich x ist, falls f es ist. Daher ergeben die Existenz- und Eindeutigkeitssätze für Systeme erster Ordnung auch Existenz- und Eindeutigkeitssätze für Gleichungen n-ter Ordnung. Als Anfangswert zu t_0 für eine Gleichung n-ter Ordnung kann man dabei den Wert $x(t_0)$ und die $n-1$ Ableitungen $\dot{x}(t_0), \ldots, x^{(n-1)}(t_0)$ der gesuchten Lösung vorgeben.

4.3 Lineare Differentialgleichungen

Lineare Differentialgleichungen spielen aus mehreren Gründen eine große Rolle. In Naturwissenschaft und Technik treten sie immer dann auf, wenn Superponierbarkeit ins Spiel kommt, und bei vielen nicht-linearen Problemen dienen sie als Approximationen, an denen unter Umständen bereits Wesentliches abgelesen werden kann; ein Beispiel liefert der Satz von Poincaré-Ljapunow in 4.5.

Lineare Differentialgleichungen sind solche der Gestalt

$$\dot{x} = A(t)x + b(t),$$

wobei $A \colon I \to \mathbb{K}^{n \times n}$ und $b \colon I \to \mathbb{K}^n$ gegebene Abbildungen auf einem Intervall $I \subset \mathbb{R}$ sind. Im Fall $b = 0$ heißt die Differentialgleichung *homogen*, andernfalls *inhomogen*.

Existenz- und Eindeutigkeitssatz: *Sind A und b stetig, so besitzt das Anfangswertproblem*

$$\dot{x} = A(t)x + b(t), \quad x(t_0) = x_0,$$

genau eine auf ganz I definierte Lösung.

Beweis: $F(t, x) := A(t)x + b(t)$ ist linear beschränkt und für jedes kompakte Intervall $J \subset I$ auf $J \times \mathbb{K}^n$ Lipschitz-stetig bezüglich x mit der Konstanten $L := \max_{t \in J} \|A(t)\|$. $\qquad\Box$

Folgerung 1: *Es seien $a_0, \ldots, a_{n-1}, b \colon I \to \mathbb{K}$ stetige Funktionen und $x_0, \ldots, x_{n-1} \in \mathbb{K}$ gegebene Zahlen. Dann besitzt jedes AWP*

$$x^{(n)} = \sum_{\nu=0}^{n-1} a_\nu(t) x^{(\nu)} + b(t), \quad x^{(\nu)}(t_0) = x_\nu, \quad \nu = 0, \ldots, n-1,$$

genau eine auf ganz I definierte Lösung.

Folgerung 2 (Der Lösungsraum der homogenen Gleichung):

(i) *Die Menge $\mathscr{L}$ der auf I definierten Lösungen der homogenen Gleichung $\dot{x} = A(t)x$ ist ein n-dimensionaler $\mathbb{K}$-Vektorraum.*

(ii) *n Lösungen $\varphi_1, \ldots, \varphi_n\colon I \to \mathbb{K}^n$ bilden genau dann eine Basis von $\mathscr{L}$, wenn die Vektoren $\varphi_1(t), \ldots, \varphi_n(t)$ für wenigstens ein $t \in I$ (und dann für jedes $t \in I$) eine Basis von $\mathbb{K}^n$ bilden.*

Beweis: (i) Trivialerweise ist jede Linearkombination $c_1\varphi_1 + \cdots + c_k\varphi_k$ von Lösungen $\varphi_1, \ldots, \varphi_k$ der homogenen Gleichung ebenfalls eine Lösung: $\mathscr{L}$ ist also ein Vektorraum. Zur Bestimmung seiner Dimension betrachten wir für irgendein $t_0 \in I$ den *Anfangswerthomomorphismus* $\alpha_{t_0}\colon \mathscr{L} \to \mathbb{K}^n$, $\alpha_{t_0}(\varphi) := \varphi(t_0)$. Aufgrund des Existenzsatzes ist α_{t_0} surjektiv und aufgrund des Eindeutigkeitssatzes injektiv. Folglich hat $\mathscr{L}$ die Dimension n.

(ii) Der Anfangswerthomomorphismus α_t ist für jedes t ein Isomorphismus. Er führt also Basen in Basen über. $\qquad\Box$

Eine Basis $\varphi_1, \ldots, \varphi_n$ des Lösungsraumes $\mathscr{L}$ der homogenen Gleichung $\dot{x} = Ax$ heißt ein *Fundamentalsystem*. Durch spaltenweises Zusammenfassen erhält man eine matrixwertige Abbildung

$$\Phi = (\varphi_1, \ldots, \varphi_n)\colon I \to \mathbb{K}^{n \times n}, \qquad t \mapsto \big(\varphi_1(t), \ldots, \varphi_n(t)\big).$$

Φ heißt eine *Fundamentalmatrix* zu $\dot{x} = Ax$. Für sie gilt offensichtlich

$$\dot{\Phi} = A\Phi.$$

Nach Teil (ii) der Folgerung ist $\Phi(t)$ für alle $t \in I$ invertierbar. Jede weitere Lösung $\varphi \in \mathscr{L}$ ist eine Linearkombination $\varphi = c_1\varphi_1 + \cdots + c_n\varphi_n$ mit $c_i \in \mathbb{K}$, kann also mit Hilfe der Fundamentalmatrix Φ und eines Vektors $c \in \mathbb{K}^n$ in folgender Weise dargestellt werden:

$$\varphi(t) = \Phi(t)c.$$

Satz (Liouville): *Ist Φ eine Fundamentalmatrix für $\dot{x} = A(t)x$, so genügt $\det \Phi$ auf I der Differentialgleichung $\dot{y} = \mathrm{Spur}\, A \cdot y$:*

(15) $(\det \Phi)^{\textstyle\cdot} = \mathrm{Spur}\, A \cdot \det \Phi.$

Deutung: $\Phi(t)\colon \mathbb{K}^n \to \mathbb{K}^n$ stellt eine lineare Abbildung dar, und $|\det \Phi(t)|$ ist der Faktor der von dieser bewirkten Volumenverzerrung; siehe 7.7. Die zeitliche Entwicklung dieser Verzerrung wird durch (15) beschrieben. Gilt etwa $\mathrm{Spur}\, A(t) = 0$ für alle $t \in I$, so ist der Verzerrungsfaktor konstant und sogar $= 1$, falls $\Phi(t_0) = E$ an einer Stelle t_0. In einem solchen Fall bilden alle Transformationen $\Phi(t)$ volumentreu ab.

Beweis: Wir zeigen zunächst, daß (15) an jeder Stelle $t \in I$ mit $\Phi(t) = E$ gilt. Es seien $\varphi_1, \ldots, \varphi_n$ die Spalten von Φ. Nach der unten gezeigten Differentiationsregel erhält man wegen $\varphi_\nu(t) = e_\nu$ und $\dot{\varphi}_\nu(t) = A(t)e_\nu$

$$(\det \Phi)^{\cdot}(t) = \sum_{\nu=1}^{n} \det\left(e_1, \ldots, e_{\nu-1}, A(t)e_\nu, e_{\nu+1}, \ldots, e_n\right) = \text{Spur } A(t).$$

Das beweist die Behauptung für t, Φ mit $\Phi(t) = E$. Den allgemeinen Fall führen wir nun darauf zurück. Für beliebiges, fixiertes $t \in I$ betrachten wir dazu die Fundamentalmatrix $\Psi := \Phi \cdot C$, $C := \Phi^{-1}(t)$. Auf t, Ψ ist das bereits Bewiesene anwendbar und ergibt

$$(\det \Psi)^{\cdot}(t) = \text{Spur } A(t) \cdot \det \Psi(t).$$

Daraus folgt nach Definition von Ψ die Behauptung auch für Φ. □

Differentiationsregel: *Sei $\Phi\colon I \to \mathbb{K}^{n \times n}$ eine differenzierbare matrixwertige Abbildung mit den Spalten $\varphi_1, \ldots, \varphi_n$. Dann gilt*

$$(\det \Phi)^{\cdot}(t) = \sum_{\nu=1}^{n} \det(\varphi_1, \ldots, \varphi_{\nu-1}, \dot{\varphi}_\nu, \varphi_{\nu+1}, \ldots, \varphi_n)\big|_t .$$

Beweis: Wegen der Linearität der Determinante in den Spalten kann der Differenzenquotient $\frac{1}{h}\left(\Phi(t+h) - \Phi(t)\right)$ als die Summe

$$\sum_{\nu=1}^{n} \det\left(\varphi_1(t), \ldots, \varphi_{\nu-1}(t), \frac{\varphi_\nu(t+h) - \varphi_\nu(t)}{h}, \varphi_{\nu+1}(t+h), \ldots, \varphi_n(t+h)\right)$$

geschrieben werden. Da die Determinante als Polynom ihrer Komponenten stetig ist, folgt mit $h \to 0$ die Behauptung □

Ein Fundamentalsystem im Fall einer konstanten Matrix A

Sei $A \in \mathbb{K}^{n \times n}$. Das Anfangswertproblem $\dot{x} = Ax$, $x(0) = x_0$, hat im Fall $n = 1$ die Lösung $x(t) = e^{At}x_0$. Mit der Exponentialfunktion für Matrizen gilt dasselbe bei beliebigem $n \geq 1$; zur Definition dieser Funktion siehe 1.6.

Satz: *Die Lösung des Anfangswertproblems $\dot{x} = Ax$, $x(0) = x_0$, lautet*

(16)
$$x(t) = e^{At}x_0.$$

Ist $v_1, \ldots, v_n$ eine Basis des $\mathbb{K}^n$, so stellt $e^{At}v_1, \ldots, e^{At}v_n$ ein Fundamentalsystem für $\mathscr{L}$ dar. Insbesondere bilden die Spalten von e^{At} ein Fundamentalsystem; d. h., e^{At} ist eine Fundamentalmatrix.

Beweis: $x(t)$ ist eine Lösung der Differentialgleichung aufgrund der Ableitungsregel $\left(e^{At}\right)^{\bullet} = Ae^{At}$; dazu siehe 1.6 (15). Außerdem gilt $x(0) = x_0$. Die weiteren Aussagen ergeben sich aus der Folgerung 2.   □

Da die Berechnung von e^{At} im allgemeinen schwierig ist, ermitteln wir auf andere Weise, und zwar basierend auf der Jordanschen Normalform, ein Fundamentalsystem. Die einfachste und zugleich wichtigste Situation liegt vor, wenn A n linear unabhängige Eigenvektoren besitzt, was zum Beispiel der Fall ist, wenn A eine reelle symmetrische Matrix ist, siehe 3.6, oder wenn A n verschiedene Eigenwerte hat.

Lemma: *Ist v ein Eigenvektor von A und λ sein Eigenwert, so löst*

$$\varphi_v : \mathbb{R} \to \mathbb{K}^n, \qquad \varphi_v(t) := e^{\lambda t} v,$$

das AWP $\dot{x} = Ax$, $\dot{x}(0) = v$. Sind $v_1, \ldots, v_n$ linear unabhängige Eigenvektoren und $\lambda_1, \ldots, \lambda_n$ jeweils ihre Eigenwerte, so bilden $\varphi_{v_1}, \ldots, \varphi_{v_n}$ ein Fundamentalsystem.

Beweis: φ_v ist eine Lösung der homogenen Gleichung, da $\dot{\varphi}_v = \lambda e^{\lambda t} v = e^{\lambda t} A v = A\varphi$. Ferner: Die Lösungen $\varphi_{v_1}, \ldots, \varphi_{v_n}$ bilden eine Basis für $\mathscr{L}$, da ihre Werte $\varphi_{v_1}(0), \ldots, \varphi_{v_n}(0)$ eine Basis für $\mathbb{K}^n$ bilden.   □

Besitzt A keine n linear unabhängigen Eigenvektoren, was höchstens im Fall mehrfacher Eigenwerte eintritt, so kann man ein Fundamentalsystem mit Hilfe von Hauptvektoren konstruieren.

Definition: Ein Vektor $v \in \mathbb{C}^n$, $v \neq 0$, heißt *Hauptvektor der Matrix A zum Eigenwert* λ, wenn es eine natürliche Zahl s gibt so, daß

$$\left(A - \lambda E\right)^s v = 0.$$

Die kleinste derartige Zahl s heißt die *Stufe* von v.

Die Hauptvektoren der Stufe 1 sind genau die Eigenvektoren. Ferner gilt: Ist v ein Hauptvektor der Stufe s, so sind die Vektoren

$$v_s := v, \quad v_{s-1} := \left(A - \lambda E\right)v, \ldots, \quad v_1 := \left(A - \lambda E\right)^{s-1} v$$

Hauptvektoren der Stufen s, $s-1, \ldots, 1$. v_1 ist ein Eigenvektor und v_i, $i = 2, \ldots, s$, eine Lösung der Gleichung $(A - \lambda E)v_i = v_{i-1}$.

Beispiel: $A = \begin{pmatrix} 1 & 2 & 3 \\ 0 & 1 & 2 \\ 0 & 0 & 1 \end{pmatrix}$.

Die Zahl 1 ist ein 3-facher Eigenwert, und e_1 ist ein Eigenvektor dazu.

Ferner gilt:

$$(A - E)e_2 = 2e_1, \qquad (A - E)^2 e_2 = 0;$$
$$(A - E)e_3 = 3e_1 + 2e_2, \qquad (A - E)^2 e_3 = 4e_1, \qquad (A - E)^3 e_3 = 0.$$

e_s ist also ein Hauptvektor der Stufe s, $s = 1, 2, 3$.

Mit Hilfe des Satzes von der Jordanschen Normalform gewinnt man leicht folgenden Basissatz.

Satz von der Hauptvektorbasis: *Zu jeder Matrix $A \in \mathbb{C}^{n \times n}$ gibt es eine Basis des $\mathbb{C}^n$, die aus Hauptvektoren besteht und zu jedem k-fachen Eigenwert λ k Hauptvektoren $v_1, \ldots, v_k$ enthält, wobei* Stufe$(v_s) \leq s$ *gilt.*

Mit einer Hauptvektorbasis $h_1, \ldots, h_n$ hat man in $e^{At} h_1, \ldots, e^{At} h_n$ ein Fundamentalsystem für die Gleichung $\dot{x} = Ax$. Wir analysieren die Bauart einer Lösung $\varphi_v(t) := e^{At} v$, wobei v ein Hauptvektor zum Eigenwert λ und der Stufe s sei:

$$e^{At} v = e^{\lambda E t} e^{(A - \lambda E)t} v = e^{\lambda t} \cdot \sum_{k=0}^{\infty} \frac{1}{k!} (A - \lambda E)^k t^k v.$$

Wegen $(A - \lambda E)^k v = 0$ für $k \geq s$ reduziert sich die Reihe auf eine Summe:

$$(17) \qquad \boxed{\; \varphi_v(t) = e^{\lambda t} \, p_v(t) \quad \text{mit} \quad p_v(t) := \left(\sum_{k=0}^{s-1} \frac{1}{k!} (A - \lambda E)^k t^k \right) v. \;}$$

p_v ist ein Polynom eines Grades $\leq s - 1$, dessen Koeffizienten $\frac{1}{k!}(A - \lambda E)^k v$ Vektoren in $\mathbb{C}^n$ sind. Im Fall $s = 1$ ist $p_v(t) = v$.

Wir fassen zusammen:

Anleitung zur Konstruktion eines Fundamentalsystems für $\dot{x} = Ax$:

(i) *Man ermittle zu einem Eigenwert λ, dessen Vielfachheit k ist, Hauptvektoren $v_1, \ldots, v_k$ mit* Stufe$(v_s) \leq s$, *und bilde gemäß (17)*

$$\varphi_{v_s}(t) = e^{\lambda t} p_{v_s}(t), \qquad s = 1, \ldots, k.$$

(ii) *Sind $\lambda_1, \ldots, \lambda_r$ die verschiedenen Eigenwerte von A und $k_1, \ldots, k_r$ deren Vielfachheiten, wobei $k_1 + \cdots + k_r = n$ gilt, so konstruiere man nach Teil (i) zu jedem Eigenwert λ_ρ k_ρ Lösungen, $\rho = 1, \ldots, r$.*
Auf diese Weise erhält man insgesamt n Lösungen, und diese bilden ein Fundamentalsystem.

Beispiel: $\dot{x} = Ax$ mit $A = \begin{pmatrix} 1 & 2 & 3 \\ 0 & 1 & 2 \\ 0 & 0 & 1 \end{pmatrix}$.

Wir haben oben bereits festgestellt: A hat den 3-fachen Eigenwert 1 und e_s ist ein Hauptvektor der Stufe s. Wir erhalten damit das Fundamentalsystem:

$$\varphi_1(t) = e^t e_1 = e^t \begin{pmatrix} 1 \\ 0 \\ 0 \end{pmatrix};$$

$$\varphi_2(t) = e^t \left(E + (A - E)t \right) e_2 = e^t \begin{pmatrix} 2t \\ 1 \\ 0 \end{pmatrix};$$

$$\varphi_3(t) = e^t \left(E + (A - E)t + \frac{1}{2}(A - E)^2 t^2 \right) e_3 = e^t \begin{pmatrix} 3t + 2t^2 \\ 2t \\ 1 \end{pmatrix}.$$

Der Fall $n = 2$. Wir wollen uns einen Überblick über die möglichen Integralkurven der homogenen reellen Gleichung

$$\dot{x} = Ax, \quad A = \begin{pmatrix} a & b \\ c & d \end{pmatrix} \in \mathbb{R}^{2 \times 2}$$

verschaffen. Dazu unterscheiden wir drei Fälle: Das (reelle) Polynom $\det(A - \lambda E)$ hat zwei verschiedene reelle Nullstellen oder genau eine reelle, oder zwei verschiedene, konjugiert komplexe. Die Diskussion wird etwas verkürzt durch die Regel: *Ist φ eine Integralkurve zu $\dot{x} = Ax$, so ist die umorientierte Kurve φ^-, $\varphi^-(t) := \varphi(-t)$, eine Integralkurve zu $\dot{x} = -Ax$.*

I. Zwei reelle Eigenwerte $\lambda < \mu$.

In diesem Fall hat A zwei linear unabhängige reelle Eigenvektoren v und w. Die allgemeine Lösung der Differentialgleichung lautet dann

$$\varphi(t) = c_1 e^{\lambda t} v + c_2 e^{\mu t} w, \qquad c_1, c_2 \in \mathbb{R}.$$

In Bezug auf die Basis $\{v, w\}$ des $\mathbb{R}^2$ sind $c_1 e^{\lambda t}$ und $c_2 e^{\mu t}$ die Komponenten von $\varphi(t)$. Abhängig von der Lage von λ und μ zu 0 hat man die fünf Fälle:

$$0 < \lambda < \mu, \qquad 0 = \lambda < \mu, \qquad \lambda < 0 < \mu, \qquad \lambda < \mu = 0, \qquad \lambda < \mu < 0.$$

Die graphischen Darstellungen für die beiden letzten Fälle gehen nach der oben formulierten Regel durch Umorientierung aller Kurven aus den Darstellungen für $0 = \mu < -\lambda$ bzw. $0 < -\mu < -\lambda$ hervor.

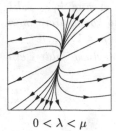

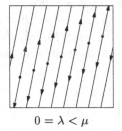

$0 < \lambda < \mu$ $0 = \lambda < \mu$ $\lambda < 0 < \mu$

II. Ein zweifacher Eigenwert $\lambda \in \mathbb{R}$.

Wir unterscheiden zwei Fälle.

a) Der Lösungsraum der Gleichung $(A - \lambda E)x = 0$ habe die Dimension 2. Das ist genau für $A = \lambda E$ der Fall. Die Differentialgleichung hat dann die Lösungen

$$\varphi(t) = e^{\lambda t}v, \quad v \in \mathbb{R}^2 \text{ beliebig.}$$

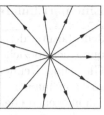

$A = \lambda E, \ \lambda > 0$

b) Der Lösungsraum von $(A - \lambda E)x = 0$ habe die Dimension 1. In diesem Fall besitzt A neben einem Eigenvektor v zu λ auch einen Hauptvektor h der Stufe 2, d.h. eine Lösung von $(A - \lambda E)h = v$. Die allgemeine Lösung der Differentialgleichung lautet damit

$$\varphi(t) = e^{\lambda t}\big(c_1 v + c_2(h + tv)\big).$$

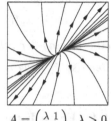

$A = \begin{pmatrix} \lambda & 1 \\ 0 & \lambda \end{pmatrix}, \ \lambda > 0$

III. Zwei nicht reelle Eigenwerte $\lambda, \overline{\lambda} \in \mathbb{C}$.

A hat dann Eigenvektoren w und $\overline{w} \in \mathbb{C}^2$ und das Fundamentalsystem $w e^{\lambda t}, \ \overline{w} e^{\overline{\lambda} t}$. Da A reell ist, bilden $\varphi_1(t) := \operatorname{Re} w e^{\lambda t}$ und $\varphi_2(t) := \operatorname{Im} w e^{\lambda t}$ ebenfalls ein Fundamentalsystem. Mit $w = u + iv$ und $\lambda = \gamma + i\omega$ gilt

$$\varphi_1(t) = \operatorname{Re} w\, e^{\lambda t} = e^{\gamma t}\big(\cos \omega t \cdot u - \sin \omega t \cdot v\big),$$
$$\varphi_2(t) = \operatorname{Im} w\, e^{\lambda t} = e^{\gamma t}\big(\sin \omega t \cdot u + \cos \omega t \cdot v\big).$$

Die Gesamtheit der Lösungen ist dann gegeben durch

$$\varphi(t) = e^{\gamma t}\Big(\big(c_1 \cos \omega t + c_2 \sin \omega t\big)u + \big(-c_1 \sin \omega t + c_2 \cos \omega t\big)v\Big).$$

Wir schreiben φ im Spezialfall $u = (1,0)$ und $v = (0,1)$ komplex an; der allgemeine Fall ergibt sich aus diesem durch eine affine Transformation. Bei der Identifikation $u = 1$ und $v = i$ erhalten wir

$$\varphi(t) = (c_1 - ic_2)e^{(\gamma + i\omega)t}.$$

$\gamma < 0, \ \omega > 0$ $\gamma = 0, \ \omega > 0$ $\gamma > 0, \ \omega > 0$

Eine partikuläre Lösung der inhomogenen Gleichung

Jede Lösung der inhomogenen Gleichung $\dot{x} = A(t)x + b(t)$ gewinnt man aus einer speziellen Lösung durch Addition einer Lösung der homogenen Gleichung. Kennt man eine Fundamentalmatrix der homogenen Gleichung, so kann man in Analogie zum Fall $n = 1$ eine partikuläre Lösung der inhomogenen Gleichung mittels Variation der Konstanten berechnen.

Satz (Variation der Konstanten): *Es sei Φ eine Fundamentalmatrix der homogenen Gleichung $\dot{x} = A(t)x$. Dann ist*

$$x_p(t) := \Phi(t) \cdot c(t) \quad mit \quad c := \int \Phi(s)^{-1} b(s)\,\mathrm{d}s$$

eine Lösung der inhomogenen Gleichung $\dot{x} = A(t)x + b(t)$.

Beweis: $\dot{x}_p = \dot{\Phi}c + \Phi\dot{c} = A\Phi c + \Phi\Phi^{-1}b = Ax_p + b.$ $\qquad\qquad\square$

4.4   Erste Integrale

Erste Informationen über die Spuren von Integralkurven eines Vektorfeldes kann man gelegentlich aus einem sogenannten Ersten Integral gewinnen.

Definition: Unter einem *Ersten Integral* zu einem $\mathscr{C}^1$-Vektorfeld v auf $\Omega \subset \mathbb{R}^n$ versteht man eine $\mathscr{C}^1$-Funktion $E : \Omega \to \mathbb{R}$, die auf der Spur jeder Integralkurve einen konstanten Wert hat; anders formuliert: eine Funktion E derart, daß jede Integralkurve von v in einer Niveaumenge von E verläuft.

Zum Beispiel ist die Funktion $E\colon \mathbb{R}^2 \to \mathbb{R}$, $E(x,y) = x^2 + y^2$, ein Erstes Integral des Rotationsfeldes $v\colon \mathbb{R}^2 \to \mathbb{R}^2$, $v(x,y) = (-y,x)$, da jede Lösung auf einem Kreis um 0 verläuft.

Lemma: *Eine $\mathscr{C}^1$-Funktion $E\colon \Omega \to \mathbb{R}$ ist genau dann ein Erstes Integral zu v, wenn die Ableitung $\partial_v E$ längs v verschwindet, d.h., wenn gilt:*

$$(18) \qquad \partial_v E(x) = E'(x)v(x) = \sum_{i=1}^{n} \partial_i E(x)v_i(x) = 0.$$

Beweis: Sei $\partial_v E = 0$ und $\varphi\colon I \to \Omega$ eine Integralkurve. Dann gilt

$$E\big(\varphi(t)\big)^{\textbf{·}}(t) = E'\big(\varphi(t)\big)\dot{\varphi}(t) = E'\big(\varphi(t)\big)v\big(\varphi(t)\big) = 0.$$

E ist also konstant auf der Spur von φ. Sei umgekehrt E konstant auf jeder Integralkurve. Man wähle dann zu $x \in \Omega$ eine Integralkurve mit $\varphi(0) = x$. Da E auf der Spur von φ konstant ist, folgt

$$\partial_v E(x) = E\big(\varphi(t)\big)^{\textbf{·}} = 0. \qquad\qquad\square$$

Eine allgemeine Methode, um zu einem Vektorfeld ein Erstes Integral zu finden, gibt es nicht. Immerhin ist eine Reihe von Ansätzen bekannt, die in einem konkreten Fall unter Umständen eine Berechnung ermöglichen; siehe Beispiel 2. In physikalischen Anwendungen liefern Erste Integrale oft wichtige Erhaltungssätze wie etwa den Energieerhaltungssatz, siehe Beispiel 1. Sie werden daher auch als Konstanten der Bewegung bezeichnet.

Beispiel 1: Nichtlineare Schwingungen. Siehe Band 1, 13.3. Sei $f : I \to \mathbb{R}$ eine $\mathscr{C}^1$-Funktion (ein Potential) auf einem Intervall I. Die Gleichung $\ddot{x} = -f'(x)$, d.h. das System 1. Ordnung

$$(19) \qquad \begin{pmatrix} x \\ y \end{pmatrix}^{\cdot} = \begin{pmatrix} y \\ -f'(x) \end{pmatrix} =: v(x, y),$$

hat die Funktion $E : I \times \mathbb{R} \to \mathbb{R}$ (Energie),

$$(19') \qquad E(x, y) := f(x) + \frac{1}{2}y^2,$$

als ein Erstes Integral, da $\partial_v E(x, y) = f'(x)y - f'(x)y = 0$. Jede Lösung $\varphi = (x, y) = (x, \dot{x})$ verläuft daher in einer Niveaumenge von E, d.h. so, daß $E(x, \dot{x})$ konstant ist *(Energieerhaltungssatz)*.

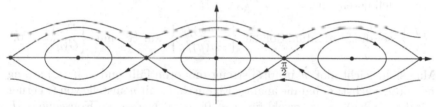

Niveaumengen der Energiefunktion $E(x, y) = -\cos x + \frac{1}{2}y^2$
zur Gleichung $\ddot{x} = -\sin x$ des Mathematischen Pendels

Beispiel 2: Das Volterra-Lotka-System

$$(20) \qquad \begin{aligned} \dot{x} &= a(y)\, x, \\ \dot{y} &= -b(x)\, y. \end{aligned}$$

Dieses System läßt sich als einfaches Modell für die zeitliche Änderung zweier in Wechselwirkung stehender biologischer oder ökonomischer Populationen $x(t)$, $y(t)$ deuten, deren Wachstumsraten $\dot{x}/x$ und $\dot{y}/y$ zum Zeitpunkt t jeweils durch das momentane Potential des Partners bestimmt sind. In dem erstmals von dem italienischen Mathematiker Volterra (1860–1940) und dem amerikanischen Biologen Lotka (1880–1949) untersuchten Fall waren $x(t)$ und $y(t)$ die Bestände an Haien bzw. Sardinen im Mittelmeer, und die Wachstumsraten $a(y)$ bzw. $-b(x)$ wurden linear angenommen.

Wir machen hier die Voraussetzung: $a, b \colon \mathbb{R} \to \mathbb{R}$ sind streng monoton fallende $\mathscr{C}^1$-Funktionen mit je einer positiven Nullstelle,

$$a(\eta) = 0, \quad b(\xi) = 0, \qquad \xi, \eta \in \mathbb{R}_+,$$

und zeigen, daß dann alle in $\mathbb{R}_+^2$ verlaufenden Lösungen des Systems periodisch sind. Zunächst einige vorbereitende Feststellungen.

a) Die kritischen Punkte des Systems sind $(0,0)$ und $(\xi, \eta) \in \mathbb{R}_+^2$.

b) Das Gleichungssystem besitzt die Lösungen $(c\,e^{a(0)t}, 0)$ und $(0, c\,e^{-b(0)t})$ mit $c \in \mathbb{R}$, welche auf der x- bzw. y-Achse verlaufen. Aufgrund des Eindeutigkeitssatzes hat das die Konsequenz, daß *jede Lösung φ mit $\varphi(0) \in \mathbb{R}_+^2$ für alle Zeit in diesem Quadranten bleibt.*

c) Auf $\mathbb{R}_+^2$ gibt es ein Erstes Integral der Bauart

$$E(x, y) = F(x) + G(y).$$

Die Bedingung (18) dafür lautet $a(y)xF'(x) - b(x)yG'(y) = 0$. Diese wird erfüllt, falls

$$F'(x) = -\frac{b(x)}{x} \quad \text{und} \quad G'(y) = -\frac{a(y)}{y}.$$

Daher definieren wir:

$\left\{ \begin{matrix} F \\ G \end{matrix} \right\}$ sei die Stammfunktion zu $\left\{ \begin{matrix} -b(x)/x \\ -a(y)/y \end{matrix} \right\}$ auf $\mathbb{R}_+$ mit $\left\{ \begin{matrix} F(\xi) \\ G(\eta) \end{matrix} \right\} = 0$.

Man sieht leicht, daß F in $(0; \xi]$ streng monoton fällt und in $[\xi; \infty)$ streng monoton wächst; G hat die analoge Eigenschaft mit η anstelle von ξ. Ferner gilt $F(u), G(u) \to \infty$ sowohl für $u \to 0$ als auch $u \to \infty$. Konsequenz: E hat in (ξ, η) ein isoliertes Minimum mit $E(\xi, \eta) = 0$. *Jede Niveaumenge $E^{-1}(\alpha)$, $\alpha > 0$, ist eine kompakte Teilmenge des Quadranten $\mathbb{R}_+^2$ und enthält auf jeder der beiden Geraden $x = \xi$ und $y = \eta$ genau zwei Punkte* (Bezeichnung siehe Abbildung).

d) Es sei nun $\varphi = (x, y)$ die maximale Integralkurve mit $\varphi(0) = A_0$, $A_0 \in E^{-1}(\alpha)$, $\alpha > 0$. φ verläuft dann in $E^{-1}(\alpha)$, also in einem Kompaktum, und ist daher für alle $t \in \mathbb{R}$ definiert. Wir zeigen: Es gibt ein $t_1 \in (0; \infty)$ so, daß gilt:

(i) x fällt streng monoton in $[0; t_1]$ und y wächst dort streng monoton;

(ii) $\varphi(t_1) = A_1$.

Beweis: Sei $t_1 := \sup\{t \mid x > \xi \text{ in ganz } [0; t]\}$. Nach der zweiten Differentialgleichung ist dann $\dot{y} > 0$ in $[0; t_1)$, y also streng monoton wachsend. Es folgt $y > y(0) = \eta$ in $(0; t_1)$. Nach der ersten Differentialgleichung ist somit $\dot{x} < 0$ in $(0; t_1)$, x also streng monoton fallend. Wir zeigen nun, daß

$t_1 < \infty$. Dazu wähle man irgendein $\varepsilon \in (0; t_1)$. Für $t \in (\varepsilon; t_1)$ gilt dann $y(t) \geq y(\varepsilon) > \eta$ und damit $a\big(y(t)\big) \leq a\big(y(\varepsilon)\big) =: \alpha < 0$. Nach der ersten Differentialgleichung ergibt sich für diese t weiter $x(t) \leq e^{\alpha\,(t-\varepsilon)} x(\varepsilon)$. Hiernach und wegen $x(t) > \xi > 0$ für alle $t \in [0; t_1)$ muß $t_1 < \infty$ sein. Aus der Definition von t_1 folgt nun sofort $x(t_1) = \xi$ und damit $\varphi(t_1) = A_1$.

e) Wie in d) zeigt man die Existenz von Parameterstellen $t_1 < t_2 < t_3 < t_4$ mit $\varphi(t_k) = A_k$, $k = 2, 3, 4$. Insbesondere gilt mit $T = t_4$

$$\varphi(T) = A_4 = A_0 = \varphi(0).$$

Ergebnis: *Jede maximale Integralkurve φ mit $\varphi(0) \in \mathbb{R}_+^2$ verläuft für alle Zeit in diesem Quadranten und ist periodisch.*

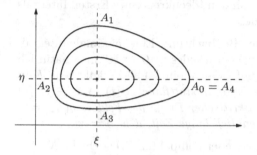

Lösungen des Volterra-Lotka-Systems

$$\dot{x} = (3 - 2y)x,$$
$$\dot{y} = (x - 2)y.$$

Abschließend weisen wir noch auf einen Punkt hin, der für die Diskussion der Niveaumengen eines Ersten Integrals Bedeutung hat.

Es sei E eine $\mathscr{C}^2$-Funktion und x_0 ein kritischer Punkt mit nicht ausgearteter Hessematrix $E''(x_0)$. Die Gestalt der Niveaumengen in der Nähe von x_0 ist dann nach dem Lemma von Morse, siehe 3.7 Aufgabe 22, bis auf Diffeomorphie durch $E''(x_0)$ bestimmt. Wir zitieren den Spezialfall des Lemmas, dem hier besondere Bedeutung zukommt: Sind alle Eigenwerte von $E''(x_0)$ positiv, so gibt es einen Diffeomorphismus $h \colon K \to \Omega_0$ einer Kugel $K \subset \mathbb{R}^n$ um 0 auf eine Umgebung $\Omega_0 \subset \Omega$ von x_0 derart, daß

$$E \circ h(\xi) = E(x_0) + \xi_1^2 + \cdots + \xi_n^2.$$

Damit folgt: *Ist $E'(x_0) = 0$ und $E''(x_0) > 0$, so gibt es eine Umgebung $\Omega_0 \subset \Omega$ des Punktes x_0 derart, daß gilt: Jede Integralkurve φ von v durch einen Punkt $x \in \Omega_0$ verläuft auf einer Mannigfaltigkeit $\Sigma \subset \Omega_0$, welche zu einer $(n-1)$-Sphäre diffeomorph ist, und hat unendliche Lebensdauer.*

Beispielsweise hat das zum Volterra-Lotka-System konstruierte Erste Integral im Punkt (ξ, η) die genannte Eigenschaft; ebenso das Erste Integral $(19')$ zur Schwingungsgleichung (19) in einem Punkt $(x_0, 0)$, falls das Potential f in x_0 ein Minimum hat mit $f''(x_0) > 0$.

4.5 Attraktoren und stabile Punkte

Eine zentrale Aufgabe der Theorie der Vektorfelder besteht darin, das Langzeitverhalten der Integralkurven zu untersuchen. Wenn es gelingt, die Integralkurven explizit anzugeben, kann man diese selbst studieren; jedoch ist eine solche Angabe nur in den seltensten Fällen möglich. Man muß daher versuchen, allein anhand des Feldes Aussagen über das asymptotische Verhalten der Integralkurven zu gewinnen. Diese Aufgabe ist seit langem Gegenstand intensiver Forschung; eine ihrer jüngsten Facetten stellt die sogenannte Chaos-Forschung dar. Wir führen hier exemplarisch zwei Methoden an: die Linearisierung, bei der ein Feld in der Nähe eines kritischen Punktes durch ein lineares Feld approximiert wird, und die Methode der Ljapunow-Funktion, die an den Ideenkreis eines Ersten Integrals und einer Energiefunktion anschließt.

Wir beginnen mit einer einfachen Beobachtung. Eine maximale Integralkurve $\varphi\colon (\alpha; \beta) \to \Omega$ eines stetigen Vektorfeldes $v\colon \Omega \to \mathbb{R}^n$ muß natürlich für $t \to \beta$ nicht konvergieren; sie muß ja nicht einmal beschränkt sein. *Falls aber Konvergenz gegen einen Punkt in Ω stattfindet, $\varphi(t) \to x_0 \in \Omega$ für $t \to \beta$, so ist dieser notwendig ein kritischer Punkt des Feldes, $v(x_0) = 0$, und die Konvergenz erfordert unendlich lange Zeit, d. h. $\beta = \infty$.*

Beweis: Wäre $\beta < \infty$, so gäbe es zu jeder kompakten Kreisscheibe $\overline{K}_\rho(x_0)$ $\subset \Omega$ und jedem $\varepsilon > 0$ ein $t \in (\beta - \varepsilon; \beta)$ mit $\varphi(t) \notin \overline{K}_\rho(x_0)$ im Widerspruch zur Konvergenz $\varphi(t) \to x_0$. Zum Nachweis von $v(x_0) = 0$ verwenden wir den Mittelwertsatz der Differentialrechnung. Mit geeigneten $\tau_i \in [t; t+1]$, $i = 1, \ldots, n$, gilt komponentenweise $\varphi_i(t+1) - \varphi_i(t) = \dot\varphi_i(\tau_i) = v_i\big(\varphi(\tau_i)\big)$. Wegen $\varphi(t) \to x_0$ und der Stetigkeit von v folgt daraus $v(x_0) = 0$.   □

Definition (Attraktor): Ein kritischer Punkt x_0 des Vektorfeldes $v\colon \Omega \to \mathbb{R}^n$ heißt *Attraktor*, wenn jede Umgebung $K \subset \Omega$ von x_0 eine Umgebung V mit folgender Eigenschaft enthält: Jede maximale Integralkurve φ mit $\varphi(0) \in V$ ist für alle $t \geq 0$ definiert und konvergiert gegen x_0:

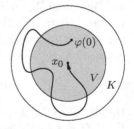

$$\varphi(t) \to x_0 \quad \text{für } t \to \infty.$$

Beispiel 1: Es sei $v\colon \mathbb{R} \to \mathbb{R}$, $v(x) := -x^p$, $p \in \mathbb{N}$. Der Nullpunkt ist ein kritischer Punkt dieses Feldes. Die Integralkurve mit $\varphi(0) = x_0$ lautet

$$\varphi(t) = \begin{cases} x_0 e^{-t}, & \text{falls } p = 1, \\ x_0 \left(1 - (1-p)x_0^{p-1}t\right)^{1/(1-p)}, & \text{falls } p > 1. \end{cases}$$

Dieser Darstellung entnimmt man sofort, daß der Nullpunkt für ungerades p ein Attraktor ist, für gerades p aber nicht; vielmehr gilt im letzten Fall für jeden Anfangswert $x_0 < 0$: $\varphi(t) \to -\infty$ für $t \to \frac{1}{1-p}x_0^{1-p}$.

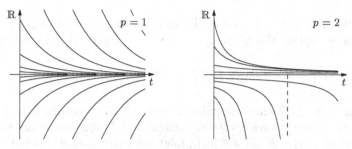

Lösungen von $\dot{x} = -x^p$ für $p = 1$ und $p = 2$

Beispiel 2: Der Nullpunkt ist ein Attraktor des linearen Feldes $v(x) = Ax$, falls jeder Eigenwert von A einen negativen Realteil hat. Das folgt direkt daraus, daß jede Lösung eine Linearkombination der Lösungen (17) ist und jede dieser Lösungen wegen des Faktors $e^{\lambda t}$ für $t \to \infty$ gegen Null geht.

Die Feststellung des letzten Beispiels gilt analog für jedes $\mathscr{C}^1$-Vektorfeld v mit dem kritischen Punkt x_0, wenn man es in der Nähe von x_0 mittels seiner Linearisierung approximiert, dabei versteht man unter der *Linearisierung* von v das Feld $\vartheta\colon \mathbb{R}^n \to \mathbb{R}^n$ mit $\vartheta(x) = Ax$, wobei $A := v'(x_0)$.

Satz (Poincaré-Ljapunow): *Es sei x_0 ein kritischer Punkt des $\mathscr{C}^1$-Vektorfeldes $v\colon \Omega \to \mathbb{R}^n$. Jeder Eigenwert der Ableitung $v'(x_0) =: A$ habe einen negativen Realteil. Dann ist x_0 ein Attraktor.*

Beweis: Es sei $\mu_0 > 0$ eine Zahl mit $\operatorname{Re}\lambda < -\mu_0$ für jeden Eigenwert λ von A und dann C eine Konstante so, daß

$$\left\|e^{At}\right\| \le C\,e^{-\mu_0 t} \quad \text{für } t \ge 0.$$

Eine solche Abschätzbarkeit ergibt sich zum Beispiel daraus, daß die Spalten von e^{At} Linearkombinationen der in (17) angegebenen Fundamentallösungen sind und diese solchen Abschätzungen genügen.

Wir nehmen $x_0 = 0$ an und haben dann für v eine Darstellung

$$v(x) = Ax + R(x)x, \quad \text{wobei } R(x) \to 0 \text{ für } x \to 0.$$

Die Existenz einer solchen Darstellung ergibt sich durch Anwendung der letzten Aussage in 2.2 auf die einzelnen Komponenten von v. Eine Lösung φ des AWP $\dot{x} = v(x)$, $x(0) = \xi$, schreiben wir in der Gestalt $\varphi = e^{At}z$. Wegen $(e^{At}z)^{\cdot} = Ae^{At}z + e^{At}\dot{z}$ löst φ dieses AWP genau dann, wenn

$$\dot{z} = e^{-At}R\big(\varphi(t)\big)e^{At}z, \quad z(0) = \xi.$$

Durch Integration und Multiplikation mit e^{At} folgt daraus die Identität

$$\varphi(t) = \mathrm{e}^{At}\xi + \int_0^t \mathrm{e}^{A(t-s)}R(\varphi(s))\varphi(s)\,\mathrm{d}s.$$

Diese gilt für alle $t \geq 0$ des Definitionsintervalles $(\alpha;\beta)$ von φ. Aufgrund der oben gezeigten Abschätzung $\|\mathrm{e}^{At}\| \leq C\,\mathrm{e}^{-\mu_0 t}$ erhält man weiter

$$\|\varphi(t)\| \leq C\mathrm{e}^{-\mu_0 t}\|\xi\| + C\int_0^t \mathrm{e}^{\mu_0(s-t)}\|R(\varphi(s))\| \cdot \|\varphi(s)\|\,\mathrm{d}s.$$

Es sei nun $K \subset \Omega$ eine kompakte Kugel mit Mittelpunkt 0 und einem Radius r_K, den wir noch festlegen werden, und M das Maximum von $\|R\|$ auf K. Falls $\varphi(s) \in K$ für $s \in [0;t]$, folgt die weitere Abschätzung

$$\mathrm{e}^{\mu_0 t}\|\varphi(t)\| \leq C\,\|\xi\| + CM\int_0^t \mathrm{e}^{\mu_0 s}\|\varphi(s)\|\,\mathrm{d}s,$$

und diese impliziert nach dem Lemma von Gronwall

$$(*) \qquad\qquad \|\varphi(t)\| \leq C\|\varphi(0)\| \cdot \mathrm{e}^{(CM-\mu_0)t}.$$

Wir legen nun den Radius von K fest: r_K sei so klein, daß $CM < \mu_0$. Es sei dann $\rho := r_K/2C$. Wir behaupten nun, daß eine maximale Integralkurve $\varphi\colon (\alpha;\beta) \to \Omega$ mit $\varphi(0) \in K_\rho(0)$ für alle $t \in [0;\beta)$ in K° verläuft. Wäre das nicht der Fall, gäbe es ein $t^* \in (0;\beta)$ derart, daß $\varphi(t^*) \in \partial K$ und $\varphi(s) \in K^\circ$ für $s \in [0;t^*)$; auf dieses t^* dürfte $(*)$ angewendet werden, und man erhielte den Widerspruch $\|\varphi(t^*)\| < C\|\varphi(0)\| < r_K$. Die Tatsache, daß φ zu allen Zeiten $t \in [0;\beta)$ in der kompakten Kugel K bleibt, impliziert nun $\beta = \infty$. Die Abschätzung $(*)$ ergibt sodann $\varphi(t) \to 0$ für $t \to \infty$. $\square$

Für Stabilitätsuntersuchungen spielt neben der Linearisierung des Feldes die Methode der Ljapunow-Funktion eine wichtige Rolle. Diese ist auch in manchen Fällen anwendbar, in denen die Linearisierung versagt, und liefert überdies Abschätzungen des Einzugsbereichs eines Attraktors.

Definition (Ljapunow-Funktion): Unter einer *Ljapunow-Funktion* zu einem kritischen Punkt x_0 eines Vektorfeldes $v\colon \Omega \to \mathbb{R}^n$ versteht man eine $\mathscr{C}^1$-Funktion $L\colon \Omega \to \mathbb{R}$ mit den beiden Eigenschaften:

(i) L hat in x_0 ein isoliertes Minimum mit $L(x_0) = 0$;

(ii) die Ableitung $\partial_v L$ von L längs des Feldes v nimmt nur Werte ≤ 0 an oder nur Werte ≥ 0.

Ljapunow, Alexander (1857–1918): Professor in Petersburg. Von ihm stammen richtungweisende Arbeiten zur Theorie der gewöhnlichen Differentialgleichungen und zur Hydrodynamik sowie wichtige Beiträge zur Potentialtheorie.

Im euklidischen $\mathbb{R}^n$ gilt $\partial_v L(x) = \langle v(x), \operatorname{grad} L(x) \rangle$. Die Bedingung $\partial_v L(x) \le 0$ bzw. $\partial_v L(x) \ge 0$ besagt dann, daß der Feldvektor $v(x)$ eine Komponente in Richtung des Abstiegs bzw. des Anstiegs der Funktion L hat.

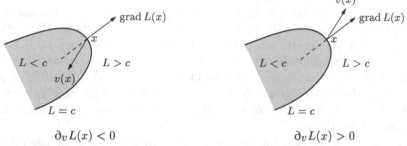

$$\partial_v L(x) < 0 \qquad\qquad \partial_v L(x) > 0$$

Ist $\varphi \colon I \to \Omega$ eine Integralkurve von v, so gilt

$$(L \circ \varphi)\dot{}(t) = L'\big(\varphi(t)\big)\dot\varphi(t) = L'\big(\varphi(t)\big)v\big(\varphi(t)\big) = \partial_v L\big(\varphi(t)\big).$$

Die Bedingung $\partial_v L \le 0$ bzw. $\partial_v L \ge 0$ auf Ω impliziert also, daß die Funktion L auf jeder (orientierten) Integralkurve monoton fällt bzw. wächst.

Beispiel 1: Das Feld $v \colon \mathbb{R} \to \mathbb{R}$, $v(x) = -x^p$, p ungerade, hat in 0 einen kritischen Punkt und $L \colon \mathbb{R} \to \mathbb{R}$, $L(x) = x^2$, ist eine Ljapunow-Funktion dazu. (i) ist trivialerweise erfüllt, und für $x \ne 0$ gilt $\partial_v L(x) = -x^p \cdot 2x < 0$.

Beispiel 2: Sei E ein Erstes Integral des Vektorfeldes v. Hat E in x_0 ein isoliertes Minimum, so ist $E - E(x_0)$ eine Ljapunow-Funktion zu v in x_0. (i) ist nach Voraussetzung erfüllt und nach (18) gilt $\partial_v E = 0$.

Wir führen noch den Begriff des stabilen Punktes ein, der den des Attraktors erweitert.

Definition (Stabiler Punkt): Ein kritischer Punkt x_0 des Vektorfeldes $v \colon \Omega \to \mathbb{R}^n$ heißt *stabil*, wenn jede Umgebung $K \subset \Omega$ von x_0 eine Umgebung V mit folgender Eigenschaft enthält: Jede maximale Integralkurve φ mit $\varphi(0) \in V$ ist für alle $t \ge 0$ definiert und bleibt für alle diese t in K.

Beispiel: Der Nullpunkt ist ein stabiler Punkt des Rotationsfeldes v in $\mathbb{R}^2$, $v(x,y) = (-y, x)$; er ist aber kein Attraktor.

Satz (Ljapunow): *Zu dem kritischen Punkt x_0 des lokal Lipschitz-stetigen Vektorfeldes $v \colon \Omega \to \mathbb{R}^n$ gebe es eine Ljapunow-Funktion L. Dann gelten die Implikationen:*

a) *$\partial_v L \le 0$ auf $\Omega \implies x_0$ ist ein stabiler Punkt;*

b) *$\partial_v L < 0$ auf $\Omega \setminus \{x_0\} \implies x_0$ ist ein Attraktor;*

c) *$\partial_v L > 0$ auf $\Omega \setminus \{x_0\} \implies x_0$ ist kein stabiler Punkt.*

Beweis: Es sei $K \subset \Omega$ eine kompakte Umgebung von x_0, ferner μ das Minimum von L auf ∂K und $V := \{x \in K \mid L(x) < \mu\}$. V ist eine nicht leere, in K enthaltene Umgebung von x_0. Wir zeigen, daß sie die Bedingung in der Definition eines stabilen Punktes bzw. Attraktors erfüllt.

a) Sei $\varphi \colon [0;\beta) \to \Omega$ eine Integralkurve mit $\varphi(0) \in V$. Wir zeigen zunächst, daß $\varphi(t) \in V$ für alle $t \in [0;\beta)$. Angenommen, das wäre nicht so. Dann gibt es ein $t^* \in [0;\beta)$ derart, daß $\varphi(t) \in V$ für alle $t \in [0;t^*)$, aber $\varphi(t^*) \notin V$. Wegen der Abgeschlossenheit von K liegt $\varphi(t^*)$ in K. $L \circ \varphi$ ist nach obiger Bemerkung monoton fallend; insbesondere gilt $L\big(\varphi(t^*)\big) \leq L\big(\varphi(0)\big) < \mu$. Dies steht aber im Widerspruch zu $\varphi(t^*) \notin V$. Die damit gezeigte Tatsache, daß φ in dem Kompaktum K verläuft, impliziert weiter $\beta = \infty$. Somit ist x_0 ein stabiler Punkt.

b) Es sei φ wieder eine Integralkurve mit $\varphi(0) \in V$. Diese ist nach dem bereits Bewiesenen auf $[0;\infty)$ definiert und verläuft in V. Wir zeigen zunächst weiter, daß $\lim_{t\to\infty} L\big(\varphi(t)\big) = 0$.

Da $L \circ \varphi$ monoton fällt und nur Werte ≥ 0 annimmt, besitzt $L \circ \varphi$ jedenfalls einen Grenzwert $a \geq 0$. Wegen $L\big(\varphi(t)\big) \geq a$ verläuft φ in der Menge $V_a := \{x \in K \mid L(x) \geq a\}$. Bezeichnet M das Maximum von $\partial_v L$ in der kompakten Menge V_a, so ist $(L \circ \varphi)^{\boldsymbol{\cdot}} = \partial_v L \circ \varphi \leq M$; damit folgt

$$L\big(\varphi(t)\big) - L\big(\varphi(0)\big) \leq Mt.$$

Wäre $a > 0$, so wäre $x_0 \notin V_a$ und damit $M < 0$. Dann aber wäre L auf der kompakten Menge V_a nicht nach unten beschränkt. Widerspruch!

Aus $\lim_{t\to\infty} L\big(\varphi(t)\big) = 0$ ergibt sich nun sofort, daß $\lim_{t\to\infty} \varphi(t) = x_0$, da x_0 die einzige Nullstelle von L in der kompakten Menge V_0 ist.

c) Sei $K \subset \Omega$ eine kompakte Umgebung von x_0. Angenommen, es gäbe dazu eine Umgebung $V \subset K$ von x_0 wie in der Definition eines stabilen Punktes gefordert. Wir nehmen V als kompakt an. Weiter sei $\varphi \colon [0;\infty) \to K$ eine Integralkurve mit $\varphi(0) \in V \setminus \{x_0\}$. Die Funktion $L \circ \varphi$ wächst monoton wegen $(L \circ \varphi)^{\boldsymbol{\cdot}}(t) = \partial_v L(\varphi(t)) \geq 0$. Insbesondere gilt $L\big(\varphi(t)\big) \geq L\big(\varphi(0)\big) =: c$. Somit verläuft φ in der Menge $V_c := \{x \in K \mid L(x) \geq c\}$. Bezeichnet m das Minimum von $\partial_v L$ in V_c, so folgt analog zu Teil b) $L\big(\varphi(t)\big) - L\big(\varphi(0)\big) \geq mt$. Wegen $\varphi(0) \neq x_0$ ist $c \neq 0$ und folglich $m > 0$. Damit aber wäre L auf K unbeschränkt. Widerspruch!   □

Der Beweis für die Aussagen a) und b) ergibt als zusätzliche Information eine untere Abschätzung des Einzugsbereiches eines Attraktors.

Definition: Unter dem *Einzugsbereich* eines Attraktors x_0 des Feldes $v \colon \Omega \to \mathbb{R}^n$ versteht man die Menge der Punkte $\xi \in \Omega$ mit der Eigenschaft: Die maximale Integralkurve φ mit $\varphi(0) = \xi$ ist auf ganz $[0;\infty)$ definiert und konvergiert gegen x_0 für $t \to \infty$.

Zusatz: *Es gelte $\partial_v L < 0$ in $\Omega \setminus \{x_0\}$; ferner habe L die Eigenschaft, daß für einen Funktionswert μ die Menge $K_\mu := \{x \in \Omega \mid L(x) \leq \mu\}$ kompakt ist. Dann gehört $V = \{x \in \Omega \mid L(x) < \mu\}$ zum Einzugsbereich von x_0.*

Beispiel: Die Liénardsche Gleichung

$$\ddot{x} + f(x)\dot{x} + x = 0.$$

Diese Gleichung spielt in der Theorie der elektrischen Schaltkreise eine gewisse Rolle. Ihr assoziiertes System 1. Ordnung lautet

$$\begin{pmatrix} x \\ y \end{pmatrix}^{\cdot} = \begin{pmatrix} y \\ -f(x)y - x \end{pmatrix} = v(x,y).$$

Wir setzen voraus, daß f auf einem Intervall I mit $0 \in I$ lokal Lipschitzstetig ist und nur Werte ≤ 0 annimmt oder nur Werte ≥ 0.

Der Nullpunkt ist ein kritischer Punkt des Feldes v und zwar der einzige. Eine Ljapunow-Funktion zu v ist $L: I \times \mathbb{R} \to \mathbb{R}$, $L(x,y) := x^2 + y^2$, da $\partial_v L(x,y) = -2f(x)y^2$ nur Werte ≥ 0 bzw. ≤ 0 annimmt. Also ist $(0,0)$

ein stabiler Punkt, falls $f \geq 0$ in I,

ein Attraktor, falls $f > 0$ in $I \setminus \{0\}$,

ein instabiler Punkt, falls $f < 0$ in $I \setminus \{0\}$.

Historisches. Fragen des Langzeitverhaltens und der Stabilität spielen in Naturwissenschaft und Technik von jeher eine besondere Rolle. Die Frage nach der Stabilität des Sonnensystems etwa hat Astronomen und Mathematiker bald nach Newtons *Philosophiae naturalis principia mathematica* (1687) bewegt. Lagrange und Laplace gaben Scheinbeweise für die Stabilität; tatsächlich behandelten sie nur angenäherte Probleme. Im Jahre 1885 wurde das Problem vom schwedischen König Oskar II. als Preisaufgabe ausgeschrieben. Den Preis gewann H. Poincaré, obwohl seine Arbeit keine Entscheidung brachte. Die Preisarbeit erregte aber wegen ihrer Ideen und Methoden die höchste Bewunderung von Weierstraß. Poincaré begründete in ihr und zahlreichen weiteren Abhandlungen die *globale* Theorie der Differentialgleichungen und Vektorfelder auf Mannigfaltigkeiten. Ein neues und wesentliches Element stellt dabei die wechselseitige Beziehung von analytischen Strukturen der Felder und topologischen Strukturen der Mannigfaltigkeiten dar.

Neue Einsichten in das Problem der Stabilität des Sonnensystems brachte die ab 1954 von Kolmogorow, seinem Schüler W. I. Arnold und J. Moser entwickelte sogenannte KAM-Theorie, die wesentlich auf Ergebnissen von Poincaré aufbaut. Ihr Hauptresultat besagt, daß die Hamiltonschen Gleichungen, die das n-Körperproblem einschließen, quasiperiodische Lösungen besitzen, wobei die Möglichkeit besteht, daß eine beliebig kleine Störung eine quasiperiodische Lösung in eine instabile umkippen läßt. Hiernach muß das Stabilitätsproblem des Sonnensystems als offen gelten.

Poincaré, Henri (1854–1912): Professor in Paris und Mitglied der Akademie der Wissenschaften. Sein umfangreiches Werk enthält bahnbrechende Arbeiten zu den verschiedensten Gebieten der Mathematik und Mathematischen Physik: Zur Analysis (Automorphe Funktionen, Differentialformen), zur Topologie (Homologietheorie, Fundamentalgruppen), zur hyperbolischen Geometrie (Poincarésches Modell) und zur Theorie der partiellen Differentialgleichungen. Poincaré ist der Begründer der qualitativen Theorie der gewöhnlichen Differentialgleichungen. Von ihm stammen ferner grundlegende Beiträge zur Himmelsmechanik, Hydrodynamik und Optik. Poincaré gilt als ein Vorläufer Einsteins in der speziellen Relativitätstheorie. In seinem Spätwerk behandelte er Grundlagenfragen der Mathematik und Naturwissenschaft *(La Science et l'Hypothèse)*.

4.6 Flüsse in Vektorfeldern und Divergenz

Nachdem wir bisher einzelne Integralkurven eines Vektorfeldes untersucht haben, befassen wir uns im Folgenden mit Scharen von Integralkurven, sogenannten Flüssen. In einem stetig differenzierbaren Vektorfeld erzeugen Flüsse lokal zeitabhängige Diffeomorphismen, deren Volumenverzerrung zum Begriff der Divergenz eines Vektorfeldes führt.

$v\colon \Omega \to \mathbb{R}^n$ sei im gesamten Abschnitt 4.6 ein $\mathscr{C}^1$-Vektorfeld auf einer offenen Menge des $\mathbb{R}^n$.

Wir studieren zunächst die Deformierbarkeit einer Integralkurve längs eines *kompakten* Zeitintervalls. Die folgende Aussage bedeutet eine Art Stabilität, wobei allerdings Integralkurven mit der Zeit exponentiell auseinanderdriften können.

Lemma: *Es sei* $\varphi\colon [0;b] \to \Omega$ *eine Integralkurve des Vektorfeldes* v. *Dann gibt es Zahlen* r, $L > 0$ *derart, daß gilt:*

a) *Zu jedem Punkt* $x \in \overline{K}_r(x_0)$, $x_0 := \varphi(0)$, *gibt es eine Integralkurve* ψ *mit* $\psi(0) = x$, *die ebenfalls für alle* $t \in [0;b]$ *erklärt ist.*

b) *Je zwei Integralkurven* ψ_1, ψ_2 *von* v *mit* $\psi_i(0) \in \overline{K}_r(x_0)$, $i = 1,2$, *weichen voneinander höchstens wie folgt ab:*

(21) $$\|\psi_1(t) - \psi_2(t)\| \le \|\psi_1(0) - \psi_2(0)\| \cdot e^{Lt}, \quad t \in [0;b].$$

Analoge Aussagen gelten im Fall eines Definitionsintervalls $[a;0]$.

Beweis: a) Wir wählen eine Zahl $\rho > 0$ derart, daß die kompakte Menge $K := \bigcup_{t \in [0;b]} \overline{K}_\rho(\varphi(t))$ in Ω enthalten ist, und setzen dann

$$L := \max_{x \in K} \|v'(x)\|, \quad r := \rho\, e^{-Lb}.$$

Es sei nun $x \in \overline{K}_r(x_0)$ und $\psi\colon (\alpha;\beta) \to \Omega$ die maximale Integralkurve mit $\psi(0) = x$; dabei ist $0 < \beta$. Wir zeigen zunächst, daß

$(*)$ $d(t) := \|\psi(t) - \varphi(t)\| < \rho$ für alle positiven $t < \min(\beta, b)$

gilt. Angenommen, dem sei nicht so. Dann gibt es ein $t^* < \min(\beta, b)$ so, daß $d(t) < \rho$ für $t < t^*$, aber $d(t^*) = \rho$. Mit $\varphi(t) = \varphi(0) + \int_0^t v(\varphi(s))\,ds$ und der analogen Identität für ψ ergibt sich

$$\|\psi(t) - \varphi(t)\| \leq \|\psi(0) - \varphi(0)\| + \int_0^t \|v(\psi(s)) - v(\varphi(s))\|\,ds.$$

Für $s \in [0; t^*]$ ist $\psi(s) \in K$. Aufgrund des Schrankensatzes und nach der Wahl von L gilt also $\|v(\psi(s)) - v(\varphi(s))\| \leq L\|\psi(s) - \varphi(s)\|$. Damit folgt

$$d(t) \leq d(0) + L\int_0^t d(s)\,ds \quad \text{für } t \in [0; t^*].$$

Das Lemma von Gronwall liefert weiter die Abschätzung $d(t^*) < d(0)\cdot e^{Lt^*}$. Damit folgt $d(t^*) \leq \rho e^{-L(b-t^*)} < \rho$, was der Wahl von t^* widerspricht.

Es ergibt sich jetzt sofort, daß $\beta > b$ ist. Zum Beweis wenden wir das Korollar des Satzes über die Lebensdauer maximaler Integralkurven auf ψ und das Kompaktum K an. Im Fall $\beta < \infty$ gibt es danach ein $t \in (0; \beta)$ mit $\psi(t) \notin K$. Wegen $(*)$ muß $t \geq b$ sein. Damit folgt $\beta > b$.

b) Wie in a) erhält man aus den Identitäten $\psi_i(t) = \psi_i(0) + \int_0^t v(\psi_i(s))\,ds$

$$\|\psi_1(t) - \psi_2(t)\| \leq \|\psi_1(0) - \psi_2(0)\| + L\int_0^t \|\psi_1(s) - \psi_2(s)\|\,ds.$$

Daraus folgt nach dem Lemma von Gronwall die Abschätzung (21). $\square$

Definition (Fluß eines Vektorfeldes v): Sei U eine Teilmenge von Ω und I ein Intervall mit $0 \in I$. Unter dem *von v erzeugten Fluß Φ auf* $I \times U$ versteht man die im Fall der Existenz eindeutig bestimmte Abbildung $\Phi\colon I \times U \to \Omega$ mit folgenden Eigenschaften:

(i) Φ ist partiell differenzierbar nach t, und es gilt $\dot\Phi(t, x) = v(\Phi(t, x))$;

(ii) $\Phi(0, x) = x$.

Diese Forderungen besagen, daß für jedes $x \in U$ die Kurve

$$\Phi_x\colon I \to \Omega, \quad \Phi_x(t) := \Phi(t, x),$$

eine Integralkurve von v mit $\Phi_x(0) = x$ ist. Dabei muß I nicht das maximale Definitionsintervall der Lösung des AWP $\dot x = v(x)$, $x(0) = x$, sein; jede dieser Kurven Φ_x ist aber mindestens auf I definiert.

Ein Fluß, der auf $\mathbb{R} \times \Omega$ definiert ist, heißt auch *globaler* Fluß.

Beispiel: Das lineare Feld v, $v(x) := Ax$, $A \in \mathbb{R}^{n \times n}$, erzeugt nach (16) den globalen Fluß

$$\Phi \colon \mathbb{R} \times \mathbb{R}^n \to \mathbb{R}^n, \quad \Phi(t, x) := e^{At}x.$$

Das vorangehende Lemma bildet den Ausgangspunkt für das Studium von Flüssen. Zunächst notieren wir zur Frage der Existenz:

Lemma: *Zu jeder kompakten Teilmenge $K \subset \Omega$ gibt es ein Intervall $[0; c]$ derart, daß v auf $[0; c] \times K$ einen Fluß erzeugt.*

Beweis: Gegeben sei ein Punkt $y \in \Omega$ und ein im Definitionsintervall der maximalen Integralkurve φ von v mit $\varphi(0) = y$ enthaltenes kompaktes Intervall $[0; b]$. Dann gibt es eine Kugel $K_r(y)$ so, daß durch jeden der Punkte $x \in K_r(y)$ eine auf $[0; b]$ erklärte Integralkurve Φ_x mit $\Phi_x(0) = x$ geht. Durch $\Phi(t, x) := \Phi_x(t)$ ist dann ein Fluß auf $[0; b] \times K_r(y)$ definiert. In dieser Weise bilde man zu jedem $y \in K$ Flüsse auf geeigneten „Zylindern" $[0; b_y] \times K_{r_y}(y)$. Endlich viele der Kugeln $K_{r_y}(y)$ überdecken K, etwa die mit den Mittelpunkten $y_1, \ldots, y_s$, und es sei $c := \min(b_{y_1}, \ldots, b_{y_s})$. Die Flüsse auf den entsprechenden Zylindern bilden dann aufgrund des Eindeutigkeitssatzes zusammen einen Fluß auf $[0; c] \times K$. $\square$

Wir untersuchen im Folgenden die von einem Fluß $\Phi \colon I \times U \to \Omega$ für jedes $t \in I$ bewirkte sogenannte *Zustandsabbildung*

$$\boxed{\Phi_t \colon U \to \Omega, \quad \Phi_t(x) := \Phi(t, x).}$$

Im Fall eines Strömungsfeldes v gibt Φ_t an, wohin die Partikeln, die sich zum Zeitpunkt 0 in U befinden, in der Zeit t transportiert werden. Wir zeigen im nächsten Satz, daß Φ_t die Menge U diffeomorph auf $U_t := \Phi_t(U)$ abbildet.

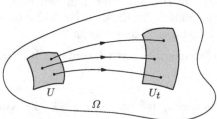

Wirkung einer Zustandsabbildung

Beispiel: Der Fluß Φ im vorangehenden Beispiel erzeugt für jedes $t \in \mathbb{R}$ die Zustandsabbildung

$$\Phi_t \colon \mathbb{R}^n \to \mathbb{R}^n, \quad \Phi_t(x) = e^{At}x.$$

Satz von der Diffeomorphie der Zustandsabbildungen: *Es sei* Φ: $I \times U \to \Omega$ *ein Fluß auf einer offenen Menge* U. *Dann gilt: Jede Zustandsabbildung* Φ_t *bildet* U *diffeomorph auf* $\Phi_t(U)$ *ab, und ihre Ableitung* $\Phi_t'(x)$ *in* $x \in U$ *ist der Wert* $X(t)$ *der Lösung des linearen Matrix-AWP:*

$$(22) \qquad \frac{\mathrm{d}}{\mathrm{d}\tau} X = A(\tau)X \quad mit \;\; A(\tau) := v'\big(\Phi_\tau(x)\big), \quad X(0) = E.$$

Die Beziehung

$$(22') \qquad\qquad \big(\Phi_t'(x)\big)^{\cdot} = v'\big(\Phi_t(x)\big)\,\Phi_t'(x)$$

wird als *Variationsgleichung* des Feldes v zum Punkt x bezeichnet.

Beweis: Wir zeigen zunächst, daß Φ_t in x differenzierbar ist und die behauptete Ableitung hat; d. h., daß

$$\frac{\Phi_t(x+h) - \Phi_t(x) - X(t)h}{\|h\|} \to 0 \quad \text{für } h \to 0.$$

Wir betrachten den Fall $t > 0$. Sei $\varphi\colon [0;t] \to \Omega$ die Integralkurve mit $\varphi(0) = x$, also $\varphi(t) = \Phi_t(x)$. Zu φ wählen wir r und L wie im einleitenden Lemma. Für $h \in \mathbb{R}^n$ mit $\|h\| < r\mathrm{e}^{-Lt}$ betrachten wir dann zunächst

$$\triangle_\tau(h) := \Phi_\tau(x+h) - \Phi_\tau(x) \quad \text{für } \tau \in [0;t].$$

Wegen $\Phi_0 = \mathrm{id}$ ist $\triangle_0(h) = h$, und nach (21) gilt $\|\triangle_\tau(h)\| \le \|h\|\,\mathrm{e}^{L\tau} \le r$. Da $\tau \mapsto \Phi_\tau(\xi)$ eine Integralkurve ist, gilt ferner

$$\dot{\triangle}_\tau(h) = v\big(\Phi_\tau(x+h)\big) - v\big(\Phi_t(x)\big) = v\big(\Phi_\tau(x) + \triangle_\tau(h)\big) - v\big(\Phi_\tau(x)\big).$$

Zur weiteren Umformung ziehen wir die qualitative Taylorformel heran. Nach dieser gibt es eine stetige Funktion $R\colon [0;t] \times \overline{K}_r(0) \to \mathbb{R}^n$ mit $R(\tau, 0) = 0$ und derart, daß

$$v\big(\varphi(\tau) + u\big) - v\big(\varphi(\tau)\big) = v'\big(\varphi(\tau)\big)u + \|u\|\,R(\tau, u)$$

gilt für alle $\tau \in [0;t]$ und $u \in \overline{K}_r(0)$. Damit und mit $A(\tau) = v'\big(\varphi(\tau)\big)$ geht obige Darstellung von $\dot{\triangle}_\tau(h)$ über in

$$\dot{\triangle}_\tau(h) = A(\tau)\triangle_\tau(h) + \big\|\triangle_\tau(h)\big\|\,R\big(\tau, \triangle_\tau(h)\big).$$

Es sei nun $X\colon [0;t] \to \mathbb{R}^{n \times n}$ die Lösung des AWP (22). Wir betrachten dann

$$y(\tau) := \triangle_\tau(h) - X(\tau)h.$$

Nach dem Vorangehenden gilt

$$\dot{y}(\tau) = A(\tau)y(\tau) + \left\| \Delta_\tau(h) \right\| R\big(\tau, \Delta_\tau(h)\big).$$

Durch Integration ergibt sich daraus wegen $y(0) = h - X(0)h = 0$

$$y(\tau) = \int\limits_0^\tau \Big(A(s)y(s) + \left\| \Delta_s(h) \right\| R\big(s, \Delta_s(h)\big) \Big) \mathrm{d}s.$$

Wir schätzen ab. Es sei a das Maximum von $\left\| A(s) \right\|$ für $s \in [0;t]$ und $b(r)$ das von $\left\| R(s,u) \right\|$ für $(s,u) \in [0;t] \times \overline{K}_r(0)$. Damit erhalten wir

$$\left\| y(\tau) \right\| \leq \left\| h \right\| \mathrm{e}^{Lt} b(r)t + a \cdot \int\limits_0^\tau \left\| y(s) \right\| \mathrm{d}s$$

und mit dem Lemma von Gronwall

$$\left\| y(t) \right\| \leq \left\| h \right\| t \mathrm{e}^{(a+L)t} b(r).$$

Es sei nun $\varepsilon > 0$ gegeben. Wegen $R(s,0) = 0$ und der Stetigkeit von R auf $[0;t] \times \overline{K}_r(0)$ gibt es nach dem Tubenlemma in 1.4 ein $\delta > 0$ derart, daß für $r \leq \delta$ die Abschätzung $t\mathrm{e}^{(a+L)t} b(r) \leq \varepsilon$ zutrifft. Wählt man h schließlich so klein, daß $\left\| \Delta_s(h) \right\| \leq \left\| h \right\| \mathrm{e}^{Lt} \leq \delta$, so folgt $\left\| y(t) \right\| \leq \varepsilon \left\| h \right\|$; das aber besagt, daß für solche h

$$\left\| \Phi_t(x+h) - \Phi_t(x) - X(t)h \right\| \leq \varepsilon \left\| h \right\|$$

gilt. Φ_t ist also in x differenzierbar und hat dort die Ableitung $X(t)$.

Nachweis der Stetigkeit der Ableitung $\Phi_t' \colon U \to \mathbb{R}^{n \times n}$. In den Punkten $x =: x_1$ und $x + h =: x_2$ sind die Ableitungen $\Phi_t'(x_i)$, $i = 1, 2$, die Werte der Lösungen der AWP

$$\dot{X} = A_i X, \quad A_i(\tau) := v'\big(\Phi_\tau(x_i)\big), \quad X(0) = E,$$

zum Zeitpunkt t. Aufgrund der Abschätzung (21) und der Stetigkeit von v' gibt es zu jedem $\varepsilon > 0$ ein $\delta > 0$ so, daß für alle $\tau \in [0;t]$ die Abschätzung $\left\| A_1(\tau) - A_2(\tau) \right\| \leq \varepsilon$ besteht, sofern $\left\| h \right\| \leq \delta$. Für solche h gilt dann nach dem unten folgenden Vergleichslemma mit $a := \max_{\tau \in [0;t]} \left\| A_1(\tau) \right\|$

$$\left\| \Phi_t'(x+h) - \Phi_t'(x) \right\| \leq \varepsilon t \cdot \max_{\tau \in [0;t]} \left\| \Phi_\tau'(x) \right\| \mathrm{e}^{(a+\varepsilon)t}.$$

Diese Abschätzung beweist die Stetigkeit von Φ_t' im Punkt x.

Nachweis der Diffeomorphie der Abbildung $\Phi_t \colon U \to U_t$. Die Injektivität folgt unmittelbar aus dem Eindeutigkeitssatz in 4.2; Φ_t ist also bijektiv. Die Stetigkeit der Ableitung $\Phi'(t)$ haben wir soeben gezeigt. Ferner ist die Ableitung $\Phi_t'(x)$ an jeder Stelle x invertierbar. Das folgt daraus, daß $\Phi_t'(x)$ ein Wert der Lösung des AWP (22) ist, also eine Fundamentalmatrix; siehe 4.3. Nach dem Diffeomorphiesatz in 3.3 ist daher $\Phi_t \colon U \to \Phi_t(U)$ ein Diffeomorphismus. □

Vergleichslemma: *Es seien* $A_1, A_2 \colon I \to \mathbb{R}^{n \times n}$ *stetige Funktionen mit* $\|A_1 - A_2\|_{[0;t]} \le \varepsilon$, $[0;t] \subset I$. *Dann weichen die Lösungen der zwei AWP*

$$\dot{X}_i = A_i X_i, \quad X_i(0) = E, \qquad i = 1, 2,$$

voneinander höchstens wie folgt ab:

$$\|X_1(t) - X_2(t)\| \le \varepsilon t \, \|X_1\|_{[0;t]} \exp\big((\|A_1\|_{[0;t]} + \varepsilon)t\big).$$

Dabei bezeichnet $\|*\|_{[0;t]}$ das Maximum von $\|*\|$ auf $[0;t]$.

Beweis: Die Integralversion der beiden AWP ergibt

$$X_1(t) - X_2(t) = \int_0^t \Big((A_1(s) - A_2(s)) X_1(s) + A_2(s)\big(X_1(s) - X_2(s)\big) \Big) \mathrm{d}s.$$

Damit folgt

$$\|(X_1(t) - X_2(t)\| \le \varepsilon t \, \|X_1\|_{[0;t]} + \|A_2(t)\|_{[0;t]} \int_0^t \|X_1(s) - X_2(s)\| \, \mathrm{d}s.$$

Das Lemma von Gronwall ergibt nun sofort die Behauptung. □

Wir wenden nun den Satz von Liouville in 4.3 auf die Lösung $t \mapsto \Phi_t'(x)$ der Differentialgleichung (22) an (x ist fixiert). Nach diesem Satz genügt die Funktion $t \mapsto \det \Phi_t'(x)$ der Gleichung

$$\big(\det \Phi_t'(x)\big)^{\cdot} = \operatorname{Spur} v'\big(\Phi_t(x)\big) \cdot \det \Phi_t'(x).$$

Diese Beziehung legt die Einführung eines für die Theorie der Vektorfelder fundamentalen Begriffes nahe.

Definition (Divergenz eines Vektorfeldes): Unter der *Divergenz* eines $\mathscr{C}^1$-Vektorfeldes $v = (v_1, \ldots, v_n)^\mathsf{T} \colon \Omega \to \mathbb{R}^n$ versteht man die Funktion

$$\boxed{\operatorname{Spur} v' = \frac{\partial v_1}{\partial x_1} + \cdots + \frac{\partial v_n}{\partial x_n} =: \operatorname{div} v.}$$

Damit lautet die vorangehende Gleichung

(23) $$\bigl(\det \Phi_t'(x)\bigr)^{\boldsymbol{\cdot}} = \operatorname{div} v\bigl(\Phi_t(x)\bigr) \cdot \det \Phi_t'(x).$$

Für $t = 0$ ergibt diese wegen $\Phi_0(x) = x$ und $\Phi_0'(x) = E$

(24) $$\boxed{\operatorname{div} v(x) = \bigl(\det \Phi_t'(x)\bigr)^{\boldsymbol{\cdot}}\Big|_{t=0}.}$$

Deutung: Die Matrix $\Phi_t'(x)$ stellt am Punkt x die lineare Approximati-on der Abbildung $\Phi_t \colon U \to \Omega$ dar und der Betrag ihrer Determinante $|\det \Phi_t'(x)|$ die Volumenverzerrung dieser Approximation; siehe 7.7. Für hinreichend kleine $|t|$ ist $\det \Phi_t'(x)$ positiv, da $\det \Phi_0'(x) = 1$; daher gilt $|\det \Phi_t'(x)| = \det \Phi_t'(x)$. Faßt man die lineare Approximation als „Approxi-mation im Kleinen" auf, erhält (24) folgende Deutung: *Die Divergenz eines Vektorfeldes in einem Punkt gibt die Geschwindigkeit der dort von der Zu-standsabbildung bewirkten Verzerrung des infinitesimalen Volumens an.*

Wir leiten für die letzte Aussage auch noch eine Version im Großen her. Da-zu greifen wir auf die Integralrechnung vor und verwenden insbesondere den Transformationssatz aus Kapitel 9.

Es sei A eine kompakte Teilmenge von Ω. Ferner sei $[0; c]$ ein Intervall so, daß das Feld $v \colon \Omega \to \mathbb{R}^n$ einen Fluß $\Phi \colon [0; c] \times A \to \Omega$ erzeugt. Für jedes $t \in [0; c]$ hat dann $\Phi_t(A)$ nach dem Transformationssatz das Volumen

$$\operatorname{vol}\bigl(\Phi_t(A)\bigr) = \int_A |\det \Phi_t'(x)|\, \mathrm{d}x = \int_A \det \Phi_t'(x)\, \mathrm{d}x.$$

Mit (23) folgt daraus die **Formel von Liouville:**

$$\frac{\mathrm{d}}{\mathrm{d}t}\operatorname{vol}\bigl(\Phi_t(A)\bigr) = \int_A \operatorname{div} v\bigl(\Phi_t(x)\bigr) \cdot \det \Phi_t'(x)\, \mathrm{d}x.$$

Speziell im Zeitpunkt 0 gilt also

$$\frac{\mathrm{d}}{\mathrm{d}t}\operatorname{vol}\bigl(\Phi_t(A)\bigr)\Big|_{t=0} = \int_A \operatorname{div} v(x)\, \mathrm{d}x.$$

Wir wenden die Formel von Liouville an auf die Frage der Volumentreue eines Vektorfeldes. Ein $\mathscr{C}^1$-Feld $v \colon \Omega \to \mathbb{R}^n$ heißt *volumentreu*, wenn für jede kompakte Menge $A \subset \Omega$ und jeden Fluß $\Phi \colon [0; c] \times A \to \Omega$ gilt:

$$\operatorname{vol}\bigl(\Phi_t(A)\bigr) = \operatorname{vol}(A) \quad \text{für jedes } t \in [0; c].$$

Aufgrund der Formel von Liouville ergibt sich sofort, daß $\frac{\mathrm{d}}{\mathrm{d}t}\operatorname{vol}\bigl(\Phi_t(A)\bigr)$ für alle kompakten A Null ist genau dann, wenn $\operatorname{div} v = 0$. Damit folgt:

Satz (Liouville): *Ein $\mathscr{C}^1$-Vektorfeld $v \colon \Omega \to \mathbb{R}^n$ ist genau dann volumentreu, wenn es divergenzfrei ist, d. h., wenn $\operatorname{div} v = 0$ gilt.*

4.7 Divergenz und Laplace-Operator in orthogonalen Koordinaten

Wegen des Auftretens der Divergenz in mannigfachen Zusammenhängen leiten wir für sie, anknüpfend an 4.1, die Darstellung in einem beliebigen orthogonalen Koordinatensystem her. Als Folgerung gewinnen wir damit auch eine Darstellung des Laplace-Operators in einem solchen Koordinatensystem.

In diesem Abschnitt verwenden wir auf $\mathbb{R}^n$ die euklidische Metrik.

Zunächst stellen wir die Divergenz mit Hilfe einer beliebigen Orthonormalbasis von Vektorfeldern dar.

Lemma: *Ist* $v\colon \Omega \to \mathbb{R}^n$ *ein differenzierbares Vektorfeld, so gilt mit jeder Orthonormalbasis* $\eta_1, \ldots, \eta_n$ *von Vektorfeldern auf* Ω

$$(25) \qquad \operatorname{div} v(x) = \sum_{i=1}^{n} \langle \partial_{\eta_i} v(x), \eta_i(x) \rangle.$$

Beweis: Es bezeichne $H(x)$ die Matrix mit den Spalten $\eta_1(x), \ldots, \eta_n(x)$. Da diese orthogonal ist, ergibt sich unter Beachtung von (1):

$$\sum_{i=1}^{n} \langle \partial_{\eta_i} v(x), \eta_i(x) \rangle = \sum_{i=1}^{n} \langle v'(x) \cdot \eta_i(x), \eta_i(x) \rangle$$

$$= \operatorname{Spur} H^{\mathsf{T}}(x)\, v'^{\mathsf{T}}(x)\, H(x) = \operatorname{Spur} v'(x). \qquad \square$$

Es sei nun $\Psi\colon \tilde{\Omega} \to \Omega$ ein Diffeomorphismus mit der Eigenschaft, daß an jeder Stelle $\xi \in \tilde{\Omega}$ die Spalten der Funktionalmatrix $\Psi'(\xi)$ aufeinander senkrecht stehen. In der Terminologie von 4.1 stellt also Ψ^{-1} ein orthogonales Koordinatensystem auf Ω dar. Durch

$$\eta_i(x) := \frac{1}{L_i(\xi)} \cdot \Psi'(\xi) e_i, \quad x := \Psi(\xi), \quad L_i(\xi) := \left\| \Psi'(\xi) e_i \right\|_2,$$

sind dann Vektorfelder $\eta_1, \ldots, \eta_n$ auf Ω erklärt, die eine Orthonormalbasis bilden; siehe (5). In dieser Basis hat ein beliebiges Vektorfeld v auf Ω die Darstellung $v = \sum_{i=1}^{n} v_i \eta_i$ mit $v_i(x) := \langle v(x), \eta_i(x) \rangle$ und das nach $\tilde{\Omega}$ zurückgeholte Vektorfeld $\tilde{v}$ die Darstellung

$$\tilde{v} = v \circ \Psi = \sum_{i=1}^{n} (v_i \circ \Psi) \cdot (\eta_i \circ \Psi) = \sum_{i=1}^{n} \tilde{v}_i \cdot \tilde{\eta}_i;$$

dabei ist $\tilde{v}_i = v_i \circ \Psi = \langle \tilde{v}, \tilde{\eta}_i \rangle$.

Satz: *Es sei Ψ 2-mal stetig differenzierbar. Mit $L := L_1 \cdots L_n$ hat die Divergenz eines $\mathscr{C}^1$-Vektorfeldes v auf Ω in $x = \Psi(\xi)$ die Darstellung*

$$(26) \qquad \boxed{\operatorname{div} v(x) = \frac{1}{L(\xi)} \sum_{i=1}^{n} \frac{\partial}{\partial \xi_i} \left(\frac{L \tilde{v}_i}{L_i} \right)(\xi).}$$

Beweis: Wir nehmen zunächst zwei Reduktionen vor.

1. Aus Linearitätsgründen genügt es, die Behauptung für die einzelnen Summanden $v_i \eta_i$ zu zeigen.

2. Zum Nachweis der Behauptung für einen einzelnen Summanden $v_i \eta_i$ genügt es, diese im Fall $v_i = 1$ zu verifizieren.

Begründung für 2: Die linke Seite in (26) hat für $v_i \eta_i$ nach der Produktregel den Wert $\operatorname{div}(v_i \eta_i)(x) = \partial_{\eta_i} v_i(x) + v_i(x) \cdot \operatorname{div} \eta_i(x)$. Mit ($4_i'$) ergibt sich dafür weiter

$$(*) \qquad \operatorname{div}(v_i \eta_i)(x) = \frac{1}{L_i(\xi)} \partial_i \tilde{v}_i(\xi) + \tilde{v}_i(\xi) \cdot \operatorname{div} \eta_i(x).$$

Die rechte Seite in (26) hat für $\tilde{v}_i \tilde{\eta}_i$ den Wert

$$\frac{1}{L_i(\xi)} \partial_i \tilde{v}(\xi) + \tilde{v}_i(\xi) \cdot \frac{1}{L(\xi)} \partial_i \left(\frac{L}{L_i} \right)(\xi).$$

Durch Vergleich mit $(*)$ sieht man, daß (26) gilt, falls

$$(26') \qquad \operatorname{div} \eta_i(x) = \frac{1}{L(\xi)} \partial_i \left(\frac{L}{L_i} \right)(\xi).$$

Nachweis von $(26')$: Nach dem Lemma gilt zunächst

$$\operatorname{div} \eta_i(x) = \sum_{k=1}^{n} \left\langle \partial_{\eta_k} \eta_i(x), \eta_k(x) \right\rangle.$$

Wegen $\left\langle \partial_{\eta_i} \eta_i, \eta_i \right\rangle = \frac{1}{2} \partial_{\eta_i} \left\langle \eta_i, \eta_i \right\rangle$ und $\left\langle \eta_i, \eta_i \right\rangle = 1$ liefert der i-te Summand keinen Beitrag. Mit (5) und ($4_i'$) sowie $\left\langle \partial_i \Psi, \partial_k \Psi \right\rangle = \delta_{ik} L_i^2$ geht die Summe über in

$$\sum_{k \neq i} \frac{1}{L_k^2} \left\langle \partial_k \left(\frac{1}{L_i} \partial_i \Psi \right), \partial_k \Psi \right\rangle = \sum_{k \neq i} \frac{1}{L_k^2 L_i} \left\langle \partial_k \partial_i \Psi, \partial_k \Psi \right\rangle$$

und wegen $\left\langle \partial_k \partial_i \Psi, \partial_k \Psi \right\rangle = \frac{1}{2} \partial_i \left\langle \partial_k \Psi, \partial_k \Psi \right\rangle = \frac{1}{2} \partial_i L_k^2 = L_k \cdot \partial_i L_k$ über in

$$\sum_{k \neq i} \frac{1}{L_k L_i} \partial_i L_k = \frac{1}{L} \partial_i \left(\frac{L}{L_i} \right).$$

Damit ist auch $(26')$ gezeigt. $\square$

Darstellung des Laplace-Operators

Es sei $f\colon \Omega \to \mathbb{R}$ eine $\mathscr{C}^2$-Funktion auf der offenen Teilmenge Ω des euklidischen $\mathbb{R}^n$. Wir berechnen Δf anhand der nach $\tilde{\Omega}$ zurückgeholten Funktion $\tilde{f}\colon \tilde{\Omega} \to \mathbb{R}$; dabei sei weiterhin $\Psi\colon \tilde{\Omega} \to \Omega$ ein $\mathscr{C}^2$-Diffeomorphismus derart, daß Ψ^{-1} ein orthogonales Koordinatensystem auf Ω definiert.

Aufgrund der Darstellung $\Delta f = \operatorname{div} \operatorname{grad} f$ erhalten wir nach (6) und (26) im Punkt $x = \Psi(\xi)$:

(27)
$$\Delta f(x) = \frac{1}{L(\xi)} \sum_{i=1}^{n} \frac{\partial}{\partial \xi_i} \left(\frac{L}{L_i^2} \frac{\partial \tilde{f}}{\partial \xi_i} \right)(\xi).$$

Der hier rechts auftretende Differentialoperator

$$\Delta^{\Psi} := \frac{1}{L} \sum_{i=1}^{n} \partial_i \left(\frac{L}{L_i^2} \partial_i \right)$$

heißt der *mittels Ψ zurückgeholte Laplace-Operator*. (27) lautet damit:

(27′)
$$\Delta f(x) = \Delta^{\Psi}(\tilde{f})(\xi), \qquad x = \Psi(\xi).$$

Beispiel: Die Transformation mittels der Polarkoordinatenabbildungen P_2 und P_3 ergibt in den Punkten mit $r > 0$ bzw. $r > 0$, $\cos \varphi_2 > 0$

$$\Delta^{P_2} \tilde{f} = \frac{1}{r} \left(\partial_r (r \tilde{f}_r) + \frac{1}{r} \tilde{f}_{\varphi\varphi} \right),$$

$$\Delta^{P_3} \tilde{f} = \frac{1}{r^2 \cos \varphi_2} \left(\cos \varphi_2 \partial_r (r^2 \tilde{f}_r) + \frac{1}{\cos \varphi_2} \tilde{f}_{\varphi_1 \varphi_1} + \partial_{\varphi_2} (\cos \varphi_2 \tilde{f}_{\varphi_2}) \right).$$

4.8 Aufgaben

1. Man skizziere das Geschwindigkeitsfeld $v\colon \mathbb{R}^3 \to \mathbb{R}^3$, $v(x) := \omega \times x$, einer starren Drehung im euklidischen $\mathbb{R}^3$ mit der vektoriellen Drehgeschwindigkeit $\omega \in \mathbb{R}^3$ und berechne seine Divergenz.

2. Mittels Picard-Lindelöf-Iteration ermittle man die Lösung des AWP

$$\begin{pmatrix} x \\ y \end{pmatrix}^{\cdot} = \begin{pmatrix} -y \\ x \end{pmatrix}, \qquad \begin{pmatrix} x(0) \\ y(0) \end{pmatrix} = \begin{pmatrix} 1 \\ 0 \end{pmatrix}.$$

3. Jedes Anfangswertproblem der Differentialgleichung $\dot{x} = |t \sin tx|$ hat genau eine auf ganz $\mathbb{R}$ definierte Lösung.

4. Sei $v\colon \mathbb{R}^n \to \mathbb{R}^n$ ein $\mathscr{C}^1$-Vektorfeld. Man zeige: Jede maximale Integralkurve des Feldes $\tilde{v}\colon \mathbb{R}^n \to \mathbb{R}^n$, $\tilde{v}(x) := \sin(\|x\|) \cdot v(x)$, ist auf ganz $\mathbb{R}$ definiert. Wo verläuft eine solche?

5. Man bestimme alle konstanten und alle periodischen Integralkurven des Feldes $v\colon \mathbb{R}^2 \to \mathbb{R}^2$ mit $v(0,0) = (0,0)$ und

$$v(x,y) = \begin{pmatrix} y \\ -x \end{pmatrix} + (x^2 + y^2) \sin \frac{1}{\sqrt{x^2+y^2}} \begin{pmatrix} x \\ y \end{pmatrix}, \quad \text{falls } (x,y) \neq (0,0).$$

Ferner skizziere man qualitativ alle weiteren Integralkurven.

6. Es sei $v\colon \Omega \to \mathbb{R}^n$ ein stetiges Vektorfeld auf $\Omega \subset \mathbb{R}^n$ und $\alpha\colon \Omega \to \mathbb{R}^*$ eine stetige Funktion. Man zeige: Die Spuren der Integralkurven der beiden Vektorfelder v und αv stimmen überein. Genauer: Ist ψ eine Integralkurve des Feldes αv mit $\psi(\tau_0) = x_0$ und $\tau = \tau(t)$ die durch

$$\int_{\tau_0}^{\tau} \alpha(\psi(s))\, \mathrm{d}s = t - t_0$$

definierte Zeittransformation, so ist $\varphi := \psi \circ \tau$ eine Integralkurve des Feldes v mit $\varphi(t_0) = x_0$.

7. Sei $A \in \mathbb{R}^{3 \times 3}$ eine Matrix mit Eigenwerten $\lambda \pm \mathrm{i}\mu$ und γ, wobei λ und γ negativ seien. Man skizziere die Integralkurven des Feldes $v\colon \mathbb{R}^3 \to \mathbb{R}^3$, $v(x) := Ax$, und untersuche ihr Verhalten für $t \to \infty$.
Die Abbildung zeigt einige Kurven für $\lambda < \gamma$.

8. Ist $A \in \mathbb{R}^{n \times n}$ schiefsymmetrisch, $A^\mathsf{T} = -A$, so verläuft jede Lösung der Gleichung $\dot{x} = Ax$ auf einer Sphäre um 0.

9. *Spezielle inhomogene Systeme.* Es sei $A \in \mathbb{C}^{n \times n}$ und $\omega \in \mathbb{C}$ eine Zahl, die kein Eigenwert von A ist. Man zeige: Für jedes Polynom $p(t)$ mit Koeffizienten in $\mathbb{C}^n$ besitzt die Differentialgleichung

$$\dot{x} = Ax + \mathrm{e}^{\omega t} p(t)$$

eine Lösung der Gestalt $\mathrm{e}^{\omega t} q(t)$, wobei q ein Polynom mit Koeffizienten in $\mathbb{C}^n$ und $\operatorname{Grad} q = \operatorname{Grad} p$ ist.

10. Man zeige: Für vertauschbare Matrizen $A, B \in \mathbb{C}^{n \times n}$ gilt

$$\mathrm{e}^{A+B} = \mathrm{e}^A \cdot \mathrm{e}^B.$$

Hinweis: Sowohl $U(t) := \mathrm{e}^{(A+B)t}$ als auch $V(t) := \mathrm{e}^{At}\mathrm{e}^{Bt}$ lösen das Anfangswertproblem $\dot{X} = (A+B)X$, $X(0) = \mathrm{E}$.

11. Man zeige mit Hilfe der Formel (15) in 4.3 für $A \in \mathbb{C}^{n \times n}$

$$\det \mathrm{e}^A = \mathrm{e}^{\operatorname{Spur} A}.$$

12. Das in Band 1, 10.2 eingeführte charakteristische Polynom einer linearen Differentialgleichung n-ter Ordnung mit konstanten Koeffizienten ist bis auf einen konstanten Faktor das charakteristische Polynom der Matrix des assoziierten linearen Systems 1. Ordnung.

13. Für die Lösungen einer homogenen linearen Differentialgleichung 2. Ordnung mit stetigen Koeffizienten auf einem Intervall I zeige man:

    a) Jede von Null verschiedene Lösung hat nur einfache Nullstellen, und die Menge ihrer Nullstellen hat keinen Häufungspunkt in I.

    b) Ist (φ, ψ) ein Fundamentalsystem, so liegt zwischen je zwei Nullstellen von φ eine Nullstelle von ψ *(Trennungssatz)*.

    Hinweis: $\varphi\dot{\psi} - \psi\dot{\varphi}$ hat keine Nullstelle.

14. Gegeben ist die Differentialgleichung $\ddot{x} = -\left(x - \frac{1}{2}x^2\right)$.

    a) Man ermittle zu dem assoziierten System 1.Ordnung ein Erstes Integral E und diskutiere qualitativ mit Hilfe des Lemmas von Morse dessen Niveaulinien in der Nähe der kritischen Stellen.

    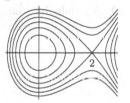

    b) Man berechne die Niveaulinien explizit.

15. Man zeige, daß $(0,0)$ ein instabiler Punkt des der Gleichung

    $$\ddot{x} + \dot{x}^2 \operatorname{sign}(\dot{x}) + x = 0$$

    zugeordneten Systems 1. Ordnung ist. (Terme $\dot{x}^2 \operatorname{sign}(\dot{x})$ werden zur Beschreibung des Luftwiderstandes bei schneller Bewegung benutzt.)

16. Es sei $f\colon \Omega \to \mathbb{R}$ eine $\mathscr{C}^1$-Funktion mit isoliertem Minimum in x_0. Man zeige, daß x_0 ein stabiler Punkt des Feldes $v := -\operatorname{grad} f$ ist, und gebe eine hinreichende Bedingung dafür an, daß x_0 ein Attraktor ist.

17. Ein Feld $v\colon \Omega \to \mathbb{R}^{2n}$ auf einer offenen Menge $\Omega \subset \mathbb{R}^n \times \mathbb{R}^n$ heißt *Hamiltonsches Feld*, wenn es eine $\mathscr{C}^2$-Funktion $H\colon \Omega \to \mathbb{R}$ gibt so, daß

    $$v(p,q) = \left(-\frac{\partial H}{\partial q_1}, \dots, -\frac{\partial H}{\partial q_n}, \frac{\partial H}{\partial p_1}, \dots, \frac{\partial H}{\partial p_n}\right).$$

    Das zugeordnete Gleichungssystem lautet also

    $$\dot{p}_i = -\frac{\partial H}{\partial q_i}, \quad \dot{q}_i = \frac{\partial H}{\partial p_i}, \qquad i = 1, \dots, n.$$

    Man zeige:

    a) Das der Schwingungsgleichung $\ddot{x} = -U'^{\mathsf{T}}(x)$ zugeordnete Vektorfeld ist ein Hamiltonsches Feld.

    b) H ist ein Erstes Integral des Feldes v.

   c) Jede isolierte Minimalstelle von H ist ein stabiler Punkt von v.

   d) Ein Hamiltonsches Feld hat die Divergenz Null: $\operatorname{div} v = 0$.

18. Gegeben sei das Vektorfeld $v \colon \mathbb{R}^2 \to \mathbb{R}^2$,

$$v\begin{pmatrix} x \\ y \end{pmatrix} = \begin{pmatrix} 1 & -1 \\ 1 & 1 \end{pmatrix} \begin{pmatrix} x \\ y \end{pmatrix}.$$

   a) Man ermittle die Zustandsabbildungen $\varPhi_t$ und skizziere die Bilder $\varPhi_1(Q)$ und $\varPhi_2(Q)$ des Quadrates $Q := \{(x,y) \mid |x - 2| \le 1,\, |y| \le 1\}$.

   b) Man verifiziere, daß die Divergenz des Feldes konstant ist. Was folgt daraus für die Flächeninhalte von Bildern $\varPhi_t(A)$, $t \in \mathbb{R}$, von Mengen $A \subset \mathbb{R}^2$? Man bestätige das Ergebnis am Beispiel des Quadrates Q.

19. Anstelle der Polarkoordinatenabbildung P_3 verwendet man in der Physik oft die sogenannte *Kugelkoordinaten-Transformation*

$$T \colon \mathbb{R}^3 \to \mathbb{R}^3, \quad T(r,\theta,\varphi) = r \begin{pmatrix} \sin\theta\,\cos\varphi \\ \sin\theta\,\sin\varphi \\ \cos\theta \end{pmatrix}.$$

   a) Man zeige: T^{-1} definiert auf $\mathbb{R}^3 \setminus \{(x_1, 0, x_3) \mid x_1 \le 0,\, x_3 \in \mathbb{R}\}$ ein orthogonales Koordinatensystem.

   b) Man stelle die Operatoren grad und Δ in Kugelkoordinaten dar.

20. *Vektorfelder und Derivationen.* Unter einer *Derivation* auf $\mathscr{C}_{\mathbb{R}}^{\infty}(\varOmega)$ (dem Raum der reellen $\mathscr{C}^{\infty}$-Funktionen auf $\varOmega$) versteht man eine $\mathbb{R}$-lineare Abbildung $\mathscr{D} \colon \mathscr{C}_{\mathbb{R}}^{\infty}(\varOmega) \to \mathscr{C}_{\mathbb{R}}^{\infty}(\varOmega)$ mit der zusätzlichen Eigenschaft

$$\mathscr{D}(fg) = \mathscr{D}f \cdot g + f \cdot \mathscr{D}g.$$

Man zeige: Die Ableitung ∂_v längs eines $\mathscr{C}^{\infty}$-Vektorfeldes $v \colon \varOmega \to \mathbb{R}^n$ ist eine Derivation und jede Derivation ist die Ableitung längs eines geeigneten $\mathscr{C}^{\infty}$-Vektorfeldes auf $\varOmega$.

Hinweis: Zum Nachweis der Umkehrung verwende man 2.8 Aufgabe 20.

5   Felder von Linearformen, Pfaffsche Formen. Kurvenintegrale

Jede differenzierbare Funktion $f\colon U \to \mathbb{C}$ auf $U \subset \mathbb{R}^n$ definiert durch $x \mapsto \mathrm{d}f(x)$ eine Abbildung $U \to \mathrm{L}(\mathbb{R}^n, \mathbb{C})$. Abbildungen $U \to \mathrm{L}(\mathbb{R}^n, \mathbb{C})$ heißen Pfaffsche Formen oder auch 1-Formen auf U. Mit Hilfe eines Skalarproduktes können die reellen 1-Formen eineindeutig den Vektorfeldern auf U zugeordnet werden. Wir führen das Integral von 1-Formen längs Kurven in U ein und untersuchen, unter welchen Bedingungen das Integral nur von Anfangs- und Endpunkt der Kurve abhängt. Für Vektorfelder ergeben sich damit Aussagen über die Existenz von Potentialen.

5.1   Begriff der Pfaffschen Form

Definition: Unter einer *Pfaffschen Form* oder auch *Differentialform ersten Grades*, kurz *1-Form*, auf einer offenen Menge $U \subset \mathbb{R}^n$ versteht man eine Abbildung

$$\omega\colon U \to \mathrm{L}(\mathbb{R}^n, \mathbb{C}).$$

Für jedes $x \in U$ ist also $\omega(x)$ eine $\mathbb{R}$-lineare Abbildung $\omega(x)\colon \mathbb{R}^n \to \mathbb{C}$. Die 1-Form ω heißt *reell*, wenn der Wert $\omega(x)h$ für alle $x \in U$ und alle $h \in \mathbb{R}^n$ reell ist.

Beispiele von 1-Formen sind die bereits erwähnten Differentiale $\mathrm{d}f$ differenzierbarer Funktionen $f\colon U \to \mathbb{C}$. An jeder Stelle $x \in U$ ist $\mathrm{d}f(x)\colon \mathbb{R}^n \to \mathbb{C}$ die komplexwertige Linearform mit

$$(1) \qquad \mathrm{d}f(x)h = \sum_{i=1}^{n} \partial_i f(x) h_i, \qquad h \in \mathbb{R}^n.$$

Mit Hilfe eines Skalarproduktes $\langle \; , \; \rangle$ auf $\mathbb{R}^n$ kann man eine eineindeutige Korrespondenz von Vektorfeldern und reellen 1-Formen herstellen. Dazu assoziiert man einem Vektorfeld $v\colon U \to \mathbb{R}^n$ die 1-Form ω_v mit

$$(2) \qquad \omega_v(x)h := \langle v(x), h \rangle.$$

Umgekehrt: Ist ω eine reelle 1-Form auf U, so gibt es zu jeder Linearform $\omega(x)$, $x \in U$, einen eindeutig bestimmten Vektor $v_\omega(x) \in \mathbb{R}^n$ derart, daß

$$(2^*) \qquad\qquad \omega(x)h = \langle v_\omega(x), h \rangle.$$

Durch $x \mapsto v_\omega(x)$ ist dann ein Vektorfeld v_ω erklärt. Die Zuordnungen $v \mapsto \omega_v$ und $\omega \mapsto v_\omega$ sind offensichtlich zueinander invers.

Speziell einem Differential df wird aufgrund der den Gradienten definierenden Gleichung $df(x)h = \langle \mathrm{grad}\, f(x), h \rangle$ das Gradientenfeld von f zugeordnet:

$$v = \mathrm{grad}\, f \iff \omega_v = df.$$

Darstellung durch die Differentiale $dx_1, \ldots, dx_n$

Es sei x_i die durch $(\xi_1, \ldots, \xi_n) \to \xi_i$ definierte Koordinatenfunktion auf $\mathbb{R}^n$. Ihr Differential dx_i ist an jeder Stelle ξ durch $dx_i(\xi)h = h_i$ gegeben. Weiter sei ω irgendeine 1-Form auf U. Durch Auswertung auf der Standardbasis $e_1, \ldots, e_n$ des $\mathbb{R}^n$ erhält man Funktionen $a_1, \ldots, a_n : U \to \mathbb{C}$:

$$a_i(\xi) := \omega(\xi)e_i.$$

Mit diesen ergibt sich aufgrund der Linearität von $\omega(\xi)$

$$(3) \qquad\qquad \omega(\xi)h = \sum_{i=1}^{n} a_i(\xi)h_i = \sum_{i=1}^{n} a_i(\xi)dx_i(\xi)h.$$

Dafür schreibt man kurz

$$(3') \qquad\qquad \boxed{\omega = a_1\, dx_1 + \cdots + a_n\, dx_n.}$$

Die Funktionen $a_1, \ldots, a_n$ heißen *Koeffizienten* der 1-Form ω bezüglich $dx_1, \ldots, dx_n$.

Zwei wichtige Fälle:

1. Ist ω das Differential einer Funktion, so gilt $a_i(\xi) = df(\xi)e_i = \partial_i f(\xi)$. Die Darstellung $(3')$ lautet dann

$$df = \frac{\partial f}{\partial x_1}dx_1 + \cdots + \frac{\partial f}{\partial x_n}\, dx_n.$$

2. Ist $\omega = \omega_v$ die einem Vektorfeld $v = (v_1, \ldots, v_n)$ auf einer Teilmenge des euklidischen $\mathbb{R}^n$ zugeordnete Form, so gilt $a_i(\xi) = \langle v(\xi), e_i \rangle = v_i(\xi)$. Die Darstellung $(3')$ lautet dann

$$\omega_v = v_1\, dx_1 + \cdots + v_n\, dx_n.$$

Im Folgenden illustrieren wir wiederholt Definitionen und Sätze am *Windungsfeld* W auf $\mathbb{R}^2 \setminus \{0\}$ und am *Gravitationsfeld* G auf $\mathbb{R}^3 \setminus \{0\}$ bzw. an den zugeordneten 1-Formen. Diese beiden Felder sind wie folgt definiert:

$$W(x,y) := \frac{1}{r^2}(-y, x), \qquad r = \|(x,y)\|_2,$$

$$G(x,y,z) := -\frac{1}{r^3}(x,y,z), \qquad r = \|(x,y,z)\|_2.$$

Ihnen sind via Standardskalarprodukt die 1-Formen

(4) $\qquad \omega_W = \dfrac{1}{r^2}(-y\,dx + x\,dy) \qquad$ *(Windungsform)*,

(5) $\qquad \omega_G = -\dfrac{1}{r^3}(x\,dx + y\,dy + z\,dz) \qquad$ *(Gravitationsform)*

zugeordnet.

Eine 1-Form ω auf U heißt *stetig* bzw. *von der Klasse $\mathscr{C}^k$*, wenn die Abbildung $\omega \colon U \to L(\mathbb{R}^n, \mathbb{C})$ stetig bzw. von der Klasse $\mathscr{C}^k$ ist. Für $\omega = \sum_{i=1}^{n} a_i\,dx_i$ ist das genau dann der Fall, wenn die Koeffizienten $a_1, \ldots, a_n$ stetig bzw. von der Klasse $\mathscr{C}^k$ sind.

5.2 Integration von 1-Formen längs Kurven

Um die Arbeit, die ein Probekörper in einem Kraftfeld v bei Verschiebung längs eines Weges von A nach B leistet, näherungsweise zu berechnen, approximiert man in der Physik den Weg durch einen Streckenzug. Die Summe $\sum \langle v(P_k), \overrightarrow{P_{k-1}P_k} \rangle$, in der jeder Summand das Skalarprodukt des Kraftvektors $v(P_k)$ mit dem Wegvektor $\overrightarrow{P_{k-1}P_k}$ ist, dient als Näherung der Arbeit. Der Grenzwert wird als die längs des Weges geleistete Arbeit bezeichnet.

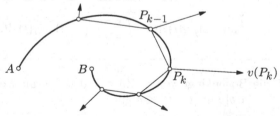

Zur Definition des Integrals einer 1-Form längs einer Kurve verwenden wir ebenfalls Approximationen des Integrationsweges durch Streckenzüge. An die Stelle der Skalarprodukte $\langle v(P_k), \overrightarrow{P_{k-1}P_k} \rangle$ treten entsprechende Werte der Differentialform.

Sei $\gamma\colon [a; b] \to U$ eine Kurve im Definitionsbereich der 1-Form ω. Zu einer Zerlegung $Z\colon a = t_0 < t_1 < \cdots < t_r = b$ und einer Menge Z' von Stützstellen $t'_k \in [t_{k-1}; t_k]$, $k = 1, \ldots, r$, bilden wir die Summe

$$S(Z, Z') := \sum_{k=1}^{r} \omega\bigl(\gamma(t'_k)\bigr)\bigl(\gamma(t_k) - \gamma(t_{k-1})\bigr).$$

Definition: ω heißt *längs γ integrierbar*, wenn eine Zahl I existiert mit der Eigenschaft: Zu jedem $\varepsilon > 0$ gibt es ein $\delta > 0$ so, daß für jede Zerlegung Z von $[a; b]$ der Feinheit $< \delta$ und jede Wahl von Stützstellen Z' gilt:

$$\bigl|S(Z, Z') - I\bigr| < \varepsilon.$$

I heißt dann das *Integral von ω längs γ*; in Zeichen: $I = \int_{\gamma} \omega$.

Bemerkung: Für eine Form $\omega = f\,dx$ auf einem Intervall $I \subset \mathbb{R}$ und die Kurve $\gamma\colon [a; b] \to I$, $\gamma(t) = t$, sind die Summen $S(Z, Z')$ identisch mit den Riemannschen Summen der Funktion f. Ist f eine Regelfunktion, so existiert das Kurvenintegral $\int_{\gamma} f\,dx$, und es gilt $\int_{\gamma} f\,dx = \int_a^b f\,dx$.

Eine stetige 1-Form ist keineswegs längs beliebiger Kurven integrierbar, nach dem folgenden Satz jedoch längs sogenannter Integrationswege. Wir nennen $\gamma = (\gamma_1, \ldots, \gamma_n)\colon [a; b] \to \mathbb{R}^n$ einen *Integrationsweg*, wenn es Regelfunktionen $\dot{\gamma}_1, \ldots, \dot{\gamma}_n$ auf $[a; b]$ gibt so, daß γ_i eine Stammfunktion zu $\dot{\gamma}_i$ ist, $i = 1, \ldots, n$. Zum Beispiel ist jede stückweise stetig differenzierbare Kurve ein Integrationsweg. $\gamma\colon [a; b] \to \mathbb{R}^n$ heißt *stückweise stetig differenzierbar*, wenn es eine Zerlegung $a = t_0 < t_1 < \cdots < t_r = b$ gibt so, daß alle Einschränkungen $\gamma\,|\,[t_{k-1}; t_k]$ stetig differenzierbar sind. Jeder Integrationsweg ist Lipschitz-stetig und folglich rektifizierbar.

Satz 1: *Ist $\omega = \sum_{i=1}^{n} a_i\,dx_i$ stetig und $\gamma = (\gamma_1, \ldots, \gamma_n)\colon [a; b] \to U$ ein Integrationsweg, so ist ω längs γ integrierbar, und es gilt*

$$(6) \qquad \int_{\gamma} \omega = \int_a^b \omega\bigl(\gamma(t)\bigr)\,\dot{\gamma}(t)\,dt = \int_a^b \sum_{i=1}^{n} a_i\bigl(\gamma(t)\bigr) \cdot \dot{\gamma}_i(t)\,dt.$$

Beweis: Sei L die Bogenlänge von γ. Zu $\varepsilon > 0$ wähle man ein $\delta > 0$ so, daß für alle $t, t' \in [a; b]$ mit $|t - t'| < \delta$ gilt:

$$\Bigl|a_i\bigl(\gamma(t')\bigr) - a_i\bigl(\gamma(t)\bigr)\Bigr| < \frac{\varepsilon}{nL}, \qquad i = 1, \ldots, n.$$

Es sei nun Z eine Zerlegung von $[a; b]$ der Feinheit $< \delta$ und Z' eine Menge von Stützstellen. Wir bezeichnen das in (6) rechts stehende Integral mit I;

damit folgt dann wegen $\gamma_i(t_k) - \gamma_i(t_{k-1}) = \int_{t_{k-1}}^{t_k} \dot{\gamma}_i \, dt$

$$|S(Z, Z') - I| = \left| \sum_{k=1}^{r} \sum_{i=1}^{n} \int_{t_{k-1}}^{t_k} \Big(a_i\big(\gamma(t_k')\big) - a_i\big(\gamma(t)\big) \Big) \dot{\gamma}_i(t) \, dt \right|$$

$$\leq \frac{\varepsilon}{nL} \sum_{i=1}^{n} \int_{a}^{b} |\dot{\gamma}_i| \, dt \leq \frac{\varepsilon}{L} \int_{a}^{b} \|\dot{\gamma}\|_2 \, dt = \varepsilon. \qquad \square$$

Beispiele:

1. Sei $\omega = y^2 \, dx + dy$ und $\gamma_\alpha(t) = (t, t^\alpha)$, $t \in [0; 1]$, $\alpha \geq 1$.

$$\int_{\gamma_\alpha} \omega = \int_0^1 (t^{2\alpha} + \alpha t^{\alpha-1}) \, dt = \frac{1}{2\alpha + 1} + 1.$$

Man beachte, daß alle Wege γ_α denselben Anfangspunkt und denselben Endpunkt haben; die Integrale aber haben verschiedene Werte.

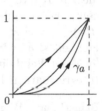

2. Sei ω_W die Windungsform (4) und $\gamma \colon [a; b] \to \mathbb{R}^2$ ein Integrationsweg, der nicht durch den Nullpunkt führt. Mit $\gamma(t) = \big(x(t), y(t)\big)$ lautet (6)

$$\int_\gamma \omega_W = \int_a^b \frac{-y(t)\dot{x}(t) + x(t)\dot{y}(t)}{x^2(t) + y^2(t)} \, dt.$$

Ist γ zusätzlich geschlossen, so ist der Wert dieses Integrals nach Band 1, 12.7 (22) das 2π-fache der Windungszahl von γ um den Nullpunkt:

$$(7) \qquad \frac{1}{2\pi} \int_\gamma \omega_W = n(\gamma; 0).$$

Rechenregeln

I. *Sind ω_1 und ω_2 längs γ integrierbar, so auch $c_1\omega_1 + c_2\omega_2$, und es ist*

$$\int_\gamma c_1\omega_1 + c_2\omega_2 = c_1 \int_\gamma \omega_1 + c_2 \int_\gamma \omega_2, \qquad c_1, c_2 \in \mathbb{C}.$$

II. *Sei $a < b < c$ und sei $\gamma \colon [a; c] \to U$ stetig. Ist ω längs der Teilkurven $\gamma_1 := \gamma \,|\, [a; b]$ und $\gamma_2 := \gamma \,|\, [b; c]$ integrierbar, so auch längs γ, und es gilt*

$$\int_\gamma \omega = \int_{\gamma_1} \omega + \int_{\gamma_2} \omega.$$

In solchen Situationen schreiben wir manchmal kurz $\gamma = \gamma_1 + \gamma_2$.

Beide Regeln lassen sich leicht anhand der Definition beweisen.

III. *Sei* $t\colon [\alpha;\beta] \to [a;b]$ *eine bijektive, stetige Transformation. Ist* ω *längs* $\gamma\colon [a;b] \to U$ *integrierbar, so auch längs* $\gamma \circ t$*, und es gilt*

$$\int_{\gamma \circ t} \omega = \pm \int_{\gamma} \omega;$$

dabei gilt $+$*, falls die Funktion* t *monoton wächst, und* $-$*, falls sie fällt. Insbesondere gilt für die umorientierte Kurve* γ^-*:*

$$\int_{\gamma^-} \omega = -\int_{\gamma} \omega.$$

Beweis: Wegen der Bijektivität von t entspricht jeder Riemannschen Summe zur Kurve γ eine Riemannsche Summe zur Kurve $\gamma \circ t$ und umgekehrt. Ferner gibt es zu jedem $\delta > 0$ ein $\delta^* > 0$ so, daß für $\tau, \tau' \in [\alpha;\beta]$ $|t(\tau) - t(\tau')| < \delta$ gilt, falls $|\tau - \tau'| < \delta^*$. Jede Zerlegung von $[\alpha;\beta]$ der Feinheit $< \delta^*$ wird also durch die Transformation t in eine Zerlegung von $[a;b]$ der Feinheit $< \delta$ übergeführt. Ist δ eine im Sinn der Definition der Integrierbarkeit hinreichende Feinheit für γ, so ist δ^* eine für $\gamma \circ t$. $\square$

Bemerkung: Wegen der Invarianz des Kurvenintegrals gegen stetige, monoton wachsende Parametertransformationen genügt es, bei einem einmal zu durchlaufenden Integrationsweg lediglich dessen Spur und Orientierung anzugeben. Invarianz nur gegen $\mathscr{C}^1$-Transformationen reichte dazu nicht.

5.3   Exakte 1-Formen. Wegunabhängigkeit der Integration

Jede stetige Differentialform $f\,dx$ auf einem Intervall $I \subset \mathbb{R}$ besitzt nach dem Hauptsatz der Differential- und Integralrechnung eine Stammfunktion; darunter versteht man eine stetige, fast überall differenzierbare Funktion F mit $dF = F'\,dx = f\,dx$. Im Gegensatz zum eindimensionalen Fall besitzt nicht jede stetige 1-Form auf einer offenen Menge $U \subset \mathbb{R}^n$, $n > 1$, eine Stammfunktion. Wir zeigen, daß die Existenz einer Stammfunktion zur Wegunabhängigkeit der Integration gleichwertig ist.

Definition (Stammfunktion): Unter einer *Stammfunktion* oder einem *Potential zu einer* 1-*Form* $\omega = \sum_{i=1}^{n} f_i\,dx_i$ *auf einer offenen Teilmenge* $U \subset \mathbb{R}^n$ versteht man eine differenzierbare Funktion $f\colon U \to \mathbb{C}$ mit

$$\boxed{\omega = df, \quad \text{d. h.} \quad f_1 = \partial_1 f, \dots, f_n = \partial_n f.}$$

Eine 1-Form, die auf U eine Stammfunktion besitzt, heißt *exakt auf* U.

Ist U zusammenhängend, so unterscheiden sich zwei Stammfunktionen nach der Folgerung in 2.2 nur um eine Konstante.

Bei der Frage der Exaktheit einer 1-Form kommt es wesentlich auf den Definitionsbereich an. Zum Beispiel hat die Windungsform auf $\mathbb{R}^2 \setminus \{0\}$ keine Stammfunktion (siehe die Bemerkung im Anschluß an die Folgerung zu Satz 2), wohl aber auf jeder konvexen Teilmenge davon (siehe 5.4).

Die Kurvenintegrale exakter 1-Formen lassen sich wie im Eindimensionalen mit Hilfe von Stammfunktionen berechnen.

Satz 2: *Ist f auf U eine Stammfunktion der stetigen 1-Form ω, so gilt für jeden Integrationsweg γ in U mit Anfangspunkt A und Endpunkt B*

$$\int_\gamma \omega = \int_\gamma \mathrm{d}f = f(B) - f(A).$$

Beweis: Sei $\gamma\colon [a;b] \to U$ die Parameterdarstellung mit $\gamma(a) = A$ und $\gamma(b) = B$. Nach der Kettenregel in 2.1 hat die stetige Funktion $f \circ \gamma$ bis auf höchstens abzählbar viele Parameterstellen die Ableitung $\mathrm{d}f(\gamma(t))\dot\gamma(t)$; sie ist also eine Stammfunktion zur Regelfunktion $t \mapsto \mathrm{d}f(\gamma(t))\dot\gamma(t)$. Mit Satz 1 und dem Hauptsatz der Differential- und Integralrechnung folgt also

$$\int_\gamma \mathrm{d}f = \int_a^b \mathrm{d}f(\gamma(t))\,\dot\gamma(t)\,\mathrm{d}t = f(\gamma(b)) - f(\gamma(a)). \qquad \square$$

Beispiel: Die Gravitationsform (5) besitzt auf $\mathbb{R}^3 \setminus \{0\}$ das Potential $f(x,y,z) = 1/r$. Für einen beliebigen Integrationsweg γ in $\mathbb{R}^3 \setminus \{0\}$ von A nach B gilt also $\displaystyle\int_\gamma \omega_G = \frac{1}{r_B} - \frac{1}{r_A}$, $r_P = \|P\|_2$.

Folgerung: *Besitzt die 1-Form ω eine Stammfunktion auf U, so gilt:*

(i) *Für einen geschlossenen Integrationsweg γ in U ist $\int_\gamma \omega = 0$.*

(ii) *Für zwei Integrationswege γ_1 und γ_2 in U mit gleichen Anfangspunkten und gleichen Endpunkten ist $\int_{\gamma_1} \omega = \int_{\gamma_2} \omega$.*

Mit Teil (i) ergibt sich sofort, daß die Windungsform (4) auf $\mathbb{R}^2 \setminus \{0\}$ keine Stammfunktion besitzt; ihr Integral längs des positiv orientierten Einheitskreises hat nämlich nach (7) den Wert $2\pi \neq 0$.

Gilt für eine 1-Form ω auf U und beliebige Integrationswege γ_1, γ_2 in U mit gleichen Anfangspunkten und gleichen Endpunkten $\int_{\gamma_1} \omega = \int_{\gamma_2} \omega$, so sagt man, ω *könne in U wegunabhängig integriert werden*. Für das Integral längs eines beliebig gewählten Integrationsweges in U von A nach B schreiben wir in einem solchen Fall $\displaystyle\int_A^B \omega$.

Wegunabhängigkeit liegt zum Beispiel vor bei der Gravitationsform auf $\mathbb{R}^3 \setminus \{0\}$, nicht jedoch bei der Windungsform auf $\mathbb{R}^2 \setminus \{0\}$.

Die Wegunabhängigkeit des Kurvenintegrals ist notwendig für die Existenz einer Stammfunktion. Der folgende Satz zeigt, daß sie dafür auch hinreicht, und gibt eine Stammfunktion an ebenso wie im Hauptsatz der Differential- und Integralrechnung in Gestalt eines Kurvenintegrals mit fest gewähltem Anfangspunkt und variablem Endpunkt.

Satz 3: *Eine stetige 1-Form ω auf einer zusammenhängenden offenen Menge $U \subset \mathbb{R}^n$, die in U wegunabhängig integriert werden kann, besitzt in U eine Stammfunktion. Eine solche ist nach Wahl eines Punktes $a \in U$ gegeben durch*

$$\boxed{f(x) := \int_a^x \omega, \quad x \in U.}$$

Beweis: Zu $x \in U$ sei $K_r(x)$ eine in U gelegene euklidische Kugel. Für jeden Vektor $h \in \mathbb{R}^n$ mit $\|h\|_2 < r$ liegt dann die Strecke $[x; x + h]$ in U. Mit $\gamma(t) := x + th$, $t \in [0; 1]$, $\dot{\gamma}(t) = h$, erhält man

$$f(x + h) - f(x) = \int_x^{x+h} \omega = \int_0^1 \omega(x + th)\, h \, \mathrm{d}t,$$

also

$$f(x + h) - f(x) - \omega(x)\, h = \int_0^1 \left(\omega(x + th) - \omega(x) \right) h \, \mathrm{d}t.$$

Mit $\omega(\xi)\, h = \sum a_i(\xi)\, h_i$ folgt

$$\left| f(x + h) - f(x) - \omega(x)\, h \right| \leq \left(\int_0^1 \sum_i \left| a_i(x + th) - a_i(x) \right| \mathrm{d}t \right) \cdot \|h\|_2 .$$

Wegen der Stetigkeit der Funktionen a_i ergibt sich daraus

$$\frac{f(x + h) - f(x) - \omega(x)\, h}{\|h\|_2} \to 0 \quad \text{für} \quad h \to 0.$$

f ist also differenzierbar und hat in x das Differential $\omega(x)$. $\square$

Beispiel: Berechnung einer Stammfunktion. Sei $\omega := (2x - y)\, \mathrm{d}x - x \, \mathrm{d}y$. Falls ω in $\mathbb{R}^2$ eine Stammfunktion f hat, erhält man diese zum Beispiel durch Integration längs radialer Wege von 0 aus. Wir definieren daher versuchsweise $f(x, y)$ mittels $\gamma(t) := t(x, y)$, $t \in [0; 1]$ durch

$$f(x, y) := \int_\gamma \omega = \int_0^1 \left(t\, (2x - y)\, x - t\, xy \right) \mathrm{d}t = x^2 - xy.$$

Nachträglich verifiziert man, daß tatsächlich $\mathrm{d}f = \omega$.

5.4 Lokal exakte 1-Formen. Das Lemma von Poincaré

Die Windungsform besitzt auf $\mathbb{R}^2 \setminus \{0\}$ keine Stammfunktion, da sie dort nicht wegunabhängig integriert werden kann. Andererseits besitzt sie auf gewissen Teilmengen von $\mathbb{R}^2 \setminus \{0\}$ sehr wohl Stammfunktionen; auf der rechten Halbebene $\mathbb{R}_+ \times \mathbb{R}$ etwa die Funktion $\arctan \frac{y}{x}$. Im Hinblick auf derartige Situationen trifft man die folgende

Definition: Eine stetige 1-Form ω auf einer offenen Menge $U \subset \mathbb{R}^n$ heißt *lokal exakt* oder auch *geschlossen*, wenn es zu jedem Punkt $x \in U$ eine Umgebung $U_0 \subset U$ von x und in dieser eine Stammfunktion f zu ω gibt:

$$\omega \,|\, U_0 = \mathrm{d}f.$$

Ist die Form $\omega = \sum_{i=1}^n f_i \,\mathrm{d}x_i$ stetig differenzierbar, so gewinnt man aufgrund des Satzes von Schwarz sofort eine notwendige Differentialbedingung für ihre Geschlossenheit. Eine Stammfunktion f zu ω auf U_0 ist dann wegen $\partial_i f = f_i$ für $i = 1, \ldots, n$ 2-mal stetig differenzierbar, und für ihre partiellen Ableitungen 2. Ordnung gilt $\partial_k \partial_i f = \partial_i \partial_k f$. Damit erhalten wir für die Geschlossenheit die folgende notwendige Bedingung:

(8) $$\boxed{\partial_i f_k - \partial_k f_i = 0 \qquad \text{für alle } i,k = 1, \ldots, n}$$

Dieses System von $\dfrac{n(n-1)}{2}$ Gleichungen bezeichnet man als *Integrabilitätsbedingung*. Im Fall $n = 2$ lautet es für $\omega = f \,\mathrm{d}x + g \,\mathrm{d}y$

(8^2) $$f_y = g_x$$

und im Fall $n = 3$

(8^3) $$\begin{aligned} \partial_2 f_3 - \partial_3 f_2 &= 0, \\ \partial_3 f_1 - \partial_1 f_3 &= 0, \\ \partial_1 f_2 - \partial_2 f_1 &= 0. \end{aligned}$$

Wir kommen zu der Frage, ob die Integrabilitätsbedingung (8) für die Exaktheit einer 1-Form hinreicht. Das Poincarésche Lemma beantwortet diese Frage positiv, falls das Gebiet ein Sterngebiet ist.

Definition: Eine Menge $X \subset \mathbb{R}^n$ heißt *Sterngebiet* oder auch *sternförmig*, wenn es in X einen Punkt a, ein „Zentrum", gibt derart, daß für jeden weiteren Punkt $x \in X$ die Verbindungsstrecke $[a;x]$ in X liegt.

Beispiele:

1. *Konvexe Mengen sind sternförmig.*
2. *Die längs der negativen x-Achse geschlitzte Ebene $\mathbb{R}^2 \backslash S$ ist sternförmig;*
$S = \{(x,0) \mid x \leq 0\}$. Jeder Punkt $(a,0)$ mit $a > 0$ eignet sich als Zentrum.
3. Kugelschalen $K(I) \subset \mathbb{R}^n$ mit $0 \notin I$ sind nicht sternförmig, da sie für keinen Punkt $a \in K(I)$ die ganze Strecke $[a; -a]$ enthalten.

Satz 4 (Poincarésches Lemma): *Erfüllt eine stetig differenzierbare 1-Form ω auf einem Sterngebiet U die Integrabilitätsbedingung* (8), *so besitzt sie auf diesem Gebiet eine Stammfunktion.*

Korollar: *Eine $\mathscr{C}^1$-Form auf irgendeiner offenen Menge U ist genau dann lokal exakt, wenn sie die Integrabilitätsbedingung* (8) *erfüllt.*

Denn jeder Punkt in U hat eine Kugelumgebung $U_0 \subset U$, und auf dieser besitzt die 1-Form eine Stammfunktion.

Beweis des Satzes: Wir nehmen an, U habe das Zentrum 0. Eine eventuelle Stammfunktion f erhält man dann durch Integration längs der Strecken $[0; x]$, $x \in U$. Mit $\omega = \sum f_i \, dx_i$ und $\sigma(t) = tx$, $t \in [0; 1]$, setzen wir also

$$f(x) := \int_\sigma \omega = \int\limits_0^1 \left(\sum_{i=1}^n f_i(tx) \cdot x_i \right) dt.$$

Wir zeigen, daß f partiell differenzierbar ist mit $\partial_k f = f_k$ für $k = 1, \ldots, n$. Wegen der Stetigkeit der f_k ist dann f differenzierbar mit $df = \omega$.

Da die f_i stetig differenzierbar sind, ergibt die Differentiation unter dem Integral

$$\partial_k f(x) = \int\limits_0^1 \left(\sum_{i=1}^n \partial_k f_i(tx) \cdot x_i t + f_k(tx) \right) dt.$$

Aufgrund von (8) folgt weiter

$$\partial_k f(x) = \int\limits_0^1 \left(t \left(\sum_{i=1}^n \partial_i f_k(tx) \cdot x_i \right) + f_k(tx) \right) dt$$

$$= \int\limits_0^1 \left(t \frac{d}{dt} f_k(tx) + f_k(tx) \right) dt = \int\limits_0^1 \frac{d}{dt} \Big(t f_k(tx) \Big) \, dt = f_k(x). \qquad \square$$

Im Beweis des Poincaréschen Lemmas haben wir zur Konstruktion einer Stammfunktion radiale Integrationswege herangezogen. Nachdem die Existenz einer Stammfunktion erkannt ist, dürfen auch andere, der jeweiligen Situation angepaßte Integrationswege zur Berechnung verwendet werden.

Beispiel: Die Windungsform $\omega_W = \dfrac{-y\,\mathrm{d}x + x\,\mathrm{d}y}{x^2 + y^2}$ erfüllt die Integrabilitätsbedingung (8^2); ferner ist die längs der negativen x-Achse geschlitzte Ebene $\mathbb{R}^2 \setminus S$ sternförmig. Die Windungsform besitzt dort also eine Stammfunktion f. Zu deren Berechnung an der Stelle (x, y) integrieren wir zunächst längs der Strecke σ von $(1, 0)$ nach $(r, 0)$ und dann längs des Kreisbogens κ,

$$(*) \qquad \kappa(t) = \big(r \cos t, \, r \sin t\big), \qquad 0 \le t \le \theta(x, y);$$

dabei sei $r = \sqrt{x^2 + y^2}$ und $\theta(x, y)$ das Argument des Punktes (x, y) zwischen $-\pi$ und π. Mit $\sigma(t) := \big(1 + t\,(r - 1), 0\big)$, $t \in [0; 1]$, ergibt sich sofort $\int_\sigma \omega_W = 0$ und mit $(*)$ $\int_\kappa \omega_W = \theta(x, y)$. Insgesamt erhält man also

$$f(x, y) = \int\limits_{\sigma + \kappa} \omega_W = \theta(x, y).$$

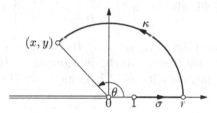

Berechnung einer Stammfunktion in $\mathbb{R}^2 \setminus S$ zur Windungsform ω_W

Die Rotation eines Vektorfeldes. Es sei $n = 3$. Unter der *Rotation* eines differenzierbaren Vektorfeldes $v = (v_1, v_2, v_3)$ auf einer offenen Teilmenge des euklidischen $\mathbb{R}^3$ versteht man das Vektorfeld

$$\operatorname{rot} v := \begin{pmatrix} \partial_2 v_3 - \partial_3 v_2 \\ \partial_3 v_1 - \partial_1 v_3 \\ \partial_1 v_2 - \partial_2 v_1 \end{pmatrix}, \qquad \text{symbolisch} \quad \nabla \times v.$$

Die Rotation eines Vektorfeldes ist hiermit formal in Anlehnung an (8^3) definiert. Einen ersten Hinweis auf ihre Bedeutung als Maß der Verwirbelung des Feldes liefert die Aufgabe 8. Eine wesentliche Rolle spielt die Rotation in der 3-dimensionalen Version des Integralsatzes von Stokes; siehe Kapitel 13.

Aufgrund der Äquivalenz „$v = \operatorname{grad} f \iff \omega_v = \mathrm{d}f$" ergibt die Integrabilitätsbedingung (8^3) auch eine notwendige Bedingung dafür, daß ein $\mathscr{C}^1$-Vektorfeld v ein Gradientenfeld ist: v *muß rotationsfrei sein:* $\operatorname{rot} v = 0$. Die Rotationsfreiheit ist dafür im allgemeinen jedoch nicht hinreichend, wie manchmal behauptet wird; sie ist es aber nach dem Lemma von Poincaré für ein Vektorfeld auf einem Sterngebiet.

5.5 Homotopieinvarianz des Kurvenintegrals lokal exakter 1-Formen

Die Integration einer lokal exakten 1-Form längs zweier Kurven mit demselben Anfangspunkt und demselben Endpunkt führt nicht immer zum gleichen Wert. Das ist jedoch dann der Fall, wenn die beiden Kurven bei festgehaltenem Anfangs- und Endpunkt innerhalb des Definitionsbereichs der 1-Form stetig ineinander deformiert werden können.

Definition (Homotopie): Sei $X \subset \mathbb{R}^n$. Zwei Kurven $\gamma_0, \gamma_1 \colon [a; b] \to X$ mit gemeinsamem Anfangspunkt A und gemeinsamem Endpunkt B heißen *homotop in X*, wenn es eine stetige Abbildung $H \colon [a; b] \times [0; 1] \to X$ mit den folgenden Eigenschaften gibt:

$$\left. \begin{array}{l} H(t, 0) = \gamma_0(t) \\ H(t, 1) = \gamma_1(t) \end{array} \right\} \text{ für alle } t \in [a; b], \quad \left. \begin{array}{l} H(a, s) = A \\ H(b, s) = B \end{array} \right\} \text{ für alle } s \in [0; 1].$$

Für jedes $s \in [0; 1]$ definiert $\gamma_s(t) := H(t, s)$ eine stetige Kurve in X von A nach B. Man sagt deshalb auch, die Homotopie H stelle eine stetige Schar von Kurven dar, die alle bei A beginnen, bei B enden und ganz in X verlaufen.

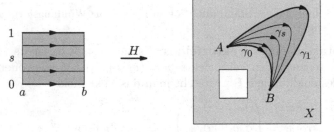

γ_0 und γ_1 sind homotop in X

Beispiel: Sind $\gamma_0, \gamma_1 \colon [a; b] \to X$ Kurven mit gleichem Anfangspunkt und gleichem Endpunkt, und liegt für jedes $t \in [a; b]$ die Strecke $[\gamma_0(t); \gamma_1(t)]$ in X, so sind sie homotop in X mittels $H(t, s) := s\gamma_1(t) + (1 - s)\gamma_0(t)$.

Satz 5 (Homotopieinvarianz): *Es seien γ_0 und γ_1 Integrationswege in einer offenen Menge $U \subset \mathbb{R}^n$ mit gemeinsamem Anfangspunkt A und gemeinsamem Endpunkt B. Sind γ_0 und γ_1 homotop in U, so gilt für jede lokal exakte 1-Form ω auf U*

$$\int_{\gamma_0} \omega = \int_{\gamma_1} \omega.$$

Beweis: Es sei $\mathscr{K} = \{K_\lambda\}_{\lambda \in \Lambda}$ eine Überdeckung von U durch offene Kugeln mit der Eigenschaft, daß ω in jeder dieser Kugeln eine Stammfunktion besitzt. Ferner sei $H \colon R \to U$, $R := [a; b] \times [0; 1]$, eine Homotopie. Wir zeigen dann zunächst, daß es Zerlegungen

$$Z \colon \quad a = t_0 < t_1 < \cdots < t_k = b,$$
$$Z' \colon \quad 0 = s_0 < s_1 < \cdots < s_q = 1,$$

gibt derart, daß das Bild jedes Rechtecks $[t_i; t_{i+1}] \times [s_j; s_{j+1}]$ unter H ganz in einer Kugel aus $\mathscr{K}$ liegt. Angenommen, es gäbe solche Zerlegungen nicht. Für jede Zahl $m \in \mathbb{N}$ unterteilen wir dann $[a; b]$ und $[0; 1]$ in je m gleichlange Intervalle und damit R in m^2 Teilrechtecke. R_m sei eines der m^2 Rechtecke, dessen Bild $H(R_m)$ in keiner Kugel aus $\mathscr{K}$ enthalten ist. Es sei weiter x_0 ein Häufungspunkt der Folge der Mittelpunkte der Rechtecke R_m, $m \in \mathbb{N}$, und $K_0 \in \mathscr{K}$ eine Kugel mit $H(x_0) \in K_0$. Dann ist $H^{-1}(K_0)$ eine Umgebung von x_0 in R. Diese enthält unendlich viele der Rechtecke R_m; also liegen unendlich viele der Bilder $H(R_m)$ in K_0. Widerspruch!

Es seien nun Z, Z' Zerlegungen von $[a; b]$ bzw. $[0; 1]$ so, daß jedes Rechteck $[t_i; t_{i+1}] \times [s_j; s_{j+1}]$ durch H ganz in eine Kugel aus $\mathscr{K}$ hinein abgebildet wird (Bezeichnungen wie oben). Wir setzen damit:

$$\Gamma_{ij} := H(t_i, s_j),$$
$$\Gamma_{ij} := \text{Strecke von } P_{ij} \text{ nach } P_{i+1,j},$$
$$\sigma_{ij} := \text{Strecke von } P_{ij} \text{ nach } P_{i,j+1}.$$

Aufgrund der gewählten Feinheit der Zerlegungen liegen die vier Punkte P_{ij}, $P_{i+1,j}$, $P_{i,j+1}$ und $P_{i+1,j+1}$ in einer Kugel aus $\mathscr{K}$, und damit auch die vier Strecken Γ_{ij}, $\Gamma_{i,j+1}$, σ_{ij} und $\sigma_{i+1,j}$. Da ω in dieser Kugel eine Stammfunktion besitzt, sind die Integrale von ω längs $\Gamma_{ij} + \sigma_{i+1,j}$ und $\sigma_{ij} + \Gamma_{i,j+1}$ gleich. Mit der Abkürzung $I(\alpha) := \int_\alpha \omega$ gilt also

$$I(\Gamma_{ij}) - I(\Gamma_{i,j+1}) = I(\sigma_{ij}) - I(\sigma_{i+1,j}).$$

Mit $I_j := \sum_{i=0}^{k-1} I(\Gamma_{ij})$ ergibt sich weiter

$$(*) \qquad I_j - I_{j+1} = I(\sigma_{0j}) - I(\sigma_{kj}).$$

Da σ_{0j} und σ_{kj} Strecken von A nach A bzw. B nach B sind, haben die beiden Integrale $I(\sigma_{0j})$ und $I(\sigma_{kj})$ den Wert 0. Somit ist $I_j = I_{j+1}$ für $j = 0, \ldots, q-1$, und es folgt

$$\sum_{i=0}^{k-1} I(\Gamma_{i0}) = I_0 = I_q = \sum_{i=0}^{k-1} I(\Gamma_{iq}).$$

Wir haben noch den Bezug zu den Integralen $\int_{\gamma_0} \omega$ und $\int_{\gamma_1} \omega$ herzustellen. Die Strecke Γ_{i0} und die Teilkurve $\gamma_{i0} := \gamma_0 \,|\, [t_i; t_{i+1}]$ haben denselben Anfangspunkt P_{i0} und denselben Endpunkt $P_{i+1,0}$; ferner liegen beide in einer der Kugeln aus $\mathscr{K}$. Folglich ist $\int_{\gamma_{i0}} \omega = I(\Gamma_{i0})$, also

$$\int_{\gamma_0} \omega = \sum_{i=0}^{k-1} I(\Gamma_{i0}).$$

Ebenso zeigt man

$$\int_{\gamma_1} \omega = \sum_{i=0}^{k-1} I(\Gamma_{iq}).$$

Damit ist der Satz bewiesen.   □

Das Kurvenintegral einer lokal exakten Form hängt nach dem Satz nur von der Homotopieklasse des Integrationsweges ab. Zu dieser grundsätzlichen Bedeutung der Homotopieinvarianz kommt noch eine sehr praktische: Sie erleichtert manchmal erheblich die Berechnung eines Kurvenintegrals einer geschlossenen Form. Es soll etwa die Windungsform längs der Ellipse ε, $\varepsilon(t) := (a\cos t, b\sin t)$, $t \in [0; 2\pi]$, $a, b > 0$, integriert werden. Zunächst gilt

$$\int_{\varepsilon} \omega_W = \int_0^{2\pi} \frac{ab}{a^2 \cos^2 t + b^2 \sin^2 t} \, dt.$$

Die Homotopie in $\mathbb{R}^2 \setminus \{0\}$ der Ellipse zum Kreis κ, $\kappa(t) := a(\cos t, \sin t)$, $t \in [0; 2\pi]$, führt andererseits zu

$$\int_{\varepsilon} \omega_W = \int_{\kappa} \omega_W = 2\pi \cdot n(\kappa, 0) = 2\pi.$$

Damit folgt als Nebenresultat

$$\int_0^{2\pi} \frac{dt}{a^2 \cos^2 t + b^2 \sin^2 t} = \frac{2\pi}{ab}.$$ □

Für geschlossene Kurven hat man weiter den Begriff der freien Homotopie; Anfangs- und Endpunkte müssen dabei nicht festgehalten werden.

Definition (Freie Homotopie): Sei $X \subset \mathbb{R}^n$. Zwei geschlossene Kurven $\gamma_0, \gamma_1 \colon [a, b] \to X$ heißen *frei homotop in X*, wenn es eine stetige Abbildung $H \colon [a; b] \times [0; 1] \to X$ gibt mit

$$\left. \begin{array}{ll} H(t, 0) & = \gamma_0(t) \\ H(t, 1) & = \gamma_1(t) \end{array} \right\} \text{ für alle } t \in [a; b],$$

$$H(a, s) = H(b, s) \quad \text{für alle } s \in [0; 1].$$

Alle Kurven γ_s, $\gamma_s(t) := H(t, s)$, verlaufen in X und sind geschlossen.

Satz 5*: *Es seien γ_0 und γ_1 geschlossene Integrationswege in einer offenen Menge $U \subset \mathbb{R}^n$, die frei homotop sind. Dann gilt für jede lokal exakte 1-Form ω auf U*

$$\boxed{\int_{\gamma_0} \omega = \int_{\gamma_1} \omega.}$$

Den Beweis von Satz 5 kann man bis zur Stelle (∗) wörtlich übernehmen. Jetzt gilt $\sigma_{0j} = \sigma_{kj}$ wegen $H(a, s) = H(b, s)$ für alle s. Wieder folgt $I_j = I_{j+1}$ und damit die Behauptung. $\qquad\square$

Folgerung (Homotopieinvarianz der Windungszahl): *Sei $P \in \mathbb{R}^2$. Sind γ_0 und γ_1 frei homotope Integrationswege in $\mathbb{R}^2 \setminus \{P\}$, so haben sie die gleiche Windungszahl um P: $n(\gamma_0; P) = n(\gamma_1; P)$.*

Beweis: Sei $\omega_{W,P}$ die durch $\omega_{W,P}(x) := \omega_W(x - P)$ definierte *Windungsform bezüglich P*. Dann gilt mit (7)

$$n(\gamma_0; P) = \frac{1}{2\pi} \int_{\gamma_0} \omega_{W,P} = \frac{1}{2\pi} \int_{\gamma_1} \omega_{W,P} = n(\gamma_1; P). \qquad\square$$

Die Invarianz der Windungszahl gegenüber Homotopien kann verwendet werden, um die Nicht-Existenz gewisser Abbildungen zu zeigen. Als Beispiel bringen wir einen Beweis des Brouwerschen Fixpunktsatzes in der Dimension 2.

Brouwerscher Fixpunktsatz: *Jede stetige Abbildung $f \colon \overline{\mathbb{E}} \to \overline{\mathbb{E}}$ der abgeschlossenen Einheitskreisscheibe $\overline{\mathbb{E}} \subset \mathbb{R}^2$ in sich besitzt einen Fixpunkt.*

Eine analoge Aussage gilt für jede stetige Abbildung einer n-dimensionalen abgeschlossenen Kugel in sich; siehe 13.9.

Beweis: Wir zeigen zunächst folgende auch für sich interessante Aussage:

Es gibt keine stetige Abbildung $h \colon \overline{\mathbb{E}} \to \partial\overline{\mathbb{E}}$ mit $h(z) = z$ für $z \in \partial\overline{\mathbb{E}}$.

Angenommen, es gäbe eine solche Abbildung h. Wir bilden dann

$$H(t, s) := h(se^{it}), \qquad (t, s) \in [0; 2\pi] \times [0; 1].$$

Da h nur Werte auf dem Rand von $\overline{\mathbb{E}}$ annnimmt, definiert H in $\partial \overline{\mathbb{E}}$ und damit erst recht in $\mathbb{R}^2 \setminus \{0\}$ eine freie Homotopie der konstanten Kurve γ_0, $\gamma_0(t) = h(0)$, auf die 1-mal positiv durchlaufene Kreislinie γ_1, $\gamma_1(t) = e^{it}$. Wir erhalten damit den Widerspruch $0 = n(\gamma_0; 0) = n(\gamma_1; 0) = 1$.

Der Fixpunktsatz ergibt sich nun so: Wir nehmen an, f besitze keinen Fixpunkt. Zu jedem $z \in \overline{\mathbb{E}}$ sei dann $h(z)$ derjenige Schnittpunkt der Geraden durch z und $f(z)$ mit dem Rand von $\overline{\mathbb{E}}$, für den $h(z) - f(z)$ ein positives Vielfaches von $z - f(z)$ ist. $z \mapsto h(z)$ definiert eine stetige Abbildung $h \colon \overline{\mathbb{E}} \to \partial \overline{\mathbb{E}}$ mit $h(z) = z$ für $z \in \partial \overline{\mathbb{E}}$. Eine solche kann es aber nach der Vorbemerkung nicht geben. Damit ist der Satz bewiesen. $\square$

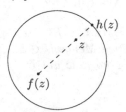

Wir kommen zur abschließenden Behandlung der Frage nach der Existenz von Stammfunktionen zu geschlossenen 1-Formen. Es zeigt sich, daß die Antwort stets positiv ausfällt, wenn der Definitionsbereich der Differentialform die Eigenschaft hat, daß *jede* geschlossene Kurve in ihm frei homotop zu einer Punktkurve ist. Unter einer *Punktkurve mit Spur P*, P ein Punkt im $\mathbb{R}^n$, verstehen wir eine konstante Abbildung $I \ni t \mapsto P$ eines Intervalls $I \subset \mathbb{R}$. Wir bezeichnen jede Punktkurve mit Spur P unabhängig vom Parameterintervall mit P. Für jede 1-Form ω und jede Punktkurve P gilt nach Definition des Kurvenintegrals $\int_P \omega = 0$. Eine geschlossene Kurve in $X \subset \mathbb{R}^n$, die in X zu einer Punktkurve frei homotop ist, nennt man *nullhomotop in X*. Die vorangehende Feststellung kombiniert mit Satz 5* ergibt, daß das Integral einer lokal exakten 1-Form ω längs eines nullhomotopen Integrationswegs γ Null ist: $\int_\gamma \omega = 0$.

Definition (Einfacher Zusammenhang): Eine wegzusammenhängende Menge $X \subset \mathbb{R}^n$ heißt *einfach zusammenhängend*, wenn jede geschlossene Kurve in X nullhomotop ist.

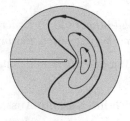

einfach zusammenhängend   nicht einfach zusammenhängend

Beispiele:

1. Jedes Sterngebiet X ist einfach zusammenhängend, da jede geschlossene Kurve in X frei homotop zur Punktkurve eines Zentrums z ist.

2. Die Kreisringe $\{x \in \mathbb{R}^2 \mid r < \|x\|_2 < R\}$ sind nicht einfach zusammenhängend; sonst hätten nach dem folgenden Satz alle geschlossenen Kurven in diesen Ringen bezüglich des Mittelpunktes 0 die Windungszahl 0.

3. Das Bild einer einfach zusammenhängenden Menge unter einem Homöomorphismus ist einfach zusammenhängend. Beweis als Aufgabe.

Beispiel zu 3: „Geschlitzte Kreisringe" wie in der Skizze sind die Bilder offener Rechtecke unter der Polarkoordinaten-abbildung und hängen deshalb einfach zusammen

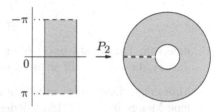

Satz 6: *Jede geschlossene 1-Form ω auf einem einfach zusammenhängenden Gebiet $U \subset \mathbb{R}^n$ kann auf U wegunabhängig integriert werden und besitzt dort eine Stammfunktion.*

Beweis: Nach Satz 3 genügt es, die erste Behauptung zu zeigen. Es seien γ_0 und γ_1 Integrationswege in U mit demselben Anfangspunkt A und demselben Endpunkt B. Dann ist der aus γ_0 und γ_1 zusammengesetzte Integrationsweg von A nach B und zurück nach A geschlossen und wegen des einfachen Zusammenhangs von U nullhomotop. Damit folgt $\int_{\gamma_0 + \gamma_1^-} \omega = 0$, also $\int_{\gamma_0} \omega = \int_{\gamma_1} \omega$.   □

Korollar: *Auf einem einfach zusammenhängenden Gebiet des $\mathbb{R}^3$ ist jedes stetig differenzierbare Vektorfeld v mit $\operatorname{rot} v = 0$ ein Gradientenfeld.*

In diesem Korollar kann auf den einfachen Zusammenhang nicht verzichtet werden. Zum Beispiel ist auf $\mathbb{R}^3 \setminus z$-Achse das Vektorfeld v mit

$$v(x,y,z) = \left(\frac{-y}{x^2 + y^2}, \frac{x}{x^2 + y^2}, 0 \right) \text{ kein Gradientenfeld.}$$

Bemerkung: Nach Poincaré kann man jedem wegzusammenhängenden topologischen Raum X eine sogenannte *Fundamentalgruppe* $\pi_1(X)$ bezüglich eines Punktes $x_0 \in X$ zuordnen. Ihre Elemente sind die Homotopieklassen der geschlossenen Kurven mit Anfangs- und Endpunkt x_0; die Verknüpfung wird durch Zusammensetzen repräsentierender Kurven erklärt; das neutrale Element besteht aus den geschlossenen Kurven, die zur Punktkurve x_0 homotop sind. X heißt einfach-zusammenhängend, wenn $\pi_1(X)$ nur aus dem neutralen Element besteht. Die Fundamentalgruppe spielt eine maßgebliche Rolle bei Fragen der globalen Analysis.

5.6   Aufgaben

1. Man zeige: Sind ω_1 und ω_2 geschlossene (exakte) 1-Formen auf $U \subset \mathbb{R}^n$, dann ist auch $\omega_1 + \omega_2$ eine solche. Gilt analoges für das Produkt $f\omega_1$, f eine differenzierbare Funktion auf U ?

2. Man berechne $\int_{\gamma_\alpha} y^3 \, \mathrm{d}x + x^3 \, \mathrm{d}y$ für $\gamma_\alpha(t) := (t^\alpha, t)$, $t \in [0;1]$, $\alpha \geq 1$.

3. Man zeige: Für einen Integrationsweg γ in $\mathbb{R}^2$ stellt das Integral

$$F(\gamma) := \frac{1}{2\pi} \int_\gamma -y \, \mathrm{d}x + x \, \mathrm{d}y$$

den vom Fahrstrahl $\overrightarrow{0\gamma(t)}$ überstrichenen orientierten Flächeninhalt dar; zu diesem Begriff siehe Band 1, 12.5.

4. Man zeige: Das Differential einer $\mathscr{C}^1$-Funktion $f\colon U \to \mathbb{C}$, U eine offene Menge in $\mathbb{R}^n$, ist längs jedes rektifizierbaren Weges $\gamma\colon [a;b] \to U$ integrierbar, und es gilt

$$\int_\gamma \mathrm{d}f = f\big(\gamma(b)\big) - f\big(\gamma(a)\big).$$

5. *Berechnung von Stammfunktionen*

   a) Durch Integration längs radialer Wege ermittle man eine Stammfunktion zu

   $$\omega = (x^2 - yz) \, \mathrm{d}x + (y^2 - xz) \, \mathrm{d}y - xy \, \mathrm{d}z.$$

   b) Es sei $\omega = f_1 \, \mathrm{d}x_1 + f_2 \, \mathrm{d}x_2$ eine $\mathscr{C}^1$-Form auf einem Rechteck $R = I \times J$, die die Integrabilitätsbedingung erfüllt. Man berechne eine Stammfunktion dazu.

   Man berechne auf diese Weise eine Stammfunktion zur Windungsform ω_W auf der rechten Halbebene.

6. Es sei v ein stetiges Zentralfeld auf $\mathbb{R}^n \setminus \{0\}$, d. h., mit einer stetigen Funktion $\varphi\colon \mathbb{R}_+ \to \mathbb{R}$ gelte $v(x) = \varphi(\|x\|_2)\, x$. Man zeige, daß die mit v assoziierte 1-Form ω_v exakt ist. Wie lautet eine Stammfunktion im Fall $v(x) := \|x\|_2^{-\alpha}\, x$, $\alpha \in \mathbb{R}$?

7. Es sei F ein $\mathscr{C}^1$- bzw. $\mathscr{C}^2$-Vektorfeld auf einer offenen Menge $U \subset \mathbb{R}^3$. Man zeige:

   a) Für jeden Vektor $v \in \mathbb{R}^3$ gilt $\mathrm{rot}\big(F \times v\big) = \partial_v F - \mathrm{div}\, F \cdot v$.

   b) $\mathrm{div}\,\mathrm{rot}\, F = 0$.

8. *Eine Interpretation der Rotation eines Vektorfeldes im euklidischen*
   $\mathbb{R}^3$. Es sei F ein $\mathscr{C}^1$-Feld in einer Umgebung von $0 \in \mathbb{R}^3$ und ω_F seine
   assoziierte 1-Form. Weiter seien e_1, e_2 orthonormierte Vektoren und γ_r
   die Kreislinie $\gamma_r(t) = r \cos t \cdot e_1 + r \sin t \cdot e_2$, $t \in [0; 2\pi]$. Man zeige:

$$\lim_{r \to 0} \frac{1}{\pi r^2} \int_{\gamma_r} \omega_F = \langle \operatorname{rot} F(0), N \rangle, \quad N := e_1 \times e_2.$$

Hinweis: Man führe das Problem auf den Fall eines linearen Feldes zurück.

9. Es sei S die Teilmenge des $\mathbb{R}^3$ bestehend aus
   (a) der z-Achse,
   (b) dem Kreis $\{x^2 + y^2 = 1, z = 0\}$,
   (c) der Halbgeraden $\{(0, y, 0), y \geq 1\}$.

   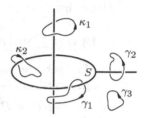

   Gegeben seien ferner geschlossene Integra-
   tionswege $\kappa_1, \kappa_2, \gamma_1, \gamma_2, \gamma_3$ in $U := \mathbb{R}^3 \setminus S$
   wie skizziert, sowie eine auf U geschlossene
   1-Form α mit

$$\int_{\kappa_1} \alpha = 3, \quad \int_{\kappa_2} \alpha = 7.$$

Was läßt sich über die Integrale $\int_{\gamma_i} \alpha$, $i = 1, 2, 3$, aussagen?

10 Man zeige: Die Kreise γ_0 und γ_1,

$$\gamma_0(t) = (3\cos t, 3\sin t, 0),$$
$$\gamma_1(t) = (0, 3 + \cos t, \sin t),$$

$t \in [0; 2\pi]$, sind in $U := \mathbb{R}^3 \setminus \{x = y = 0\}$
nicht frei homotop zueinander. Man sagt, γ_0
und γ_1 seien in U „verschlungen".

Hinweis: Für eine geeignete geschlossene 1-Form ω ist $\int_{\gamma_0} \omega \neq \int_{\gamma_1} \omega$.

11. Jede stetige Kurve in einem Gebiet $G \subset \mathbb{R}^n$ mit Anfangspunkt A und
    Endpunkt B ist in G homotop zu einem Streckenzug von A nach B.

12. Man zeige, daß $\mathbb{R}^n \setminus \{0\}$ für $n \geq 3$ einfach zusammenhängend ist, und
    folgere den einfachen Zusammenhang von S^n für $n \geq 2$.
    Hinweis: Man reduziere das Problem mittels Aufgabe 11 und zeige, daß jeder
    Streckenzug in $\mathbb{R}^n \setminus \{0\}$ in einem sternförmigen Gebiet der speziellen Gestalt
    $\mathbb{R}^n \setminus \mathbb{R}_+ \cdot a$ mit einem geeigneten Vektor $a \neq 0$ liegt.

13. $\mathbb{R}^2$ ist nicht homöomorph zu $\mathbb{R}^n$, $n \geq 3$.
    Hinweis: In 1.5 wurde gezeigt, daß $\mathbb{R}^1$ zu $\mathbb{R}^n$, $n \geq 2$, nicht homöomorph ist.
    Man orientiere sich an jenem Beweis und verwende Aufgabe 12.

14. Sind $\gamma_1, \gamma_2, \gamma_3 \colon [a; b] \to X$ stetige Kurven derart, daß γ_1 zu γ_2 und γ_2 zu γ_3 homotop ist, so ist auch γ_1 zu γ_3 homotop.

15. *Rücktransport von 1-Formen.* Es seien $V \subset \mathbb{R}^m$ und $U \subset \mathbb{R}^n$ offen und $\varphi = (\varphi_1, \ldots, \varphi_n) \colon V \to U$ eine $\mathscr{C}^1$-Abbildung. Einer 1-Form ω auf U läßt sich dann eine 1-Form $\varphi^* \omega$ auf V zuordnen durch

$$\varphi^* \omega(y)h := \omega\big(\varphi(y)\big)\,\big(\mathrm{d}\varphi(y)h\big), \quad y \in V, \, h \in \mathbb{R}^m.$$

Man zeige:

a) Ist $\omega = \sum_{i=1}^{n} a_i \,\mathrm{d}y_i$, so gilt $\varphi^* \omega = \sum_{i=1}^{n} (a_i \circ \varphi)\,\mathrm{d}\varphi_i$.

   Man gebe ferner die kanonische Koordinatendarstellung von $\varphi^* \omega$ an. Was ergibt sich speziell im Fall $m = 1$?

b) Man berechne $P_2^* \omega_W$, P_2 die Polarkoordinatenabbildung $\mathbb{R}_+ \times \mathbb{R} \to \mathbb{R}^2 \setminus \{0\}$ und ω_W die Windungsform.

c) Ist ω exakt mit Potential f, so ist $\varphi^* \omega$ exakt mit Potential $f \circ \varphi$. Ist ω geschlossen, so ist auch $\varphi^* \omega$ geschlossen.

d) Ist $\gamma \colon [a; b] \to V$ ein Integrationsweg, so gilt

$$\int_{\gamma \circ \varphi} \omega = \int_{\gamma} \varphi^* \omega.$$

Man interpretiere dies speziell für $m = 1$.

6 Die Fundamentalsätze der Funktionentheorie

In diesem Kapitel wenden wir die Theorie der Kurvenintegrale auf das Studium der Funktionen an, die in offenen Teilmengen von $\mathbb{C}$ erklärt und komplex differenzierbar sind. Derartige Funktionen nennt man holomorph. Den Ausgangspunkt zu ihrer Untersuchung bildet die Tatsache, daß jede Differentialform $f\,\mathrm{d}z$, deren Koeffizient f holomorph ist, lokal eine Stammfunktion besitzt (Satz von Goursat). Für die Kurvenintegrale solcher Differentialformen gilt daher der Satz von der Homotopieinvarianz; in der Funktionentheorie bezeichnet man ihn als Cauchyschen Integralsatz. Wir besprechen in diesem Kapitel fundamentale Konsequenzen dieses Satzes.

6.1 Der Cauchysche Integralsatz

Definition: Eine Funktion $f\colon U \to \mathbb{C}$ auf einer offenen Menge $U \subset \mathbb{C}$ heißt *holomorph in* U, wenn sie in jedem Punkt $a \in U$ komplex differenzierbar ist, und dies meint, daß der Grenzwert

$$f'(a) := \lim_{h \to 0} \frac{f(a+h) - f(a)}{h}$$

existiert.

Beispiel: Nach dem Satz über die Differentiation von Potenzreihen in 3.1 stellt jede Potenzreihe $P(z) = \sum_{n=0}^{\infty} a_n z^n$ in ihrem offenen Konvergenzkreis eine holomorphe Funktion dar, und es gilt $P'(z) = \sum_{n=1}^{\infty} n\,a_n z^{n-1}$.

Wir fassen den Definitionsbereich einer holomorphen Funktion f auch als Teilmenge des $\mathbb{R}^2$ auf; dabei erfüllen ihre partiellen Ableitungen nach 3.1. IV (12) die Cauchy-Riemannsche Differentialgleichung

$$f_x(a) = f'(a) = -\mathrm{i}f_y(a).$$

Das Differential einer holomorphen Funktion f hat somit die Gestalt

$$\mathrm{d}f(a) = f_x(a)\,\mathrm{d}x + f_y(a)\,\mathrm{d}y = f'(a)\big(\mathrm{d}x + \mathrm{i}\,\mathrm{d}y\big) = f'(a)\,\mathrm{d}z;$$

hierbei bezeichnet z die durch $z(x,y) := x + \mathrm{i}y$ auf $\mathbb{R}^2$ erklärte Funktion.

Jede stetige 1-Form $f \, \mathrm{d}z$ auf einer offenen Menge $U \subset \mathbb{C}$ kann längs eines beliebigen Integrationsweges in U integriert werden. Mit $\gamma(t) = x(t) + \mathrm{i}y(t)$, $t \in [a; b]$, ist das Integral gegeben durch

$$(1) \qquad \int_{\gamma} f \, \mathrm{d}z = \int_{a}^{b} \Big(f\big(\gamma(t)\big)\dot{x}(t) + \mathrm{i}f\big(\gamma(t)\big)\dot{y}(t) \Big) \, \mathrm{d}t = \int_{a}^{b} f\big(\gamma(t)\big) \, \dot{\gamma}(t) \, \mathrm{d}t.$$

Beispiel: Es sei γ ein geschlossener Integrationsweg und z_0 ein Punkt, der nicht auf der Spur von γ liegt. Dann gilt nach Band 1, 12.7

$$(2) \qquad \frac{1}{2\pi\mathrm{i}} \int_{\gamma} \frac{\mathrm{d}z}{z - z_0} = \frac{1}{2\pi\mathrm{i}} \int_{a}^{b} \frac{\dot{\gamma}(t)}{\gamma(t) - z_0} = n(\gamma; z_0).$$

Das Integral stellt also die Windungszahl der Kurve um den Punkt z_0 dar.

Mit Hilfe von (1) kann man Aussagen zur Integration über Intervalle sofort auf die Integration der Formen $f \, \mathrm{d}z$ längs Kurven übertragen. Wir notieren die Standardabschätzung und eine Vertauschungsregel:

(i) **Standardabschätzung:**

$$\left| \int_{\gamma} f \, \mathrm{d}z \right| \le \max_{z \in \mathrm{Spur}\,\gamma} |f(z)| \cdot \text{Länge von } \gamma.$$

(ii) **Vertauschungsregel:** *Konvergiert eine Folge stetiger Funktionen f_n auf der Spur von γ gleichmäßig gegen f, so gilt*

$$\int_{\gamma} f(z) \, \mathrm{d}z = \lim_{n \to \infty} \int_{\gamma} f_n(z) \, \mathrm{d}z.$$

Jede stetige 1-Form $f \, \mathrm{d}z$ auf U, die auf U eine Stammfunktion hat, kann nach 5.3 in U wegunabhängig integriert werden. Insbesondere ist das Integral jeder solchen 1-Form längs jedes geschlossenen Integrationsweges in U Null. Da jedes Polynom P die Ableitung eines Polynoms Q ist, gilt für jeden geschlossenen Integrationsweg γ in $\mathbb{C}$

$$\int_{\gamma} P \, \mathrm{d}z = \int_{\gamma} \mathrm{d}Q = 0.$$

Eine Differentialform der Gestalt $f \, \mathrm{d}z$ auf einer offenen Menge $U \subset \mathbb{C}$ heißt *holomorph*, wenn die Funktion f holomorph ist. Mit Hilfe der Kurvenintegrale solcher Formen leiten wir fundamentale Eigenschaften der holomorphen Funktionen her. Wesentlich hierbei wird sein, daß jede holomorphe 1-Form $f \, \mathrm{d}z$ lokal eine Stammfunktion besitzt. Dies ergäbe sich sofort mit dem Lemma von Poincaré, wenn wir wüßten, daß die Ableitung

f' stetig ist; aufgrund der Cauchy-Riemannschen Differentialgleichung erfüllt $f \, \mathrm{d}z = f(\mathrm{d}x + \mathrm{i} \, \mathrm{d}y)$ nämlich die Integrabilitätsbedingung $f_y = \mathrm{i} f_x$. Die lokale Exaktheit einer holomorphen 1-Form $f \, \mathrm{d}z$ kann aber auch ohne Kenntnis der Stetigkeit der Ableitung f' gezeigt werden, und zwar mit Hilfe des Lemmas von Goursat (1858–1936).

Lemma von Goursat: *Sei K eine konvexe offene Menge und f eine holomorphe Funktion in K. Dann gilt für jedes Dreieck $\triangle \subset K$*

$$\int_{\partial \triangle} f \, \mathrm{d}z = 0.$$

Sind a, b, c die Ecken von $\triangle$, so meint Integration über $\partial\triangle$ die Integration längs der Strecken $[a; b]$, $[b; c]$ und $[c; a]$. Bei einer Änderung der Reihenfolge der Ecken ändert sich das Integral $\int_{\partial\triangle} f \, \mathrm{d}z$ höchstens um den Faktor -1.

Beweis: Wir zerlegen das Dreieck durch Verbinden der Seitenmittelpunkte zunächst in vier kongruente Dreiecke. Sei $\triangle_1$ eines dieser vier Dreiecke, für welches das Integral über den Rand den größten Betrag hat. Da die Summe der Integrale über die Ränder der vier Teildreiecke gerade $\int_{\partial\triangle} f(z) \, \mathrm{d}z$ ist, folgt

$$\left| \int_{\partial\triangle} f(z) \, \mathrm{d}z \right| \leq 4 \cdot \left| \int_{\partial\triangle_1} f(z) \, \mathrm{d}z \right|.$$

Die Summe der Integrale über die Ränder der vier Teildreiecke ist $\int_{\partial\triangle} f(z) \, \mathrm{d}z$

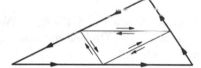

Durch Wiederholung dieses Verfahrens finden wir eine Folge von Dreiecken $\triangle_1 \supset \triangle_2 \supset \cdots$ mit

$$\left| \int_{\partial\triangle} f(z) \, \mathrm{d}z \right| \leq 4^n \left| \int_{\partial\triangle_n} f(z) \, \mathrm{d}z \right|.$$

Es sei nun z_0 ein Punkt, der in allen Dreiecken $\triangle_n$ liegt. f ist in z_0 komplexdifferenzierbar; es gibt also eine Darstellung

$$f(z) = f(z_0) + f'(z_0) \cdot (z - z_0) + |z - z_0| \cdot r(z),$$

wobei $\lim_{z \to z_0} r(z) = 0$. Da die lineare Funktion $f(z_0) + f'(z_0) \, (z - z_0)$ eine Stammfunktion besitzt, folgt damit

$$\int_{\partial\triangle_n} f(z) \, \mathrm{d}z = \int_{\partial\triangle_n} |z - z_0| \, r(z) \, \mathrm{d}z.$$

Ist L der Umfang des Dreiecks $\triangle$, so hat das Dreieck $\triangle_n$ den Umfang $2^{-n}L$. Ferner gilt $|z - z_0| \leq 2^{-n}L$ für $z \in \partial\triangle_n$, da z_0 in $\triangle_n$ enthalten ist.

Mit der Standardabschätzung folgt also

$$\left| \int_{\partial \triangle_n} |z - z_0| \, r(z) \, dz \right| \le 2^{-n} L \cdot 2^{-n} L \cdot \max_{z \in \triangle_n} |r(z)|.$$

Insgesamt ergibt sich für alle n

$$\left| \int_{\partial \triangle} f(z) \, dz \right| \le L^2 \max_{z \in \triangle_n} |r(z)|.$$

Wegen $r(z) \to 0$ für $z \to z_0$ beweist diese Abschätzung das Lemma. $\square$

Integrabilitätskriterium: *Es sei $K \subset \mathbb{C}$ eine konvexe offene Menge und $f \colon K \to \mathbb{C}$ eine stetige Funktion derart, daß für jedes Dreieck $\triangle \subset K$*

$$(*) \qquad \int_{\partial \triangle} f(\zeta) \, d\zeta = 0$$

gilt. Dann besitzt f in K eine holomorphe Stammfunktion, d. i. eine Funktion F mit $F' = f$. Mit beliebigem $a \in K$ erhält man eine solche durch Integration längs der Strecken $[a; z]$, $z \in K$:

$$F(z) := \int_{[a, z]} f(\zeta) \, d\zeta.$$

Beweis: Es seien z, $z + h \in K$. Wegen $(*)$, angewendet auf das Dreieck mit den Eckpunkten a, z und $z + h$, gilt

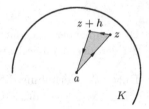

$$F(z + h) - F(z) = \int_{[z, z+h]} f(\zeta) \, d\zeta.$$

Mit $f(z) = \frac{1}{h} \cdot \int_{[z, z+h]} f(z) \, d\zeta$ erhält man weiter

$$\left| \frac{F(z + h) - F(z)}{h} - f(z) \right| \le \max_{\zeta \in [z, z+h]} |f(\zeta) - f(z)|.$$

Für $h \to 0$ folgt daraus $F' = f$. $\square$

Zusammen mit dem Lemma von Goursat ergibt sich nun:

Satz von Goursat: *Jede holomorphe 1-Form ist lokal exakt.*

Aufgrund des Satzes von Goursat gilt der Satz über die Homotopieinvarianz von Kurvenintegralen mit seinen verschiedenen Versionen und Konsequenzen für alle holomorphen 1-Formen. Man bezeichnet ihn in diesem Zusammenhang als Cauchyschen Integralsatz.

Cauchyscher Integralsatz: *Für jede holomorphe Differentialform $f\,\mathrm{d}z$ auf einer offenen Menge $U \subset \mathbb{C}$ gelten die Aussagen:*

(i) *Sind γ_0 und γ_1 homotope Integrationswege in U mit gemeinsamem Anfangspunkt und gemeinsamem Endpunkt oder frei homotope geschlossene Integrationswege, so gilt*

$$\int_{\gamma_0} f\,\mathrm{d}z = \int_{\gamma_1} f\,\mathrm{d}z.$$

Ist γ ein nullhomotoper Integrationsweg in U, so gilt $\int_{\gamma} f\,\mathrm{d}z = 0$.

(ii) *Ist U zusätzlich einfach zusammenhängend, so kann $f\,\mathrm{d}z$ in U wegunabhängig integriert werden. Mit einem beliebigen Punkt $a \in U$ wird durch*

$$F(z) := \int_{a}^{z} f(\zeta)\,\mathrm{d}\zeta, \qquad z \in U,$$

eine holomorphe Stammfunktion definiert: $F' = f$.

Eine typische Anwendung der Aussage (i) bringt das folgende Beispiel.

Beispiel: Das Fresnel-Integral $\displaystyle\int_{0}^{\infty} \mathrm{e}^{-\mathrm{i}t^2}\,\mathrm{d}t$ und das Gauß-Integral $\displaystyle\int_{0}^{\infty} \mathrm{e}^{-t^2}\,\mathrm{d}t$.

Sei $f(z) := \mathrm{e}^{-z^2}$. f ist holomorph auf $\mathbb{C}$ und $\mathbb{C}$ ist konvex. Nach dem Integralsatz gilt also mit den in der Skizze angegebenen Wegen

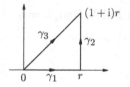

$$(*) \qquad \int_{\gamma_3} f\,\mathrm{d}z = \int_{\gamma_1} f\,\mathrm{d}z + \int_{\gamma_2} f\,\mathrm{d}z.$$

Für $\gamma_2(t) = r + ti$, $t \in [0;r]$, ist $\left| f\big(\gamma_2(t)\big) \right| = \mathrm{e}^{-r^2+t^2} \le \mathrm{e}^{-r^2}\mathrm{e}^{rt}$. Damit folgt

$$\left| \int_{\gamma_2} f\,\mathrm{d}z \right| \le \int_{0}^{r} \left| f\big(\gamma_2(t)\big) \right|\,\mathrm{d}t \le \mathrm{e}^{-r^2} \int_{0}^{r} \mathrm{e}^{rt}\,\mathrm{d}t < \frac{1}{r}.$$

Hiernach gilt $\displaystyle\lim_{r\to\infty} \int_{\gamma_2} f\,\mathrm{d}z = 0$. Wegen $(*)$ ergibt sich nun

$$(**) \qquad \lim_{r\to\infty} \int_{\gamma_3} f\,\mathrm{d}z = \lim_{r\to\infty} \int_{\gamma_1} f\,\mathrm{d}z = \int_{0}^{\infty} \mathrm{e}^{-t^2}\,\mathrm{d}t = \frac{1}{2}\sqrt{\pi}.$$

Der Wert $\frac{1}{2}\sqrt{\pi}$ des Gaußschen Integrals wurde bereits in Band $1, 17.2$ ermittelt; siehe auch 6.6 in diesem Band.

Weiter erhält man mit $\gamma_3(t) = (1+\mathrm{i})t$, $t \in [0;r]$, $\dot\gamma_3(t) = (1+\mathrm{i})$,

$$\lim_{r\to\infty} \int_{\gamma_3} f\,\mathrm{d}z = (1+\mathrm{i})\int_0^\infty e^{-(1+\mathrm{i})^2 t^2}\,\mathrm{d}t = (1+\mathrm{i})\int_0^\infty e^{-2\mathrm{i}t^2}\,\mathrm{d}t = \frac{1+\mathrm{i}}{\sqrt{2}}\int_0^\infty e^{-\mathrm{i}\tau^2}\,\mathrm{d}\tau.$$

Damit ist die Konvergenz des Fresnelschen Integrals $\int_0^\infty e^{-\mathrm{i}\tau^2}\,\mathrm{d}\tau$ gezeigt und zusammen mit (∗∗) auch sein Wert berechnet:

$$\int_0^\infty e^{-\mathrm{i}\tau^2}\,\mathrm{d}\tau = \frac{\sqrt{2\pi}}{4}(1-\mathrm{i}).$$

Durch Zerlegen in Real- und Imaginärteil ergeben sich schließlich die Konvergenz und der Wert der reellen Fresnelschen Integrale:

$$\int_0^\infty \cos t^2\,\mathrm{d}t = \int_0^\infty \sin t^2\,\mathrm{d}t = \frac{\sqrt{2\pi}}{4}. \qquad \square$$

Die im Integralsatz angegebene Konstruktion einer Stammfunktion in einem einfach zusammenhängenden Gebiet ist dieselbe wie im Hauptsatz der Differential- und Integralrechnung. Sie stellt ein sehr leistungsfähiges Verfahren zur Gewinnung holomorpher Funktionen dar. Als Beispiel betrachten wir die Konstruktion des Logarithmus auf $\mathbb{C}^-$.

Beispiel: Hauptzweig des Logarithmus auf $\mathbb{C}^-$. In Erweiterung der Darstellung $\ln x = \int_1^x \frac{\mathrm{d}t}{t}$ für $x \in \mathbb{R}_+$ definieren wir $L\colon \mathbb{C}^- \to \mathbb{C}$ durch

$$(3) \qquad\qquad L(z) := \int_1^z \frac{\mathrm{d}\zeta}{\zeta}, \quad z \in \mathbb{C}^-.$$

Da $\mathbb{C}^-$ einfach zusammenhängt, ist L wohldefiniert. L ist holomorph und hat die Ableitung $L'(z) = 1/z$; ferner ist $L(1) = 0$. Wegen $(ze^{-L})' = e^{-L}(1 - z\cdot\frac{1}{z}) = 0$ ist $z\cdot e^{-L}$ konstant $= 1\cdot e^{-L(1)} = 1$; es gilt also

$$e^{L(z)} = z \quad \text{für alle } z \in \mathbb{C}^-.$$

L heißt *Hauptzweig des Logarithmus auf* $\mathbb{C}^-$ und wird ebenfalls mit ln bezeichnet. Die Integration längs des skizzierten Weges ergibt in $z = re^{\mathrm{i}\varphi}$ mit $\varphi \in (-\pi;\pi)$ die Darstellung

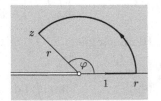

$$(3') \qquad \ln z = L(z) = \ln r + \mathrm{i}\varphi.$$

Vgl. Band 1, 8.10.

Konstruktion des Hauptzweiges des Logarithmus durch Integration

6.2 Die Cauchysche Integralformel für Kreisscheiben. Der Satz von der Potenzreihenentwicklung

Aus dem Cauchyschen Integralsatz leiten wir nun eine Integraldarstellung holomorpher Funktionen her. Als wichtigste Folgerung gewinnen wir sofort Potenzreihenentwicklungen um jeden Punkt im Definitionsbereich.

Cauchysche Integralformel: *Es sei f holomorph in einer offenen Menge, die die abgeschlossene Kreisscheibe $\overline{K}_r(a)$ enthält. Mit $\kappa_r(t) = a + re^{it}$, $t \in [0; 2\pi]$, gilt dann für jeden Punkt $z \in K_r(a)$*

(4)
$$f(z) = \frac{1}{2\pi i} \int_{\kappa_r} \frac{f(\zeta)}{\zeta - z}\, d\zeta.$$

Beweis: Für beliebiges positives $\varepsilon < r - |z - a|$ vergleichen wir das angeschriebene Integral mit dem über die Kreislinie $\gamma_\varepsilon(t) := z + \varepsilon e^{it}$, $t \in [0; 2\pi]$. Da κ_r und γ_ε in $\overline{K}_r(a) \setminus \{z\}$ frei homotop sind, gilt

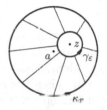

$$\int_{\kappa_r} \frac{f(\zeta)}{\zeta - z}\, d\zeta = \int_{\gamma_\varepsilon} \frac{f(\zeta)}{\zeta - z}\, d\zeta.$$

Dieses Integral hängt insbesondere nicht von ε ab. Wegen $\int_{\gamma_\varepsilon} \frac{1}{\zeta - z}\, d\zeta = 2\pi i\, n(\gamma_\varepsilon; z) = 2\pi i$ folgt also

$$\int_{\kappa_r} \frac{f(\zeta)}{\zeta - z}\, d\zeta = \lim_{\varepsilon \to 0} \int_{\gamma_\varepsilon} \frac{f(\zeta) - f(z)}{\zeta - z}\, d\zeta + 2\pi i \cdot f(z).$$

Der Grenzwert auf der rechten Seite ist Null: Da der Integrand wegen der Differenzierbarkeit der Funktion f im Punkt z in $\overline{K}_r(a)$ beschränkt ist, etwa durch M, wird der Betrag des Integrals durch $2\pi\varepsilon M$ majorisiert. Mit $\varepsilon \to 0$ ergibt sich schließlich die Integralformel. $\qquad \square$

Im Integralsatz und in der Integralformel liegt die ganze Funktionentheorie konzentriert vor. Der Integralformel entnimmt man sofort, daß jeder Wert $f(z)$, $z \in K_r(a)$, allein aus den Werten von f auf dem Rand der Kreisscheibe berechnet werden kann. Ferner ist von Bedeutung, daß z im Integranden nur als Parameter und nicht an f gebunden vorkommt. Wegen dieser Tatsache gewinnt man wichtige Informationen aus den Eigenschaften des Faktors $\frac{1}{\zeta - z}$, dem sogenannten *Cauchy-Kern*. Zum Beispiel ergibt die Entwicklung dieses Kerns in eine geometrische Reihe eine Potenzreihenentwicklung für f.

Satz von der Potenzreihenentwicklung: *Eine holomorphe Funktion f in der offenen Menge $U \subset \mathbb{C}$ kann in jeder Kreisscheibe $K_\rho(a) \subset U$ in eine Potenzreihe $f(z) = \sum_{n=0}^{\infty} a_n (z-a)^n$ entwickelt werden. Der Konvergenzradius ist mindestens so groß wie der Abstand des Punktes a vom Rand ∂U. Die Koeffizienten sind gegeben durch die Integrale*

$$(5) \qquad\qquad a_n = \frac{1}{2\pi i} \int_{\partial K_r(a)} \frac{f(\zeta)}{(\zeta - a)^{n+1}} \, d\zeta,$$

wobei r eine beliebige positive Zahl $< \rho$ sei. (Die Integration über $\partial K_r(a)$ meint Integration längs der Kreislinie $\kappa_r(t) := a + re^{it}$, $t \in [0; 2\pi]$.) *Ist M eine Konstante derart, daß $|f(\zeta)| \leq M$ für alle $\zeta \in \partial K_r(a)$, so besteht für die Koeffizienten die Abschätzung*

$$(5') \qquad\qquad |a_n| \leq \frac{M}{r^n}.$$

Beweis: Wir zeigen, daß f in jeder Kreisscheibe $K_r(a)$ mit $r < \rho$ eine Potenzreihenentwicklung mit den angegebenen Koeffizienten besitzt. Nach dem Identitätssatz für Potenzreihen genügt das.

Wir gehen aus von der Cauchyschen Integralformel für $f(z)$, $z \in K_r(a)$, und formen den Integranden wie folgt um:

$$\frac{f(\zeta)}{\zeta - z} = \frac{f(\zeta)}{\zeta - a} \cdot \frac{1}{1 - \frac{z-a}{\zeta-a}} = \frac{f(\zeta)}{\zeta - a} \sum_{n=0}^{\infty} \left(\frac{z-a}{\zeta-a} \right)^n.$$

Die Reihe wird auf $\partial K_r(a)$ von $\sum_{n=0}^{\infty} q^n$ mit $q := \left| \dfrac{z-a}{\zeta-a} \right| < 1$ majorisiert, konvergiert dort also gleichmäßig. Es folgt

$$f(z) = \frac{1}{2\pi i} \int_{\partial K_r(a)} \frac{f(\zeta)}{\zeta - z} \, d\zeta = \sum_{n=0}^{\infty} \left(\frac{1}{2\pi i} \int_{\partial K_r(a)} \frac{f(\zeta)}{(\zeta - a)^{n+1}} \, d\zeta \right) \cdot (z - a)^n.$$

Die Abschätzung der Koeffizienten: Der Integrand in (5) ist beschränkt durch M/r^{n+1}, und der Integrationsweg hat die Länge $2\pi r$. Die Standardabschätzung des Integrals ergibt daher (5'). $\qquad\qquad\square$

Der Satz von der Potenzreihenentwicklung spielt eine fundamentale Rolle in der Funktionentheorie. Wir besprechen im Folgenden einige seiner Konsequenzen. Dabei werden sich wesentliche Unterschiede und auch erhebliche Vereinfachungen gegenüber der Theorie der reell–differenzierbaren Funktionen zeigen. Ein erster Komplex von Folgerungen resultiert aus der Holomorphie der Ableitung.

I. Holomorphie der Ableitung

Nach dem Entwicklungssatz haben holomorphe Funktionen lokal dieselben Eigenschaften wie Potenzreihen. Da die Ableitungen von Potenzreihen wieder Potenzreihen sind, folgt unmittelbar der

Satz von der Holomorphie der Ableitungen: *Jede holomorphe Funktion f ist beliebig oft komplex–differenzierbar und alle Ableitungen $f^{(k)}$ sind holomorph.*

Für die Ableitungen $f^{(k)}$ hat man auch Integralformeln anhand von f analog zur eingangs aufgestellten Integralformel.

Integralformel für Ableitungen: *Es sei f holomorph in einer Umgebung U von $\overline{K}_r(a)$. Dann gilt in jedem Punkt $z \in K_r(a)$*

$$(6) \qquad \boxed{f^{(k)}(z) = \frac{k!}{2\pi i} \int_{\partial K_r(a)} \frac{f(\zeta)}{(\zeta - z)^{k+1}} \, d\zeta.}$$

Beweis: f besitzt in einer Umgebung von z eine Potenzreihenentwicklung $f(\zeta) = \sum_{n=0}^{\infty} a_n(\zeta - z)^n$. Mit dieser hat man

$$\frac{f(\zeta)}{(\zeta - z)^{k+1}} - \sum_{n=0}^{k-1} a_n(\zeta - z)^{n-k-1} + \frac{a_k}{\zeta - z} + \varphi(\zeta),$$

wobei φ in U holomorph ist. Die Funktion $\zeta \mapsto \sum_{n=0}^{k-1} a_n(\zeta - z)^{n-k-1}$ besitzt offensichtlich in $\mathbb{C} \setminus \{z\}$ eine Stammfunktion; ihr Integral längs der Kreislinie κ_r verschwindet also. Das Integral über φ längs κ_r verschwindet ebenfalls, da κ_r in U nullhomotop ist. Somit ergibt sich

$$\int_{\partial K_r(a)} \frac{f(\zeta)}{(\zeta - z)^{k+1}} \, d\zeta = \int_{\partial K_r(a)} \frac{a_k}{\zeta - z} \, d\zeta = 2\pi i a_k.$$

Wegen $f^{(k)}(z) = k! a_k$ beweist das die Behauptung. $\square$

Aufgrund der Holomorphie der Ableitung sind wir nun in der Lage, zu jeder nullstellenfreien holomorphen Funktion f in einem einfach zusammenhängenden Gebiet U einen holomorphen Logarithmus zu konstruieren. Unter einem *holomorphen (stetigen) Logarithmus* zu f versteht man eine holomorphe (stetige) Funktion $F\colon U \to \mathbb{C}$ mit $e^F = f$. Manchmal bezeichnet man eine solche Funktion auch als holomorphen (stetigen) *Zweig des Logarithmus von* f. Zwei stetige Zweige F_1 und F_2 unterscheiden sich nur um ein ganzes Vielfaches von $2\pi i$; denn $F_1 - F_2$ nimmt nur Werte aus $2\pi i \mathbb{Z}$ an, ist in dem Gebiet U also konstant.

Satz (Existenz eines holomorphen Logarithmus): *Es sei U ein einfach zusammenhängendes Gebiet. Dann besitzt jede nullstellenfreie holomorphe Funktion f in U dort einen holomorphen Logarithmus. Insbesondere ist jeder stetige Logarithmus einer holomorphen Funktion sogar holomorph.*

Nach den vorangehenden Feststellungen ist ein holomorpher Logarithmus von f durch seinen Wert w_0 an irgendeiner Stelle $z_0 \in U$ festgelegt. Für einen so festgelegten Logarithmus schreibt man: $\ln f$, $\ln f(z_0) = w_0$.

Beweis: Die Differentialform $\dfrac{f'}{f}\,\mathrm{d}z$ ist holomorph, besitzt also nach dem Cauchyschen Integralsatz in U eine Stammfunktion Φ. Wegen $\Phi' = f'/f$ gilt mit dieser $(f\,\mathrm{e}^{-\Phi})' = \mathrm{e}^{-\Phi}(f' - f\Phi') = 0$, folglich $f = c\,\mathrm{e}^{\Phi} = \mathrm{e}^{\Phi+\gamma}$, γ eine Konstante; $\Phi + \gamma$ ist also ein holomorpher Logarithmus.   □

Anwendung: Holomorphe Potenzen. Es sei f weiterhin eine nullstellenfreie holomorphe Funktion auf einem einfach zusammenhängenden Gebiet U. Für einen beliebigen Exponenten $\alpha \in \mathbb{C}$ definiert man nach Wahl eines holomorphen Logarithmus F zu f als *holomorphe Potenz*

$$f^{\alpha} := \mathrm{e}^{\alpha F}.$$

f^{α} ist erst durch seinen Wert an einer Stelle $z_0 \in U$ festgelegt. Für $\alpha = 1/n$, $n \in \mathbb{Z}$, gilt stets $(f^{1/n})^n = f$. Wählt man im Fall $f = z$ und $U = \mathbb{C}^-$ als F den Hauptzweig des Logarithmus von z, so nennt man auch die Funktion z^{α} Hauptzweig; für diesen gilt $1^{\alpha} = 1$. Nach $(3')$ hat er für reelles α in $z = |z|\,\mathrm{e}^{\mathrm{i}\varphi}$, $\varphi \in (-\pi; \pi)$, die Darstellung $z^{\alpha} = |z|^{\alpha}\,\mathrm{e}^{\mathrm{i}\alpha\varphi}$.

Der entscheidende Punkt im Beweis des Cauchyschen Integralsatzes war neben dem Satz von der Homotopieinvarianz das Lemma von Goursat. Von grundsätzlicher Bedeutung im Hinblick auf den Holomorphiebegriff ist nun die Tatsache, daß dieses Lemma auch eine Umkehrung besitzt. Der Beweis beruht wesentlich auf der Holomorphie der Ableitung.

Satz von Morera: *Eine stetige Funktion $f \colon K \to \mathbb{C}$ auf einer offenen Kreisscheibe $K \subset \mathbb{C}$ ist genau dann holomorph, wenn für jedes Dreieck $\triangle \subset K$ gilt:*

$$\int_{\partial\triangle} f(z)\,\mathrm{d}z = 0.$$

Beweis: Die Bedingung ist nach dem Lemma von Goursat notwendig. Daß sie hinreicht, folgt daraus, daß $f\,\mathrm{d}z$ nach dem Integralkriterium in 6.1 eine Stammfunktion F besitzt, $F' = f$, und somit auch f holomorph ist.   □

Als Anwendung des Satzes von Morera und der Integralformel für die Ableitung (6) bringen wir den Satz von Weierstraß über Folgen holomorpher Funktionen. Wir zeigen, daß man bei einer lokal gleichmäßig konvergenten Folge holomorpher Funktionen – im Gegensatz zur Analysis in $\mathbb{R}$ – Differentiation und Limesbildung vertauschen darf. Eine Folge komplexer Funktionen in $U \subset \mathbb{C}$ heißt *lokal gleichmäßig konvergent*, wenn jeder Punkt in U eine Umgebung besitzt, in der sie gleichmäßig konvergiert.

Satz (Weierstraß): *Ist (f_n) eine Folge holomorpher Funktionen auf einer offenen Menge U, die lokal gleichmäßig gegen f konvergiert, so gilt:*

(i) *f ist holomorph;*

(ii) *auch die Folge (f_n') konvergiert lokal gleichmäßig gegen f'.*

Beweis: (i) Es sei $\overline{K}_r(a)$ eine Kreisscheibe, in der (f_n) gleichmäßig gegen f konvergiert. Dort ist f stetig, und für jedes Dreieck $\triangle \subset K_r(a)$ gilt

$$\int_{\partial\triangle} f(z)\,\mathrm{d}z = \lim_{n\to\infty} \int_{\partial\triangle} f_n(z)\,\mathrm{d}z = 0.$$

f ist also holomorph nach dem Satz von Morera.

(ii) Es sei $\overline{K}_\rho(a) \subset U$ vorgegeben. Wir wählen dazu eine Kreisscheibe $\overline{K}_r(a) \subset U$ mit $r > \rho$. Dann ergibt (6) für $f_n' - f'$ die Abschätzung

$$\|f_n' - f'\|_{\overline{K}_\rho(a)} \leq \frac{r}{(r-\rho)^2} \|f_n - f\|_{\overline{K}_r(a)}.$$

Damit folgt, daß (f_n') auf $\overline{K}_\rho(a)$ gleichmäßig gegen f' konvergiert. $\qquad\square$

II. Nullstellen holomorpher Funktionen

Satz von der Isoliertheit der Nullstellen: *Ist $U \subset \mathbb{C}$ eine zusammenhängende offene Menge und f eine von der Nullfunktion verschiedene holomorphe Funktion auf U, so hat die Menge der Nullstellen von f keinen Häufungspunkt in U.*

Beweis: Es sei $H := \{z \in U \mid z \text{ ist Häufungspunkt von Nullstellen von } f\}$. H hat folgende Eigenschaften:

1. H ist abgeschlossen in U wegen der Stetigkeit von f.

2. H ist offen in U. Beweis: Zu $a \in H$ wähle man eine Kreisscheibe $K_r(a) \subset U$. In dieser besitzt f eine Potenzreihenentwicklung. Da a Häufungspunkt von Nullstellen von f ist, gilt $f = 0$ in $K_r(a)$ nach dem Identitätssatz für Potenzreihen. Insbesondere liegt ganz $K_r(a)$ in H.

Somit ist H wegen des Zusammenhangs von U entweder leer oder ganz U. Der zweite Fall tritt nicht ein wegen $f \neq 0$. $\qquad\square$

Wendet man den Satz auf die Differenz zweier holomorpher Funktionen an, erhält man den Identitätssatz.

Identitätssatz: *Es seien f und g holomorphe Funktionen auf einer zusammenhängenden offenen Menge $U \subset \mathbb{C}$. Besitzt die Menge $\{z \in U \mid f(z) = g(z)\}$ einen Häufungspunkt in U, so gilt $f = g$.*

Nach diesem Satz ist eine in einem Gebiet holomorphe Funktion vollständig bestimmt durch ihre Werte auf Teilmengen, die mindestens einen Häufungspunkt haben, etwa durch ihre Werte auf einer Strecke. Man kann dies manchmal benützen, um bekannte Identitäten vom Reellen ins Komplexe auszudehnen.

Beispiel 1: Die Potenzreihenentwicklung von $\ln(1 + z)$ in $\mathbb{E} := K_1(0)$, wobei ln der Hauptzweig des Logarithmus in $\mathbb{C}^-$ sei. Für die reellen $z \in \mathbb{E}$ gilt nach Band 1, 8.5

$$(7) \qquad \ln(1 + z) = \sum_{n=1}^{\infty} \frac{(-1)^{n-1}}{n} z^n.$$

Die angeschriebene Potenzreihe stellt in $\mathbb{E}$ eine holomorphe Funktion dar. Aufgrund des Identitätssatzes gilt (7) also für alle $z \in \mathbb{E}$.

Beispiel 2: Der Hauptzweig des Arcussinus. Die Funktion $1 - z^2$ besitzt auf dem Sterngebiet $U := \mathbb{C} \setminus \{x \in \mathbb{R} \mid |x| \geq 1\}$ eine holomorphe Quadratwurzel q mit $q(0) = 1$; kurz: $q(z) = \sqrt{1 - z^2}$, $\sqrt{1} = 1$.
Weiterhin besitzt $1/q$ in U eine Stammfunktion A,

$$A(z) := \int_0^z \frac{d\zeta}{\sqrt{1 - \zeta^2}}.$$

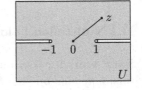

Für $x \in (-1; 1)$ ist $\sqrt{1 - x^2} > 0$ wegen $\sqrt{1} = 1$.
Für diese x gilt also $A(x) = \arcsin x$ und $\sin(\arcsin x) = x$. Mit dem Identitätssatz folgt daher $\sin(A(z)) = z$ für alle $z \in U$. Dementsprechend heißt auch die holomorphe Funktion A in U *Arcussinus*, genauer *Hauptzweig des Arcussinus*, und man bezeichnet diesen ebenfalls mit arcsin.

Ein Punkt a im Definitionsbereich einer holomorphen Funktion f heißt *einfache Stelle* von f, wenn $f'(a) \neq 0$ gilt. Allgemeiner heißt der Punkt a *k-fache Stelle*, wenn $f'(a) = \cdots = f^{(k-1)}(a) = 0$ aber $f^{(k)}(a) \neq 0$ gilt. Ist f eine nicht konstante holomorphe Funktion in einer zusammenhängenden offenen Menge U, so ergibt der Satz von der Isoliertheit der Nullstellen bei Anwendung auf f': *Die Menge der nicht einfachen Stellen hat keinen Häufungspunkt in U.*

Wir untersuchen im Folgenden das lokale Abbildungsverhalten einer nicht konstanten holomorphen Funktion. Zunächst betrachten wir eine Funktion in der Nähe einer einfachen Stelle.

Satz vom Verhalten an einer einfachen Stelle, Satz von der lokalen Umkehrbarkeit: *Die holomorphe Funktion f habe in a eine Ableitung $f'(a) \neq 0$. Dann gibt es eine offene Umgebung U von a, die f bijektiv auf eine offene Umgebung V von $f(a)$ abbildet; dabei ist die Umkehrung $f^{-1} : V \to U$ ebenfalls holomorph. f bildet ferner konform in a ab.*

Beweis: Da die Ableitung f' stetig ist, kann der Satz von der lokalen Umkehrbarkeit in 3.3 angewendet werden. Nach diesem gibt es Umgebungen U und V wie behauptet, wobei die Umkehrung $f^{-1} : V \to U$ überall komplex–differenzierbar, also holomorph ist. Die Konformität von f in a ist mit dem Korollar in 3.1.IV bewiesen. □

In diesem Zusammenhang führen wir den Begriff der biholomorphen Abbildung ein. Eine holomorphe Funktion $f : U \to V$, U und V offene Mengen in $\mathbb{C}$, heißt *biholomorph*, wenn sie bijektiv abbildet und die Umkehrung $f^{-1} : V \to U$ ebenfalls holomorph ist. Damit kann der Satz kurz so formuliert werden: *Eine holomorphe Funktion f mit $f'(a) \neq 0$ bildet bei a lokal biholomorph ab.*

Wir kommen zum Fall $k \geq 1$. Der Prototyp einer holomorphen Funktion mit k-facher Stelle in a ist $z \mapsto b + (z - a)^k$. Wir zeigen, daß dies lokal bis auf eine biholomorphe Transformation auch bereits der allgemeine Fall ist.

Satz vom Verhalten an einer k-fachen Stelle: *Die holomorphe Funktion f habe in a eine k-fache Stelle. Dann gibt es eine Umgebung U von a und eine biholomorphe Abbildung h von U auf eine Kreisscheibe um 0, $h : U \to K_r(0)$, derart, daß für alle $z \in U$ gilt:*

$$f(z) = b + \big(h(z)\big)^k, \quad b := f(a).$$

Beweis: Die Potenzreihenentwicklung von $f - b$ in a hat die Gestalt

$$f(z) - b = (z - a)^k \cdot \left(a_k + \sum_{n=k+1}^{\infty} a_n(z - a)^n \right) = (z - a)^k \cdot g(z),$$

wobei g in einer Kreisscheibe U_0 um a holomorph ist und $g(a) = a_k \neq 0$ gilt. Wir nehmen an, f sei in ganz U_0 nullstellenfrei; andernfalls verkleinere man U_0. g besitzt dann in U_0 eine holomorphe k-te Wurzel q, $g = q^k$. Damit setzen wir $h := (z - a)q$. h ist holomorph in U_0, und es gilt $h(a) = 0$ und $h'(a) = q(a) \neq 0$ wegen $q^k(a) = g(a) \neq 0$. Nach dem Satz von der lokalen Umkehrbarkeit gibt es eine offene Umgebung $U \subset U_0$ von a und eine Kreisscheibe $K_r(0)$ so, daß $h : U \to K_r(0)$ biholomorph ist, und dort gilt nach Konstruktion $f(z) - b = \big(h(z)\big)^k$. □

Korollar: *Zu jedem $w \neq f(a)$ mit $|w - f(a)| < r^k$ gibt es genau k verschiedene $z_1, \ldots, z_k \in U$ mit $f(z_i) = w$.*

Beweis: Es gibt genau k verschiedene $\eta_1, \ldots, \eta_k \in K_r(0) \setminus \{0\}$ mit $\eta_i^k = w - b$. Deren Urbilder $z_i := h^{-1}(\eta_i)$, $i = 1, \ldots, k$, leisten das Verlangte: $f(z_i) = b + \big(h(z_i)\big)^k = w$. $\square$

Nach dem Offenheitssatz in 3.3 ist das Bild $f(U)$ einer stetig differenzierbaren Abbildung $f \colon U \to Y$, deren Ableitung f' überall invertierbar ist, eine offene Teilmenge von Y. Für reell–differenzierbare Abbildungen ist diese Aussage ohne die Voraussetzung über f' im allgemeinen falsch, wie die Funktion $\sin \colon \mathbb{R} \to \mathbb{R}$ zeigt. Dagegen gilt sie bei nicht konstanten holomorphen Funktionen auf einem Gebiet auch ohne die Voraussetzung über die Ableitung.

Offenheitssatz: *Ist f eine nicht konstante holomorphe Funktion in einem Gebiet $G \subset \mathbb{C}$, so ist das Bild $f(G)$ eine offene Menge in $\mathbb{C}$.*

Beweis: Wir müssen zeigen, daß $f(G)$ mit jedem Punkt $f(a)$, $a \in G$, auch eine Kreisscheibe mit Mittelpunkt $f(a)$ enthält. Sei dazu k die Vielfachheit der Stelle a. Nach dem Korollar ist dann die Kreisscheibe mit Radius r^k eine solche. $\square$

III. Ganze Funktionen. Der Satz von Liouville

Funktionen, die überall in $\mathbb{C}$ definiert und holomorph sind, heißen *ganze Funktionen*. Ganze Funktionen, die kein Polynom sind, heißen *transzendent*. Nach dem Entwicklungssatz besitzt jede ganze Funktion f eine Darstellung $f(z) = \sum_{n=0}^{\infty} a_n z^n$ mit Konvergenzradius ∞. Die Abschätzungen (5') der Koeffizienten a_n implizieren unmittelbar den berühmten Satz von Liouville (1809–1882).

Satz von Liouville: *Jede beschränkte ganze Funktion ist konstant.*

Beweis: Ist M eine Schranke für f auf $\mathbb{C}$, so erfüllen die Koeffizienten a_n die Abschätzung $|a_n| \leq M/r^n$ für *jedes* $r > 0$. Daher verschwinden alle a_n, abgesehen von a_0; also ist $f = a_0 = \mathrm{const}$. $\square$

Folgerung (Fundamentalsatz der Algebra): *Jedes Polynom P eines Grades ≥ 1 mit komplexen Koeffizienten besitzt in $\mathbb{C}$ eine Nullstelle.*

Beweis: Besäße ein solches Polynom P keine Nullstelle, dann wäre $1/P$ holomorph auf ganz $\mathbb{C}$ und beschränkt wegen $1/P(z) \to 0$ für $|z| \to \infty$. Folglich wäre $1/P$ konstant und somit auch P. Widerspruch. $\square$

IV. Konvergenzradien

Den Konvergenzradius R der Darstellung $f(z) = \sum_{n=0}^{\infty} a_n(z-a)^n$ einer in U holomorphen Funktion f kann man in zahlreichen Fällen ohne Rechnung ermitteln. Nach dem Entwicklungssatz ist jedenfalls $R \geq \text{dist}(a, \partial U)$. Liegt auf dem Rand von $K_R(a)$ eine Singularität von f, ist f in $K_R(a)$ etwa unbeschränkt, so gilt $R = \text{dist}(a, \partial U)$.

Beispiel: In Band 1, 14.3 haben wir mit Hilfe der Entwicklung

$$f(z) = \frac{z}{e^z - 1} = \sum_{k=0}^{\infty} \frac{B_k}{k!} z^k$$

die Bernoullizahlen B_k eingeführt. Der Konvergenzradius R der Reihe konnte aber nicht bestimmt werden. Da f im Kreis $K_{2\pi}(0)$ holomorph ist, andererseits aber $f(z)$ gegen ∞ geht für $z \to 2\pi i$, ergibt die vorangehende Überlegung $R = 2\pi$.

6.3 Die Cauchysche Integralformel für Kreisringe. Der Satz von der Laurententwicklung

Wir stellen für holomorphe Funktionen in Kreisringen eine Integralformel auf, die der Integralformel für eine Kreisscheibe entspricht. Als Analogon zur Potenzreihenentwicklung in einer Kreisscheibe leiten wir daraus die Laurententwicklung in Kreisringen her.

Vorweg beweisen wir einen Hebbarkeitssatz über isolierte Singularitäten beschränkter holomorpher Funktionen. Dieser hat im Reellen kein Analogon, wie die Funktion $\sin \frac{1}{x}$ auf $\mathbb{R} \setminus \{0\}$ zeigt.

Riemannscher Hebbarkeitssatz: *Eine auf einer Menge $U \setminus \{a\}$ holomorphe Funktion f, die in einer punktierten Umgebung von $a \in U$ beschränkt ist, kann holomorph nach a fortgesetzt werden.*

Beweis: Wir betrachten die Funktion $\varphi \colon U \to \mathbb{C}$ mit $\varphi(z) := (z-a)^2 f(z)$ für $z \neq a$ und $\varphi(a) := 0$. Diese ist auf $U \setminus \{a\}$ holomorph und in a komplex-differenzierbar mit

$$\varphi'(a) = \lim_{z \to a} \frac{\varphi(z) - \varphi(a)}{z - a} = 0.$$

φ ist also holomorph und besitzt in einer Umgebung von a eine mit der Potenz 2 beginnende Potenzreihenentwicklung $\varphi(z) = \sum_{n=2}^{\infty} a_n (z-a)^n$. Die Reihe $\sum_{n=2}^{\infty} a_n (z-a)^{n-2}$ definiert nun die gesuchte Fortsetzung. $\square$

Bezeichnung: Unter dem *Kreisring* mit innerem Radius $r \geq 0$, äußerem Radius $R \leq \infty$, $r < R$, und Mittelpunkt a verstehen wir die Punktmenge $K_{r,R}(a) := \{z \in \mathbb{C} \mid r < |z - a| < R\}$. Für $K_{0,R}$ schreiben wir auch $K_R^*(a)$ und nennen $K_R^*(a)$ *punktierte Kreisscheibe um* a.

Integralformel für einen Kreisring: *Es sei f holomorph in einer offenen Menge U, die den abgeschlossenen Kreisring $\overline{K}_{r,R}(a)$ enthält. κ_ρ bezeichne die Kreislinie $a + \rho\,e^{it}$, $t \in [0; 2\pi]$. Dann gilt in $z \in K_{r,R}(a)$*

(8)
$$f(z) = \frac{1}{2\pi i} \int_{\kappa_R} \frac{f(\zeta)}{\zeta - z}\,d\zeta - \frac{1}{2\pi i} \int_{\kappa_r} \frac{f(\zeta)}{\zeta - z}\,d\zeta.$$

Beweis: Wir betrachten die Funktion $\phi\colon U \to \mathbb{C}$ mit

$$\phi(\zeta) := \frac{f(\zeta) - f(z)}{\zeta - z} \quad \text{für } \zeta \neq z \quad \text{und } \phi(z) := f'(z).$$

Diese ist holomorph in $U \setminus \{z\}$ und stetig in z, nach dem Hebbarkeitssatz also holomorph in U. Da κ_r und κ_R in $\overline{K}_{r,R}(a)$ frei homotop sind, gilt

$$\int_{\kappa_r} \phi(\zeta)\,d\zeta = \int_{\kappa_R} \phi(\zeta)\,d\zeta.$$

Ferner gilt für $\rho = r$ oder R

$$\int_{\kappa_\rho} \phi(\zeta)\,d\zeta = \int_{\kappa_\rho} \frac{f(\zeta)}{\zeta - z}\,d\zeta - 2\pi i \cdot n(\kappa_\rho\,;\,z) \cdot f(z).$$

Nun ist $n(\kappa_r\,;\,z) = 0$ und $n(\kappa_R\,;\,z) = 1$. Somit ergeben die letzten beiden Beziehungen die Integralformel. $\qquad\qquad\qquad\qquad\qquad\qquad\qquad\qquad\square$

Bevor wir aus der Integralformel die angekündigte Entwicklung holomorpher Funktionen in Laurentreihen herleiten, stellen wir Grundtatsachen über solche Reihen zusammen. (*Laurent* (1813–1854); frz. Ingenieur.)

Laurentreihen. Unter einer *Laurentreihe*

$$\sum_{n=-\infty}^{\infty} a_n\,(z - a)^n$$

um a versteht man die Summe der Reihen $\sum_{n=1}^{\infty} a_{-n}\,(z - a)^{-n}$ und $\sum_{n=0}^{\infty} a_n\,(z - a)^n$, welche man *Haupt-* bzw. *Nebenteil* der Laurentreihe nennt. Die Laurentreihe heißt konvergent (normal konvergent auf $A \subset \mathbb{C}$), wenn das sowohl für den Hauptteil als auch für den Nebenteil zutrifft. Da der Hauptteil eine „Potenzreihe in $(z - a)^{-1}$" ist, folgen aus den Konvergenzeigenschaften der Potenzreihen sofort analoge Konvergenzeigenschaften der Laurentreihen. Wir stellen diese kurz zusammen:

Es sei ρ der Konvergenzradius der Potenzreihe $\sum_{n=1}^{\infty} a_{-n}\zeta^n$ und R der Konvergenzradius des Nebenteils $\sum_{n=0}^{\infty} a_n\zeta^n$. Dann ist die Laurentreihe $\sum_{-\infty}^{\infty} a_n (z-a)^n$

konvergent für alle z mit $r := \dfrac{1}{\rho} < |z-a| < R$ und

divergent für alle z mit $|z-a| < r$ oder $|z-a| > R$.

Ferner konvergiert die Laurentreihe auf jeder kompakten Teilmenge des Kreisrings $K_{r,R}(a)$ sogar normal.

Konvergiert die Laurentreihe $\sum_{-\infty}^{\infty} a_n (z-a)^n$ im Kreisring $K_{r,R}(a)$, so stellt sie dort eine holomorphe Funktion dar. Deren Ableitung erhält man durch gliedweises Differenzieren der Laurentreihe: Für den Hauptteil folgt das mittels der Substitution $z - a \mapsto \zeta := (z-a)^{-1}$ aus der gliedweisen Differenzierbarkeit konvergenter Potenzreihen. Eine Folge ist, daß jede durch eine Laurentreihe mit Koeffizient $a_{-1} = 0$ darstellbare Funktion in $K_{r,R}(a)$ dort eine Stammfunktion besitzt, nämlich $\displaystyle\sum_{\substack{n=-\infty \\ n\neq -1}}^{\infty} \frac{a_n}{n+1} (z-a)^{n+1}$.

Integralformel für die Laurentkoeffizienten: *Konvergiert die Laurentreihe $\displaystyle\sum_{-\infty}^{\infty} a_n (z-a)^n$ im Kreisring $K_{r,R}(a)$ gegen die Funktion f, so gilt*

$$(9) \qquad a_n = \frac{1}{2\pi i} \int_{\kappa_\rho} \frac{f(\zeta)}{(\zeta - a)^{n+1}}\, d\zeta$$

für jeden Kreis $\kappa_\rho(t) = a + \rho\, e^{it}$, $t \in [0; 2\pi]$, mit einem Radius $\rho \in (r; R)$. Eine holomorphe Funktion besitzt also in einem Kreisring höchstens eine Laurententwicklung.

Beweis: Da die Funktion $\dfrac{f(z)}{(z-a)^{n+1}} - \dfrac{a_n}{z-a}$ nach den vorangehenden Feststellungen auf $K_{r,R}(a)$ eine Stammfunktion besitzt, gilt

$$\int_{\kappa_\rho} \frac{f(\zeta)}{(\zeta-a)^{n+1}}\, d\zeta = a_n \int_{\kappa_\rho} \frac{d\zeta}{\zeta - a} = 2\pi i\, a_n\,. \qquad \square$$

Satz von der Laurententwicklung: *Jede in einem Kreisring $K_{r,R}(a)$ holomorphe Funktion f besitzt in diesem genau eine Entwicklung*

$$f(z) = \sum_{n=-\infty}^{\infty} a_n (z-a)^n.$$

Die Koeffizienten sind mit beliebigem $\rho \in (r; R)$ gegeben durch (9).

Beweis: Wir zeigen, daß f in jedem kleineren Kreisring $K_{r',R'}(a)$ mit $r < r' < \rho < R' < R$ eine solche Entwicklung besitzt. Das genügt wegen der Eindeutigkeit der Laurententwicklungen.

Zur Konstruktion der Entwicklung verfahren wir wie beim Beweis des Potenzreihenentwicklungssatzes. Wir gehen aus von der Darstellung (8) und entwickeln den Cauchy-Kern für beide Integrale jeweils in eine geometrische Reihe:

$$\frac{1}{\zeta - z} = \frac{1}{\zeta - a} \cdot \sum_{n=0}^{\infty} \left(\frac{z - a}{\zeta - a}\right)^n \qquad \text{für } |z - a| < R', \ |\zeta - a| = R',$$

$$\frac{1}{\zeta - z} = \frac{-1}{z - a} \cdot \sum_{n=0}^{\infty} \left(\frac{\zeta - a}{z - a}\right)^n \qquad \text{für } |z - a| > r', \ |\zeta - a| = r'.$$

Bei Vertauschung von Integration und Summation liefert die erste Entwicklung den Nebenteil der gesuchten Laurententwicklung, die zweite deren Hauptteil.   □

Beispiel: Es sei $f(z) = \dfrac{1}{(z - 1)(z - 2)} = \dfrac{1}{z - 2} - \dfrac{1}{z - 1}$. In der Kreisscheibe $K_1(0)$ bzw. in den beiden Kreisringen $K_{1,2}(0)$ und $K_{2,\infty}(0)$ erhält man mit Hilfe der geometrischen Reihe:

in $K_1(0)$: $\displaystyle f(z) = -\sum_{n=0}^{\infty} \frac{z^n}{2^{n+1}} + \sum_{n=0}^{\infty} z^n$,

in $K_{1,2}(0)$: $\displaystyle f(z) = -\sum_{n=0}^{\infty} \frac{z^n}{2^{n+1}} - \sum_{n=1}^{\infty} \frac{1}{z^n}$,

in $K_{2,\infty}(0)$: $\displaystyle f(z) = \sum_{n=1}^{\infty} \frac{2^{n-1}}{z^n} - \sum_{n=1}^{\infty} \frac{1}{z^n}$,

$$= \sum_{n=1}^{\infty} \left(2^{n-1} - 1\right) \cdot \frac{1}{z^n}.$$

Isolierte Singularitäten. Ist eine Funktion f holomorph in einer punktierten Umgebung $U \setminus \{a\}$ eines Punktes $a \in U$, so heißt a eine *isolierte Singularität von f*; genauer:

1. eine *hebbare Singularität*, wenn f holomorph in den Punkt a fortgesetzt werden kann;

2. ein *Pol*, wenn a nicht hebbar ist, aber eine natürliche Zahl k existiert so, daß a eine hebbare Singularität von $(z - a)^k f$ ist; die kleinste derartige

Zahl k heißt die *Vielfachheit des Pols*. a ist genau dann ein k-facher Pol von f, wenn es eine Darstellung $f(z) = \dfrac{g(z)}{(z-a)^k}$ gibt, wobei g in a holomorph ist und $g(a) \neq 0$ gilt;

3. eine *wesentliche Singularität*, wenn sie weder hebbar noch ein Pol ist.

Die Funktion f besitzt in einer punktierten Kreisscheibe $K_R^*(a)$ eine Laurententwicklung

$$f(z) = \varphi(z) + f_H(z), \qquad f_H(z) = \sum_{n=1}^{\infty} \frac{a_{-n}}{(z-a)^n},$$

wobei φ der Nebenteil ist. Den genannten drei Fällen entsprechen wegen der Eindeutigkeit der Laurententwicklung die folgenden:

1. $f_H = 0$;

2. f_H ist eine von Null verschiedene endliche Summe; und zwar ist a ein k-facher Pol genau dann, wenn gilt: $a_{-n} = 0$ für $n > k$, aber $a_{-k} \neq 0$.

3. Unendliche viele der Koeffizienten a_{-n} sind von Null verschieden.

Zum Beispiel hat die Funktion $\mathrm{e}^{1/z}$, $z \in \mathbb{C}^*$, wegen $\mathrm{e}^{1/z} = \sum_{n=0}^{\infty} \dfrac{1}{n!} \cdot \dfrac{1}{z^n}$ in 0 eine wesentliche Singularität.

In beliebiger Nähe einer wesentlichen Singularität weist eine Funktion ein höchst exzessives Abbildungsverhalten auf. Es gilt der

Satz von Casorati-Weierstraß: *Ist f holomorph in einer punktierten Umgebung $U \setminus \{a\}$ und wesentlich singulär im Punkt a, so liegt für jede Umgebung $V \subset U$ von a das Bild $f(V \setminus \{a\})$ dicht in $\mathbb{C}$, d. h., jede Kreisscheibe enthält einen Punkt $f(z)$, $z \in V \setminus \{a\}$.*

Beweis: Angenommen, es gibt eine Kreisscheibe $K_\varepsilon(w)$, die keinen der Punkte $f(z)$, $z \in V \setminus \{a\}$, enthält. Dann ist $|f(z) - w| \geq \varepsilon$ für $z \in V \setminus \{a\}$. Die Funktion

$$g(z) := \frac{1}{f(z) - w}, \quad z \in V \setminus \{a\},$$

ist also holomorph und hat, da sie beschränkt ist durch $1/\varepsilon$, eine hebbare Singularität in a. Somit hat $f = \dfrac{1}{g} + w$ im Punkt a im Fall $\lim\limits_{z \to a} g(z) \neq 0$ eine hebbare Singularität und im Fall $\lim\limits_{z \to a} g(z) = 0$ einen Pol, jedenfalls keine wesentliche Singularität im Widerspruch zur Voraussetzung. $\square$

Bemerkung: Man kann zeigen, daß f in jeder Umgebung von a sogar jeden Wert mit höchstens einer Ausnahme annimmt (Satz von Picard); zum Beispiel nimmt $\mathrm{e}^{1/z}$ in jeder Umgebung von 0 jeden Wert $\neq 0$ an.

6.4 Der Residuensatz

Wir kommen zu einer gemeinsamen Verallgemeinerung des Cauchyschen Integralsatzes und der Cauchyschen Integralformel für eine Kreisscheibe.

Definition: Ist f holomorph in $K_r^*(a)$, so heißt der mittels irgendeiner konzentrischen, positiv orientierten Kreislinie κ in $K_r^*(a)$ definierte Wert

$$\mathrm{Res}_a f := \frac{1}{2\pi i} \int_\kappa f(z)\,dz$$

das *Residuum* von f in a (eigentlich das der Differentialform $f\,dz$).

Die Definition hängt nicht von der speziell gewählten Kreislinie κ ab, da zwei konzentrische, positiv orientierte Kreislinien in $K_r^*(a)$ frei homotop sind. Aus (9) und den Bemerkungen davor folgt:

Lemma: *Das Residuum von f in a ist der Koeffizient bei $(z-a)^{-1}$ der Laurententwicklung von f in $K_r^*(a)$: $\mathrm{Res}_a f = a_{-1}$. Es ist zugleich die eindeutig bestimmte komplexe Zahl R so, daß $f(z) - R/(z-a)$ in $K_r^*(a)$ eine Stammfunktion hat.*

Residuensatz: *Es sei $U \subset \mathbb{C}$ eine offene Menge, $S \subset U$ eine Teilmenge ohne Häufungspunkt in U und f eine holomorphe Funktion in $U \setminus S$. Weiter sei γ ein nullhomotoper geschlossener Integrationsweg in U, der keinen Punkt aus S trifft. Dann gibt es nur endlich viele Punkte $a \in S$ mit $n(\gamma; a) \neq 0$, und es gilt*

$$\int_\gamma f(z)\,dz = 2\pi i \sum_{a \in S} \mathrm{Res}_a f \cdot n(\gamma; a).$$

Für leeres S handelt es sich offenbar um den Cauchyschen Integralsatz.

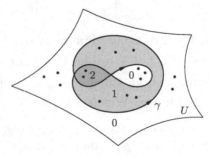

Singularitäten, die 0-fach, 1-fach, 2-fach zu zählen sind

Beweis: Sei $H \colon [a; b] \times [0; 1] \to U$ eine Homotopie der Kurve $\gamma \colon [a; b] \to U$ zu einer Punktkurve P. Dann ist $K := H([a; b] \times [0; 1])$ eine kompakte Menge in U und enthält somit nur endlich viele Punkte aus S. Wegen der Homotopieinvarianz der Windungszahl hat γ um jeden Punkt $a \in \mathbb{C} \setminus K$ dieselbe Windungszahl wie die Punktkurve P, und deren Windungszahl ist Null. Insbesondere ist $n(\gamma; a) = 0$ für $a \in S \setminus K$.

Den Nachweis der Formel führen wir nun auf den Nachweis im Fall einer endlichen Singularitätenmenge zurück. Dazu sei $U^* := (U \setminus (S \setminus K))$ und $S^* := S \cap K$. S^* ist eine endliche Menge, f ist holomorph auf $U^* \setminus S^* = U \setminus S$, und γ ist wegen $K \subset U^*$ auch in U^* nullhomotop.

Sei $S^* = \{a_1, \ldots, a_k\}$. Der Hauptteil der Laurententwicklung von f in a_i hat mit $R_i := \mathrm{Res}_{a_i} f$ die Bauart $R_i (z - a_i)^{-1} + h_i$, wobei h_i in $\mathbb{C} \setminus \{a_i\}$ holomorph ist und eine Stammfunktion besitzt. Wir betrachten nun

$$F := f - \sum_{i=1}^{k} \left(\frac{R_i}{z - a_i} + h_i \right).$$

F ist holomorph in U^* (streng genommen in $U^* \setminus \{a_1, \ldots, a_k\}$ mit hebbaren Singularitäten in $a_1, \ldots, a_k$). Nach dem Cauchyschen Integralsatz ist also $\int_\gamma F(z)\, dz = 0$. Ferner gilt $\int_\gamma h_i(z)\, dz = 0$, da h_i eine Stammfunktion in $\mathbb{C} \setminus \{a_i\}$ besitzt. Insgesamt folgt damit

$$\int_\gamma f\, dz = \sum_{i=1}^{k} \int_\gamma \frac{R_i}{z - a_i}\, dz = 2\pi i \sum_{i=1}^{k} R_i\, n(\gamma; a_i). \qquad \square$$

In vielen Anwendungen ist der Integrationsweg eine berandende Kurve. Wir sagen, ein Integrationsweg γ in einer offenen Menge U *berande die Teilmenge* $A \subset U$, wenn gilt:

(i) γ ist geschlossen und nullhomotop in U;

(ii) für jeden Punkt $z \in U \setminus \mathrm{Spur}\, \gamma$ ist

$$n(\gamma; z) = \begin{cases} 1, & \text{falls } z \in A, \\ 0, & \text{falls } z \notin A. \end{cases}$$

γ berandet $A \subset U$

Residuensatz im Fall eines berandenden Integrationsweges: *Es seien* U, S, f *wie im Residuensatz und* γ *ein Integrationsweg, der die Teilmenge* $A \subset U$ *berandet und* S *nicht trifft. Dann gilt*

$$\int_\gamma f(z)\, dz = 2\pi i \sum_{a \in A \cap S} \mathrm{Res}_a f.$$

Der Residuensatz eignet sich vorzüglich zur Berechnung gewisser bestimmter Integrale über Intervalle in $\mathbb{R}$, falls der Integrand zu einer holomorphen Funktion mit isolierten Singularitäten in ein Gebiet in $\mathbb{C}$ fortgesetzt werden kann. Wir behandeln drei Typen solcher Integrale. Vorweg eine Bemerkung zur Berechnung von Residuen.

Es habe f in a einen höchstens k-fachen Pol. Dann besitzt $(z - a)^k f(z)$ dort eine Potenzreihenentwicklung: $(z - a)^k f(z) = \sum_{n=0}^{\infty} A_n (z - a)^n$; dabei gilt $A_{k-1} = \mathrm{Res}_a f$. Durch Differentiation ergibt sich also

$$(10) \qquad \mathrm{Res}_a f = \frac{1}{(k-1)!} \frac{\mathrm{d}^{(k-1)}}{\mathrm{d}z^{k-1}} \left((z - a)^k \cdot f(z) \right) \Big|_{z=a}.$$

Ist f der Quotient g/h zweier bei a holomorpher Funktionen mit $h'(a) \neq 0$, so erhält man wegen $\lim\limits_{z \to a} \dfrac{h(z)}{z - a} = h'(a)$

$$(10') \qquad \mathrm{Res}_a \frac{g}{h} = \frac{g(a)}{h'(a)}.$$

Typ 1: *Es sei $R(x,y)$ eine rationale Funktion zweier Veränderlicher und $R(\cos t, \sin t)$ sei für alle $t \in [0; 2\pi]$ erklärt. Mit*

$$R^*(z) := \frac{1}{z} R\left(\frac{1}{2}\left(z + \frac{1}{z}\right), \frac{1}{2\mathrm{i}}\left(z - \frac{1}{z}\right) \right)$$

gilt dann

$$\boxed{\int_0^{2\pi} R(\cos t, \sin t)\, \mathrm{d}t = 2\pi \sum_{a \in \mathbb{E}} \mathrm{Res}_a R^*.}$$

Beweis: Für $\gamma(t) = \mathrm{e}^{\mathrm{i}t} = \cos t + \mathrm{i} \sin t$, $t \in [0; 2\pi]$, ist

$$\int_\gamma R^*(z)\, \mathrm{d}z = \mathrm{i} \int_0^{2\pi} R(\cos t, \sin t)\, \mathrm{d}t.$$

Hieraus folgt mit dem Residuensatz die Behauptung. $\qquad\qquad\qquad\square$

Beispiel: Für $a > 1$ gilt $\displaystyle\int_0^{2\pi} \frac{\mathrm{d}t}{a + \cos t} = \frac{2\pi}{\sqrt{a^2 - 1}}$.

Hier ist $R(x,y) = \dfrac{1}{a + x}$, also $R^*(z) = \dfrac{1}{z} \dfrac{1}{a + \frac{1}{2}(z + \frac{1}{z})} = \dfrac{2}{z^2 + 2az + 1}$.

Der Nenner $h(z) := z^2 + 2az + 1$ hat in $\mathbb{E}$ genau eine Nullstelle, nämlich $\alpha := \sqrt{a^2 - 1} - a$. Diese ist wegen $h'(\alpha) = 2\sqrt{a^2 - 1} \neq 0$ einfach. Nach $(10')$ gilt also $\mathrm{Res}_\alpha R^* = 1/\sqrt{a^2 - 1}$. Damit ergibt sich der behauptete Wert.

Für das Weitere vereinbaren wir zunächst die folgende Sprechweise: Die rationale Funktion einer Veränderlichen $R = P/Q$ (P und Q Polynome) hat *in ∞ eine Nullstelle der Vielfachheit k,* wenn $\operatorname{Grad} Q = \operatorname{Grad} P + k$. Es gibt dann Zahlen M und r_0 so, daß

$$|R(z)| \le \frac{M}{|z|^k} \qquad \text{für alle } z \text{ mit } |z| > r_0.$$

Typ 2: *Es sei R eine rationale Funktion, die auf der reellen Achse keinen Pol hat und in ∞ eine mindestens 2-fache Nullstelle. Dann gilt*

$$\boxed{\int_{-\infty}^{\infty} R(x)\,\mathrm{d}x = 2\pi\mathrm{i} \sum_{a\in\mathbb{H}} \operatorname{Res}_a R}$$

($\mathbb{H}$: obere Halbebene).

Beweis: Für $r > 0$ sei $\beta_r(t) := r\,\mathrm{e}^{\mathrm{i}t},\ t \in [0;\pi]$. Ist r so groß, daß alle Pole von R betragsmäßig kleiner als r sind, so gilt nach dem Residuensatz

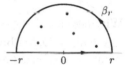

$$(*) \qquad \int_{-r}^{r} R(x)\,\mathrm{d}x + \int_{\beta_r} R(z)\,\mathrm{d}z = 2\pi\mathrm{i} \sum_{a\in\mathbb{H}} \operatorname{Res}_a R.$$

Mit der Standardabschätzung erhält man für alle hinreichend großen r $\left|\int_{\beta_r} R(z)\,\mathrm{d}z\right| \le \pi r \cdot (M/r^2)$, M eine geeignete Konstante. Für $r \to \infty$ folgt daher aus $(*)$ die Behauptung. $\qquad\square$

Beispiel: Es gilt $\displaystyle\int_{-\infty}^{\infty} \frac{\mathrm{d}x}{1+x^4} = \frac{\pi}{2}\sqrt{2}$.

In $\mathbb{H}$ hat $R(z) := \dfrac{1}{1+z^4}$ genau die zwei Pole $a := \mathrm{e}^{\mathrm{i}\pi/4}$ und $\mathrm{i}a$. Beide sind einfach und nach (10) gilt $\operatorname{Res}_a R = \dfrac{1}{4a^3}$ und $\operatorname{Res}_{\mathrm{i}a} R = \dfrac{\mathrm{i}}{4a^3}$. Damit ergibt sich die Behauptung.

Typ 3: *Es sei R eine rationale Funktion, die auf der reellen Achse keinen Pol hat und in ∞ eine Nullstelle. Dann existiert für jedes $\alpha > 0$ das folgende Integral, und es gilt*

$$\boxed{\int_{-\infty}^{\infty} R(x)\mathrm{e}^{\mathrm{i}\alpha x}\,\mathrm{d}x = 2\pi\mathrm{i} \sum_{a\in\mathbb{H}} \operatorname{Res}_a\!\left(R(z)\,\mathrm{e}^{\mathrm{i}\alpha z}\right).}$$

Beweis: Wir zeigen zunächst, daß das Integral existiert. Dazu betrachten wir das Integral über $[0; \infty)$:

$$\int_0^r R(x) e^{i\alpha x}\, dx = \frac{-i}{\alpha}\, R(x)\, e^{i\alpha x}\Big|_0^r + \frac{i}{\alpha} \int_0^r R'(x) e^{i\alpha x}\, dx.$$

Der ausintegrierte Anteil hat für $r \to \infty$ wegen $R(r) \to 0$ einen Grenzwert und $\lim_{r\to\infty} \int_0^r R'(x) e^{i\alpha x}\, dx$ existiert, da R' in ∞ eine mindestens 2-fache Nullstelle hat. Das beweist die Existenz des Integrals.

Wir kommen zur Herleitung der Formel. Dazu integrieren wir über den Rand eines Rechtecks wie in der Skizze. Für alle hinreichend großen positiven r gilt mit $f(z) := R(z) e^{i\alpha z}$

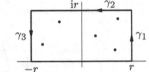

$$\int_{-r}^r f(x)\, dx + \sum_{j=1}^3 \int_{\gamma_j} f(z)\, dz = 2\pi i \sum_{a \in \mathbb{H}} \operatorname{Res}_a f.$$

Wir zeigen, daß die drei Integrale $\int_{\gamma_i} f(z)\, dz$ für $r \to \infty$ gegen Null gehen; das genügt. Dabei benützen wir die Abschätzung $|R(z)| \le M/|z|$ für alle z mit hinreichend großem Betrag.

Zu $\gamma_{1,3}$: Wegen $z = \pm r + iy$ ergibt sich

$$\left| \int_{\gamma_{1,3}} R(z) e^{i\alpha z}\, dz \right| \le \frac{M}{r} \cdot \int_0^r e^{-\alpha y}\, dy < \frac{M}{\alpha r}.$$

Zu γ_2: Die Standardabschätzung ergibt wegen $z = x + ir$

$$\left| \int_{\gamma_2} R(z) e^{i\alpha z}\, dz \right| \le 2r \cdot \frac{M}{r} \cdot e^{-\alpha r}. \qquad \square$$

Beispiel: Die Laplace-Integrale. Für $a, b > 0$ erhält man unmittelbar

$$\int_{-\infty}^{\infty} \frac{e^{iax}}{x - ib}\, dx = 2\pi i\, e^{-ab}, \qquad \int_{-\infty}^{\infty} \frac{e^{iax}}{x + ib}\, dx = 0.$$

Für die Imaginärteile der Integranden folgt daraus

$$\int_{-\infty}^{\infty} \frac{b \cos ax + x \sin ax}{x^2 + b^2}\, dx = 2\pi\, e^{-ab} \quad \text{bzw.} \quad \int_{-\infty}^{\infty} \frac{b \cos ax - x \sin ax}{x^2 + b^2}\, dx = 0.$$

Durch Addition und Subtraktion ergibt sich schließlich

$$(11) \qquad \int_{-\infty}^{\infty} \frac{b \cos ax}{x^2 + b^2}\, dx = \int_{-\infty}^{\infty} \frac{x \sin ax}{x^2 + b^2}\, dx = \pi\, e^{-ab}. \qquad \square$$

Der Residuensatz ist nicht nur ein starkes Werkzeug zur Berechnung von Integralen sondern auch zur Ermittlung bestimmter Reihen.

Beispiel: Die Eulerschen Formeln für $\zeta(2k) = \sum_{n=1}^{\infty} \dfrac{1}{n^{2k}}$, $k \in \mathbb{N}$.
Wir integrieren dazu die Funktion

$$f(z) := \frac{1}{z^{2k+1}} \cdot \frac{z}{e^z - 1}$$

über den Rand des Quadrates Q_m mit den Eckpunkten $(2m+1)\pi(\pm 1 \pm i)$, $m \in \mathbb{N}$. Nach Band 1, 14.3 gilt

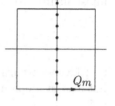

$$\frac{z}{e^z - 1} = \sum_{\nu=0}^{\infty} \frac{B_\nu}{\nu!} z^\nu \quad (B_\nu: \nu\text{-te Bernoulli-Zahl}).$$

Damit erhält man

$$\mathrm{Res}_0\, f = \frac{B_{2k}}{(2k)!}.$$

f hat ferner 1-fache Pole in den Punkten $2n\pi i$, $n \in \mathbb{Z}$, $n \neq 0$; dort ist

$$\mathrm{Res}_{2n\pi i}\, f = \frac{1}{(2n\pi i)^{2k}}.$$

Der Residuensatz ergibt also

$$(*) \qquad \int_{\partial Q_m} f(z)\, dz = 2\pi i \left(\frac{B_{2k}}{(2k)!} + 2 \cdot \frac{(-1)^k}{(2\pi)^{2k}} \sum_{n=1}^{m} \frac{1}{n^{2k}} \right).$$

Wir schätzen das Integral ab. Für $z \in \partial Q_m$ gilt $|e^z - 1| \geq \frac{1}{2}$, wie man mühelos verifiziert. Damit folgt

$$\left| \int_{\partial Q_m} f(z)\, dz \right| \leq 16 \cdot (2m+1)\pi \cdot \frac{1}{((2m+1)\pi)^{2k}}.$$

Insbesondere geht $\int_{\partial Q_m} f(z)\, dz$ gegen Null für $m \to \infty$. Aus $(*)$ folgt daher

$$\boxed{\;\zeta(2k) = \sum_{n=1}^{\infty} \frac{1}{n^{2k}} = \frac{(-1)^{k-1} 2^{2k} B_{2k}}{2(2k)!} \cdot \pi^{2k}.\;}$$

Das Null- und Polstellen zählende Integral

Die für die Theorie wohl wichtigste Anwendung des Residuensatzes ist eine Anzahlformel für Null- und Polstellen meromorpher Funktionen. Unter einer *meromorphen* Funktion auf einer offenen Menge $U \subset \mathbb{C}$ versteht man eine bis auf Pole holomorphe Funktion.

Die logarithmische Ableitung f'/f einer meromorphen Funktion f ist außerhalb der Null- und Polstellen von f holomorph und hat in diesen Punkten Pole 1. Ordnung: In einer hinreichend kleinen punktierten Umgebung $V \setminus \{a\}$ einer Nullstelle oder einer Polstelle a besitzt f nämlich eine Darstellung $f(z) = (z - a)^{\pm k} g(z)$, $k \in \mathbb{N}$, wobei g in V holomorph und nullstellenfrei ist, und damit folgt

$$\frac{f'}{f} = \frac{\pm k}{z - a} + \frac{g'}{g} \,,$$

und hierbei ist g'/g holomorph in V. Die logarithmische Ableitung f'/f hat also in a einen einfachen Pol, und das Residuum hat den Wert

$$\mathrm{Res}_a \, \frac{f'}{f} = \begin{cases} +k, & \text{falls } a \text{ eine } k\text{-fache Nullstelle von } f \text{ ist,} \\ -k, & \text{falls } a \text{ ein } k\text{-facher Pol von } f \text{ ist.} \end{cases}$$

Der Residuensatz für berandende Integrationswege ergibt damit:

Satz: *Es sei f eine nicht konstante meromorphe Funktion auf einem Gebiet U; S bezeichne die Menge ihrer Null- und Polstellen. Weiter sei γ ein Integrationsweg in U, der eine Teilmenge $A \subset U$ berandet und S nicht trifft. Dann gilt die* **Anzahlformel**

$$(12) \qquad \boxed{\; \frac{1}{2\pi\mathrm{i}} \int_{\gamma} \frac{f'(z)}{f(z)} \, \mathrm{d}z = N_A - P_A \,, \;}$$

wobei N_A die Anzahl der in A gelegenen und jeweils mit ihrer Vielfachheit gezählten Nullstellen von f ist und P_A die Anzahl der jeweils mit ihrer Vielfachheit gezählten Pole in A.

Eine schöne Anwendung ist der

Satz von Rouché: *Es sei γ ein Integrationsweg im Gebiet U, der die Teilmenge $A \subset U$ berandet. Ferner seien f und g holomorphe Funktionen in U mit $|g(z)| < |f(z)|$ für alle $z \in \mathrm{Spur}\,\gamma$. Dann haben f und $f + g$ gleich viele Nullstellen in A.*

(„Kleine Störungen" ändern nicht die Anzahl der Nullstellen.)

Beweis: Sei $U_0 \subset U$ eine offene Menge mit Spur $\gamma \subset U_0$, in der $|g/f| < 1$ gilt. Durch Komposition mit der Logarithmusfunktion in $K_1(1)$ erhält man in U_0 zu $h := 1 + g/f$ die holomorphe Funktion $\ln h$. Diese ist eine Stammfunktion zu h'/h, insbesondere gilt $\int_{\gamma} h'/h \, \mathrm{d}z = 0$. Weiter ist

$$\frac{(f + g)'}{f + g} = \frac{f'}{f} + \frac{h'}{h} \,.$$

Mit der Anzahlformel folgt daraus die Behauptung. $\qquad\qquad\qquad\Box$

6.5 Das Maximumprinzip. Die holomorphen Automorphismen der Einheitskreisscheibe

In 6.2.II haben wir gezeigt, daß das Bild $f(G)$ eines Gebietes $G \subset \mathbb{C}$ unter einer nicht konstanten holomorphen Funktion eine offene Menge ist (Offenheitssatz). Eine Konsequenz ist das wichtige Maximumprinzip.

Maximumprinzip: *Ist die holomorphe Funktion f im Gebiet G nicht konstant, so nimmt ihr Betrag $|f|$ in G kein Maximum an.*

Beweis: Gäbe es ein $z_0 \in G$ mit

$$|f(z)| \leq |f(z_0)| \quad \text{für alle } z \in G,$$

so läge das Bild $f(G)$ in der abgeschlossenen Kreisscheibe K mit Radius $|f(z_0)|$ um den Nullpunkt; $f(G)$ enthielte dann keine Kreisscheibe um den Punkt $f(z_0)$, im Widerspruch zur Offenheit von $f(G)$. $\square$

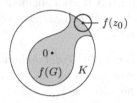

$f(G)$ enthält keine Kreisscheibe um $f(z_0)$

Das Maximumprinzip wird oft in folgender Variante angewendet:

Maximumprinzip bei beschränktem Gebiet: *Es sei G ein beschränktes Gebiet und f eine in $\overline{G} = G \cup \partial G$ stetige und in G holomorphe Funktion. Dann nimmt $|f|$ sein Maximum auf dem Rand ∂G an.*

Beweis: $|f|$ nimmt auf der kompakten Menge $\overline{G}$ ein Maximum an. Ist f nicht konstant, so kann eine Maximalstelle nicht in G liegen. $\square$

Wir beweisen nun ein auf H. A. Schwarz zurückgehendes Lemma über mittelpunktstreue Abbildungen des Einheitskreises in sich. Der folgende Beweis mit Hilfe des Maximumprinzips stammt von C. Carathéodory, der auch die weitreichende Bedeutung dieses Lemmas herausgestellt hat.

Schwarzsches Lemma: *Für jede holomorphe Abbildung $f \colon \mathbb{E} \to \mathbb{E}$ mit $f(0) = 0$ gilt:*

(i) *$|f(z)| \leq |z|$ für alle $z \in \mathbb{E}$ und $|f'(0)| \leq 1$.*

(ii) *Gibt es wenigstens einen Punkt $a \in \mathbb{E} \setminus \{0\}$ mit $|f(a)| = |a|$, oder ist $|f'(0)| = 1$, so ist f eine Drehung um 0, d. h., es gibt ein $\lambda \in \mathbb{C}$ mit $|\lambda| = 1$ derart, daß $f(z) = \lambda \cdot z$ für alle $z \in \mathbb{E}$.*

Beweis: Wegen $f(0) = 0$ ist durch

$$g(z) := \frac{f(z)}{z} \quad \text{für } z \in \mathbb{E} \setminus \{0\} \quad \text{und} \quad g(0) := \lim_{z \to 0} \frac{f(z)}{z} = f'(0)$$

eine holomorphe Funktion $g\colon \mathbb{E} \to \mathbb{C}$ erklärt. Sei nun $r < 1$ eine beliebige positive Zahl. Wegen $|f(z)| < 1$ gilt dann $|g(z)| < 1/r$, falls $|z| = r$. Mit der zweiten Version des Maximumprinzips folgt $|g(z)| < 1/r$ für alle $z \in \overline{K_r}(0)$ und mit $r \to 1$ weiter $|g(z)| \leq 1$ für alle $z \in \mathbb{E}$. Das ist gerade die Behauptung (i).

Ist zusätzlich die Voraussetzung in (ii) erfüllt, so ergibt eine nochmalige Anwendung des Maximumprinzips $|g(z)| = 1$ für alle $z \in \mathbb{E}$. g ist in diesem Fall eine Konstante. Das ist gerade die Behauptung (ii). $\square$

Als Anwendung des Schwarzschen Lemmas ermitteln wir die holomorphen Automorphismen von $\mathbb{E}$. Unter einem *holomorphen Automorphismus* einer offenen Menge versteht man eine biholomorphe Abbildung der Menge auf sich.

Lemma: *Jeder holomorphe Automorphismus $f\colon \mathbb{E} \to \mathbb{E}$ mit $f(0) = 0$ ist eine Drehung um 0: Es gibt eine Zahl λ mit $|\lambda| = 1$ so, daß $f(z) = \lambda \cdot z$ für alle $z \in \mathbb{E}$.*

Beweis: Nach dem Schwarzschen Lemma angewandt auf f und auf die Umkehrabbildung $f^{-1}\colon \mathbb{E} \to \mathbb{E}$, die ebenfalls 0 als Fixpunkt hat, gilt:

$$|f(z)| \leq |z| \quad \text{und} \quad |z| = \left|f^{-1}(f(z))\right| \leq |f(z)|.$$

Also ist $|f(z)| = |z|$ für alle $z \in \mathbb{E}$. Mit Teil (ii) des Schwarzschen Lemmas folgt nun die Behauptung. $\square$

Satz (Die holomorphen Automorphismen von $\mathbb{E}$): 1. *Für jedes $a \in \mathbb{E}$ definiert*

$$f_a(z) := \frac{z - a}{1 - \overline{a}z}, \quad z \in \mathbb{E},$$

einen holomorphen Automorphismus von $\mathbb{E}$; seine Umkehrung ist f_{-a}.
2. *Jeder holomorphe Automorphismus $f\colon \mathbb{E} \to \mathbb{E}$ ist die Komposition eines Automorphismus f_a und einer Drehung: Es gibt ein $a \in \mathbb{E}$ und ein $\lambda \in \mathbb{C}$ mit $|\lambda| = 1$ so, daß*

$$f(z) = \lambda \cdot f_a(z) \quad \text{für alle } z \in \mathbb{E}.$$

Beweis: 1. f_a ist holomorph in $\mathbb{E}$, da der Nenner in $\mathbb{E}$ keine Nullstellen hat. Ferner gilt $f_a(\mathbb{E}) \subset \mathbb{E}$. Diese Behauptung ist gleichbedeutend mit der Ungleichung $|z - a|^2 < |1 - \overline{a}z|^2$ und diese mit der offensichtlich richtigen Ungleichung $(1 - |a|^2)(1 - |z|^2) > 0$. Weiter zeigt eine einfache Rechnung, daß $f_{-a}(f_a(z)) = z$. Hieraus folgt, daß f_a bijektiv ist, und, daß $f_a^{-1} = f_{-a}$.
2. Man setze $a := f^{-1}(0)$. Dann ist $\varphi := f \circ f_a^{-1}$ ein holomorpher Automorphismus von $\mathbb{E}$ mit $\varphi(0) = 0$. Nach dem Lemma ist φ eine Drehung. Wegen $f = f \circ f_a^{-1} \circ f_a = \varphi \circ f_a$ ist damit auch die zweite Behauptung bewiesen. $\square$

E und die nichteuklidische Geometrie. Die nichteuklidische Geometrie ist aus dem Bemühen hervorgegangen, die Unabhängigkeit des euklidischen Parallelenaxioms von den anderen Axiomen zu beweisen. Diese Unabhängigkeit sieht man mühelos an einem nichteuklidischen Modell, zum Beispiel dem von Poincaré. Bei diesem Modell sind die Punkte die Punkte von E und die Geraden die in E liegenden Segmente von Kreisen, die auf dem Rand von E senkrecht stehen. Die orientierungstreuen Bewegungen werden in diesem Modell gerade durch die holomorphen Automorphismen von E dargestellt. In dieser Geometrie gelten alle Axiome der euklidischen Geometrie, ausgenommen das Parallelenaxiom. Eine Variante dieses Modells erhält man in der oberen Halbebene mit Hilfe der sogenannten *Cayley-Abbildung* $T \colon \mathbb{H} \to \mathbb{E}$, $Tz = \dfrac{z - \mathrm{i}}{z + \mathrm{i}}$; diese bildet $\mathbb{H}$ biholomorph auf E ab. Die nichteuklidischen Geraden in $\mathbb{H}$ sind die auf $\mathbb{R}$ senkrecht stehenden Halbkreise und Halbgeraden.

 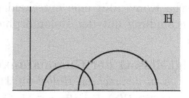

Nichteuklidische Geraden in E bzw. $\mathbb{H}$. In E sind drei nichteuklidische Parallelen zu g durch den Punkt 0 gezeichnet.

6.6 Die Gammafunktion

Wir vertiefen jetzt die in Band 1, 17.1 begonnene Diskussion der Gammafunktion unter funktionentheoretischen Gesichtspunkten.

In Band 1 wurde die Gammafunktion definiert durch $\Gamma(z) := \dfrac{1}{G(z)}$, und G wiederum durch

$$G(z) = \lim_{n \to \infty} G_n(z) \quad \text{mit} \quad G_n(z) := \frac{z(z + 1) \cdots (z + n)}{n! \, n^z}.$$

Im Konvergenzbeweis wurde gezeigt, daß die Folge (G_n) auf $\mathbb{C}$ lokal gleichmäßig konvergiert; ferner, daß die Grenzfunktion G genau in den Punkten aus $-\mathbb{N}_0$ Nullstellen hat ($\mathbb{N}_0 := \mathbb{N} \cup \{0\}$). Nach dem Satz von Weierstraß über lokal gleichmäßig konvergente Folgen holomorpher Funktionen ist also die Funktion G in ganz $\mathbb{C}$ und die Gammafunktion in $\mathbb{C} \setminus -\mathbb{N}_0$ holomorph.

Die Gammafunktion erfüllt laut Band 1 die Funktionalgleichung

$$\Gamma(z + 1) = z\Gamma(z)$$

und hat die Interpolationseigenschaft

$$\Gamma(k) = (k - 1)! \quad \text{für} \quad k \in \mathbb{N}.$$

Mehrmaliges Anwenden der Funktionalgleichung ergibt die Identität

$$\Gamma(z) = \frac{\Gamma(z+n+1)}{z(z+1)\cdots(z+n)}, \quad n \in \mathbb{N}_0.$$

Aus dieser und der Nullstellenfreiheit von Γ folgt, daß Γ in $-n$, $n \in \mathbb{N}_0$, einen einfachen Pol hat mit dem Residuum

$$\operatorname{Res}_{-n} \Gamma = \lim_{z \to -n} (z+n)\Gamma(z) = \frac{(-1)^n}{n!}.$$

Der weiteren Untersuchung der Gammafunktion legen wir den erst 1939 von H. Wielandt gefundenen Eindeutigkeitssatz zugrunde. In dem in Band 1 aufgestellten Eindeutigkeitssatz von Bohr-Mollerup spielte die logarithmische Konvexität eine entscheidende Rolle. An deren Stelle tritt nun in Verbindung mit der Holomorphie eine einfache Beschränktheitsbedingung.

Eindeutigkeitssatz der Gammafunktion von H. Wielandt: *Es sei F holomorph in der rechten Halbebene $\mathbb{H}_r$, und es gelte:*

(i) $F(z + 1) = z\, F(z)$ *für alle* $z \in \mathbb{H}_r$,

(ii) $F(1) = 1$,

(iii) F *ist beschränkt im Vertikalstreifen* $S := \{z \in \mathbb{C} \mid 1 \le \operatorname{Re} z \le 2\}$.

Dann gilt $F = \Gamma$ in $\mathbb{H}_r$.

Beweis: $f := F - \Gamma$ erfüllt $f(z+1) = z f(z)$ und allgemeiner

$$f(z) = \frac{f(z+n+1)}{z\,(z+1)\cdots(z+n)}, \quad n = 0, 1, 2, \dots$$

Damit folgt, daß f meromorph auf $\mathbb{C}$ fortgesetzt werden kann mit Polen höchstens in $0, -1, -2, \dots$; die Pole sind höchstens einfach und haben das Residuum $f(1)\cdot(-1)^n/n!$. Wegen $f(1) = 0$ ist f also holomorph auf ganz $\mathbb{C}$.

Aus der Definition von Γ folgt unmittelbar: $|\Gamma(z)| \le \Gamma(\operatorname{Re} z) \le \Gamma(2)$; Γ ist also beschränkt in S. Somit ist es auch f. Weiter ist dann f auch im Streifen $S_0 := S - 1$ beschränkt: Für z mit $|\operatorname{Im} z| \le 1$ folgt das aus der Stetigkeit von f und für z mit $|\operatorname{Im} z| > 1$ wegen $f(z) = f(z+1)/z$ aus der Beschränktheit von f in S.

Da $f(1 - z)$ und $f(z)$ in S_0 dieselben Werte annehmen, ist auch die Funktion $g(z) := f(z)f(1-z)$ in S_0 beschränkt. Die Funktionalgleichung von f impliziert ferner $g(z+1) = -g(z)$, und damit folgt, daß g in ganz $\mathbb{C}$ beschränkt ist. Mit dem Satz von Liouville folgt weiter, daß g konstant ist: $g(z) = g(1) = f(1)f(0) = 0$ für alle $z \in \mathbb{C}$. f hat also überabzählbar viele Nullstellen; folglich ist $f = 0$, d.h. $F = \Gamma$. $\qquad\qquad\square$

Unter Verwendung von Argumenten im Beweis von Wielandt leiten wir nun den Ergänzungssatz her.

Ergänzungssatz der Gammafunktion: *Für $z \in \mathbb{C} \setminus \mathbb{Z}$ gilt*

$$\Gamma(z)\Gamma(1 - z) = \frac{\pi}{\sin \pi z}.$$

Beweis: Sei $f(z) := \Gamma(z)\Gamma(1 - z) - \dfrac{\pi}{\sin \pi z}$.

Die Funktion f ist in $\mathbb{C} \setminus \mathbb{Z}$ holomorph und hat an den Punkten $n \in \mathbb{Z}$ höchstens Pole erster Ordnung. An den Stellen $-n$, $n \in \mathbb{N}_0$, gilt

$$\operatorname{Res}_{-n} f = \frac{(-1)^n}{n!}\Gamma(1 + n) - \lim_{z \to -n} \frac{(z + n)\pi}{\sin \pi z} = 0.$$

f hat also in den Punkten $-n$, $n \in \mathbb{N}_0$, hebbare Singularitäten. Da f ungerade ist, hat f auch in den Punkten $n \in \mathbb{N}$ hebbare Singularitäten. f ist also holomorph in $\mathbb{C}$. Wie im Beweis des Satzes von Wielandt sieht man ferner, daß f im Streifen $\{z \in \mathbb{C} \mid 0 \leq \operatorname{Re} z \leq 2\}$ beschränkt ist und die Periode 2 hat. f ist also beschränkt in $\mathbb{C}$ und nach dem Satz von Liouville sogar konstant. Diese Konstante ist 0, da f ungerade ist.   □

Folgerung: $\Gamma\left(\dfrac{1}{2}\right) = \sqrt{\pi}$.

Integraldarstellung der Gammafunktion: *Für $z \in \mathbb{H}_r$ gilt*

$$\Gamma(z) = \int_0^\infty t^{z-1} \mathrm{e}^{-t}\, \mathrm{d}t.$$

Beweis: Wir zeigen, daß die durch das Integral $F(z) := \int_0^\infty t^{z-1} \mathrm{e}^{-t}\, \mathrm{d}t$ definierte Funktion die Bedingungen des Eindeutigkeitssatzes von Wielandt erfüllt. Das genügt.

Die Funktionalgleichung $F(z + 1) = z\,F(z)$ ergibt sich leicht durch partielle Integration und wurde bereits in Band 1, 11.9 gezeigt. Ebenso die Normierung $F(1) = 1$. Die Beschränktheit im Streifen S folgt wegen $|F(z)| \leq F(\operatorname{Re} z)$ aus der Abschätzung

$$F(x) \leq \int_0^1 \mathrm{e}^{-t}\, \mathrm{d}t + \int_1^\infty t\mathrm{e}^{-t}\, \mathrm{d}t, \quad x \in [1; 2].$$

Es bleibt also nur noch die Holomorphie von F zu zeigen. Dazu fassen wir F als Grenzfunktion einer Folge holomorpher Funktionen auf:

$$F(z) = \lim_{n \to \infty} f_n(z), \quad \text{wobei} \quad f_n(z) := \int_{1/n}^n t^{z-1} \mathrm{e}^{-t}\, \mathrm{d}t.$$

Nach dem unten folgenden Holomorphiesatz für parameterabhängige Integrale ist f_n holomorph in $\mathbb{H}_r$. Zum Nachweis der Holomorphie von F in $\mathbb{H}_r$ genügt es also zu zeigen, daß die Folge (f_n) in jedem Streifen $\{z \in \mathbb{C} \mid a \leq \operatorname{Re} z \leq b\}$ mit $0 < a < b$ gleichmäßig konvergiert. Das nun folgt wegen $|F(z) - f_n(z)| \leq |F(\operatorname{Re} z) - f_n(\operatorname{Re} z)|$ aus der für alle $x \in [a; b]$ gültigen Abschätzung

$$F(x) - f_n(x) \leq \int_0^{1/n} t^{a-1} e^{-t}\, dt + \int_n^{\infty} t^{b-1} e^{-t}\, dt,$$

da

$$\lim_{n \to \infty} \int_0^{1/n} t^{a-1} e^{-t}\, dt = 0 \quad \text{und} \quad \lim_{n \to \infty} \int_0^{\infty} t^{b-1} e^{-t}\, dt = 0. \qquad \square$$

Folgerung (Gauß-Integral): $\displaystyle \int_0^{\infty} e^{-x^2}\, dx = \frac{1}{2}\sqrt{\pi}.$

Beweis: Die Substitution $x = \sqrt{t}$ ergibt

$$\int_0^{\infty} e^{-x^2}\, dx = \frac{1}{2} \int_0^{\infty} t^{-1/2} e^{-t}\, dt = \frac{1}{2} \Gamma\left(\frac{1}{2}\right). \qquad \square$$

Holomorphiesatz für parameterabhängige Integrale: *Es sei $U \subset \mathbb{C}$ eine offene Menge, $[a; b] \subset \mathbb{R}$ ein kompaktes Intervall und $f \colon U \times [a; b] \to \mathbb{C}$ eine stetige Funktion mit der Eigenschaft, daß die Funktion $z \mapsto f(z, t)$ für jedes $t \in [a; b]$ holomorph ist. Dann ist die durch*

$$F(z) := \int_a^b f(z, t)\, dt$$

definierte Funktion $F \colon U \to \mathbb{C}$ holomorph.

Beweis: Es genügt zu zeigen, daß F in jeder Kreisscheibe $K \subset U$ holomorph ist, und dazu nach dem Satz von Morera, daß für jedes Dreieck $\triangle \subset K$

$$\int_{\partial \triangle} F(z)\, dz = 0$$

gilt. Dieses aber ergibt sich unmittelbar durch Vertauschen der Integrationsreihenfolge,

$$\int_{\partial \triangle} F(z)\, dz = \int_a^b \left(\int_{\partial \triangle} f(z, t)\, dz \right) dt,$$

da $\int_{\partial \triangle} f(z, t)\, dz = 0$ gilt nach dem Lemma von Goursat. $\qquad \square$

6.7 Holomorphe Funktionen und harmonische Funktionen

Es sei f eine holomorphe Funktion in einer offenen Menge $U \subset \mathbb{C}$. Dann sind der Realteil u und der Imaginärteil v von f harmonische Funktionen. Denn mit f sind u und v $\mathscr{C}^\infty$-Funktionen und die Cauchy-Riemannschen Differentialgleichungen $u_x = v_y$ und $u_y = -v_x$ implizieren

$$\Delta u = u_{xx} + u_{yy} = v_{yx} - v_{xy} = 0$$

und ebenso $\Delta v = 0$.

Der folgende Satz bringt eine gewisse Umkehrung.

Satz: *Es sei* $u\colon G \to \mathbb{R}$ *eine harmonische Funktion in einem einfach zusammenhängenden Gebiet* G. *Dann gibt es eine harmonische Funktion* $v\colon G \to \mathbb{R}$ *so, daß* $f = u + iv$ *holomorph ist. Für jede weitere solche harmonische Funktion* v^* *gilt* $v^* = v + c$ *mit* $c \in \mathbb{R}$.

Beweis: Falls es eine solche Funktion v gibt, ist ihr Differential $\mathrm{d}v$ aufgrund der Cauchy-Riemannschen Differentialgleichungen die 1-Form

$$\mathrm{d}v = v_x \,\mathrm{d}x + v_y \,\mathrm{d}y = -u_y \,\mathrm{d}x + u_x \,\mathrm{d}y.$$

Es sei nun $\omega := -u_y \,\mathrm{d}x + u_x \,\mathrm{d}y$. Die 1-Form ω ist stetig differenzierbar und erfüllt wegen $\Delta u = 0$ die Integrabilitätsbedingung in 5.4 (8^2): $-u_{yy} - u_{xx} = 0$. ω besitzt daher in dem 1-fach zusammenhängenden Gebiet G eine Stammfunktion v. Diese ist stetig differenzierbar und hat die partiellen Ableitungen $v_x = -u_y$ und $v_y = u_x$. Das Paar (u, v) besteht also aus $\mathscr{C}^1$-Funktionen und erfüllt die Cauchy-Riemannschen Differentialgleichungen; d. h. $u + iv$ ist holomorph.

Für eine weitere solche Funktion v^* gilt $v^*_x = v_x$ und $v^*_y = v_y$. Nach der Folgerung zum Mittelwertsatz in 2.2 ist $v^* - v$ also konstant. $\quad\square$

Aufgrund dieses Satzes haben zahlreiche Sachverhalte bei holomorphen Funktionen Konsequenzen für harmonische Funktionen. Aus der Cauchyschen Integralformel etwa ergibt sich die Mittelwerteigenschaft. Mit deren Hilfe leiten wir schließlich das wichtige Maximumprinzip her.

Mittelwerteigenschaft: *Es sei* $u\colon U \to \mathbb{R}$ *eine harmonische Funktion. Dann gilt mit jeder Kreisscheibe* $\overline{K}_r(a) \subset U$

$$(13) \qquad u(a) = \frac{1}{2\pi} \int_0^{2\pi} u(a + r\mathrm{e}^{it}) \,\mathrm{d}t.$$

Bemerkung: In 12.6 (16) wird diese Formel auf beliebige Dimensionen ausgedehnt im Wesentlichen mit Hilfe des Gaußschen Integralsatzes.

Beweis: Es sei f eine holomorphe Funktion in einer Umgebung von $\overline{K}_r(a)$ mit $\operatorname{Re} f = u$. Nach der Cauchyschen Integralformel gilt

$$f(a) = \frac{1}{2\pi i} \int_{\partial K_r(a)} \frac{f(\zeta)}{\zeta - a}\, d\zeta = \frac{1}{2\pi} \int_0^{2\pi} f(a + re^{it})\, dt.$$

Der Übergang zum Realteil ergibt bereits die behauptete Formel.   □

Maximumprinzip: *Eine nicht konstante harmonische Funktion $u \colon G \to \mathbb{R}$ in einem Gebiet $G \subset \mathbb{C}$ hat kein Maximum.*

Beweis: Angenommen, u habe in G ein Maximum, etwa M, und es gelte $u(z_0) = M$ für $z_0 \in G$. Wir betrachten dann $G_M := \{z \in G \mid u(z) = M\}$. G_M ist eine nicht leere, abgeschlossene Teilmenge von G. Wir zeigen, daß G_M auch eine offene Teilmenge ist. Das genügt; wegen des Zusammenhangs von G ist dann nämlich $G_M = G$ und u konstant.

Nachweis der Offenheit von G_M: Es sei $a \in G_M$. Wir zeigen, daß jede Kreisscheibe $K_R(a)$ mit $\overline{K}_R(a) \subset G$ zu G_M gehört. Für jedes $r < R$ gilt nach der Mittelwerteigenschaft

$$u(a) = \frac{1}{2\pi} \int_0^{2\pi} u(a + re^{it})\, dt.$$

Daraus folgt wegen $u(a) = M$

$$\int_0^{2\pi} \left(M - u(a + re^{it})\right) dt = 0.$$

Da der Integrand keine negativen Werte annimmt und stetig ist, folgt weiter $u(a + re^{it}) = M$ für alle $r < R$ und $t \in [0; 2\pi]$; d.h., alle Punkte $a + re^{it}$ mit $r < R$ und $t \in [0; 2\pi]$ liegen in G_M.   □

6.8 Aufgaben

1. Man zeige: Eine reellwertige holomorphe Funktion auf einer zusammenhängenden offenen Menge ist konstant. Die Funktion $|z|^2$ ist in keiner Kreisscheibe $K_r(0) \subset \mathbb{C}$ holomorph, jedoch im Punkt 0 komplexdifferenzierbar.

2. Es seien $m, n \in \mathbb{N}$ mit $m < n$. Durch Integration längs des skizzierten Weges und den Grenzübergang $r \to \infty$ zeige man

$$\int_0^\infty \frac{x^{m-1}}{1 + x^n}\, dx = \frac{\pi}{n} \left(\sin \frac{m}{n}\pi\right)^{-1}.$$

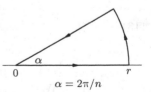

$\alpha = 2\pi/n$

3. Man beweise: $\displaystyle\int\limits_{-\infty}^{\infty} \frac{\sin x}{x}\, dx = \pi$.

Dazu betrachte man das Integral der
Funktion e^{iz}/z über den skizzierten
Integrationsweg und führe den Grenz-
übergang $r \to \infty$ durch.

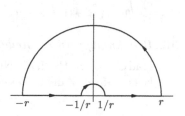

Hinweise: 1. $\displaystyle\lim_{R\to\infty}\int_0^{\pi} e^{-R\sin t}\, dt = 0$.

2. Es gibt in $\mathbb{C}$ eine holomorphe Funktion f so, daß $\dfrac{e^{iz}}{z} = \dfrac{1}{z} + f(z)$.

4. Man ermittle die Potenzreihenentwicklung
des Hauptzweiges des Logarithmus in einem
beliebigen Punkt $a \in \mathbb{C}^-$ und bestimme die
Punkte a, für welche die Konvergenzkreis-
scheibe nicht in $\mathbb{C}^-$ enthalten ist.

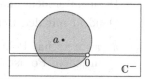

5. *Der Hauptzweig des Arcustangens.* Sei $U := \mathbb{C} \setminus \{iy \mid y \in \mathbb{R},\ |y| \geq 1\}$.
Man zeige:

a) Es gibt auf U eine holomorphe Funktion A mit $A(x) = \arctan x$
für alle $x \in \mathbb{R}$; diese ist eindeutig bestimmt, heißt *Hauptzweig des
Arcustangens* und wird ebenfalls mit arctan bezeichnet.

b) Für alle $z \in S := \{z \in \mathbb{C} \mid |\mathrm{Re}\, z| < \pi/2\}$ gilt $\arctan(\tan z) = z$.

c) Für alle $z \in K_1(0)$ gilt $\arctan z = \displaystyle\sum_{n=0}^{\infty} \frac{(-1)^n}{2n+1} z^{2n+1}$.

6. Es seien f und g holomorphe Funktionen in $\mathbb{C}$ mit $|f(z)| \leq |g(z)|$ für
alle $z \in \mathbb{C}$. Dann gilt $f = c \cdot g$ mit einer Konstanten c.

7. Man zeige: Ist f eine injektive holomorphe Funktion auf der offenen
Menge $U \subset \mathbb{C}$, dann ist $f\colon U \to f(U)$ biholomorph.

8. Die Abbildung $f\colon U \to \mathbb{C}$ sei holomorph und habe in $a \in U$ eine
k-fache Stelle. Man zeige: Sind $\gamma_1, \gamma_2\colon (-\varepsilon;\varepsilon) \to U$ reguläre Kurven
mit $\gamma_1(0) = \gamma_2(0) = a$ und bezeichnet α einen Winkel zwischen den
Tangentialvektoren $\dot\gamma_1(0)$ und $\dot\gamma_2(0)$, so ist $k\alpha$ ein Winkel zwischen den
Tangentialvektoren $(f\gamma_1)\dot{\,}(0)$ und $(f\gamma_2)\dot{\,}(0)$ der Bildkurven.

9. Man zeige:

a) $\displaystyle\int_0^{2\pi} \frac{dt}{1 - 2p\cos t + p^2} = \frac{2\pi}{1 - p^2}, \quad p \in \mathbb{C},\ |p| < 1.$

b) $\displaystyle\int_{-\infty}^{\infty} \frac{dx}{(1 + x^2)^{n+1}} = \frac{\pi}{2^{2n}} \cdot \frac{(2n)!}{(n!)^2}, \quad n \in \mathbb{N}.$

c) $\int_0^\infty \dfrac{\cos x}{(1+x^2)^2}\,\mathrm{d}x = \dfrac{\pi}{\mathrm{e}}$.

10. *Berechnung gewisser Reihen.* Es sei $f = \dfrac{P}{Q}$ eine rationale Funktion mit $\operatorname{grad} Q \geq \operatorname{grad} P + 2$; die Nullstellen $a_1, \ldots, a_m$ von Q seien einfach und keine ganzen Zahlen. Dann gilt:

$$\sum_{n=-\infty}^{\infty} f(n) = -\sum_{\mu=1}^{m} \operatorname{Res}_{a_\mu} f \cdot \pi \cot \pi a_\mu.$$

Dazu untersuche man das Integral $\int_{\partial Q_k} f \cdot \pi \cot \pi z\,\mathrm{d}z$, wobei Q_k das Quadrat mit den Ecken $\left(k + \frac{1}{2}\right)(\pm 1 \pm \mathrm{i})$ sei; man beachte dabei:

a) $\pi \cot \pi z$ hat Pole genau in den Punkten $n \in \mathbb{Z}$ und das Residuum in jedem Pol ist 1.

b) Es gibt eine Zahl M so, daß für alle k und alle $z \in \partial Q_k$ die Abschätzung $|\pi \cot \pi z| \leq M$ gilt.

Als Beispiel berechne man $\sum\limits_{n=1}^{\infty} \dfrac{1}{n^2 + 1}$. Man zeige ferner für $w \in \mathbb{C} \setminus \mathbb{Z}$

$$\pi \cot \pi w = \frac{1}{w} + \sum_{n=1}^{\infty} \left(\frac{1}{w - n} + \frac{1}{w + n} \right).$$

11. Es sei $U \subset \mathbb{C}$ eine einfach zusammenhängende offene Menge und $S \subset U$ ein zusammenhängendes Kompaktum. Man beweise: Eine meromorphe Funktion f auf U mit Polen höchstens in S und $\sum_{a \in S} \operatorname{Res}_a f = 0$ besitzt eine Stammfunktion auf $U \setminus S$.

Beispiel: $\dfrac{1}{z^2 - 1}$ besitzt eine Stammfunktion auf $\mathbb{C} \setminus [-1; 1]$.

12. Hat f in a einen Pol oder eine wesentliche Singularität, so hat e^f dort eine wesentliche Singularität.

13. Es sei f holomorph in einer Umgebung von $\overline{\mathbb{E}}$ mit $|f(z)| < 1$ für $|z| = 1$. Dann besitzt die Gleichung $f(z) = z^n$, $n \in \mathbb{N}$, genau n mit Vielfachheit gezählte Lösungen in $\mathbb{E}$.

14. *Besselfunktionen via Laurentreihen.* Für jedes $z \in \mathbb{C}$ besitzt die Funktion $w \mapsto \exp\left(\frac{z}{2}\left(w - \frac{1}{w}\right)\right)$ auf $\mathbb{C} \setminus \{0\}$ eine Laurententwicklung

$$\exp\left(\frac{z}{2}\left(w - \frac{1}{w}\right)\right) = \sum_{n=-\infty}^{\infty} J_n(z) w^n.$$

$J_n \colon \mathbb{C} \to \mathbb{C}$ heißt *Besselfunktion der Ordnung n*. Man zeige:

a) Es gilt $J_{-n} = (-1)^n J_n$ für jedes n.

b) J_n mit $n \geq 0$ besitzt die Potenzreihenentwicklung

$$J_n(z) = \left(\frac{z}{2}\right)^n \sum_{k=0}^{\infty} \frac{(-1)^k}{k! \, (n+k)!} \left(\frac{z}{2}\right)^{2k}$$

sowie die Integraldarstellung

$$J_n(z) = \frac{1}{2\pi} \int_0^{2\pi} \cos(z \sin t - nt) \, \mathrm{d}t.$$

Hinweis: Man verwende (9) mit $\rho = 1$.

15. Die *Riemannsche Zetafunktion.* Für $z \in \mathbb{C}$ mit $\mathrm{Re}\, z > 1$ definiert man

$$\zeta(z) := \sum_{n=1}^{\infty} \frac{1}{n^z},$$

wobei n^z mit Hilfe des reellen Logarithmus durch $\mathrm{e}^{z \cdot \ln n}$ erklärt sei.

a) Man zeige, daß ζ in der Halbebene $\mathbb{H}_r + 1$ holomorph ist.

b) Man zeige für beliebige $z \in \mathbb{C}$ und $n \in \mathbb{N}$ die Identität

$$\int_{n-1}^{n} \frac{\mathrm{d}t}{t^z} = \frac{1}{2}\left(\frac{1}{n^z} + \frac{1}{(n-1)^z}\right) + f_n(z), \quad f_n(z) := z \int_{n-1}^{n} \left(t - n + \frac{1}{2}\right) \frac{\mathrm{d}t}{t^{z+1}},$$

und folgere für $z \in \mathbb{H}_r + 1$:

$$\zeta(z) = \frac{1}{z-1} + \frac{1}{2} - f(z), \quad f(z) := \sum_{n=2}^{\infty} f_n(z).$$

c) Fortsetzung der Zetafunktion in die rechte Halbebene $\mathbb{H}_r$. Man zeige, daß die in b) erklärte Funktion f in $\mathbb{H}_r$ holomorph ist, und folgere, daß die Zetafunktion meromorph nach $\mathbb{H}_r$ fortgesetzt werden kann mit einem einfachen Pol in 1 und Residuum 1.

16. Man definiert für $\tau \in \mathbb{H}$ die *Thetafunktion* ϑ durch

$$\vartheta(z) = \vartheta(z; \tau) := \sum_{n=-\infty}^{\infty} (-1)^n \mathrm{e}^{\pi \mathrm{i} n^2 \tau} \mathrm{e}^{2\pi \mathrm{i} n z}.$$

Man zeige: ϑ ist holomorph auf $\mathbb{C}$, und es gilt:

a) $\vartheta(z+1) = \vartheta(z), \qquad \vartheta(z+\tau) = -\mathrm{e}^{-\pi \mathrm{i}\,(\tau + 2z)} \vartheta(z).$

b) ϑ hat genau die Nullstellen $\frac{\tau}{2} + m + n\tau$, $m, n \in \mathbb{Z}$.

c) Die Funktion

$$S(z) := e^{\pi i \,(z+\tau/4)} \cdot \frac{\vartheta(z+\tau/2)}{\vartheta(z)}$$

ist meromorph auf $\mathbb{C}$ und hat die Perioden 2 und τ:

$$S(z+2) = S(z), \qquad S(z+\tau) = S(z).$$

17. Man zeige, daß jeder holomorphe Automorphismus $f \colon \mathbb{H} \to \mathbb{H}$ der oberen Halbebene gegeben ist durch

$$f(z) = \frac{az+b}{cz+d}, \quad \text{wobei} \ \begin{pmatrix} a & b \\ c & d \end{pmatrix} \in \mathrm{GL}_2^+(\mathbb{R}).$$

18. Aus dem Ergänzungssatz der Gammafunktion folgere man

$$\frac{\sin \pi z}{\pi} = z \cdot \prod_{n=1}^{\infty} \left(1 - \frac{z^2}{n^2} \right).$$

19. Es sei f holomorph in a und a sei eine einfache Stelle von f. Man zeige: Es gibt eine Umgebung U von a, in der die Niveaumengen

$$M := \{ z \in U \mid u(z) = u(a) \} \quad \text{und} \quad N := \{ z \in U \mid v(z) = v(a) \},$$

$u := \mathrm{Re}\, f$ und $v := \mathrm{Im}\, f$, 1-dimensionale Untermannigfaltigkeiten sind; ferner, daß M und N in a aufeinander senkrecht stehen.

20. Es sei $A := K_R^*(0)$. Man zeige:

a) Die Funktion $u(z) := \ln |z|$ ist harmonisch auf A.

b) Ist $h \colon A \to \mathbb{R}$ harmonisch, so gibt es eine Zahl $a \in \mathbb{R}$ so, daß $h - a \cdot \ln |z|$ der Realteil einer auf A holomorphen Funktion ist.

c) Ist $h \colon A \to \mathbb{R}$ harmonisch und beschränkt, so kann h in den Nullpunkt harmonisch fortgesetzt werden.

7 Das Lebesgue-Integral

Im vorigen Jahrhundert wurden verschiedene Definitionen eines Integrals aufgestellt. Aber erst 1902 führte H. Lebesgue (1875–1941) einen Integralbegriff ein, der für viele Probleme der Integralrechnung wesentlich neue Gesichtspunkte brachte, insbesondere eine leistungsfähige Theorie zur Vertauschung von Limesbildung und Integration ermöglichte.

Wir gehen hier nicht wie Lebesgue vor, sondern in gewisser Hinsicht analog zur Einführung des Integrals einer Regelfunktion in Band 1. Ein für Treppenfunktionen in naheliegender Weise definiertes Integral wird auf Funktionen ausgedehnt, die beliebig genau durch Treppenfunktionen approximiert werden können, wobei jedoch ein anderes Approximationsmaß verwendet wird: Anstelle der bei der Einführung des Regelintegrals benützten Supremumsnorm verwenden wir jetzt die L^1-Halbnorm. Diese definieren wir in Anlehnung an Stone *ohne* Integral und für beliebige Funktionen. Die Verwendung der L^1-Halbnorm als Approximationsmaß führt unter anderem dazu, daß das Lebesgue-Integral mit *einer* Definition sowohl für Funktionen mit kompaktem Träger als auch für Funktionen mit nicht kompaktem Träger eingeführt werden kann. Schließlich merken wir an, daß man die vorliegende Definition des Lebesgue-Integrals ohne Änderung auf Banachraum-wertige Funktionen ausdehnen kann.

7.1 Integration von Treppenfunktionen

Unter einem *Quader* $Q \subset \mathbb{R}^n$ verstehen wir hier das direkte Produkt $I_1 \times \cdots \times I_n$ von n beschränkten, nicht leeren Intervallen aus $\mathbb{R}$. Diese dürfen offen, einseitig offen, abgeschlossen oder zu einem Punkt entartet sein. Ferner definieren wir als *Volumen* des Quaders $Q = I_1 \times \cdots \times I_n$ das Produkt der Längen seiner Kanten:

$$v(Q) := |I_1| \cdots |I_n|.$$

Falls nötig wird $v(Q)$ mit $v_n(Q)$ bezeichnet. Ausgeartete, d. h. in einer Hyperebene liegende Quader haben das (n-dimensionale) Volumen 0.

Definition: Eine Funktion $\varphi \colon \mathbb{R}^n \to \mathbb{C}$ heißt *Treppenfunktion auf* $\mathbb{R}^n$, wenn es endlich viele paarweise disjunkte Quader $Q_1, \ldots, Q_s$ gibt so, daß

(i) φ auf jedem Q_k, $k = 1, \ldots, s$, konstant ist, und

(ii) $\varphi(x) = 0$ für alle $x \in \mathbb{R}^n \setminus \bigcup_{k=1}^{s} Q_k$ gilt.

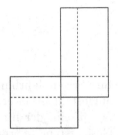

Die Gesamtheit der Treppenfunktionen bildet einen $\mathbb{C}$-Vektorraum, der die Eigenschaft hat, daß mit φ auch $|\varphi|$ zu ihm gehört; ferner mit φ und ψ auch $\max(\varphi, \psi)$ und $\min(\varphi, \psi)$. Für die Beweise hierzu, die wir dem Leser überlassen, beachte man, daß eine Vereinigung endlich vieler Quader auch als eine Vereinigung endlich vieler disjunkter Quader dargestellt werden kann, da wir ausgeartete Quader zulassen.

Unter der *charakteristischen Funktion* einer Teilmenge $A \subset \mathbb{R}^n$ versteht man die auf ganz $\mathbb{R}^n$ definierte Funktion $\mathbf{1}_A$ mit

$$\mathbf{1}_A(x) = \begin{cases} 1 & \text{für } x \in A, \\ 0 & \text{für } x \in \mathbb{R}^n \setminus A. \end{cases}$$

Damit kann jede Treppenfunktion auf $\mathbb{R}^n$ als Linearkombination

$$\varphi = \sum_{k=1}^{s} c_k \, \mathbf{1}_{Q_k}, \qquad c_k \in \mathbb{C},$$

charakteristischer Funktionen von Quadern dargestellt werden. Umgekehrt ist jede solche Linearkombination eine Treppenfunktion, und zwar auch dann, wenn die Quader $Q_1, \ldots, Q_s$ nicht disjunkt sind.

Definition: Unter dem *Integral einer Treppenfunktion* $\varphi = \sum_{k=1}^{s} c_k \, \mathbf{1}_{Q_k}$ versteht man die Zahl

(1)
$$\boxed{\int\limits_{\mathbb{R}^n} \varphi(x)\, \mathrm{d}x = \int \varphi(x)\, \mathrm{d}x := \sum_{k=1}^{s} c_k \, v(Q_k).}$$

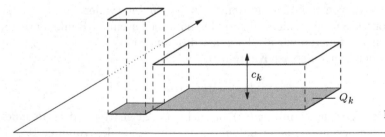

Satz 1: *Der Wert der Summe in* (1) *hängt nicht von der Darstellung der Treppenfunktion ab; das Integral ist also durch* (1) *sinnvoll definiert. Ferner gelten folgende Rechenregeln:*

(i) $\int (\alpha\varphi + \beta\psi)\, dx = \alpha \int \varphi\, dx + \beta \int \psi\, dx, \qquad \alpha,\, \beta \in \mathbb{C}.$

(ii) $\left| \int \varphi\, dx \right| \leq \int |\varphi|\, dx.$

(iii) *Sind* φ *und* ψ *reell mit* $\varphi \leq \psi$, *so ist* $\int \varphi\, dx \leq \int \psi\, dx.$

Beweis durch Induktion nach n: Für $n = 1$ argumentiert man analog wie in Band 1, 11.1. Den Fall $n > 1$ führen wir durch sukzessive Integration auf den Fall niedrigerer Dimension zurück.

Sei $\mathbb{R}^n = X \times Y$ mit $X = \mathbb{R}^p$, $Y = \mathbb{R}^{n-p}$ und $0 < p < n$. Entsprechend ist jeder Quader $Q \subset X \times Y$ das direkte Produkt $Q = Q' \times Q''$ von Quadern $Q' \subset X$ und $Q'' \subset Y$, und für $(x, y) \in X \times Y$ gilt: $\mathbf{1}_Q(x, y) = \mathbf{1}_{Q'}(x) \cdot \mathbf{1}_{Q''}(y)$.

Es sei nun $\varphi = \sum_k c_k \mathbf{1}_{Q_k}$ eine Treppenfunktion auf $X \times Y$. Für jedes $y \in Y$ definiert $x \mapsto \varphi(x, y)$ eine Treppenfunktion φ_y auf X,

$$\varphi_y = \sum_k c_k \mathbf{1}_{Q_k''}(y) \cdot \mathbf{1}_{Q_k'}.$$

Nach Induktionsannahme wird ihr Integral sinnvoll definiert durch

$$\int_X \varphi_y(x)\, dx = \sum_k c_k\, v_p(Q_k') \cdot \mathbf{1}_{Q_k''}(y) =: \Phi(y).$$

Φ ist laut Darstellung eine Treppenfunktion auf Y. Nach Induktionsannahme wird auch deren Integral sinnvoll definiert durch

$$\int_Y \Phi(y)\, dy = \sum_k c_k\, v_p(Q_k') \cdot v_{n-p}(Q_k'').$$

Somit gilt

$$\int_Y \left(\int_X \varphi_y(x)\, dx \right) dy = \sum_k c_k\, v_n(Q_k).$$

Der Wert der linken Seite hängt nicht von der Darstellung für φ ab. Das rechtfertigt die Definition des Integrals $\int_{\mathbb{R}^n} \varphi(z)\, dz$ durch die rechts stehende Summe, und es gilt

$$\int_Y \left(\int_X \varphi_y(x)\, dx \right) dy = \int_{\mathbb{R}^n} \varphi(x, y)\, d(x, y).$$

Anhand dieser Darstellung des Integrals über $\mathbb{R}^n$ gewinnt man schließlich auch die Rechenregeln in der Dimension n aus den Rechenregeln im Fall kleinerer Dimensionen. $\qquad \square$

Korollar (Satz von Fubini für Treppenfunktionen): *Mit den Bezeichnungen des vorangehenden Beweises gilt*

$$(2) \qquad \int\limits_{X \times Y} \varphi(x,y)\,\mathrm{d}(x,y) = \int\limits_{Y} \left(\int\limits_{X} \varphi(x,y)\,\mathrm{d}x \right)\,\mathrm{d}y.$$

7.2 Die L^1-Halbnorm

Vorbemerkung: Wir lassen im Folgenden Funktionen und Reihen mit Werten in $\mathbb{C} \cup \{\infty\}$ zu. In Abschnitt 7.6 über die Nullmengen wird gezeigt, daß es im Hinblick auf die Integration gleichgültig ist, wie an den Unendlichkeitsstellen gerechnet wird. Speziell für die Integrationstheorie regeln wir das Rechnen mit ∞ ohne Grenzwertbetrachtung wie folgt:

$$|\infty| = \overline{\infty} = \mathrm{Re}\,\infty = \mathrm{Im}\,\infty = \infty \quad \text{und} \quad r < \infty \quad \text{für } r \in \mathbb{R},$$

$$\infty \pm c = c \pm \infty = \infty \quad \text{für } c \in \mathbb{C} \cup \{\infty\},$$

$$\infty \cdot c = c \cdot \infty = \infty \quad \text{für } c \in \mathbb{C}^* \cup \{\infty\} \quad \text{und} \quad \infty \cdot 0 = 0 \cdot \infty = 0.$$

Schließlich setzen wir für $c_1, c_2, \ldots \in \mathbb{R} \cup \{\infty\}$ mit $c_1, c_2, \ldots \geq 0$ wie üblich $\sum_{k=1}^{\infty} c_k = \infty$, falls die Reihe nicht in $\mathbb{R}$ konvergiert.

In diesem Abschnitt führen wir für beliebige Funktionen auf $\mathbb{R}^n$ mit Werten in $\mathbb{C} \cup \{\infty\}$ die sogenannte L^1-Halbnorm ein. Wir verwenden dazu ein Konzept, das Ideen von Stone (1948) aufgreift und in jeder Version der Lebesgueschen Integrationstheorie zumindest bei einer wichtigen Charakterisierung der Nullmengen auftritt; siehe Satz 12. Zur Motivation stellen wir eine geometrische Betrachtung an.

Es sei f eine nicht negative Funktion auf $\mathbb{R}$ und M ihre Ordinatenmenge. Um einen eventuellen Flächeninhalt von M nach oben abzuschätzen, überdecken wir M durch Rechtecke und bilden deren Gesamtinhalt; das Infimum solcher Gesamtinhalte sehen wir dann als ein (äußeres) Maß für M und f an. Da wir Funktionen betrachten, die auf ganz $\mathbb{R}$ definiert sind und unbeschränkt sein dürfen, erfordert dieses Verfahren die Verwendung abzählbar vieler Rechtecke.

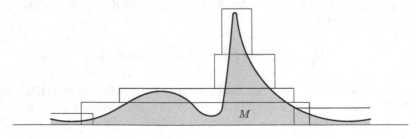

Definition: Unter einer *Hüllreihe* zu einer Funktion $f \colon \mathbb{R}^n \to \mathbb{C} \cup \{\infty\}$ verstehen wir eine Reihe

$$\Phi = \sum_{k=1}^{\infty} c_k \mathbf{1}_{Q_k}$$

mit den Eigenschaften:

(i) Die Q_k sind offene Quader im $\mathbb{R}^n$ und die c_k reelle Zahlen ≥ 0;

(ii) für jedes $x \in \mathbb{R}^n$ gilt

$$|f(x)| \leq \Phi(x) := \sum_{k=1}^{\infty} c_k \mathbf{1}_{Q_k}(x).$$

Ferner definieren wir als *Inhalt* der Hüllreihe

$$I(\Phi) := \sum_{k=1}^{\infty} c_k \, v(Q_k).$$

Definition: Unter der L^1-*Halbnorm* einer Funktion $f \colon \mathbb{R}^n \to \mathbb{C} \cup \{\infty\}$ verstehen wir das Infimum der Inhalte der Hüllreihen zu f:

$$\|f\|_1 := \inf \left\{ I(\Phi) \mid \Phi \text{ ist Hüllreihe zu } f \right\}.$$

Jede Funktion $f \colon \mathbb{R}^n \to \mathbb{C} \cup \{\infty\}$ hat die Hüllreihe $\Phi = \sum_{k=1}^{\infty} 1 \cdot \mathbf{1}_{Q_k}$, wobei Q_k der offene Würfel mit dem Mittelpunkt 0 und der Kantenlänge k sei. Das Infimum $\|f\|_1$ ist also für jedes f definiert und ist eine nicht negative Zahl oder ∞.

Die L^1-Halbnorm erfüllt nicht alle Rechenregeln einer Norm. Es kann nämlich $\|f\|_1 = 0$ sein, ohne daß $f = 0$ ist. Zum Beispiel hat die charakteristische Funktion $\mathbf{1}_A$ eines in einer Hyperebene enthaltenen Quaders A die L^1-Halbnorm 0; wegen $v(A) = 0$ gibt es nämlich zu jedem $\varepsilon > 0$ einen offenen Quader Q mit $A \subset Q$ und $v(Q) < \varepsilon$, weshalb $\Phi := 1 \cdot \mathbf{1}_Q$ eine Hüllreihe zu $\mathbf{1}_A$ mit $I(\Phi) < \varepsilon$ ist. Die Bedeutung von $\|f\|_1 = 0$ für die Funktion f werden wir im Abschnitt über die Nullmengen klären. Die L^1-Halbnorm erfüllt immerhin folgende

Rechenregeln: *Für* $f, g \colon \mathbb{R}^n \to \mathbb{C} \cup \{\infty\}$ *und* $c \in \mathbb{C}$ *gilt:*

(i) $\|cf\|_1 = |c| \cdot \|f\|_1$.

(ii) $\|f + g\|_1 \leq \|f\|_1 + \|g\|_1$.

(iii) *Aus* $|f| \leq |g|$ *folgt* $\|f\|_1 \leq \|g\|_1$.

Die Regeln (i) und (iii) sind unmittelbar einzusehen. Die Regel (ii) ist wegen $|f + g| \leq |f| + |g|$ und (iii) ein Spezialfall der folgenden Dreiecksungleichung für Reihen.

Verallgemeinerte Dreiecksungleichung: *Für nicht negative Funktionen* $f_1, f_2, \ldots : \mathbb{R}^n \to \mathbb{R} \cup \{\infty\}$ *gilt:*

$$\left\| \sum_{k=1}^{\infty} f_k \right\|_1 \leq \sum_{k=1}^{\infty} \| f_k \|_1.$$

Beweis: Sei $\varepsilon > 0$ gegeben. Wir wählen zu jeder Funktion f_k eine Hüllreihe $\Phi_k = \sum_i c_{ik} \mathbf{1}_{Q_{ik}}$ mit einem Inhalt

$$I(\Phi_k) = \sum_i c_{ik} \, v(Q_{ik}) \leq \| f_k \|_1 + \frac{\varepsilon}{2^k}.$$

$\Phi := \sum_{k,i} c_{ik} \, \mathbf{1}_{Q_{ik}}$ ist dann eine Hüllreihe der Funktion $\sum_k f_k$ mit

$$I(\Phi) = \sum_{k,i} c_{ik} \, v(Q_{ik}) = \sum_k \left(\sum_i c_{ik} \, v(Q_{ik}) \right) \leq \sum_k \| f_k \|_1 + \varepsilon.$$

Hieraus folgt wegen $\| \sum f_k \|_1 \leq I(\Phi)$ mit $\varepsilon \downarrow 0$ die Behauptung. $\square$

Der Aufbau der Integrationstheorie beruht wesentlich auf der Tatsache, daß die L^1-Halbnorm $\| \varphi \|_1$ einer Treppenfunktion φ gleich dem Integral von $|\varphi|$ ist. Wir beweisen dies zunächst für die charakteristische Funktion eines abgeschlossenen Quaders. Dabei geht wesentlich die Vollständigkeit des $\mathbb{R}^n$ ein.

Lemma 1: *Für die charakteristische Funktion* $\mathbf{1}_A$ *eines abgeschlossenen Quaders A gilt*

$$\boxed{\| \mathbf{1}_A \|_1 = v(A) = \int \mathbf{1}_A \, dx.}$$

Beweis: Sei Q ein offener Quader mit $A \subset Q$. Dann ist $1 \cdot \mathbf{1}_Q$ eine Hüllreihe für $\mathbf{1}_A$. Somit ist $\| \mathbf{1}_A \|_1 \leq I(\mathbf{1}_Q) = v(Q)$. Da zu jedem $\varepsilon > 0$ ein derartiges Q so gewählt werden kann, daß auch $v(Q) \leq v(A) + \varepsilon$, ergibt sich zunächst

$$\| \mathbf{1}_A \|_1 \leq v(A).$$

Umgekehrt gilt für jede Hüllreihe $\Phi = \sum_k c_k \, \mathbf{1}_{Q_k}$ der Funktion $\mathbf{1}_A$

$$(*)\qquad\qquad\qquad I(\Phi) \geq v(A),$$

und folglich $\| \mathbf{1}_A \|_1 \geq v(A)$. Zum Beweis von $(*)$ sei $\varepsilon > 0$ vorgegeben. Zu jedem Punkt $x \in A$ gibt es wegen $\Phi(x) \geq 1$ einen Index $N(x)$ derart, daß

$$\sum_{k=1}^{N(x)} c_k \, \mathbf{1}_{Q_k}(x) \geq 1 - \varepsilon.$$

Diese Ungleichung gilt wegen der Offenheit der Quader Q_k für alle Punkte einer Umgebung $U(x)$ von x. Da A kompakt ist, überdecken endlich viele $U(x_1), \ldots, U(x_p)$ ganz A. Mit $N := \max\{N(x_1), \ldots, N(x_p)\}$ folgt dann die Ungleichung $\sum_{k=1}^{N} c_k \mathbf{1}_{Q_k} \geq (1 - \varepsilon) \cdot \mathbf{1}_A$. Aus dieser ergibt sich mittels Satz 1 (iii)

$$I(\Phi) = \sum_{1}^{\infty} c_k \, v(Q_k) \geq \sum_{1}^{N} c_k \, v(Q_k) \geq (1 - \varepsilon) \, v(A),$$

und daraus folgt (∗).   □

Lemma 2: *Für jede Treppenfunktion φ auf $\mathbb{R}^n$ gilt*

$$\|\varphi\|_1 = \int |\varphi| \, dx.$$

Beweis: Da $|\varphi|$ und φ dieselbe L^1-Halbnorm haben, nehmen wir für den Beweis $\varphi \geq 0$ an. Wir benützen eine Darstellung

$$\varphi = \sum_{k=1}^{s} c_k \mathbf{1}_{Q_k} + \sum_{i=1}^{r} d_i \mathbf{1}_{R_i}$$

mittels disjunkter Quader, in welcher die Q_k offen sind und die R_i das n-dimensionale Volumen 0 haben. Eine solche erhält man, wenn man von einer Darstellung mit disjunkten Quadern ausgeht und jeden darin vorkommenden, nicht offenen Quader zerlegt in seinen offenen Kern und Quader, die auf seinem Rand liegen. Wegen der Disjunktheit der Q_k und R_i folgt aus $\varphi \geq 0$, daß alle c_k und alle d_i nicht negativ sind.

Sei $\varepsilon > 0$ beliebig gegeben. Zu jedem Quader R_i sei R_i^* ein offener Quader mit $R_i \subset R_i^*$ und $v(R_i^*) \leq \varepsilon$. Dann ist $\Phi := \sum_1^s c_k \mathbf{1}_{Q_k} + \sum_1^r d_i \mathbf{1}_{R_i^*}$ eine Hüllreihe zu φ. Mit ihr ergibt sich

$$\|\varphi\|_1 \leq \sum_{1}^{s} c_k \, v(Q_k) + \varepsilon \cdot \sum_{1}^{r} d_i.$$

Daraus folgt

(∗) $$\|\varphi\|_1 \leq \sum_{1}^{s} c_k \, v(Q_k) = \int \varphi \, dx.$$

Sei andererseits A ein abgeschlossener Quader so, daß $\varphi(x) = 0$ ist für $x \notin A$; sei ferner m das Maximum von φ. Dann ist die Treppenfunktion $\psi := m \cdot \mathbf{1}_A - \varphi$ nicht negativ, und auch für sie gilt $\|\psi\|_1 \leq \int \psi \, dx$. Hieraus und mit Lemma 1 folgt

$$\int \varphi \, dx = \int (m \cdot \mathbf{1}_A - \psi) \, dx \leq \|\varphi + \psi\|_1 - \|\psi\|_1 \leq \|\varphi\|_1 .$$

Zusammen mit (∗) ergibt das die Behauptung.   □

7.3 Definition des Lebesgue-Integrals.
Elementare Feststellungen

Nach den Vorbereitungen der beiden vorausgehenden Abschnitte kommen wir zur Definition des Lebesgue-Integrals. Wir betrachten dabei Funktionen, welche, gemessen in der L^1-Halbnorm, beliebig genau durch Treppenfunktionen approximiert werden können. Das Lebesgue-Integral wird zunächst für Funktionen auf $\mathbb{R}^n$ eingeführt und daran anschließend für Funktionen auf Teilmengen von $\mathbb{R}^n$.

I. Integration über den $\mathbb{R}^n$

Definition: Eine Funktion $f \colon \mathbb{R}^n \to \mathbb{C} \cup \{\infty\}$ heißt *Lebesgue-integrierbar über* $\mathbb{R}^n$, kurz *integrierbar*, wenn es eine Folge von Treppenfunktionen φ_k gibt mit $\|f - \varphi_k\|_1 \to 0$ für $k \to \infty$. Die Folge der Integrale $\int \varphi_k \, dx$ hat dann einen Grenzwert in $\mathbb{C}$, und dieser heißt das *Lebesgue-Integral von* f:

$$\int_{\mathbb{R}^n} f(x)\,dx := \lim_{k \to \infty} \int_{\mathbb{R}^n} \varphi_k(x)\,dx.$$

Wir verwenden auch die Schreibweisen $\int f(x)\,d^n x$ und $\int f \, dx$.

Die Definition ist sinnvoll, denn

1. die Folge der Zahlen $\int \varphi_k \, dx$ ist eine Cauchyfolge, also konvergent;

2. der Grenzwert ist unabhängig von der Approximationsfolge (φ_k).

Beides entnimmt man der für beliebige Treppenfunktionen φ und ψ auf Grund von Lemma 2 gültigen Abschätzung

$$\left| \int \varphi \, dx - \int \psi \, dx \right| \leq \int |\varphi - \psi|\,dx = \|\varphi - \psi\|_1 \leq \|\varphi - f\|_1 + \|f - \psi\|_1.$$

Bemerkungen: 1. Jede Treppenfunktion φ ist Lebesgue-integrierbar, und ihr Lebesgue-Integral ist gleich dem in (1) definierten Integral. Für die Approximationsfolge wähle man $\varphi_1 = \varphi_2 = \varphi_3 = \cdots = \varphi$.

2. Aus $\|f - \varphi_k\|_1 \to 0$ kann im Augenblick nichts über die punktweise Konvergenz der Folge (φ_k) geschlossen werden. In 8.1 zeigen wir, daß eine geeignete Teilfolge fast überall auch punktweise gegen f konvergiert.

Wir notieren einige elementare Eigenschaften des Lebesgue-Integrals. Besondere Bedeutung kommt der folgenden zu.

Satz 2:   *Mit f ist auch $|f|$ über $\mathbb{R}^n$ integrierbar, und es gilt*

(3)
$$\left| \int f \, dx \right| \le \int |f| \, dx = \|f\|_1 .$$

Beweis: Sei (φ_k) eine Folge von Treppenfunktionen mit $\|f - \varphi_k\|_1 \to 0$. Aus $\big| |f| - |\varphi_k| \big| \le |f - \varphi_k|$ folgt $\big\| |f| - |\varphi_k| \big\|_1 \le \|f - \varphi_k\|_1$ wegen der Monotonie der L^1-Halbnorm. Insbesondere gilt $\big\| |f| - |\varphi_k| \big\|_1 \to 0$. Somit ist $|f|$ integrierbar, und es folgt

$$\left| \int f \, dx \right| = \left| \lim_k \int \varphi_k \, dx \right| \le \lim_k \int |\varphi_k| \, dx = \int |f| \, dx.$$

Zum Beweis des zweiten Teils in (3) verwenden wir die Einschließung

$$\|\varphi_k\|_1 - \|f - \varphi_k\|_1 \le \|f\|_1 \le \|\varphi_k\|_1 + \|f - \varphi_k\|_1 .$$

Daraus folgt wegen $\|\varphi_k\|_1 = \int |\varphi_k| \, dx \to \int |f| \, dx$

$$\int |f| \, dx \le \|f\|_1 \le \int |f| \, dx. \qquad \square$$

Rechenregeln: *Sind f und g integrierbar, so gilt:*

a) *Die Funktionen $\alpha f + \beta g$, $\alpha, \beta \in \mathbb{C}$, und $\overline{f}$ sind integrierbar mit*

$$\int (\alpha f + \beta g) \, dx = \alpha \int f \, dx + \beta \int g \, dx, \qquad \int \overline{f} \, dx = \overline{\int f \, dx}.$$

b) *Für reelle f und g folgt aus $f \le g$: $\int f \, dx \le \int g \, dx$.*

c) *Ist g zusätzlich beschränkt, so ist auch $f \cdot g$ integrierbar.*

Beweis: a) Sind (φ_k) und (γ_k) approximierende Folgen von Treppenfunktionen für f bzw. g, so ist $(\alpha \varphi_k + \beta \gamma_k)$ eine approximierende Folge für $\alpha f + \beta g$ und $(\overline{\varphi}_k)$ eine für $\overline{f}$.

b) Nach Satz 2 ist $\int (g - f) \, dx = \|g - f\|_1 \ge 0$.

c) Sei M eine positive obere Schranke für $|g|$. Zu gegebenem $\varepsilon > 0$ wählen wir eine Treppenfunktion φ mit $\|f - \varphi\|_1 \le \varepsilon/2M$ und dann eine Treppenfunktion γ mit $\|g - \gamma\|_1 \le \varepsilon/2\mu$, wobei μ eine positive obere Schranke für $|\varphi|$ sei. Wegen $|fg - \varphi\gamma| \le |f - \varphi| \cdot |g| + |\varphi| \cdot |g - \gamma|$ folgt dann

$$\|fg - \varphi\gamma\|_1 \le M \cdot \|f - \varphi\|_1 + \mu \cdot \|g - \gamma\|_1 \le \varepsilon.$$

Damit ist die Integrierbarkeit von fg gezeigt. $\qquad \square$

Folgerung 1: $f\colon \mathbb{R}^n \to \mathbb{C} \cup \{\infty\}$ *ist genau dann integrierbar, wenn* $\operatorname{Re} f$ *und* $\operatorname{Im} f$ *integrierbar sind, und dann gilt*

$$\int f \, \mathrm{d}x = \int \operatorname{Re} f \, \mathrm{d}x + \mathrm{i} \int \operatorname{Im} f \, \mathrm{d}x.$$

Folgerung 2: *Sind* f *und* $g\colon \mathbb{R}^n \to \mathbb{R} \cup \{\infty\}$ *integrierbar, dann auch*

$$\max(f,g) = \frac{1}{2} \left(f + g + |f - g|\right) \quad und$$

$$\min(f,g) = \frac{1}{2} \left(f + g - |f - g|\right);$$

insbesondere sind die Funktionen $f^+ := \max(f,0)$ *und* $f^- := \max(-f,0)$ *integrierbar.*

f^+ und f^- heißen *positiver* bzw. *negativer Anteil* der Funktion f. Es gilt $f^+ \geq 0$ und auch $f^- \geq 0$, sowie $f = f^+ - f^-$.

Wegen der beiden Folgerungen kann man sich bei vielen Beweisen auf nicht negative reelle Funktionen beschränken.

II. Integration über Teilmengen des $\mathbb{R}^n$

Es sei $A \subset \mathbb{R}^n$ und f eine Funktion, deren Definitionsbereich die Menge A umfaßt. Unter der *trivialen Fortsetzung* von f versteht man dann die Funktion $f_A\colon \mathbb{R}^n \to \mathbb{C} \cup \{\infty\}$ mit

$$f_A(x) := \begin{cases} f(x) & \text{für } x \in A, \\ 0 & \text{für } x \in \mathbb{R}^n \setminus A. \end{cases}$$

Definition: f heißt *über* $A \subset \mathbb{R}^n$ *integrierbar*, falls die triviale Fortsetzung f_A über $\mathbb{R}^n$ integrierbar ist. In diesem Fall heißt

$$\boxed{\int\limits_A f(x) \, \mathrm{d}x := \int\limits_{\mathbb{R}^n} f_A(x) \, \mathrm{d}x}$$

das *Lebesgue-Integral von* f *über* A. Ferner setzen wir $\|f\|_{1,A} := \|f_A\|_1$.

Satz 2 und die Rechenregeln gelten sinngemäß auch bei der Integration über eine Menge $A \subset \mathbb{R}^n$. Insbesondere bildet die Menge der über A integrierbaren komplexwertigen Funktionen einen $\mathbb{C}$-Vektorraum. Diesen bezeichnet man mit $\mathscr{L}^1(A)$. Für jede über A integrierbare Funktion f gilt

$$\|f\|_{1,A} = \int\limits_A |f(x)| \, \mathrm{d}x.$$

Satz 3 (Regelintegral und Lebesgue-Integral): *Eine Regelfunktion* f *auf einem kompakten Intervall* $[a; b]$ *ist über* $[a; b]$ *Lebesgue-integrierbar, und das Regelintegral ist zugleich das Lebesgue-Integral:*

$$\int_{[a;b]} f(x)\,dx = \int_a^b f(x)\,dx.$$

Beweis: Für jede Funktion h auf $A := [a; b]$ gilt $|h_A| \leq \|h\|_A \cdot \mathbf{1}_A$, wobei $\|h\|_A$ die Supremumsnorm bezüglich A bezeichnet. Daraus folgt mit den Rechenregeln der L^1-Halbnorm und Lemma 1

$$(*) \qquad \|h_A\|_1 \leq \|h\|_A \cdot \|\mathbf{1}_A\|_1 = (b - a) \cdot \|h\|_A.$$

Sei nun f eine Regelfunktion auf A und (φ_k) eine Folge von Treppenfunktionen mit $\|f - \varphi_k\|_A \to 0$. Aus $(*)$ folgt dann $\|f_A - \varphi_{k,A}\|_1 \to 0$. f_A ist also auch Lebesgue-integrierbar und hat das Lebesgue-Integral

$$\int_A f\,dx = \int_{\mathbb{R}} f_A\,dx = \lim_k \int_{\mathbb{R}} \varphi_{k,A}\,dx = \lim_k \int_a^b \varphi_k\,dx = \int_a^b f\,dx. \qquad \square$$

Im nächsten Abschnitt klären wir auch die Beziehung von uneigentlichem Regelintegral und Lebesgue-Integral.

7.4 Der Kleine Satz von Beppo Levi und der Kleine Satz von Fubini

Wir bringen ein einfaches hinreichendes Kriterium, das bereits eine umfangreiche Klasse integrierbarer Funktionen liefert. Es wird später im Satz von Beppo Levi wesentlich erweitert. Durch Kombination mit dem Satz von Fubini für Treppenfunktionen gewinnen wir aus ihm auch ein erstes wichtiges Verfahren zur Berechnung von Integralen.

Satz 4 (Kleiner Satz von Beppo Levi): *Zu* $f \colon \mathbb{R}^n \to \mathbb{R} \cup \{\infty\}$ *gebe es eine monoton wachsende oder fallende Folge* (φ_k) *von Treppenfunktionen derart, daß*

(i) f *die punktweise gebildete Grenzfunktion der* φ_k *ist;*

(ii) *die Folge der Integrale* $\int \varphi_k\,dx$ *beschränkt ist.*

Dann ist f *integrierbar, und es gilt*

$$\int f\,dx = \lim_{k \to \infty} \int \varphi_k\,dx.$$

Beweis: Wir betrachten den Fall einer wachsenden Folge (φ_k). In diesem Fall folgt aus $f - \varphi_k = \sum_{i=k}^{\infty}(\varphi_{i+1} - \varphi_i)$ mit der verallgemeinerten Dreiecksungleichung und Lemma 2

$$\|f - \varphi_k\|_1 \leq \sum_{i=k}^{\infty} \int |\varphi_{i+1} - \varphi_i| \, \mathrm{d}x = \sum_{i=k}^{\infty} \left(\int \varphi_{i+1} \, \mathrm{d}x - \int \varphi_i \, \mathrm{d}x \right).$$

Die Folge der Integrale $\int \varphi_k \, \mathrm{d}x$ wächst monoton und ist nach Voraussetzung beschränkt, konvergiert also. Bezeichnet I ihren Grenzwert, so folgt $\|f - \varphi_k\|_1 \leq I - \int \varphi_k \, \mathrm{d}x$; insbesondere gilt $\|f - \varphi_k\|_1 \to 0$ für $k \to \infty$. Laut Definition des Integrals ergibt sich damit die Behauptung.   □

Als erste Anwendung klären wir endgültig das Verhältnis von Regelintegral und Lebesgue-Integral. Wir stützen uns dabei auf das folgende Lemma.

Lemma 3: *Es sei $f: I \to \mathbb{R}$ eine nicht negative Regelfunktion auf einem Intervall $I \subset \mathbb{R}$. Dann gibt es eine monoton wachsende Folge (φ_k) von Treppenfunktionen, die punktweise gegen f_I konvergiert.*

Beweis: Es seien $I_1, I_2, \ldots$ kompakte Teilintervalle von I mit $I_k \subset I_{k+1}$ für alle $k \in \mathbb{N}$ und $\bigcup_{k=1}^{\infty} I_k = I$. Nach dem Approximationssatz für Regelfunktionen in Band 1, 11.2 gibt es auf I_k eine Treppenfunktion ψ_k mit $f - 2^{-k} \leq \psi_k \leq f$. Deren triviale Fortsetzung auf $\mathbb{R}$ bezeichnen wir ebenfalls mit ψ_k. Die Funktionen $\varphi_k := \max\{\psi_1, \ldots, \psi_k\}$ leisten dann das Verlangte.   □

Satz 3* (Uneigentliches Regelintegral und Lebesgue-Integral):
Eine Regelfunktion f auf einem offenen Intervall $(a; b) \subset \mathbb{R}$, wobei $a = -\infty$ und $b = \infty$ zugelassen sind, ist genau dann über $(a; b)$ Lebesgueintegrierbar, wenn das uneigentliche Regelintegral von f über $(a; b)$ absolut konvergiert. In diesem Fall stimmen beide Integrale überein:

$$\boxed{\int\limits_{(a;b)} f(x) \, \mathrm{d}x = \int\limits_a^b f(x) \, \mathrm{d}x.}$$

Beweis: Wir zeigen den Satz für reelle Funktionen; das genügt. Zum Beweis wählen wir kompakte Teilintervalle $I_k = [a_k; b_k]$, $k \in \mathbb{N}$, mit $I_k \subset I_{k+1}$ und $\bigcup_{k=1}^{\infty} I_k = (a; b)$.

Es sei f Lebesgue-integrierbar über $(a; b)$. Nach Satz 2 ist dann auch $|f|$ Lebesgue-integrierbar über $(a; b)$. Mit Satz 3 und wegen $|f|\big|_{[a_k; b_k]} \leq |f|\big|_{(a;b)}$

folgt weiter

$$\int_{a_k}^{b_k} |f(x)|\, dx = \int_{[a_k; b_k]} |f(x)|\, dx \le \int_{(a;b)} |f(x)|\, dx.$$

Aufgrund dieser für alle k gültigen Abschätzung existiert auch das Regelintegral $\int_a^b |f(x)|\, dx$ und hat einen Wert $\le \int_{(a;b)} |f|\, dx$.

Umgekehrt existiere das Regelintegral $\int_a^b |f(x)|\, dx$. Dann existieren auch die Regelintegrale $\int_a^b f^+\, dx$ und $\int_a^b f^-\, dx$. Somit genügt es, die Umkehrung für Regelfunktionen $f \ge 0$ zu zeigen. Dazu nun wählen wir nach Lemma 3 eine Folge (φ_k) von Treppenfunktionen, die monoton wachsend gegen $f_{(a;b)}$ konvergiert. Die Folge der Integrale $\int \varphi_k\, dx$ ist beschränkt durch das Regelintegral $\int_a^b f(x)\, dx$; nach dem Kleinen Satz von Beppo Levi ist also die Grenzfunktion $f_{(a;b)} = \lim_{k\to\infty} \varphi_k$ Lebesgue-integrierbar mit

$$\int_{(a;b)} f(x)\, dx = \lim_{k\to\infty} \int \varphi_k\, dx \le \int_a^b f(x)\, dx.$$

Mit der bereits im ersten Teil bewiesenen Ungleichung $\int_a^b f\, dx \le \int_{(a;b)} f\, dx$ folgt schließlich die Gleichheit der Integrale.   □

Bemerkung: Aus der Existenz des uneigentlichen Integrals einer Regelfunktion f folgt nicht in jedem Fall die Lebesgue-Integrierbarkeit von f. Beispielsweise existiert das uneigentliche Regelintegral

$$\int_{-\infty}^{\infty} \frac{\sin x}{x}\, dx;$$

die Funktion $\frac{\sin x}{x}$ ist aber nicht Lebesgue-integrierbar über $\mathbb{R}$, da ihr uneigentliches Regelintegral nicht absolut konvergiert; siehe Band 1, 11.9.

Mit Hilfe des kleinen Satzes von B. Levi behandeln wir nun die Frage der Integrierbarkeit stetiger Funktionen auf offenen oder kompakten Teilmengen des $\mathbb{R}^n$. Die Grundlage dazu bildet folgendes Lemma.

Lemma 4: *Es sei $f\colon A \to \mathbb{R}$ eine nicht negative stetige Funktion auf der Menge $A \subset \mathbb{R}^n$. Dann gilt:*

(i) *Ist A offen, so gibt es eine Folge (φ_k) von Treppenfunktionen, die monoton wachsend gegen f_A konvergiert.*

(ii) *Ist A kompakt, so gibt es eine Folge (φ_k) von Treppenfunktionen ≥ 0, die monoton fallend gegen f_A konvergiert.*

Zum Beweis verwenden wir folgenden Hilfssatz.

Hilfssatz: *Es sei K eine kompakte und U eine offene Teilmenge des $\mathbb{R}^n$ mit $K \subset U$; ferner sei $f \colon K \to \mathbb{R}$ eine stetige Funktion mit $f \geq 0$. Zu jedem $\varepsilon > 0$ gibt es dann Treppenfunktionen $\psi, \psi' \geq 0$ mit*

(i) $f(x) \leq \psi(x) \leq f(x) + \varepsilon \qquad$ *für* $x \in K$,

(i$'$) $f(x) - \varepsilon \leq \psi'(x) \leq f(x) \qquad$ *für* $x \in K$,

(ii) $\psi(x) = \psi'(x) = 0 \qquad$ *für* $x \in \mathbb{R}^n \setminus U$.

Beweis: Wegen der gleichmäßigen Stetigkeit von f gibt es ein $\delta > 0$ so, daß $|f(x') - f(x'')| \leq \varepsilon$ für alle $x', x'' \in K$ mit $\|x' - x''\| \leq \delta$ ($\|\ \|$ die Maximumsnorm auf $\mathbb{R}^n$). Man wähle dann abgeschlossene Würfel $W_1, \ldots, W_s$ in U mit Kantenlängen $\leq \delta$, die K überdecken: $K \subset (W_1 \cup \ldots \cup W_s)$. Mit $m_i := \max f_K | W_i \cap K$ und $m_i' := \min f_K | W_i \cap K$ bilden wir nun

$$\psi := \max\left(m_1 \cdot \mathbf{1}_{W_1}, \ldots, m_s \cdot \mathbf{1}_{W_s}\right)$$

bzw.

$$\psi' := \max\left(m_1' \cdot \mathbf{1}_{W_1}, \ldots, m_s' \cdot \mathbf{1}_{W_s}\right).$$

Man sieht leicht, daß ψ und ψ' das Verlangte leisten. $\square$

Wir kommen zum Beweis von Lemma 4.

Beweis: (i) Wir wählen kompakte Mengen A_k mit $\bigcup\limits_{k=1}^{\infty} A_k = U$ und dazu gemäß Hilfssatz Treppenfunktionen $\psi_k' \geq 0$ mit

$$f(x) - 2^{-k} \leq \psi_k'(x) \leq f(x) \qquad \text{für } x \in A_k,$$
$$\psi_k'(x) = 0 \qquad \text{für } x \in \mathbb{R}^n \setminus U.$$

Damit bilden wir die Funktionen $\varphi_k := \max\left(\psi_1', \ldots, \psi_k'\right)$; diese leisten offensichtlich das Verlangte.

(ii) Wir wählen offene Mengen U_k mit $\bigcap\limits_{k=1}^{\infty} U_k = A$ und dazu gemäß dem Hilfssatz Treppenfunktionen ψ_k mit

$$f(x) \leq \psi_k(x) \leq f(x) + 2^{-k} \qquad \text{für } x \in A,$$
$$\psi_k(x) = 0 \qquad \text{für } x \in \mathbb{R}^n \setminus U_k.$$

Damit bilden wir die Funktionen $\varphi_k := \min\left(\psi_1, \ldots, \psi_k\right)$; diese leisten offensichtlich das Verlangte. $\square$

Satz 5: *Jede beschränkte stetige Funktion $f \colon U \to \mathbb{C}$ auf einer beschränkten offenen Menge $U \subset \mathbb{R}^n$ ist über diese integrierbar.*

Beweis: Wir zeigen die Behauptung für reelle Funktionen $f \geq 0$. Das genügt aufgrund von Zerlegungen in Real- und Imaginärteil und dann positiven und negativen Anteil. Nach Lemma 4 ist dann f_U die Grenzfunktion einer monoton wachsenden Folge von Treppenfunktionen $\varphi_k \geq 0$. Um die Beschränktheit der Folge der Integrale $\int \varphi_k \, dx$ zu sehen, wählen wir einen Quader Q mit $U \subset Q$ und eine obere Schranke M für f; dann gilt $\varphi_k \leq f_U \leq M \cdot 1_Q$, also $\int \varphi_k \, dx \leq M \cdot v(Q)$. Folglich ist f_U nach dem kleinen Satz von Beppo Levi integrierbar. $\qquad\square$

Satz 6: *Jede stetige Funktion $f \colon K \to \mathbb{C}$ auf einer kompakten Menge $K \subset \mathbb{R}^n$ ist über diese integrierbar.*

Beweis: Es genügt wieder, den Fall $f \geq 0$ zu behandeln. Nach Lemma 4 gibt es eine Folge (φ_k) nicht negativer Treppenfunktionen, die monoton fallend gegen f_K konvergiert. Wegen $\varphi_k \geq 0$ ist die Folge der Integrale $\int \varphi_k \, dx$ nach unten durch 0 beschränkt. Also ist f_K nach dem Satz von Beppo Levi integrierbar. $\qquad\square$

Beim Beweis der Sätze 5 und 6 haben wir vom Satz von Beppo Levi nur die Feststellung der Integrierbarkeit der Grenzfunktion ausgenützt. Durch Kombination der in diesem Satz angegebenen Formel mit dem Satz von Fubini für Treppenfunktionen erhalten wir auch ein Reduktionsverfahren zur Berechnung des Integrals.

Bezeichnung: Sei $X = \mathbb{R}^p$ und $Y = \mathbb{R}^q$. Für eine Teilmenge $A \subset X \times Y$ und einen Punkt $y \in Y$ heißt die Teilmenge $A_y := \{x \in X \mid (x,y) \in A\}$ von X (sprachlich ungenau) *Schnittmenge* von A zu $y \in Y$.

Satz 7 (Kleiner Satz von Fubini): *Es sei $A \subset X \times Y$ eine kompakte oder eine beschränkte offene Menge und $f \colon A \to \mathbb{C}$ eine beschränkte stetige Funktion. Dann ist für jedes $y \in Y$ mit $A_y \neq \emptyset$ die Funktion $x \mapsto f(x,y)$ über A_y integrierbar. Ferner ist die durch*

$$F(y) := \begin{cases} \int_{A_y} f(x,y) \, dx, & \text{falls } A_y \neq \emptyset, \\ 0, & \text{falls } A_y = \emptyset, \end{cases}$$

auf Y erklärte Funktion F über Y integrierbar, und es gilt

$$\boxed{\int_A f(x,y) \, d(x,y) = \int_Y F(y) \, dy.}$$

Für diesen Sachverhalt schreibt man kurz

$$\int_A f(x,y) \, d(x,y) = \int_Y \left(\int_{A_y} f(x,y) \, dx \right) dy.$$

Beweis: a) Für offenes und beschränktes A. Es genügt wieder, den Satz für den Fall $f \geq 0$ zu zeigen. Sei dazu (φ_k) eine gegen f_A konvergente, monoton wachsende Folge von Treppenfunktionen auf $X \times Y$. Für jedes $y \in Y$ bilden dann die Funktionen $x \mapsto \varphi_k(x,y)$ eine gegen die Funktion $x \mapsto f_A(x,y)$ konvergente, monoton wachsende Folge von Treppenfunktionen auf X. Ferner zeigt man wie im Beweis von Satz 5, daß die Folge der Integrale $\left(\int_X \varphi_k(x,y)\, dx \right)$ beschränkt ist. Nach Satz 4 gilt also

$$F(y) = \lim_k \int_X \varphi_k(x,y)\, dx.$$

Die Integrierbarkeit von F ergibt sich ebenfalls mit Satz 4: Die Funktionen

$$y \mapsto \Phi_k(y) := \int_X \varphi_k(x,y)\, dx \qquad (k \in \mathbb{N})$$

sind Treppenfunktionen auf Y, und die Folge (Φ_k) konvergiert monoton wachsend gegen F. Ferner ist die Folge der Integrale $\left(\int_Y \Phi_k(y)\, dy \right)$ beschränkt; mit dem Satz von Fubini für Treppenfunktionen und wegen $\varphi_k \leq f_A$ erhält man nämlich

$$\int_Y \Phi_k(y)\, dy = \int_{X \times Y} \varphi_k(x,y)\, d(x,y) \leq \int_{X \times Y} f_A(x,y)\, d(x,y).$$

F ist also nach dem Satz von Beppo Levi integrierbar, und es gilt

$$\int_Y F\, dy = \lim_k \int_Y \Phi_k\, dy = \lim_k \int_{X \times Y} \varphi_k(x,y)\, d(x,y) = \int_{X \times Y} f_A(x,y)\, d(x,y).$$

b) Der Fall eines kompakten A wird analog behandelt.   □

Wir betrachten einen Spezialfall. Es sei $X = \mathbb{R}$ und $Y = \mathbb{R}^{n-1}$. Die Schnittmenge A_y sei für jedes $y \in Y$ leer oder ein Intervall:

$$A_y = \big[x_1(y); x_2(y)\big].$$

Weiter sei $B := \{y \in Y \mid A_y \neq \varnothing\}$. Für eine stetige Funktion $f \colon A \to \mathbb{C}$ folgt dann mit Satz 3 aus Satz 7

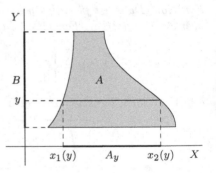

$$(4) \qquad \int_A f(x,y)\, d(x,y) = \int_B \left(\int_{x_1(y)}^{x_2(y)} f(x,y)\, dx \right) dy.$$

Beispiel 1: Integration über das Rechteck $R = [a; b] \times [c; d] \subset \mathbb{R}^2$. Hier ist $B = [c; d]$ und $A_y = [a; b]$ für $y \in B$. Für stetiges $f : R \to \mathbb{C}$ gilt also

$$\int_R f(x, y)\, \mathrm{d}(x, y) = \int_c^d \left(\int_a^b f(x, y)\, \mathrm{d}x \right) \mathrm{d}y.$$

Beispiel 2: Integration über den Kreis $\overline{K}_r(0) \subset \mathbb{R}^2$. Hier ist $B = [-r; r]$ und $A_y = \left[-\sqrt{r^2 - y^2}; \sqrt{r^2 - y^2} \right]$. Für stetiges f auf $\overline{K}_r(0)$ gilt also

$$(5) \qquad \int_{\overline{K}_r(0)} f(x, y)\, \mathrm{d}(x, y) = \int_{-r}^r \left(\int_{-\sqrt{r^2-y^2}}^{\sqrt{r^2-y^2}} f(x, y)\, \mathrm{d}x \right) \mathrm{d}y.$$

Beispielsweise ergibt sich für $f = 1$

$$(5') \qquad \int_{\overline{K}_r(0)} 1\, \mathrm{d}(x, y) = 2 \int_{-r}^r \sqrt{r^2 - y^2}\, \mathrm{d}y = r^2 \pi.$$

Der Kleine Satz von Fubini ergab sich durch einen Grenzprozeß aus dem Satz von Fubini für Treppenfunktionen. Man sieht leicht, daß im Beweis des letzteren die Rollen von X und Y vertauscht werden dürfen. Das führt dann auch beim Kleinen Satz von Fubini zu einer zweiten Version. In Kurzfassung ist das der

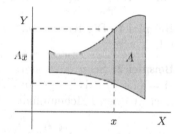

Satz 7′: *Sei $A \subset X \times Y$ kompakt oder offen und beschränkt und $f : A \to \mathbb{C}$ stetig und beschränkt. Dann gilt*

$$(6) \qquad \int_A f(x, y)\, \mathrm{d}(x, y) = \int_X \left(\int_{A_x} f(x, y)\, \mathrm{d}y \right) \mathrm{d}x;$$

dabei ist für $x \in X$ A_x die Schnittmenge $\{ y \in Y \mid (x, y) \in A \}$.

Im Fall einer stetigen Funktion auf einem Rechteck in $\mathbb{R}^2$ können die beiden Formeln (4) und (6) angewendet werden. Man erhält dann die

Vertauschungsregel: *Für eine stetige Funktion $f : [a; b] \times [c; d] \to \mathbb{C}$ gilt*

$$\int_a^b \left(\int_c^d f(x, y)\, \mathrm{d}y \right) \mathrm{d}x = \int_c^d \left(\int_a^b f(x, y)\, \mathrm{d}x \right) \mathrm{d}y.$$

7.5   Meßbarkeit von Teilmengen des $\mathbb{R}^n$

Die Elementargeometrie ordnet Punktmengen in der Ebene und im Raum, die man in endlich viele Dreiecke bzw. Tetraeder zerlegen kann, einen Flächeninhalt bzw. ein Volumen zu. Bereits zur Definition des Flächcninhalts einer Kreisscheibe aber benötigt man einen Grenzprozeß. Das Lebesgue-Integral setzt uns jetzt in den Stand, einen sehr allgemeinen Inhaltsbegriff einzuführen.

Definition: Eine Menge $A \subset \mathbb{R}^n$ heißt *Lebesgue-meßbar*, kurz *meßbar*, wenn die Funktion $\mathbf{1}$ über A integrierbar ist. Die Zahl

$$v_n(A) := \int\limits_A \mathbf{1}\, \mathrm{d}^n x = \int\limits_{\mathbb{R}^n} \mathbf{1}_A \, \mathrm{d}x$$

heißt dann das *n-dimensionale Volumen* oder *Lebesgue-Maß* von A; im Fall $n = 2$ nennt man sie auch den *Flächeninhalt* von A. Oft schreiben wir nur $v(A)$ statt $v_n(A)$. Der leeren Menge schreiben wir das Maß 0 zu.

Beispiel 1: Die Kreisscheibe $K = \overline{K}_r(0) \subset \mathbb{R}^2$ hat nach (5') den Flächeninhalt $r^2\pi$.

Beispiel 2: Sei $g \colon [a;b]$ stetig und ≥ 0. Die Menge $A = \big\{(x,y) \in \mathbb{R}^2 \mid x \in [a;b],\ 0 \leq y \leq g(x)\big\}$ hat nach (6) den Flächeninhalt

$$v_2(A) = \int\limits_{[a;b]} \left(\int\limits_0^{g(x)} \mathbf{1}\, \mathrm{d}y \right) \mathrm{d}x = \int\limits_a^b g(x)\, \mathrm{d}x.$$

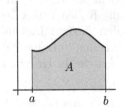

Aus den Sätzen 5 und 6 folgt

Satz 8: *Jede beschränkte offene Menge und jede kompakte Menge im $\mathbb{R}^n$ ist meßbar.*

Zur geometrischen Deutung der Meßbarkeit und des Volumens einer offenen oder kompakten Menge verwenden wir Ausschöpfungen durch Figuren. Unter einer *Figur* im $\mathbb{R}^n$ verstehen wir dabei eine Vereinigung $A = Q_1 \cup \cdots \cup Q_s$ endlich vieler Quader.

Lemma 5: *Jede offene Menge $U \subset \mathbb{R}^n$ besitzt eine Ausschöpfung durch Figuren. Das bedeutet: Es gibt eine Folge (A_k) von Figuren mit $A_k \subset A_{k+1}$ für $k = 1, 2, \ldots$ und $\bigcup_{k=1}^{\infty} A_k = U$. U ist genau dann meßbar, wenn die*

Folge der Volumina $v(A_k)$ beschränkt ist, und dann gilt:

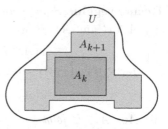

Ausschöpfung durch Figuren

$$(7) \qquad v(U) = \lim_{k \to \infty} v(A_k) = \sup v(A_k).$$

Beweis: Man wähle abzählbar viele Quader $Q_1, Q_2, \ldots$, deren Vereinigung U ist, zum Beispiel die in U enthaltenen Würfel mit rationalen Mittelpunkten und rationalen Kantenlängen. Dann bilden die Figuren $A_k := Q_1 \cup \cdots \cup Q_k$ eine Ausschöpfung von U.

Es sei nun (A_k) eine Ausschöpfung von U durch Figuren. Analytisch bedeutet das, daß die Folge der charakteristischen Funktionen $\mathbf{1}_{A_k}$ monoton wächst und gegen $\mathbf{1}_U$ konvergiert. Die Funktionen $\mathbf{1}_{A_k}$ sind Treppenfunktionen, und ihre Integrale sind die Volumina der A_k. Ist U meßbar, so impliziert $A_k \subset U$ die Ungleichung $\mathbf{1}_{A_k} \leq \mathbf{1}_U$ und diese weiter $v(A_k) \leq v(U)$; die Folge $\big(v(A_k)\big)$ ist dann also beschränkt. Umgekehrt: Ist $\big(v(A_k)\big)$ beschränkt, so bedeutet das, daß die Folge der Integrale $\int \mathbf{1}_{A_k}\, dx$ beschränkt ist; nach dem Satz von B. Levi ist dann $\mathbf{1}_U = \lim_{k \to \infty} \mathbf{1}_{A_k}$ integrierbar, und es gilt

$$v(U) = \int \mathbf{1}_U = \lim_{k \to \infty} \int \mathbf{1}_{A_k} = \lim_{k \to \infty} v(A_k).$$

Lemma 5': *Zu jedem Kompaktum $K \subset \mathbb{R}^n$ gibt es eine Folge (A_k) von Figuren mit $A_k \supset A_{k+1}$ für $k = 1, 2, \ldots$ und $\bigcap_{k=1}^{\infty} A_k = K$. Mit jeder solchen Folge gilt*

$$(8) \qquad v(K) = \lim_{k \to \infty} v(A_k) = \inf v(A_k).$$

Beweis: Man wähle einen offenen Würfel W mit $W \supset K$ und eine Folge von Figuren B_k, die $W \setminus K$ ausschöpft. Die Komplemente $A_k := W \setminus B_k$ bilden dann Figuren wie behauptet. $\qquad\square$

Beispiel: Das Lebesgue-Maß des Cantorschen Diskontinuums C; zu dessen Definition siehe Band 1, 7.5. C ist der Durchschnitt von Mengen C_k, wobei C_k die Vereinigung von 2^k disjunkten Intervallen der Länge $\left(\frac{1}{3}\right)^k$ ist. C_k hat nach der anschließend gezeigten Additivität des Maßes das Maß $\left(\frac{2}{3}\right)^k$. Mit (8) folgt, daß C das Maß Null hat: $v_1(C) = 0$.

Rechenregeln: *Sind A und B meßbare Mengen, so gilt:*

(i) $A \cap B$ *und* $A \cup B$ *sind meßbar, und es ist*

$$v(A \cup B) = v(A) + v(B) - v(A \cap B).$$

Im Fall $v(A \cap B) = 0$ *gilt insbesondere*

$$v(A \cup B) = v(A) + v(B) \qquad \text{(Additivität)}.$$

(ii) *Aus* $A \subset B$ *folgt*

$$v(A) \leq v(B) \qquad \text{(Monotonie)}.$$

Beweis: (i) ergibt sich aufgrund der Rechenregeln für das Integral aus $\mathbf{1}_{A \cap B} = \mathbf{1}_A \cdot \mathbf{1}_B$ und $\mathbf{1}_{A \cup B} = \mathbf{1}_A + \mathbf{1}_B - \mathbf{1}_{A \cap B}$; die Regel (ii) folgt aus $\mathbf{1}_A \leq \mathbf{1}_B$. $\qquad\qquad\square$

Induktiv zeigt man weiter: *Die Vereinigung* $A = A_1 \cup \cdots \cup A_k$ *endlich vieler meßbarer Mengen ist ebenfalls meßbar; ist zusätzlich* $v(A_i \cap A_j) = 0$ *für alle* $i \neq j$, *so hat* A *das Maß*

$$v(A) = v(A_1) + \cdots + v(A_k).$$

Wir notieren noch eine oft verwendete Verallgemeinerung der in der Rechenregel (i) festgestellten Meßbarkeit von $A \cap B$.

Notiz: *Es sei f eine integrierbare Funktion auf* $A \subset \mathbb{R}^n$ *und es sei* $B \subset \mathbb{R}^n$ *eine meßbare Menge. Dann ist f über* $A \cap B$ *integrierbar, und es gilt*

$$\left| \int_{A \cap B} f \, dx \right| \leq \int_A |f| \, dx.$$

Beweis: Da f_A und $\mathbf{1}_B$ integrierbar sind, und $\mathbf{1}_B$ außerdem beschränkt, ist es auch $f_{A \cap B} = f_A \cdot \mathbf{1}_B$. Ferner gilt $|f_{A \cap B}| \leq |f_A|$. $\qquad\square$

Satz von Fubini und Cavalierisches Prinzip. Der Satz von Fubini ergibt ein nützliches Reduktionsverfahren zur Berechnung von Volumina. Es sei $A \subset \mathbb{R}^p \times \mathbb{R}^q$ eine kompakte oder eine beschränkte offene Menge. Für $y \in \mathbb{R}^q$ bezeichne A_y die Schnittmenge. Dann gilt

(9)
$$\boxed{v_{p+q}(A) = \int_{\mathbb{R}^q} v_p(A_y) \, dy.}$$

Insbesondere gilt das nach B. Cavalieri (1598–1647) benannte Prinzip:

Zwei kompakte Mengen A und B in $\mathbb{R}^p \times \mathbb{R}^q$ *haben das gleiche Volumen, wenn die Schnittmengen* A_y *und* B_y *für alle* $y \in \mathbb{R}^q$ *das gleiche p-dimensionale Volumen haben.*

Beispiel 1: Volumen der Kugel $\overline{K}_r(0)$ **im eukli-**
dischen $R^3 = \mathbb{R}^2 \times \mathbb{R}$. Die Schnittmenge in der
Höhe $y \in [-r; r]$ ist eine Kreisscheibe mit der
Fläche $\pi(r^2 - y^2)$. Mittels (9) ergibt sich also:

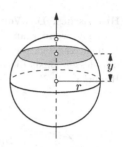

$$v_3\left(\overline{K}_r(0)\right) = \pi \int_{-r}^{r} \left(r^2 - y^2\right) dy = \frac{4}{3}\pi r^3.$$

Beispiel 2: Volumen eines Zylinders. Es sei $B \subset \mathbb{R}^{n-1}$ eine kompakte oder
eine beschränkte offene Menge; ferner h eine positive Zahl. Unter dem
Zylinder mit der Basis B und der Höhe h versteht man die Menge

$$Z := B \times [0; h] \subset \mathbb{R}^n.$$

Für jedes $y \in [0; h]$ ist $Z_y = B$. Als Volumen ergibt sich daher mittels (9)

$$\boxed{v_n(Z) = h \cdot v_{n-1}(B).}$$

Beispiel 3: Volumen eines Kegels. Es sei $B \subset \mathbb{R}^{n-1}$ eine kompakte oder
eine beschränkte offene Menge; ferner h eine positive Zahl. Unter dem
Kegel mit der Basis B und der Höhe h versteht man die Menge

$$K := \left\{ (x, y) \in \mathbb{R}^n \;\middle|\; y \in [0; h] \text{ und } x \in \left(1 - \frac{y}{h}\right) B \right\}.$$

Die Schnittmenge zu $y \in [0; h]$ ist
$(1 - y/h)B$. Sie hat nach Aufgabe 5
das $(n-1)$-dimensionale Volumen
$(1 - y/h)^{n-1} \cdot v_{n-1}(B)$. Mittels (9)
ergibt sich daher

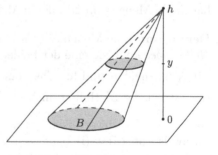

$$\boxed{v_n(K) = \frac{h}{n} \cdot v_{n-1}(B).}$$

Es sei etwa K das *Standardsimplex* Δ^n im $\mathbb{R}^n$,

$$\Delta^n := \left\{ x \in \mathbb{R}^n \;\middle|\; x_1, \ldots, x_n \geq 0 \text{ und } x_1 + \cdots + x_n \leq 1 \right\}.$$

$(n-1)$-malige Anwendung voriger Formel ergibt wegen $v_1(\Delta^1) = 1$

$$\boxed{v_n(\Delta^n) = \frac{1}{n!}.}$$

Historisches. Das Volumen einer Kugel nach Archimedes. Sei A der Körper, der entsteht, wenn man aus dem Kreiszylinder Z mit dem Radius r und der Höhe r einen Kegel K ausbohrt, der seine Spitze im Mittelpunkt der Basis von Z hat und dessen Basis die Deckscheibe von Z ist. Sei ferner B die Halbkugel mit dem Radius r.

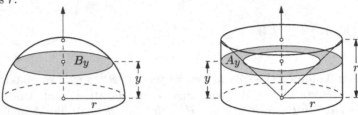

Die Kreisscheibe B_y hat denselben Flächeninhalt wie der Kreisring A_y

Der Schnitt A_y in der Höhe y ist ein Kreisring mit der Fläche $\pi \cdot (r^2 - y^2)$, der Schnitt B_y ein Kreis mit der gleichen Fläche. Somit gilt

$$v(B) = v(A) = v(Z) - v(K) = \pi r^3 - \frac{1}{3}\pi r^3 = \frac{2}{3}\pi r^3.$$

Die Kugel vom Radius r hat also das Volumen $\frac{4}{3}\pi r^3$.

7.6 Nullmengen

Eine besondere Bedeutung für den weiteren Ausbau der Integrationstheorie haben die Mengen im $\mathbb{R}^n$, deren Maß Null ist.

Definition: Eine Menge $N \subset \mathbb{R}^n$ heißt *Lebesgue-Nullmenge im* $\mathbb{R}^n$, kurz *Nullmenge*, wenn sie eine der beiden gleichwertigen Eigenschaften hat:

(i) N ist meßbar und hat das Maß Null: $v(N) = 0$;

(ii) $\mathbf{1}_N$ hat die L^1-Halbnorm Null: $\left\| \mathbf{1}_N \right\|_1 = 0$.

Beweis der Gleichwertigkeit: (i) $\Rightarrow$ (ii) folgt unmittelbar aus Satz 2. Zum Nachweis von (ii) $\Rightarrow$ (i) bemerken wir zunächst, daß $\mathbf{1}_N$ integrierbar ist; denn mit den Treppenfunktionen $\varphi_k = 0$, $k \in \mathbb{N}$, gilt $\left\| \mathbf{1}_N - \varphi_k \right\|_1 = 0$. N ist also meßbar, und es gilt $v(N) = \int \mathbf{1}_N \, \mathrm{d}x = \lim\limits_{k \to \infty} \int \varphi_k \, \mathrm{d}x = 0$. $\square$

Die Charakterisierung (ii) ist besonders zweckmäßig für Beweise. In Verbindung mit der Monotonie und der verallgemeinerten Dreiecksungleichung der L^1-Halbnorm impliziert sie beispielsweise die

Rechenregeln: (i) *Jede Teilmenge einer Nullmenge ist eine Nullmenge.*
(ii) *Die Vereinigung abzählbar vieler Nullmengen ist eine Nullmenge.*

Beweis: (i) Aus $M \subset N$ folgt $\mathbf{1}_M \leq \mathbf{1}_N$ und damit $\left\| \mathbf{1}_M \right\|_1 \leq \left\| \mathbf{1}_N \right\|_1 = 0$.

(ii) Aus $N = \bigcup\limits_{k=1}^{\infty} N_k$ folgt $\left\| \mathbf{1}_N \right\|_1 \leq \sum\limits_{k=1}^{\infty} \left\| \mathbf{1}_{N_k} \right\|_1 = 0$. $\qquad\square$

Nach (ii) ist jede Vereinigung abzählbar vieler ausgearteter Quader eine Nullmenge; insbesondere ist jede abzählbare Menge im $\mathbb{R}^n$, $n \geq 1$, eine solche. Eine Nullmenge in $\mathbb{R}$ mit überabzählbar vielen Punkten ist das Cantorsche Diskontinuum, da es das Maß 0 hat, wie in 7.5 gezeigt wurde.

Lemma 6: *Es sei $A \subset \mathbb{R}^{n-1}$ eine abgeschlossene oder eine offene Menge und $g \colon A \to \mathbb{R}$ eine stetige Funktion. Dann ist der Graph von g eine Nullmenge im $\mathbb{R}^n$.*

Beweis: In jedem der beiden Fälle ist A eine Vereinigung von abzählbar vielen kompakten Mengen: im ersten Fall der Mengen $A_k := A \cap \overline{K}_k(0)$, $k \in \mathbb{N}$, im zweiten der Mengen $A_k := \left\{ x \in A \mid \operatorname{dist}(x, \partial A) \geq 1/k \right\} \cap \overline{K}_k(0)$, $k \in \mathbb{N}$. Aufgrund der Rechenregel (ii) genügt es also, das Lemma im Fall einer kompakten Menge A zu beweisen. In diesem Fall ist auch der Graph $\Gamma \subset \mathbb{R}^n$ kompakt und hat nach (6) das Volumen

$$v_n(\Gamma) = \int\limits_A \left(\int\limits_{g(x)}^{g(x)} \mathbf{1} \, \mathrm{d}y \right) \mathrm{d}^{n-1}x = 0. \qquad\square$$

Beispiele: 1. *Jede Hyperebene ist eine Nullmenge.*

2. *Jeder kompakte Teil einer k-dimensionalen Untermannigfaltigkeit $M \subset \mathbb{R}^n$, $k < n$, ist eine Nullmenge.* Denn jeder Punkt von M besitzt eine Umgebung in M, die im Graphen einer $\mathscr{C}^1$-Funktion enthalten ist.

Die Bedeutung der Nullmengen für die Integrationstheorie liegt in ihrer Rolle als zulässige Ausnahmemengen. Zur Formulierung damit gemeinter Sachverhalte führen wir zunächst eine Sprechweise ein.

Definition: Es sei E eine Eigenschaft derart, daß für jeden Punkt $x \in \mathbb{R}^n$ erklärt ist, ob er diese Eigenschaft hat oder nicht. Man sagt dann, *fast alle Punkte $x \in \mathbb{R}^n$ haben die Eigenschaft E* oder *fast überall gilt E*, wenn die Menge aller Punkte, für die E nicht gilt, eine Nullmenge ist.

Für die Integrationstheorie wichtige derartige Eigenschaften sind die Endlichkeit der Werte einer Funktion $f \colon \mathbb{R}^n \to \mathbb{C} \cup \{\infty\}$ oder die Gleichheit der Werte zweier Funktionen.

Die folgenden drei Sätze konkretisieren die Rolle der Nullmengen als zulässige Ausnahmemengen. Der erste zeigt, daß eine integrierbare Funktion nur in begrenztem Umfang den Wert ∞ annehmen kann.

Satz 9: *Die Werte einer Funktion f auf $\mathbb{R}^n$ mit $\|f\|_1 < \infty$, insbesondere die Werte einer integrierbaren Funktion, sind fast überall endlich, d. h., $N := \{x \in \mathbb{R}^n \mid f(x) = \infty\}$ ist eine Nullmenge.*

Beweis: Für jedes $\varepsilon > 0$ gilt $\mathbf{1}_N \leq \varepsilon \cdot |f|$, also $\|\mathbf{1}_N\|_1 \leq \varepsilon \cdot \|f\|_1$. Da $\|f\|_1$ endlich ist, folgt daraus $\|\mathbf{1}_N\|_1 = 0$. $\qquad\qquad\square$

Der nächste Satz bringt die wichtige Erkenntnis, daß eine integrierbare Funktion auf einer Nullmenge beliebig abgeändert werden darf, ohne die Integrierbarkeit und das Integral zu ändern.

Satz 10 (Modifikationssatz): *Seien f und g Funktionen auf $\mathbb{R}^n$, die fast überall gleich sind. Ferner sei f integrierbar. Dann ist auch g integrierbar, und es gilt*

$$\boxed{\int f \,\mathrm{d}x = \int g \,\mathrm{d}x.}$$

Beweis: Es sei N die Menge $\{x \in \mathbb{R}^n \mid f(x) \neq g(x)\}$ und $\boldsymbol{u}_N$ die Funktion $\infty \cdot \mathbf{1}_N$. $\boldsymbol{u}_N$ hat mit $f_k := \mathbf{1}_N$ die Darstellung $\boldsymbol{u}_N = \sum_{k=1}^\infty f_k$. Da N eine Nullmenge ist, gilt $\|\mathbf{1}_N\|_1 = 0$ und damit $\|\boldsymbol{u}_N\|_1 = 0$.

Zu f gibt es eine Folge von Treppenfunktionen φ_k mit $\|f - \varphi_k\|_1 \to 0$. Wegen $|g - \varphi_k| \leq |f - \varphi_k| + \boldsymbol{u}_N$ gilt $\|g - \varphi_k\|_1 \leq \|f - \varphi_k\|_1$. Mit der letzten Abschätzung folgt, daß auch g integrierbar ist, und daß

$$\int g \,\mathrm{d}x = \lim_{k\to\infty} \int \varphi_k \,\mathrm{d}x = \int f \,\mathrm{d}x. \qquad\qquad\square$$

Beispiel: Die Funktion $\mathbf{1}_\mathbb{Q}$ auf $\mathbb{R}$ ist integrierbar und hat das Integral 0, da sie sich von der Nullfunktion nur auf einer Nullmenge unterscheidet.

Folgerung 1: *Es sei f über A und über B integrierbar, und $A \cap B$ sei eine Nullmenge. Dann ist f auch über $A \cup B$ integrierbar, und es gilt*

$$\int_{A\cup B} f \,\mathrm{d}x = \int_A f \,\mathrm{d}x + \int_B f \,\mathrm{d}x.$$

Beweis: Nach Satz 10 dürfen wir $f(x) = 0$ für $x \in A \cap B$ annehmen. Dann gilt $f_{A\cup B} = f_A + f_B$. Daraus folgt die Behauptung. $\qquad\qquad\square$

In Verbindung mit Satz 9 erhalten wir weiter:

Folgerung 2: *Zu jeder integrierbaren Funktion f auf $\mathbb{R}^n$ gibt es eine integrierbare Funktion $\tilde{f}$ auf $\mathbb{R}^n$, die fast überall mit f übereinstimmt und nur Werte $\neq \infty$ annimmt.*

Beweis: An jeder Unendlichkeitsstelle x von f setze man $\tilde{f}(x) := 0$ und sonst $\tilde{f}(x) := f(x)$. $\square$

Wir notieren eine weitere wichtige Konsequenz von Satz 10: Es sei f eine Funktion, die *fast überall auf* $\mathbb{R}^n$ *definiert ist*, d. h. auf $\mathbb{R}^n \setminus N$, wobei N eine Nullmenge ist; man sagt dann, f sei *über* $\mathbb{R}^n$ *integrierbar*, wenn irgendeine Fortsetzung von f auf den $\mathbb{R}^n$ integrierbar ist. Nach Satz 10 ist jede Fortsetzung von f auf den $\mathbb{R}^n$ integrierbar oder keine. Im ersten Fall schreibt man auch $\int_{\mathbb{R}^n} f \, \mathrm{d}x$ für das Integral einer Fortsetzung; entsprechend bei Funktionen auf $A \setminus N$ mit $A \subset \mathbb{R}^n$ und einer Nullmenge N.

Satz 11: *Für eine Funktion* f *auf* $\mathbb{R}^n$ *gilt* $\|f\|_1 = 0$ *genau dann, wenn sie fast überall* 0 *ist.*

Beweis: Sei $f = 0$ außerhalb der Nullmenge N. Nach Satz 10 ist f integrierbar, und es gilt $\|f\|_1 = \int |f| \, \mathrm{d}x = \int 0 \, \mathrm{d}x = 0$.

Sei umgekehrt $\|f\|_1 = 0$. Die Menge $N = \{x \in \mathbb{R}^n \mid f(x) \neq 0\}$ ist die Vereinigung der abzählbar vielen Mengen $N_k = \{x \in \mathbb{R}^n \mid |f(x)| \geq 1/k\}$, $k = 1, 2, \ldots$ Jede Menge N_k ist eine Nullmenge: Aus $\mathbf{1}_{N_k} \leq k \cdot |f|$ folgt nämlich $\|\mathbf{1}_{N_k}\|_1 \leq k \cdot \|f\|_1 = 0$. Nach Rechenregel (ii) ist also auch N eine Nullmenge. $\square$

Folgerung: *Eine integrierbare Funktion* $f \colon \mathbb{R}^n \to \mathbb{R}$ *mit* $f \geq 0$ *und* $\int f \, \mathrm{d}x = 0$ *ist fast überall* 0.

Beweis: $\|f\|_1 = \int |f| \, \mathrm{d}x = \int f \, \mathrm{d}x = 0$. $\square$

Wir beschließen die Diskussion der Nullmengen mit einer Charakterisierung dieser Mengen, die weder den Begriff des Integrals noch den der Meßbarkeit voraussetzt.

Satz 12: *Eine Menge* $N \subset \mathbb{R}^n$ *ist genau dann eine Nullmenge, wenn es zu jedem* $\varepsilon > 0$ *abzählbar viele Quader* $Q_1, Q_2, Q_3, \ldots$ *gibt mit*

$$N \subset \bigcup_{k=1}^{\infty} Q_k \qquad und \qquad \sum_{k=1}^{\infty} v(Q_k) < \varepsilon.$$

Beweis: a) Zu jedem $\varepsilon > 0$ gebe es solche Quader. Dann ist $\|\mathbf{1}_N\|_1 = 0$. Aus $N \subset \bigcup_{k=1}^{\infty} Q_k$ folgt nämlich $\mathbf{1}_N \leq \sum_{k=1}^{\infty} \mathbf{1}_{Q_k}$ und hieraus weiter

$$\|\mathbf{1}_N\|_1 \leq \sum_{k=1}^{\infty} \|\mathbf{1}_{Q_k}\|_1 = \sum_{k=1}^{\infty} v(Q_k) < \varepsilon.$$

b) Es sei N eine Nullmenge. Die Konstruktion einer Überdeckung durch Quader wie behauptet erfolgt in zwei Schritten:

1. der Konstruktion einer offenen Menge U mit $N \subset U$ und $v(U) < \varepsilon$;
2. der Konstruktion einer geeigneten Quaderüberdeckung der Menge U.

Zu 1: Wegen $\|2 \cdot \mathbf{1}_N\|_1 = 0$ gibt es zu $\varepsilon > 0$ eine Hüllreihe $\sum_1^\infty c_k \mathbf{1}_{R_k}$ für $2 \cdot \mathbf{1}_N$, deren Inhalt $< \varepsilon$ ist. Die Folge der $\varphi_m := \sum_1^m c_k \mathbf{1}_{R_k}$ wächst monoton und die Folge der Integrale $\int \varphi_m \, dx = \sum_1^m c_k \, v(R_k)$ ist durch ε nach oben beschränkt. Nach Satz 4 definiert also

$$F(x) := \lim_{m \to \infty} \varphi_m(x) = \sum_{k=1}^\infty c_k \mathbf{1}_{R_k}(x)$$

eine integrierbare Funktion F mit

$$\int F(x) \, dx = \sum_{k=1}^\infty c_k \, v(R_k) < \varepsilon.$$

Wir betrachten nun die Menge $U := \{x \in \mathbb{R}^n \mid F(x) > 1\}$. Nach Wahl der Hüllreihe umfaßt U die Nullmenge N. Weiter ist U offen. Zu $x_0 \in U$ gibt es nämlich ein φ_m mit $\varphi_m(x_0) > 1$, und für die Punkte x des Durchschnitts V derjenigen Quader unter $R_1, \ldots, R_m$, welche x_0 enthalten, gilt $\varphi_m(x) \geq \varphi_m(x_0)$. Erst recht gilt $F(x) > 1$ auf V. Also ist $V \subset U$, und V ist offen, da alle R_k offen sind.

Weiter zeigen wir, daß U meßbar ist und ein Maß $< \varepsilon$ hat: $\mathbf{1}_U$ ist nach Lemma 4 die Grenzfunktion einer monoton wachsenden Folge von Treppenfunktionen ψ_k, wobei deren Integrale wegen $\psi_k \leq \mathbf{1}_U \leq F$ durch ε beschränkt sind. Nach Satz 4 ist $\mathbf{1}_U$ integrierbar, und es folgt

$$v(U) = \int \mathbf{1}_U \, dx \leq \int F \, dx < \varepsilon.$$

Damit ist der erste Konstruktionsschritt ausgeführt.

Zu 2: Die gesuchte Überdeckung von U ergibt sich aus dem folgenden

Lemma 7: *Jede offene Menge $U \subset \mathbb{R}^n$ ist eine Vereinigung abzählbar vieler kompakter Würfel $W_1, W_2, \ldots$, die höchstens Randpunkte gemeinsam haben. Ist U meßbar, so gilt außerdem*

$$(10) \qquad v(U) = \sum_{i=1}^\infty v(W_i).$$

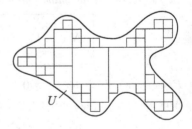

U ist die Vereinigung abzählbar vieler Würfel, die höchstens Randpunkte gemeinsam haben.

Beweis: Für $k \in \mathbb{N}$ bezeichne $\mathscr{W}_k$ die Menge der Würfel

$$W = I_1 \times \cdots \times I_n \qquad \text{mit} \quad I_\nu = \left[\frac{m\nu}{2^k}; \frac{m\nu + 1}{2^k} \right], \quad \nu = 1, \ldots, n;$$

dabei seien die m_ν ganze Zahlen. Zwei Würfel $W \in \mathscr{W}_k$ und $W' \in \mathscr{W}_i$ mit $k > i$ schneiden sich entweder nur in Randpunkten oder es ist $W \subset W'$. Wir wählen nun induktiv Würfel aus: Sei $\mathscr{W}_1^*$ die Menge aller Würfel $W \in \mathscr{W}_1$, die in U enthalten sind; für $k > 1$ sei weiter $\mathscr{W}_k^*$ die Menge aller Würfel $W \in \mathscr{W}_k$, die in U enthalten sind, aber in keinem der Würfel aus $\mathscr{W}_i^*$ mit $i < k$. Eine gesuchte Menge von Würfeln ist dann die Vereinigung $\mathscr{W} := \bigcup_{k=1}^\infty \mathscr{W}_k^*$.

Sei jetzt U meßbar. Mit einer Abzählung $W_1, W_2, \ldots$ von $\mathscr{W}$ bilden wir die Figuren $A_j := W_1 \cup \cdots \cup W_j$. Diese stellen eine Ausschöpfung von U dar, und nach (7) gilt $v(U) = \lim_{j \to \infty} v(A_j)$. Wegen $v(A_j) = \sum_{i=1}^j v(W_i)$ folgt damit auch die Volumenformel. $\qquad \Box$

Der Beweis von Satz 12 ergibt noch das

Korollar: *Ist $N \subset \mathbb{R}^n$ eine Nullmenge, so gibt es zu jedem $\varepsilon > 0$ eine meßbare offene Menge U mit $N \subset U$ und $v(U) < \varepsilon$.*

Es folgt eine Anwendung.

Satz 13: *Sei f eine beschränkte Funktion auf einer kompakten Menge $K \subset \mathbb{R}^n$. In K gebe es eine Nullmenge N derart, daß die Einschränkung von f auf $K \setminus N$ stetig ist. Dann ist f über K integrierbar.*

Beweis: Sei $\varepsilon > 0$ gegeben und M eine obere Schranke für $|f|$. Nach dem Korollar gibt es eine offene Menge U mit $N \subset U$ und $Mv(U) < \varepsilon$. Die Einschränkung von f auf die kompakte Menge $K \setminus U$ ist stetig, also integrierbar über diese. Es gibt daher eine Treppenfunktion φ mit $\|f_{K \setminus U} - \varphi\|_1 < \varepsilon$. Ferner ist $\|f_U\|_1 \leq Mv(U) < \varepsilon$. Somit folgt

$$\|f_K - \varphi\|_1 \leq \|f_{K \setminus U} - \varphi\|_1 + \|f_U\|_1 < 2\varepsilon.$$

f_K ist also integrierbar. $\qquad \Box$

Im Fall $n = 1$ sind zum Beispiel alle Regelfunktionen auf kompakten Intervallen Funktionen wie in Satz 13.

7.7 Translationsinvarianz des Lebesgue-Integrals. Das Volumen von Parallelotopen

Wir zeigen, daß das Lebesgue-Integral die prinzipiell bedeutsame Eigenschaft der Translationsinvarianz besitzt. Diese wird sich als Ausgangspunkt für die Herleitung weitergehender Transformationseigenschaften erweisen. Zunächst dient sie uns zur Berechnung des Volumens eines Parallelotops.

Satz 14 (Translationsinvarianz des Lebesgue-Integrals): *Es sei f eine integrierbare Funktion auf $\mathbb{R}^n$ und $a \in \mathbb{R}^n$ ein Vektor. Dann ist auch die durch $f_a(x) := f(x - a)$ definierte Funktion integrierbar, und es gilt*

$$\int\limits_{\mathbb{R}^n} f_a \, dx = \int\limits_{\mathbb{R}^n} f \, dx.$$

Beweis: Für jeden Quader $Q \subset \mathbb{R}^n$ ist $v(a + Q) = v(Q)$. Die Behauptung gilt daher für die Funktionen $\mathbf{1}_Q$ und aus Linearitätsgründen für alle Treppenfunktionen. Aus demselben Grund ist der Inhalt von Hüllreihen translationsinvariant. Damit folgt $\|g_a\|_1 = \|g\|_1$ für jede Funktion g.

Sei jetzt (φ_k) eine Folge von Treppenfunktionen mit $\|f - \varphi_k\|_1 \to 0$. Dann gilt auch $\|f_a - \varphi_{k,a}\|_1 \to 0$. f_a ist also integrierbar mit

$$\int f_a \, dx = \lim_k \int \varphi_{k,a} \, dx = \lim_k \int \varphi_k \, dx = \int f \, dx. \qquad \square$$

Folgerung (Translationsinvarianz des Volumens): *Ist $A \subset \mathbb{R}^n$ meßbar, so ist auch $a + A$ meßbar, und es gilt $v(a + A) = v(A)$.*
Beweis: $\mathbf{1}_{a+A} = (\mathbf{1}_A)_a$. $\qquad \square$

Wir verwenden nun die bisher bewiesenen Eigenschaften des Volumens, insbesondere die Additivität, die Translationsinvarianz und die Monotonie, zur Berechnung des Volumens eines Parallelotops.

Es seien $a_1, \ldots, a_n$ Vektoren im $\mathbb{R}^n$; dann heißt die kompakte Menge

$$P(a_1, \ldots, a_n) := \left\{ x = \sum_{\nu=1}^{n} t_\nu a_\nu \; \middle| \; t_1, \ldots, t_n \in [0; 1] \right\}$$

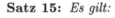

das *von $a_1, \ldots, a_n$ aufgespannte Parallelotop.*

Satz 15: *Es gilt:*

$$v\big(P(a_1, \ldots, a_n)\big) = \big|\det(a_1, \ldots, a_n)\big|.$$

Beweis: Die Funktion $|\det| =: D$ ist in Analogie zur Determinante durch folgende Eigenschaften eindeutig bestimmt:
(D1) $D(a_1, \ldots, \lambda a_i, \ldots, a_n) = |\lambda| \cdot D(a_1, \ldots, a_n)$ für $\lambda \in \mathbb{R}$,
(D2) $D(a_1, \ldots, a_i + a_j, \ldots, a_j, \ldots, a_n) = D(a_1, \ldots, a_n)$ für $j \neq i$,
(D3) $D(e_1, \ldots, e_n) = 1$.

Denn durch die elementaren Umformungen

Multiplikation einer Spalte mit einer Zahl,

Addition einer Spalte zu einer anderen,

kann bekanntlich jede invertierbare Matrix $(a_1, \ldots, a_n)$ in die Einheitsmatrix $(e_1, \ldots, e_n)$ übergeführt werden. Die Änderung des Wertes der Funktion D ist bei jeder einzelnen Umformung durch (D1) bzw. (D2) geregelt. Somit kann man $D(a_1, \ldots, a_n)$ für linear unabhängige $a_1, \ldots, a_n$ allein aufgrund der drei angegebenen Gesetze berechnen. Für linear abhängige $a_1, \ldots, a_n$ ergibt sich wie für die Determinante $D(a_1, \ldots, a_n) = 0$.

Aufgrund dieser Charakterisierung der Funktion $|\det|$ genügt es zu zeigen, daß die Volumenfunktion $(a_1, \ldots, a_n) \mapsto v(P(a_1, \ldots, a_n))$ den drei genannten Gesetzen genügt.

(D3) ist offensichtlich erfüllt. Für den Nachweis von (D1) und (D2) dürfen wir uns auf den Fall linear unabhängiger Vektoren $a_1, \ldots, a_n$ beschränken, da für linear abhängige die in Betracht kommenden Parallelotope in einer Hyperebene liegen und deshalb das Volumen 0 haben.

Nachweis von (D1): Für $P_\lambda := P(a_1, \ldots, \lambda a_i, \ldots, a_n)$ ist zu zeigen, daß

(∗) $$v(P_\lambda) = |\lambda| \cdot v(P_1).$$

Zum Beweis gehen wir in mehreren Schritten vor.

a) Für $\lambda \in \mathbb{N}$ wenden wir vollständige Induktion an. Der Schluß $\lambda \to \lambda + 1$ ergibt sich in diesem Fall aus der Zerlegung $P_{\lambda+1} = P_\lambda \cup (\lambda a_i + P_1)$. Der Durchschnitt von P_λ und $\lambda a_i + P_1$ liegt in einer Hyperebene, hat also das Volumen 0. Mit Additivität und Translationsinvarianz folgt daher

$$v(P_{\lambda+1}) = v(P_\lambda) + v(P_1) = (\lambda + 1) v(P_1).$$

b) Ist $\lambda = p/q$ mit $p, q \in \mathbb{N}$, so gelten nach a) $v(P_{q\lambda}) = p \cdot v(P_1)$ und $v(P_{q\lambda}) = q \cdot v(P_\lambda)$. Daraus folgt (∗).

c) Sei $\lambda \in \mathbb{R}_+$. Zu $\varepsilon > 0$ wähle man positive rationale Zahlen r_1, r_2 mit $r_1 \leq \lambda \leq r_2$ und $r_2 - r_1 \leq \varepsilon/v(P_1)$. Dann gilt $P_{r_1} \subset P_\lambda \subset P_{r_2}$ und damit

$$v(P_{r_1}) \leq v(P_\lambda) \leq v(P_{r_2}).$$

Hieraus folgt mit b) $|v(P_\lambda) - \lambda v(P_1)| \leq \varepsilon$. Das gilt für jedes $\varepsilon > 0$; also gilt (∗) für $\lambda \in \mathbb{R}_+$.

d) Sei $\lambda = 0$. Da P_0 in einer Hyperebene liegt, ist $v(P_0) = 0$.

e) Sei $\lambda < 0$. Aus $P_\lambda = \lambda a_i + P_{-\lambda}$ folgt mit c) abschließend

$$v(P_\lambda) = v(P_{-\lambda}) = |\lambda| \cdot v(P_1).$$

Nachweis von (D2): Mit

$$\Delta^{ij} := \left\{ x = \sum_{\nu=1}^{n} t_\nu a_\nu \;\middle|\; t_1,\ldots,t_n \in [0;1] \quad \text{und} \quad t_i \le t_j \right\}$$

gelten (wir schreiben nur die maßgeblichen Argumente an)

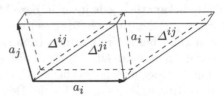

$$P(a_i, a_j) = \Delta^{ij} \cup \Delta^{ji},$$
$$P(a_i, a_j + a_i) = \Delta^{ji} \cup (a_i + \Delta^{ij}).$$

Die Durchschnitte $\Delta^{ij} \cap \Delta^{ji}$ und $\Delta^{ji} \cap (a_i + \Delta^{ij})$ liegen in Hyperebenen, haben also das Volumen 0. Damit ergibt sich

$$v\big(P(a_i, a_j + a_i)\big) = v(\Delta^{ji}) + v(\Delta^{ij}) = v\big(P(a_i, a_j)\big). \qquad \square$$

Folgerung: *Sei* $T: \mathbb{R}^n \to \mathbb{R}^n$ *eine lineare Transformation und* Q *ein Quader im* $\mathbb{R}^n$. *Dann hat das Bildparallelotop* $T(Q)$ *das Volumen*

$$(11) \qquad\qquad v\big(T(Q)\big) = \big|\det T\big| \cdot v(Q).$$

Beweis: Seien $k_1,\ldots,k_n$ die Längen der Kanten von Q in den Richtungen der Standardbasis $e_1,\ldots,e_n$ des $\mathbb{R}^n$. Das Parallelotop $T(Q)$ wird dann von $k_1 T e_1,\ldots,k_n T e_n$ aufgespannt, hat also das Volumen

$$v\big(T(Q)\big) = k_1 \cdots k_n \cdot \big|\det(Te_1,\ldots,Te_n)\big| = \big|\det T\big| \cdot v(Q). \qquad \square$$

Bemerkung: In Kapitel 9 erweitern wir die Formel (11) zur Transformationsformel für Integrale. An die Stelle von $\det T$ tritt dann die Funktionaldeterminante eines Diffeomorphismus.

7.8 Riemannsche Summen

Das Integral einer stetigen Funktion auf einem kompakten Intervall wird durch eine Riemannsche Summe beliebig genau approximiert, wenn nur die Zerlegung des Intervalls hinreichend fein ist; siehe Band 1, 11.8. Wir zeigen, daß für das Lebesgue-Integral einer stetigen Funktion auf einer kompakten Menge eine analoge Approximierbarkeit besteht. Das eingeführte Integral wird also auch den Erwartungen der Anschauung gerecht.

Unter einer *Zerlegung einer Menge* $A \subset \mathbb{R}^n$ *der Feinheit* $\le \delta$ verstehen wir Teilmengen $A_1,\ldots,A_r$ mit folgenden Eigenschaften:

(i) $A_1 \cup \cdots \cup A_r = A$;

(ii) alle Durchschnitte $A_i \cap A_k$, $i \neq k$, sind Nullmengen;

(iii) alle A_k sind meßbar und haben euklidische Durchmesser $\leq \delta$.

Der *euklidische Durchmesser* einer nicht leeren Menge $M \subset \mathbb{R}^n$ ist das Supremum der Zahlen $\|x - y\|_2$, $x, y \in M$, und Null für $M = \varnothing$.

Satz 16: *Sei $A \subset \mathbb{R}^n$ kompakt und $f \colon A \to \mathbb{C}$ stetig. Dann gibt es zu jedem $\varepsilon > 0$ ein $\delta > 0$ derart, daß für jede Zerlegung $A_1, \ldots, A_r$ von A der Feinheit $\leq \delta$ und jede Wahl von Stützstellen $\xi_k \in A_k$ gilt:*

$$\left| \int_A f(x)\, \mathrm{d}x - \sum_{k=1}^r f(\xi_k) \cdot v(A_k) \right| \leq \varepsilon.$$

Die Summe $\sum_{k=1}^r f(\xi_k) \cdot v(A_k)$ heißt *Riemannsche Summe* zur Zerlegung $\{A_1, \ldots, A_r\}$ und zu den Stützstellen $\xi_1, \ldots, \xi_r$.

Beweis: Wir nehmen ohne Einschränkung an, daß A keine Nullmenge ist. Es werde dann $\delta > 0$ so gewählt, daß für alle Paare x, $x' \in A$ mit $\|x - x'\|_2 \leq \delta$ die Abschätzung $|f(x) - f(x')| < \dfrac{\varepsilon}{v(A)}$ gilt. Haben alle A_k Durchmesser $\leq \delta$, so gilt also

$$|f(x) - f(\xi_k)| < \frac{\varepsilon}{v(A)} \quad \text{für alle } x \subset A_k.$$

Damit folgt für jedes k

$$\left| \int_{A_k} f\, \mathrm{d}x - f(\xi_k) v(A_k) \right| \leq \int_{A_k} |f(x) - f(\xi_k)|\, \mathrm{d}x \leq \frac{\varepsilon}{v(A)} \cdot v(A_k).$$

Durch Summation über alle k erhalten wir mit Folgerung 1 in 7.6

$$\left| \int_A f\, \mathrm{d}x - \sum_{k=1}^r f(\xi_k) v(A_k) \right| \leq \frac{\varepsilon}{v(A)} \cdot \sum_{k=1}^r v(A_k) = \varepsilon. \qquad \square$$

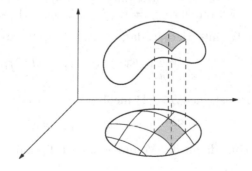

7.9 Aufgaben

1. Man integriere die Funktion $x^{n-1}y^{m-1}$, $n, m \in \mathbb{N}$, über das Quadrat $[0; 1]^2$ und über das Standarddreieck Δ^2.

2. Für $p, q, r \in \mathbb{N}$ gilt

$$\int_{\Delta^3} x^{p-1}y^{q-1}z^{r-1}\, \mathrm{d}(x, y, z) = \frac{\Gamma(p) \cdot \Gamma(q) \cdot \Gamma(r)}{\Gamma(p + q + r + 1)}.$$

3. Als *Schwerpunkt* einer meßbaren Menge $K \subset \mathbb{R}^n$ mit positivem Volumen V definiert man im Existenzfall den Punkt $S = (s_1, \ldots, s_n)$ mit

$$s_\nu := \frac{1}{V} \cdot \int_K x_\nu\, \mathrm{d}^n x, \qquad \nu = 1, \ldots, n.$$

Man berechne den Schwerpunkt des Simplex $\Delta^3 \subset \mathbb{R}^3$ und der Halbkugel $\left\{ (x, y, z) \in \overline{K}_1(0) \mid z \geq 0 \right\} \subset \mathbb{R}^3$.

4. *Rotationskörper.* Sei $r \colon [a; b] \to \mathbb{R}$ eine stetige Funktion mit $r \geq 0$ und $A := \left\{ (x, y, z) \mid x^2 + y^2 \leq r^2(z), z \in [a; b] \right\}$ der Rotationskörper mit der Meridiankurve r. Man zeige:

a) A hat das Volumen

$$v_3(A) = \pi \int_a^b r^2(z)\, \mathrm{d}z.$$

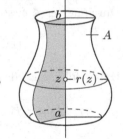

b) Ist (ξ, ζ) der Schwerpunkt der Menge $F \subset \mathbb{R}^2$, $F := \left\{ (x, z) \mid 0 \leq x \leq r(z), z \in [a; b] \right\}$, so gilt

$$v_3(A) = 2\pi\xi \cdot v_2(F) \quad \text{(Guldinsche Regel)}.$$

c) Man berechne das Volumen des Volltorus, der durch Rotation der Kreisscheibe $\left\{ (x, z) \mid (x - R)^2 + z^2 \leq r^2 \right\}$, $0 < r < R$, um die z-Achse entsteht, und verifiziere daran die Guldinsche Regel.

5. *Verhalten des Integrals bei Streckungen.* Zu $s_1, \ldots, s_n \in \mathbb{R}^*$ definiere man $S \colon \mathbb{R}^n \to \mathbb{R}^n$ durch $S(x) := (x_1/s_1, \ldots, x_n/s_n)$. Man zeige:

a) Ist f über $\mathbb{R}^n$ integrierbar, dann auch $f \circ S$, und es gilt

$$\int_{\mathbb{R}^n} f\left(\frac{x_1}{s_1}, \ldots, \frac{x_n}{s_n}\right) \mathrm{d}^n x = |s_1 \cdots s_n| \cdot \int_{\mathbb{R}^n} f(x)\, \mathrm{d}^n x.$$

b) Mit $A \subset \mathbb{R}^n$ ist auch $S^{-1}(A)$ meßbar und hat das Volumen

$$v\left(S^{-1}(A)\right) = |s_1 \cdots s_n| \cdot v(A).$$

Man berechne damit das Volumen eines Ellipsoids im $\mathbb{R}^3$.

6. Es sei $A \subset \mathbb{R}^n$ meßbar und $f\colon A \to \mathbb{R}$ integrierbar. Ferner gebe es Zahlen m, M mit $m \leq f \leq M$. Man zeige:

$$m \cdot v(A) \leq \int_A f \,\mathrm{d}x \leq M \cdot v(A).$$

Ist $v(A) \neq 0$ und $A_M := \{x \in A \mid f(x) = M\}$ eine Nullmenge, so gilt in der rechten Ungleichung sogar „$<$". Analog mit m.

7. Man zeige den *Mittelwertsatz*: Ist $A \subset \mathbb{R}^n$ zusammenhängend und kompakt und $f\colon A \to \mathbb{R}$ stetig, so gibt es einen Punkt $\xi \in A$ mit

$$\int_A f \,\mathrm{d}x = f(\xi) \cdot v(A).$$

8. a) Aus der Kugel $K := \overline{K}_r(0)$ des euklidischen $\mathbb{R}^3$ werde der Zylinder $Z := \{(x, y, z) \in \mathbb{R}^3 \mid x^2 + y^2 \leq \rho^2\}$, $0 < \rho < r$, ausgebohrt. Man berechne das Volumen des Restes $R_Z := K \setminus Z$.

   b) Statt Z werde jetzt der Stab S mit quadratischem Querschnitt $S := \{(x, y, z) \in \mathbb{R}^3 \mid |x| \leq a, |y| \leq a\}$ ausgebohrt; die Querschnittsfläche von S sei gleich der von Z: $4a^2 = \pi\rho^2$. Man setze $R_S := K \setminus S$ und entscheide, welche der folgenden Beziehungen gilt:

$$v_3(R_Z) = v_3(R_S), \quad v_3(R_Z) > v_3(R_S), \quad v_3(R_Z) < v_3(R_S).$$

9. a) Eine Nullmenge hat keine inneren Punkte.

   b) Eine stetige Funktion f mit $\|f\|_1 = 0$ ist die Nullfunktion.

10. Man zeige, daß das in 1.1 skizzierte *ebene Cantorsche Diskontinuum* eine Nullmenge im $\mathbb{R}^2$ ist.

11. Man zeige, daß es zu jedem a mit $0 \leq a < 1$ eine kompakte Menge $A \subset [0; 1]$ mit folgenden Eigenschaften gibt:

   (i) $v(A) = a$;

   (ii) A enthält kein Intervall positiver Länge.

Man konstruiere A als *verallgemeinertes Cantorsches Diskontinuum*:
Gegeben sei ein q mit $0 < q \leq \frac{1}{3}$. Ausgehend von $A_0 := [0; 1]$ bilde man eine absteigende Folge $A_0 \supset A_1 \supset A_2 \supset \cdots$; A_n entstehe aus A_{n-1} so: Sind $a_1, \ldots, a_s$ die Mittelpunkte der Intervalle, deren Vereinigung A_{n-1} ist, so sei $A_n := A_{n-1} \setminus \bigcup_{k=1}^{s} \left(a_k - q^n/2 \,; a_k + q^n/2\right)$.

Mittels $\bigcap_{n=1}^{\infty} A_n$ löse man die Aufgabe.

12. Ist $f\colon \mathbb{R}^n \to \mathbb{C}$ integrierbar, so ist die durch

$$\Phi(t) := \int_{\mathbb{R}^n} |f(x+t) - f(x)|\,\mathrm{d}x, \quad t \in \mathbb{R}^n,$$

definierte Funktion Φ auf $\mathbb{R}^n$ stetig. Im Fall $n = 1$ folgere man: Die Funktion

$$F(t) := \int_{(-\infty;t]} f(x)\,\mathrm{d}x, \quad t \in \mathbb{R},$$

ist stetig auf $\mathbb{R}$. (In der Wahrscheinlichkeitstheorie heißt F Verteilungsfunktion zu f.)

13. *Halbstetige Funktionen.* $f\colon \mathbb{R}^n \to \mathbb{R} \cup \{\infty\}$ heißt *halbstetig von unten*, falls für jedes $\alpha \in \mathbb{R}$ die Menge $\{x \in \mathbb{R}^n \mid f(x) > \alpha\}$ offen ist.
    Man zeige:

    a) Ist $U \subset \mathbb{R}^n$ offen, so ist $\mathbf{1}_U$ halbstetig von unten; ist $A \subset \mathbb{R}^n$ abgeschlossen, so ist $-\mathbf{1}_A$ halbstetig von unten.

    b) Jede Hüllreihe $\sum_{k=1}^{\infty} c_k\,\mathbf{1}_{Q_k}$ definiert durch $x \mapsto \sum_{k=1}^{\infty} c_k \mathbf{1}_{Q_k}(x)$ eine von unten halbstetige Funktion auf $\mathbb{R}^n$. Diese ist integrierbar, falls der Inhalt der Hüllreihe endlich ist, und dann ist ihr Integral gleich diesem Inhalt.

    c) Jede von unten halbstetige Funktion $f \geq 0$ ist die Grenzfunktion einer monoton wachsenden Folge von Treppenfunktionen.

    d) Jede von unten halbstetige, beschränkte Funktion $f\colon \mathbb{R}^n \to \mathbb{R}$, die außerhalb eines Kompaktums verschwindet, ist integrierbar.

14. Eine Funktion $f\colon A \to \mathbb{R}$, $A \subset \mathbb{R}^n$, heißt *Riemann-integrierbar*, wenn es zu jedem $\varepsilon > 0$ Treppenfunktionen φ und ψ gibt mit

$$\varphi \leq f_A \leq \psi \quad \text{und} \quad \|\psi - \varphi\|_1 < \varepsilon.$$

    Man zeige:

    a) Jede Regelfunktion $f\colon [a;b] \to \mathbb{R}$ ist Riemann-integrierbar.

    b) Die charakteristische Funktion $\mathbf{1}_C$ des Cantorschen Diskontinuums $C \subset [0;1]$ ist keine Regelfunktion, sie ist aber Riemann-integrierbar.

    c) Jede Riemann-integrierbare Funktion $f\colon A \to \mathbb{R}$, $A \subset \mathbb{R}^n$, ist Lebesgue-integrierbar, und es gilt

$$\int_A f\,\mathrm{d}x = \sup\left\{\int_A \varphi\,\mathrm{d}x \;\middle|\; \varphi \text{ Treppenfunktion mit } \varphi \leq f_A\right\}.$$

8 Vollständigkeit des Lebesgue-Integrals. Konvergenzsätze und der Satz von Fubini

Eine der folgenreichsten Eigenschaften des Lebesgue-Integrals ist, daß der Erweiterungsprozeß, der vom Raum der Treppenfunktionen zum Raum der integrierbaren Funktionen führt, bei Anwendung auf letzteren nicht mehr über ihn hinausführt (Satz von Riesz-Fischer). Als Konsequenz ergeben sich Sätze über die Vertauschbarkeit von Integration und Limesbildung sowie Integrabilitätskriterien.

8.1 Der Vollständigkeitssatz von Riesz-Fischer

Wir führen zunächst die Begriffe „Konvergenz" und „Cauchyfolge" bezüglich der L^1-Halbnorm ein.

Definition: Eine Folge (f_k) von Funktionen auf $\mathbb{R}^n$ heißt L^1-*konvergent gegen die Funktion* f, und f heißt dann ein L^1-*Grenzwert von* (f_k), wenn

$$\|f - f_k\|_1 \to 0 \qquad \text{für } k \to \infty.$$

Bei diesem Konvergenzbegriff ist im Unterschied zu den bislang eingeführten Konvergenzbegriffen ein L^1-Grenzwert nicht eindeutig bestimmt. Mit der Dreiecksungleichung zeigt man sofort, daß eine weitere Funktion $\tilde{f}$ genau dann ebenfalls ein L^1-Grenzwert ist, wenn $\|f - \tilde{f}\|_1 = 0$ gilt. Das aber bedeutet nach 7.6 Satz 11 nur, daß f und $\tilde{f}$ fast überall gleich sind. Im übrigen gilt die gewohnte Regel: Sind (f_k) und (g_k) L^1-konvergent gegen f bzw. g, so ist $(\alpha f_k + \beta g_k)$ L^1-konvergent gegen $\alpha f + \beta g$ für $\alpha, \beta \in \mathbb{C}$.

Definition: Eine Folge (f_k) von Funktionen auf $\mathbb{R}^n$ heißt L^1-*Cauchyfolge*, wenn es zu jedem $\varepsilon > 0$ einen Index N gibt so, daß

$$\|f_k - f_m\|_1 < \varepsilon \qquad \text{für alle } k, m \geq N.$$

Wie für Zahlenfolgen zeigt man, daß jede L^1-konvergente Folge eine L^1-Cauchyfolge ist.

Satz 1 (Riesz-Fischer): *Jede L^1-Cauchyfolge (f_k) integrierbarer Funktionen auf $\mathbb{R}^n$ besitzt einen L^1-Grenzwert $f \in \mathscr{L}^1(\mathbb{R}^n)$; für diesen gilt:*

(i)
$$\int f(x)\,dx = \lim_{k\to\infty} \int f_k(x)\,dx;$$

(ii) *eine geeignete Teilfolge von (f_k) konvergiert fast überall punktweise gegen f.*

Beweis: Wir wählen Indizes $k_1 < k_2 < \cdots$, so daß $\left\| f_k - f_{k_\nu} \right\|_1 \leq 2^{-\nu}$ gilt für alle $k \geq k_\nu$. Die Teilfolge (f_{k_ν}) hat dann insbesondere die Eigenschaft $\sum_{\nu=1}^{\infty} \left\| f_{k_{\nu+1}} - f_{k_\nu} \right\|_1 \leq 1$. Wir setzen

$$g_\nu := f_{k_{\nu+1}} - f_{k_\nu} \quad \text{und} \quad g := \sum_{\nu=1}^{\infty} |g_\nu|.$$

Mit der verallgemeinerten Dreiecksungleichung folgt $\|g\|_1 \leq 1$. Nach 7.6 Satz 9 gibt es eine Nullmenge N so, daß $g(x) \neq \infty$ für $x \notin N$; es ist dann auch $f_{k_1}(x) \neq \infty$ für $x \notin N$. Die Reihe $\sum g_\nu$ konvergiert also fast überall absolut. Wir definieren nun die gesuchte Funktion f:

$$f(x) := \begin{cases} \displaystyle\lim_{\nu\to\infty} f_{k_\nu}(x) = f_{k_1}(x) + \sum_{\nu=1}^{\infty} g_\nu(x) & \text{für } x \in \mathbb{R}^n \setminus N, \\ 0 & \text{für } x \in N. \end{cases}$$

Es ist $f(x) \neq \infty$ für alle $x \in \mathbb{R}^n$. Ferner konvergiert die Teilfolge (f_{k_ν}) fast überall gegen f.

Wir zeigen, daß f die behaupteten Eigenschaften hat. Sei dazu $\varepsilon > 0$ gegeben und sei ρ ein Index derart, daß die beiden Ungleichungen

$$\sum_{\nu=\rho}^{\infty} \|g_\nu\|_1 \leq \varepsilon \quad \text{und} \quad \left\| f_k - f_{k_\rho} \right\|_1 \leq \varepsilon \quad \text{für } k \geq k_\rho$$

gelten. Sei weiter φ eine Treppenfunktion mit $\left\| f_{k_\rho} - \varphi \right\|_1 \leq \varepsilon$. Damit folgt

$$\|f - \varphi\|_1 \leq \left\| f - f_{k_\rho} \right\|_1 + \left\| f_{k_\rho} - \varphi \right\|_1 \leq \left\| \sum_{\nu=\rho}^{\infty} g_\nu \right\|_1 + \varepsilon \leq 2\varepsilon.$$

f ist also integrierbar. Weiter ergibt sich für $k \geq k_\rho$

$$\|f - f_k\|_1 \leq \left\| f - f_{k_\rho} \right\|_1 + \left\| f_{k_\rho} - f_k \right\|_1 \leq 2\varepsilon.$$

f ist also ein L^1-Grenzwert von (f_k). Hiermit erhält man nun auch die angegebene Formel, da

$$\left| \int f\,dx - \int f_k\,dx \right| \leq \int |f - f_k|\,dx = \|f - f_k\|_1. \qquad \square$$

Historisches. Der hier nach Riesz-Fischer benannte Satz ist ein Analogon des historischen Satzes von Riesz und Fischer. Dieser besagt, daß es zu jeder ℓ^2-Folge komplexer Zahlen (c_k) eine quadratintegrierbare Funktion gibt, deren Fourier-koeffizienten gerade die Zahlen c_k sind; siehe 10.3. II und IV.

Im Satz von Riesz-Fischer kann man nicht auf den Übergang zu einer Teilfolge verzichten, wenn man Konvergenz fast überall erhalten will. Ein Beispiel hierfür liefert die in Band 1, 17.7 als „Wandernder Buckel" bezeichnete Folge (f_k): Zu $k \in \mathbb{N}$ seien ν und q die eindeutig bestimmten ganzen Zahlen ≥ 0 mit $k = 2^\nu + q$ und $q < 2^\nu$; ferner sei I_k das Intervall $[q2^{-\nu}; (q+1)2^{-\nu}]$ und $f_k := \mathbf{1}_{I_k}$. Dann gilt: $\|f_k\|_1 = \int f_k \, dx = 2^{-\nu} \to 0$ für $k \to \infty$. (f_k) ist also eine L^1-Nullfolge, konvergiert aber für kein $x \in [0; 1]$.

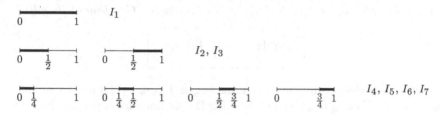

Die Integrierbarkeit einer Funktion besagt, daß sie ein L^1-Grenzwert einer Folge von Treppenfunktionen ist. Nach dem vorangehenden Beispiel konvergiert eine solche Folge nicht notwendig punktweise. Bei geeigneter Wahl der Treppenfunktionen erreicht man jedoch zugleich L^1-Konvergenz und punktweise Konvergenz fast überall. Es gilt:

Korollar: *Jede integrierbare Funktion f auf $\mathbb{R}^n$ ist ein L^1-Grenzwert einer Folge (φ_k) von Treppenfunktionen mit den beiden Eigenschaften:*

(i) $\sum\limits_{k=1}^{\infty} \|\varphi_{k+1} - \varphi_k\|_1 < \infty$,

(ii) *(φ_k) konvergiert fast überall gegen f.*

Beweis: Es sei (ψ_k) eine Folge von Treppenfunktionen mit $\|f - \psi_k\|_1 \to 0$. Diese enthält nach dem Beweis des Satzes von Riesz-Fischer eine Teilfolge (φ_k), die die Eigenschaft (i) hat und fast überall punktweise gegen einen L^1-Grenzwert $\tilde{f}$ konvergiert. Die L^1-Grenzwerte f und $\tilde{f}$ sind fast überall gleich; also gilt auch (ii). $\qquad \square$

Der Banachraum $L^1(\mathbb{R}^n)$. $\| \ \|_1$ ist keine Norm auf $\mathcal{L}^1(\mathbb{R}^n)$, da aus $\|f\|_1 = 0$ nicht $f = 0$ folgt. Die Gesamtheit der $f \in \mathcal{L}^1(\mathbb{R}^n)$ mit $\|f\|_1 = 0$ bildet einen Untervektorraum $\mathcal{N}$. Wir identifizieren nun zwei Funktionen $f, g \in \mathcal{L}^1(\mathbb{R}^n)$, wenn fast überall $f = g$ gilt. Auf $L^1(\mathbb{R}^n) := \mathcal{L}^1(\mathbb{R}^n)/\mathcal{N}$ wird ferner durch $\|f + \mathcal{N}\|_1 := \|f\|_1$ eine Norm erklärt. Mit dieser ist $L^1(\mathbb{R}^n)$ nach dem Satz von Riesz-Fischer vollständig.

8.2   Gliedweise Integration bei monotoner Konvergenz.
Der Satz von Beppo Levi

Bereits in 7.4 haben wir den Satz über die gliedweise Integration einer monoton wachsenden Folge von Treppenfunktionen, den sogenannten Kleinen Satz von Beppo Levi, als ein kräftiges Werkzeug kennengelernt. Wir dehnen ihn jetzt auf Folgen integrierbarer Funktionen aus. (Beppo Levi, 1875–1961)

Satz 2 (Beppo Levi, Satz von der monotonen Konvergenz): *Es sei* (f_k) *eine monoton wachsende Folge integrierbarer Funktionen auf* $\mathbb{R}^n$. *Die punktweise gebildete Grenzfunktion* $f = \lim f_k$ *ist genau dann integrierbar, wenn die Folge der Integrale* $\int f_k \, dx$ *beschränkt ist. Gegebenenfalls gilt*

$$\boxed{\int f \, dx = \lim_{k \to \infty} \int f_k \, dx.}$$

Beweis: Die Bedingung ist notwendig wegen $\int f_k \, dx \leq \int f \, dx$. Es sei umgekehrt die Folge $(\int f_k \, dx)$ beschränkt. Da sie auch monoton ist, konvergiert sie sogar. Zu $\varepsilon > 0$ gibt es also einen Index N so, daß für $m \geq k \geq N$

$$\int f_m \, dx - \int f_k \, dx < \varepsilon$$

gilt. Mit 7.3 Satz 2 und wegen der Monotonie von (f_k) folgt

$$\|f_m - f_k\|_1 = \int |f_m - f_k| \, dx = \int f_m \, dx - \int f_k \, dx < \varepsilon.$$

(f_k) ist also eine L^1-Cauchyfolge. Es sei $\tilde{f}$ ein L^1-Grenzwert dazu. $\tilde{f}$ ist integrierbar, und eine geeignete Teilfolge (f_{k_ν}) konvergiert fast überall gegen $\tilde{f}$. Fast überall gilt $f = \lim f_{k_\nu} = \tilde{f}$. Nach 7.6 Satz 10 ist also auch f integrierbar, und mit dem Satz von Riesz-Fischer folgt

$$\int f \, dx = \int \tilde{f} \, dx = \lim_{k_\nu \to \infty} \int f_{k_\nu} \, dx = \lim_{k \to \infty} \int f_k \, dx. \qquad \square$$

Eine wichtige Konsequenz ist das oft gebrauchte Prinzip der Integration durch Ausschöpfung.

Definition: Unter einer *Ausschöpfung* einer Menge A versteht man eine aufsteigende Folge $A_1 \subset A_2 \subset A_3 \subset \cdots$ von Teilmengen $A_k \subset A$ mit

$$A = \bigcup_{k=1}^{\infty} A_k, \quad \text{in Zeichen:} \quad A_k \uparrow A.$$

Ist (A_k) eine Ausschöpfung von $A \subset \mathbb{R}^n$, so konvergiert für jede Funktion $f \geq 0$ auf A die Folge (f_{A_k}) monoton wachsend gegen f_A.

Satz 3 (Integration durch Ausschöpfung): *Sei f eine Funktion auf $A \subset \mathbb{R}^n$ und (A_k) eine Ausschöpfung von A derart, daß f über jedes A_k integrierbar ist. Dann gilt: f ist genau dann über A integrierbar, wenn die Folge der Integrale $\int_{A_k} |f| \, \mathrm{d}x$ beschränkt ist. In diesem Fall gilt*

$$\int_A f(x) \, \mathrm{d}x = \lim_{k \to \infty} \int_{A_k} f(x) \, \mathrm{d}x.$$

Beweis: Ist f integrierbar, so auch $|f|$, und es gilt $\int_{A_k} |f| \, \mathrm{d}x \leq \int_A |f| \, \mathrm{d}x$. Die Beschränktheitsbedingung ist also notwendig.

Es sei umgekehrt die Folge $\left(\int_{A_k} |f| \, \mathrm{d}x \right)$ beschränkt. Nach einer eventuellen Abänderung von f auf einer Nullmenge darf f als komplexwertig vorausgesetzt werden und dann sogar als reell und ≥ 0. Im Fall $f \geq 0$ ist f_A die Grenzfunktion der monoton wachsenden Folge (f_{A_k}). Die Folge $\left(\int f_{A_k} \, \mathrm{d}x \right)$ ist beschränkt; nach dem Satz von Beppo Levi ist also f_A integrierbar, und es gilt

$$\int_A f \, \mathrm{d}x = \int f_A \, \mathrm{d}x = \lim_{k \to \infty} \int f_{A_k} \, \mathrm{d}x = \lim_{k \to \infty} \int_{A_k} f \, \mathrm{d}x. \qquad \square$$

Wir kommen zu Anwendungen.

I. σ-Additivität des Lebesgue-Maßes

Wir beweisen eine Eigenschaft des Lebesgue-Maßes, die für dieses eine grundlegende Bedeutung hat.

Lemma: a) *Sei $A_1 \subset A_2 \subset A_3 \subset \cdots$ eine aufsteigende Folge meßbarer Mengen $A_k \subset \mathbb{R}^n$. Ihre Vereinigung ist genau dann meßbar, wenn die Folge der Volumina $v(A_k)$ beschränkt ist. Gegebenenfalls gilt*

$$v\left(\bigcup_{k=1}^{\infty} A_k \right) = \sup_k v(A_k).$$

b) *Sei $B_1, B_2, B_3, \ldots$ eine Folge meßbarer Mengen $B_k \subset \mathbb{R}^n$ derart, daß alle Durchschnitte $B_i \cap B_j$ für $i \neq j$ Nullmengen sind. Ihre Vereinigung ist genau dann meßbar, wenn $\sum_{k=1}^{\infty} v(B_k) < \infty$ ist. Gegebenenfalls gilt*

$$v\left(\bigcup_{k=1}^{\infty} B_k \right) = \sum_{k=1}^{\infty} v(B_k).$$

Beweis: Die Aussage a) ist Satz 3 für $f = 1$. Zum Beweis von b) setze man $A_k := B_1 \cup \ldots \cup B_k$. (A_k) ist eine aufsteigende Folge meßbarer Mengen mit $\bigcup_{k=1}^{\infty} A_k = \bigcup_{k=1}^{\infty} B_k$, und es gilt $v(A_k) = v(B_1) + \cdots + v(B_k)$. Die Folge $\left(v(A_k) \right)$ ist also genau dann beschränkt, wenn $\sum_{i=1}^{\infty} v(B_i) < \infty$ ist. Aus a) folgt damit die Behauptung. $\qquad \square$

Bemerkung: Das in 7.5 eingeführte Lebesgue-Maß ordnet gewissen Teilmengen des $\mathbb{R}^n$, zu denen alle kompakten und alle beschränkten offenen
Mengen gehören, eine n-dimensionales Volumen genannte Maßzahl zu, wobei folgende Gesetze gelten:

(M1) $v(\emptyset) = 0$.

(M2) Für jede Translation a und jede meßbare Menge A ist auch $a + A$
      meßbar, und es gilt

$$v(a + A) = v(A) \qquad \textit{(Translationsinvarianz)}.$$

(M3) Die Vereinigung abzählbar vieler, paarweise disjunkter meßbarer
      Mengen $A_1, A_2, \ldots$ mit $\sum_{k=1}^{\infty} v(A_k) < \infty$ ist meßbar, und es gilt

$$v\left(\bigcup_{k=1}^{\infty} A_k \right) = \sum_{k=1}^{\infty} v(A_k) \qquad \textit{(σ-Additivität)}.$$

(M4) Der Einheitswürfel $[0; 1]^n \subset \mathbb{R}^n$ hat das Volumen 1.

Man kann zeigen, daß diese vier Eigenschaften das Lebesgue-Maß auf
dem $\mathbb{R}^n$ eindeutig festlegen; siehe H. Bauer, Maß- und Integrationstheorie,
de Gruyter 1992. In diesem Zusammenhang erhebt sich die Frage, ob etwa
jede beschränkte Menge im $\mathbb{R}^n$ Lebesgue-meßbar ist. Das folgende, auf
Vitali (1875–1932) zurückgehende Beispiel verneint diese Frage.

Beispiel (Vitali): Wir betrachten in $\mathbb{R}$ die Mengen $r + \mathbb{Q}$, $r \in \mathbb{R}$, und
wählen in jeder einen Repräsentanten $x \in [0; 1]$. Sei $X \subset [0; 1]$ die Menge
dieser Repräsentanten. Mit einer Abzählung $q_1, q_2, \ldots$ von $\mathbb{Q} \cap [-1; 1]$ bilden
wir weiter $A := \bigcup_{k=1}^{\infty} (q_k + X)$. Wir nehmen nun an, X sei meßbar. Dann
gilt aufgrund der σ-Additivität und der Beschränktheit von A

$$v(A) = \sum_{k=1}^{\infty} v(q_k + X).$$

Wegen $v(q_k + X) = v(X)$ für alle k folgen daraus $v(X) = 0$ und $v(A) = 0$.
Andererseits umfaßt A das Einheitsintervall $[0; 1]$, so daß $v(A) \geq 1$ ist.
Widerspruch!

Das Beispiel von Vitali hat eine bemerkenswerte Konsequenz: Die Funktion $f := \mathbf{1}_X$ ist wegen der Nicht-Meßbarkeit der Menge X nicht über $[0; 1]$
Lebesgue-integrierbar. Wir lernen hiermit erstmals eine beschränkte Funktion auf einem kompakten Intervall kennen, welche nicht über dieses Intervall Lebesgue-integrierbar ist. Zur Konstruktion von X und damit von f
wurde das Auswahlaxiom benützt. Dahinter steht ein Sachverhalt von prin-
zipieller Bedeutung: 1964 bewies nämlich Solovay, daß man derartige Funktionen ohne Zuhilfenahme des Auswahlaxioms nicht konstruieren kann.

Historisches. Zur Messung von Flächen und Volumina verwandten bereits die griechischen Mathematiker Eudoxos und Archimedes Ausschöpfungen. Die Frage nach einem allgemeinen Inhaltsbegriff für Teilmengen eines $\mathbb{R}^n$ wurde systematisch aber erstmals von Peano (1858–1932) und Jordan (1838–1922) in Angriff genommen. Ihr Inhaltsbegriff ordnet gewissen beschränkten Mengen A, den sogenannten Jordan-meßbaren Mengen, eine Maßzahl $\mu(A)$ derart zu, daß wie beim Lebesgue-Maß (M1), (M2) und (M4) gelten, statt der σ-Additivität aber nur das schwächere Axiom: Die Vereinigung endlich vieler, disjunkter Jordan-meßbarer Mengen $A_1, \ldots, A_r$ ist Jordan-meßbar und hat den Inhalt $\mu(A_1) + \cdots + \mu(A_r)$. Der Lebesguesche Maßbegriff ist wegen seiner σ-Additivität der mit Grenzprozessen arbeitenden Analysis gemäßer als der Peano-Jordansche und führt zu befriedigenderen Ergebnissen. Zum Beispiel ist bei ihm *jede* beschränkte offene und *jede* kompakte Menge meßbar, nicht jedoch beim Peano-Jordanschen.

II. Integration rotationssymmetrischer Funktionen

Mit Hilfe der Sätze dieses Abschnitts kann die Integration rotationssymmetrischer Funktionen in einem wichtigen Fall auf 1-dimensionale Integrationen zurückgeführt werden. Sei f eine Funktion auf einem Intervall $I \subset [0; \infty)$. Es seien a, b die Randpunkte von I, und $K_{a,b}$ die Kugelschale $\{x \in \mathbb{R}^n \mid a < \|x\|_2 < b\}$. Dann definiert

$$x \mapsto f(\|x\|_2) =: \tilde{f}(x)$$

eine rotationssymmetrische Funktion $\tilde{f}$ auf $K_{a,b}$.

Satz 4: *Es sei f eine Regelfunktion auf $(a; b)$. Dann gilt: $\tilde{f}$ ist genau dann über die Kugelschale $K_{a,b}$ integrierbar, wenn die Funktion $|f(r)|\, r^{n-1}$ über das Intervall $(a; b)$ integrierbar ist; in diesem Fall gilt*

$$\int_{K_{a,b}} f(\|x\|_2)\, \mathrm{d}^n x = n\, \kappa_n \int_a^b f(r) r^{n-1}\, \mathrm{d}r.$$

Dabei bezeichnet κ_n das Volumen der n-dimensionalen Einheitskugel. Zur Berechnung von κ_n siehe 8.4 (9)

Bemerkungen: 1. In 9.3 wird dieser Satz mittels Transformation auf Polarkoordinaten verallgemeinert und vertieft.

2. Ob über die offene Kugelschale $K_{a,b}$ oder die abgeschlossene $\overline{K}_{a,b}$ integriert wird, ist gleichgültig, da Sphären Nullmengen sind (Vereinigung von Graphen!). Insbesondere ist die Integration über eine Kugel $K_b(0)$ äquivalent mit der über die punktierte Kugel $K_b(0) \setminus \{0\}$.

Beweis: 1. Sei $I = [a; b]$ und f eine Treppenfunktion. Aus Linearitätsgründen genügt es, den Fall der Funktion 1 auf einem Intervall $[\alpha; \beta]$ zu behandeln. Nach 7.9 Aufgabe 5 ist $v(\overline{K}_R(0)) = R^n \kappa_n$. Damit folgt

$$\int\limits_{K_{\alpha,\beta}} \tilde{1}\,dx = v(K_{\alpha,\beta}) = \kappa_n\,(\beta^n - \alpha^n) = n\kappa_n \int\limits_{\alpha}^{\beta} r^{n-1}\,dr.$$

2. Sei $I = [a;b]$ und f eine Regelfunktion auf $[a;b]$. Es genügt, den Fall einer reellen Regelfunktion $f \geq 0$ zu behandeln. f ist dann der Limes einer monotonen Folge von Treppenfunktionen φ_k; siehe 7.4 Lemma 3. Dann konvergiert auch $(\tilde{\varphi}_k)$ monoton gegen $\tilde{f}$. Mit Beweisteil 1 und dem Satz von B. Levi folgt daher, daß $\tilde{f}$ über $K_{a,b}$ integrierbar ist, und

$$\int\limits_{K_{a,b}} \tilde{f}(x)\,dx = \lim_{k\to\infty} \int\limits_{K_{a,b}} \tilde{\varphi}_k(x)\,dx$$

$$= \lim_{k\to\infty} n\kappa_n \int\limits_{a}^{b} \varphi_k(r) r^{n-1}\,dr = n\kappa_n \int\limits_{a}^{b} f(r) r^{n-1}\,dr.$$

3. Sei I ein beliebiges Intervall in $[0;\infty)$. Wir schöpfen I durch kompakte Teilintervalle $[a_k;b_k]$, $k \in \mathbb{N}$, aus. Die Kugelschalen $A_k := \overline{K}_{a_k,b_k}$ bilden eine Ausschöpfung von $K_{a,b}$. Nach Teil 2 ist $\tilde{f}$ über A_k integrierbar, und es gilt

$$\int\limits_{A_k} |\tilde{f}(x)|\,d^n x = n\kappa_n \int\limits_{a_k}^{b_k} |f(r)| r^{n-1}\,dr =: I_k.$$

Der Ausschöpfungssatz ergibt nun die Äquivalenz

$$\int\limits_{K_{a,b}} \tilde{f}(x)\,dx \text{ existiert} \iff \left(\begin{array}{c}\text{Die Folge } (I_k) \\ \text{konvergiert}\end{array}\right) \iff \int\limits_{a}^{b} |f(r)| r^{n-1}\,dr \text{ existiert,}$$

und im Fall der Existenz die Formel

$$\int\limits_{K_{a,b}} \tilde{f}(x)\,dx = \lim_k \int\limits_{A_k} \tilde{f}(x)\,d^n x = n\kappa_n \int\limits_{a}^{b} f(r) r^{n-1}\,dr. \qquad \square$$

Beispiel 1: Das **Trägheitsmoment bezüglich der z-Achse**

$$\Theta := \int\limits_{A} (x^2 + y^2)\,d(x,y,z)$$

des in 7.9 Aufgabe 4 beschriebenen Rotationskörpers. In Verbindung mit dem Kleinen Satz von Fubini ergibt sich

$$\Theta = \int\limits_{a}^{b} \left(2\pi \int\limits_{0}^{r(z)} r^2 r\,dr \right) dz = \frac{\pi}{2} \int\limits_{a}^{b} r^4(z)\,dz. \qquad \square$$

Beispiel 2: Integration der Funktion $x \mapsto \dfrac{1}{\|x\|^{\alpha}}$, $\alpha \in \mathbb{R}$.

(i) Die Funktion $x \mapsto \|x\|^{-\alpha}$ ist genau dann über die Kugel $K_R(0) \subset \mathbb{R}^n$ integrierbar, wenn die Funktion $r \mapsto r^{n-1-\alpha}$ über $(0; R)$ integrierbar ist, also genau für $\alpha < n$; gegebenenfalls ist

$$(1) \qquad \int_{K_R(0)} \frac{1}{\|x\|^{\alpha}}\, \mathrm{d}x = n\kappa_n \int_0^R r^{n-1-\alpha}\, \mathrm{d}r = \frac{n}{n-\alpha}\kappa_n R^{n-\alpha}.$$

(ii) Die Funktion $\|x\|^{-\alpha}$ ist genau dann über den Außenraum $\mathbb{R}^n \setminus K_R(0)$ mit $R > 0$ integrierbar, wenn die Funktion $r \mapsto r^{n-1-\alpha}$ über $[R; \infty)$ integrierbar ist, also genau für $\alpha > n$; gegebenenfalls ist

$$(1') \qquad \int_{\mathbb{R}^n \setminus K_R(0)} \frac{1}{\|x\|^{\alpha}}\, \mathrm{d}x = n\kappa_n \int_R^{\infty} r^{n-1-\alpha}\, \mathrm{d}r = \frac{n}{\alpha-n}\kappa_n R^{n-\alpha}. \qquad \square$$

Die Bedingung $\alpha < n$ in (i) verwendet man zum Beispiel bei der Untersuchung der Integrierbarkeit von Funktionen mit isolierten ∞-Stellen. Wegen der Translationsinvarianz der Integrierbarkeit gilt zunächst: Für jeden Punkt $a \in \mathbb{R}^n$ und jeden Exponenten $\alpha < n$ ist die Funktion $x \mapsto \|x - a\|^{-\alpha}$ über jede Kugel $K_R(a)$ und damit über jede kompakte Menge im $\mathbb{R}^n$ integrierbar. Da ferner das Produkt einer integrierbaren und einer beschränkten integrierbaren Funktion integrierbar ist, erhält man die

Folgerung: *Ist $K \subset \mathbb{R}^n$ eine kompakte Menge und $\rho \colon K \to \mathbb{C}$ eine beschränkte integrierbare Funktion, so existiert das Integral*

$$\int_K \frac{\rho(x)}{\|x-a\|^{\alpha}}\, \mathrm{d}x$$

für jeden Punkt $a \in \mathbb{R}^n$ und jeden Exponenten $\alpha < n$.

III. Integrierbarkeit abgeschnittener Funktionen

Lemma: *Es sei $f \colon A \to \mathbb{R} \cup \{\infty\}$ integrierbar und ≥ 0. Dann ist für jedes $a \in \mathbb{R}_+$ auch $f_a := \min(f, a)$ integrierbar über A.*

Beweis: Für $k \in \mathbb{N}$ sei $A_k := A \cap \overline{K}_k(0)$. Nach der Notiz in 7.5 ist f_{A_k} integrierbar und damit auch $f_{a,k} := \min\big(f_{A_k}, a \cdot \mathbf{1}_{\overline{K}_k(0)}\big)$. Die Folge der Funktionen $f_{a,k}$ konvergiert monoton wachsend gegen f_a und die Folge der Integrale $\int f_{a,k}\, \mathrm{d}x$ ist beschränkt wegen $\int f_{a,k}\, \mathrm{d}x \leq \int f_{A_k}\, \mathrm{d}x \leq \int_A f\, \mathrm{d}x$. Somit ist f_a integrierbar. $\qquad \square$

8.3   Gliedweise Integration bei majorisierter Konvergenz. Der Satz von Lebesgue

Wir kommen zu einem zweiten wichtigen Kriterium für die gliedweise Integration einer Folge integrierbarer Funktionen. Die wesentliche Voraussetzung dabei ist die Existenz einer integrierbaren Majorante.

Satz 5 (Lebesgue, Satz von der majorisierten Konvergenz): *Es sei* (f_k) *eine Folge integrierbarer Funktionen auf* $\mathbb{R}^n$, *die fast überall punktweise gegen eine Funktion* f *konvergiert. Es gebe eine integrierbare Funktion* F *mit* $|f_k| \leq F$ *für alle* k. *Dann ist* f *integrierbar, und es gilt*

$$\int f(x)\,\mathrm{d}x = \lim_{k\to\infty} \int f_k(x)\,\mathrm{d}x.$$

F heißt eine *Majorante* der Folge (f_k).

Beweis: Nach 7.6 Satz 9 gibt es eine Nullmenge N' so, daß $F(x) < \infty$ für $x \notin N'$. Sei weiter N'' eine Nullmenge, so daß $\big(f_k(x)\big)$ gegen $f(x)$ konvergiert, falls $x \notin N''$. Auf $N' \cup N''$ setzen wir für die Funktionen f_k, f und F Null als neue Funktionswerte fest. Dadurch ändern sich weder die Integrierbarkeit, noch die Integrale, noch die Abschätzung $|f_k| \leq F$. Nach der Neufestsetzung sind alle Funktionswerte $f_k(x)$, $f(x)$ und $F(x)$ von ∞ verschieden. Weiter genügt es, den Fall reellwertiger Funktionen zu behandeln. Wir bilden dann $g_k := \sup\{f_i \mid i \geq k\}$. g_k ist der Limes der monoton wachsenden Folge $g_{k,\nu}$ mit $g_{k,\nu} := \max\{f_k, \ldots, f_{k+\nu}\}$ für $\nu = 0, 1, 2, \ldots$ Die Funktionen $g_{k,\nu}$ sind integrierbar, und die Folge ihrer Integrale ist durch das Integral über F beschränkt. Nach dem Satz von B. Levi ist also auch g_k integrierbar, und es gilt

$$\left| \int g_k\,\mathrm{d}x \right| = \left| \lim_{\nu\to\infty} \int g_{k,\nu}\,\mathrm{d}x \right| \leq \int F\,\mathrm{d}x.$$

Die Folge (g_k) konvergiert monoton fallend gegen f. Außerdem ist die Folge der Integrale der g_k, wie soeben festgestellt, beschränkt. Nach dem Satz von B. Levi ist also auch f integrierbar mit

$$(*) \qquad\qquad \int f\,\mathrm{d}x = \lim_{k\to\infty} \int g_k\,\mathrm{d}x.$$

Analog erhält man mit $g_k^* := \inf\{f_i \mid i \geq k\}$

$$(**) \qquad\qquad \int f\,\mathrm{d}x = \lim_{k\to\infty} \int g_k^*\,\mathrm{d}x.$$

Wegen $g_k^* \leq f_k \leq g_k$ folgt aus $(*)$ und $(**)$ schließlich obige Formel.   □

Bemerkung: Der Satz gilt sinngemäß auch für die Integration über eine Teilmenge $A \subset \mathbb{R}^n$. Dieser Fall wird durch triviales Fortsetzen aller Funktionen außerhalb A auf den Fall $A = \mathbb{R}^n$ zurückgeführt. Ist A eine beschränkte meßbare Menge und gibt es eine Konstante $c \in \mathbb{R}$ mit $|f_k| \leq c$ für alle k, so hat man in $c \cdot \mathbf{1}_A$ eine integrierbare Majorante.

Beispiel: Wir zeigen, daß zwischen der Gammafunktion und der Zetafunktion für $s \in \mathbb{C}$ mit $\operatorname{Re} s > 1$ die folgende Beziehung besteht:

$$\int_0^\infty \frac{x^{s-1}}{e^x - 1}\, dx = \Gamma(s)\zeta(s).$$

Der Integrand ist punktweise der Limes der Funktionen

$$f_k \colon (0; \infty) \to \mathbb{C}, \quad f_k(x) := \sum_{n=1}^k x^{s-1} e^{-nx}.$$

Die Funktionen f_k sind über $(0; \infty)$ integrierbar und werden dort von F,

$$F(x) := \sum_{n=1}^\infty \left| x^{s-1} e^{-nx} \right| = \frac{x^{\sigma-1}}{e^x - 1}, \quad \sigma := \operatorname{Re} s,$$

majorisiert. F ist eine über $(0; \infty)$ absolut integrierbare Regelfunktion, also auch eine Lebesgue-integrierbare Funktion. Mit dem Satz von der majorisierten Konvergenz folgt schließlich

$$\int_0^\infty \frac{x^{s-1}}{e^x - 1}\, dx = \lim_{k \to \infty} \int_0^\infty f_k(x)\, dx = \sum_{n=1}^\infty \frac{1}{n^s} \int_0^\infty t^{s-1} e^{-t}\, dt = \Gamma(s) \cdot \zeta(s). \quad \square$$

Das Bedürfnis nach einem Integral, das leistungsfähiger ist als das Regelintegral (und auch als das Riemann-Integral) erwuchs unter anderem aus dem Problem der Rekonstruktion einer differenzierbaren Funktion aus ihrer Ableitung. Für eine differenzierbare Funktion $f \colon [a; x] \to \mathbb{C}$, deren Ableitung eine Regelfunktion ist, gilt mit dem Regelintegral

$$f(x) - f(a) = \int_a^x f'(t)\, dt.$$

Ist die Ableitung keine Regelfunktion, hat diese Formel keinen Sinn, solange nur das Regelintegral zur Verfügung steht. Nach dem folgenden Satz hat sie jedoch bei Verwendung des Lebesgue-Integrals Gültigkeit für jede differenzierbare Funktion, deren Ableitung beschränkt ist.

Satz: *Es sei f eine differenzierbare Funktion auf dem kompakten Intervall* $[a; x]$, *deren Ableitung beschränkt ist. Dann ist die Ableitung* f' *Lebesgue-integrierbar über* $[a; x]$, *und es gilt*

$$f(x) - f(a) = \int\limits_{[a;x]} f'(t)\, \mathrm{d}t.$$

Beweis: Wir betrachten die Folge der Funktionen $f_k \colon [a; x] \to \mathbb{C}$ mit

$$f_k(t) := \begin{cases} k\Big(f\Big(t + \frac{1}{k}\Big) - f(t)\Big) & \text{für } t \in \Big[a; x - \frac{1}{k}\Big], \\ 0 & \text{sonst.} \end{cases}$$

Jede ist eine Regelfunktion, und die Folge (f_k) konvergiert auf $[a; x)$ nach Definition der Ableitung punktweise gegen f'. Mit einer oberen Schranke $c \in \mathbb{R}_+$ für $|f'|$ gilt nach dem Schrankensatz der Differentialrechnung $|f_k| \leq c$. Folglich ist f' Lebesgue-integrierbar mit

$$(*) \qquad \int\limits_{[a;x]} f'(t)\, \mathrm{d}t = \lim_{k \to \infty} \int\limits_a^x f_k(t)\, \mathrm{d}t.$$

Wir formen die Integrale der rechten Seite um:

$$\int\limits_a^x f_k(t)\, \mathrm{d}t = k \left(\int\limits_{x-1/k}^x f(t)\, \mathrm{d}t - \int\limits_a^{a+1/k} f(t)\, \mathrm{d}t \right).$$

Daraus folgt mit dem Hauptsatz der Differential- und Integralrechnung

$$\lim_{k \to \infty} \int\limits_a^x f_k(t)\, \mathrm{d}t = f(x) - f(a).$$

Wegen $(*)$ beweist das die angegebene Formel. $\qquad\qquad\qquad$ $\square$

Die Aussage im Satz von Lebesgue, daß die Grenzfunktion integrierbar ist, stellt allein bereits eine bemerkenswerte Erkenntnis dar. Mit ihrer Hilfe leiten wir ein nützliches Majorantenkriterium her. Zuvor zwei Begriffe.

Definition: Eine Menge $A \subset \mathbb{R}^n$ heißt *σ-kompakt*, wenn sie eine Vereinigung abzählbar vieler kompakter Mengen ist.

Beispiele σ-kompakter Mengen:

1. *Alle offenen und alle abgeschlossenen Mengen im* $\mathbb{R}^n$.

2. *Die Durchschnitte und die Vereinigungen abzählbar vieler σ-kompakter Mengen.*

Definition: Es sei A σ-kompakt. Eine Funktion $f\colon A \to \mathbb{C} \cup \{\infty\}$ heißt *lokal-integrierbar*, wenn sie über jede kompakte Teilmenge $K \subset A$ integrierbar ist.

Beispiele:

1. Jede stetige Funktion auf einer σ-kompakten Menge A ist lokal-integrierbar. Zum Beispiel ist die Funktion 1 lokal-integrierbar über A; sie ist aber nur dann integrierbar über A, wenn A meßbar ist.

2. Es sei $\rho\colon A \to \mathbb{C}$ eine beschränkte integrierbare Funktion auf der σ-kompakten Menge $A \subset \mathbb{R}^n$. Dann ist für jedes $a \in \mathbb{R}^n$ und $\alpha < n$ die Funktion $x \mapsto \dfrac{\rho(x)}{\|x - a\|^\alpha}$ nach der Folgerung in 8.2 lokal-integrierbar.

3. Die charakteristische Funktion $\mathbf{1}_X$ der Vitalischen Menge $X \subset [0;1]$ ist nicht lokal-integrierbar; siehe 8.2. Andernfalls wäre sie über $[0;1]$ integrierbar, und X damit meßbar.

Satz 6 (Majorantenkriterium): *Es sei f eine lokal-integrierbare Funktion auf der σ-kompakten Menge $A \subset \mathbb{R}^n$, die eine über A integrierbare Majorante F besitzt. Dann ist f selbst über A integrierbar.*

Beweis: Sei (A_k) eine Ausschöpfung von A durch kompakte Mengen. Die Folge der Funktionen f_{A_k} konvergiert dann punktweise gegen f_A. Ferner sind alle f_{A_k} integrierbar, und es gilt $|f_{A_k}| \leq F_A$. Nach dem Satz von Lebesgue ist also auch f_A integrierbar. $\qquad\qquad\square$

Folgerung: *Es sei f eine integrierbare und g eine beschränkte lokal-integrierbare Funktion auf der σ-kompakten Menge A. Dann ist auch fg integrierbar über A.*

Beweis: fg ist lokal-integrierbar, und für eine obere Schranke M von $|g|$ ist $F := |f| \cdot M$ eine integrierbare Majorante für fg. $\qquad\qquad\square$

Beispiel: Es sei f integrierbar über $\mathbb{R}$. Dann ist für jedes $x \in \mathbb{R}$ auch die Funktion $t \mapsto f(t)\mathrm{e}^{-\mathrm{i}xt}$ integrierbar über $\mathbb{R}$. Die durch

$$(2) \qquad \widehat{f}(x) := \frac{1}{\sqrt{2\pi}} \int\limits_{\mathbb{R}} f(t)\mathrm{e}^{-\mathrm{i}xt}\,\mathrm{d}t$$

definierte Funktion $\widehat{f}\colon \mathbb{R} \to \mathbb{C}$ heißt *Fourier-Transformierte von f*. Wir besprechen diese wichtige Bildung näher in 10.2.

Abschließend beweisen wir ein Integrierbarkeitskriterium, welches den Satz, daß jede beschränkte stetige Funktion auf einer beschränkten offenen Menge integrierbar ist, wesentlich erweitert.

Satz 7: $f\colon A \to \mathbb{C}$ *sei fast überall stetig auf der σ-kompakten Menge $A \subset \mathbb{R}^n$ und besitze eine über A integrierbare Majorante F. Dann ist f über A integrierbar.*

Beweis: Nach dem Majorantenkriterium genügt es zu zeigen, daß f lokal-integrierbar ist. Hierzu dürfen wir uns auf den Fall $f \geq 0$ beschränken.

Sei K eine kompakte Teilmenge von A. Zum Nachweis der Integrierbarkeit von f_K betrachten wir die Folge der Funktionen $f_k := \min(f_K, k)$. Jede ist nach 7.6 Satz 13 integrierbar und durch F_A beschränkt. Nach dem Satz von Lebesgue ist also auch $f_K = \lim\limits_{k \to \infty} f_k$ integrierbar. $\square$

8.4 Parameterabhängige Integrale

Als Anwendung des Satzes von der majorisierten Konvergenz beweisen wir ein Stetigkeits-, ein Differenzierbarkeits- und ein Holomorphiekriterium für Funktionen, die durch Integrale dargestellt werden. Damit werden die analogen Kriterien in 1.4, 2.6 und 6.6 wesentlich erweitert.

In den folgenden drei Sätzen sei $f\colon X \times T \to \mathbb{C}$ eine Funktion auf dem Produkt eines metrischen Raumes X und einer Menge $T \subset \mathbb{R}^p$. Für jeden fixierten Parameter $x \in X$ sei die Funktion $t \mapsto f(x, t)$ über T integrierbar. Durch Integration entsteht dann eine Funktion F auf X:

$$(3) \qquad\qquad F(x) := \int\limits_T f(x, t)\, \mathrm{d}t.$$

Stetigkeitssatz: *f habe zusätzlich folgende Eigenschaften:*

(i) *Für jedes fixierte $t \in T$ ist $x \mapsto f(x, t)$ stetig.*

(ii) *Es gibt auf T eine integrierbare Funktion Φ mit*

$$\big|f(x, t)\big| \leq \Phi(t) \qquad \text{für alle } (x, t) \in X \times T.$$

Dann ist die durch (3) definierte Funktion F stetig.

Beweis: Die Stetigkeit von F in x ist gezeigt, wenn für jede Folge (x_k) in X mit $x_k \to x$ die Folge der $F(x_k)$ gegen $F(x)$ geht. Dazu betrachten wir die Folge der Funktionen

$$f_k\colon T \to \mathbb{C}, \qquad f_k(t) := f(x_k, t).$$

Diese Folge konvergiert nach (i) punktweise gegen die Funktion $t \mapsto f(x, t)$, und es gilt $\big|f_k\big| \leq \Phi$ für alle k. Der Satz von der majorisierten Konvergenz ergibt somit

$$\lim_{k \to \infty} \int_T f_k(t)\, \mathrm{d}t = \int_T f(x,t)\, \mathrm{d}t,$$

d. h., $F(x_k) \to F(x)$.   □

Beispiel: Stetigkeit der Fourier-Transformierten. Es sei f integrierbar über $\mathbb{R}$. Dann ist die durch (2) definierte Funktion $\hat{f} \colon \mathbb{R} \to \mathbb{C}$ stetig. Denn die Funktion $x \mapsto f(t)\mathrm{e}^{-\mathrm{i}xt}$ ist für jedes $t \in \mathbb{R}$ stetig, und $|f|$ ist eine von x unabhängige integrierbare Majorante des Integranden.

Differentiationssatz: *X sei jetzt eine offene Menge im $\mathbb{R}^n$ und f habe zusätzlich folgende Eigenschaften:*

(i) *Für jedes fixierte $t \in T$ ist $x \mapsto f(x,t)$ stetig differenzierbar.*

(ii) *Es gibt auf T eine integrierbare Funktion Φ mit*

$$\left| \frac{\partial f}{\partial x_\nu}(x,t) \right| \le \Phi(t) \qquad \text{für alle } (x,t) \in X \times T \text{ und } \nu = 1, \ldots, n.$$

Dann ist die durch (3) definierte Funktion F stetig differenzierbar. Ferner ist für jedes x die Funktion $t \mapsto \partial_{x_\nu} f(x,t)$ integrierbar, und es gilt

(4)
$$\boxed{\ \frac{\partial F}{\partial x_\nu}(x) = \int_T \frac{\partial f}{\partial x_\nu}(x,t)\, \mathrm{d}t. \ }$$

Beweis: Sei $x_0 \in X$. Wir wählen dazu eine Zahl $r > 0$ so, daß alle $x \in \mathbb{R}^n$ mit $\|x - x_0\|_\infty < r$ in X liegen. Es sei ferner (h_k) eine Nullfolge reeller Zahlen mit $|h_k| < r$ und $h_k \ne 0$ für alle k. Wir setzen dann $x_k := x_0 + h_k e_\nu$ und betrachten

$$\varphi_k(t) := \frac{f(x_k, t) - f(x_0, t)}{h_k}.$$

Die φ_k sind integrierbare Funktionen auf T, und für jedes $t \in T$ gilt

$$\lim_{k \to \infty} \varphi_k(t) = \frac{\partial f}{\partial x_\nu}(x_0, t).$$

Ferner folgt aus (ii) laut Schrankensatz der Differentialrechnung $|\varphi_k| \le \Phi$. Nach dem Satz von der majorisierten Konvergenz ist also auch die Grenzfunktion der Folge (φ_k), d. h. die Funktion $t \mapsto \partial_{x_\nu} f(x_0, t)$, integrierbar, und es gilt

$$\lim_{k \to \infty} \int_T \varphi_k(t)\, \mathrm{d}t = \int_T \frac{\partial f}{\partial x_\nu}(x_0, t)\, \mathrm{d}t.$$

Daraus folgen wegen

$$\int_T \varphi_k(t)\,\mathrm{d}t = \frac{F(x_k) - F(x_0)}{h_k}$$

die partielle Differenzierbarkeit von F und die Formel (4).

Schließlich ergibt sich aus der Darstellung (4) mit dem Stetigkeitssatz auch die Stetigkeit der partiellen Ableitungen $\partial_{x_\nu} F$ und damit die stetige Differenzierbarkeit von F. $\square$

Beispiel 1: Berechnung der Fourier-Transformierten zu f, $f(t) = \mathrm{e}^{-t^2/2}$, d. h. des Integrals

$$\widehat{f}(x) = \frac{1}{\sqrt{2\pi}} \int_{\mathbb{R}} \mathrm{e}^{-t^2/2} \mathrm{e}^{-\mathrm{i}xt}\,\mathrm{d}t.$$

Wir betrachten dazu die Funktion $F\colon \mathbb{R} \to \mathbb{C}$,

(∗) $$F(x) := \int_{\mathbb{R}} \mathrm{e}^{-\frac{1}{2}(t+\mathrm{i}x)^2}\,\mathrm{d}t.$$

Behauptung: F ist stetig differenzierbar und hat die Ableitung

$$F'(x) = \mathrm{i} \int_{\mathbb{R}} \mathrm{e}^{-\frac{1}{2}(t+\mathrm{i}x)^2}(t + \mathrm{i}x)\,\mathrm{d}t.$$

Es genügt, die Behauptung in jedem beschränkten Intervall $(-a; a)$ zu zeigen. Die Bedingung (i) des Differentiationssatzes ist offensichtlich erfüllt und hinsichtlich (ii) besteht für alle $(x, t) \in (-a; a) \times \mathbb{R}$ die Abschätzung

$$\left| \frac{\partial}{\partial x} \left(\mathrm{e}^{-\frac{1}{2}(x+\mathrm{i}t)^2} \right) \right| \leq \mathrm{e}^{-t^2/2} \mathrm{e}^{a^2/2} \left(|t| + a \right) =: \Phi(t).$$

Da Φ über $\mathbb{R}$ integrierbar ist, folgt mit dem Differentiationssatz die Behauptung.

Das Integral für F' kann leicht berechnet werden. Eine Stammfunktion für den Integranden ist $\mathrm{e}^{-\frac{1}{2}(t+\mathrm{i}x)^2}$; damit ergibt sich $F'(x) = 0$ für alle $x \in \mathbb{R}$. Folglich ist F konstant. Also gilt $F(x) = F(0) = \sqrt{2\pi}$ (siehe 6.6 oder auch 8.5 (12)). Damit folgt aus (∗)

(5) $$\widehat{f}(x) = \mathrm{e}^{-x^2/2} = f(x).$$

Die Funktion f ist also invariant unter der Fourier-Transformation. Diese bemerkenswerte Eigenschaft spielt eine entscheidende Rolle beim Umkehrproblem der Fourier-Transformation, siehe 10.2.

Beispiel 2: Harmonizität des Newton-Potentials. Es sei $\rho\colon K \to \mathbb{R}$ eine integrierbare Funktion (Dichteverteilung) auf einem Kompaktum $K \subset \mathbb{R}^3$. Der Körper (K, ρ) erzeugt in $x \in \mathbb{R}^3 \setminus K$ bis auf einen Normierungsfaktor das Potential

$$u(x) = \int_K \frac{\rho(y)}{\|x - y\|_2}\, dy.$$

Behauptung:

a) *u ist eine harmonische Funktion auf $\mathbb{R}^3 \setminus K\colon\ \Delta u = 0$.*

b) *Für jeden Einheitsvektor $a \in \mathbb{R}^3$ gilt mit der „Masse" $M := \int_K \rho(y)\, dy$*

$$(6) \qquad \lim_{r \to \infty} r \cdot u(ra) = M, \qquad u(ra) \simeq M \cdot \frac{1}{r}.$$

Die Aussage b) bedeutet, daß sich das Potential mit wachsender Entfernung von K dem eines Punktes mit gleicher Masse M asymptotisch nähert.

Beweis: a) Wir setzen

$$f(x, y) := \frac{\rho(y)}{\|x - y\|_2} \quad \text{für } (x, y) \in (\mathbb{R}^3 \setminus K) \times K.$$

Für jedes $x \in \mathbb{R}^3 \setminus K$ ist $y \mapsto f(x, y)$ integrierbar auf K, da ρ integrierbar ist und $y \mapsto \|x - y\|_2^{-1}$ stetig und beschränkt auf K. Weiter ist $x \mapsto f(x, y)$ für jedes $y \in K$ zweimal stetig differenzierbar auf $\mathbb{R}^3 \setminus K$.

Die $\mathscr{C}^2$-Differenzierbarkeit von u beweisen wir auf offenen Teilmengen $V \subset \mathbb{R}^3 \setminus K$, welche einen positiven Abstand d von K haben; das genügt. Mit der Abkürzung $r = \|x - y\|_2$ gilt für $\nu, \mu = 1, 2, 3$:

$$\frac{\partial}{\partial x_\nu}\left(\frac{1}{r}\right) = -\frac{1}{r^3}(x_\nu - y_\nu),$$

$$(*) \qquad \frac{\partial^2}{\partial x_\mu \partial x_\nu}\left(\frac{1}{r}\right) = -\frac{\delta_{\mu\nu}}{r^3} + \frac{3}{r^5}(x_\nu - y_\nu)(x_\mu - y_\mu).$$

Daraus folgen in $(x, y) \in V \times K$ die Abschätzungen

$$\left|\frac{\partial f}{\partial x_\nu}(x, y)\right| \le \frac{1}{d^2}|\rho(y)|, \qquad \left|\frac{\partial^2 f}{\partial x_\mu \partial x_\nu}(x, y)\right| \le \frac{4}{d^3}|\rho(y)|.$$

Rechts stehen jeweils Funktionen, die über K integrierbar sind und nicht von x abhängen. Nach dem Differentiationssatz ist u 2-mal stetig differenzierbar, und durch Differentiation unter dem Integralzeichen folgt

$$\Delta u(x) = \int_K \rho(y) \cdot \left((\partial_{x_1}^2 + \partial_{x_2}^2 + \partial_{x_3}^2)\frac{1}{\|x - y\|_2}\right) dy.$$

Mit (∗) ergibt sich sofort, daß $x \mapsto \|x - y\|_2^{-1}$ eine harmonische Funktion auf $\mathbb{R}^3 \setminus \{y\}$ ist. Daher verschwindet der Integrand, und es folgt $\Delta u = 0$.

b) Sei $R > 0$ so, daß $K \subset K_R(0)$. Für $r > R$ ist dann $ra \notin K$, und es gilt

$$r \cdot u(ra) = \int\limits_K \frac{r\rho(y)}{\|ra - y\|_2} \, dy = \int\limits_K \frac{\rho(y)}{\|a - ty\|_2} \, dy, \quad t := \frac{1}{r}.$$

Wir setzen

$$g(t, y) := \frac{\rho(y)}{\|a - ty\|_2} \quad \text{für } (t, y) \in I \times K \text{ mit } I := [0; 1/2R].$$

Für jedes $y \in K$ ist $t \mapsto g(t, y)$ stetig auf I; ferner gilt $|g(t,y)| \leq 2\rho(y)$ für $(t, y) \in I \times K$. Mit dem Stetigkeitssatz folgt also

$$\lim_{r \to \infty} r \cdot u(ra) = \lim_{t \downarrow 0} \int\limits_K \frac{\rho(y)}{\|a - ty\|_2} \, dy = \int\limits_K \rho(y) \, dy. \qquad \square$$

Holomorphiesatz: *Es sei jetzt $X = U$ eine offene Menge in $\mathbb{C}$ und f habe zusätzlich folgende Eigenschaften:*

(i) *Für jedes fixierte $t \in T$ ist $z \mapsto f(z, t)$ holomorph in U.*

(ii) *Es gibt eine über T integrierbare Funktion Φ derart, daß*

$$|f(z, t)| \leq \Phi(t) \quad \text{für alle } (z, t) \in U \times T.$$

Dann ist die durch (3) definierte Funktion $F \colon U \to \mathbb{C}$ holomorph, und es gilt

$$\boxed{F'(z) = \int\limits_T \frac{\partial}{\partial z} f(z, t) \, dt.}$$

Man beachte: In (ii) wird – einfacher als im Differentiationssatz – eine Majorante für die Funktion selbst gefordert.

Beweis: Wir zeigen, daß F auf $U \subset \mathbb{R}^2$ stetig differenzierbar ist und die Cauchy-Riemann-Bedingung $F_y = \mathrm{i}F_x$ erfüllt.

Es sei $\overline{K}_r(a) \subset U$. Aus der Integralformel 6.2 (6) für die Ableitung einer holomorphen Funktion folgt für alle $(z, t) \in K_{r/2}(a) \times T$

$$|f_x(z, t)| = |f_y(z, t)| \leq \frac{4}{r} |f(z, t)| \leq \frac{4}{r} \Phi(t).$$

f erfüllt also in $K_{r/2}(a)$ die Voraussetzung (ii) des Differentiationssatzes. Somit ist die Funktion F in $K_{r/2}(a)$ stetig differenzierbar, und dort gilt

$$F_x(z) + \mathrm{i}F_y(z) = \int\limits_T \big(f_x(z, t) + \mathrm{i}f_y(z, t)\big) \, dt = 0. \qquad \square$$

Beispiel: Die Eulersche Betafunktion. Darunter versteht man die für $(z, w) \in \mathbb{C}^2$ mit $\operatorname{Re} z > 0$ und $\operatorname{Re} w > 0$ durch

$$(7) \qquad \mathrm{B}(z, w) := \int_0^1 t^{z-1}(1-t)^{w-1}\, dt$$

definierte Funktion. Das Integral konvergiert, da der Integrand für $t \downarrow 0$ asymptotisch gleich t^{z-1} ist und für $t \uparrow 1$ asymptotisch gleich $(1-t)^{w-1}$.

Wir zeigen: *Für jedes w ist die Funktion $z \mapsto \mathrm{B}(z,w)$ in der rechten Halbebene $\mathbb{H}_r$ holomorph.* Das Analoge gilt natürlich für $w \mapsto \mathrm{B}(z,w)$.

Es genügt, die Holomorphie in jeder Halbebene $U := \{z \in \mathbb{C} \mid \operatorname{Re} z > a\}$ mit $a > 0$ nachzuweisen. In U ergibt sich diese sofort mit dem Holomorphiesatz: Für jedes $t \in (0; 1)$ ist die Funktion $z \mapsto t^{z-1}(1-t)^{w-1}$ holomorph und für alle $(z, t) \in U \times (0; 1)$ besteht die Abschätzung

$$\left| t^{z-1}(1-t)^{w-1} \right| = t^{\operatorname{Re} z - 1}(1-t)^{\operatorname{Re} w - 1} \le t^{a-1}(1-t)^{\operatorname{Re} w - 1} =: \Phi(t),$$

wobei die Funktion Φ über $(0; 1)$ integrierbar ist. $\qquad\square$

Mit Hilfe der soeben bewiesenen Holomorphie leiten wir nun die wohl wichtigste Eigenschaft der Betafunktion her; ihre Darstellung durch die Gammafunktion:

$$(8) \qquad \mathrm{B}(z,w) = \frac{\Gamma(z)\Gamma(w)}{\Gamma(z+w)}.$$

Zum Beweis betrachten wir bei fixiertem w die Funktion

$$F \colon \mathbb{H}_r \to \mathbb{C}, \quad F(z) := \frac{1}{\Gamma(w)} \cdot \Gamma(z+w) \cdot \mathrm{B}(z,w)$$

und zeigen mit Hilfe des Eindeutigkeitssatzes von Wielandt (siehe 6.6), daß sie die Gammafunktion ist. Das genügt.

F ist offensichtlich holomorph. Wir zeigen, daß F auch die weiteren Voraussetzungen des Satzes von Wielandt erfüllt:

(i) Die Funktionalgleichung $F(z+1) = z\, F(z)$. Zunächst gilt

$$(*) \qquad \mathrm{B}(z+1, w) = \frac{z}{z+w} \cdot \mathrm{B}(z,w);$$

denn

$$(z+w)\mathrm{B}(z+1, w) - z\,\mathrm{B}(z,w) = \int_0^1 \left(wt^z(1-t)^{w-1} - zt^{z-1}(1-t)^w \right) dt$$

$$= -t^z(1-t)^w \Big|_0^1 = 0.$$

Zusammen mit der Funktionalgleichung der Gammafunktion ergibt die Identität $(*)$ sofort die für F behauptete Funktionalgleichung.

(ii) $F(1) = 1$, denn $\Gamma(w + 1) = w\Gamma(w)$ und $B(1, w) = \dfrac{1}{w}$.

(iii) F ist beschränkt im Vertikalstreifen $S = \{z \in \mathbb{C} \mid 1 \leq \operatorname{Re} z \leq 2\}$; die Integraldarstellungen der Gammafunktion und der Betafunktion ergeben nämlich für alle $z \in S$ die Abschätzungen

$$\left|\Gamma(z + w)\right| \leq \Gamma\big(\operatorname{Re}(z + w)\big) \leq \Gamma(2 + \operatorname{Re} w),$$

$$\left|B(z, w)\right| \leq B(\operatorname{Re} z, \operatorname{Re} w) \leq B(2, \operatorname{Re} w).$$

Nach dem Satz von Wielandt ist F also die Gammafunktion. Quod erat demonstrandum.

Als Anwendung der Darstellung (8) berechnen wir nun das **Volumen der Einheitskugel im euklidischen $\mathbb{R}^n$.** Wir zeigen:

(9)
$$\kappa_n = \frac{\pi^{n/2}}{\Gamma(n/2 + 1)}.$$

Beweis: Der Schnitt der Kugel $\overline{K}_1(0) \subset \mathbb{R}^n$ mit der Hyperebene $x_n = \xi$ ist eine $(n-1)$-dimensionale Kugel mit dem Radius $\sqrt{1 - \xi^2}$. Diese hat das Volumen $\kappa_{n-1} \cdot \left(\sqrt{1 - \xi^2}\right)^{n-1}$. Das Cavalierische Prinzip ergibt daher

$$\kappa_n = \kappa_{n-1} \int\limits_{-1}^{1} \left(\sqrt{1 - \xi^2}\right)^{n-1} d\xi = \kappa_{n-1} \int\limits_{0}^{1} (1 - t)^{\frac{n-1}{2}} t^{\frac{1}{2} - 1}\, dt.$$

Nach (8) und wegen $\Gamma(\tfrac{1}{2}) = \sqrt{\pi}$, siehe 6.6, gilt also

$$\kappa_n = \kappa_{n-1} \cdot B\left(\frac{n+1}{2}, \frac{1}{2}\right) = \kappa_{n-1} \cdot \sqrt{\pi}\, \frac{\Gamma\left(\frac{n+1}{2}\right)}{\Gamma\left(\frac{n}{2} + 1\right)}.$$

Mit $\kappa_n^* := \kappa_n \Gamma(\tfrac{n}{2} + 1)$ lautet diese Rekursionsformel $\kappa_n^* = \sqrt{\pi}\, \kappa_{n-1}^*$. Aus ihr folgt $\kappa_n^* = \left(\sqrt{\pi}\right)^{n-1} \kappa_1^*$ und mit $\Gamma(\tfrac{1}{2} + 1) = \tfrac{1}{2}\Gamma(\tfrac{1}{2}) = \tfrac{1}{2}\sqrt{\pi}$ schließlich $\kappa_n^* = (\sqrt{\pi})^n$. Das beweist die Behauptung. $\qquad\square$

Wir notieren (9) noch getrennt nach geradem und ungeradem n. Für $n = 2q$ ist $\Gamma(\tfrac{n}{2} + 1) = q!$ und für $n = 2q + 1$ kann man $\Gamma(\tfrac{n}{2} + 1)$ mit Hilfe der Funktionalgleichung $\Gamma(x + 1) = x\Gamma(x)$ auf $\Gamma(\tfrac{1}{2}) = \sqrt{\pi}$ zurückführen. Auf diese Weise erhält man schließlich

$$\kappa_{2q} = \frac{\pi^q}{q!} \quad \text{und} \quad \kappa_{2q+1} = \frac{2^{q+1}\pi^q}{1 \cdot 3 \cdots (2q + 1)}.$$

Es ist interessant, das Volumen der Kugel mit dem eines umschreibenden Würfels zu vergleichen: Letzteres ist 2^n, dagegen geht κ_n gegen 0 für $n \to \infty$.

8.5 Integration über einen Produktraum. Die Sätze von Fubini und Tonelli

Der Satz von Fubini (1879–1943) führt die Integration über ein Produkt $\mathbb{R}^p \times \mathbb{R}^q$ auf sukzessive Integrationen über die Faktoren $\mathbb{R}^p$ und $\mathbb{R}^q$ zurück; die Integration im $\mathbb{R}^n$ damit auf n Integrationen im $\mathbb{R}^1$. Mit diesem Satz stehen Rechentechniken der Integralrechnung einer Veränderlichen auch für Integrationen über Teilmengen des $\mathbb{R}^n$ zur Verfügung. Einen wichtigen Spezialfall haben wir bereits in 7.4 behandelt.

Wir verwenden im Folgenden die Bezeichnungen $X := \mathbb{R}^p$ und $Y := \mathbb{R}^q$.

Satz (Fubini): *Sei f eine integrierbare Funktion auf $X \times Y$. Dann gilt:*

a) *Für jedes fixierte $y \in Y$, ausgenommen eventuell die Punkte einer Nullmenge $N \subset Y$, ist die Funktion $x \mapsto f(x,y)$ über X integrierbar.*

b) *Setzt man für $y \in Y \setminus N$*

$$F(y) := \int_X f(x,y)\,\mathrm{d}x$$

und $F(y) := 0$ für $y \in N$, so ist F über Y integrierbar, und es gilt

$$\int_{X \times Y} f(x,y)\,\mathrm{d}(x,y) = \int_Y F(y)\,\mathrm{d}y.$$

Für diesen Sachverhalt schreibt man kurz

$$(10) \qquad \int_{X \times Y} f(x,y)\,\mathrm{d}(x,y) = \int_Y \left(\int_X f(x,y)\,\mathrm{d}x \right) \mathrm{d}y.$$

Das rechts stehende Integral heißt ein *iteriertes* oder *mehrfaches Integral*.

Zum Beweis benötigen wir eine Aussage über Nullmengen in $X \times Y$, die bereits als ein Spezialfall des Satzes von Fubini angesehen werden kann.

Lemma: *Zu jeder Nullmenge $A \subset X \times Y$ gibt es eine Nullmenge $N \subset Y$ derart, daß die Schnittmenge $A_y = \{x \in X \mid (x,y) \in A\}$ für $y \in Y \setminus N$ eine Nullmenge in X ist.*

Beweis: Zu beliebig gegebenem $\varepsilon > 0$ wählen wir abzählbar viele offene Quader $Q_1, Q_2, \ldots$ derart, daß

$$A \subset \bigcup_{k=1}^{\infty} Q_k \quad \text{und} \quad \sum_{k=1}^{\infty} v(Q_k) < \varepsilon.$$

Sodann schreiben wir jeden Quader als direktes Produkt $Q_k = Q'_k \times Q''_k$ von Quadern $Q'_k \subset X$ und $Q''_k \subset Y$. Mit der Bezeichnung $\| \ \|_1^X$ für die L^1-Halbnorm bezüglich X betrachten wir die Funktion

$$a\colon Y \to \mathbb{R} \cup \{\infty\}, \quad a(y) := \left\| \mathbf{1}_{A_y} \right\|_1^X.$$

Wegen $\mathbf{1}_{A_y} \leq \sum\limits_{k=1}^{\infty} \mathbf{1}_{Q'_k} \cdot \mathbf{1}_{Q''_k}(y)$ ergibt die Dreiecksungleichung

$$a(y) \leq \sum_{k=1}^{\infty} v_p(Q'_k) \cdot \mathbf{1}_{Q''_k}(y).$$

Daraus folgt nach Definition der L^1-Halbnorm

$$\|a\|_1^Y \leq \sum_{k=1}^{\infty} v_p(Q'_k) \cdot v_q(Q''_k) = \sum_{k=1}^{\infty} v_n(Q_k) < \varepsilon.$$

Also ist $\|a\|_1^Y = 0$. Nach 7.6 Satz 11 gibt es daher eine Nullmenge $N \subset Y$ derart, daß $a(y) = \left\| \mathbf{1}_{A_y} \right\|_1^X = 0$ für jedes $y \in Y \setminus N$. Das aber besagt, daß A_y für diese y eine Nullmenge ist. $\square$

Bemerkung: In diesem Lemma kann man auf Ausnahmemengen vom Maß Null nicht verzichten. Ein Beispiel liefert $A = \mathbb{R} \times \mathbb{Q}$ in $\mathbb{R} \times \mathbb{R}$: Die Schnittmenge A_y ist für $y \in \mathbb{Q}$ keine Nullmenge in $\mathbb{R}$.

Beweis des Satzes von Fubini: Nach dem Korollar zum Satz von Riesz-Fischer gibt es eine Folge (φ_k) von Treppenfunktionen auf $X \times Y$ mit $\|f - \varphi_k\|_1 \to 0$ und den weiteren Eigenschaften:

(i) (φ_k) konvergiert außerhalb einer Nullmenge $A \subset X \times Y$ punktweise gegen f;

(ii) $\sum\limits_{k=1}^{\infty} \left\| \varphi_{k+1} - \varphi_k \right\|_1 < \infty$.

Wir zeigen zunächst, daß für fast jedes $y \in Y$ die Folge der Treppenfunktionen $\varphi_k(\,\cdot\,,y)$ in einer zu (i) und (ii) analogen Weise gegen $f(\,\cdot\,,y)$ konvergiert. (Für eine Funktion g auf $X \times Y$ und $y \in Y$ bezeichnet $g(\,\cdot\,,y)$ die auf X definierte Funktion $x \mapsto g(x,y)$.) Wegen (i) gibt es nach dem Lemma eine Nullmenge $N' \subset Y$ derart, daß gilt:

(i$_X$) Für $y \in Y \setminus N'$ konvergiert $(\varphi_k(\,\cdot\,,y))$ fast überall auf X punktweise gegen $f(\,\cdot\,,y)$.

Ferner setzen wir

$$H_k(y) := \int\limits_X \left| \varphi_{k+1}(x,y) - \varphi_k(x,y) \right| \mathrm{d}x.$$

Nach dem Satz von Fubini für Treppenfunktionen in 7.1 gilt

$$\int\limits_Y H_k(y)\,\mathrm{d}y = \int\limits_{X\times Y} |\varphi_{k+1} - \varphi_k|\,\mathrm{d}(x,y) = \|\varphi_{k+1} - \varphi_k\|_1$$

und mit (ii)

$$(*) \qquad\qquad \sum_{k=1}^{\infty} \int\limits_Y H_k(y)\,\mathrm{d}y < \infty.$$

Die Folge der Partialsummen der Reihe $\sum\limits_{k=1}^{\infty} H_k$ wächst monoton, und die Integrale aller Partialsummen sind laut (*) beschränkt. Nach dem Satz von B. Levi stellt $\sum\limits_{k=1}^{\infty} H_k$ eine integrierbare Funktion auf Y dar. Insbesondere gilt $\sum\limits_{k=1}^{\infty} H_k(y) < \infty$ für alle y außerhalb einer Nullmenge $N'' \subset Y$:

$$(\mathrm{ii}_X) \qquad \sum_{k=1}^{\infty} \big\|\varphi_{k+1}(\,\cdot\,,y) - \varphi_k(\,\cdot\,,y)\big\|_1^X < \infty \qquad \text{für } y \subset Y \setminus N''.$$

Wir setzen $N := N' \cup N''$. Sei jetzt $y \in Y \setminus N$. Aus (ii_X) folgt dann, daß $\big(\varphi_k(\,\cdot\,,y)\big)$ eine L^1-Cauchyfolge auf X ist. Nach dem Satz von Riesz-Fischer konvergiert eine Teilfolge punktweise fast überall auf X gegen eine integrierbare Funktion auf X. Wegen (i_Y) stimmt diese fast überall mit $f(\,\cdot\,,y)$ überein. Folglich ist auch $f(\,\cdot\,,y)$ integrierbar. Damit ist a) gezeigt. Der Satz von Riesz-Fischer ergibt außerdem

$$(**) \qquad\qquad F(y) = \int\limits_X f(x,y)\,\mathrm{d}x = \lim_{k\to\infty} \int\limits_X \varphi_k(x,y)\,\mathrm{d}x.$$

Zum Nachweis von b) setzen wir

$$\Phi_k(y) := \int\limits_X \varphi_k(x,y)\,\mathrm{d}x.$$

Die Φ_k sind Treppenfunktionen auf Y mit folgenden Eigenschaften:

(i_Y) (Φ_k) konvergiert auf $Y \setminus N$ punktweise gegen F.

(ii_Y) $\sum\limits_{k=1}^{\infty} \big\|\Phi_{k+1} - \Phi_k\big\|_1^Y < \infty.$

Die erste Behauptung ergibt sich aus (**), die zweite aus (*) wegen $\big|\Phi_{k+1}(y) - \Phi_k(y)\big| \le H_k(y)$.

Wegen (ii_Y) ist (Φ_k) eine L^1-Cauchyfolge von Treppenfunktionen auf Y. Nach dem Satz von Riesz-Fischer konvergiert eine Teilfolge punktweise fast überall gegen eine integrierbare Funktion auf Y. Wegen (i_Y) stimmt diese fast überall mit F überein. Folglich ist auch F integrierbar. Der Satz von

Riesz-Fischer liefert schließlich

$$\int_Y F(y)\, \mathrm{d}y = \lim_{k\to\infty} \int_Y \Phi_k(y)\, \mathrm{d}y$$

$$= \lim_{k\to\infty} \int_{X\times Y} \varphi_k(x,y)\, \mathrm{d}(x,y) \qquad (7.1\,(2))$$

$$= \int_{X\times Y} f(x,y)\, \mathrm{d}(x,y). \qquad (\text{Wahl der } \varphi_k)$$

$\square$

Beispiel: Das Gauß-Integral und das Volumen der Einheitskugel im $\mathbb{R}^n$ nach Poisson. Wir haben am Ende des Abschnitts 8.4 das Volumen der Einheitskugel im euklidischen $\mathbb{R}^n$ aufgrund des Cavalierischen Prinzips unter Zuhilfenahme des Betaintegrals berechnet. Wir berechnen dieses Volumen jetzt erneut zusammen mit dem n-dimensionalen Gauß-Integral unter Anwendung des Satzes von Fubini. Wir zeigen:

(11)
$$\int_{\mathbb{R}^n} \mathrm{e}^{-\|x\|^2}\, \mathrm{d}x = \pi^{n/2} \quad \text{und} \quad \kappa_n = \frac{\pi^{n/2}}{\Gamma(n/2+1)}.$$

Beweis: Nach dem Satz über die Integration rotationssymmetrischer Funktionen ist die Funktion $x \mapsto \mathrm{e}^{-\|x\|^2}$ über $\mathbb{R}^n$ integrierbar, und es gilt

(∗)
$$\int_{\mathbb{R}^n} \mathrm{e}^{-\|x\|^2}\, \mathrm{d}x = n\kappa_n \int_0^\infty \mathrm{e}^{-r^2} r^{n-1}\, \mathrm{d}r$$

$$= \frac{n}{2}\kappa_n \int_0^\infty \mathrm{e}^{-t} t^{n/2-1}\, \mathrm{d}t = \kappa_n\, \Gamma\left(\frac{n}{2}+1\right).$$

Das links stehende Integral formen wir außerdem mit Hilfe des Satzes von Fubini um: Wegen $\mathrm{e}^{-\|x\|^2} = \mathrm{e}^{-x_1^2}\cdots\mathrm{e}^{-x_n^2}$ erhalten wir

(∗∗)
$$\int_{\mathbb{R}^n} \mathrm{e}^{-\|x\|^2}\, \mathrm{d}x = \left(\int_{\mathbb{R}} \mathrm{e}^{-t^2}\, \mathrm{d}t\right)^n.$$

Kombiniert man die erhaltenen Identitäten speziell im Fall $n=2$, erhält man wegen $\kappa_2 = \pi$ und $\Gamma(2) = 1$ erneut das Gauß-Integral

(12)
$$\int_{-\infty}^\infty \mathrm{e}^{-t^2}\, \mathrm{d}t = \sqrt{\pi}.$$

Einsetzen dieses Wertes in (∗∗) ergibt die erste der Formeln (11). Mit dieser folgt schließlich aus (∗) die Formel für κ_n. $\square$

Der Satz von Fubini kann analog bewiesen werden, wenn man zuerst über Y und dann über X integriert: Für eine über $X \times Y$ integrierbare Funktion f gilt also in der zu (10) analogen Kurzfassung

$$\int\limits_{X \times Y} f(x,y)\, \mathrm{d}(x,y) = \int\limits_{X} \left(\int\limits_{Y} f(x,y)\, \mathrm{d}y \right) \mathrm{d}x.$$

Korollar (Vertauschungsregel): *Ist f über $X \times Y$ integrierbar, so gilt*

$$(13) \qquad \int\limits_{X} \left(\int\limits_{Y} f(x,y)\, \mathrm{d}y \right) \mathrm{d}x = \int\limits_{Y} \left(\int\limits_{X} f(x,y)\, \mathrm{d}x \right) \mathrm{d}y.$$

Bemerkung: Die Vertauschung der Integrationsreihenfolge kann unzulässig sein, wenn der Integrand nicht über den Produktraum integrierbar ist. Ein Beispiel:

$$\int\limits_{0}^{1} \left(\int\limits_{0}^{1} \frac{x-y}{(x+y)^3}\, \mathrm{d}x \right) \mathrm{d}y \neq \int\limits_{0}^{1} \left(\int\limits_{0}^{1} \frac{x-y}{(x+y)^3}\, \mathrm{d}y \right) \mathrm{d}x.$$

Die Anwendbarkeit des Satzes von Fubini setzt voraus, daß die betrachtete Funktion über den Produktraum integrierbar ist. Ein sehr brauchbares Kriterium hierfür liefert der Satz von Tonelli (1885–1946). Dieser Satz involviert ein iteriertes Integral des *Betrages* der Funktion. Wieder sei $X = \mathbb{R}^p$ und $Y = \mathbb{R}^q$.

Satz (Tonelli): *Eine lokal-integrierbare oder fast überall stetige Funktion $f \colon X \times Y \to \mathbb{C}$ ist genau dann über $X \times Y$ integrierbar, wenn wenigstens eines der iterierten Integrale über den Betrag von f*

$$(14) \qquad \int\limits_{Y} \left(\int\limits_{X} |f(x,y)|\, \mathrm{d}x \right) \mathrm{d}y \quad \text{oder} \quad \int\limits_{X} \left(\int\limits_{Y} |f(x,y)|\, \mathrm{d}y \right) \mathrm{d}x$$

existiert. Gegebenenfalls gelten die Formel (10) des Satzes von Fubini und die Vertauschungsregel (13).

Unter der Existenz etwa des linken Integrals in (14) ist ausführlicher das Folgende zu verstehen: Für jedes $y \in Y$ außerhalb einer geeigneten Nullmenge $N \subset Y$ existiert $\int_X |f(x,y)|\, \mathrm{d}x$, und die durch

$$F(y) := \int\limits_{X} |f(x,y)|\, \mathrm{d}x \qquad \text{für } y \in Y \setminus N$$

und durch $F(y) := 0$ für $y \in N$ definierte Funktion ist über Y integrierbar.

Beweis: Nach dem Satz von Fubini ist die Bedingung notwendig, da mit f auch $|f|$ über $X \times Y$ integrierbar ist.

Zum Beweis der Umkehrung zeigen wir, daß $|f|$ über $X \times Y$ integrierbar ist; nach den Sätzen 6 und 7 ist dann auch f integrierbar. Es sei dazu W_k der Würfel $[-k; k]^n \subset \mathbb{R}^n$ und $f_k := \min(|f|, k \cdot \mathbf{1}_{W_k})$. f_k ist integrierbar: Für ein lokal-integrierbares f folgt das aus der Definition und für ein fast überall stetiges f aus 7.6 Satz 13. Die Folge (f_k) konvergiert monoton wachsend gegen $|f|$, und die Folge der Integrale der f_k ist beschränkt:

$$\int_{X \times Y} f_k(x,y)\, \mathrm{d}(x,y) = \int_Y \left(\int_X f_k(x,y)\, \mathrm{d}x \right) \mathrm{d}y \le \int_Y \left(\int_X |f(x,y)|\, \mathrm{d}x \right) \mathrm{d}y;$$

hierbei haben wir den Satz von Fubini angewendet und die Existenz des linken Integrals in (14) angenommen. Nach dem Satz von B. Levi ist also $|f| = \lim_{k \to \infty} f_k$ integrierbar. □

Man beachte: Für die Integrierbarkeit einer Funktion über einen Produktraum ist die Existenz der iterierten Integrale des *Betrages* von f notwendig. Die Aufgabe 17 zeigt an einem Beispiel, daß die Existenz der iterierten Integrale der Funktion selbst nicht hinreicht.

Beispiel (Dirichlet): *Integration von $f(x,y) = x^{p-1}y^{q-1}$ mit $p, q > 0$ über das Standardsimplex $\Delta = \Delta^2 \subset \mathbb{R}^2$.* Die durch 0 trivial auf $\mathbb{R}^2$ fortgesetzte Funktion $f_{\Delta \setminus \partial \Delta}$ ist stetig außerhalb des Randes von Δ; ferner existiert das iterierte Integral

$$\int_{\mathbb{R}} \left(\int_{\mathbb{R}} |f_{\Delta \setminus \partial \Delta}|\, \mathrm{d}x \right) \mathrm{d}y = \int_0^1 \left(\int_0^{1-y} x^{p-1} y^{q-1}\, \mathrm{d}x \right) \mathrm{d}y = \frac{1}{p} \int_0^1 (1-y)^p y^{q-1}\, \mathrm{d}y,$$

da das zuletzt angeschriebene Integral absolut konvergiert. Bei diesem handelt es sich um das in (7) eingeführte Betaintegral. Die Funktion $f_{\Delta \setminus \partial \Delta}$ ist somit integrierbar, und ihr Integral hat den Wert

$$\int_{\mathbb{R}^2} f_{\Delta \setminus \partial \Delta}\, \mathrm{d}(x,y) = \frac{1}{p} \mathrm{B}(p+1, q) = \frac{1}{p} \frac{\Gamma(p+1)\Gamma(q)}{\Gamma(p+q+1)}.$$

Die Integration über Δ ist äquivalent zur Integration über $\Delta \setminus \partial \Delta$, da $\partial \Delta$ eine Nullmenge ist. Insgesamt erhält man schließlich

(15)
$$\int_\Delta x^{p-1} y^{q-1}\, \mathrm{d}(x,y) = \frac{\Gamma(p)\Gamma(q)}{\Gamma(p+q+1)}.$$

Diese Formel wird in 9.3.II Beispiel 2 wesentlich erweitert.

Abschließend betrachten wir Funktionen auf $X \times Y$, die durch Multiplikation aus Funktionen auf X und Y entstehen. Für $f: X \to \mathbb{C} \cup \{\infty\}$ und $g: Y \to \mathbb{C} \cup \{\infty\}$ definiert man $f \otimes g: X \times Y \to \mathbb{C} \cup \{\infty\}$ durch

$$(f \otimes g)(x,y) := f(x)g(y).$$

$f \otimes g$ heißt *Tensorprodukt* von f und g.

Satz: (i) *Mit f und g ist auch $f \otimes g$ integrierbar, und es gilt*

$$\int\limits_{X \times Y} (f \otimes g)\, \mathrm{d}(x,y) = \left(\int\limits_X f\, \mathrm{d}x \right) \cdot \left(\int\limits_Y g\, \mathrm{d}y \right).$$

(ii) *Ist $f \otimes g$ integrierbar und verschwindet g nicht fast überall auf Y, so ist auch f integrierbar.*

Beweisskizze: (i) Vorweg zeigt man die Abschätzung

$(*)$
$$\|f \otimes g\|_1 \le \|f\|_1 \cdot \|g\|_1.$$

Sie beruht im wesentlichen darauf, daß mit den Hüllreihen $\sum_i c_i \mathbf{1}_{Q_i}$ und $\sum_k d_k \mathbf{1}_{P_k}$ für f bzw. g $\sum_{i,k} c_i d_k \mathbf{1}_{Q_i \times P_k}$ eine Hüllreihe für $f \otimes g$ ist.

Der Beweis des Satzes wird sodann gemäß der Definition des Lebesgue-Integrals in zwei Schritten erbracht. Zunächst verifiziert man den Satz für Treppenfunktionen direkt durch Nachrechnen. (Mit Treppenfunktionen φ auf X und γ auf Y ist $\varphi \otimes \gamma$ eine Treppenfunktion auf $X \times Y$.) Zum Nachweis im allgemeinen Fall wählt man Folgen (φ_k) und (γ_k) von Treppenfunktionen mit $\|f - \varphi_k\|_1 \to 0$ bzw. $\|g - \gamma_k\|_1 \to 0$. Mittels $(*)$ zeigt man leicht, daß dann $\|f \otimes g - \varphi_k \otimes \gamma_k\|_1 \to 0$ gilt. Somit ist $f \otimes g$ integrierbar, und das Integral hat den Wert

$$\int\limits_{X \times Y} (f \otimes g)\, \mathrm{d}(x,y) = \lim_{k \to \infty} \int\limits_{X \times Y} (\varphi_k \otimes \gamma_k)\, \mathrm{d}(x,y)$$

$$= \lim_{k \to \infty} \left(\int\limits_X \varphi_k\, \mathrm{d}x \cdot \int\limits_Y \gamma_k\, \mathrm{d}y \right) = \int\limits_X f\, \mathrm{d}x \cdot \int\limits_Y g\, \mathrm{d}y.$$

(ii) Nach dem Satz von Fubini gibt es eine Nullmenge $N \subset Y$ derart, daß die Funktion $x \mapsto f(x)g(y)$ für alle $y \in Y \setminus N$ integrierbar ist. Nach Voraussetzung gibt es ferner ein $y_0 \in Y \setminus N$ mit $g(y_0) \ne 0$. Mit der Funktion $x \mapsto f(x)g(y_0)$ ist also auch die Funktion f integrierbar. $\square$

Beispiel: Seien $p, q \in \mathbb{R}$. Die Funktion $(x,y) \mapsto x^{p-1}y^{q-1}$ ist genau dann über $(0;1)^2 \subset \mathbb{R}^2$ integrierbar, wenn die beiden Faktoren $x \mapsto x^{p-1}$ und $y \mapsto y^{q-1}$ über $(0;1)$ integrierbar sind. Das ist genau für $p, q > 0$ der Fall.

8.6 Aufgaben

1. Man zeige, daß der Raum $\mathscr{C}[-1;1]$ mit der L^1-Norm unvollständig ist. Dazu zeige man, daß die Funktionen $f_n \colon [-1;1] \to \mathbb{R}$,

$$f_n(x) := \begin{cases} -1 & \text{für } x \in \left[-1; -\frac{1}{n}\right], \\ nx & \text{für } x \in \left[-\frac{1}{n}; \frac{1}{n}\right], \\ 1 & \text{für } x \in \left[\frac{1}{n}; 1\right], \end{cases}$$

   eine L^1-Cauchyfolge bilden, welche in $\mathscr{C}[-1;1]$ keinen L^1-Grenzwert hat. Man gebe einen L^1-Grenzwert in $\mathscr{L}^1([-1;1])$ an.

2. Der Durchschnitt D abzählbar vieler meßbarer Mengen $A_1, A_2, \ldots$ im $\mathbb{R}^n$ ist meßbar. Im Fall $A_1 \supset A_2 \supset \cdots$ gilt $v(D) = \lim\limits_{k \to \infty} v(A_k)$.

3. Es sei $K_1(0)$ die euklidische Einheitskugel im $\mathbb{R}^n$. Man zeige, daß das Integral

$$\int\limits_{K_1(0)} \frac{\mathrm{d}x}{\sqrt{1 - \|x\|_2^2}}$$

   existiert, und berechne es für $n = 2$ und 3.

4. Es sei $\|\ \|$ irgendeine Norm auf $\mathbb{R}^n$. Für welche $a \in \mathbb{R}$ ist die Funktion $\left(1 + \|x\|^a\right)^{-1}$ über $\mathbb{R}^n$ integrierbar?

5. Es seien $p_1, \ldots, p_k$ verschiedene Punkte im $\mathbb{R}^n$ und $a_1, \ldots, a_k$ positive Zahlen. Man beweise: Für eine beliebige Norm auf $\mathbb{R}^n$ existiert

$$\int\limits_{\mathbb{R}^n} \frac{\mathrm{d}x}{\|x - p_1\|^{a_1} \cdots \|x - p_k\|^{a_k}}$$

   genau dann, wenn folgende zwei Bedingungen erfüllt sind: (i) $a_i < n$ für alle $i = 1, \ldots, k$ sowie (ii) $a_1 + \cdots + a_k > n$.

6. *Newton-Potentiale in* $\mathbb{R}^2$. Sei $\rho \colon K \to \mathbb{R}$ eine beschränkte integrierbare Funktion auf einer kompakten Menge $K \subset \mathbb{R}^2$. Man zeige:

   a) Für jedes $x \in \mathbb{R}^2$ existiert das Integral

   $$u(x) := \int\limits_K \rho(y) \ln \|x - y\|_2 \ \mathrm{d}y.$$

   b) u ist harmonisch auf $\mathbb{R}^2 \setminus K$.

7. Man zeige: Durch das vollständige elliptische Integral 1. Gattung

$$\mathrm{K}(z) := \int\limits_0^1 \frac{\mathrm{d}t}{\sqrt{(1 - t^2)(1 - z^2 t^2)}}, \qquad z \in \mathbb{E},$$

   ist eine holomorphe Funktion in $\mathbb{E}$ definiert.

8. Die *Besselfunktion der Ordnung* α, $\alpha > -\frac{1}{2}$, kann für $z \in \mathbb{C}$ durch

$$J_\alpha(z) := \frac{(z/2)^\alpha}{\Gamma\left(\alpha + \frac{1}{2}\right)\Gamma\left(\frac{1}{2}\right)} \int_{-1}^{1} (1-t^2)^{\alpha-\frac{1}{2}} \cos(zt)\, dt$$

definiert werden. Man zeige:

$$J_\alpha(z) = \left(\frac{z}{2}\right)^\alpha \cdot \sum_{k=0}^{\infty} \frac{(-1)^k \left(\frac{z}{2}\right)^{2k}}{k!\,\Gamma(k + \alpha + 1)}.$$

Hinweis: Betaintegral.

9. Es sei E die Einheitskugel im euklidischen $\mathbb{R}^n$ und $t \in \mathbb{R}$. Man zeige:

$$\int_{E} e^{-ix_n t}\, dx = \left(\sqrt{2\pi}\right)^n \cdot \frac{1}{t^{n/2}} \cdot J_{n/2}(t),$$

wobei $J_{n/2}$ die Besselfunktion der Ordnung $n/2$ ist; siehe Aufgabe 8.

10. Man zeige: Das Integral der in 2.3 angegebenen Lösung der Wärmeleitungsgleichung hat für alle $t > 0$ den gleichen Wert; und zwar gilt

$$\int_{\mathbb{R}^n} \frac{1}{t^{n/2}} \exp\left(-\frac{\|x\|^2}{4kt}\right) dx = \left(2\sqrt{k\pi}\right)^n, \quad (k > 0).$$

11. Man zeige: Ist $A \subset \mathbb{R}^n$ meßbar und $f\colon A \to \mathbb{C}$ fast überall stetig und beschränkt, so ist f über A integrierbar.

12. Es seien $f_k\colon A \to \mathbb{C}$, $k \in \mathbb{N}$, integrierbare Funktionen auf einer meßbaren Menge $A \subset \mathbb{R}^n$. Die Folge (f_k) konvergiere auf A gleichmäßig gegen die Funktion f. Man zeige, daß auch f über A integrierbar ist, und

$$\int_{A} f\, dx = \lim_{k \to \infty} \int_{A} f_k\, dx.$$

Auf die Meßbarkeit von A kann hierbei nicht verzichtet werden; man betrachte auf $\mathbb{R}$ etwa die Folge der Funktionen $\frac{1}{k} \cdot \mathbf{1}_{[-k,k]}$, $k \in \mathbb{N}$.

13. Es sei $f \in \mathscr{L}^1(\mathbb{R}^n)$ reell und nicht negativ. Dann ist für jedes $c > 0$ die Menge $A_c := \left\{ x \in \mathbb{R}^n \mid f(x) \geq c \right\}$ meßbar und hat ein Maß

$$v_n(A_c) \leq \frac{1}{c} \cdot \|f\|_1 \qquad (\textit{Tschebyschewsche Ungleichung}).$$

Hinweis: Man konstruiere eine integrierbare Funktion $\varphi\colon \mathbb{R}^n \to [0; 1]$ so, daß $A_c := \left\{ x \in \mathbb{R}^n \mid \varphi(x) = 1 \right\}$ gilt, und betrachte die Folge (φ^k).

14. Es seien A_k, $k \in \mathbb{N}$, meßbare Mengen im $\mathbb{R}^n$ mit $\sum_{k=1}^{\infty} v(A_k) < \infty$. Dann liegen fast alle $x \in \mathbb{R}^n$ in höchstens endlich vielen der A_k.

Hinweis: Man betrachte die Funktion $f = \sum_{k=1}^{\infty} \mathbf{1}_{A_k}$.

15. Für welche $a > 0$ ist $\dfrac{1}{x+y}$ über $A = \{(x,y) \in (0;1)^2 \mid y \leq x^a\}$ integrierbar?

16. Für welche $a > 0$ ist $(x_1^2 + \cdots + x_m^2)^{-a}$, $1 \leq m \leq n$, über den Würfel $[-1;1]^n \subset \mathbb{R}^n$ integrierbar?

17. Es sei $f(x,y) := \dfrac{\mathrm{sign}(xy)}{x^2+y^2}$ auf $\mathbb{R}^2 \setminus (0,0)$ und $f(0,0) = 0$. Man zeige, etwa mit dem Satz über die Integration rotationssymmetrischer Funktionen, daß f nicht über $\mathbb{R}$ integrierbar ist, daß aber die beiden iterierten Integrale $\int_{\mathbb{R}} \left(\int_{\mathbb{R}} f \, \mathrm{d}x \right) \mathrm{d}y$ und $\int_{\mathbb{R}} \left(\int_{\mathbb{R}} f \, \mathrm{d}y \right) \mathrm{d}x$ existieren und denselben Wert haben, nämlich 0.

18. Sei $f \colon \mathbb{R}^n \to \mathbb{R}$ eine stetige Funktion, deren positiver Anteil f^+ und negativer Anteil f^- jeweils nicht über $\mathbb{R}^n$ integrierbar ist. Man zeige: Zu jedem $a \in \mathbb{R}$ gibt es eine Ausschöpfung (A_k) des $\mathbb{R}^n$ mit

$$\lim_{k \to \infty} \int_{A_k} f(x) \, \mathrm{d}x = a.$$

19. Man zeige: Eine Reihe $\sum_{k=1}^{\infty} g_k$ integrierbarer Funktionen auf $\mathbb{R}^n$ mit $\sum_{k=1}^{\infty} \int |g_k| \, \mathrm{d}x < \infty$ konvergiert fast überall gegen eine integrierbare Funktion, und es gilt

$$\int \left(\sum_{k=1}^{\infty} g_k \right) \mathrm{d}x = \sum_{k=1}^{\infty} \int g_k \, \mathrm{d}x.$$

20. Für welches n ist κ_n am größten ?

9 Der Transformationssatz

Wir untersuchen in diesem Kapitel das Verhalten eines Integrals unter einer Koordinatentransformation. Eine solche tritt zum Beispiel auf, wenn man zur Berücksichtigung von Symmetrien des Integrationsbereiches passende Koordinaten wählt, zur Integration über eine Kugel etwa Polarkoordinaten. Im Fall der Dimension Eins und bei stetigen Integranden hat man die mit Hilfe des Hauptsatzes der Differential- und Integralrechnung leicht beweisbare Substitutionsregel. Der Transformationssatz verallgemeinert diese Regel auf beliebige Dimensionen und beliebige integrierbare Funktionen; sein Beweis erfordert jedoch wesentlich mehr Mühe.

9.1 Formulierung des Transformationssatzes. Erste Beispiele

Zunächst formulieren wir die Substitutionsregel der Integralrechnung einer Veränderlichen in einer Weise, in der auf die Zuordnung der Integrationsgrenzen nicht Bezug genommen wird. Sei $t: [a; b] \to [\alpha; \beta]$ eine bijektive stetig differenzierbare Abbildung. Im Fall $t' \geq 0$ ist $t(a) = \alpha$ und $t(b) = \beta$, im orientierungsumkehrenden Fall $t' \leq 0$ ist $t(a) = \beta$ und $t(b) = \alpha$. In beiden Fällen gilt

$$\int_{[a;b]} f\big(t(x)\big) \cdot |t'(x)| \, \mathrm{d}x = \int_{[\alpha;\beta]} f(y) \, \mathrm{d}y.$$

Der Transformationssatz schließt an diese Formulierung an.

Transformationssatz: *Seien U und V offene Teilmengen des $\mathbb{R}^n$ und sei $T: U \to V$ ein Diffeomorphismus. Dann ist eine Funktion f auf V genau dann über V integrierbar, wenn $(f \circ T) \cdot |\det T'|$ über U integrierbar ist. In diesem Fall gilt*

$$\int_U f\big(T(x)\big) \cdot \big|\det T'(x)\big| \, \mathrm{d}x = \int_V f(y) \, \mathrm{d}y.$$

Die Transformationsformel erscheint plausibel, wenn man die beiden Integrale durch Riemannsche Summen approximiert. Wir stellen uns U als Vereinigung kleiner Quader Q_k vor; V ist dann die Vereinigung der „krummlinigen Parallelotope" $P_k = T(Q_k)$. Ist f in P_k nahezu konstant und T dort nahezu affin, so stellt die Summe $\sum f(y_k)v(P_k)$ mit $y_k \in P_k$ eine Näherung für $\int_V f(y)\,dy$ dar. P_k hat nach 7.7 (11) näherungsweise das Volumen $|\det T'(x_k)| \cdot v(Q_k)$, wobei $x_k = T^{-1}(y_k)$. Damit erhält man

$$\sum f(y_k)v(P_k) \approx \sum f\big(T(x_k)\big) \cdot \big|\det T'(x_k)\big|\, v(Q_k).$$

Diese beiden Summen sind jeweils Näherungssummen zu den in der Transformationsformel auftretenden Integralen.

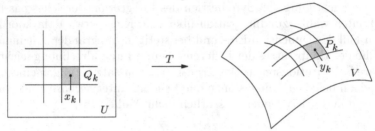

Die beiden Integrale in der Transformationsformel werden durch
Riemannsche Summen approximiert, wobei $v(P_k) \approx \big|\det T'(x_k)\big| \cdot v(Q_k)$

Wir beweisen den Transformationssatz im nächsten Abschnitt. Zuvor formulieren wir ihn noch im Fall einer affinen Transformation sowie der Potenzabbildungen. Die besonders wichtige Integration durch Transformation auf Polarkoordinaten behandeln wir eingehend im übernächsten Abschnitt.

Folgerung 1: *Sei $T\colon \mathbb{R}^n \to \mathbb{R}^n$, $Tx = Ax + b$, eine nicht ausgeartete affine Transformation. Ist f über eine Menge $K \subset \mathbb{R}^n$ integrierbar, dann ist $f \circ T$ über die Urbildmenge $T^{-1}(K)$ integrierbar, und es gilt*

$$\int\limits_{T^{-1}(K)} f(Ax + b)\,dx = \frac{1}{|\det A|} \cdot \int\limits_{K} f(y)\,dy.$$

Beweis: Man wende den Transformationssatz auf $U = V = \mathbb{R}^n$ und f_K an; dabei ist zu beachten, daß $f_K \circ T = (f \circ T)_{T^{-1}(K)}$. $\square$

Wendet man die Folgerung auf $f = 1$ und die Umkehrabbildung T^{-1} anstelle von T an, so erhält man eine wichtige Transformationseigenschaft des Lebesgue-Maßes:

Korollar: *Mit K ist auch $T(K)$ meßbar, und es gilt*

$$v\big(T(K)\big) = |\det A| \cdot v(K).$$

Insbesondere gilt bei einer Bewegung T

$$v\big(T(K)\big) = v(K).$$

Diese Eigenschaft nennt man die *Bewegungsinvarianz* des Lebesgue-Maßes.

Beispiel 1: Das Volumen des Ellipsoids

$$E: \quad \frac{x_1^2}{a_1^2} + \cdots + \frac{x_n^2}{a_n^2} \le 1, \qquad a_1, \ldots, a_n > 0.$$

E ist das Bild der Einheitskugel $K = \{\xi \mid \xi_1^2 + \cdots + \xi_n^2 \le 1\}$ unter der affinen Abbildung $(\xi_1, \ldots, \xi_n) \mapsto (a_1\xi_1, \ldots, a_n\xi_n) =: (x_1, \ldots, x_n)$. Diese hat die Funktionaldeterminante $a_1 \cdots a_n$. Mit dem bereits in 8.5 berechneten Volumen κ_n der n-dimensionalen euklidischen Einheitskugel ergibt sich als Volumen des Ellipsoids

$$v(E) = \kappa_n \cdot a_1 \cdots a_n.$$

Beispiel 2: Rotationssymmetrie des Newton-Potentials einer Kugelschale bei rotationssymmetrischer Dichte. Es sei $K \subset \mathbb{R}^3$ eine kompakte Kugelschale mit Mittelpunkt 0 und ρ eine beschränkte integrierbare Funktion auf K. Für jeden Punkt $x \in \mathbb{R}^3$ existiert das Integral

$$u(x) := \int\limits_K \frac{\rho(y)}{\|x - y\|_2} \, dy$$

nach der Folgerung in 8.2 und stellt bis auf einen Normierungsfaktor das Newton-Potential auf $\mathbb{R}^3$ zu (K, ρ) dar. Wir zeigen:

Ist ρ zusätzlich rotationssymmetrisch, so ist auch u rotationssymmetrisch.

Beweis: Es sei T eine Drehung um 0, dargestellt durch die orthogonale Matrix A. Zu zeigen ist $u(Ax) = u(x)$. Wegen $\rho(Ay) = \rho(y)$, $T(K) = K$ und $|\det A| = 1$ ergibt sich mit Folgerung 1

$$u(Ax) = \int\limits_K \frac{\rho(y)\, dy}{\|Ax - y\|_2} = \int\limits_K \frac{\rho(A^{-1}y)\, dy}{\|x - A^{-1}y\|_2} = \int\limits_K \frac{\rho(\eta)\, d\eta}{\|x - \eta\|_2} = u(x). \qquad \square$$

Bemerkung: u ist nach einem Beispiel in 8.4 auch harmonisch in $\mathbb{R}^3 \setminus K$. Nun sind die rotationssymmetrischen harmonischen Funktionen in Kugeln und Kugelschalen nach 2.3 (16) vollständig bekannt: Danach ist u im Hohlraum von K konstant und hat im Außenraum die Bauart

$$u(x) = \frac{a}{\|x\|_2} + b \quad \text{mit } a, b \in \mathbb{C}.$$

Potenzabbildungen. Unter einer solchen versteht man eine für positive $\alpha_1, \ldots, \alpha_n$ und positive $a_1, \ldots, a_n$ durch

$$T(\xi_1, \ldots, \xi_n) := \left(a_1 \xi_1^{1/\alpha_1}, \ldots, a_n \xi_n^{1/\alpha_n}\right) = (x_1, \ldots, x_n)$$

definierte Abbildung des $\mathbb{R}_+^n$. T bildet $\mathbb{R}_+^n$ diffeomorph auf sich ab und hat die Funktionaldeterminante

$$\det T'(\xi_1, \ldots, \xi_n) = \frac{a_1 \cdots a_n}{\alpha_1 \cdots \alpha_n} \cdot \xi_1^{1/\alpha_1 - 1} \cdots \xi_n^{1/\alpha_n - 1}.$$

T bildet ferner den offenen Kern des Standardsimplex $\Delta = \Delta^n \subset \mathbb{R}^n$ diffeomorph ab auf den offenen Kern des *verallgemeinerten Simplex*

$$\Delta_{a_1, \ldots, a_n}^{\alpha_1, \ldots, \alpha_n} := \left\{ (x_1, \ldots, x_n) \mid x_1 \geq 0, \ldots, x_n \geq 0, \ \sum_{i=1}^{n} \left(\frac{x_i}{a_i}\right)^{\alpha_i} \leq 1 \right\}.$$

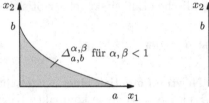 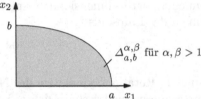

Verallgemeinerte Simplizes im $\mathbb{R}^2$

Folgerung 2: *Eine Funktion f auf dem verallgemeinerten Simplex $\Delta_{a_1, \ldots, a_n}^{\alpha_1, \ldots, \alpha_n}$ ist genau dann darüber integrierbar, wenn die durch*

$$F(\xi) := f\left(a_1 \xi_1^{1/\alpha_1}, \ldots, a_n \xi_n^{1/\alpha_n}\right) \cdot \xi_1^{1/\alpha_1 - 1} \cdots \xi_n^{1/\alpha_n - 1}$$

erklärte Funktion über das Standardsimplex integrierbar ist, und dann gilt

$$\boxed{\int\limits_{\Delta_{a_1, \ldots, a_n}^{\alpha_1, \ldots, \alpha_n}} f(x)\, \mathrm{d}x = \frac{a_1 \cdots a_n}{\alpha_1 \cdots \alpha_n} \cdot \int\limits_{\Delta} F(\xi)\, \mathrm{d}\xi.}$$

Die Integration über das Standardsimplex Δ kann durch die Jacobi-Transformation weiter auf die Integration über einen Würfel zurückgeführt werden; siehe 9.3.II. Für Letztere hat man dann den Satz von Fubini.

Beweis der Folgerung 2: Wegen $(f \circ T) \cdot \det T' = \dfrac{a_1 \cdots a_n}{\alpha_1 \cdots \alpha_n} \cdot F$ folgt aus dem Transformationssatz zunächst diejenige analoge Aussage, in der $\Delta_{a_1, \ldots, a_n}^{\alpha_1, \ldots, \alpha_n}$ und Δ jeweils durch ihren offenen Kern ersetzt sind. Da die Ränder dieser Mengen Nullmengen sind, gilt die Behauptung auch wie angegeben. □

Beispiel: Für $f(x,y) = x^{p-1}y^{q-1}$ ist $F(\xi,\eta) = a^{p-1}b^{q-1}\xi^{p/\alpha-1}\eta^{q/\beta-1}$. Die in 8.5 (15) aufgestellte Dirichletsche Formel erhält nun mit der Folgerung 2 die allgemeinere Gestalt

$$\int_{\Delta_{a,b}^{\alpha,\beta}} x^{p-1}y^{q-1}\,\mathrm{d}(x,y) = \frac{a^pb^q}{\alpha\beta}\cdot\frac{\Gamma\left(\frac{p}{\alpha}\right)\Gamma\left(\frac{q}{\beta}\right)}{\Gamma\left(\frac{p}{\alpha}+\frac{q}{\beta}+1\right)}\qquad (p,q>0).$$

Diese Formel enthält eine Reihe von Integralen, die für die Mechanik des ebenen Körpers $\Delta_{a,b}^{\alpha,\beta}$ bei konstanter Dichte Bedeutung haben; zum Beispiel liefert sie für $(p,q) = (1,1)$ die Masse (die Fläche), für $(p,q) = (1,2)$ das statische Moment bezüglich der x-Achse und für $(p,q) = (1,3)$ das Trägheitsmoment bezüglich der x-Achse.

9.2 Beweis des Transformationssatzes

Der Transformationssatz wird in zwei Schritten bewiesen: zunächst für Treppenfunktionen, sodann mit Hilfe des Satzes von Riesz-Fischer für beliebige integrierbare Funktionen. In beiden Schritten verwenden wir mehrmals, daß ein Diffeomorphismus Nullmengen in Nullmengen abbildet. Der Beweis dafür beruht auf folgendem Lemma

Lemma: *Ist $N \subset \mathbb{R}^n$ eine Nullmenge und $T: N \to \mathbb{R}^n$ eine Lipschitzstetige Abbildung, dann ist auch $T(N)$ eine Nullmenge.*

Beweis: Sei L eine Konstante derart, daß $\|T(x) - T(y)\|_\infty \le L\cdot\|x-y\|_\infty$ für alle $x,y \in N$ gilt.

Sei nun $\varepsilon > 0$ gegeben. Man wähle dann eine Überdeckung von N durch achsenparallele Würfel W_k, $k \in \mathbb{N}$, mit $\sum_{k=1}^\infty v(W_k) < \varepsilon$. Eine solche Überdeckung gibt es nach 7.6 Satz 12. Das Bild $T(N \cap W_k)$ liegt in einem Würfel mit dem Volumen $(2L)^n v(W_k)$. Folglich wird $T(N)$ von abzählbar vielen Würfeln mit dem Gesamtvolumen $\sum_{k=1}^\infty (2L)^n v(W_k) \le (2L)^n\varepsilon$ überdeckt. $T(N)$ ist also eine Nullmenge. □

Korollar: *Ist N eine Nullmenge und $T: U \to \mathbb{R}^n$ eine $\mathscr{C}^1$-Abbildung auf einer offenen Menge $U \subset \mathbb{R}^n$ mit $N \subset U$, dann ist auch $T(N)$ eine Nullmenge.*

Beweis: Nach 7.6 Lemma 7 gibt es abzählbar viele kompakte Quader Q_k, $k \in \mathbb{N}$, die U und damit auch N überdecken. Die Einschränkungen $T\,|\,Q_k$ sind nach dem Schrankensatz in 3.2 Lipschitz-stetig. Nach dem Lemma sind also alle Bilder $T(N \cap Q_k)$ Nullmengen; folglich ist auch deren Vereinigung $T(N)$ eine. □

Für den Rest dieses Abschnittes sei $T\colon U \to V$ ein Diffeomorphismus der offenen Menge $U \subset \mathbb{R}^n$ auf die offene Menge $V \subset \mathbb{R}^n$ und $S\colon V \to U$ seine Umkehrung.

In den Hilfssätzen 1 und 2 stellen wir zunächst Schranken für die Verzerrung des Volumens kompakter Mengen auf.

Hilfssatz 1: *Für jeden kompakten Würfel $W \subset U$ gilt*

$$v\bigl(T(W)\bigr) \le \max_{x \in W}\bigl|\det T'(x)\bigr| \cdot v(W).$$

Beweis: $T(W)$ ist kompakt, also meßbar. Ist $v(W) = 0$, so folgt die Behauptung aus dem Korollar. Es sei nun $v(W) \ne 0$ und α die Zahl mit

$$v\bigl(T(W)\bigr) = \alpha\, v(W).$$

Wir zerlegen W durch n kantenhalbierende Hyperebenen $x_\nu = c_\nu$, in 2^n kompakte Teilwürfel. Unter diesen gibt es einen Würfel W_1 derart, daß $v\bigl(T(W_1)\bigr) \ge \alpha\, v(W_1)$. Durch Wiederholung dieser Prozedur findet man eine absteigende Folge $W_1 \supset W_2 \supset W_3 \supset \cdots$ kompakter Würfel mit

(1) $$v\bigl(T(W_k)\bigr) \ge \alpha\, v(W_k).$$

Es sei a der Punkt, der allen W_k angehört, und $b := T(a)$ sein Bildpunkt. Ohne Einschränkung dürfen wir $a = b = 0$ annehmen. Ist m_k der Mittelpunkt von W_k und d die halbe Kantenlänge von W, so kann W_k mit der Maximumsnorm $\|\ \| = \|\ \|_\infty$ durch $W_k = \bigl\{x \mid \|x - m_k\| \le 2^{-k}d\bigr\}$ beschrieben werden. Wegen $a = 0 \in W_k$ gilt dabei $\|m_k\| \le 2^{-k}d$.

Da die Ableitung $A := T'(0)$ invertierbar ist, gibt es eine Darstellung

$$T(x) = A \cdot \bigl(x + \|x\|\, r(x)\bigr), \qquad x \in U,$$

mit $r(x) \to 0$ für $x \to 0$. Wir behaupten nun: Zu jedem $\varepsilon > 0$ gibt es einen Index $k = k(\varepsilon)$ derart, daß die Menge

$$V_k := \bigl\{x + \|x\|\, r(x) \mid x \in W_k\bigr\}$$

im Würfel

$$W_k^\varepsilon := \bigl\{z \mid \|z - m_k\| \le 2^{-k}d(1 + \varepsilon)\bigr\}$$

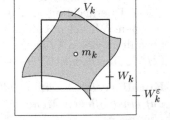

liegt. Zum Beweis wähle man k so, daß $\|r(x)\| \le \varepsilon/2$ gilt für $x \in W_k$. Unter Beachtung von $\|x\| \le 2 \cdot 2^{-k}d$ für $x \in W_k$ folgt dann

$$x + \|x\|\, r(x) \in W_k^\varepsilon.$$

Aus $V_k \subset W_k^\varepsilon$ für $k = k(\varepsilon)$ folgt weiter $T(W_k) = AV_k \subset AW_k^\varepsilon$, und mit 7.7 (9) schließlich:

(2) $$v\big(T(W_k)\big) \leq (1+\varepsilon)^n \cdot |\det A| \cdot v(W_k).$$

Wir nehmen nun an, für α gelte entgegen der Behauptung

$$\alpha > \max_{x \in W} \big|\det T'(x)\big| \geq |\det A|.$$

Wir wählen dann ein $\varepsilon > 0$ so klein, daß auch $(1+\varepsilon)^n |\det A| < \alpha$ gilt. Für W_k, $k = k(\varepsilon)$, erhalten wir damit nach (2) $v\big(T(W_k)\big) < \alpha v(W_k)$ im Widerspruch zu (1). $\qquad\square$

Hilfssatz 2: *Sei $K \subset U$ eine kompakte Menge, deren Rand eine Nullmenge ist, und $Q = T(K)$. Dann gilt die Einschachtelung*

$$\min_{x \in K} \big|\det T'(x)\big| \cdot v(K) \leq v(Q) \leq \max_{x \in K} \big|\det T'(x)\big| \cdot v(K).$$

Beweis: Wir führen diesen Hilfssatz auf den vorangehenden zurück. Dazu wählen wir nach 7.6 Lemma 7 abzählbar viele kompakte Würfel W_k, $k \in \mathbb{N}$, mit folgenden Eigenschaften:

(i) Die Vereinigung aller W_k ist der offene Kern von K.

(ii) Die Durchschnitte $W_i \cap W_j$ für $i \neq j$ enthalten höchstens Randpunkte von W_i und W_j.

Da der Rand von K eine Nullmenge ist, folgt

$$v(K) = v(K^\circ) = \sum_{k=1}^{\infty} v(W_k).$$

Entsprechend gilt: Die Vereinigung aller Bilder $T(W_k)$ ist der offene Kern von Q und die Durchschnitte $T(W_i) \cap T(W_j) = T(W_i \cap W_j)$ für $i \neq j$ sind Nullmengen. Da außerdem der Rand von Q als Bild des Randes von K unter T eine Nullmenge ist, folgt

$$v(Q) = v(Q^\circ) = \sum_{k=1}^{\infty} v\big(T(W_k)\big).$$

Nach Hilfssatz 1 gilt für W_k

$$v\big(T(W_k)\big) \leq \max_{x \in K} \big|\det T'(x)\big| \cdot v(W_k).$$

Mit den vorangehenden Darstellungen von $v(K)$ und $v(Q)$ ergibt sich daraus die rechte Abschätzung der Behauptung.

Die linke Abschätzung erhält man aus der rechten, wenn man die Rollen von Q und K vertauscht, ferner T durch T^{-1} ersetzt und schließlich beachtet, daß $T'(x) = \big((T^{-1})'(y)\big)^{-1}$ für $y = T(x)$ gilt. $\qquad\square$

Hilfssatz 3: *Der Transformationssatz gilt für jede Treppenfunktion, deren Träger in V liegt.*

Unter dem *Träger* $\mathrm{Tr}(h)$ einer Funktion h auf einem topologischen Raum X versteht man die abgeschlossene Hülle der Menge derjenigen Punkte, in denen h nicht verschwindet:

$$\mathrm{Tr}(h) := \overline{\{x \in X \mid h(x) \neq 0\}}.$$

Beweis: Aus Linearitätsgründen genügt es, den Hilfssatz für die charakteristischen Funktionen von Quadern zu zeigen; aufgrund des Korollars genügt es sogar, ihn für die charakteristischen Funktionen kompakter Quader in V zu beweisen, da der Rand jedes Quaders eine Nullmenge ist.

Sei nun Q ein kompakter Quader in V. Die Integrierbarkeit der Funktion $(\mathbf{1}_Q \circ T) \cdot |\det T'|$ über U folgt dann daraus, daß $\mathbf{1}_Q \circ T$ außerhalb der kompakten Menge $T^{-1}(Q)$ verschwindet und $\det T'$ stetig ist. Zu zeigen bleibt also nur noch die Formel

$$\int_{T^{-1}(Q)} |\det T'(x)| \, \mathrm{d}x = \int_Q 1 \, \mathrm{d}y.$$

Sei $\varepsilon > 0$ gegeben. Wegen der gleichmäßigen Stetigkeit von $|\det S'|^{-1}$ $(S = T^{-1})$ auf Q gibt es eine Zerlegung $Q = Q_1 \cup \cdots \cup Q_r$ in kompakte Quader $Q_1, \ldots, Q_r$, die höchstens Randpunkte gemeinsam haben und so klein sind, daß in jedem Q_i gilt: $\max_{Q_i} |\det S'(y)|^{-1} - \min_{Q_i} |\det S'(y)|^{-1} \leq \varepsilon$. In $K_i := S(Q_i)$ gilt dann

$$\max_{K_i} |\det T'(x)| - \min_{K_i} |\det T'(x)| \leq \varepsilon.$$

Damit folgt aus Hilfssatz 2

$$\left| \int_{K_i} |\det T'(x)| \, \mathrm{d}x - v(Q_i) \right| \leq \varepsilon \cdot v(K_i).$$

Da die Durchschnitte $K_i \cap K_j = S(Q_i \cap Q_j)$ für $i \neq j$ Nullmengen sind, erhält man durch Summation

$$\left| \int_{S(Q)} |\det T'(x)| \, \mathrm{d}x - v(Q) \right| \leq \varepsilon \cdot v\big(S(Q)\big).$$

Das beweist die Behauptung. $\qquad\qquad\qquad\qquad\qquad\qquad\qquad$ □

Hilfssatz 4: *Sei f integrierbar über die offene Menge $V \subset \mathbb{R}^n$. Dann gibt es zu jedem $\varepsilon > 0$ eine Treppenfunktion φ mit Träger in V und mit*

$$\|f_V - \varphi\|_1 < \varepsilon.$$

Beweis: Sei ψ irgendeine Treppenfunktion auf $\mathbb{R}^n$ mit $\left\|f_V - \psi\right\|_1 < \varepsilon/2$. Wegen $\left|f_V - \mathbf{1}_V\psi\right| \leq \left|f_V - \psi\right|$ gilt dann auch

$$\left\|f_V - \mathbf{1}_V\psi\right\|_1 < \frac{\varepsilon}{2}.$$

Wir approximieren $\mathbf{1}_V\psi$ durch eine Treppenfunktion mit Träger in V. Sei dazu B eine beschränkte offene Menge, die den Träger von ψ umfaßt; ferner A eine Vereinigung endlich vieler kompakter Quader in $V \cap B$ mit $v(V \cap B) - v(A) < \varepsilon/2M$, M eine positive obere Schranke für $|\psi|$. Dann ist $\varphi := \mathbf{1}_A\psi$ eine Treppenfunktion mit Träger in $A \subset V$ und mit

$$\left\|\mathbf{1}_V\psi - \varphi\right\|_1 = \left\|\mathbf{1}_{V\cap B}\psi - \mathbf{1}_A\psi\right\|_1 \leq M \cdot \left(v(V \cap B) - v(A)\right) < \frac{\varepsilon}{2}.$$

φ besitzt also die gewünschten Eigenschaften. $\qquad\square$

Beweis des Transformationssatzes: Sei f integrierbar über V. Nach Hilfssatz 4 gibt es eine Folge (φ_k) von Treppenfunktionen mit den Eigenschaften:

(i) Der Träger von φ_k liegt in V;

(ii) $\left\|f_V - \varphi_k\right\|_1 \to 0$.

Indem man nötigenfalls zu einer Teilfolge übergeht, erreicht man weiter:

(iii) (ψ_k) konvergiert außerhalb einer Nullmenge $N \subset V$ punktweise gegen die Funktion f_V.

Wir setzen

$$\widetilde{\varphi}_k := (\varphi_k \circ T) \cdot \left|\det T'\right|,$$
$$\widetilde{f} := (f \circ T) \cdot \left|\det T'\right|.$$

Aus Hilfssatz 3 folgt, daß die Funktionen $\widetilde{\varphi}_k$ über U integrierbar sind und eine L^1-Cauchyfolge bilden; es gilt nämlich

$$\left\|\widetilde{\varphi}_k - \widetilde{\varphi}_l\right\|_1 = \int_U \left|\widetilde{\varphi}_k - \widetilde{\varphi}_l\right| \mathrm{d}x = \int_V \left|\varphi_k - \varphi_l\right| \mathrm{d}y = \left\|\varphi_k - \varphi_l\right\|_1.$$

Ferner konvergiert $(\widetilde{\varphi}_k)$ außerhalb der Nullmenge $T^{-1}(N)$ punktweise gegen $\widetilde{f}$. Nach dem Satz von Riesz-Fischer ist $\widetilde{f}$ also integrierbar. Für das Integral schließlich erhält man

$$\int_U \widetilde{f}(x)\, \mathrm{d}x = \lim_{k\to\infty} \int_U \widetilde{\varphi}_k(x)\, \mathrm{d}x = \lim_{k\to\infty} \int_V \varphi_k(y)\, \mathrm{d}y = \int_V f(y)\, \mathrm{d}y.$$

Es sei umgekehrt $\widetilde{f}$ über U integrierbar. Wir wenden das bereits Bewiesene auf die Umkehrabbildung $S = T^{-1}: V \to U$ an und erhalten, daß $(\widetilde{f} \circ S) \cdot \left|\det S'\right| = f$ über V integrierbar ist.

Der Transformationssatz ist damit vollständig bewiesen. $\qquad\square$

9.3 Integration mittels Polarkoordinaten und Jacobi-Abbildung

I. Integration mittels Polarkoordinaten

Zur Integration über eine Kugel oder Kugelschale ist es oft vorteilhaft, Polarkoordinaten zu verwenden. Die Integration wird dadurch auf die Integration über einen Produktraum zurückgeführt. Für letztere steht dann der Satz von Fubini zur Verfügung.

Mit $\| \ \|$ bezeichnen wir in diesem Teilabschnitt I stets die euklidische Norm. Weiter sei $I \subset [0; \infty)$ ein Intervall. Die *Kugelschale* $K(I) \subset \mathbb{R}^n$ ist dann die Menge

$$K(I) = \big\{ x \in \mathbb{R}^n \mid \|x\| \in I \big\}.$$

Die Polarkoordinatenabbildung P_n bildet im Fall eines offenen Intervalls I das Produkt $I \times \Pi$ diffeomorph auf die „geschlitzte Kugelschale" $K^*(I) := K(I) \setminus (S \times \mathbb{R}^{n-2})$ ab; hierbei ist

$$\Pi := \begin{cases} (-\pi; \pi) & \text{im Fall } n = 2, \\[2mm] (-\pi; \pi) \times \left(-\dfrac{\pi}{2}, \dfrac{\pi}{2} \right)^{n-2} & \text{im Fall } n > 2, \end{cases}$$

und $S = \big\{ (x_1, 0) \mid x_1 \le 0 \big\} \subset \mathbb{R}^2$.

Die Funktionaldeterminante von P_n wurde bereits in 3.1 (6'') berechnet. Danach gilt für $(r, \varphi) = (r, \varphi_1, \ldots, \varphi_{n-1}) \in I \times \Pi$

$$\big| \det P_n'(r, \varphi) \big| = r^{n-1} C(\varphi)$$

mit

$$C(\varphi_1, \ldots, \varphi_{n-1}) := \cos^0 \varphi_1 \cdot \cos^1 \varphi_2 \cdots \cos^{n-2} \varphi_{n-1};$$

insbesondere ist

$$\big| \det P_2'(r, \varphi) \big| = r,$$

$$\big| \det P_3'(r, \varphi, \psi) \big| = r^2 \cos \psi.$$

Satz: *Eine Funktion f auf der Kugelschale $K(I) \subset \mathbb{R}^n$ ist genau dann über diese integrierbar, wenn die Funktion $f\big(P_n(r, \varphi) \big) \cdot C(\varphi)\, r^{n-1}$ über $I \times \Pi$ integrierbar ist. Es gilt dann*

(3)
$$\int\limits_{K(I)} f(x)\, \mathrm{d}x = \int\limits_{I} \int\limits_{\Pi} f\big(P_n(r, \varphi) \big) \cdot C(\varphi)\, r^{n-1}\, \mathrm{d}\varphi\, \mathrm{d}r.$$

Beweis: Es genügt, den Fall eines offenen Intervalls I zu betrachten, da sich $K(I)$ und $K(I°)$ nur um eine Nullmenge unterscheiden. P_n bildet dann $I \times II$ diffeomorph auf $K^*(I)$ ab. Nach dem Transformationssatz und dem Satz von Fubini gilt daher der Satz, wenn man überall $K(I)$ durch $K^*(I)$ ersetzt. $K(I)$ und $K^*(I)$ unterscheiden sich aber nur um eine Nullmenge. Der Satz gilt daher wie angegeben. □

Für $n = 2$ lautet (3) explizit

$$(3^2) \qquad \boxed{\int_{K(I)} f(x_1, x_2)\, d(x_1, x_2) = \int_I \int_{[-\pi;\pi]} f(r\cos\varphi,\, r\sin\varphi)\, r\, d\varphi\, dr}$$

und für $n = 3$

$$(3^3) \qquad \boxed{\int_{K(I)} f(x)\, dx = \int_I \int_{[-\pi;\pi]} \int_{\left[-\frac{\pi}{2};\frac{\pi}{2}\right]} f\big(P_3(r,\varphi,\psi)\big)\, r^2 \cos\psi\, d\psi\, d\varphi\, dr;}$$

hierbei ist

$$P_3(r,\varphi,\psi) = \begin{pmatrix} r\cos\varphi\cos\psi \\ r\sin\varphi\cos\psi \\ r\sin\psi \end{pmatrix} = \begin{pmatrix} x_1 \\ x_2 \\ x_3 \end{pmatrix}.$$

Beispiel 1: Nochmals das Volumen der Kugel $K_R(0) \subset \mathbb{R}^3$. Für dieses ergibt sich mit $f = 1$ nach (3^3):

$$v_3\big(K_R(0)\big) = \left(\int_0^R r^2\, dr\right) \cdot \left(\int_{-\pi}^{\pi} d\varphi\right) \cdot \left(\int_{-\pi/2}^{-\pi/2} \cos\psi\, d\psi\right) = \frac{4}{3}\pi R^3.$$

Beispiel 2: Das Newton-Potential einer homogen belegten Kugelschale. Eine mit Masse der konstanten Dichte μ belegte kompakte Kugelschale $K(I) \subset \mathbb{R}^3$ erzeugt in $p \in \mathbb{R}^3$ bis auf Normierung das Potential

$$u(p) = \mu \int_{K(I)} \frac{1}{\|x - p\|}\, dx.$$

Das Integral existiert nach der Folgerung
in 8.2 für alle $p \in \mathbb{R}^3$. Da u nach 9.1 Beispiel 2 rotationssymmetrisch ist, genügt es,
das Integral für $p = (0,0,a)$ mit $a \geq 0$ zu
berechnen. Dann ist

$$\|x - p\| = \sqrt{r^2 - 2ra\sin\psi + a^2};$$

mit $I = [R_1; R_2]$ ergibt (3^3) also

$$u(p) = \mu \int\limits_{R_1}^{R_2} \int\limits_{-\pi}^{\pi} \int\limits_{-\pi/2}^{\pi/2} \frac{r^2 \cos\psi}{\sqrt{r^2 - 2ra\sin\psi + a^2}} \, d\psi \, d\varphi \, dr.$$

Das innere Integral hat für $r > 0$ den Wert

$$-\frac{r}{a}\sqrt{r^2 - 2ra\sin\psi + a^2} \; \Big|_{-\pi/2}^{\pi/2} = \begin{cases} 2r^2/a, & \text{falls } a \geq r, \\ 2r, & \text{falls } a \leq r. \end{cases}$$

Damit ergibt sich weiter

$$u(p) = 4\pi\mu \cdot \begin{cases} \dfrac{1}{3}(R_2^3 - R_1^3) \cdot \dfrac{1}{a}, & \text{falls } a \geq R_2, \\[2mm] \dfrac{1}{3}(a^3 - R_1^3) \cdot \dfrac{1}{a} + \dfrac{1}{2}(R_2^2 - a^2), & \text{falls } R_1 \leq a \leq R_2, \\[2mm] \dfrac{1}{2}(R_2^2 - R_1^2), & \text{falls } a \leq R_1. \end{cases}$$

$\frac{4}{3}\pi(R_2^3 - R_1^3)\mu = M$ ist die Masse der Kugelschale. Das Ergebnis im ersten
Fall besagt damit

$$u(p) = \frac{M}{\|p\|}.$$

Eine homogene Kugelschale erzeugt also in den Punkten p mit $\|p\| \geq R_2$
dasselbe Potential wie ein im Mittelpunkt gelegener Punkt gleicher Masse.

Das Ergebnis im dritten Fall enthält insbesondere: *Das Potential im*
Hohlraum einer homogenen Kugelschale ist konstant.

Bemerkung: Das Ergebnis im ersten und im dritten Fall kann man auch
durch allgemeine Prinzipien erhalten: u ist rotationssymmetrisch nach 9.1
Beispiel 2 und harmonisch nach einem Beispiel in 8.4. Somit hat u nach 2.3
(16) die Gestalt $u(p) = \alpha \|p\|^{-1} + \beta$ mit Konstanten α, β. Im ersten Fall
impliziert die Asymptotik $u(p) \simeq M/\|p\|$ für $\|p\| \to \infty$, siehe 8.4 (6),

$$u(p) = \frac{M}{\|p\|} \qquad \text{für } p \in \mathbb{R}^3 \setminus \overline{K}_{R_2}(0).$$

Im dritten Fall impliziert die Harmonizität in ganz $K_{R_1}(0)$, daß $\alpha = 0$, u also konstant ist mit

$$u(p) = u(0) = \mu \int\limits_{K(I)} \frac{\mathrm{d}x}{\|x\|} = 2\pi\mu \,(R_2^2 - R_1^2) \qquad \text{nach 8.2 (1).} \qquad \square$$

Das Integral über $I \times \varPi$ in (3) kann für eine rotationssymmetrische Funktion auf ein Integral über I allein zurückgeführt werden. Wir erhalten dadurch eine Verallgemeinerung des diesbezüglichen Satzes in 8.2.

Satz (Integration rotationssymmetrischer Funktionen): *Es sei f eine Funktion auf dem Intervall I. Die Funktion $x \mapsto f(\|x\|)$ auf der Kugelschale $K(I) \subset \mathbb{R}^n$ ist genau dann über diese integrierbar, wenn die Funktion $r \mapsto f(r)r^{n-1}$ über das Intervall I integrierbar ist, und dann gilt*

$$(4) \qquad \boxed{\ \int\limits_{K(I)} f\big(\|x\|\big)\,\mathrm{d}x = n\kappa_n \int\limits_{I} f(r)r^{n-1}\,\mathrm{d}r. \ }$$

Hierbei bezeichnet κ_n das Volumen der n-dimensionalen euklidischen Einheitskugel; zu dessen Berechnung siehe 8.4 (9) und 8.5.

Beweis: Sei $F(x) := f(\|x\|)$. Wegen $F\big(P_n(r,\varphi)\big) = f(r)$ ist F nach dem vorausgehenden Satz genau dann über $K(I)$ integrierbar, wenn die Funktion $(r,\varphi) \mapsto f(r)r^{n-1} \cdot C(\varphi)$ über $I \times \varPi$ integrierbar ist. Das ist nach dem Satz über die Integration von Tensorprodukten genau dann der Fall, wenn die Funktion $r \mapsto f(r)r^{n-1}$ über I integrierbar ist, und dann gilt

$$(*) \qquad \int\limits_{K(I)} f\big(\|x\|\big)\,\mathrm{d}x = \int\limits_{I} f(r)r^{n-1}\,\mathrm{d}r \cdot \int\limits_{\varPi} C(\varphi)\,\mathrm{d}\varphi.$$

Es bleibt also nur noch zu zeigen, daß $\int_{\varPi} C(\varphi)\,\mathrm{d}\varphi = n\kappa_n$. Das aber ergibt sich sofort aus $(*)$ für $f = 1$ und $I = [0;1]$. $\qquad \square$

II. Integration mittels der Jacobi-Transformation

Für Integrationen über $\mathbb{R}_+^n$, Δ^n und einige weitere Gebiete erweist sich eine Transformation, mit der Jacobi die Integraldarstellung der Betafunktion zeigte (siehe Beispiel 1), als besonders hilfreich. Wir führen diese Transformation hier für $n = 2$ ein und im Aufgabenteil für $n > 2$.

Es sei $J = J_2 \colon \mathbb{R}^2 \to \mathbb{R}^2$ die Abbildung mit

$$J\begin{pmatrix} u \\ v \end{pmatrix} := \begin{pmatrix} u\,(1-v) \\ uv \end{pmatrix} = \begin{pmatrix} x \\ y \end{pmatrix}.$$

J hat folgende Eigenschaften:

(i) $x + y = u$, und in $\mathbb{R}^2_+$ gilt $J^{-1}\begin{pmatrix} x \\ y \end{pmatrix} = \begin{pmatrix} x + y \\ y/(x+y) \end{pmatrix}$.

(ii) J bildet

$$S := \mathbb{R}_+ \times (0;1) \text{ diffeomorph auf } \mathbb{R}^2_+ \text{ ab und}$$
$$Q := (0;1)^2 \text{ diffeomorph auf } (\Delta^2)^\circ.$$

(iii) $\det J'(u,v) = u$.

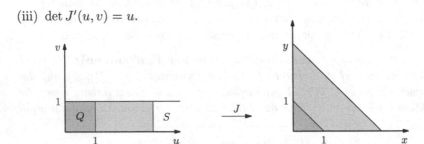

J bildet S diffeomorph auf $\mathbb{R}^2_+$ ab und Q auf $(\Delta^2)^\circ$

Mit dem Transformationssatz folgt daher:

Satz: *Eine Funktion f auf $\mathbb{R}^2_+$ (auf $(\Delta^2)^\circ$) ist genau dann über $\mathbb{R}^2_+$ (über Δ^2) integrierbar, wenn $(f \circ J) \cdot u$ über S (über Q) integrierbar ist, und dann gilt mit naheliegender Bezeichnung*

(5)
$$\int_{\mathbb{R}^2_+ \, (\Delta^2)} f(x,y)\,\mathrm{d}(x,y) = \int_{S \, (Q)} f\big(u\,(1-v),\,uv\big) \cdot u\,\mathrm{d}(u,v).$$

Beispiel 1: Eulersches Betaintegral und Gammafunktion nach Jacobi. Es seien $p,q \in \mathbb{C}$ mit $\operatorname{Re}p > 0$, $\operatorname{Re}q > 0$. Dann gilt:

(6)
$$\mathrm{B}(p,q) = \int_0^1 (1-t)^{p-1} t^{q-1}\,\mathrm{d}t = \frac{\Gamma(p)\Gamma(q)}{\Gamma(p+q)}.$$

In Band 1, 17.4 Aufgabe 3 war diese Identität mit Hilfe des Satzes von Bohr-Mollerup zu zeigen. In 8.4 haben wir sie dann mit Hilfe des Eindeutigkeitssatzes von Wielandt für die Gammafunktion bewiesen. Wir bringen nun den von Jacobi stammenden Beweis mittels 2-dimensionaler Integration.

Beweis: Die Funktionen $x \mapsto x^{p-1}\mathrm{e}^{-x}$ und $y \mapsto y^{q-1}\mathrm{e}^{-y}$ sind über $\mathbb{R}_+$ integrierbar und ihre Integrale sind $\Gamma(p)$ bzw. $\Gamma(q)$. Somit ist die Funktion

$(x, y) \mapsto x^{p-1}y^{q-1}e^{-x-y}$ über $\mathbb{R}_+^2$ integrierbar, und es gilt

$$I := \int\limits_{\mathbb{R}_+^2} x^{p-1}y^{q-1}e^{-x-y}\,d(x,y) = \Gamma(p)\Gamma(q).$$

Mittels (5) und dem Satz von Fubini ergibt sich andererseits

$$I = \int\limits_{S} \left(u\left(1-v\right)\right)^{p-1}(uv)^{q-1}e^{-u} \cdot u\,d(u,v)$$

$$= \int\limits_{0}^{\infty} u^{p+q-1}e^{-u}\,du \cdot \int\limits_{0}^{1}(1-v)^{p-1}v^{q-1}\,dv.$$

Damit folgt die Behauptung.   □

Beispiel 2: Verallgemeinerung der Dirichletschen Formel 8.5 (15). Es seien p, q reelle Zahlen und φ eine Funktion auf $(0; 1)$, die nicht fast überall verschwindet. Dann gilt:

Die Funktion $f(x,y) := x^{p-1}y^{q-1}\varphi(x+y)$ *ist genau dann über* Δ^2 *integrierbar, wenn* $p, q > 0$ *sind und die Funktion* $u^{p+q-1}\varphi(u)$ *über* $(0; 1)$ *integrierbar ist; gegebenenfalls gilt*

(7)
$$\int\limits_{\Delta^2} x^{p-1}y^{q-1}\varphi(x+y)\,d(x,y) = B(p,q) \cdot \int\limits_{(0;1)} u^{p+q-1}\varphi(u)\,du.$$

Beweis: Mit der Jacobi-Abbildung ergibt sich, daß f genau dann über Δ^2 integrierbar ist, wenn die Funktion

$$f\left(u\left(1-v\right),\,uv\right) \cdot u = u^{p+q-1}\varphi(u) \cdot (1-v)^{p-1}v^{q-1}$$

über $Q = (0; 1)^2$ integrierbar ist. Das ist nach dem Satz über die Integration von Tensorprodukten genau dann der Fall, wenn die Faktoren $u^{p+q-1}\varphi(u)$ und $(1-v)^{p-1}v^{q-1}$ jeweils über $(0; 1)$ integrierbar sind. Die Integrierbarkeitsbedingung für f ist damit gezeigt. Die Formel (7) ergibt sich dann aus (5) und (6).   □

Kombiniert man die Aussage dieses Beispiels noch mit der Folgerung 2 in 9.1 erhält man weiter: Es seien p, q reelle Zahlen und φ eine Funktion auf einem Intervall $I \subset [0; \infty)$, die nicht fast überall Null ist. Dann gilt:

Die Funktion $f(x,y) := x^{p-1}y^{q-1}\varphi(x^2 + y^2)$ *ist genau dann über* $K(I) \cap \mathbb{R}_+^2$ *integrierbar, wenn* $p, q > 0$ *sind und außerdem die Funktion* $r^{p+q-1}\varphi(r)$ *über* I *integrierbar ist; es gilt dann in Analogie zu* (4)

(8)
$$\int\limits_{K(I) \cap \mathbb{R}_+^2} f(x,y)\,d(x,y) = \frac{1}{2}B(\tfrac{p}{2}, \tfrac{q}{2}) \cdot \int\limits_{I} r^{p+q-1}\varphi(r)\,dr.$$

9.4 Aufgaben

1. Das Simplex im $\mathbb{R}^n$ mit den Eckpunkten $a_0, a_1, \ldots, a_n$ ist die Menge $\{x = \sum_{\nu=1}^{n} t_\nu (a_\nu - a_0) \mid (t_1, \ldots, t_n) \in \Delta^n\}$. Man zeige: Sein Volumen ist

$$\frac{1}{n!} \left| \det(a_1 - a_0, a_2 - a_0, \ldots, a_n - a_0) \right|.$$

2. Man zeige: Für $p, q, r > 0$ gilt die verallgemeinerte Dirichlet-Formel

$$\int\limits_{\Delta_{a,b,c}^{\alpha,\beta,\gamma}} x^{p-1} y^{q-1} z^{r-1} \, \mathrm{d}(x,y,z) = \frac{a^p b^q c^r}{\alpha\beta\gamma} \cdot \frac{\Gamma(\frac{p}{\alpha})\Gamma(\frac{q}{\beta})\Gamma(\frac{r}{\gamma})}{\Gamma(\frac{p}{\alpha} + \frac{q}{\beta} + \frac{r}{\gamma} + 1)}.$$

Mit Hilfe dieser Formel berechne man für den Körper $K := \Delta_{a,b,c}^{2,2,2}$:

a) das Volumen und den Schwerpunkt;

b) das geometrische Trägheitsmoment Θ_g bezüglich der Geraden g durch 0 in Richtung v, $\|v\|_2 = 1$; dabei ist Θ_g definiert durch

$$\Theta_g := \int\limits_K d_g^2(x,y,z) \, \mathrm{d}(x,y,z),$$

wobei $d_g(x,y,z)$ der Abstand des Punktes (x,y,z) von g ist.

3. Es sei $T \colon \mathbb{R}^n \to \mathbb{R}^n$ eine nicht ausgeartete affine Transformation. Man zeige: Ist S der Schwerpunkt einer kompakten Menge $K \subset \mathbb{R}^n$ mit $v(K) \neq 0$, so ist $T(S)$ der Schwerpunkt der Bildmenge $T(K)$.

4. Das folgende Integral existiert genau für $a < 2$ und hat dann den Wert

$$\int_{\Delta^2} \frac{\mathrm{d}(x,y)}{(x+y)^a} = \frac{1}{2-a}.$$

5. Es seien $p, q \in \mathbb{R}$ und φ eine Funktion auf $(1; \infty)$. Man diskutiere die Integration der Funktion $(x,y) \mapsto x^{p-1} y^{q-1} \varphi(x+y)$ über den „Außenraum" $\mathbb{R}_+^2 \setminus \Delta^2$. Insbesondere zeige man, daß die Funktion $(x+y)^{-a}$ genau für $a > 2$ darüber integrierbar ist, und daß dann

$$\int_{\mathbb{R}_+^2 \setminus \Delta^2} \frac{\mathrm{d}(x,y)}{(x+y)^a} = \frac{1}{a-2}.$$

6. *Die Jacobi-Abbildung $J_n \colon \mathbb{R}^n \to \mathbb{R}^n$ für $n \geq 3$.* Man definiert

$$J_n(u_1, \ldots, u_n) := \begin{pmatrix} J_{n-1}(u_1, \ldots, u_{n-1}) \cdot (1 - u_n) \\ u_1 u_n \end{pmatrix} = \begin{pmatrix} x_1 \\ \vdots \\ x_n \end{pmatrix}.$$

Man zeige:

a) $x_1 + \cdots + x_n = u_1$.

b) J_n bildet $\mathbb{R}_+ \times (0;1)^{n-1}$ diffeomorph auf $\mathbb{R}_+^n$ ab und $(0;1)^n$ diffeomorph auf $(\Delta^n)^\circ$.

c) $\det J_n'(u_1, \ldots, u_n) = u_1^{n-1}(1 - u_3)(1 - u_4)^2 \cdots (1 - u_n)^{n-2}$.

7. *Die Dirichlet-Formel in der Dimension n.* Man zeige: Sind $p_1, \ldots, p_n$ reelle Zahlen und ist f eine Funktion auf $(0;1)$, die nicht fast überall verschwindet, so ist die Funktion

$$F(x_1, \ldots, x_n) := x_1^{p_1-1} \cdots x_n^{p_n-1} \cdot f(x_1 + \cdots + x_n)$$

genau dann über $\Delta^n \subset \mathbb{R}^n$ integrierbar, wenn die Zahlen $p_1, \ldots, p_n$ positiv sind und außerdem die Funktion $u \mapsto u^{p_1 + \cdots + p_n - 1} f(u)$ über $(0;1)$ integrierbar ist. In diesem Fall gilt

$$\int\limits_{\Delta^n} F(x)\, dx = \frac{\Gamma(p_1) \cdots \Gamma(p_n)}{\Gamma(p_1 + \cdots + p_n)} \cdot \int\limits_{(0;1)} u^{p_1 + \cdots + p_n - 1} f(u)\, du.$$

8. Seien $p_1, \ldots, p_n \in \mathbb{R}$ und f eine Funktion auf einem Intervall $I \subset [0; \infty)$, die nicht fast überall Null ist. Man zeige: Die Funktion

$$F(x_1, \ldots, x_n) := x_1^{p_1-1} \cdots x_n^{p_n-1} f(\|x\|_2)$$

ist genau dann über $K(I) \cap \mathbb{R}_+^n$ integrierbar, wenn $p_1, \ldots, p_n > 0$ und die Funktion $r \mapsto f(r) r^{p-1}$, $p := p_1 + \cdots + p_n$, über I integrierbar ist, und dann gilt

$$\int\limits_{K(I) \cap \mathbb{R}_+^n} F(x)\, dx = \frac{1}{2^{n-1}} \cdot \frac{\Gamma(\frac{p_1}{2}) \cdots \Gamma(\frac{p_n}{2})}{\Gamma(\frac{p}{2})} \int\limits_I f(r) r^{p-1}\, dr.$$

9. *Integration über den Halbraum* $H_+^n := \{x \in \mathbb{R}^n \mid x_n > 0\}$. Es sei $K_1^{n-1}(0)$ die offene Einheitskugel im euklidischen $\mathbb{R}^{n-1}$. Man setze

$$T: \mathbb{R}_+ \times K_1^{n-1}(0) \to H_+^n, \qquad T(r, u) := (ru, r\sqrt{1 - \|u\|_2^2}),$$

und zeige: Für eine Funktion $f: H_+^n \to \mathbb{C}$ gilt

$$\int\limits_{H_+^n} f(x)\, dx = \int\limits_{\mathbb{R}_+ \times K_1^{n-1}(0)} f(T(r,u)) \frac{r^{n-1}}{\sqrt{1 - \|u\|_2^2}}\, d(r,u),$$

wobei das links stehende Integral genau dann existiert, wenn das rechts stehende existiert.

10. Es sei $f\colon \mathbb{E} \to \mathbb{C}$ holomorph und injektiv, $\mathbb{E} = K_1(0) \subset \mathbb{C}$. Man zeige:

a) $f\colon \mathbb{E} \to f(\mathbb{E})$ ist ein Diffeomorphismus.

b) $f(\mathbb{E})$ ist genau dann meßbar (als Teilmenge des $\mathbb{R}^2$), wenn die Koeffizienten in der Potenzreihenentwicklung $f(z) = \sum_{n=0}^{\infty} c_n z^n$ der Bedingung $\sum_{n=1}^{\infty} n\,|c_n|^2 < \infty$ genügen, und dann gilt

$$v_2\big(f(\mathbb{E})\big) = \pi \cdot \sum_{n=1}^{\infty} n\,|c_n|^2\,.$$

11. *Flächenmessung im Poincaréschen Modell der hyperbolischen Geometrie.* Es sei $\mathbb{H}$ die obere Halbebene in $\mathbb{C}$. Eine Teilmenge $A \subset \mathbb{H}$ heißt *hyperbolisch meßbar*, wenn das Lebesgue-Integral

$$v_h(A) := \int\limits_A \frac{1}{y^2}\,\mathrm{d}(x,y)$$

existiert. Sein Wert $v_h(A)$ heißt dann der *hyperbolische Flächeninhalt* von A. Man zeige: Der hyperbolische Flächeninhalt ist invariant gegenüber den hyperbolischen Bewegungen $T\colon \mathbb{H} \to \mathbb{H}$,

$$Tz = \frac{az+b}{cz+d}\,, \qquad a,b,c,d \in \mathbb{R}, \quad ad - bc = 1.$$

Für $z_1, z_2 \in \mathbb{H}$ ist die hyperbolische Gerade durch z_1 und z_2 definiert als die euklidische Halbgerade bzw. der euklidische Halbkreis in $\mathbb{H}$ durch z_1 und z_2, welche bzw. welcher senkrecht auf die reelle Achse trifft. Man zeige weiter: Ein hyperbolisches Dreieck Δ mit Innenwinkeln α, β, γ ist hyperbolisch meßbar und hat den Flächeninhalt

$$v_h(\Delta) = \pi - \alpha - \beta - \gamma.$$

Anleitung: Man reduziere das Problem auf den Fall eines entarteten hyperbolischen Dreiecks mit einer Ecke in ∞.

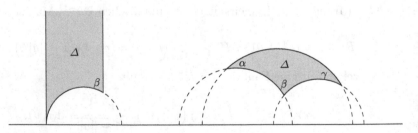

Ein entartetes und ein nichtentartetes hyperbolisches Dreieck

10 Anwendungen der Integralrechnung

Von den vielfältigen Anwendungen der Integralrechnung sprechen wir hier drei Themen an: die Approximation von Funktionen, die Fourier-Transformation und quadratintegrierbare Funktionen.

In diesem Kapitel verwenden wir auf $\mathbb{R}^n$ stets die euklidische Metrik.

10.1 Faltung und Approximation von Funktionen

Wir stellen ein Verfahren vor, das in sehr allgemeinen Fällen zur Approximation integrierbarer Funktionen durch glattere verwendet werden kann. Es besteht in einer ortsabhängigen Mittelung durch Faltung mit geeigneten Gewichtsfunktionen. Als ein wichtiges Ergebnis erhalten wir, daß für jede offene Menge $U \subset \mathbb{R}^n$ der Raum $\mathscr{C}_c^\infty(U)$ in $\mathscr{L}^1(U)$ dicht liegt. Die hier aufgezeigte Technik wurde von K. O. Friedrichs (1901–1982) in einer grundlegenden Arbeit über Differentialoperatoren eingeführt und wird als *Regularisierung* bezeichnet.

I. Die Faltung

Definition: Es seien f und g integrierbare Funktionen auf $\mathbb{R}^n$. Dann ist $(x, y) \mapsto f(x)g(y)$ eine integrierbare Funktion auf $\mathbb{R}^{2n}$. Die Transformation $(x, y) \mapsto (x - y, y)$ führt diese in eine integrierbare Funktion über. Nach dem ersten Teil des Satzes von Fubini existiert daher für fast alle $x \in \mathbb{R}^n$ das Integral

$$(f * g)(x) := \int\limits_{\mathbb{R}^n} f(x - y)g(y)\,dy.$$

Setzt man in den Punkten x, in denen das Integral nicht existiert, $(f * g)(x) = 0$, so erhält man eine auf ganz $\mathbb{R}^n$ definierte Funktion. Diese heißt die *Faltung von f und g*. Ist eine der beiden Funktionen f und g beschränkt, so existiert das Faltungsintegral für jedes $x \in \mathbb{R}^n$.

In wichtigen Fällen kann man die Faltung als eine Mittelung deuten. Sei hierzu g eine nicht negative Funktion mit den Eigenschaften:

(i) Der Träger von g liegt in $\overline{K}_r(0)$;

(ii) $\displaystyle\int_{K_r(0)} g(x)\,\mathrm{d}x = 1.$

Wegen $\mathrm{Tr}(g) \subset \overline{K}_r(0)$ und der unten bewiesenen Kommutativität ist dann

$$(f * g)(x) = \int\limits_{K_r(x)} f(y)g(x-y)\,\mathrm{d}y.$$

Hiernach ist $(f*g)(x)$ als *der mit g gewichtete Mittelwert von f in $K_r(x)$* anzusehen.

Wir betrachten ein einfaches, charakteristisches Beispiel auf $\mathbb{R}$. Es sei $r > 0$ und $g_r := \dfrac{1}{2r} \cdot \mathbf{1}_{[-r;r]}$. Für jede Regelfunktion f auf $\mathbb{R}$ ist dann

$$(f * g_r)(x) = \frac{1}{2r} \cdot \int\limits_{x-r}^{x+r} f(y)\,\mathrm{d}y.$$

$f * g_r$ ist „glatter als f": Für jede Regelfunktion f ist $f * g_r$ stetig, und eine $\mathscr{C}^{k+1}$-Funktion, wenn f eine $\mathscr{C}^k$-Funktion ist. Für stetiges f gilt ferner $\lim_{r\downarrow 0}(f * g_r)(x) = f(x)$.

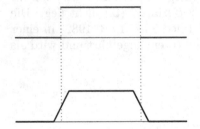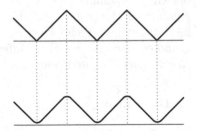

Oben sind Funktionen f und unten ihre Faltungen $f * g_r$ dargestellt

Lemma: a) *$f * g$ ist integrierbar, und es gilt*

$$\int (f*g)(x)\,\mathrm{d}x = \int f(x)\,\mathrm{d}x \cdot \int g(y)\,\mathrm{d}y.$$

b) $\|f * g\|_1 \le \|f\|_1 \cdot \|g\|_1.$

c) *Die Faltung ist kommutativ.*

d) $\mathrm{Tr}(f * g) \subset \mathrm{Tr}(f) + \mathrm{Tr}(g)$

Bemerkung: Aufgrund von b) wird $L^1(\mathbb{R}^n)$ mit der Faltung $*$ als Multiplikation zu einer Banach*algebra*.

Beweis: a) Die Funktion $(x, y) \mapsto f(x - y)g(y)$ ist über $\mathbb{R}^{2n}$ integrierbar. Nach dem zweiten Teil des Satzes von Fubini ist also $f * g$ über $\mathbb{R}^n$ integrierbar. Durch Vertauschen der Integrationsreihenfolge ergibt sich weiter

$$\int (f * g)(x)\, \mathrm{d}x = \int \left(\int f(x - y)g(y)\, \mathrm{d}y \right) \mathrm{d}x$$
$$= \int \left(\int f(x - y)g(y)\, \mathrm{d}x \right) \mathrm{d}y = \int f(x)\, \mathrm{d}x \cdot \int g(y)\, \mathrm{d}y.$$

b) folgt aus a) wegen $|f * g| \leq |f| * |g|$.

c) Mit der Substitution $y \mapsto x - y$ ergibt sich für fast alle x

$$(f * g)(x) = \int f(x - y)g(y)\, \mathrm{d}y = \int f(y)g(x - y)\, \mathrm{d}y = (g * f)(x).$$

d) Falls $(f * g)(x) \neq 0$ ist, gibt es ein $y \in \mathrm{Tr}(g)$ mit $x - y \in \mathrm{Tr}(f)$. Ein solches x liegt also in $\mathrm{Tr}(f) + \mathrm{Tr}(g)$. $\quad\square$

Für die Faltung gilt ein wichtiger Differentiationssatz. Bevor wir ihn formulieren, führen wir eine Bezeichnung ein: Man setzt für ein n-Tupel $\alpha = (\alpha_1, \ldots, \alpha_n)$ ganzer Zahlen $\alpha_\nu \geq 0$, einen sogenannten *Multiindex*,

$$|\alpha| := \alpha_1 + \cdots + \alpha_n,$$

$$x^\alpha := x_1^{\alpha_1} \cdots x_n^{\alpha_n} \quad \text{für } x = (x_1, \ldots, x_n) \quad \text{und} \quad c^\alpha := c^{|\alpha|} \quad \text{für } c \in \mathbb{C},$$

$$\partial^\alpha f := \partial_1^{\alpha_1} \cdots \partial_n^{\alpha_n} f.$$

Differentiationssatz der Faltung: *Es sei* $g \in \mathscr{C}^k(\mathbb{R}^n)$, $k = 0, 1, \ldots$, *eine beschränkte Funktion, deren partielle Ableitungen* $\partial^\alpha g$ *für alle* α *mit* $|\alpha| \leq k$ *ebenfalls beschränkt sind; zum Beispiel sei* $g \in \mathscr{C}_c^k(\mathbb{R}^n)$. *Dann gilt: Für jede Funktion* $f \in \mathscr{L}^1(\mathbb{R}^n)$ *ist* $f * g \in \mathscr{C}^k(\mathbb{R}^n)$, *und für* $|\alpha| \leq k$ *gilt*

$$\boxed{\partial^\alpha (f * g) = f * (\partial^\alpha g).}$$

Beweis: Im Fall $k = 0$ ergibt sich die Behauptung mit dem Stetigkeitssatz in 8.4: Ist M eine obere Schranke für $|g|$, so ist $M \cdot |f|$ eine für die Funktion $x \mapsto f(y)g(x - y)$. Im Fall $k > 0$ folgt die Behauptung aus dem Differentiationssatz in 8.4: Für jedes y gehört die Funktion $x \mapsto f(y)g(x - y)$ zu $\mathscr{C}^k(\mathbb{R}^n)$. Ist M eine obere Schranke der $|\partial^\alpha g|$ für alle Multiindizes α mit $|\alpha| \leq k$, so gilt $\left| \partial_x^\alpha f(y)g(x - y) \right| \leq M \cdot |f(y)|$ für alle $y \in \mathbb{R}^n$ und $|\alpha| \leq k$. Die Funktion $M \cdot |f|$ ist also eine Majorante im Sinn des Differentiationssatzes, und es folgt

$$\partial^\alpha (f * g)(x) = \int_{\mathbb{R}^n} f(y) \left(\partial_x^\alpha g(x - y) \right) \mathrm{d}y = \left(f * (\partial^\alpha g) \right)(x). \quad\square$$

II. Faltung mit Dirac-Folgen und
Approximation von Funktionen

Wichtige Approximationen von Funktionen erzielt man durch Faltung mit
Dirac-Folgen. Diese Folgen stellen eine mathematische Begriffsbildung für
die erstmals in der Physik von Dirac benützten „δ-Funktion" dar und liefern sogenannte approximative Einsen in der Banachalgebra $(L^1(\mathbb{R}^n), *)$.
Wir verwenden Dirac-Folgen nur als Hilfsmittel; ihre eigentliche Bedeutung
liegt in der Theorie der verallgemeinerten Funktionen (Distributionen) von
L. Schwartz.

Definition: Eine Folge von Funktionen $\delta_k \in \mathscr{L}^1(\mathbb{R}^n)$ heißt *Dirac-Folge*,
wenn sie die folgenden drei Bedingungen erfüllt:

(D1)   Für alle k ist $\delta_k \geq 0$.

(D2)   Für alle k ist $\int_{\mathbb{R}^n} \delta_k \, dx = 1$.

(D3)   Für jede Kugel $K_r(0)$ ist $\lim_{k \to \infty} \int_{\mathbb{R}^n \setminus K_r(0)} \delta_k \, dx = 0$.

Deutet man die δ_k als Dichten von Massenverteilungen, so besagt (D2),
daß für jedes k die Gesamtmasse 1 ist, und (D3), daß sich die Gesamtmas-
sen mit wachsendem k gegen den Nullpunkt hin konzentrieren.

Beispiel 1: Sei W_k der Würfel $\left[-\frac{1}{k}; \frac{1}{k}\right]^n$. Dann bilden die Funktionen

$$\delta_k := \left(\frac{k}{2}\right)^n \cdot 1_{W_k}$$

eine Dirac-Folge.

Beispiel 2: Sei $g: \mathbb{R} \to \mathbb{R}$ die $\mathscr{C}^\infty$-Funktion

$$g(r) := \begin{cases} \exp\left(\frac{-1}{1-r^2}\right) & \text{für } r \in (-1;1), \\ 0 & \text{für } r \notin (-1;1). \end{cases}$$

Damit definiere man $\delta_k: \mathbb{R}^n \to \mathbb{R}$ durch

(1) $\delta_k(x) := \dfrac{k^n}{c} \cdot g(\|kx\|_2)$ mit $c := \displaystyle\int_{\mathbb{R}^n} g(\|x\|_2) \, dx$.

Wegen des Transformationsverhaltens eines Integrals unter Streckungen
ergibt sich sofort, daß die Funktionen δ_k eine Dirac-Folge bilden.
Die Glieder dieser Folge haben zwei wichtige spezielle Eigenschaften:

(1$'$)   Alle δ_k sind $\mathscr{C}^\infty$-Funktionen;

(1$''$)   der Träger von δ_k ist die Kugel $\overline{K}_{1/k}(0)$.

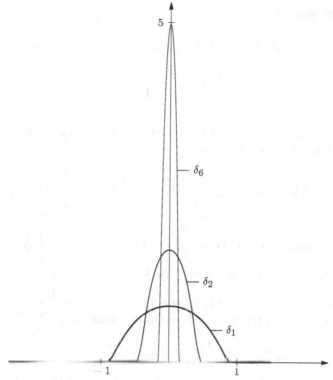

Die Funktionen δ_1, δ_2 und δ_6 der Dirac-Folge (1)

Wir stellen nun einen Approximationssatz auf, dessen Beweisstruktur auch Beweisen anderer Approximationssätze als Vorbild dient.

Approximationssatz: *Es sei* (δ_k) *eine Dirac-Folge. Dann gilt:*

1. *Für jede Funktion* $f \in \mathscr{L}^1(\mathbb{R}^n)$ *ist die Folge* $(f * \delta_k)$ L^1-*konvergent gegen* f.

2. *Für jede gleichmäßig stetige, beschränkte Funktion* f *auf* $\mathbb{R}^n$ *konvergiert die Folge* $(f * \delta_k)$ *gleichmäßig auf* $\mathbb{R}^n$ *gegen* f.

Beweis: Zu 1: a) Wir beweisen die Behauptung zunächst für Treppenfunktionen. Aus Linearitätsgründen genügt es hierzu, sie für $f = \mathbf{1}_Q$, Q ein Quader, nachzuweisen.

Wir schätzen $\left\| \mathbf{1}_Q - \mathbf{1}_Q * \delta_k \right\|_1$ ab. Dazu verwenden wir die wegen (D2) für alle x und k gültige Darstellung

$$\mathbf{1}_Q(x) = \int\limits_{\mathbb{R}^n} \mathbf{1}_Q(x)\delta_k(y)\,\mathrm{d}y.$$

Damit erhalten wir

$$\left\| \mathbf{1}_Q - \mathbf{1}_Q * \delta_k \right\|_1 = \int\limits_{\mathbb{R}^n} \left| \int\limits_{\mathbb{R}^n} \delta_k(y) \cdot \left(\mathbf{1}_Q(x) - \mathbf{1}_Q(x-y) \right) dy \right| dx$$

$$\leq \int\limits_{\mathbb{R}^n} \left(\int\limits_{\mathbb{R}^n} \delta_k(y) \cdot \left| \mathbf{1}_Q(x) - \mathbf{1}_Q(x-y) \right| dy \right) dx.$$

Dabei wurde $\delta_k \geq 0$ verwendet. Vertauschen der Integrationsreihenfolge ergibt mit $q_y(x) := \left| \mathbf{1}_Q(x) - \mathbf{1}_Q(x-y) \right|$

$$(*) \qquad \left\| \mathbf{1}_Q - \mathbf{1}_Q * \delta_k \right\|_1 \leq \int\limits_{\mathbb{R}^n} \delta_k(y) \left(\int\limits_{\mathbb{R}^n} q_y(x)\, dx \right) dy.$$

q_y ist die charakteristische Funktion der Menge

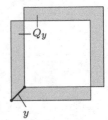

$$Q_y := [Q \cup (y+Q)] \setminus [Q \cap (y+Q)].$$

Es sei nun $\varepsilon > 0$ gegeben. Wir wählen dazu ein $r > 0$ so, daß $v(Q_y) < \varepsilon$ ist für alle $y \in K := K_r(0)$; dann gilt

$$(**) \qquad \int\limits_{\mathbb{R}^n} q_y(x)\, dx < \varepsilon \quad \text{für } y \in K.$$

Das äußere Integral in $(*)$ zerlegen wir nun in eines über K und eines über $\mathbb{R}^n \setminus K$. Mit $(**)$ und $v(Q_y) \leq 2v(Q)$ erhalten wir

$$\left\| \mathbf{1}_Q - \mathbf{1}_Q * \delta_k \right\|_1 \leq \varepsilon \cdot \int\limits_K \delta_k(y)\, dy + 2v(Q) \cdot \int\limits_{\mathbb{R}^n \setminus K} \delta_k(y)\, dy.$$

Wegen $\int_K \delta_k\, dy \leq 1$ und (D3) folgt $\left\| \mathbf{1}_Q - \mathbf{1}_Q * \delta_k \right\|_1 \leq 2\varepsilon$ für alle hinreichend großen k.

b) Sei jetzt $f \in \mathscr{L}^1(\mathbb{R}^n)$ beliebig. Wieder sei ein $\varepsilon > 0$ gegeben. Wir wählen dazu eine Treppenfunktion φ mit $\left\| f - \varphi \right\|_1 < \varepsilon$, sodann ein N derart, daß $\left\| \varphi - \varphi * \delta_k \right\|_1 < \varepsilon$ für alle $k \geq N$. Für diese k gilt dann

$$\left\| f - f * \delta_k \right\|_1 \leq \left\| f - \varphi \right\|_1 + \left\| \varphi - \varphi * \delta_k \right\|_1 + \left\| (\varphi - f) * \delta_k \right\|_1$$

$$\leq 2\varepsilon + \left\| \varphi - f \right\|_1 \cdot \left\| \delta_k \right\|_1$$

$$\leq 3\varepsilon.$$

Zuletzt wurde verwendet, daß $\left\| \delta_k \right\|_1 = \int \delta_k\, dx = 1$.

Zu 2: Zu $\varepsilon > 0$ gibt es wegen der gleichmäßigen Stetigkeit von f ein $r > 0$ so, daß $\left| f(x-y) - f(x) \right| < \varepsilon$ für alle $x \in \mathbb{R}^n$ und alle $y \in K = K_r(0)$ gilt.

Mit (D1) und (D2) folgt für alle x und k:

$$
\begin{aligned}
\left| f(x) - f * \delta_k(x) \right| &= \left| \int_{\mathbb{R}^n} \delta_k(y) \cdot \left(f(x-y) - f(x) \right) \, dy \right| \\
&\leq \int_{\mathbb{R}^n} \delta_k(y) \cdot \left| f(x-y) - f(x) \right| \, dy \\
&\leq \varepsilon \cdot \int_K \delta_k(y) \, dy + 2 \, \|f\|_\infty \cdot \int_{\mathbb{R}^n \setminus K} \delta_k(y) \, dy.
\end{aligned}
$$

Hieraus folgt wie in a) $\left| f(x) - f * \delta_k(x) \right| \leq 2\varepsilon$ für alle x und alle hinreichend großen k. $\qquad \square$

Zusatz: *Ist (δ_k) die durch* (1) *definierte Dirac-Folge, so gilt für jede Funktion $f \in \mathscr{L}^1(\mathbb{R}^n)$ weiter:*

(i) *Alle $f * \delta_k$ sind $\mathscr{C}^\infty$-Funktionen;*

(ii) *der Träger von $f * \delta_k$ liegt in $\operatorname{Tr}(f) + \overline{K}_{1/k}(0)$.*

Beweis: Beide Behauptungen ergeben sich unmittelbar aus den allgemeinen Eigenschaften der Faltung sowie den Eigenschaften (1′) und (1″) der Dirac-Folge (1). $\qquad \square$

Der folgende Satz bringt eine erste bemerkenswerte Konsequenz des Approximationssatzes und des Zusatzes. Laut Definition sind die über $\mathbb{R}^n$ integrierbaren Funktionen jene Funktionen, die sich in der L^1-Halbnorm beliebig genau durch Treppenfunktionen approximieren lassen. Wir zeigen nun, daß man jede integrierbare Funktion auf $\mathbb{R}^n$ oder einer offenen Teilmenge U in der L^1-Halbnorm auch beliebig genau durch $\mathscr{C}^\infty$-Funktionen mit kompakten Trägern in $\mathbb{R}^n$ bzw. U approximieren kann.

Bezeichnung: $\mathscr{C}_c^k(U)$ bezeichnet den Vektorraum der $\mathscr{C}^k$-Funktionen auf U, deren Träger eine kompakte Teilmenge von U ist.

Definition: Sei L ein Vektorraum, auf dem eine Halbnorm $\|\ \|$ gegeben ist. Eine Teilmenge $A \subset L$ heißt *dicht* in L, wenn es zu jedem $x \in L$ und jedem $\varepsilon > 0$ ein $a \in A$ gibt derart, daß $\|x - a\| < \varepsilon$ gilt; in Zeichen: $\overline{A} = L$.

Satz: *Für jede offene Menge $U \subset \mathbb{R}^n$ liegt $\mathscr{C}_c^\infty(U)$ dicht in $\mathscr{L}^1(U)$.*

Beweis: Nach 9.2 Hilfssatz 4 liegt der Raum der Treppenfunktionen mit Trägern in U dicht in $\mathscr{L}^1(U)$. Es genügt daher, zu jeder derartigen Treppenfunktion φ und jedem $\varepsilon > 0$ ein $h \in \mathscr{C}_c^\infty(U)$ mit $\|\varphi - h_U\|_1 < \varepsilon$ zu finden. Sei dazu (δ_k) die Dirac-Folge (1). Nach dem Approximationssatz und dem Zusatz hat dann jede Funktion $\varphi * \delta_k$ mit $1/k < d(\operatorname{Tr} \varphi, \partial U)$ die gewünschten Eigenschaften. $\qquad \square$

Als weitere Anwendung zeigen wir den

Approximationssatz von Weierstraß: *Zu jeder stetigen Funktion f auf einer kompakten Menge $K \subset \mathbb{R}^n$ gibt es eine Folge (P_k) von Polynomen, die auf K gleichmäßig gegen f konvergiert.*

Beweis: Wir konstruieren diese Polynome durch Faltung mit den sogenannten *Landau-Kernen* $L_k \colon \mathbb{R}^n \to \mathbb{R}$, $k \in \mathbb{N}$:

$$L_k(x) := \frac{1}{c_k^n} \cdot \prod_{\nu=1}^{n} (1 - x_\nu^2)^k \cdot \mathbf{1}_{[-1;1]^n}(x), \qquad \text{wobei } c_k := \int_{-1}^{1} (1 - t^2)^k \, \mathrm{d}t.$$

Man sieht leicht, daß (L_k) eine Dirac-Folge ist.

Für den Beweis des Satzes nehmen wir an, das Kompaktum K liege in der offenen Kugel $B := K_{1/2}(0)$.

Als erstes wählen wir eine stetige Funktion $F \colon \mathbb{R}^n \to \mathbb{C}$ mit $F \mid K = f$, die außerhalb von B verschwindet. Eine solche erhält man wie folgt: Man wähle zu f gemäß dem Fortsetzungslemma von Tietze in 1.3.IV eine stetige Fortsetzung φ sowie eine stetige Funktion $g \colon \mathbb{R} \to [0;1]$ mit $g(\xi) = 1$ für $\xi \leq \max\{\|x\| \mid x \in K\}$ und $g(\xi) = 0$ für $\xi \geq 1$. Eine gesuchte Fortsetzung ist dann gegeben durch $F(x) := g(\|x\|)\varphi(x)$.

Wir kommen zur Konstruktion der Polynome P_k. Da F als Funktion mit kompaktem Träger gleichmäßig stetig ist, konvergiert die Folge $(F * L_k)$ nach dem Approximationssatz auf ganz $\mathbb{R}$ gleichmäßig gegen F, insbesondere auf K gleichmäßig gegen f. Es genügt also zu zeigen, daß jede Funktion $F * L_k$ auf B mit einem Polynom P_k übereinstimmt.

Da L_k gerade ist und $L_k(y - x)$ für $y \notin x + [-1;1]^n$ verschwindet, gilt

$$F * L_k(x) = \int_{x+[-1;1]^n} F(y) L_k(y - x) \, \mathrm{d}y.$$

Nun gilt $\operatorname{Tr} F \subset \overline{B} \subset x + [-1;1]^n$, falls $x \in \overline{B}$. Damit kann $F * L_k(x)$ für $x \in \overline{B}$ auch durch Integration über den von x unabhängigen Integrationsbereich $\operatorname{Tr} F$ dargestellt werden:

$$F * L_k(x) = \int_{\operatorname{Tr} F} F(y) L_k(y - x) \, \mathrm{d}y; \quad x \in \overline{B}.$$

$L_k(y - x)$ ist für $x, y \in \overline{B}$ eine Linearkombination $\sum c_{\alpha\beta} \, x^\alpha y^\beta$ von Monomen (α, β sind dabei Multiindizes). Damit folgt

$$F * L_k(x) = \sum c_{\alpha\beta} \left(\int_{\operatorname{Tr} F} F(y) y^\beta \, \mathrm{d}y \right) \cdot x^\alpha \quad \text{für } x \in \overline{B}.$$

Die rechte Seite stellt das gewünschte Polynom P_k dar. $\square$

10.2 Die Fourier-Transformation

In Band 1, 16 sahen wir, daß periodische Funktionen relativ allgemeiner Art als Überlagerungen harmonischer Schwingungen dargestellt werden können. Wichtige Klassen nicht periodischer Funktionen besitzen analoge Darstellungen, wobei an die Stelle der Fourierreihe das Fourierintegral tritt. Die durch das Fourierintegral definierte Fourier-Transformation spielt in der Theorie der Informationsübertragung eine bedeutsame Rolle.

I. Der Umkehrsatz

Definition: Es sei f eine integrierbare Funktion auf $\mathbb{R}^n$. Dann ist die *Fourier-Transformierte* zu f die Funktion $\widehat{f} \colon \mathbb{R}^n \to \mathbb{C}$ mit

$$\widehat{f}(x) := \frac{1}{(2\pi)^{n/2}} \int_{\mathbb{R}^n} f(t) e^{-i\langle x,t \rangle}\, dt, \qquad x \in \mathbb{R}^n.$$

$\widehat{f}$ ist nach dem Stetigkeitssatz für parameterabhängige Integrale stetig; ferner ist $\widehat{f}$ beschränkt durch $1/(2\pi)^{n/2}\, \|f\|_1$.

Die Funktion $\widehat{f}$ kann als kontinuierliches Analogon der Folge $\widehat{g} \colon \mathbb{Z} \to \mathbb{C}$ der Fourierkoeffizienten einer lokal-integrierbaren, 2π-*periodischen* Funktion g auf $\mathbb{R}$ angesehen werden; dabei ist

$$\widehat{g}(k) = \frac{1}{2\pi} \int_{-\pi}^{\pi} g(t) e^{-ikt}\, dt, \quad k \in \mathbb{Z}.$$

Die Funktion $\widehat{f}$ heißt *kontinuierliches Spektrum von* f, die Folge $\widehat{g}$ *diskretes Spektrum von* g.

Beispiel 1: Sei $g := \mathbf{1}_{[-1;1]}$. Dann ist

$$\widehat{g}(x) = \frac{1}{\sqrt{2\pi}} \int_{-1}^{1} e^{-ixt}\, dt = \frac{2}{\sqrt{2\pi}} \cdot \frac{\sin x}{x}.$$

Man beachte, daß $\widehat{g}$ nicht zu $\mathscr{L}^1(\mathbb{R})$ gehört.

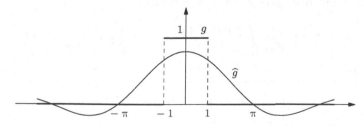

Beispiel 2: $f(t) = e^{-at^2}$, $a > 0$.

Die Fourier-Transformierte dieser Funktion haben wir im Wesentlichen bereits in 8.4 Beispiel 1 ermittelt (genauer für $a = \frac{1}{2}$). Wir berechnen sie jetzt nochmals mit Hilfe des Cauchyschen Integralsatzes.
Zunächst ist

$$\widehat{f}(x) = \frac{1}{\sqrt{2\pi}} \int_{-\infty}^{\infty} e^{-at^2} e^{-ixt}\, dt = \frac{1}{\sqrt{2\pi}} e^{-x^2/4a} \int_{-\infty}^{\infty} e^{-a\,(t+ix/2a)^2}\, dt.$$

Zur weiteren Umformung integrieren wir die holomorphe Funktion e^{-az^2} über den Rand des Rechtecks nebenan. Mit dem Cauchyschen Integralsatz erhalten wir

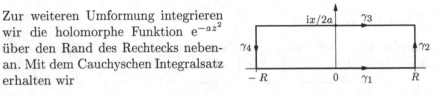

$$\int_{\gamma_3} e^{-az^2}\, dz = \int_{\gamma_1} e^{-az^2}\, dz + \int_{\gamma_2} e^{-az^2}\, dz + \int_{\gamma_4} e^{-az^2}\, dz.$$

Die Standardabschätzung ergibt $\lim_{R\to\infty} \int_{\gamma_{2,4}} e^{-az^2}\, dz = 0$. Folglich gilt

$$\int_{-\infty}^{\infty} e^{-a\,(t+ix/2a)^2}\, dt = \lim_{R\to\infty} \int_{\gamma_3} e^{-az^2}\, dz = \lim_{R\to\infty} \int_{\gamma_1} e^{-az^2}\, dz = \int_{-\infty}^{\infty} e^{-at^2}\, dt.$$

Mit 8.5 (12) erhalten wir also

$$\widehat{f}(x) = \frac{1}{\sqrt{2a}} e^{-x^2/4a}.$$

Insbesondere gilt im Fall $a = \frac{1}{2}$:

(2) $\qquad\qquad \widehat{f} = f \qquad$ für $f(t) = e^{-t^2/2}$.

Im Folgenden benötigen wir auch das n-dimensionale Analogon zu (2): Sei

$$f(t) := e^{-\|t\|^2/2}, \quad t \in \mathbb{R}^n.$$

Aufgrund der Produktdarstellung $e^{-\|t\|^2/2}\, e^{-i\langle x,t\rangle} = \prod_{\nu=1}^{n} e^{-t_\nu^2/2}\, e^{-ix_\nu t_\nu}$ ergibt sich mit dem Satz von Fubini wegen (2)

$$\widehat{f}(x) = \prod_{\nu=1}^{n} \frac{1}{\sqrt{2\pi}} \int_{\mathbb{R}} e^{-t_\nu^2/2}\, e^{-ix_\nu t_\nu}\, dt_\nu = \prod_{\nu=1}^{n} e^{-x_\nu^2/2} = f(x);$$

es ist also

$(2^n) \qquad \boxed{\;\widehat{f} = f \qquad \text{für } f(t) = e^{-\|t\|^2/2}.\;}$

Wir leiten nun die eingangs behauptete Integraldarstellung für gewisse Funktionen mittels ihrer Fourier-Transformierten her. Eine wichtige Rolle spielt dabei die Invarianzeigenschaft (2^n).

Umkehrsatz: *Es sei $f \in \mathscr{L}^1(\mathbb{R}^n)$ eine Funktion, deren Fourier-Transformierte ebenfalls zu $\mathscr{L}^1(\mathbb{R}^n)$ gehört. Dann gilt für fast alle $t \in \mathbb{R}^n$*

$$(3) \qquad \boxed{\; f(t) = \frac{1}{(2\pi)^{n/2}} \int\limits_{\mathbb{R}^n} \widehat{f}(x) \mathrm{e}^{\mathrm{i}\langle x, t\rangle} \, \mathrm{d}x. \;}$$

Kurz: $\widehat{\widehat{f}}(t) = f(-t)$. Gleichheit besteht in jedem Punkt t, in dem f stetig ist.

Die Integraldarstellung (3) heißt *Spektraldarstellung* von f. Sie ist ein Analogon der für 2π-periodische Funktionen unter geeigneten Voraussetzungen gültigen Reihendarstellung $f(t) = \sum_{k=-\infty}^{\infty} \widehat{f}(k) \mathrm{e}^{\mathrm{i}kt}$.

Beweis: Wir falten f mit der Dirac-Folge (δ_k), die durch

$$\delta_1(t) := \frac{1}{(2\pi)^{n/2}} \mathrm{e}^{-\|t\|^2/2} \quad \text{und} \quad \delta_k(t) := k^n \delta_1(kt)$$

definiert ist. Daß (δ_k) eine Dirac-Folge ist, sieht man sofort mit 8.5 (11). Da δ_1 nach (2^n) die Invarianz Eigenschaft $\widehat{\delta}_1 = \delta_1$ hat und gerade ist, folgt

$$\delta_k(t) = \left(\frac{k}{2\pi}\right)^n \int\limits_{\mathbb{R}^n} \mathrm{e}^{-\|\xi\|^2/2} \, \mathrm{e}^{\mathrm{i}\langle kt, \xi\rangle} \, \mathrm{d}\xi = \frac{1}{(2\pi)^n} \int\limits_{\mathbb{R}^n} \mathrm{e}^{-\|x\|^2/2k^2} \, \mathrm{e}^{\mathrm{i}\langle x, t\rangle} \, \mathrm{d}x.$$

Damit erhält man

$$f * \delta_k(t) = \int\limits_{\mathbb{R}^n} \frac{1}{(2\pi)^n} \left(\int\limits_{\mathbb{R}^n} f(s) \mathrm{e}^{-\|x\|^2/2k^2} \, \mathrm{e}^{\mathrm{i}\langle t - s, x\rangle} \, \mathrm{d}x \right) \mathrm{d}s.$$

Der Integrand dieses iterierten Integrals hat als Funktion von $(s, x) \in \mathbb{R}^{2n}$ die integrierbare Majorante $|f(s)| \mathrm{e}^{-\|x\|^2}$. Vertauschen der Integrationsreihenfolge und dann Auswerten des inneren Integrals ergibt weiter

$$f * \delta_k(t) = \frac{1}{(2\pi)^{n/2}} \int\limits_{\mathbb{R}^n} \widehat{f}(x) \mathrm{e}^{\mathrm{i}\langle x, t\rangle} \, \mathrm{e}^{-\|x\|^2/2k^2} \, \mathrm{d}x.$$

Die Integranden konvergieren für $k \to \infty$ gegen $\widehat{f}(x) \mathrm{e}^{\mathrm{i}\langle x, t\rangle}$ und werden von der integrierbaren Funktion $|\widehat{f}|$ majorisiert. Nach dem Konvergenzsatz von Lebesgue konvergiert also die Folge $(f * \delta_k(t))$ für jedes t gegen

$$\frac{1}{(2\pi)^{n/2}} \int\limits_{\mathbb{R}^n} \widehat{f}(x) \mathrm{e}^{\mathrm{i}\langle x, t\rangle} \, \mathrm{d}x.$$

Andererseits ist die Folge $(f * \delta_k)$ nach dem Approximationssatz in 10.1 L^1-konvergent gegen f. Nach dem Satz von Riesz-Fischer konvergiert also eine geeignete Teilfolge auch punktweise fast überall gegen f. Damit ergibt sich die erste Behauptung.

Sei nun f stetig in t_0. Da (3) fast überall gilt, gibt es eine Folge (t_ν) mit $t_\nu \to t_0$ derart, daß an den Punkten t_ν in (3) Gleichheit besteht. Ferner stellt das Integral in (3) nach dem Stetigkeitssatz in 8.4 eine in t_0 stetige Funktion dar. Damit folgt die Gültigkeit von (3) auch in t_0.   □

Anwendung: Das Abtasttheorem von Shannon. Eine Funktion $f \in \mathscr{L}^1(\mathbb{R})$ heißt *bandbegrenzt*, wenn ihre Fourier-Transformierte $\widehat{f}$ (technisch: die Frequenzdichte des Signals f) außerhalb eines beschränkten Intervalls verschwindet. Ein für die Signaltheorie grundlegendes Theorem besagt, daß eine stetige bandbegrenzte Funktion aus ihren Werten auf einem hinreichend feinen Raster $\{kT \mid k \in \mathbb{Z}\}$, $T > 0$, rekonstruiert werden kann.

Abtasttheorem: *Eine stetige Funktion $f \in \mathscr{L}^1(\mathbb{R})$, deren Fourier-Transformierte $\widehat{f}$ außerhalb des Intervalls $(-b; b)$ verschwindet, kann für jedes T mit $T < \pi/b$ aus ihren Werten $f(kT)$, $k \in \mathbb{Z}$, rekonstruiert werden: Mit der Bezeichnung $\mathrm{sinc}(x) := (\sin x)/x$ gilt für alle $x \in \mathbb{R}$:*

$$f(x) = \sum_{k=-\infty}^{\infty} f(kT) \cdot \mathrm{sinc}\left(\frac{\pi}{T}(x - kT)\right).$$

Beweis: $\widehat{f}$ ist als stetige Funktion mit Träger in $[-\pi/T; \pi/T]$ über $\mathbb{R}$ integrierbar, und f ist stetig. Nach dem Umkehrsatz gilt also

$$f(x) = \frac{1}{\sqrt{2\pi}} \int_{-\pi/T}^{\pi/T} \widehat{f}(\xi)\,\mathrm{e}^{\mathrm{i}x\xi}\,\mathrm{d}\xi \quad \text{für alle } x \in \mathbb{R}.$$

Es seien F und G_x die $\frac{2\pi}{T}$-periodischen Funktionen auf $\mathbb{R}$ mit $F(\xi) := \widehat{f}(\xi)$ bzw. $G_x(\xi) := \frac{1}{\sqrt{2\pi}}\,\mathrm{e}^{-\mathrm{i}x\xi}$ für $\xi \in \left[-\frac{\pi}{T}; \frac{\pi}{T}\right)$. Ihre Fourierkoeffizienten bezüglich des ONS der Funktionen $e_k(\xi) := \sqrt{\frac{T}{2\pi}}\,\mathrm{e}^{-\mathrm{i}kT\xi}$, $k \in \mathbb{Z}$, sind

$$\widehat{F}(k) = \sqrt{\frac{T}{2\pi}} \int_{-\pi/T}^{\pi/T} \widehat{f}(\xi)\,\mathrm{e}^{\mathrm{i}kT\xi}\,\mathrm{d}\xi = \sqrt{T}f(kT),$$

bzw.

$$\widehat{G}_x(k) = \frac{\sqrt{T}}{2\pi} \int_{-\pi/T}^{\pi/T} \mathrm{e}^{-\mathrm{i}(x-kT)\xi}\,\mathrm{d}\xi = \frac{1}{\sqrt{T}}\,\mathrm{sinc}\left(\frac{\pi}{T}(x - kT)\right).$$

Mit diesen gilt nach der allgemeinen Parsevalschen Formel (Band 1, 16.7)

$$f(x) = \int\limits_{-\pi/T}^{\pi/T} F(\xi)\overline{G_x(\xi)}\,\mathrm{d}\xi = \sum_{k=-\infty}^{\infty} \widehat{F}(k)\overline{\widehat{G}_x(k)}. \qquad \square$$

II. Glattheits- und Abklingeigenschaften von Fourier-Transformierten

Lemma: *Sei* $f \in \mathscr{L}^1(\mathbb{R}^n)$ *derart, daß für ein* $k \in \mathbb{N}$ *und jeden Multiindex* α *mit* $|\alpha| \leq k$ *sogar* $t^\alpha f(t)$ *über* $\mathbb{R}^n$ *integrierbar ist. Dann existieren die partiellen Ableitungen* $\partial^\alpha \widehat{f}$ *mit* $|\alpha| \leq k$, *und es gilt*

$$\partial^\alpha \widehat{f} = (-\mathrm{i})^\alpha \, \widehat{t^\alpha f}, \qquad \widehat{t^\alpha f} = (\mathrm{i}\,\partial)^\alpha \, \widehat{f}.$$

Insbesondere sind die partiellen Ableitungen $\partial^\alpha \widehat{f}$ *beschränkt.*

Beweis: Es genügt, die Behauptung für ∂_ν zu zeigen. Dafür erhält man durch Differentiation unter dem Integral

$$\partial_\nu \widehat{f}(x) = \frac{-\mathrm{i}}{(2\pi)^{n/2}} \int\limits_{\mathbb{R}^n} f(t) \cdot t_\nu \, \mathrm{e}^{-\mathrm{i}\langle x,t\rangle}\,\mathrm{d}t = -\mathrm{i}\,\widehat{t_\nu f}(x).$$

Diese Differentiation war zulässig, da der entstandene Integrand die von x unabhängige und nach Voraussetzung integrierbare Majorante $|t_\nu f|$ besitzt. $\qquad \square$

Lemma: *Sei* $f \in \mathscr{C}^k(\mathbb{R}^n)$ *derart, daß* f *und* $\partial^\alpha f$ *für jeden Multiindex* α *mit* $|\alpha| \leq k$ *über* $\mathbb{R}^n$ *integrierbar ist. Dann gilt für diese* α

$$\widehat{\partial^\alpha f} = (\mathrm{i}x)^\alpha \, \widehat{f}.$$

Insbesondere sind die Funktionen $x^\alpha \widehat{f}$ *beschränkt.*

Beweis: Es genügt, die Behauptung für eine Differentiation ∂_ν zu zeigen. Dazu beschränken wir uns auf die Dimension $n = 1$. Aus der Darstellung

$$f(t) = f(0) + \int\limits_0^t f'(\tau)\,\mathrm{d}\tau$$

und der Integrierbarkeit von f' über $\mathbb{R}$ folgt, daß f für $t \to \infty$ und $t \to -\infty$ Grenzwerte hat. Beide sind Null, sonst wäre f nicht über $\mathbb{R}$ integrierbar. Mittels partieller Integration ergibt sich daher

$$\widehat{f'}(x) = \frac{1}{\sqrt{2\pi}} \int\limits_{-\infty}^{\infty} f'(t)\mathrm{e}^{-\mathrm{i}xt}\,\mathrm{d}t = \frac{\mathrm{i}x}{\sqrt{2\pi}} \int\limits_{-\infty}^{\infty} f(t)\mathrm{e}^{-\mathrm{i}xt}\,\mathrm{d}t = \mathrm{i}x\widehat{f}(x). \qquad \square$$

Die Fourier-Transformation übersetzt nach dem letzten Lemma die Differentiation ∂^α einer Funktion in die Multiplikation ihrer Fourier-Transformierten mit $(ix)^\alpha$. Diese Algebraisierung macht die Fourier-Transformation zu einem starken Werkzeug in der Theorie der Differentialgleichungen. Wir demonstrieren das Verfahren an der Schwingungsgleichung.

Beispiel: $y'' - y = f$; dabei sei f eine Funktion aus $\mathscr{L}^1(\mathbb{R})$ mit $\widehat{f} \in \mathscr{L}^1(\mathbb{R})$. Wir suchen eine $\mathscr{C}^2$-Funktion y auf $\mathbb{R}$, die zumindest an allen Stetigkeitsstellen von f die Differentialgleichung löst.

Falls y, y' und y'' zu $\mathscr{L}^1(\mathbb{R})$ gehören, impliziert die Differentialgleichung die Beziehung $-x^2\widehat{y} - \widehat{y} = \widehat{f}$, also $\widehat{y} = -\dfrac{1}{1 + x^2}\widehat{f}$. Nach Voraussetzung gehört $\dfrac{1}{1 + x^2}\widehat{f}$ zu $\mathscr{L}^1(\mathbb{R})$. Der Umkehrsatz ergibt dann die Darstellung

$$(*) \qquad y(t) = \frac{-1}{\sqrt{2\pi}} \int_{\mathbb{R}} \frac{\widehat{f}(x)}{1 + x^2}\, e^{ixt}\, dx.$$

Wir zeigen nun: *Die durch* $(*)$ *definierte Funktion* y *ist tatsächlich 2-mal stetig differenzierbar, erfüllt fast überall die gegebene Differentialgleichung und erfüllt sie sicher an allen Stetigkeitsstellen von* f.

Beweis: Daß y 2-mal stetig differenzierbar ist und y'' die folgende Darstellung hat, ergibt der Differentiationssatz in 8.4, da der Integrand in

$$y''(t) = \frac{-1}{\sqrt{2\pi}} \int_{\mathbb{R}} \frac{\widehat{f}(x)}{1 + x^2}\, (ix)^2\, e^{ixt}\, dx$$

und in der analogen Darstellung für y' die von t unabhängige integrierbare Majorante $\widehat{f}$ besitzt. Damit und mittels Umkehrsatz folgt schließlich

$$y''(t) - y(t) = \frac{1}{\sqrt{2\pi}} \int_{\mathbb{R}} \widehat{f}(x)\, e^{ixt}\, dx = f(t),$$

wobei Gleichheit fast überall besteht und sicher in den Stetigkeitsstellen von f. □

III. Die Fourier-Transformation im Raum der schnell fallenden Funktionen

Im einleitenden Beispiel 1 haben wir gesehen, daß die Fourier-Transformierte einer integrierbaren Funktion nicht ebenfalls integrierbar sein muß, was uns dazu zwingt, im Umkehrsatz die Integrierbarkeit von $\widehat{f}$ zu verlangen. Ein Raum, in dem diesbezüglich vollkommene Symmetrie herrscht, ist der Raum der sogenannten *schnell fallenden* Funktionen.

Definition: Eine Funktion $f: \mathbb{R}^n \to \mathbb{C}$ heißt *schnell fallend*, wenn sie beliebig oft stetig differenzierbar ist, und wenn zweitens für jedes Paar α, β von Multiindizes die Funktion $t^\alpha \partial^\beta f(t)$ auf $\mathbb{R}^n$ beschränkt ist.

Der Vektorraum aller schnell fallenden Funktionen heißt *Schwartz-Raum* und wird mit $\mathscr{S} = \mathscr{S}(\mathbb{R}^n)$ bezeichnet.

Beispiele sind die $\mathscr{C}^\infty$-Funktionen mit kompaktem Träger und die Funktionen $\mathrm{e}^{-a\|x\|^2}$, $a > 0$. Ferner: Sind $f, g \in \mathscr{S}$, dann auch die Funktionen

$$fg, \qquad t^\alpha f, \qquad \partial^\beta f, \qquad t \mapsto f(t)\mathrm{e}^{\mathrm{i}\langle x, t\rangle} \quad \text{für jedes } x \in \mathbb{R}^n.$$

Jede Funktion $f \in \mathscr{S}$ ist über $\mathbb{R}^n$ integrierbar, da sie für $\|t\| \geq 1$ einer Abschätzung $|f(t)| \leq M \|t\|^{-(n+1)}$ genügt, M eine geeignete Konstante. Insbesondere besitzt jedes $f \in \mathscr{S}$ eine Fourier-Transformierte, und diese gehört ebenfalls zu $\mathscr{S}$. Nach den beiden Lemmata in II. ist nämlich $\widehat{f}$ beliebig oft stetig differenzierbar, und für beliebige α, β ist $t^\alpha \partial^\beta \widehat{f}$ beschränkt. Mit dem Umkehrsatz erhält man schließlich:

Satz: *Die Fourier-Transformation induziert einen Isomorphismus des Schwartz-Raumes $\mathscr{S}$ auf sich.*

Die Tatsache, daß mit f und $g \in \mathscr{S}$ auch $f\overline{g}$ zu $\mathscr{S}$ gehört, ermöglicht es, auf $\mathscr{S}$ ein *Skalarprodukt* einzuführen; man definiert:

$$\langle f, g\rangle := \int_{\mathbb{R}^n} f \cdot \overline{g}\, \mathrm{d}x.$$

Die dazugehörige Norm ist gegeben durch $\|f\|_2 = \sqrt{\int_{\mathbb{R}^n} |f|^2\, \mathrm{d}x}$.

Zwei Funktionen $f, g \in \mathscr{S}$ heißen *orthogonal* zueinander, falls $\langle f, g\rangle = 0$.

Beispiel: Die Hermiteschen Funktionen. Diese stellen eine wichtige Serie orthogonaler Funktionen in $\mathscr{S}(\mathbb{R})$ dar. Sie sind zugleich Eigenfunktionen der Fourier-Transformation und spielen als solche eine bedeutende Rolle in der Quantenphysik.

Wir führen zunächst die *Hermiteschen Polynome* ein. Das Hermitesche Polynom H_n, $n = 0, 1, 2, \ldots$, ist definiert durch

$$H_n(x) := (-1)^n\, \mathrm{e}^{x^2}\, \frac{\mathrm{d}^n}{\mathrm{d}x^n}\, \mathrm{e}^{-x^2}.$$

Man rechnet mühelos nach, daß $H_n' = 2n\, H_{n-1}$, $n = 1, 2, \ldots$ Damit und mittels partieller Integration erhält man für $n \geq m$ weiter

$$\int_{-\infty}^{\infty} H_n \cdot H_m\, \mathrm{e}^{-x^2}\, \mathrm{d}x = 2m \int_{-\infty}^{\infty} H_{n-1} \cdot H_{m-1}\, \mathrm{e}^{-x^2}\, \mathrm{d}x.$$

Hieraus folgt mit 8.5 (12)

$$(*) \qquad \int_{-\infty}^{\infty} H_m \cdot H_n e^{-x^2}\, dx = 2^m m! \int_{-\infty}^{\infty} H_{n-m}\, e^{-x^2}\, dx = 2^n n! \sqrt{\pi} \cdot \delta_{mn}.$$

Die *Hermiteschen Funktionen* $h_n \colon \mathbb{R} \to \mathbb{R}$ definiert man nun wie folgt:

$$(4) \qquad\qquad h_n(x) := H_n(x) e^{-x^2/2}, \quad n = 0, 1, 2, \ldots$$

Sie gehören zu $\mathscr{S}(\mathbb{R})$ und erfüllen nach $(*)$ die Orthogonalitätsrelationen

$$(4^{\perp}) \qquad\qquad \langle h_m, h_n \rangle = \int_{-\infty}^{\infty} h_m \cdot h_n\, dx = 2^n n! \sqrt{\pi} \cdot \delta_{mn}.$$

In 10.3.V zeigen wir, daß sie sogar eine Orthogonalbasis für $\mathscr{S}(\mathbb{R})$ bilden.

Satz: h_n *ist eine Eigenfunktion der Fourier-Transformation zum Eigenwert* $(-\mathrm{i})^n$; *d. h., es gilt:*

$$\widehat{h}_n = (-\mathrm{i})^n h_n, \quad n = 0, 1, \ldots$$

Beweis durch Induktion nach n. Im Fall $n = 0$ wird gerade die Fixpunkteigenschaft (2) behauptet. Für den Schluß von n auf $n + 1$ erhält man zunächst mittels partieller Integration, der Induktionsannahme und dem ersten Lemma in II:

$$\widehat{h}_{n+1}(x) = \frac{1}{\sqrt{2\pi}} \int_{-\infty}^{\infty} e^{-\mathrm{i}xt}\, (-1)^{n+1} e^{t^2/2}\, \frac{\mathrm{d}}{\mathrm{d}t} (e^{-t^2})^{(n)}\, dt$$

$$(**) \qquad\quad = \frac{1}{\sqrt{2\pi}} \int_{-\infty}^{\infty} (-\mathrm{i}x + t)\, e^{-\mathrm{i}xt}\, h_n(t)\, dt$$

$$= -\mathrm{i}x\widehat{h}_n(x) + \widehat{t\, h_n}(x) = (-\mathrm{i})^{n+1}\big(xh_n - h_n'\big).$$

Ferner verifiziert man mühelos die beiden Beziehungen

$$h_{n+1} = (-1)^{n+1} e^{x^2/2} \Big[(e^{-x^2})' \Big]^{(n)} = 2xh_n - 2nh_{n-1}$$

und $h_n' = 2nh_{n-1} - xh_n$. Diese implizieren die Rekursionsformel

$$h_{n+1} = xh_n - h_n'.$$

Die Rekursionsformel und $(**)$ ergeben schließlich $\widehat{h}_{n+1} = (-\mathrm{i})^{n+1} h_{n+1}$. $\square$

    Abschließend beweisen wir, daß die Fourier-Transformation im Raum $(\mathscr{S}, \langle\ ,\ \rangle)$ als Isometrie operiert. Die folgende Formel stellt ein Analogon der allgemeinen Parsevalschen Gleichung für Fourierreihen dar; siehe Band 1, 16.7.

Formel von Plancherel: *Für $f, g \in \mathscr{S}$ gilt*

$$\langle \widehat{f}, \widehat{g} \rangle = \langle f, g \rangle, \qquad \|\widehat{f}\|_2 = \|f\|_2 \, .$$

Beweis: Da die Funktion $(x, t) \mapsto \widehat{f}(x) g(t) e^{i\langle x, t \rangle}$ über $\mathbb{R}^{2n}$ integrierbar ist, ergibt sich mit dem Satz von Fubini und dem Umkehrsatz

$$\langle \widehat{f}, \widehat{g} \rangle = \frac{1}{(2\pi)^{n/2}} \int\limits_{\mathbb{R}^n} \widehat{f}(x) \left(\overline{\int\limits_{\mathbb{R}^n} g(t) e^{-i\langle x, t \rangle} \, dt} \right) dx$$

$$= \frac{1}{(2\pi)^{n/2}} \int\limits_{\mathbb{R}^n} \left(\int\limits_{\mathbb{R}^n} \widehat{f}(x) e^{i\langle x, t \rangle} \, dx \right) \overline{g(t)} \, dt = \langle f, g \rangle. \qquad \square$$

Anwendung: Die Heisenbergsche Ungleichung. *Für $f \in \mathscr{S}(\mathbb{R})$ gilt*

$$\|tf\|_2 \cdot \|x\widehat{f}\|_2 \geq \frac{1}{2} \|f\|_2^2 \, .$$

Ein Analogon dieser Ungleichung spielt in der Quantentheorie eine wichtige Rolle. Dort wird die Bewegung eines Teilchens durch eine Funktion $\psi \in \mathscr{S}$ mit $\|\psi\|_2 = 1$ beschrieben, wobei $|\psi|^2$ die Wahrscheinlichkeitsdichte für den Ort und $|\widehat{\psi}|^2$ die Wahrscheinlichkeitsdichte für den Impuls darstellt. Die Größen $\|t\psi\|_2$ und $\|x\widehat{\psi}\|_2$ dienen als Maß der „Ausdehnung" von ψ bzw. $\widehat{\psi}$.

Beweis: Zunächst erhält man mit dem zweiten Lemma in Abschnitt II und der Formel von Plancherel $\|x\widehat{f}\|_2 = \|\widehat{f'}\|_2 = \|f'\|_2$. Mit der Cauchy-Schwarzschen Ungleichung folgt weiter

(∗) $$\|tf\|_2 \cdot \|x\widehat{f}\|_2 \geq |\langle tf, f' \rangle| .$$

Das Skalarprodukt formen wir unter Beachtung von $f \in \mathscr{S}(\mathbb{R})$ um:

$$\langle f', tf \rangle = \int\limits_{-\infty}^{\infty} f'(t) \, t \, \overline{f(t)} \, dt = t \, |f(t)|^2 \Big|_{-\infty}^{\infty} - \int\limits_{-\infty}^{\infty} f(t) \left(t \, \overline{f(t)} \right)' dt$$

$$= - \int\limits_{-\infty}^{\infty} \left(|f|^2 + t f \overline{f'} \right) dt = - \|f\|_2^2 - \overline{\langle f', tf \rangle}.$$

Hieraus folgt $\operatorname{Re}\langle f', tf \rangle = -\frac{1}{2} \|f\|_2^2$. Zusammen mit (∗) ergibt sich nun die Behauptung. $\qquad \square$

Mit der Norm $\| \ \|_2$ ist wie mit jeder Norm ein Konvergenzbegriff auf $\mathscr{S}$ gegeben. Bezüglich dieses Konvergenzbegriffes ist $\mathscr{S}$ nicht vollständig; d.h., nicht jede Cauchyfolge in $(\mathscr{S}, \| \ \|_2)$ besitzt dort einen Grenzwert. Ein Beispiel liefert die Folge der Funktionen $f_k := \mathbf{1}_{[-1;1]} * \delta_k$, wobei (δ_k) die Dirac-Folge (1) sei. (f_k) besitzt $\mathbf{1}_{[-1;1]}$ als L^2-Grenzwert, aber keinen in $\mathscr{S}$. Im nächsten Abschnitt führen wir den umfassenden Raum der quadratintegrierbaren Funktionen ein und zeigen, daß dieser vollständig ist.

10.3   Quadratintegrierbare Funktionen

Die lokal-integrierbaren Funktionen, deren Quadrat global integrierbar ist, spielen in der Analysis und in der Mathematischen Physik eine wichtige Rolle. Der Raum dieser Funktionen hat ein Skalarprodukt, ist vollständig bezüglich der L^2-Norm und besitzt eine abzählbare Basis, was verallgemeinerte Fourierentwicklungen der Funktionen dieses Raumes ermöglicht.

I.   Die L^2-Norm. Quadratintegrierbare Funktionen

Definition: Für eine beliebige Funktion $f \colon A \to \mathbb{C} \cup \{\infty\}$ auf einer Menge $A \subset \mathbb{R}^n$ heißt

$$\|f\|_2 := \sqrt{\|f_A^2\|_1}$$

($\sqrt{\infty} := \infty$) die L^2-Norm, genauer L^2-Halbnorm, von f (bezüglich A).

Rechenregeln:
  (i) *Aus* $\|f\|_2 = 0$ *folgt* $f = 0$ *fast überall.*
 (ii) $\|c\,f\|_2 = |c| \cdot \|f\|_2$ *für* $c \in \mathbb{C}$.
(iii) *Aus* $|f| \leq |g|$ *folgt* $\|f\|_2 \leq \|g\|_2$.
 (iv) *Für beliebige* $f, g \colon A \to \mathbb{C} \cup \{\infty\}$ *gilt* $\|f + g\|_2 \leq \|f\|_2 + \|g\|_2$.

Beweis: Die ersten drei Regeln folgen unmittelbar aus den analogen Regeln der L^1-Halbnorm; die vierte ergibt sich wegen $|f + g| \leq |f| + |g|$ mit (iii) und der nachfolgenden Cauchy-Schwarzschen Ungleichung. $\square$

Cauchy-Schwarzsche Ungleichung: *Für beliebige* f, g *gilt*

$$(5) \qquad \|fg\|_1 \leq \|f\|_2 \cdot \|g\|_2 \,.$$

Beweis: Zunächst in den Fällen $\|f\|_2 \cdot \|g\|_2 \in \{0, \infty\}$: Im ersten ist mindestens ein Faktor 0; ist etwa $\|f\|_2 = 0$, so gilt fast überall $f = 0$ und folglich auch fast überall $fg = 0$. Analog im zweiten Fall.

    Sei jetzt $0 < \|f\|_2 < \infty$ und $0 < \|g\|_2 < \infty$. Aus Homogenitätsgründen genügt es dann, den Fall $\|f\|_2 = \|g\|_2 = 1$ zu behandeln. In diesem aber folgt $\|fg\|_1 \leq 1$ aus $|fg| \leq \frac{1}{2}\big(|f|^2 + |g|^2\big)$. $\square$

    Wir ziehen aus (5) sogleich eine wichtige Folgerung für den Fall, daß die Menge A meßbar ist. Die Funktion $g = 1$ ist dann über A integrierbar und hat die L^2-Norm $\|g\|_2 = \sqrt{\|1\|_1} = \sqrt{v(A)}$. Somit gilt:

$$(6) \qquad \|f\|_1 \leq \sqrt{v(A)} \cdot \|f\|_2 \,.$$

> Es sei U im Folgenden stets eine σ-kompakte Menge im $\mathbb{R}^n$.

Definition: $f\colon U \to \mathbb{C} \cup \{\infty\}$ heißt *quadratintegrierbar über U* oder auch eine *L^2-Funktion auf U*, wenn gilt:

(i) f ist lokal-integrierbar und

(ii) $|f|^2$ ist integrierbar über U.

Den Raum der über U quadratintegrierbaren Funktionen mit Werten in $\mathbb{C}$ bezeichnet man mit $\mathscr{L}^2(U)$.

Für jede quadratintegrierbare Funktion f gilt nach Definition der L^2-Norm

$$(7) \qquad \|f\|_2 = \sqrt{\int_U |f|^2 \, dx}.$$

Beispiele:

1. Jede beschränkte integrierbare Funktion ist quadratintegrierbar; insbesondere ist jede schnell fallende Funktion auf $\mathbb{R}^n$ quadratintegrierbar.

2. Auf $(1;\infty)$ ist die Funktion $x \mapsto x^{-1}$ eine L^2- aber keine L^1-Funktion; auf $(0;1)$ ist $x \mapsto x^{-1/2}$ eine L^1- aber keine L^2-Funktion.

3. Sei $X \subset [0;1]$ die Vitalische Menge, siehe 8.2.I. Dann ist $f := 1_X - \frac{1}{2}$ nicht lokal-integrierbar, $|f|^2$ aber ist integrierbar über $[0;1]$.

Lemma: *Eine lokal-integrierbare Funktion f auf U ist genau dann quadratintegrierbar, wenn $\|f\|_2 < \infty$ gilt.*

Beweis: Ist f quadratintegrierbar, so folgt $\|f\|_2 < \infty$ aus (7). Zum Nachweis der Umkehrung wählen wir eine Ausschöpfung $(A_k)_{k \in \mathbb{N}}$ von U durch kompakte Teilmengen A_k, und setzen $f_k := \min(|f|, k) \cdot 1_{A_k}$. f_k ist integrierbar und beschränkt, also ist f_k^2 integrierbar. Ferner konvergiert die Folge (f_k^2) monoton wachsend gegen $|f|^2$, wobei die Folge der Integrale $\int f_k^2 \, dx = \|f_k\|_2^2$ durch $\|f\|_2^2$ beschränkt ist. Nach dem Satz von Beppo Levi ist also $|f|^2$ integrierbar. $\qquad\square$

Folgerung: *Sind f und g quadratintegrierbar über U, so gilt:*

a) *$f + g$ ist quadratintegrierbar.*

b) *$\operatorname{Re} f$, $\operatorname{Im} f$ und f^+, f^- für reelles f sind quadratintegrierbar.*

c) *fg ist integrierbar über U; insbesondere sind f^2 und g^2 integrierbar.*

Beweis: a) $f + g$ ist lokal-integrierbar und mit $|f + g|^2 \le 2\big(|f|^2 + |g|^2\big)$ folgt $\|f + g\|_2^2 = \big\| \, |f + g|^2 \, \big\|_1 \le 2\big(\|f^2\|_1 + \|g^2\|_1\big) < \infty$.

b) Die angegebenen Funktionen sind lokal-integrierbar und ihre L^2-Halbnormen sind durch $\|f\|_2$ beschränkt.

c) Wegen b) genügt es, reelle f und g zu betrachten. Für solche folgt die Integrierbarkeit von fg mit a) aus $fg = \frac{1}{2}\left(|f+g|^2 - |f|^2 - |g|^2\right)$.   □

Korollar 1: $\mathscr{L}^2(U)$ *ist ein Vektorraum.*

Korollar 2: *Ist U meßbar, so gilt $\mathscr{L}^2(U) \subset \mathscr{L}^1(U)$.*

Korollar 2 folgt mit $g = 1$ aus c).

II. Der Vollständigkeitssatz von Riesz-Fischer

Definition: Eine Folge (f_k) in $\mathscr{L}^2(U)$ heißt L^2-*konvergent* oder auch *im quadratischen Mittel konvergent gegen* $f : U \to \mathbb{C}$, wenn gilt:

$$\|f - f_k\|_2 \to 0 \qquad \text{für } k \to \infty.$$

Ein L^2-Grenzwert ist nicht eindeutig bestimmt. Für jeden weiteren L^2-Grenzwert $\tilde{f}$ gilt jedoch $\|f - \tilde{f}\|_2 = 0$, also $\|f - \tilde{f}\|_1 = 0$; d.h., fast überall ist $f = \tilde{f}$. Ferner: Aus der L^2-Konvergenz folgt nicht die punktweise Konvergenz; ein Beispiel stellt wieder der „Wandernde Buckel" dar; siehe 8.1.

Definition: Eine Folge (f_k) in $\mathscr{L}^2(U)$ heißt L^2-*Cauchyfolge*, wenn es zu jedem $\varepsilon > 0$ einen Index N gibt so, daß $\|f_k - f_l\|_2 < \varepsilon$ für $k, l > N$.

Grundlegende Bedeutung kommt der Tatsache zu, daß auch in der L^2-Theorie ein Vollständigkeitssatz wie in der L^1-Theorie gilt.

Satz (Riesz-Fischer): *Jede L^2-Cauchyfolge (f_k) in $\mathscr{L}^2(U)$ hat in $\mathscr{L}^2(U)$ einen L^2-Grenzwert f. Insbesondere liegt jeder L^2-Grenzwert in $\mathscr{L}^2(U)$. Eine geeignete Teilfolge konvergiert punktweise fast überall gegen f.*

Beweis: Wir führen den Satz auf den Vollständigkeitssatz von Riesz-Fischer für die L^1-Theorie zurück. Hierzu genügt es nach der Folgerung in Abschnitt I, den Fall reeller Funktionen $f_k \geq 0$ zu betrachten. Wir notieren zunächst zwei einfache Sachverhalte:

(i) (f_k) ist L^2-beschränkt; d.h., es gibt eine Zahl $M > 0$ mit $\|f_k\|_2 < M$ für alle k. Man beweist dies wörtlich wie die Beschränktheit einer Cauchyfolge komplexer Zahlen.

(ii) (f_k^2) ist eine L^1-Cauchyfolge. Aus $\left|f_k^2 - f_l^2\right| \leq \left|f_k - f_l\right|^2 + 2|f_l| \cdot |f_k - f_l|$ folgt nämlich mit der Cauchy-Schwarzschen Ungleichung

$$\left\|f_k^2 - f_l^2\right\|_1 \leq \left\|f_k - f_l\right\|_2^2 + 2M \cdot \left\|f_k - f_l\right\|_2.$$

Wegen (ii) ist die Folge (f_k^2) L^1-konvergent gegen eine Funktion $F \in \mathscr{L}^1(U)$. Eine geeignete Teilfolge von (f_k^2) konvergiert auch fast überall punktweise gegen F. Somit darf angenommen werden, daß $F \geq 0$. Wir setzen $f := \sqrt{F}$. f ist ein L^2-Grenzwert von (f_k); wegen $f, f_k \geq 0$ gilt nämlich

$$\|f - f_k\|_2^2 = \|(f - f_k)^2\|_1 \leq \|(f - f_k)(f + f_k)\|_1 = \|F - f_k^2\|_1.$$

Ferner ist f lokal-integrierbar. Für jede kompakte Menge $K \subset U$ folgt nämlich mittels (6) und einer analogen Rechnung wie soeben

$$\|f_K - f_{k,K}\|_1^2 \leq v(K) \cdot \|f_K - f_{k,K}\|_2^2 \leq v(K) \cdot \|F - f_k^2\|_1.$$

Danach ist f_K ein L^1-Grenzwert von $(f_{k,K})$. Da alle $f_{k,K}$ integrierbar sind, ist nach dem Satz von Riesz-Fischer für die L^1-Theorie auch f_K integrierbar. Außerdem gilt $\|f\|_2 = \sqrt{\|F\|_1} < \infty$. Nach dem Lemma in Abschnitt I ist der L^2-Grenzwert f also quadratintegrierbar. $\qquad \square$

III. Skalarprodukt und Existenz abzählbarer Orthonormalbasen

Definition: Unter dem *Skalarprodukt* $\langle f, g \rangle$ der Funktionen $f, g \in \mathscr{L}^2(U)$ versteht man den nach der Folgerung in I. existierenden Integralwert

$$\boxed{\langle f, g \rangle := \int_U f \cdot \overline{g} \, dx.}$$

$\langle \ , \ \rangle$ ist kein Skalarprodukt im strengen Sinn, da aus $\langle f, f \rangle = 0$ nur fast überall $f = 0$ folgt. Trotzdem ist die Bezeichnung Skalarprodukt gebräuchlich. In Abschnitt VI führen wir einen Quotientenraum von $\mathscr{L}^2(U)$ ein, auf dem $\langle \ , \ \rangle$ ein Skalarprodukt auch im strengen Sinn induziert.

Eine Menge $E \subset \mathscr{L}^2(U)$ heißt *Orthonormalsystem (ONS) auf U*, wenn für jedes Paar $e, e' \in E$ gilt:

$$\langle e, e' \rangle = \begin{cases} 1, & \text{falls } e = e', \\ 0, & \text{falls } e \neq e'. \end{cases}$$

Definition: (i) Eine Teilmenge $E \subset \mathscr{L}^2(U)$ heißt *vollständig*, wenn der Vektorraum $V(E)$ der (endlichen) Linearkombinationen von Elementen aus E in $\mathscr{L}^2(U)$ dicht liegt; d. h., wenn es zu jedem $f \in \mathscr{L}^2(U)$ und jedem $\varepsilon > 0$ ein Element $s = \sum_{k=1}^m c_k e_k \in V(E)$, $c_k \in \mathbb{C}$, mit $\|f - s\|_2 < \varepsilon$ gibt. (ii) Ein ONS $E \subset \mathscr{L}^2(U)$ heißt *Orthonormalbasis (ONB) für $\mathscr{L}^2(U)$*, wenn es vollständig ist.

Es ist eine Tatsache von großer Tragweite, daß für jede offene Teilmenge $U \subset \mathbb{R}^n$ der Raum $\mathscr{L}^2(U)$ eine abzählbare Orthonormalbasis besitzt. Man sagt dafür auch, $\mathscr{L}^2(U)$ sei *separabel*. Zum Beweis zeigen wir zunächst ein Dichte-Lemma.

Lemma: *Es sei $U \subset \mathbb{R}^n$ eine offene Menge. Dann liegt die Menge $T_\mathbb{Q}(U)$ der rationalen Treppenfunktionen mit Träger in U dicht in $\mathcal{L}^2(U)$.*

Dabei heiße eine Treppenfunktion *rational*, wenn sie eine Darstellung $\sum c_k \mathbf{1}_{Q_k}$ besitzt, in der alle Koeffizienten c_k rationale komplexe Zahlen sind, d. h., Zahlen in $\mathbb{Q} + i\mathbb{Q}$, und die Quader Q_k rationale Eckpunkte haben. Die Menge $T_\mathbb{Q}(U)$ ist abzählbar.

Beweis: Es genügt, folgende zwei Behauptungen zu zeigen:

(i) Zu jedem $f \in \mathcal{L}^2(U)$ und jedem $\varepsilon > 0$ gibt es eine Treppenfunktion ψ mit Träger in U und $\|f - \psi\|_2 < \varepsilon$.

(ii) Zu jeder Treppenfunktion ψ mit Träger in U und jedem $\varepsilon < 0$ gibt es eine rationale Treppenfunktion φ mit Träger in U und $\|\psi - \varphi\|_2 < \varepsilon$.

Zu (i)*:* Es genügt, den Fall $f \geq 0$ zu behandeln. Nach Hilfssatz 4 in 9.2 gibt es eine Treppenfunktion ϕ mit Träger in U und $\|f^2 - \phi\|_1 < \varepsilon^2$, wobei wir $\phi \geq 0$ annehmen dürfen. Dann ist $\psi := \sqrt{\phi}$ eine Treppenfunktion mit der gewünschten Approximationsgüte:

$$\|f - \psi\|_2^2 = \|(f - \psi)^2\|_1 \leq \|(f - \psi)(f + \psi)\|_1 = \|f^2 - \psi^2\|_1 < \varepsilon^2.$$

Zu (ii)*:* Es genügt, zu jeder Treppenfunktion der speziellen Gestalt $c \cdot \mathbf{1}_Q$ eine rationale Treppenfunktion $c^* \cdot \mathbf{1}_{Q^*}$ zu finden so, daß

$(*)$ $\qquad\qquad\qquad\qquad \|c \cdot \mathbf{1}_Q - c^* \cdot \mathbf{1}_{Q^*}\|_2 < \varepsilon.$

Nun gilt für jeden Quader $Q^* \subset Q$

$$\|c \cdot \mathbf{1}_Q - c^* \cdot \mathbf{1}_{Q^*}\|_2 \leq |c - c^*| \cdot \|\mathbf{1}_Q\|_2 + |c^*| \cdot \|\mathbf{1}_Q - \mathbf{1}_{Q^*}\|_2$$

$$= |c - c^*| \cdot \sqrt{v(Q)} + |c^*| \cdot \sqrt{v(Q) - v(Q^*)}.$$

Hiernach kann $(*)$ bei gegebenen c, Q und ε mit einer rationalen komplexen Zahl c^* und einem rationalen Quader $Q^* \subset Q$ erfüllt werden. $\qquad\square$

Als erste wichtige Konsequenz erhalten wir:

Satz: *Für jede offene Menge $U \subset \mathbb{R}^n$ besitzt $\mathcal{L}^2(U)$ eine abzählbare ONB.*

Beweis: Ausgehend von einer Basis des von $T_\mathbb{Q}(U)$ aufgespannten $\mathbb{C}$-Vektorraums erhält man mit Hilfe des Gram-Schmidtschen Orthogonalisierungsverfahrens ein abzählbares ONS, das diesen Vektorraum aufspannt. Dieses ONS stellt eine ONB dar. $\qquad\square$

Eine weitere Konsequenz des Lemmas ist der

Vollständigkeitstest: *Ein ONS E auf einer offenen Menge $U \subset \mathbb{R}^n$ ist eine ONB für $\mathcal{L}^2(U)$, wenn es zu jeder Treppenfunktion φ mit Träger in U und jedem $\varepsilon > 0$ eine Funktion $s \in V(E)$ gibt mit $\|\varphi - s\|_2 < \varepsilon$.*

Beispiel: Das ONS der Funktionen $x \mapsto \dfrac{1}{\sqrt{2\pi}}\, e^{ikx}$, $k \in \mathbb{Z}$, ist eine ONB für $\mathscr{L}^2(0; 2\pi)$. Denn nach dem Satz in Band 1, 16.7 gibt es zu jeder Treppenfunktion φ mit Träger in $(0; 2\pi)$ ein trigonometrisches Polynom S mit $\|\varphi - S\|_2 < \varepsilon$.

IV. Entwicklung bezüglich eines ONS. Der Satz von Riesz

Es sei U wieder eine σ-kompakte Menge im $\mathbb{R}^n$ und $E = \{e_1, e_2, \ldots\}$ sei ein abzählbares ONS in $\mathscr{L}^2(U)$. V_m bezeichne den von $e_1, \ldots, e_m$ aufgespannten Unterraum. Zu gegebenem $f \in \mathscr{L}^2(U)$ soll ein $s \in V_m$ ermittelt werden derart, daß $\|f - s\|_2 \le \|f - v\|_2$ für alle $v \in V_m$ gilt. Eine solche Minimierungsaufgabe wurde bereits in Band 1, 16.5 diskutiert. Da jene Überlegungen auch hier gelten, formulieren wir nur noch das Ergebnis. Vorweg führen wir Bezeichnungen ein; man setzt

$$\widehat{f}(k) := \langle f, e_k \rangle \qquad \text{und} \qquad S_m f := \sum_{k=1}^{m} \widehat{f}(k) \cdot e_k$$

und bezeichnet die Zahl $\widehat{f}(k)$ als *k-ten Fourierkoeffizienten von f bezüglich des ONS E*.

Lemma (Minimaleigenschaft und Approximationsgüte von $S_m f$):
Für jedes $f \in \mathscr{L}^2(U)$ gilt bezüglich eines beliebigen ONS E:

(8) $$\|f - S_m f\|_2 \le \|f - v\|_2 \qquad \text{für alle } v \in V_m.$$

(9) $$\|f - S_m f\|_2^2 = \|f\|_2^2 - \sum_{k=1}^{m} |\widehat{f}(k)|^2.$$

Satz: *Wenn das ONS E vollständig ist, gelten für jede Funktion $f \in \mathscr{L}^2(U)$ die nach (9) gleichwertigen Aussagen:*

(i) *Die Folge $(S_m f)$ ist L^2-konvergent gegen f:*

$$\|f - S_m f\|_2 \to 0 \quad \text{für } m \to \infty.$$

(ii) *Es gilt die sogenannte* Parsevalsche Gleichung

$$\|f\|_2^2 = \sum_{k=1}^{\infty} |\widehat{f}(k)|^2.$$

Beweis: Wegen der Vollständigkeit des ONS gibt es zu jedem $\varepsilon > 0$ eine Linearkombination v von Elementen $e_1, \ldots, e_N$ mit $\|f - v\|_2 < \varepsilon$. Wegen der Minimaleigenschaft von $S_N f$ in V_N folgt $\|f - S_N f\|_2 < \varepsilon$. Aus dem gleichen Grund gilt $\|f - S_m f\|_2 < \varepsilon$ für $m \ge N$. Das beweist (i) und mit (9) auch (ii). □

Fouriersynthese nach Riesz. Die Fourierkoeffizienten jeder Funktion $f \in \mathscr{L}^2(U)$ bezüglich eines ONS haben nach (9) die Eigenschaft

$$\sum_{k=1}^{\infty} |\widehat{f}(k)|^2 < \infty.$$

Die Folgen (c_k) in $\mathbb{C}$ mit $\sum_{k=1}^{\infty} |c_k|^2 < \infty$ heißen ℓ^2-*Folgen*. Die Gesamtheit dieser Folgen bildet den *Hilbertschen Folgenraum* ℓ^2; siehe 1.6. Es ist nun von großer Tragweite, daß umgekehrt jede ℓ^2-Folge eine Funktion in $\mathscr{L}^2(U)$ repräsentiert.

Satz (Riesz): *Es sei* $E = \{e_1, e_2, \ldots\}$ *ein ONS in* $\mathscr{L}^2(U)$. *Dann gibt es zu jeder Folge* $(c_k) \in \ell^2$ *eine Funktion* $f \in \mathscr{L}^2(U)$ *mit*

$$\widehat{f}(k) = \langle f, e_k \rangle = c_k \quad \text{für alle } k \quad \text{und} \quad \|f\|_2^2 = \sum_{k=1}^{\infty} |c_k|^2.$$

Beweis: Wir zeigen, daß die Folge der Funktionen $S_m := \sum_{k=1}^{m} c_k\, e_k$ in $\mathscr{L}^2(U)$ konvergiert und eine Funktion mit den gewünschten Eigenschaften darstellt. Wegen $\|S_{p+r} - S_p\|_2^2 = |c_{p+1}|^2 + \cdots + |c_{p+r}|^2$ und wegen $(c_k) \in \ell^2$ ist (S_m) eine L^2-Cauchyfolge. Nach dem Vollständigkeitssatz von Riesz-Fischer hat (S_m) also einen Grenzwert $f \in \mathscr{L}^2(U)$. Wir zeigen: $\widehat{f}(k) = c_k$.

Da E ein ONS ist, gilt $\widehat{f}(k) - c_k = \langle f - S_m, e_k \rangle$ für alle $m \geq k$. Daraus folgt mit der Cauchy-Schwarzschen Ungleichung

$$\left| \widehat{f}(k) - c_k \right| = \left| \int_U (f - S_m) \cdot \overline{e}_k \, dx \right| \leq \left\| (f - S_m) \cdot \overline{e}_k \right\|_1 \leq \left\| f - S_m \right\|_2 \cdot \left\| e_k \right\|_2.$$

Wegen $\left\| f - S_m \right\|_2 \to 0$ ist also $\widehat{f}(k) = c_k$. Nach (9) gilt nun weiter

$$\|f\|_2^2 - \sum_{k=1}^{m} |c_k|^2 = \|f - S_m\|_2^2.$$

Daraus folgt wegen $\|f - S_m\|_2 \to 0$ auch die Formel für $\|f\|_2$.   □

Historisches. Wir haben hier den Synthesesatz von Riesz mit Hilfe des Vollständigkeitssatzes für die L^2-Theorie hergeleitet. Tatsächlich sind diese beiden Sätze gleichwertig. Der Vollständigkeitssatz wurde 1907 von E. Fischer (1875–1954) aufgestellt, der Synthesesatz im gleichen Jahr von F. Riesz (1880–1956).

Mit dem Satz von Riesz beweisen wir noch ein wichtiges Kriterium für die Vollständigkeit einer Menge in $\mathscr{L}^2(U)$.

Vollständigkeitskriterium: *Eine Menge* $E = \{e_1, e_2, \ldots\}$ *in* $\mathscr{L}^2(U)$ *ist genau dann vollständig, wenn jede Funktion* $g \in \mathscr{L}^2(U)$, *die auf allen* $e_k \in E$ *senkrecht steht, fast überall Null ist.*

Beweis: Es genügt, den Fall eines ONS E zu behandeln. Der allgemeine Fall folgt daraus durch Gram-Schmidt-Orthonormalisierung.

a) Sei E ein vollständiges ONS. Dann hat ein $g \in \mathscr{L}^2(U)$, das auf allen e_k senkrecht steht, nach der Parsevalschen Gleichung die L^2-Norm 0. Ein solches g ist fast überall Null.

b) Sei E unvollständig. Dann gibt es ein $h \in \mathscr{L}^2(U)$, das nicht in $\overline{V(E)}$ liegt. Insbesondere ist $\left(\|h - S_m h\|_2\right)$ keine Nullfolge; nach (9) gilt also

$$\|h\|_2^2 > \sum_{k=1}^{\infty} |\widehat{h}(k)|^2 \,.$$

Sei andererseits $f \in \mathscr{L}^2(U)$ eine nach dem Satz von Riesz existierende Funktion mit $\widehat{f}(k) = \widehat{h}(k)$ für alle k und

$$\|f\|_2^2 = \sum_{k=1}^{\infty} |\widehat{h}(k)|^2 \,.$$

Die Funktion $g := h - f$ steht dann wegen $\langle g, e_k \rangle = \widehat{h}(k) - \widehat{f}(k) = 0$ auf allen e_k senkrecht, und ist wegen $\|g\|_2 \geq \|h\|_2 - \|f\|_2 > 0$ fast überall von Null verschieden. □

V. Konstruktion vollständiger ONS. Eine ONB für $\mathscr{L}^2(\mathbb{R})$

Wir geben ein Verfahren zur Konstruktion vollständiger Erzeugendensysteme für $\mathscr{L}^2(a; b)$, $(a; b)$ ein Intervall, an. Durch Orthogonalisierung gewinnt man dann auch Orthonormalbasen. Mit diesem Verfahren erhält man als Orthonormalbasis für $\mathscr{L}^2(\mathbb{R})$ die Folge der Hermiteschen Funktionen.

Im Beweis des folgenden Satzes benötigen wir, daß die Fourier-Transformierte einer exponentiell abklingenden Funktion die Beschränkung einer holomorphen Funktion auf $\mathbb{R}$ ist.

Lemma: *$f \in \mathscr{L}^1(\mathbb{R})$ habe die Eigenschaft, daß für eine geeignete Konstante $\delta > 0$ sogar die Funktion $t \mapsto e^{\delta|t|} f(t)$ zu $\mathscr{L}^1(\mathbb{R})$ gehört. Dann gibt es im Streifen $S := \{z \in \mathbb{C} \mid |\operatorname{Im} z| < \delta\}$ eine holomorphe Funktion F mit $F(x) = \widehat{f}(x)$ für $x \in \mathbb{R}$. Für $z \in S$ und $n = 0, 1, 2, \ldots$ gilt*

$$F^{(n)}(z) = \frac{(-\mathrm{i})^n}{\sqrt{2\pi}} \int_{\mathbb{R}} t^n f(t) \mathrm{e}^{-\mathrm{i}zt} \, \mathrm{d}t \,.$$

Beweis: Wir definieren F für $z \in S$ durch

$$F(z) := \frac{1}{\sqrt{2\pi}} \int_{\mathbb{R}} f(t) \mathrm{e}^{-\mathrm{i}zt} \, \mathrm{d}t \,.$$

Die Funktion $z \mapsto f(t)e^{-izt}$ ist für jedes t holomorph in S. Ferner bestehen bei beliebigem positiven $\delta' < \delta$ für alle z mit $|\operatorname{Im} z| \leq \delta'$ die Abschätzungen

$$\left| \frac{\partial^n}{\partial z^n} f(t)e^{-izt} \right| \leq \left| f(t)t^n e^{\delta'|t|} \right| \leq C_n \left| f(t)e^{\delta|t|} \right|, \quad t \in \mathbb{R},$$

C_n eine geeignete Konstante. Nach dem Holomorphiesatz in 8.4 ist F also holomorph in S mit Ableitungen wie angegeben.   □

Satz: *Es sei I ein beliebiges Intervall und f eine fast überall von Null verschiedene, integrierbare Funktion auf I, die für alle $x \in I$ eine Abschätzung $|f(x)| \leq C\,e^{-\delta\,|x|}$ mit Konstanten $C, \delta > 0$ erfüllt. Dann ist die Folge der Funktionen*

$$x^n f, \quad n = 0, 1, 2, \ldots,$$

vollständig in $\mathscr{L}^2(I)$.

Beweis: Wir betrachten ein $g \in \mathscr{L}^2(I)$ mit

$$(*) \qquad \langle x^n f, g \rangle = \int_I x^n f \cdot \overline{g} \, dx = 0 \quad \text{für } n = 0, 1, 2, \ldots$$

Für $\delta' := \frac{1}{2}\delta$ ist die Funktion $e^{\delta'|x|} f_I$ lokal-integrierbar, und ihr Quadrat kann aufgrund der Voraussetzung durch $C^2 e^{-\delta|x|}$ abgeschätzt werden; sie gehört also zu $\mathscr{L}^2(\mathbb{R})$. Folglich ist die Funktion $e^{\delta'|x|} f_I \overline{g}_I$ integrierbar. Nach dem vorausgehenden Lemma gibt es eine holomorphe Funktion F mit

$$F(x) = \widehat{f_I \overline{g}_I}(x), \qquad F^{(n)}(0) = \frac{(-\mathrm{i})^n}{\sqrt{2\pi}} \int_{\mathbb{R}} f_I(t)\overline{g}_I(t)t^n \, dt.$$

Wegen $(*)$ gilt $F^{(n)}(0) = 0$ für $n = 0, 1, \ldots$; die Potenzreihenentwicklung von F im Nullpunkt ist also 0. Mit dem Identitätssatz für holomorphe Funktionen folgt daher $F = 0$. Der Umkehrsatz der Fourier-Transformation ergibt weiter $f_I \overline{g}_I = 0$ fast überall, also $g_I = 0$ fast überall. Mit dem Vollständigkeitskriterium erhält man nun die Behauptung.   □

Beispiel: Die Hermiteschen Funktionen als ONB für $\mathscr{L}^2(\mathbb{R})$. Nach dem Satz bilden die Funktionen $x^n e^{-x^2/2}$, $n = 0, 1, 2, \ldots$, ein vollständiges Erzeugendensystem für $\mathscr{L}^2(\mathbb{R})$. Diese Funktionen spannen denselben $\mathbb{C}$-Vektorraum auf wie die in (4) eingeführten Hermiteschen Funktionen $h_n = H_n e^{-x^2/2}$, da die Hermiteschen Polynome H_n Polynome n-ten Grades sind. Mit $(4^\perp)$ ergibt sich also:

Satz: *Die Hermiteschen Funktionen h_n, $n = 0, 1, 2, \ldots$, bilden ein vollständiges Orthogonalsystem für $\mathscr{L}^2(\mathbb{R})$.*

VI. Der Hilbert-Raum $L^2(U)$

Die Sesquilinearform $\langle\ ,\ \rangle$ auf $\mathscr{L}^2(U)$, U eine offene Menge im $\mathbb{R}^n$, ist mangels Definitheit kein Skalarprodukt im Sinn der linearen Algebra. Sie induziert aber ein solches auf einem geeigneten Quotientenraum. Man konstruiert diesen in Analogie zum Banachraum L^1; siehe 8.1. Es sei dazu $\mathscr{N}$ der Untervektorraum von $\mathscr{L}^2(U)$ der Funktionen f mit $\|f\|_2 = 0$, d.h., der Funktionen auf U, die fast überall verschwinden. Man identifiziert nun zwei Funktionen $f, g \in \mathscr{L}^2(U)$, wenn $f - g \in \mathscr{N}$. Auf dem Quotientenraum $\mathscr{L}^2(U)/\mathscr{N}$ induziert dann die Sesquilinearform $\langle\ ,\ \rangle$ ein positiv definites Skalarprodukt: Man erklärt dazu für zwei Äquivalenzklassen $[f]$ und $[g]$ $\langle [f], [g] \rangle := \langle f, g \rangle$; dieser Wert hängt, wie man leicht sieht, nicht von der Wahl der Repräsentanten ab. Den Quotientenraum $\mathscr{L}^2(U)/\mathscr{N}$ zusammen mit dem soeben erklärten Skalarprodukt bezeichnet man mit $L^2(U)$. Mit dem Vollständigkeitssatz von Riesz-Fischer für $\mathscr{L}^2(U)$ zeigt man mühelos, daß $L^2(U)$ ein Hilbertraum ist, und mit dem Synthesesatz von Riesz, daß dieser zum Folgenraum ℓ^2 isomorph ist.

10.4 Aufgaben

1. Man zeige, daß die Faltung assoziativ ist.

2. Es seien A und B kompakte Mengen im $\mathbb{R}^n$ mit $A \subset B^\circ$. Man zeige: Es gibt eine Funktion $\varphi \in \mathscr{C}_c^\infty(\mathbb{R}^n)$ mit $\varphi|A = 1$ und $\varphi|(\mathbb{R}^n \setminus B) = 0$.

3. Man berechne die Fourier-Transformierte der Funktion $f\colon \mathbb{R} \to \mathbb{R}$, $f(x) := e^{i\omega x} \cdot \mathbf{1}_{[-a;a]}$ mit $\omega, a \in \mathbb{R}$, und diskutiere sie in Abhängigkeit von ω und a.

4. Man zeige, daß die Fourier-Transformierte jeder Funktion $f \in \mathscr{L}^1(\mathbb{R}^n)$ auf Null abklingt: $\widehat{f}(x) \to 0$ für $\|x\| \to \infty$.

   Hinweis: Man zeige die Behauptung zunächst für Treppenfunktionen.

5. Sei $g := \mathbf{1}_{[-1;1]}$. Man berechne $\widehat{g * g}$ und zeige mit Hilfe des Umkehrsatzes

$$\int_{-\infty}^{\infty} \left(\frac{\sin x}{x}\right)^2 \mathrm{d}x = \pi.$$

6. Sind f und g schnell fallende Funktionen, so ist auch $f * g$ eine solche.

7. Man beweise die *Faltungsregel*: Für $f, g \in \mathscr{L}^1(\mathbb{R}^n)$ gilt

$$\widehat{f * g} = (2\pi)^{n/2}\, \widehat{f} \cdot \widehat{g}.$$

8. Man zeige: Für Funktionen $f, g \in \mathscr{S}(\mathbb{R}^n)$ gilt $\widehat{fg} = \dfrac{1}{(2\pi)^{n/2}}\, \hat{f} * \hat{g}$.

9. a) Die Fourier-Transformierte einer rotationssymmetrischen Funktion $f \in \mathscr{L}^1(\mathbb{R}^n)$ ist rotationssymmetrisch.

   b) Es sei $E \subset \mathbb{R}^n$ die euklidische Einheitskugel. Man zeige

   $$\widehat{1_E}(x) = \frac{1}{\|x\|^{n/2}} \cdot J_{n/2}(\|x\|),$$

   wobei $J_{n/2}$ die Besselfunktion der Ordnung $n/2$ bezeichnet.

   Hinweis: 8.6 Aufgabe 9.

10. *Wärmeleitung in einem unendlich langen Stab.* Es bezeichne $u(x,t)$ die Temperaturverteilung am Ort x zur Zeit $t > 0$, die aus einer Anfangsverteilung $f(x)$ zur Zeit $t = 0$ entsteht. u ist eine Lösung des Anfangswertproblems

    $$u_t = c^2 u_{xx} \qquad \text{auf } \mathbb{R} \times \mathbb{R}_+ \ (c > 0),$$
    $$u(x,0) = f(x) \qquad \text{für } x \in \mathbb{R}.$$

    Es sei $f \in \mathscr{S}(\mathbb{R})$. Man zeige: Die auf $\mathbb{R} \times (0; \infty)$ durch

    $$u(x,t) = \frac{1}{c\sqrt{4\pi t}} \int_{-\infty}^{\infty} f(y) \exp\left(-\frac{(x-y)^2}{4c^2 t}\right)\, dy$$

    definierte Funktion ist 2-mal stetig differenzierbar, kann stetig fortgesetzt werden auf $\mathbb{R} \times [0; \infty)$ und löst das Anfangswertproblem. Vgl. 8.6 Aufgabe 10.

11. Für $a \in \mathbb{R}_+$ sei $f_a(x) := \dfrac{a}{\pi\,(x^2 + a^2)}$. Mittels Fourier-Transformation zeige man $f_a * f_b = f_{a+b}$.

12. Für die Hermiteschen Polynome beweise man:

    a) $e^{x^2} e^{-(t-x)^2} = \sum_{n=0}^{\infty} \dfrac{H_n(x)}{n!} t^n$.

    b) $H_{n+1} = 2x\, H_n - 2n\, H_{n-1}, \quad n \geq 1$.

    c) $H_n'' - 2x\, H_n' + 2n\, H_n = 0, \quad n \geq 0$.

13. Sei $f(x) := \|x\|_2^{-a}$, $a \in \mathbb{R}$. Für welche a ist f über die Kugel $K_1(0)$ im euklidischen $\mathbb{R}^n$ quadratintegrierbar, für welche über $\mathbb{R}^n \setminus K_1(0)$? Man berechne jeweils $\|f\|_2$.

14. Für jede offene Menge $U \subset \mathbb{R}^n$ liegt $\mathscr{C}_c^\infty(U)$ dicht in $\mathscr{L}^2(U)$.

15. Die Legendre-Polynome bilden ein vollständiges Orthogonalsystem für $\mathscr{L}^2(-1; 1)$; vgl. Band 1, 11.11 Aufgabe 20.

16. *Darstellungssatz von Riesz.* Eine Linearform $\Phi\colon \mathscr{L}^2(U) \to \mathbb{C}$, U eine offene Menge in $\mathbb{R}^n$, heißt *beschränkt*, wenn es eine Konstante C gibt derart, daß $|\Phi(f)| \le C\,\|f\|$ für alle $f \in \mathscr{L}^2(U)$; vgl. 1.3.V. Nach der Cauchy-Schwarzschen Ungleichung induziert jede Funktion $g \in \mathscr{L}^2(U)$ mittels $\Phi_g(f) := \langle f, g\rangle$ eine beschränkte Linearform auf $\mathscr{L}^2(U)$. Man zeige, daß es umgekehrt zu jeder beschränkten Linearform Φ auf $\mathscr{L}^2(U)$ eine Funktion $g \in \mathscr{L}^2(U)$ gibt derart, daß

$$\Phi(f) = \langle f, g\rangle = \int\limits_U f\bar{g}\,\mathrm{d}x.$$

Hinweis: Man ermittle die Fourierkoeffizienten einer gesuchten Funktion g bezüglich einer ONB von $\mathscr{L}^2(U)$.

17. Die *Poissonsche Summenformel.* Diese ist ein Abtasttheorem für eine Funktion und ihre Fourier-Transformierte bei gekoppelten Rastern.

Es sei $f \in \mathscr{L}^1(\mathbb{R})$ eine stetige Funktion. Sowohl f als auch $\widehat{f}$ mögen eine Abklingbedingung

$$|f(x)| \le \frac{c}{|x|^{1+\varepsilon}}, \qquad |\widehat{f}(x)| \le \frac{C}{|x|^{1+\eta}} \qquad (c, C, \varepsilon, \eta > 0)$$

erfüllen. Dann gilt für positive T, $\widehat{T}$ mit $T\widehat{T} = 2\pi$

$$\sqrt{T}\sum_{n=-\infty}^{\infty} f(nT) = \sqrt{\widehat{T}}\sum_{k=-\infty}^{\infty} \widehat{f}(k\widehat{T}).$$

Siehe Band 1, 16.10.

11 Integration über Untermannigfaltigkeiten des euklidischen $\mathbb{R}^n$

In diesem Kapitel besprechen wir die Integration von Funktionen über Untermannigfaltigkeiten im euklidischen $\mathbb{R}^n$. Mittels lokaler Parameterdarstellungen wird diese Aufgabe auf Integrationen im $\mathbb{R}^d$ zurückgeführt, wobei d die Dimension der Untermannigfaltigkeit ist.

11.1 Reguläre Parameterdarstellungen

Wir führen in diesem vorbereitenden Abschnitt höherdimensionale Analoga der regulär parametrisierten Kurven ein.

Definition: Sei $\Omega \subset \mathbb{R}^d$ offen. Eine $\mathscr{C}^1$-Abbildung $\gamma\colon \Omega \to \mathbb{R}^n$ heißt *Immersion* oder auch *reguläre Parameterdarstellung*, falls ihr Differential $\mathrm{d}\gamma(u)\colon \mathbb{R}^d \to \mathbb{R}^n$ für alle $u \in \Omega$ regulär, d. h. injektiv abbildet. Gleichwertig dazu ist, daß die Funktionalmatrix $\gamma'(u)$ für alle $u \in \Omega$ den Rang d hat. Ω heißt der *Parameterbereich*, $\gamma(\Omega)$ die *Spur* von γ. In der Differentialgeometrie nennt man γ auch eine *reguläre Fläche* im $\mathbb{R}^n$.

Eine Immersion $\gamma = (\gamma_1, \ldots, \gamma_n)\colon \Omega \to \mathbb{R}^n$ bildet die zum Basisvektor $e_i \in \mathbb{R}^d$ parallele Kurve ε_i durch den Punkt $u \in \Omega$, $\varepsilon_i(t) := u + t e_i$, auf eine Kurve im $\mathbb{R}^n$ ab, deren Tangentialvektor in $t = 0$ der i-te Spaltenvektor der Funktionalmatrix $\gamma'(u)$ ist:

$$\frac{\mathrm{d}}{\mathrm{d}t}(\gamma \circ \varepsilon_i)(0) = \gamma'(u)e_i = \partial_i \gamma(u).$$

Die Bedingung Rang $\gamma'(u) = d$ besagt nun, daß die Tangentialvektoren $\partial_1 \gamma(u), \ldots, \partial_d \gamma(u)$ linear unabhängig sind. Der von ihnen aufgespannte d-dimensionale Vektorraum heißt der *Tangentialraum von γ in u* und wird mit $\mathrm{T}_u \gamma$ bezeichnet. Ist die Spur $M := \gamma(\Omega)$ eine Mannigfaltigkeit, so hat sie nach dem unten folgenden Lemma die Dimension d. Ferner gilt dann $\mathrm{T}_u \gamma = \mathrm{T}_a M$, $a := \gamma(u)$; denn diese beiden Vektorräume haben die gleiche Dimension, und wegen $\partial_1 \gamma(u), \ldots, \partial_d \gamma(u) \in \mathrm{T}_a M$ gilt $\mathrm{T}_u \gamma \subset \mathrm{T}_a M$:

$$\mathrm{T}_a M = \mathrm{T}_u \gamma = \gamma'(u)\,\mathbb{R}^d = \mathrm{d}\gamma(u)\,\mathbb{R}^d.$$

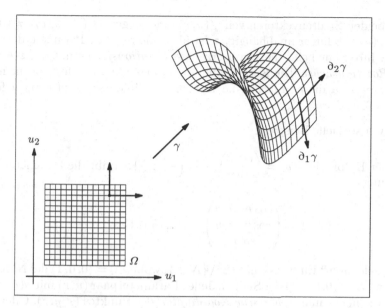

Beispiele von Immersionen:

1. *Die regulären Kurven, d. h. die* $\mathscr{C}^1$*-Kurven* $\gamma\colon I \to \mathbb{R}^n$ *mit* $\dot{\gamma}(t) \neq 0$ *für alle* $t \in I$, *I ein offenes Intervall.*

2. *Die Parametrisierungen* $\gamma\colon \Omega \to \mathbb{R}^n$ *der Graphen von* $\mathscr{C}^1$*-Abbildungen* $f\colon \Omega \to \mathbb{R}^{n-d}$, $\Omega \subset \mathbb{R}^d$; *dabei sei* γ *definiert durch* $\gamma(u) := \big(u, f(u)\big)$.

3. *Die stereographische Projektion; siehe* 1.3.II (6′).

4. *Reguläre Rotationsflächen im* $\mathbb{R}^3$. *Es sei*

$$\alpha = (r, z)\colon I \to \mathbb{R}^2$$

eine reguläre Kurve mit $r(v) > 0$ für alle $v \in I$, I ein offenes Intervall. Man definiere dazu

$$\gamma\colon \mathbb{R} \times I \to \mathbb{R}^3$$

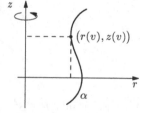

durch

(1) $$\gamma(u,v) := \begin{pmatrix} r(v)\cos u \\ r(v)\sin u \\ z(v) \end{pmatrix}, \quad (u,v) \in \mathbb{R} \times I.$$

γ ist stetig differenzierbar und hat die Ableitung

(1′) $$\gamma'(u,v) = \begin{pmatrix} r'(v)\cos u & -r(v)\sin u \\ r'(v)\sin u & r(v)\cos u \\ z'(v) & 0 \end{pmatrix}.$$

Die beiden Spaltenvektoren von $\gamma'(u,v)$ sind wegen $(r'(v),\, z'(v)) \neq (0,0)$ und $r(v) > 0$ linear unabhängig; γ ist also eine reguläre Parameterdarstellung. Ihre Spur heißt die von α erzeugte *Rotationsfläche* mit der z-Achse als *Rotationsachse*. Die Koordinatenlinien $u \mapsto \gamma(u,v)$, v fest, nennt man *Breitenkreise* dieser Fläche, die Koordinatenlinien $v \mapsto \gamma(u,v)$, u fest, deren *Meridiane*.

Zwei spezielle Beispiele:

1. Der Halbkreis $\alpha(v) = \begin{pmatrix} \cos v \\ \sin v \end{pmatrix}$, $v \in \left(-\dfrac{\pi}{2}; \dfrac{\pi}{2}\right)$, ergibt die Parameterdarstellung

$$(2) \qquad \gamma(u,v) = \begin{pmatrix} \cos v \cos u \\ \cos v \sin u \\ \sin v \end{pmatrix}, \quad (u,v) \in \mathbb{R} \times \left(-\frac{\pi}{2}; \frac{\pi}{2}\right),$$

der „gelochten" Einheitssphäre $S^2 \setminus \{N, S\}$, wobei $N = (0,0,1)$ der Nordpol ist und $S = (0,0,-1)$ der Südpol. Jedes Parameterpaar (u,v) mit $\gamma(u,v) = (x,y,z)$ nennt man *sphärische Koordinaten* des Punktes (x,y,z). Offenbar entsteht γ aus der Polarkoordinatenabbildung P_3 durch Einschränkung auf $\{1\} \times \mathbb{R} \times \left(-\dfrac{\pi}{2}; \dfrac{\pi}{2}\right)$.

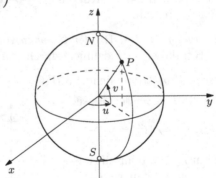

Ein Punkt $P \in S^2 \setminus \{N, S\}$ und seine sphärischen Koordinaten u, v

2. Der Kreis $\alpha(v) = \begin{pmatrix} R + a\cos v \\ a\sin v \end{pmatrix}$, $v \in \mathbb{R}$, mit $0 < a < R$ ergibt die Parameterdarstellung

$$(3) \qquad \gamma(u,v) = \begin{pmatrix} (R + a\cos v)\cos u \\ (R + a\cos v)\sin u \\ a\sin v \end{pmatrix}, \qquad (u,v) \in \mathbb{R}^2.$$

Ihre Spur T wird als *Torus* bezeichnet.

T ist zugleich die Menge der Punkte (x, y, z), die der Gleichung

$$(3') \qquad f(x, y, z) = \left(\sqrt{x^2 + y^2} - R \right)^2 + z^2 = a^2$$

genügen. Man stellt leicht fest, daß a^2 ein regulärer Wert von f ist. T ist also eine 2-dimensionale Untermannigfaltigkeit des $\mathbb{R}^3$.

Erzeugung eines Torus sowie Breitenkreise und Meridiane

Im folgenden Lemma leiten wir eine lokale Normalform der regulären Parameterdarstellungen her: Wir zeigen, daß diese in hinreichend kleinen Parameterbereichen im wesentlichen zu Parametrisierungen von Graphen (siehe Beispiel 2) äquivalent sind.

Definition: Zwei Parameterdarstellungen $\gamma_i \colon \Omega_i \to \mathbb{R}^n$, $i = 1, 2$, nennt man *äquivalent*, wenn es einen Diffeomorphismus $T \colon \Omega_1 \to \Omega_2$ gibt mit

$$\gamma_1 = \gamma_2 \circ T.$$

Lemma (lokale Normalform einer Immersion): *Es sei* $\gamma \colon \Omega \to \mathbb{R}^n$ *eine reguläre Parameterdarstellung auf einer offenen Menge* $\Omega \subset \mathbb{R}^d$. *Dann gibt es zu jedem* $u_0 \in \Omega$ *eine offene Umgebung* $\Omega_0 \subset \Omega$ *und eine Permutation* $P \colon \mathbb{R}^n \to \mathbb{R}^n$ *der Koordinaten derart, daß* $P \circ \gamma \,|\, \Omega_0$ *äquivalent ist zu einer Parameterdarstellung* $\gamma^* \colon V \to \mathbb{R}^n$, $V \subset \mathbb{R}^d$ *offen, der speziellen Gestalt*

$$\gamma^*(x) = \big(x, \gamma_{d+1}^*(x), \ldots, \gamma_n^*(x) \big);$$

d. h., es gibt einen Diffeomorphismus $T \colon \Omega_0 \to V$ *derart, daß* $P \circ \gamma \,|\, \Omega_0 = \gamma^* \circ T$.

Insbesondere ist $\gamma(\Omega_0)$ *eine d-dimensionale Untermannigfaltigkeit des* $\mathbb{R}^n$.

Beweis: Wir nehmen an, es seien die Ableitungen der ersten d Komponentenfunktionen von γ im Punkt u_0 linear unabhängig, und wenden dann den Umkehrsatz auf die Abbildung $(\gamma_1, \ldots, \gamma_d)\colon \Omega \to \mathbb{R}^d$ an. Danach gibt es eine offene Umgebung Ω_0 von u_0 derart, daß die Einschränkung $T := (\gamma_1, \ldots, \gamma_d) \mid \Omega_0$ ein Diffeomorphismus auf eine offene Menge $V \subset \mathbb{R}^d$ ist. Wir setzen nun $\gamma^* := \gamma \circ T^{-1}$. γ^* ist eine Immersion: Für $v \in V$ ist nämlich das Differential $d\gamma^*(v)$ als Komposition der injektiven Differentiale $d\gamma\big(T^{-1}(v)\big)$ und $dT^{-1}(v)$ injektiv. γ^* hat auch die gewünschte Bauart und leistet die behauptete Faktorisierung.   □

Die Spur einer Immersion muß keine Mannigfaltigkeit sein, selbst dann nicht, wenn γ injektiv abbildet. Ein Beispiel liefert die reguläre Kurve

$$(4) \quad \gamma(t) := \sin 2t \begin{pmatrix} \cos t \\ \sin t \end{pmatrix}, \quad t \in \left(-\frac{\pi}{2}; \frac{\pi}{2}\right).$$

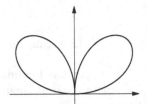

Ihre Spur M ist keine Mannigfaltigkeit, da jede hinreichend kleine M-Umgebung von $(0,0)$ durch Entfernen dieses Punktes in mindestens vier disjunkte zusammmenhängende Mengen zerfällt. Offensichtlich bildet $\gamma\colon (-\pi/2; \pi/2) \to M$ nicht homöomorph ab; M ist nämlich kompakt, das Parameterintervall aber nicht.

Die Spur einer
Immersion muß keine
Mannigfaltigkeit sein

Definition: Eine Immersion $\gamma\colon \Omega \to \mathbb{R}^n$ heißt *Einbettung*, wenn sie Ω homöomorph auf die Spur $\gamma(\Omega)$ abbildet; dabei sei $\gamma(\Omega)$ mit der von $\mathbb{R}^n$ induzierten Teilraumtopologie versehen.

Satz: *Die Spur einer Einbettung $\gamma\colon \Omega \to \mathbb{R}^n$, Ω offen in $\mathbb{R}^d$, ist eine d-dimensionale Untermannigfaltigkeit. Je zwei Einbettungen $\gamma_i\colon \Omega_i \to \mathbb{R}^n$, $i = 1, 2$, mit derselben Spur $\gamma_1(\Omega_1) = \gamma_2(\Omega_2)$ sind äquivalent.*

Beweis: Sei $M := \gamma(\Omega)$ und sei $a \in M$. Zu $u := \gamma^{-1}(a) \in \Omega$ wähle man eine offene Umgebung $\Omega_0 \subset \Omega$ wie im Lemma. Da nach Voraussetzung $\gamma\colon \Omega \to M$ homöomorph abbildet, ist $\gamma(\Omega_0)$ eine offene Umgebung von a in M. Laut Definition der Teilraumtopologie gibt es daher eine offene Umgebung $U \subset \mathbb{R}^n$ von a mit $M \cap U = \gamma(\Omega_0)$. Nach obigem Lemma ist also $M \cap U$ eine Untermannigfaltigkeit. Folglich ist auch M eine.

Zum Nachweis der zweiten Behauptung sei $M = \gamma_i(\Omega_i)$, $i = 1, 2$. Es genügt zu zeigen, daß $T := \gamma_2^{-1} \circ \gamma_1\colon \Omega_1 \to \Omega_2$ eine $\mathscr{C}^1$-Abbildung ist. Sei $u_1 \in \Omega_1$. Zu $u_2 := T(u_1)$ gibt es nach dem Lemma eine offene Umgebung $\Omega_2^0 \subset \Omega_2$, einen Diffeomorphismus $\tau\colon \Omega_2^0 \to V$ auf eine offene Menge $V \subset \mathbb{R}^d$ und eine lineare Abbildung $\mathrm{pr}\colon \mathbb{R}^n \to \mathbb{R}^d$ derart, daß γ_2^{-1} auf $\gamma_2(\Omega_2^0)$ die Darstellung $\gamma_2^{-1} = \tau^{-1} \circ \mathrm{pr}$ besitzt. Auf $T^{-1}(\Omega_2^0)$ gilt also $T = \tau^{-1} \circ \mathrm{pr} \circ \gamma_1$. Hiernach ist T eine $\mathscr{C}^1$-Abbildung.   □

11.2 Das Volumen d-dimensionaler Parallelotope

Die Integration über eine d-dimensionale Untermannigfaltigkeit im euklidischen $\mathbb{R}^n$ werden wir lokal mit Hilfe von Parameterdarstellungen auf Integrationen über offene Mengen im $\mathbb{R}^d$ zurückführen. Einen Anhaltspunkt für die dabei in Rechnung zu stellende Maßverzerrung erhalten wir anhand des d-dimensionalen Volumens d-dimensionaler Parallelotope im $\mathbb{R}^n$.

Es seien $a_1, \ldots, a_d$ Vektoren im $\mathbb{R}^n$, $d \le n$. Dann heißt die Menge

$$P(a_1, \ldots, a_d) := \left\{ \sum_{i=1}^{d} t_i a_i \ \middle| \ t_1, \ldots, t_d \in [0; 1] \right\}$$

das von $a_1, \ldots, a_d$ aufgespannte *Parallelotop* oder der *d-Spat*.

Zur Definition eines d-dimensionalen Volumens für d-Spate gehen wir axiomatisch vor. Wir suchen eine Funktion

$$v_d \colon \underbrace{\mathbb{R}^n \times \cdots \times \mathbb{R}^n}_{d \text{ Faktoren}} \to \mathbb{R},$$

die folgende Forderungen erfüllt:

(V1) $\quad v_d(a_1, \ldots, \lambda a_i, \ldots, a_d) = |\lambda| \cdot v_d(a_1, \ldots, a_d) \quad$ für $\lambda \in \mathbb{R}$,

(V2) $\quad v_d(a_1, \ldots, a_i + a_j, \ldots, a_j, \ldots, a_d) = v_d(a_1, \ldots, a_d) \quad$ für $i \ne j$,

(V3) $\quad v_d(a_1, \ldots, a_d) = 1$ für jedes orthonormierte System $a_1, \ldots, a_d \in \mathbb{R}^n$

Im Fall $d = n$ spielten die Eigenschaften (V1), (V2) und (V3) bei der *Berechnung* des Volumens eines n-dimensionalen Parallelotops im $\mathbb{R}^n$ eine maßgebliche Rolle, siehe 7.7; in der dort gegebenen Situation war das (n-dimensionale) Volumen bereits durch die allgemeine Definition in 7.5 erklärt. In der vorliegenden Situation sind (V1), (V2) und (V3) *Axiome* für das zu definierende d-dimensionale Volumen.

Satz und Definition: *Es gibt genau eine Funktion v_d mit* (V1), (V2) *und* (V3). *Ist A die Matrix mit $a_1, \ldots, a_d \in \mathbb{R}^n$ als Spalten, so erfüllt die Funktion $(a_1, \ldots, a_d) \mapsto \sqrt{\det A^\mathsf{T} A}$ diese Forderungen. Man definiert also*

(5)
$$v_d(a_1, \ldots, a_d) := \sqrt{\det A^\mathsf{T} A}.$$

$A^\mathsf{T} A$ ist eine $d \times d$-reihige, symmetrische und positiv semidefinite Matrix; Letzteres wegen $x^\mathsf{T} A^\mathsf{T} A x = \langle Ax, Ax \rangle \ge 0$. Hat A den Rang d, so ist $A^\mathsf{T} A$ sogar positiv definit. In jedem Fall gilt $\det A^\mathsf{T} A \ge 0$.

Beweis: Mit den Rechenregeln für Determinanten kann man ohne Mühe verifizieren, daß die angegebene Funktion die gewünschten Eigenschaften hat. Wir überlassen die Durchführung dem Leser.

Daß es höchstens eine Funktion v_d mit diesen Eigenschaften gibt, zeigt man wie für die Determinante: Sind $a_1, \ldots, a_d$ linear unabhängig, so wählt man in dem von $a_1, \ldots, a_d$ aufgespannten Vektorraum eine orthonormierte Basis $b_1, \ldots, b_d$ und führt die Matrix $(a_1, \ldots, a_d)$ durch die Umformungen

• Multiplikation einer Spalte mit einer Zahl,

• Addition einer Spalte zu einer anderen,

in $(b_1, \ldots, b_d)$ über. Bei jeder Umformung ist die Änderung von v_d durch (V1) bzw. (V2) geregelt. Damit ergibt sich, daß man $v_d(a_1, \ldots, a_d)$ einzig und allein aufgrund der geforderten Eigenschaften berechnen kann. Sind $a_1, \ldots, a_d$ aber linear abhängig, so kann man die Matrix $(a_1, \ldots, a_d)$ durch ebensolche Umformungen in eine Matrix überführen, in der eine Spalte Null ist. Damit ergibt sich in diesem Fall $v_d(a_1, \ldots, a_d) = 0$ aus (V1). $\square$

Im Fall $d = n - 1$ erhält man eine weitere Darstellung der Volumenfunktion durch das äußere Produkt. Es bezeichne A_k die quadratische, $(n-1)$-reihige Matrix, die aus der Matrix A mit den Spalten $a_1, \ldots, a_{n-1}$ durch Streichen der k-ten Zeile entsteht. Als *äußeres Produkt* der Vektoren $a_1, \ldots, a_{n-1}$ des euklidischen $\mathbb{R}^n$ definiert man dann den Vektor

$$(6) \qquad a_1 \wedge \cdots \wedge a_{n-1} := \begin{pmatrix} \alpha_1 \\ \vdots \\ \alpha_n \end{pmatrix} \quad \text{mit} \quad \alpha_k := (-1)^{k-1} \det A_k.$$

Im Fall $n = 3$ ist $a_1 \wedge a_2$ das gewohnte Vektorprodukt im $\mathbb{R}^3$. Das äußere Produkt $a_1 \wedge \cdots \wedge a_{n-1}$ erfüllt mit jedem beliebigen weiteren Vektor $b \in \mathbb{R}^n$ die charakteristische Identität:

$$(6') \qquad \langle b, a_1 \wedge \cdots \wedge a_{n-1} \rangle = \det(b, a_1, \ldots, a_{n-1});$$

hier steht links das Standardskalarprodukt von b und $a_1 \wedge \cdots \wedge a_{n-1}$. Beweis durch Entwicklung der Determinante nach der ersten Spalte.

Lemma: *Das äußere Produkt $a_1 \wedge \cdots \wedge a_{n-1}$ steht senkrecht auf den Vektoren $a_1, \ldots, a_{n-1}$ und hat die euklidische Länge*

$$(7) \qquad \boxed{\; \| a_1 \wedge \cdots \wedge a_{n-1} \| = v_{n-1}(a_1, \ldots, a_{n-1}). \;}$$

Beweis: Die Orthogonalitätsaussage ergibt sich, wenn man in (6') der Reihe nach $b = a_1, \ldots, a_{n-1}$ setzt; die Determinante wird dann jedes Mal Null. Nachweis von (7): Sei $N := a_1 \wedge \ldots \wedge a_{n-1}$. Wegen $\langle N, a_i \rangle = 0$ gilt

$$\begin{pmatrix} N^\mathsf{T} \\ A^\mathsf{T} \end{pmatrix} (N, A) = \begin{pmatrix} N^\mathsf{T} N & 0 \\ 0 & A^\mathsf{T} A \end{pmatrix}.$$

Danach ist $\left(\det(N, A)\right)^2 = \|N\|^2 \cdot \det A^\mathsf{T} A$. Andererseits ergibt (6') die weitere Beziehung $\det(N, A) = \|N\|^2$. Damit folgt (7). $\qquad\square$

Aus (5) ziehen wir nun eine wichtige Folgerung über die Volumenverzerrung bei einer linearen Abbildung.

Lemma: *Es sei $\alpha\colon \mathbb{R}^d \to \mathbb{R}^n$ eine lineare Abbildung mit der Matrix A. Dann gilt für jeden Quader $Q \subset \mathbb{R}^d$*

$$(8) \qquad \boxed{\;v_d\big(\alpha(Q)\big) = \sqrt{\mathrm{g}^\alpha} \cdot v(Q), \quad \mathrm{g}^\alpha := \det A^\mathsf{T} A.\;}$$

Die $(d \times d)$-Matrix $A^\mathsf{T} A$ heißt *Maßtensor* der Abbildung α und g^α heißt deren *Gramsche Determinante*.

Beweis: Es seien $b_1, \ldots, b_d \in \mathbb{R}^d$ Vektoren, die Q aufspannen. $\alpha(Q)$ wird dann von $Ab_1, \ldots, Ab_d$ aufgespannt. Bezeichnet B die Matrix mit den Spalten $b_1, \ldots, b_d$, so folgt:

$$v_d\big(\alpha(Q)\big) = \sqrt{\det\big((AB)^\mathsf{T} AB\big)} = \sqrt{\mathrm{g}^\alpha} \cdot |\det B| = \sqrt{\mathrm{g}^\alpha} \cdot v(Q). \qquad\square$$

11.3 Integration über ein Kartengebiet

Wir befassen uns in diesem Abschnitt mit der lokalen Version der Integration über eine Untermannigfaltigkeit des euklidischen $\mathbb{R}^n$, nämlich mit der Integration über ein Kartengebiet.

Definition: Eine M-offene Teilmenge U einer Untermannigfaltigkeit M des $\mathbb{R}^n$ heißt *Kartengebiet,* wenn es eine Karte $\varphi\colon U' \to V$, U' eine offene Teilmenge des $\mathbb{R}^n$, gibt derart, daß $U = U' \cap M$.

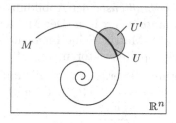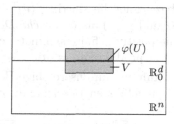

Ein Kartengebiet U in einer Mannigfaltigkeit M

Lemma 1: *Jedes Kartengebiet U in einer d-dimensionalen Untermannigfaltigkeit $M \subset \mathbb{R}^n$ ist die Spur einer Einbettung $\gamma\colon \Omega \to \mathbb{R}^n$, Ω eine offene Menge im $\mathbb{R}^d$. Je zwei Einbettungen $\gamma_i\colon \Omega_i \to \mathbb{R}^n$, $i = 1, 2$, mit der Spur U sind äquivalent.*

Beweis: Es sei $\varphi\colon U' \to V$ eine Karte mit $U' \cap M = U$; ferner Ω die Teilmenge im $\mathbb{R}^d$ mit $\Omega \times \{0\} = V \cap \mathbb{R}_0^d$ und $\gamma\colon \Omega \to U$ die durch $\gamma(u) := \varphi^{-1}(u, 0)$ definierte Abbildung. γ bildet Ω homöomorph auf U ab. Ferner ist γ eine reguläre Parameterdarstellung, da $\gamma'(u)$ aus den ersten d Spalten der Funktionalmatrix $(\varphi^{-1})'(u, 0)$ besteht und somit überall den Rang d hat. γ ist also eine Einbettung mit der Spur U. – Die Äquivalenz zweier Einbettungen wurde bereits in 11.1 gezeigt.   □

Wir kommen zur Integration über ein Kartengebiet $U \subset M$. Diese wird mit Hilfe einer regulären Parameterdarstellung $\gamma\colon \Omega \to U$ auf eine Integration über den Parameterraum $\Omega \subset \mathbb{R}^d$ hinübergespielt. Ähnlich wie bei der Plausibilitätsbetrachtung zum Transformationssatz denken wir uns Ω in kleine Quader Q_i zerlegt und γ in jedem Q_i durch die lineare Abbildung $d\gamma(u_i)\colon \mathbb{R}^d \to \mathbb{R}^n$, u_i ein Punkt in Q_i, approximiert. $d\gamma(u_i)$ bildet Q_i auf einen d-Spat S_i im Tangentialraum an U im Punkt $p_i = \gamma(u_i)$ ab. Dabei wird das Volumen von Q_i nach (8) mit der Wurzel der Determinante des Maßtensors von $d\gamma(u_i)$ multipliziert.

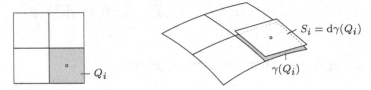

Abbildung eines Quaders durch γ und auch durch das Differential $d\gamma(u_i)$

Man definiert in Verallgemeinerung von (8)

$$(9) \qquad \boxed{g^\gamma(u) := \det\!\big(\gamma'(u)^\mathsf{T} \cdot \gamma'(u)\big)}$$

und bezeichnet die Matrix $\gamma'(u)^\mathsf{T} \cdot \gamma'(u)$ als *Maßtensor* der Abbildung γ in $u \in \Omega$ und $g^\gamma(u)$ als *Gramsche Determinante* von γ in u. Der Maßtensor ist eine positiv definite symmetrische $(d \times d)$-Matrix. Seine Elemente sind die Skalarprodukte $g_{ij} = \langle \partial_i\gamma, \partial_j\gamma \rangle\big|_u$ der Spaltenvektoren von $\gamma'(u)$.

Wir führen nun unsere obige Betrachtung weiter. Nach (8) gilt mit der in (9) eingeführten Bezeichnung $v_d(S_i) = \sqrt{g^\gamma(u_i)} \cdot v(Q_i)$. Es liegt also nahe,

$$\sum f(p_i) \cdot v_d(S_i) = \sum f\big(\gamma(u_i)\big) \cdot \sqrt{g^\gamma(u_i)} \cdot v(Q_i)$$

als eine Näherungssumme für das zu definierende Integral zu verwenden. Die rechts stehende Summe ist zugleich eine Näherungssumme für das über Ω erstreckte Integral $\int_\Omega f\big(\gamma(u)\big) \cdot \sqrt{g^\gamma(u)}\, du$. Wir ziehen deshalb solche Integrale zur Definition des Integrals über U heran.

Zunächst eine Sprechweise: Eine Funktion $f\colon U \to \mathbb{C} \cup \{\infty\}$ auf einem Kartengebiet U heiße *integrierbar bezüglich der Einbettung* $\gamma\colon \Omega \to \mathbb{R}^n$ mit $U = \mathrm{Spur}\,\gamma$, wenn die Funktion $(f \circ \gamma) \cdot \sqrt{g^\gamma}$ über den Parameterraum Ω integrierbar ist, und dann heißt

$$\int^\gamma f := \int_\Omega f\big(\gamma(u)\big) \cdot \sqrt{g^\gamma(u)}\,du$$

das *Integral von f bezüglich der Einbettung* γ.

Lemma 2: *Es sei U ein Kartengebiet in einer Untermannigfaltigkeit des euklidischen $\mathbb{R}^n$, und es seien $\gamma_i\colon \Omega_i \to U$, $i = 1,2$, zwei Einbettungen. Dann gilt: Ist eine Funktion f auf U bezüglich γ_1 integrierbar, dann auch bezüglich γ_2, und die Integrale $\int^{\gamma_1} f$ und $\int^{\gamma_2} f$ sind gleich.*

Beweis: γ_1 und γ_2 sind äquivalent, und $T\colon \Omega_1 \to \Omega_2$ sei der Diffeomorphismus mit $\gamma_1 = \gamma_2 \circ T$. Für die Maßtensoren von γ_1 und γ_2 in $u \in \Omega_1$ bzw. $v = T(u) \in \Omega_2$ erhält man mit der Kettenregel

$$\big(\gamma_1'(u)\big)^\mathsf{T} \cdot \gamma_1'(u) = T'^\mathsf{T}(u) \cdot \Big(\big(\gamma_2'(v)\big)^\mathsf{T} \cdot \gamma_2'(v)\Big) \cdot T'(u).$$

Für die Gramschen Determinanten folgt daraus die Beziehung

$$\sqrt{g^{\gamma_1}(u)} = \big|\det T'(u)\big| \cdot \sqrt{g^{\gamma_2}(v)}.$$

Der Transformationssatz ergibt schließlich

$$\int^{\gamma_1} f = \int_{\Omega_1} f\big(\gamma_1(u)\big) \cdot \sqrt{g^{\gamma_1}(u)}\,du = \int_{\Omega_2} f\big(\gamma_2(v)\big) \cdot \sqrt{g^{\gamma_2}(v)}\,dv = \int^{\gamma_2} f,$$

wobei das Integral über Ω_1 genau dann existiert, wenn das Integral über Ω_2 existiert. $\qquad\square$

Aufgrund dieses Lemmas ist die folgende Definition sinnvoll:

Definition (Integration über ein Kartengebiet): Eine Funktion $f\colon U \to \mathbb{C} \cup \{\infty\}$ auf einem Kartengebiet U in einer Untermannigfaltigkeit des euklidischen $\mathbb{R}^n$ heißt *integrierbar über U*, wenn sie bezüglich einer und dann jeder Einbettung $\gamma\colon \Omega \to U$ integrierbar ist. Der von der Wahl der Einbettung γ unabhängige Wert

$$\boxed{\int_U f\,dS := \int_\Omega f\big(\gamma(u)\big) \cdot \sqrt{g^\gamma(u)}\,du}$$

wird als *Integral von f über U* definiert.

Ist die Funktion 1 über U integrierbar, so heißt der Wert des Integrals

$$v_d(U) := \int\limits_U 1 \cdot \mathrm{d}S = \int\limits_\Omega \sqrt{\mathrm{g}^\gamma(u)}\,\mathrm{d}u$$

d-dimensionaler Flächeninhalt oder auch *d-dimensionales Volumen* von U. $\sqrt{\mathrm{g}^\gamma}\,\mathrm{d}u$ wird als *Flächenelement bezüglich* γ bezeichnet.

Beispiel 1: Integration über 1-dimensionale Kartengebiete. Es sei I ein offenes Intervall, $\gamma\colon I \to \mathbb{R}^n$ eine Einbettung und M die Spur von γ. Die Gramsche Determinante von γ ist $\dot\gamma^\mathsf{T}\dot\gamma = \|\dot\gamma\|^2$. Damit erhält man für das Integral einer Funktion f auf M

$$\int\limits_M f\,\mathrm{d}s = \int\limits_I f\big(\gamma(t)\big) \cdot \|\dot\gamma(t)\|\,\mathrm{d}t,$$

sofern das rechts stehende Integral existiert. Insbesondere ist die Mannigfaltigkeit M genau dann meßbar, wenn die Kurve γ rektifizierbar ist; gegebenenfalls stimmen das 1-dimensionale Maß der Mannigfaltigkeit und die Bogenlänge der Kurve überein: $v_1(M) = s(\gamma)$.

Beispiel 2: Integration über die geschlitzte Sphäre. Es sei $\mathrm{S}_r^2 := r \cdot \mathrm{S}^2$ und A der Meridian $\{(x,0,z) \in \mathrm{S}_r^2 \mid x \le 0\}$. Die längs A geschlitzte Sphäre $\mathrm{S}_r^2 \setminus A$ besitzt die Parameterdarstellung

$$\gamma(u,v) = r \begin{pmatrix} \cos v \cos u \\ \cos v \sin u \\ \sin v \end{pmatrix}, \qquad (u,v) \in (-\pi;\pi) \times \left(-\frac{\pi}{2};\frac{\pi}{2}\right) =: \Omega.$$

$\gamma\colon \Omega \to \mathrm{S}_r^2 \setminus A$ ist ein Homöomorphismus und somit eine Einbettung. Deren Maßtensor bzw. Gramsche Determinante lauten

$$\big(\gamma'^\mathsf{T} \cdot \gamma'\big)(u,v) = r^2 \begin{pmatrix} \cos^2 v & 0 \\ 0 & 1 \end{pmatrix}, \qquad \sqrt{\mathrm{g}^\gamma(u,v)} = r^2 \cos v.$$

Damit ergibt sich für das Integral einer Funktion f über $\mathrm{S}_r^2 \setminus A$

$$(10) \qquad \boxed{\int\limits_{\mathrm{S}_r^2 \setminus A} f\,\mathrm{d}S = r^2 \int\limits_\Omega f\big(\gamma(u,v)\big) \cos v\,\mathrm{d}(u,v);}$$

hierbei existiert das links stehende Integral definitionsgemäß genau dann, wenn das rechts stehende existiert. Im Fall der Existenz, etwa wenn f eine beschränkte stetige Funktion ist, kann die Integration über das Parameterrechteck Ω nach dem Satz von Fubini auf iterierte Integrationen über die Intervalle $(-\pi;\pi)$ und $(-\pi/2;\pi/2)$ zurückgeführt werden.

Als Flächeninhalt von $S_r^2 \setminus A$ ergibt (10)

$$v_2\left(S_r^2 \setminus A\right) = r^2 \int\limits_{-\pi/2}^{\pi/2} \left(\int\limits_{-\pi}^{\pi} \cos v \, du \right) dv = 4\pi r^2.$$

Die Diskussion in 11.6 über Nullmengen wird zeigen, daß eine Funktion f auf S_r^2 genau dann integrierbar ist, wenn ihre Beschränkung auf $S_r^2 \setminus A$ integrierbar ist, und daß die Integrale gegebenenfalls gleich sind. Im Vorgriff auf diesen Sachverhalt haben wir das Ergebnis, daß (10) auch die Integration einer Funktion f über die ganze Sphäre S_r^2 leistet; insbesondere ist damit $4\pi r^2$ der Flächeninhalt auch von S_r^2.

Dem nächsten Beispiel stellen wir eine Formel für die Gramsche Determinante einer Parameterdarstellung eines $(n-1)$-dimensionalen Kartengebietes $U \subset \mathbb{R}^n$ voran. Es sei $\gamma \colon \Omega \to \mathbb{R}^n$ eine Einbettung, Ω eine offene Menge im $\mathbb{R}^{n-1}$ und $U = \mathrm{Spur}\,\gamma$. Die Formeln (5) und (7) ergeben nun

(11)
$$\sqrt{\mathrm{g}^\gamma(u)} = \left\| \partial_1 \gamma(u) \wedge \cdots \wedge \partial_{n-1}\gamma(u) \right\|.$$

Beispiel 3: Integration über Graphen. Es sei $h \colon \Omega \to \mathbb{R}$ eine $\mathscr{C}^1$-Funktion auf einer offenen Menge $\Omega \subset \mathbb{R}^{n-1}$, Γ_h ihr Graph und $\gamma \colon \Omega \to \Gamma_h$ die Parameterdarstellung

$$\gamma(x) := \begin{pmatrix} x \\ h(x) \end{pmatrix}, \qquad x \in \Omega.$$

Man zeigt leicht, daß

(12)
$$\partial_1 \gamma(x) \wedge \cdots \wedge \partial_{n-1}\gamma(x) = (-1)^n \begin{pmatrix} \partial_1 h(x) \\ \vdots \\ \partial_{n-1} h(x) \\ -1 \end{pmatrix}.$$

Mit (11) folgt daher

(13)
$$\sqrt{\mathrm{g}^\gamma(x)} = \sqrt{1 + \left\| \mathrm{grad}\, h(x) \right\|^2}.$$

Für das Integral einer Funktion f über Γ_h erhält man damit

(14)
$$\int\limits_{\Gamma_h} f \, dS = \int\limits_{\Omega} f\big(x, h(x)\big) \cdot \sqrt{1 + \left\| \mathrm{grad}\, h(x) \right\|^2} \, dx,$$

sofern das rechts stehende Integral existiert.

Für den Flächeninhalt von Γ_h ergibt (14) im Existenzfall die Formel

$$(14')\qquad \boxed{\; v_{n-1}(\Gamma_h) = \int_\Omega \sqrt{1 + \|\operatorname{grad} h(x)\|^2}\, dx.\;}$$

Diese verallgemeinert die Formel $s = \int_a^b \sqrt{1 + h'^2}\, dx$ für die Bogenlänge eines Graphen im $\mathbb{R}^2$; siehe Band 1, 12.2.

Beispiel: Der Flächeninhalt der Halbsphäre $\mathbf{S}_+^{n-1} := \{x \in S^{n-1} \mid x_n > 0\}$. $\mathbf{S}_+^{n-1}$ ist der Graph der Funktion

$$h(x) := \sqrt{1 - \|x\|^2}, \qquad x \in K_1(0) \subset \mathbb{R}^{n-1}.$$

(14') ergibt in Verbindung mit dem Satz über die Integration rotationssymmetrischer Funktionen

$$(*)\qquad v_{n-1}(\mathbf{S}_+^{n-1}) = \int_{K_1(0)} \frac{dx}{\sqrt{1 - \|x\|^2}} = (n-1)\kappa_{n-1} \int_0^1 \frac{r^{n-2}}{\sqrt{1 - r^2}}\, dr;$$

dabei bezeichnet κ_{n-1} das Volumen der $(n-1)$-dimensionalen Einheitskugel. Die Existenz des Flächeninhalts von $\mathbf{S}_+^{n-1}$ ist mit der Existenz des rechts stehenden Integrals gesichert. Es sei

$$\omega_n := 2 v_{n-1}(\mathbf{S}_+^{n-1}).$$

Wir zeigen, daß

$$(15)\qquad \boxed{\; \omega_n = n\kappa_n = \frac{2\pi^{n/2}}{\Gamma(n/2)}.\;}$$

Nach 8.4 (9) ist nur $\omega_n = n\kappa_n$ zu beweisen. Zunächst haben wir

$$\frac{1}{2}\kappa_n = \int_{K_1(0)} \sqrt{1 - \|x\|^2}\, dx = (n-1)\kappa_{n-1} \int_0^1 \sqrt{1 - r^2} \cdot r^{n-2}\, dr.$$

Für das hier und das in (*) rechts stehende Integral ergibt eine partielle Integration die folgende Beziehung, mit der dann (15) gezeigt ist:

$$\int_0^1 \frac{r^{n-2}}{\sqrt{1 - r^2}}\, dr = n \int_0^1 \sqrt{1 - r^2} \cdot r^{n-2}\, dr.$$

Bemerkung: In 11.6 wird sich zeigen, daß ω_n der Flächeninhalt der ganzen Sphäre S^{n-1} ist.

Eigenschaften des Integrals über ein Kartengebiet. Dieses Integral hat aufgrund seiner Definition analoge Eigenschaften wie das Lebesgue-Integral im $\mathbb{R}^n$. Wir notieren nur folgende:

a) *Mit f ist auch $|f|$ integrierbar. Ist f reell und integrierbar, dann sind auch f^+ und f^- integrierbar.*

b) *Ist f eine integrierbare und g eine beschränkte integrierbare Funktion, dann ist auch fg integrierbar.*

c) **Satz von Beppo Levi:** *Es sei (f_k) eine monotone Folge integrierbarer Funktionen. Ist die Folge der Integrale $\int_U f_k \, dS$ beschränkt, so ist auch die punktweise gebildete Grenzfunktion f integrierbar, und es gilt*

$$\int_U f \, dS = \lim_{k \to \infty} \int_U f_k \, dS.$$

d) **Satz von Lebesgue:** *Es sei (f_k) eine Folge integrierbarer Funktionen, die punktweise gegen eine Funktion f konvergiert. Es gebe eine integrierbare Funktion F mit $|f_k| \leq F$ für alle k. Dann ist auch f integrierbar, und es gilt*

$$\int_U f \, dS = \lim_{k \to \infty} \int_U f_k \, dS.$$

Beweis für d): Sei $\gamma: \Omega \to U$ eine Einbettung. Dann ist $((f_k \circ \gamma) \cdot \sqrt{g^\gamma})$ eine Folge integrierbarer Funktionen auf Ω, die punktweise gegen die Funktion $(f \circ \gamma) \cdot \sqrt{g^\gamma}$ konvergiert und in $(F \circ \gamma) \cdot \sqrt{g^\gamma}$ eine integrierbare Majorante besitzt. Somit ist auch $(f \circ \gamma) \cdot \sqrt{g^\gamma}$ über Ω integrierbar, und es gilt

$$\int_\Omega (f \circ \gamma) \cdot \sqrt{g^\gamma} \, du = \lim_{k \to \infty} \int_\Omega (f_k \circ \gamma) \cdot \sqrt{g^\gamma} \, du.$$

Das aber ist gleichwertig zur Behauptung. □

11.4 Zerlegungen der Eins

Um die Integration einer Funktion f über eine beliebige Untermannigfaltigkeit zu definieren, zerlegen wir die Funktion in eine Reihe $f = \sum f_i$ von Funktionen f_i, deren Träger jeweils in Kartengebieten liegen, und integrieren dann summandenweise gemäß 11.3. Zur Konstruktion solcher Zerlegungen verwenden wir nach Dieudonné Zerlegungen $\sum \varepsilon_i = 1$ der Funktion 1, wobei die Träger der ε_i jeweils in Kartengebieten liegen, und setzen dann $f_i := f\varepsilon_i$.

Zum Nachweis der Existenz von Zerlegungen der Eins stützen wir uns auf kompakte Ausschöpfungen der Untermannigfaltigkeiten.

Lemma: *Jede Untermannigfaltigkeit M des $\mathbb{R}^n$ besitzt eine* kompakte Ausschöpfung. *Darunter versteht man eine Folge (K_i) kompakter Teilmengen von M mit den folgenden zwei Eigenschaften*

(i) $K_i \subset K_{i+1}^\circ$; *dabei ist der offene Kern bezüglich der Teilraumtopologie auf M zu bilden;*

(ii) $\overset{\infty}{\underset{i=1}{\bigcup}} K_i = M$.

Beweis: Sei $\{V_i\}_{i \in \mathbb{N}}$ eine abzählbare Basis der Topologie von M derart, daß für jede Menge V_i die in M gebildete abgeschlossene Hülle $\overline{V_i}$ kompakt ist. (Eine solche Basis erhält man zum Beispiel wie folgt: Man nehme die offenen Quader $Q_i \subset \mathbb{R}^n$ mit rationalen Eckpunkten und derart, daß $\overline{Q_i} \cap M$ kompakt ist; dann bilden die Mengen $V_i := Q_i \cap M$ eine Basis der Topologie von M wie verlangt.) Wir setzen dann $K_1 := \overline{V_1}$, bestimmen induktiv eine Folge von Indizes $1 = n_1 < n_2 < \cdots$ so, daß jeweils

$$K_i := \bigcup_{k=1}^{n_i} \overline{V_k} \subset \bigcup_{k=1}^{n_{i+1}} V_k$$

gilt, und erhalten damit eine kompakte Ausschöpfung.   □

Korollar: *Aus jeder offenen Überdeckung einer Untermannigfaltigkeit $M \subset \mathbb{R}^n$ kann man abzählbar viele Mengen auswählen, die ebenfalls M überdecken. Insbesondere besitzt jede Untermannigfaltigkeit eine Überdeckung durch abzählbar viele Kartengebiete.*

Beweis: Jede Menge K_i einer kompakten Ausschöpfung von M wird bereits durch gewisse endlich viele Mengen der Überdeckung überdeckt, M also durch gewisse abzählbar viele.   □

Definition: Unter einer *Zerlegung der Eins* auf einer Untermannigfaltigkeit M verstehen wir eine Familie stetiger Funktionen $\varepsilon_i \colon M \to [0;1]$, $i \in \mathbb{N}$, mit folgenden Eigenschaften:

1. Die Familie $\{\varepsilon_i\}_{i \in \mathbb{N}}$ ist *lokal-endlich*; das bedeutet: Zu jedem Punkt $x \in M$ gibt es eine Umgebung V_x derart, daß $\varepsilon_i \mid V_x$ Null ist für alle bis auf endlich viele $i \in \mathbb{N}$.

2. An jeder Stelle $x \in M$ gilt $\sum_{i=1}^{\infty} \varepsilon_i(x) = 1$.

Ist $\mathscr{U}$ eine offene Überdeckung von M (zum Beispiel durch Kartengebiete), so sagt man, die Zerlegung $\{\varepsilon_i\}_{i \in \mathbb{N}}$ sei *dieser Überdeckung untergeordnet*, wenn zusätzlich das Folgende gilt:

3. Für jedes i ist der Träger $\mathrm{Tr}\, \varepsilon_i$ in einer der Mengen von $\mathscr{U}$ enthalten.

Satz (Existenz einer Zerlegung der Eins): *Zu jeder offenen Über-deckung $\mathscr{U}$ einer Untermannigfaltigkeit $M \subset \mathbb{R}^n$ gibt es eine dieser Über-deckung untergeordnete Zerlegung der Eins.*

Beweis: Bei der Konstruktion einer solchen Zerlegung verwenden wir wie-derholt folgenden Sachverhalt:

(∗)   *Zu jeder Umgebung $V \subset M$ eines Punktes $x \in M$ gibt es eine stetige Funktion $\varphi \colon M \to [0; \infty)$ mit $\varphi(x) > 0$ und $\mathrm{Tr}(\varphi) \subset V$.*

Zum Nachweis von (∗) wähle man eine Kugel $K_r(x) \subset \mathbb{R}^n$ derart, daß $\overline{K}_r(x) \cap M \subset V$. Die Einschränkung $\varphi := f \mid M$ der Funktion

$$f \colon \mathbb{R}^n \to \mathbb{R} \quad \text{mit} \quad f(\xi) := \begin{cases} \left(r - \|\xi\|\right)^2 & \text{für } \xi \in K_r(x), \\ 0 & \text{für } \xi \in \mathbb{R}^n \setminus K_r(x) \end{cases}$$

hat dann die in (∗) geforderten Eigenschaften.

Wir kommen nun zur Konstruktion einer Zerlegung der Eins, die der Überdeckung $\mathscr{U}$ untergeordnet ist. Es sei dazu (K_i) eine kompakte Aus schöpfung von M. Wir wählen dann zunächst zu jedem $i \in \mathbb{N}$ endlich viele stetige Funktionen $\varphi_{i,1}, \ldots, \varphi_{i,r_i} \colon M \to [0; \infty)$ so, daß gilt:

a) Der Träger jeder dieser Funktionen liegt in einer Menge der Über-deckung $\mathscr{U}$ und in $K_{i+1}^\circ \setminus K_{i-2}$ (dabei seien $K_{-1}, K_0 := \varnothing$);

b) in jedem Punkt $x \in K_i \setminus K_{i-1}^\circ$ hat wenigstens eine dieser Funktionen einen positiven Wert.

Solche Funktionen findet man mittels (∗) wie folgt: Man wählt zu jedem $x \in K_i \setminus K_{i-1}^\circ$ eine stetige Funktion $\varphi_{i,x} \colon M \to [0; \infty)$, deren Träger in einer Menge der Überdeckung $\mathscr{U}$ und in $K_{i+1}^\circ \setminus K_{i-2}$ liegt, und für die $\varphi_{i,x}(x) > 0$ gilt. Die Mengen $W(x) := \left\{ \xi \in M \mid \varphi_{i,x}(\xi) > 0 \right\}$ bilden dann eine offene Überdeckung der kompakten Menge $K_i \setminus K_{i-1}^\circ$; gewisse endlich viele $W(x_1), \ldots, W(x_{r_i})$ überdecken also ebenfalls $K_i \setminus K_{i-1}^\circ$. Die Funktionen $\varphi_{i,j} := \varphi_{i,x_j}$, $j = 1, \ldots, r_i$, leisten dann a) und b).

Die Gesamtheit der Funktionen $\varphi_{i,j}$, $i \in \mathbb{N}$, $j = 1, \ldots, r_i$, ist offensicht-lich lokal-endlich. Somit konvergiert die Reihe

$$\varphi := \sum_{i=1}^{\infty} \sum_{j=1}^{r_i} \varphi_{i,j}$$

und definiert eine positive stetige Funktion auf M. Die Funktionen $\varepsilon_{i,j} := \varphi_{i,j}/\varphi$ schließlich bilden eine der Überdeckung $\mathscr{U}$ untergeordnete Zer-legung der Eins.   □

Zusatz: *Die Funktionen der soeben konstruierten Zerlegung der Eins sind stetig differenzierbar; sie entstehen aus $\mathscr{C}^1$-Funktionen im $\mathbb{R}^n$ durch Ein-schränkung auf M. Ferner sind alle ihre Träger kompakt.*

11.5   Integration über eine Untermannigfaltigkeit

In 11.3 haben wir das Integral über ein Kartengebiet erklärt. Wir wenden uns jetzt der Integration über beliebige Untermannigfaltigkeiten zu. Mit Hilfe einer Zerlegung der Eins führen wir dieses Problem auf die Integration über Kartengebiete zurück.

M bezeichne im Folgenden stets eine $\mathscr{C}^1$-Untermannigfaltigkeit des euklidischen $\mathbb{R}^n$.

Als erste, triviale Verallgemeinerung der Integration über ein Kartengebiet definieren wir: Eine Funktion $f: M \to \mathbb{C} \cup \{\infty\}$, deren Träger in einem Kartengebiet $U \subset M$ liegt, heißt *integrierbar über* M, wenn die Einschränkung $f \,|\, U$ über U integrierbar ist, und dann setzen wir

(16)
$$\int_M f \, dS := \int_U (f \,|\, U) \, dS.$$

Diese Definition hängt nicht von der Wahl des Kartengebietes ab. Ist V ein weiteres Kartengebiet mit $\mathrm{Tr}(f) \subset V$, so gilt nämlich

$$\int_U (f \,|\, U) \, dS = \int_{U \cap V} (f \,|\, U \cap V) \, dS = \int_V (f \,|\, V) \, dS. \qquad \Box$$

Wir stellen zunächst ein Zerlegungslemma auf. Dieses wird uns bei der Definition der Integration über eine beliebige Untermannigfaltigkeit als Richtlinie dienen. Für den Beweis des Lemmas erweisen sich die guten Konvergenzeigenschaften des Lebesgue-Integrals als große Hilfe.

Zerlegungslemma: *Es sei* $f: M \to \mathbb{C} \cup \{\infty\}$ *eine Funktion, deren Träger in einem Kartengebiet enthalten ist, ferner sei* $\{\varepsilon_i\}_{i \in \mathbb{N}}$ *eine Zerlegung der Eins auf* M. *Dann gilt:* f *ist genau dann über* M *integrierbar, wenn folgende zwei Bedingungen erfüllt sind:*

1. *Jede Funktion* $f\varepsilon_i$ *ist integrierbar über* M;

2. $\sum\limits_{i=1}^{\infty} \int_M |f| \, \varepsilon_i \, dS < \infty$.

Gegebenenfalls ist

$$\int_M f \, dS = \sum_{i=1}^{\infty} \int_M f\varepsilon_i \, dS.$$

Beweis: a) Wir betrachten zunächst den Fall, daß M eine offene Menge im $\mathbb{R}^n$ ist; M ist dann zugleich ein Kartengebiet.

Es sei f integrierbar. Dann ergibt sich die Bedingung 1 aus der Folgerung zu 8.3 Satz 6 und die Bedingung 2 aus $\sum_{i=1}^{k} \varepsilon_i \leq 1$ für alle k.

Umgekehrt: f erfülle die genannten Bedingungen. Die Folge der Partialsummen der Reihe $\sum_{i=1}^{\infty} |f|\,\varepsilon_i$ konvergiert punktweise und monoton wachsend gegen $|f|$, und die Folge der Integrale dieser Partialsummen ist laut Voraussetzung 2 beschränkt. Nach dem Satz von Beppo Levi ist also $|f|$ integrierbar. Weiter gilt $\left|\sum_{i=1}^{k} f\varepsilon_i\right| \le |f|$; nach dem Satz von Lebesgue ist also $f = \sum_{i=1}^{\infty} f\varepsilon_i$ integrierbar, und es gilt $\int_M f\,\mathrm{d}x = \sum_{i=1}^{\infty} \int_M f\varepsilon_i\,\mathrm{d}x$.

b) Der allgemeine Fall reduziert sich nach (16) zunächst auf den Fall, daß M ein Kartengebiet ist. Dieser wird mittels einer Einbettung $\gamma\colon \Omega \to M$ auf a) zurückgeführt. Wir setzen: $\eta_i := \varepsilon_i \circ \gamma$ und $F := (f \circ \gamma)\sqrt{\det g^\gamma}$. $\{\eta_i\}_{i\in\mathbb{N}}$ ist eine Zerlegung der Eins auf Ω, und es gilt:

- $f\varepsilon_i$ ist über M integrierbar $\iff F\eta_i$ ist über Ω integrierbar,

- $\displaystyle\int_M f\varepsilon_i\,\mathrm{d}S = \int_\Omega F\eta_i\,\mathrm{d}x, \qquad \int_M f\,\mathrm{d}S = \int_\Omega F\,\mathrm{d}x,$

und ebenso für $|f|$ bzw. $|F|$. Mit dieser Übersetzungstabelle führt man den vorliegenden Fall auf den bereits behandelten zurück. $\square$

In Anlehnung an das Zerlegungslemma definieren wir nun die Integration auch für Funktionen, deren Träger nicht notwendig in Kartengebieten enthalten sind. Um sinnvolle Analoga der beiden Bedingungen 1 und 2 formulieren zu können, arbeiten wir mit Zerlegungen der Eins, die einem Atlas untergeordnet sind. Unter einem *Atlas von M* versteht man eine Überdeckung von M, die aus Kartengebieten besteht. Für eine beliebige Funktion f auf M und eine einem Atlas untergeordnete Zerlegung $\{\varepsilon_i\}$ der Eins liegen die Träger der Funktionen $f\varepsilon_i$ jeweils in Kartengebieten.

Satz und Definition (Integration über Untermannigfaltigkeiten):
Eine Funktion $f\colon M \to \mathbb{C}\cup\{\infty\}$ auf einer Untermannigfaltigkeit M im $\mathbb{R}^n$ heißt integrierbar über M, wenn es eine einem Atlas von M untergeordnete Zerlegung $\{\varepsilon_i\}_{i\in\mathbb{N}}$ der Eins gibt, so daß gilt:

1. Jede Funktion $f\varepsilon_i$ ist integrierbar über M;

2. $\displaystyle\sum_{i=1}^{\infty} \int_M |f|\,\varepsilon_i\,\mathrm{d}S < \infty.$

Sind diese Bedingungen für eine Zerlegung $\{\varepsilon_i\}$ der Eins erfüllt, dann sind sie es auch für jede andere, einem Atlas untergeordnete Zerlegung der Eins. Der Wert der folgenden Reihe hängt nicht von der Wahl der Zerlegung $\{\varepsilon_i\}$ ab und wird als Integral von f über M *definiert:*

$$\int_M f\,\mathrm{d}S := \sum_{i=1}^{\infty} \int_M f\varepsilon_i\,\mathrm{d}S.$$

Beweis: Es sei $\{\eta_k\}$ eine weitere, einem Atlas untergeordnete Zerlegung der Eins. Zu zeigen ist dann:

1^η. Jede Funktion $f\eta_k$ ist integrierbar,

2^η. $\displaystyle\sum_{k=1}^{\infty} \int_M |f|\,\eta_k\,\mathrm{d}S < \infty$,

3. $\displaystyle\sum_{k=1}^{\infty} \int_M f\eta_k\,\mathrm{d}S = \sum_{i=1}^{\infty} \int_M f\varepsilon_i\,\mathrm{d}S$.

Zu 1^η: Wir wenden auf die Funktion $f\eta_k$ (ihr Träger liegt in einem Kartengebiet) das Zerlegungslemma mit $\{\varepsilon_i\}_{i\in\mathbb{N}}$ an: Da alle Funktionen $f\varepsilon_i$ nach Voraussetzung integrierbar sind, sind es auch alle Funktionen $f\eta_k\varepsilon_i$; ferner ist nach Voraussetzung 2

$$\sum_{i=1}^{\infty} \int_M |f\eta_k|\,\varepsilon_i\,\mathrm{d}S \le \sum_{i=1}^{\infty} \int_M |f|\,\varepsilon_i\,\mathrm{d}S < \infty.$$

Nach dem Zerlegungslemma ist also $f\eta_k$ integrierbar, und es gilt

$$(*) \qquad \int_M f\eta_k\,\mathrm{d}S = \sum_{i=1}^{\infty} \int_M f\eta_k\varepsilon_i\,\mathrm{d}S;$$

ebenso für $|f|$ anstelle von f.

Zu 2^η: Wir wenden nun auf jede Funktion $f\varepsilon_i$ das Zerlegungslemma mit $\{\eta_k\}_{k\in\mathbb{N}}$ an und erhalten

$$(**) \qquad \sum_{k=1}^{\infty} \int_M f\varepsilon_i\eta_k\,\mathrm{d}S = \int_M f\varepsilon_i\,\mathrm{d}S;$$

ebenso für $|f|$.

Hieraus folgt nach Voraussetzung 2

$$\sum_{i=1}^{\infty}\sum_{k=1}^{\infty} \int_M |f|\,\varepsilon_i\eta_k\,\mathrm{d}S = \sum_{i=1}^{\infty} \int_M |f|\,\varepsilon_i\,\mathrm{d}S < \infty.$$

Mit $(*)$, dem Doppelreihensatz und mit $(**)$ für $|f|$ ergibt sich weiter

$$\sum_{k=1}^{\infty} \int_M |f|\,\eta_k\,\mathrm{d}S = \sum_{i=1}^{\infty} \int_M |f|\,\varepsilon_i\,\mathrm{d}S;$$

ebenso für f anstelle von $|f|$. Die für $|f|$ angeschriebene Beziehung enthält 2^η. Die analoge Beziehung für f stellt die Behauptung 3 dar. $\qquad\square$

Die Integration über eine Teilmenge einer Mannigfaltigkeit wird analog zur Integration über eine Teilmenge des $\mathbb{R}^n$ mittels trivialer Fortsetzung der zu integrierenden Funktion erklärt.

Definition: Eine Funktion f auf einer Teilmenge $A \subset M$ heißt *integrierbar über* A, wenn die durch $f_A(x) := f(x)$ für $x \in A$ und $f_A(x) := 0$ für $x \in M \setminus A$ definierte Funktion f_A über M integrierbar ist. Man setzt dann

$$\boxed{\int\limits_A f \, dS := \int\limits_M f_A \, dS.}$$

Ferner heißt eine Menge $A \subset M$ *meßbar*, wenn die Funktion 1 über A integrierbar ist; gegebenenfalls bezeichnet man den Wert des Integrals

$$v_d(A) := \int\limits_M \mathbf{1}_A \, dS$$

als *d-dimensionales Volumen* oder auch als *d-dimensionalen Flächeninhalt* von A (d = Dimension von M).

Satz: *Jede stetige Funktion f auf einer kompakten Teilmenge A einer Untermannigfaltigkeit $M \subset \mathbb{R}^n$ ist über A integrierbar. Insbesondere ist jede kompakte Teilmenge $A \subset M$ meßbar.*

Beweis: a) Die Menge A sei in einem Kartengebiet U enthalten und $\gamma \colon \Omega \to \mathbb{R}^n$ sei eine Einbettung mit $U = \mathrm{Spur}\, \gamma$. $(f \circ \gamma) \cdot \sqrt{g^\gamma}$ ist dann eine stetige Funktion auf der kompakten Menge $B = \gamma^{-1}(A) \subset \Omega$. Somit ist $(f \circ \gamma)_B \cdot \sqrt{g^\gamma} = (f_A \circ \gamma) \cdot \sqrt{g^\gamma}$ über Ω integrierbar, f_A also über U.

b) Der allgemeine Fall: Es sei $\{\varepsilon_i\}_{i \in \mathbb{N}}$ eine Zerlegung der Eins derart, daß der Träger jeder Funktion ε_i in einem Kartengebiet enthalten ist. Wegen der lokalen Endlichkeit der Familie $\{\varepsilon_i\}$ und der Kompaktheit von A gibt es endlich viele $\varepsilon_1, \ldots, \varepsilon_N$ so, daß $\varepsilon_k(x) = 0$ für alle $x \in A$ und $k > N$; es gilt dann $(\varepsilon_1 + \cdots + \varepsilon_N) \,|\, A = 1$ und damit $f_A = \sum_{i=1}^N f_A \varepsilon_i$. Die Träger der Summanden $f_A \varepsilon_i$ sind abgeschlossene Teilmengen von A, also kompakte Mengen; sie sind ferner in Kartengebieten enthalten. Die $f_A \varepsilon_i$ sind also nach a) integrierbar; somit ist auch f_A integrierbar. $\qquad\square$

Das Integral über eine Untermannigfaltigkeit hat analoge Eigenschaften wie das Lebesgue-Integral im $\mathbb{R}^n$. Wir gehen hier nur auf den Satz von der majorisierten Konvergenz ein.

Satz von Lebesgue: *Es sei (f_k) eine Folge integrierbarer Funktionen auf einer Untermannigfaltigkeit $M \subset \mathbb{R}^n$, die punktweise gegen eine Funktion f konvergiert. Ferner gebe es eine integrierbare Funktion $F \colon M \to \mathbb{R}$ mit $|f_k| \leq F$ für alle k. Dann ist f über M integrierbar, und es gilt*

$$\int\limits_M f \, dS = \lim_{k \to \infty} \int\limits_M f_k \, dS.$$

Beweis: Es sei $\{\varepsilon_i\}$ eine einem Atlas untergeordnete Zerlegung der Eins. Die Integrierbarkeit der Funktionen f_k und F impliziert dann:

1^k. Alle Funktionen $f_k\varepsilon_i$, $k, i \in \mathbb{N}$, und F sind integrierbar;

2^k. Die Reihen $\sum\limits_{i=1}^{\infty} \int_M |f_k\varepsilon_i|\, dS$ und $\sum\limits_{i=1}^{\infty} \int_M F\varepsilon_i\, dS$ konvergieren.

Ferner konvergiert die Folge $(f_k\varepsilon_i)_{k\in\mathbb{N}}$ punktweise gegen $F\varepsilon_i$, und es gilt $|f_k\varepsilon_i| \leq F\varepsilon_i$. Mit dem für Kartengebiete bereits in 11.3 formulierten Satz von Lebesgue erhält man also:

1. Alle Funktionen $f\varepsilon_i$, $i \in \mathbb{N}$, sind integrierbar, und es gilt

$$\int_M f\varepsilon_i\, dS = \lim_{k\to\infty} \int_M f_k\varepsilon_i\, dS.$$

2. $\sum\limits_{i=1}^{\infty} \int_M |f\varepsilon_i|\, dS \leq \sum\limits_{i=1}^{\infty} \int_M F\varepsilon_i\, dS.$

f ist also integrierbar, und mit der nachfolgenden Vertauschungsregel ergibt sich

$$\int_M f\, dS = \sum_{i=1}^{\infty} \int_M f\varepsilon_i\, dS = \sum_{i=1}^{\infty} \lim_{k\to\infty} \int_M f_k\varepsilon_i\, dS$$

$$= \lim_{k\to\infty} \sum_{i=1}^{\infty} \int_M f_k\varepsilon_i\, dS = \lim_{k\to\infty} \int_M f_k\, dS. \qquad \square$$

Vertauschungsregel: *Es sei* $(a_{ik})_{(i,k)\in\mathbb{N}^2}$ *eine Doppelfolge komplexer Zahlen wie folgt:*

(i) *Für jedes* $i \in \mathbb{N}$ *existiert* $\alpha_i := \lim_{k\to\infty} a_{ik}$.

(ii) *Es gibt eine konvergente Reihe* $\sum\limits_{i=1}^{\infty} A_i$ *mit* $|a_{ik}| \leq A_i$ *für alle* i, k.

Dann konvergiert die Reihe $\sum\limits_{i=1}^{\infty} \alpha_i$ *und hat den Wert* $\lim\limits_{k\to\infty} \sum\limits_{i=1}^{\infty} a_{ik}$.

Beweis: Die Konvergenz der Reihe $\sum_{i=1}^{\infty} \alpha_i$ folgt wegen $|\alpha_i| \leq A_i$ aus (ii). Weiter sei $\varepsilon > 0$ gegeben und ein Index i_0 so gewählt, daß $\sum_{i=i_0}^{\infty} A_i \leq \varepsilon$. Für jedes k gilt dann

$$\left| \sum_{i=1}^{\infty} a_{ik} - \sum_{i=1}^{\infty} \alpha_i \right| \leq \left| \sum_{i=1}^{i_0} a_{ik} - \sum_{i=1}^{i_0} \alpha_i \right| + 2\varepsilon.$$

Damit folgt: Es gibt ein $k_0 \in \mathbb{N}$ so, daß für $k \geq k_0$

$$\left| \sum_{i=1}^{\infty} a_{ik} - \sum_{i=1}^{\infty} \alpha_i \right| \leq 3\varepsilon. \qquad \square$$

11.6 Nullmengen zu einer Dimension d

Wir führen Teilmengen des $\mathbb{R}^n$ ein, die für die Integration über Untermannigfaltigkeiten in derselben Weise zulässige Ausnahmemengen sind wie die Lebesgue-Nullmengen für die Integration im $\mathbb{R}^n$. Die folgende Definition entstammt der Theorie des Hausdorff-Maßes, einer Theorie, die eng mit Dimensionsbegriffen und der Geometrie der Fraktale zusammenhängt.

Definition: Es sei $d \in \mathbb{R}_+$. Eine Teilmenge $A \subset \mathbb{R}^n$ heißt *Hausdorff-Nullmenge zur Dimension d*, kurz *d-Nullmenge*, wenn es zu jedem $\varepsilon > 0$ abzählbar viele achsenparallele Würfel $W_1, W_2, \ldots \subset \mathbb{R}^n$ mit Kantenlängen $r_1, r_2, \ldots$ gibt derart, daß gilt:

$(*)$
$$A \subset \bigcup_{k=1}^{\infty} W_k \quad \text{und} \quad \sum_{k=1}^{\infty} r_k^d < \varepsilon.$$

Beispiele und Bemerkungen:

1. *Die Hausdorff-Nullmengen zur Dimension n sind nach 7.6 Satz 12 genau die Lebesgue-Nullmengen im $\mathbb{R}^n$.* Die dort konstruierte Überdeckung mit Quadern ist bereits eine mit Würfeln.

2. *Eine in $\mathbb{R}_0^d \subseteq \mathbb{R}^n$ gelegene Menge A ist genau dann eine d-Nullmenge, wenn sie bei der Identifikation von $\mathbb{R}_0^d$ mit $\mathbb{R}^d$ eine Lebesgue-Nullmenge im $\mathbb{R}^d$ ist.*

Beweis: Sei A eine d-Nullmenge. Zu jedem $\varepsilon > 0$ gibt es dann eine Überdeckung durch Würfel $W_k \subset \mathbb{R}^n$, $k \in \mathbb{N}$, mit Kantenlängen r_k so, daß $\sum_{k=1}^{\infty} r_k^d < \varepsilon$. Wir setzen $W_k^0 := W_k \cap \mathbb{R}_0^d$. Die W_k^0 sind leer oder Würfel in $\mathbb{R}_0^d = \mathbb{R}^d$ mit den Kantenlängen r_k. Die Gesamtheit dieser Würfel überdeckt A, und es gilt $\sum_{k=1}^{\infty} v_d(W_k^0) = \sum_{k=1}^{\infty} r_k^d < \varepsilon$. A ist also eine Lebesgue-Nullmenge in $\mathbb{R}_0^d$. Analog ergibt sich die Umkehrung, wenn man jeden Würfel $W^0 \subset \mathbb{R}_0^d$ als Durchschnitt eines Würfels $W \subset \mathbb{R}^n$ mit $\mathbb{R}_0^d$ auffaßt. $\square$

3. *Eine Nullmenge zur Dimension d ist auch eine zu jeder größeren Dimension $d' > d$.*

Denn bei einer Überdeckung der Menge durch Würfel mit $\sum_{k=1}^{\infty} r_k^d < \varepsilon < 1$ sind alle $r_k < 1$, und mit dieser Überdeckung gilt erst recht $\sum_{k=1}^{\infty} r_k^{d'} < \varepsilon$.

4. *Die Forderung der Achsenparallelität der Würfel in der Definition stellt keine Einschränkung dar.* Denn jeder Würfel der Kantenlänge r ist in einem achsenparallelen Würfel der Kantenlänge $\sqrt{n} \cdot r$ enthalten.

Für d-Nullmengen gelten Rechenregeln wie für Lebesgue-Nullmengen:

Regeln: (i) *Jede Teilmenge einer d-Nullmenge ist eine d-Nullmenge.*
(ii) *Die Vereinigung abzählbar vieler d-Nullmengen ist eine d-Nullmenge.*

Beweis für (ii): Es seien A_i, $i \in \mathbb{N}$, d-Nullmengen. Zu jedem $\varepsilon > 0$ gibt es dann Würfel W_{ik} mit Kantenlängen r_{ik} derart, daß $W_{i1}, W_{i2}, \ldots$ die Menge A_i überdecken und $\sum_{k=1}^{\infty} r_{ik}^d < 2^{-i}\varepsilon$ gilt. Die Gesamtheit der W_{ik} überdeckt $\bigcup_{i=1}^{\infty} A_i$, und es gilt $\sum_{i,k} r_{ik}^d < \varepsilon$. □

Nach der Regel (ii) ist jede abzählbare Menge im $\mathbb{R}^n$, $n \geq 1$, für jedes d eine d-Nullmenge. Insbesondere gibt es d-Nullmengen, die nicht in einer d-dimensionalen Untermannigfaltigkeit enthalten sind. Dies wird im nächsten Abschnitt bei der Definition von „Flächen mit Singularitäten" zu beachten sein. Diejenigen d-Nullmengen aber, die in einer d-dimensionalen Untermannigfaltigkeit liegen, sind nach dem nächsten Satz in „flachmachenden Koordinaten" Lebesgue-Nullmengen in $\mathbb{R}_0^d$. Der Beweis beruht wesentlich auf folgendem Lemma und seinem Korollar.

Lemma: *Es sei $A \subset \mathbb{R}^n$ eine d-Nullmenge und $\Phi: A \to \mathbb{R}^m$ eine Lipschitz-stetige Abbildung. Dann ist auch $\Phi(A)$ eine d-Nullmenge.*

Beweis: Es sei L eine Lipschitz-Konstante für Φ bezüglich der Maximumsnormen auf $\mathbb{R}^n$ und $\mathbb{R}^m$. Weiter sei $\varepsilon > 0$ gegeben. Man wähle dazu eine Überdeckung von A durch Würfel W_k, $k \in \mathbb{N}$, mit Kantenlängen r_k und so, daß $\sum_{k=1}^{\infty} r_k^d < \varepsilon$. Die Bildmenge $\Phi(A \cap W_k)$ ist in einem Würfel $W_k' \subset \mathbb{R}^m$ mit der Kantenlänge $r_k' = 2Lr_k$ enthalten. Die Gesamtheit dieser Würfel W_k', $k \in \mathbb{N}$, überdeckt $\Phi(A)$, und es gilt $\sum_{k=1}^{\infty} r_k'^d \leq 2^d L^d \varepsilon$. Damit folgt, daß $\Phi(A)$ eine d-Nullmenge ist. □

Korollar: *Es sei $\Phi: U \to \mathbb{R}^m$ eine $\mathscr{C}^1$-Abbildung auf einer offenen Menge $U \subset \mathbb{R}^n$ und $A \subset U$ eine d-Nullmenge. Dann ist auch $\Phi(A)$ eine d-Nullmenge. Insbesondere gilt: Ist $\Phi: U \to V$ ein Diffeomorphismus, so ist $A \subset U$ eine d-Nullmenge genau dann, wenn $\Phi(A) \subset V$ eine ist.*

Beweis: Man wähle abzählbar viele kompakte Würfel $W_k \subset U$, $k \in \mathbb{N}$, die U überdecken. Die Einschränkungen $\Phi \,|\, W_k$ sind nach dem Schrankensatz in 3.2 Lipschitz-stetig. Daher sind alle Bilder $\Phi(A \cap W_k)$ d-Nullmengen; folglich ist auch ihre Vereinigung $\Phi(A)$ eine d-Nullmenge. □

Folgerung 1: *Jede $(d-1)$-dimensionale Untermannigfaltigkeit M des $\mathbb{R}^n$ ist eine d-Nullmenge.*

Beweis: Da jede Untermannigfaltigkeit eine Vereinigung abzählbar vieler Kartengebiete ist, genügt es, die Behauptung für Kartengebiete zu zeigen. Sei $\varphi: U' \to V$ eine Karte in M, wobei U', V offene Mengen in $\mathbb{R}^n$ sind mit $U = U' \cap M$ und $\varphi(U) = V \cap \mathbb{R}_0^{d-1}$. Nach Beispiel 2 ist $V \cap \mathbb{R}_0^{d-1}$ eine d-Nullmenge, nach dem Korollar also auch U. □

Folgerung 2: *Eine Teilmenge A einer d-dimensionalen Untermannigfaltigkeit des $\mathbb{R}^n$ ist genau dann eine Hausdorff-Nullmenge zur Dimension d, wenn für jedes Kartengebiet U in M und eine Einbettung $\gamma\colon \Omega \to \mathbb{R}^n$ mit $U = \mathrm{Spur}\,\gamma$ die Menge $\gamma^{-1}(A\cap U)$ eine Lebesgue-Nullmenge in $\mathbb{R}^d$ ist.*

Beweis: Da M eine Vereinigung abzählbar vieler Kartengebiete ist, ist A genau dann eine d-Nullmenge, wenn für jede Karte $\varphi\colon U' \to V$ der Durchschnitt $A\cap U' = A\cap U$ eine d-Nullmenge ist (Bezeichnungen wie im Beweis von Folgerung 1). Nach dem Korollar ist $A \cap U$ genau dann eine d-Nullmenge, wenn $\varphi(A \cap U)$ eine ist. $\varphi(A \cap U)$ ist eine Teilmenge von $\mathbb{R}_0^d$; nach Beispiel 2 ist diese genau dann eine d-Nullmenge, wenn sie eine Lebesgue-Nullmenge in $\mathbb{R}_0^d$ ist. Für die der Kartenabbildung φ assoziierte Einbettung γ (siehe Beweis von Lemma 1 in 11.3) gilt ferner $\varphi(A \cap U) = \gamma^{-1}(A \cap U)$. Damit ist die Folgerung bewiesen. $\qquad \square$

Wir zeigen nun, daß die Hausdorff-Nullmengen zur Dimension d für die Integration über eine d-dimensionale Untermannigfaltigkeit dieselbe Bedeutung als zulässige Ausnahmemengen haben wie die Lebesgue-Nullmengen für die Integration im $\mathbb{R}^n$.

Modifikationssatz: *Es seien f und $\tilde{f}$ Funktionen auf einer d-dimensionalen Untermannigfaltigkeit $M \subset \mathbb{R}^n$, die außerhalb einer d-Nullmenge $A \subset M$ übereinstimmen. $\tilde{f}(x) = f(x)$ für $x \in M \setminus A$. Ferner sei f über M integrierbar. Dann ist auch $\tilde{f}$ über M integrierbar, und es gilt*

$$\int_M \tilde{f}\,\mathrm{d}S = \int_M f\,\mathrm{d}S.$$

Beweis: a) Wir zeigen die Behauptung zunächst für ein Kartengebiet U. Sei $\gamma\colon \Omega \to \mathbb{R}^n$ eine Einbettung mit $\mathrm{Spur}\,\gamma = U$. Dann ist $B := \gamma^{-1}(A)$ nach der Folgerung 2 eine Lebesgue-Nullmenge in Ω. Die Funktionen $(f \circ \gamma)\sqrt{g^\gamma}$ und $(\tilde{f} \circ \gamma)\sqrt{g^\gamma}$ stimmen außerhalb B überein; mit der ersten ist nach 7.6 Satz 10 also auch die zweite integrierbar, und dann gilt

$$\int_U \tilde{f}\,\mathrm{d}S = \int_\Omega (\tilde{f} \circ \gamma)\sqrt{g^\gamma}\,\mathrm{d}u = \int_\Omega (f \circ \gamma)\sqrt{g^\gamma}\,\mathrm{d}u = \int_U f\,\mathrm{d}S.$$

b) Wir betrachten nun eine beliebige Untermannigfaltigkeit. Wir wählen irgendeine Zerlegung $\{\varepsilon_i\}_{i\in\mathbb{N}}$ der Eins derart, daß der Träger jeder Funktion ε_i in einem Kartengebiet enthalten ist. Dann gilt:

1. Alle $f\varepsilon_i$ sind integrierbar über M;

2. $\displaystyle\sum_{i=1}^\infty \int_M |f|\,\varepsilon_i\,\mathrm{d}S < \infty.$

Die Träger der Funktionen $f\varepsilon_i$ und $\tilde{f}\varepsilon_i$ sind in Kartengebieten enthalten. Nach dem vorweg erledigten Fall gelten also 1. und 2. analog auch für $\tilde{f}$.

Folglich ist $\tilde{f}$ integrierbar, und es gilt

$$\int_M \tilde{f}\,\mathrm{d}S = \sum_{i=1}^{\infty} \int_M \tilde{f}\varepsilon_i\,\mathrm{d}S = \sum_{i=1}^{\infty} \int_M f\varepsilon_i\,\mathrm{d}S = \int_M f\,\mathrm{d}S. \qquad \square$$

Analog zeigt man den nächsten Satz.

Satz: *Es sei M eine d-dimensionale Untermannigfaltigkeit und $A \subset M$ eine abgeschlossene d-Nullmenge. Dann gilt: Eine Funktion f auf M ist genau dann über M integrierbar, wenn sie über $M \setminus A$ integrierbar ist, und dann gilt*

$$\int_M f\,\mathrm{d}S = \int_{M\setminus A} f\,\mathrm{d}S.$$

Dieser Satz vereinfacht in vielen Fällen die Berechnung von Integralen: Falls man in einer d-dimensionalen Unter-mannigfaltigkeit M eine d-Nullmenge A hat derart, daß $M \setminus A$ die Vereinigung disjunkter Kartengebiete $U_1, \ldots, U_s$ ist und f über jedes dieser Kartengebiete integrierbar ist, so gilt:

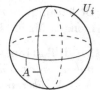

$$\int_M f\,\mathrm{d}S = \sum_{k=1}^{s} \int_{U_k} f\,\mathrm{d}S.$$

Beispiel 1: Der Flächeninhalt der Sphäre $\mathbf{S}^{n-1}$. Es sei A der „Äquator" der Sphäre, $A = \{x \in \mathrm{S}^{n-1} \mid x_n = 0\}$. A ist eine $(n-2)$-dimensionale Untermannigfaltigkeit des $\mathbb{R}^n$ und damit eine $(n-1)$-Nullmenge; ferner ist $\mathrm{S}^{n-1} \setminus A$ die Vereinigung der disjunkten Halbsphären S_+^{n-1} und $-\mathrm{S}_+^{n-1}$. Mit (15) ergibt sich also

$$v_{n-1}(\mathrm{S}^{n-1}) = 2v_{n-1}(\mathrm{S}_+^{n-1}) = \omega_n = 2\frac{\pi^{n/2}}{\Gamma(n/2)}.$$

Beispiel 2: Integration über $\mathbf{S}_r^2$. In 11.3 Beispiel 2 wurde bereits die Integration über die längs eines Meridians A geschlitzte Sphäre $\mathrm{S}_r^2 \setminus A$ behandelt. A ist als Teilmenge einer 1-dimensionalen Mannigfaltigkeit eine 2-Nullmenge. Damit folgt: *Eine Funktion f auf S_r^2 ist genau dann über S_r^2 integrierbar, wenn sie über $\mathrm{S}_r^2 \setminus A$ integrierbar ist; nach (10) gilt in diesem Fall* mit der dort verwendeten Parameterdarstellung γ

$$\int_{\mathrm{S}_r^2} f\,\mathrm{d}S = r^2 \int_{(-\pi;\pi)} \left(\int_{\left(-\frac{\pi}{2};\frac{\pi}{2}\right)} f(\gamma(u,v)) \cos v\,\mathrm{d}v \right) \mathrm{d}u.$$

11.7 Integration über $\mathscr{C}^1$-Flächen

Der bisher entwickelte Integralbegriff reicht nicht aus, um etwa über den Rand eines Würfels zu integrieren, da dieser keine Untermannigfaltigkeit des $\mathbb{R}^3$ ist. Das veranlaßt uns, den Integralbegriff zu erweitern. Einen Hinweis dazu gibt uns der letzte Satz im vorangehenden Abschnitt, den wir jetzt dahingehend deuten, daß die *Hinzunahme* einer d-Nullmenge zu einer d-dimensionalen Untermannigfaltigkeit die Integration nicht ändert.

Definition ($\mathscr{C}^1$-Fläche): Eine Teilmenge $X \subset \mathbb{R}^n$ heißt $\mathscr{C}^1$-*Fläche*, kurz *Fläche, der Dimension d*, wenn es eine nicht leere Teilmenge $M \subset X$ gibt mit folgenden drei Eigenschaften:

(F1) M ist eine $\mathscr{C}^1$-Untermannigfaltigkeit der Dimension d;

(F2) $S := X \setminus M$ ist eine Nullmenge zur Dimension d;

(F3) M ist offen und dicht in X; *dicht* bedeutet: Jeder Punkt $x \in X$ ist ein Häufungspunkt von M.

Im Fall $d = n - 1$ nennt man X auch eine *Hyperfläche*.

Bemerkung: Wegen der Forderung (F3) ist beispielsweise $S^2 \cup \{0\}$ keine $\mathscr{C}^1$-Fläche im $\mathbb{R}^3$.

Die Vereinigung aller Teilmengen $M \subset X$ mit den Eigenschaften (F1), (F2) und (F3) ist die größte Teilmenge mit diesen drei Eigenschaften. Man nennt sie den *regulären* oder *glatten Teil der Fläche* X und bezeichnet sie mit $M(X)$; ihr Komplement $S(X) := X \setminus M(X)$ nennt man den *singulären Teil von* X. Eine Hyperfläche ohne singulären Teil heißt *regulär*.

Beispiel: Rotationsflächen. Es sei $r \colon I \to [0; \infty)$ eine stetige Funktion auf einem Intervall I, die außerhalb einer endlichen Teilmenge $A \subset I$ positiv und stetig differenzierbar ist. Dann ist die Menge

$$R_r := \left\{ (x, y, z) \in \mathbb{R}^3 \;\middle|\; x^2 + y^2 = r^2(z),\ z \in I \right\}$$

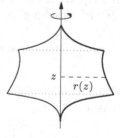

eine $\mathscr{C}^1$-Fläche.

Beweis: Wir setzen $M := \{(x, y, z) \in X \mid z \in I^\circ \setminus A\}$. M ist eine 2-dimensionale Untermannigfaltigkeit im $\mathbb{R}^3$; M ist nämlich die Nullstellenmenge der Funktion $F \colon \mathbb{R}^2 \times (I^\circ \setminus A) \to \mathbb{R}$, $F(x, y, z) := x^2 + y^2 - r^2(z)$, deren Ableitung $(2x, 2y, -2r(z)r'(z))$ auf M nicht verschwindet. Das Komplement $S = R_r \setminus M$ ist als Vereinigung endlich vieler Punkte und Kreislinien eine 2-Nullmenge. Ferner ist M offen und dicht in R_r, da $I^\circ \setminus A$ offen und dicht in I ist und r stetig ist. $\qquad\square$

Definition (Integration über eine $\mathscr{C}^1$-Fläche): Eine Funktion f auf einer d-dimensionalen $\mathscr{C}^1$-Fläche X heißt *integrierbar über* X, wenn sie über den regulären Teil $M(X)$ integrierbar ist; gegebenenfalls setzt man

$$\int\limits_X f\,\mathrm{d}S := \int\limits_{M(X)} f\,\mathrm{d}S.$$

Die Fläche X heißt *meßbar*, wenn ihr regulärer Teil $M(X)$ meßbar ist, und dann heißt $v_d(X) := v_d\big(M(X)\big)$ *d-dimensionales Volumen* von X.

Zur Integration über eine $\mathscr{C}^1$-Fläche X muß man nicht die maximale Untermannigfaltigkeit $M(X)$ ermitteln. *Ist $M \subset X$ irgendeine Untermannigfaltigkeit mit den Eigenschaften* (F2) *und* (F3), *so gilt: f ist genau dann über X integrierbar, wenn f über M integrierbar ist; gegebenenfalls gilt*

$$\int\limits_X f\,\mathrm{d}S = \int\limits_M f\,\mathrm{d}S.$$

Beweis: $S := X \setminus M$ ist eine in X abgeschlossene d-Nullmenge (d die Dimension von X). Folglich ist $S \cap M(X)$ eine in $M(X)$ abgeschlossene d-Nullmenge. Aus dem letzten Satz des vorangehenden Abschnittes angewendet auf $M(X)$ und $M(X) \setminus S = M$ ergibt sich die Behauptung.   □

Beispiel: Integration über Rotationsflächen. Wir führen das oben angegebene Beispiel weiter. Zur Integration über R_r genügt es, die Integration über M durchzuführen. Dazu entfernen wir aus M den „Nullmeridian" $N := \big\{(x,y,z) \in M \mid x = r(z),\, y = 0\big\}$. Der Rest $M \setminus N$ besitzt die Parameterdarstellung

$$\gamma\colon (I^\circ \setminus A) \times (0; 2\pi) \to M \setminus N, \qquad \gamma(z,\varphi) := \begin{pmatrix} r(z)\cos\varphi \\ r(z)\sin\varphi \\ z \end{pmatrix}.$$

Diese ist eine Einbettung und hat an der Parameterstelle (z,φ) den Maßtensor

$$(\gamma'^{\mathsf{T}} \cdot \gamma')(z,\varphi) = \begin{pmatrix} 1 + r'^2(z) & 0 \\ 0 & r^2(z) \end{pmatrix}$$

und die Gramsche Determinante

$$\sqrt{\mathrm{g}^\gamma(z,\varphi)} = r(z)\,\sqrt{1 + r'^2(z)}.$$

Ferner: N ist eine 2-Nullmenge. Eine Funktion f auf R_r ist also genau dann über R_r integrierbar, wenn sie über $M \setminus N$ integrierbar ist, und dann sind die Integrale gleich. Damit ergibt sich

$$(17) \qquad \int\limits_{R_r} f \, dS = \int\limits_{(I^\circ \setminus A) \times (0; 2\pi)} f\big(\gamma(z, \varphi)\big) \cdot r(z) \sqrt{1 + r'^2(z)} \, d(z, \varphi),$$

wobei das links stehende Integral nach Definition genau dann existiert, wenn das rechts stehende existiert; dieses ist nach dem Satz von Tonelli zum Beispiel dann der Fall, wenn f stetig ist und das iterierte Integral $\int_I \left(\int_0^{2\pi} (|f| \circ \gamma) \cdot r(z) \sqrt{1 + r'^2(z)} \, d\varphi \right) dz$ existiert. Im Existenzfall gilt

$$(17') \qquad \boxed{\int\limits_{R_r} f \, dS = \int\limits_{I} \left(\int\limits_0^{2\pi} f\big(\gamma(z, \varphi)\big) \cdot r(z) \sqrt{1 + r'^2(z)} \, d\varphi \right) dz.}$$

Insbesondere gilt, sofern das Integral in der folgenden Formel existiert,

$$(18) \qquad v_2(R_r) = 2\pi \int\limits_I r(z) \sqrt{1 + r'^2(z)} \, dz. \qquad \qquad \Box$$

Abschließend notieren wir ein hinreichendes Kriterium für Integrierbarkeit über eine $\mathscr{C}^1$-Fläche.

Satz: *Jede beschränkte, stetige Funktion f auf einer meßbaren $\mathscr{C}^1$-Fläche X ist über diese integrierbar.*

Beweis: Die Meßbarkeit von X bedeutet, daß die Funktion 1 über den regulären Teil $M = M(X)$ integrierbar ist. Es sei nun $\{\varepsilon_i\}_{i \in \mathbb{N}}$ eine Zerlegung der Eins derart, daß jeder Träger $\mathrm{Tr}\,\varepsilon_i$ in einem Kartengebiet von M enthalten ist. Die Integrierbarkeit der Funktion 1 über M impliziert die Integrierbarkeit aller Funktionen $1 \cdot \varepsilon_i$ über M und $\sum_{i=1}^\infty \int_M 1 \cdot \varepsilon_i \, dS < \infty$. Da f stetig ist und $|f|$ durch eine Konstante C beschränkt ist, folgt, daß auch alle Funktionen $f \varepsilon_i$ integrierbar sind, und daß

$$\sum_{i=1}^\infty \int\limits_M |f| \varepsilon_i \, dS \le C \cdot \sum_{i=1}^\infty \int\limits_M \varepsilon_i \, dS = C \cdot v(X).$$

f ist also über $M(X)$ und damit über X integrierbar. $\qquad \qquad \Box$

Warnung! Die Kompaktheit einer $\mathscr{C}^1$-Fläche X reicht für ihre Meßbarkeit nicht hin; insbesondere muß eine stetige Funktion auf einer kompakten $\mathscr{C}^1$-Fläche nicht integrierbar sein. Der für die Integrierbarkeit über X maßgebliche Teil $M(X)$ muß nämlich nicht kompakt sein. Ein Beispiel liefert die $\mathscr{C}^1$-„Fläche" $X := \left\{ (x, y) \in \mathbb{R}^2 \mid y = x \sin \frac{1}{x}, \, x \in (0; 1] \right\} \cup (0, 0)$. Ihr glatter Teil $X \setminus \{ (0, 0), (1, \sin 1) \}$ ist nicht kompakt und auch nicht meßbar.

11.8 Aufgaben

1. Sei $\gamma\colon \mathbb{R}^2 \to \mathbb{R}^3$ die in (3) angegebene Parameterdarstellung eines Torus T. Für jede reelle Zahl λ ist dann $g\colon \mathbb{R} \to \mathbb{R}^3$, $g(t) := \gamma(t, \lambda t)$, eine reguläre Kurve in T. Man zeige: Ihre Spur $g(\mathbb{R})$ ist

   a) für rationales λ eine kompakte Untermannigfaltigkeit des $\mathbb{R}^3$;

   b) für irrationales λ keine Untermannigfaltigkeit des $\mathbb{R}^3$; $g(\mathbb{R})$ liegt in diesem Fall dicht im Torus.

2. Man berechne den Maßtensor der in 3.7 Aufgabe 11 angegebenen Wendelfläche.

3. Man berechne den Flächeninhalt

   a) des in (3′) angegebenen Torus;

   b) eines Rotationsellipsoids.

4. Man berechne

   a) $\int_{\mathrm{S}^2_+} (x + y + z)\,\mathrm{d}S$;

   b) $\int_{R_r} (x^2 + y^2)\,\mathrm{d}S$, wobei R_r die in 11.7 erklärte Rotationsfläche sei mit $r(z) := \sqrt{z}$, $z \in [0;1]$.

5. Es seien $p, q, r \in \mathbb{R}$. Man zeige: Die Funktion $|x|^{p-1}\,|y|^{q-1}\,|z|^{r-1}$ ist genau für $p, q, r > 0$ über S^2 integrierbar, und dann gilt

$$\int\limits_{\mathrm{S}^2} |x|^{p-1}\,|y|^{q-1}\,|z|^{r-1}\,\mathrm{d}S = 2\,\frac{\Gamma(\frac{p}{2})\Gamma(\frac{q}{2})\Gamma(\frac{r}{2})}{\Gamma(\frac{p+q+r}{2})}.$$

6. *Das Newton-Potential einer mit Masse konstanter Dichte ρ belegten Sphäre $\mathrm{S}^2_r \subset \mathbb{R}^3$.* Man zeige: Im Punkt $p = (0,0,a)$ ist

$$u(p) := \int\limits_{\mathrm{S}^2_r} \frac{\rho}{\|x - p\|}\,\mathrm{d}S = \begin{cases} 4\pi r\rho & \text{für } |a| \leq r, \\[2mm] \dfrac{M}{|a|} & \text{mit } M = 4\pi r^2\rho \quad \text{für } |a| \geq r. \end{cases}$$

Das Potential im Inneren der Sphäre ist also konstant und im Äußeren gleich dem Potential, das ein im Mittelpunkt gelegener Massenpunkt der Gesamtmasse der Sphäre erzeugt; vgl. 9.3.I Beispiel 2.

7. Sei $r\colon [a;b] \to \mathbb{R}$ eine stetige Funktion, die außerhalb einer endlichen Teilmenge von $[a;b]$ positiv und stetig differenzierbar ist.

   a) Man berechne das 1-dimensionale Maß und den Schwerpunkt (ζ, ξ) des Graphen $\Gamma = \big\{ (z, r(z)) \mid z \in [a;b] \big\}$.

b) Man zeige, daß der Flächeninhalt der Rotationsfläche R_r durch die sogenannte *zweite Guldinsche Regel* gegeben ist:

$$v_2(R) = 2\pi\xi \cdot v_1(\Gamma).$$

8. *Sphärische Koordinaten auf* S^{n-1}. Wir verwenden die Bezeichnungen wie bei den Polarkooordinaten in 9.3.I. Man zeige: Die „geschlitzte Sphäre" $S_-^{n-1} := S^{n-1} \setminus \{x \in S^{n-1} \mid x_1 \leq 0, x_2 = 0\}$ besitzt die reguläre Parameterdarstellung

$$\gamma \colon \Pi \to S_-^{n-1}, \quad \gamma(\varphi) := P_n(1, \varphi).$$

Ferner: Eine Funktion $f \colon S^{n-1} \to \mathbb{C} \cup \{\infty\}$ ist genau dann über S^{n-1} integrierbar, wenn $(f \circ \gamma) \cdot C_n$ über Π integrierbar ist, und dann gilt

$$\int_{S^{n-1}} f \, dS = \int_{\Pi} f(P_n(1, \varphi)) C_n(\varphi) \, d\varphi.$$

9. Es seien X und Y d-dimensionale Untermannigfaltigkeiten im $\mathbb{R}^n$, V und W Umgebungen von X bzw. Y, und es sei $T \colon V \to W$ ein konformer Diffeomorphismus mit $T(X) = Y$. Man zeige: Eine Funktion f auf Y ist genau dann über Y integrierbar, wenn $(f \circ T) \cdot |\det T'|^{d/n}$ über X integrierbar ist; gegebenenfalls gilt

$$\int_X (f \circ T) \cdot |\det T'|^{d/n} \, dS = \int_Y f \, dS.$$

Wie lautet diese Formel für eine Streckung $x \mapsto \alpha x$, $\alpha \in \mathbb{R}^*$, wie für eine Rotation $x \mapsto Ax$, A eine orthogonale Matrix ?

10. Für beliebiges $y \in \mathbb{R}^n$, $n \geq 2$, gilt

$$\int_{S^{n-1}} e^{-i\langle x, y \rangle} \, dS(x) = 2\pi^{n/2} \left(\frac{\|y\|}{2} \right)^{-n/2+1} J_{n/2-1}(\|y\|),$$

wobei J_α die Besselfunktion der Ordnung α ist; siehe 8.6 Aufgabe 9.

Hinweis: Nach Aufgabe 9 genügt es, spezielle y zu betrachten.

11. Es sei f eine über $\mathbb{R}^n$ integrierbare Funktion. Man zeige: f ist für fast alle $r > 0$ über rS^{n-1} integrierbar, und es gilt

$$\int_{\mathbb{R}^n} f \, dx = \int_{\mathbb{R}_+} \left(\int_{S^{n-1}} f(rx) \, dS \right) r^{n-1} \, dr.$$

Damit und mit Hilfe der Formel in Aufgabe 10 reduziere man die Berechnung der Fourier-Transformierten $\hat{f}$ einer rotationssymmetrischen Funktion $f \in \mathscr{L}^1(\mathbb{R}^n)$, $f(x) = F(\|x\|)$, auf eine Integration über $\mathbb{R}_+$. Vgl. auch 10.4 Aufgabe 9b.

12. Man zeige, daß die Sätze über parameterabhängige Integrale in 8.4 sinngemäß auch bei Integration über Untermannigfaltigkeiten des $\mathbb{R}^n$ gelten. Als Anwendung zeige man: Ist M eine kompakte 2-dimensionale Untermannigfaltigkeit des $\mathbb{R}^3$ und $\rho\colon M \to \mathbb{R}$ eine über M integrierbare Funktion, so definiert

$$u(y) := \int\limits_M \frac{\rho(x)}{\|y - x\|}\,\mathrm{d}S(x)$$

eine harmonische Funktion auf $\mathbb{R}^3 \setminus M$.

13. Es sei M eine d-dimensionale Mannigfaltigkeit im $\mathbb{R}^n$. Man zeige: Eine Teilmenge $N \subset M$ ist genau dann eine d-Nullmenge, wenn $v_d(N) = 0$ gilt.

14. Man zeige, daß jede nicht kompakte, zusammenhängende, 1-dimensionale $\mathscr{C}^1$-Untermannigfaltigkeit $M \subset \mathbb{R}^n$ die Spur einer Immersion $\gamma\colon I \to \mathbb{R}^n$ ist, I ein offenes Intervall.

15. Es sei $\gamma\colon \Omega \to \mathbb{R}^n$, Ω eine offene Menge im $\mathbb{R}^{n-1}$, eine Einbettung. Man definiere $\Gamma\colon \Omega \times \mathbb{R} \to \mathbb{R}^n$ durch

$$\Gamma(u,t) := \gamma(u) + t\nu(u), \quad \nu(u) := \frac{N}{\|N\|}, \quad N = \partial_1\gamma \wedge \cdots \wedge \partial_{n-1}\gamma,$$

und zeige:

a) Zu jeder beschränkten offenen Menge $\Omega_0 \subset \mathbb{R}^{n-1}$ mit $\overline{\Omega}_0 \subset \Omega$ gibt es ein $\tau > 0$ derart, daß $\Gamma \mid \Omega_0 \times (-\tau; \tau)$ ein Diffeomorphismus ist.

b) Zu jeder Teilmenge $A \subset M := \gamma(\Omega)$ und jedem $\varepsilon > 0$ setze man $T^\varepsilon(A) := \Gamma\big(\gamma^{-1}(A) \times (-\varepsilon; \varepsilon)\big)$. Ist A kompakt, so gilt:

$$v_{n-1}(A) = \lim_{\varepsilon\downarrow 0} \frac{v_n(T^\varepsilon(A))}{2\varepsilon}.$$

16. Ein von drei Großkreisen auf S^2 berandetes sphärisches Dreieck mit den Winkeln α, β und γ hat den Flächeninhalt $\alpha + \beta + \gamma - \pi$. (Man vergleiche 9.4 Aufgabe 11.)

Zum Beweis betrachte man die durch die drei anliegenden Dreiecke ergänzte Figur und auch die dazu antipodische.

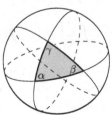

12 Der Integralsatz von Gauß

Der Integralsatz von Gauß stellt ein höherdimensionales Analogon der für eine stetig differenzierbare Funktion f auf einem Intervall $[a; b]$ gültigen Beziehung $\int_a^b f'(x)\,dx = f(b) - f(a)$ dar. Er drückt das Integral der Divergenz eines Vektorfeldes über eine geeignete Teilmenge des $\mathbb{R}^n$ durch das Integral des Feldes über den Rand dieser Teilmenge aus. Wir beweisen ihn hier für kompakte Teilmengen, die außerhalb einer $(n-1)$-Nullmenge im Rand lokal durch Ungleichungen mit $\mathscr{C}^1$-Funktionen beschrieben werden können.

Alle metrischen Begriffe beziehen sich auf die euklidische Metrik im $\mathbb{R}^n$.

12.1 Integration von Vektorfeldern über orientierte reguläre Hyperflächen

Wir definieren in diesem Abschnitt die Integration von Vektorfeldern über orientierte reguläre Hyperflächen im $\mathbb{R}^n$. Die Orientierung wird in diesem Kapitel als Vorgabe eines stetigen Einheitsnormalenfeldes auf der Hyperfläche erklärt; eine Vertiefung erfährt der Orientierungsbegriff in 13.4. Eine Integration von Vektorfeldern über nicht orientierbare Hyperflächen wird nicht definiert.

Definition: Unter einem *Einheitsnormalenfeld* auf einer regulären Hyperfläche $M \subset \mathbb{R}^n$ versteht man eine stetiges Vektorfeld $\boldsymbol{\nu}: M \to \mathbb{R}^n$ derart, daß in jedem Punkt $x \in M$ gilt:

(i) $\boldsymbol{\nu}(x)$ steht senkrecht auf dem Tangentialraum $\mathrm{T}_x M$;

(ii) $\|\boldsymbol{\nu}(x)\| = 1$.

Konstruktion von Einheitsnormalenfeldern in zwei wichtigen Fällen:

1. Es sei M die Nullstellenmenge einer $\mathscr{C}^1$-Funktion f mit $\operatorname{grad} f(x) \neq 0$ für alle $x \in M$. Ein Einheitsnormalenfeld auf M ist dann gegeben durch

$$(1) \qquad \boldsymbol{\nu}(x) := \frac{\operatorname{grad} f(x)}{\|\operatorname{grad} f(x)\|}.$$

2. Es sei M die Spur der Einbettung $\gamma\colon \Omega \to \mathbb{R}^n$, Ω eine offene Menge im $\mathbb{R}^{n-1}$. Ein Einheitsnormalenfeld auf M in $x = \gamma(u)$ ist nach den Eigenschaften des äußeren Produktes gegeben durch

$$(2)\qquad \boldsymbol{\nu}(x) := \frac{N(x)}{\|N(x)\|}, \qquad N(x) := \partial_1\gamma(u) \wedge \cdots \wedge \partial_{n-1}\gamma(u).$$

Lemma 1: *Auf einer zusammenhängenden regulären Hyperfläche M gibt es entweder kein Einheitsnormalenfeld oder genau zwei.*

Beweis: Ist $\boldsymbol{\nu}$ ein Einheitsnormalenfeld auf M, so ist auch $-\boldsymbol{\nu}$ eines. Seien nun $\boldsymbol{\nu}$ und $\tilde{\boldsymbol{\nu}}$ zwei Einheitsnormalenfelder. $s(x) := \langle \boldsymbol{\nu}(x), \tilde{\boldsymbol{\nu}}(x) \rangle$ definiert dann eine stetige Funktion auf M mit $s(x) = \pm 1$ für jedes $x \in M$. Wegen des Zusammenhangs von M ist entweder $s(x) = +1$ für alle x oder $s(x) = -1$ für alle x. Im ersten Fall ist $\tilde{\boldsymbol{\nu}} = \boldsymbol{\nu}$, im zweiten ist $\tilde{\boldsymbol{\nu}} = -\boldsymbol{\nu}$. $\square$

Definition: Eine reguläre Hyperfläche $M \subset \mathbb{R}^n$ heißt *orientierbar*, wenn es auf ihr ein Einheitsnormalenfeld gibt. Ein Paar $(M, \boldsymbol{\nu})$ mit fest gewähltem Einheitsnormalenfeld $\boldsymbol{\nu}$ auf M heißt eine *orientierte* Hyperfläche.

Beispiele:

1. Die Nullstellenmenge M einer $\mathscr{C}^1$-Funktion f mit $\mathrm{grad}\, f(x) \neq 0$ für alle $x \in M$ ist orientierbar. Denn (1) liefert ein Einheitsnormalenfeld auf M.

2. Die Spur M einer Einbettung $\gamma\colon \Omega \to \mathbb{R}^n$ ist orientierbar. Denn (2) liefert ein Einheitsnormalenfeld auf M.

3. Eine nicht orientierbare Fläche im $\mathbb{R}^3$ ist das *Möbiusband*. Dieses entsteht, wenn man zwei gegenüberliegende Seiten eines Streifens verdreht und zusammenklebt. Das Möbiusband ist eine sogenannte *einseitige* Fläche. Für eine Parameterdarstellung siehe Aufgabe 15.

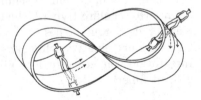

Ein Möbiusband

Definition: Es sei $(M, \boldsymbol{\nu})$ eine orientierte reguläre Hyperfläche im $\mathbb{R}^n$. Ein Vektorfeld $F\colon M \to \mathbb{R}^n$ heißt *integrierbar über* M, wenn die Funktion $x \mapsto \langle F(x), \boldsymbol{\nu}(x) \rangle$ über M integrierbar ist, und dann setzt man

$$\int\limits_{(M,\boldsymbol{\nu})} F\, \overrightarrow{\mathrm{d}S} := \int\limits_{M} \langle F, \boldsymbol{\nu} \rangle\, \mathrm{d}S.$$

$\overrightarrow{\mathrm{d}S} = \boldsymbol{\nu}\, \mathrm{d}S$ heißt *vektorielles Flächenelement auf* $(M, \boldsymbol{\nu})$. Steht das orientierende Normalenfeld $\boldsymbol{\nu}$ eindeutig fest, schreibt man statt $\int\limits_{(M,\boldsymbol{\nu})}$ oft nur $\int\limits_{M}$.

Physikalische Deutung: Es sei F das Geschwindigkeitsfeld einer stationären Strömung. An einem Punkt $x \in M$ ist dann $\langle F(x), \nu(x) \rangle$ die Komponente des Vektors $F(x)$ in Richtung $\nu(x)$. Durch das Flächenelement dS auf M am Punkt x fließt dann im Zeitintervall Δt die Flüssigkeitsmenge $\Delta t \langle F(x), \nu(x) \rangle \, dS$ und durch die gesamte Fläche die Menge

$$\Delta t \cdot \int_M \langle F, \nu \rangle \, dS.$$

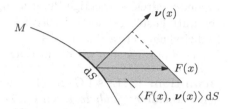

Das Integral $\int_M F \, \vec{dS}$ nennt man daher auch *Fluß des Vektorfeldes F durch M.*

Beispiel 1: Integration des Gravitationsfeldes G über die 2-Sphäre S_r^2; dabei sei diese durch das „nach außen" weisende Einheitsnormalenfeld $\nu(x) := \dfrac{x}{r}$ orientiert. Wegen $G(x) = \dfrac{-x}{\|x\|^3}$ ist $\langle G(x), \nu(x) \rangle = -\dfrac{1}{r^2}$ für $x \in S_r^2$. Man erhält damit

$$\int_{S_r^2} G \, \vec{dS} = -\frac{1}{r^2} \int_{S_r^2} 1 \, dS = -4\pi.$$

Beispiel 2: Integration eines Feldes F über die orientierte Spur einer Einbettung $\gamma \colon \Omega \to \mathbb{R}^n$. Sei ν das Einheitsnormalenfeld (2) auf $M = \operatorname{Spur} \gamma$. Im Punkt $x = \gamma(u)$ gilt nach 11.3 (11) $\|N(x)\| = \sqrt{g^\gamma(u)}$. Damit erhält man

$$\int_{(M,\nu)} F \, \vec{dS} = \int_\Omega \left\langle F \circ \gamma, \, \partial_1 \gamma \wedge \cdots \wedge \partial_{n-1} \gamma \right\rangle du.$$

Beispiel 3: Integration eines Feldes F über einen orientierten Graphen. Es sei Γ der Graph einer $\mathscr{C}^1$-Funktion $h \colon \Omega \to \mathbb{R}$, Ω eine offene Menge im $\mathbb{R}^{n-1}$. Γ ist die Nullstellenmenge der Funktion $q(x, x_n) := x_n - h(x)$. Nach (1) wird ein Einheitsnormalenfeld auf Γ im Punkt $(x, h(x))$ gegeben durch

$$\nu\big(x, h(x)\big) = \frac{N(x)}{\|N(x)\|}, \quad N(x) := \Big(-\partial_1 h(x), \ldots, -\partial_{n-1} h(x), \, 1\Big)^{\mathsf{T}}.$$

Nach 11.3 (13) gilt $\|N(x)\| = \sqrt{1 + \|\operatorname{grad} h(x)\|^2} = \sqrt{g^\gamma(x)}$. Damit erhält man sofort

$$\int_{(\Gamma,\nu)} F \, \vec{dS} = \int_\Omega \big\langle F\big(x, h(x)\big), N(x) \big\rangle \, dx.$$

12.2 $\mathscr{C}^1$-Polyeder

Wir führen in diesem Abschnitt die Teilmengen des $\mathbb{R}^n$ ein, die wir dem
Gaußschen Integralsatz zugrundelegen. In Analogie zur Beschreibung der
Polyeder der Geometrie durch Ungleichungen mittels linearer Funktionen
werden zahlreiche wichtige Punktmengen der Analysis durch Ungleichun-
gen mittels stetig differenzierbarer Funktionen beschrieben; die kompakte
Einheitskugel etwa durch $x_1^2 + \cdots + x_n^2 \le 1$. Mit dem Begriff des $\mathscr{C}^1$-
Polyeders präzisieren wir die in Frage kommende Klasse von Mengen.

Definition: (i) Es sei G eine Teilmenge des $\mathbb{R}^n$. Ein Randpunkt $a \in \partial G$
heißt *regulärer Randpunkt* von G, wenn es eine Umgebung U von a und
eine $\mathscr{C}^1$-Funktion $q \colon U \to \mathbb{R}$ mit $q'(x) \ne 0$ für alle $x \in U$ gibt derart, daß

$$G \cap U = \Big\{ x \in U \mid q(x) \le 0 \Big\}.$$

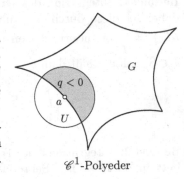

Jeder nicht reguläre Randpunkt heißt *singulär*. Die Menge aller regulären Randpunkte heißt der *reguläre* oder *glatte Rand* von G
und wird mit $\partial_r G$ bezeichnet; analog heißt
$\partial_s G := \partial G \setminus \partial_r G$ der *singuläre Rand*.

(ii) Unter einem $\mathscr{C}^1$-*Polyeder* im $\mathbb{R}^n$ versteht man eine kompakte Menge G, deren
singulärer Rand eine $(n-1)$-Nullmenge ist.

$\mathscr{C}^1$-Polyeder

Beispiele:

1. Es sei $q \colon \Omega \to \mathbb{R}$ eine $\mathscr{C}^1$-Funktion auf einer offenen Menge $\Omega \subset \mathbb{R}^n$
mit $q'(x) \ne 0$ an allen Nullstellen x von q; ferner sei

$$G := \Big\{ x \in \Omega \mid q(x) \le 0 \Big\}$$

kompakt. *Dann ist G ein $\mathscr{C}^1$-Polyeder.* Jeder Randpunkt von G ist nämlich
eine Nullstelle von q und folglich regulär; es gilt also $\partial G = \partial_r G$.

2. Es seien G_1 und G_2 $\mathscr{C}^1$-Polyeder im $\mathbb{R}^n$ mit der Eigenschaft, daß der
Durchschnitt $\partial G_1 \cap \partial G_2$ ihrer Ränder eine $(n-1)$-Nullmenge ist (z. B. in
der Vereinigung abzählbar vieler $(n-2)$-dimensionaler Mannigfaltigkeiten
liegt). *Dann ist auch $G_1 \cap G_2$ ein $\mathscr{C}^1$-Polyeder.*

Beweis: Es sei a ein Randpunkt von $G_1 \cap G_2$, der nicht in $\partial G_1 \cap \partial G_2$
liegt; sei etwa $a \in \partial G_1$. Ist a ein regulärer Randpunkt von G_1, dann auch
von $G_1 \cap G_2$. Ebenso im Fall $a \in \partial G_2$. Somit ist die Menge der singulären
Randpunkte von $G_1 \cap G_2$ in der Vereinigung $\partial_s G_1 \cup \partial_s G_2 \cup (\partial G_1 \cap \partial G_2)$
enthalten, und diese ist eine $(n-1)$-Nullmenge. $\square$

Aus der Definition folgt unmittelbar, daß der glatte Rand $\partial_r G$ eines $\mathscr{C}^1$-Polyeders offen ist in ∂G. Die folgenden zwei Lemmata zeigen unter anderem, daß er eine orientierbare $\mathscr{C}^1$-Hyperfläche ist.

Lemma 2 (lokale Normaldarstellung des Randes): *Jeder reguläre Randpunkt a eines $\mathscr{C}^1$-Polyeders G besitzt eine Quaderumgebung Q wie folgt:*
Nach einer eventuellen Umnumerierung der Koordinaten ist Q das direkte Produkt $Q' \times I$ eines offenen Quaders Q' in $\mathbb{R}^{n-1}$ und eines offenen Intervalles I; außerdem gibt es eine $\mathscr{C}^1$-Funktion $h : Q' \to I$ derart, daß gilt:

entweder $\qquad G \cap Q = Z^+ := \big\{ (x', x_n) \in Q' \times I \mid x_n \geq h(x') \big\}$

oder $\qquad G \cap Q = Z^- := \big\{ (x', x_n) \in Q' \times I \mid x_n \leq h(x') \big\},$

und ferner $\qquad \partial G \cap Q = \Gamma, \quad$ *wobei Γ den Graphen von h bezeichnet.*

Beweis: Zu a seien U und q gemäß Definition gewählt. Offensichtlich ist dann $\partial G \cap U$ in $N := \big\{ x \in U \mid q(x) = 0 \big\}$ enthalten. Nach dem Satz über implizite Funktionen gibt es in U eine Quaderumgebung $Q = Q' \times I$ von a und eine $\mathscr{C}^1$-Funktion $h : Q' \to I$ derart, daß $N \cap Q$ nach einer evtl. Umnumerierung der Koordinaten der Graph von h ist: $N \cap Q = \Gamma$. q hat in $Z^+ \setminus \Gamma$ und $Z^- \setminus \Gamma$ keine Nullstellen. Ferner sind $Z^+ \setminus \Gamma$ und $Z^- \setminus \Gamma$ zusammenhängend. Folglich hat q in $Z^+ \setminus \Gamma$ und $Z^- \setminus \Gamma$ jeweils ein einheitliches Vorzeichen. Diese Vorzeichen sind verschieden; sonst nähme q in den Nullstellen $x \in N \cap Q$ ein lokales Maximum oder Minimum an im Widerspruch zu $q'(x) \neq 0$. Die Menge $\big\{ x \in Q \mid q(x) < 0 \big\}$ stimmt also mit $Z^+ \setminus \Gamma$ oder $Z^- \setminus \Gamma$ überein; die Menge $G \cap Q = \big\{ x \in Q \mid q(x) \leq 0 \big\}$ folglich mit Z^+ oder Z^-.

Nachweis von $\partial G \cap Q = \Gamma$: Die Inklusion „$\subset$" folgt aus $\partial G \cap U \subset N$, die Inklusion „$\supset$" daraus, daß jede Umgebung eines Punktes $x \in \Gamma$ Punkte aus Z^+ und aus Z^- enthält. $\qquad\qquad\qquad\square$

Lemma 3 und Definition (äußeres Einheitsnormalenfeld): *Auf dem regulären Rand eines $\mathscr{C}^1$-Polyeders G gibt es genau ein stetiges Einheitsnormalenfeld ν derart, daß in jedem $x \in \partial_r G$ für hinreichend kleines $t > 0$ gilt:*

(3) $$\begin{aligned} x + t\nu(x) &\in \mathbb{R}^n \setminus G, \\ x - t\nu(x) &\in G. \end{aligned}$$

ν *heißt* äußeres Einheitsnormalenfeld *an G. Wählt man zu einem $a \in \partial_r G$ U und q gemäß Definition, so ist $\nu(x)$ für alle $x \in \partial_r G \cap U$ gegeben durch*

(4) $$\nu(x) = \frac{\operatorname{grad} q(x)}{\|\operatorname{grad} q(x)\|}.$$

Beweis: Nach dem Beweis zu Lemma 2 ist $\partial_r G \cap U = \{x \in U \mid q(x) = 0\}$; also definiert (4) ein stetiges Einheitsnormalenfeld auf $\partial_r G \cap U$. Zu zeigen bleibt nur, daß es die Eigenschaft (3) hat. Wir betrachten dazu die Funktion $t \mapsto q(x + t\nu(x))$: Für $t = 0$ hat diese den Wert 0 und die Ableitung $\langle \operatorname{grad} q(x), \nu(x) \rangle = \|\operatorname{grad} q(x)\| > 0$. Für hinreichend kleines $t > 0$ gilt also $q(x + t\nu(x)) > 0$ und $q(x - t\nu(x)) < 0$. Daraus folgt (3).   □

Definition (Integration über den Rand eines $\mathscr{C}^1$-Polyeders): Es sei $G \subset \mathbb{R}^n$ ein $\mathscr{C}^1$-Polyeder und ν sein äußeres Einheitsnormalenfeld. Ein Vektorfeld $F \colon \partial_r G \to \mathbb{R}^n$ heißt *über ∂G integrierbar*, wenn die Funktion $\langle F, \nu \rangle$ über den glatten Rand $\partial_r G$ integrierbar ist. In diesem Fall setzt man

$$\int\limits_{\partial G} F \, \overrightarrow{\mathrm{d}S} := \int\limits_{\partial_r G} \langle F, \nu \rangle \, \mathrm{d}S.$$

Mit dem Satz in 11.7 erhält man sofort den folgenden:

Satz: *Ist der Rand eines $\mathscr{C}^1$-Polyeders G eine meßbare Hyperfläche, so kann jedes stetige Vektorfeld F auf ∂G über ∂G integriert werden.*

Beweis: Die Funktion $\langle F, \nu \rangle$ ist stetig und beschränkt.   □

12.3   Die Divergenz eines Vektorfeldes

In 4.6 haben wir die Divergenz eines stetig differenzierbaren Vektorfeldes $F = (F_1, \ldots, F_n)^{\mathsf{T}}$ als Spur seiner Ableitung F' eingeführt, was bezüglich der Koordinaten des euklidischen $\mathbb{R}^n$ die Formel

$$\operatorname{div} F = \frac{\partial F_1}{\partial x_1} + \cdots + \frac{\partial F_n}{\partial x_n}$$

ergab. Dort erhielten wir auch die Deutung als Geschwindigkeit der durch den lokalen Fluß zu F bewirkten Änderung des infinitesimalen Volumens.

Wir beweisen in diesem Abschnitt einen Spezialfall des Gaußschen Integralsatzes, der jene Interpretation der Divergenz impliziert, welche zur sachgemäßen Deutung des Integralsatzes führt.

Lemma 4: *Es sei $Q \subset \mathbb{R}^n$ ein Quader und $F = (F_1, \ldots, F_n)^{\mathsf{T}}$ ein stetig differenzierbares Vektorfeld in einer Umgebung von $\overline{Q}$. Dann gilt*

$$(5) \qquad \int\limits_{\partial Q} F \, \overrightarrow{\mathrm{d}S} = \int\limits_{Q} \operatorname{div} F \, \mathrm{d}x.$$

Beweis: Wir zeigen, daß für jede $\mathscr{C}^1$-Funktion f auf $\overline{Q}$ gilt:

$$(5') \qquad \int_{\partial Q} f\nu_k \, dS = \int_Q \partial_k f \, dx;$$

dabei bezeichnet ν_k die k-te Komponente des äußeren Einheitsnormalenfeldes an Q. Durch Anwendung von $(5')$ auf F_k und Summation über $k = 1, \ldots, n$ erhält man dann (5).

Nachweis von $(5')$ für $k = n$: Es sei $Q' \subset \mathbb{R}^{n-1}$ der Quader und $(a; b)$ das Intervall so, daß $Q = Q' \times (a; b)$. Die Komponente ν_n hat die Werte

$$\nu_n(x) = \begin{cases} 1 & \text{auf} \quad Q' \times \{b\}, \\ -1 & \text{auf} \quad Q' \times \{a\}, \\ 0 & \text{auf} \quad \partial Q' \times (a; b). \end{cases}$$

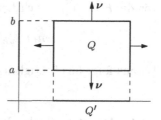

Die Funktion $f\nu_n$ muß also nur über die Randflächen $Q' \times \{b\}$ und $Q' \times \{a\}$ integriert werden. Diese haben die Parameterdarstellungen $x' \mapsto (x', b)$ bzw. $x' \mapsto (x', a)$, $x' \in Q'$. Damit erhält man

$$\int_{\partial Q} f\nu_n \, dS = \int_{Q'} f(x', b') \, dx' - \int_{Q'} f(x', a) \, dx'$$

$$= \int_{Q'} \left(\int_a^h \partial_n f(x', x_n) \, dx_n \right) dx' = \int_Q \partial_n f \, dx. \qquad \square$$

Deutung: Es sei F das Geschwindigkeitsfeld einer strömenden inkompressiblen Flüssigkeit. Dann ist $\int_{\partial Q} F \, \overrightarrow{dS}$ ein Maß der von F in der Zeiteinheit über ∂Q transportierten Masse. Diese ist zugleich die Bilanz der Massen, die durch die Quellen und Senken in Q zu- bzw. abgeführt werden.

Entsprechend nennt man $\dfrac{1}{v(Q)} \cdot \int_{\partial Q} F \, \overrightarrow{dS}$

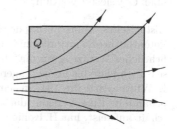

die *mittlere Ergiebigkeit des Feldes* F *in* Q. Schrumpft Q auf einen Punkt x zusammen, erhält man die sogenannte *Ergiebigkeit* oder *Quelldichte von* F *im Punkt* x. Diese erweist sich nach dem folgenden Lemma gerade als die Divergenz von F in x.

Zur Formulierung des Lemmas führen wir eine Sprechweise ein: Man sagt, eine Folge von Teilmengen $A_1, A_2, \ldots \subset \mathbb{R}^n$ *konvergiere gegen den Punkt* $x \in \mathbb{R}^n$, in Zeichen: $A_k \to x$, wenn es zu jedem $\varepsilon > 0$ einen Index k_0 gibt so, daß $A_k \subset K_\varepsilon(x)$, falls $k \geq k_0$.

Lemma 5: *Es sei F ein stetig differenzierbares Vektorfeld auf der offenen Menge $U \subset \mathbb{R}^n$. Für jede gegen $x \in U$ konvergente Folge von Quadern $Q_k \subset U$ existiert der folgende Grenzwert, und es gilt*

$$(6) \qquad \lim_{k \to \infty} \frac{1}{v(Q_k)} \int_{\partial Q_k} F \, \overrightarrow{dS} = \operatorname{div} F(x).$$

Beweis: Im Fall $\overline{Q}_k \subset U$ seien m_k und M_k das Minimum bzw. Maximum von $\operatorname{div} F$ auf $\overline{Q}_k$. Nach Lemma 4 gilt dann

$$m_k v(Q_k) \leq \int_{\partial Q_k} F \, \overrightarrow{dS} \leq M_k v(Q_k).$$

Daraus folgt aus Stetigkeitsgründen mit $k \to \infty$ die Behauptung. $\square$

12.4   Der Gaußsche Integralsatz

Gaußscher Integralsatz: *Es sei G ein $\mathscr{C}^1$-Polyeder im $\mathbb{R}^n$, dessen Rand eine meßbare Hyperfläche ist. Ferner sei F ein stetiges Vektorfeld auf G. Dieses sei in G° stetig differenzierbar, und $\operatorname{div} F$ sei über G° integrierbar. Dann gilt:*

$$\boxed{\int_G \operatorname{div} F \, dx = \int_{\partial G} F \, \overrightarrow{dS}.}$$

Bemerkungen: 1. Die Voraussetzung über das Vektorfeld erfüllt jedes in einer Umgebung von G erklärte $\mathscr{C}^1$-Vektorfeld.

2. G und G° unterscheiden sich nur um eine Lebesgue-Nullmenge; die Integrierbarkeit von $\operatorname{div} F$ über G° kann damit auch als Integrierbarkeit über G gelesen werden.

Historisches. Gauß bewies den Satz (in einfacherer Version) 1840 in einer für die Potentialtheorie grundlegenden Abhandlung. Der Satz hat sich seither als unentbehrliches Werkzeug für die Theorie der partiellen Differentialgleichungen erwiesen. Er bildete bis in die jüngere Zeit ein Thema der mathematischen Forschung. H. Whitney hat ihn 1947 in seiner geometrischen Integrationstheorie ausführlich behandelt. Eine Version, die zu der hier aufgestellten eine gewisse Verwandtschaft aufweist, hat H. König 1964 in [10] angegeben.

Physikalische Deutung: Ist F das Geschwindigkeitsfeld einer strömenden inkompressiblen Flüssigkeit, so stellt das Integral $\int_G \operatorname{div} F \, dx$ die gesamte Ergiebigkeit der in G enthaltenen Quellen und Senken dar. Diese tritt im Gesamtfluß $\int_{\partial G} F \, \overrightarrow{dS}$ durch die Berandung von G in Erscheinung.

Wir beweisen den Integralsatz im nächsten Abschnitt. Zuvor bringen wir zwei Beispiele und für $n = 2$ eine Formulierung mittels Differentialformen.

Beispiel 1: Es sei $G \subset \mathbb{R}^n$ ein $\mathscr{C}^1$-Polyeder wie im Gaußschen Integralsatz. Mit $F(x) = x$ ergibt sich wegen $\operatorname{div} F(x) = n$

$$(*) \qquad \int_{\partial G} \langle x, \nu \rangle \, dS = n \, v_n(G).$$

Für $G = \overline{K}_1(0)$ etwa ist $\nu(x) = x$ auf $\partial G = S^{n-1}$. In diesem Fall besagt $(*)$ die auch bereits in 11.3 (15) zwischen Oberfläche und Volumen der n-dimensionalen Einheitskugel aufgestellte Beziehung $\omega_n = n \cdot \kappa_n$.

Beispiel 2: Es sei $G \subset \mathbb{R}^n$ ein $\mathscr{C}^1$-Polyeder wie im Gaußschen Integralsatz. Mit einem beliebigen Punkt $a \in \mathbb{R}^n \setminus \partial G$ sei $F(x) := \dfrac{x-a}{\|x-a\|^n}$. Dann gilt:

$$(7) \qquad \int_{\partial G} F \, \overrightarrow{dS} = \begin{cases} 0, & \text{falls } a \notin G, \\ \omega_n, & \text{falls } a \in G. \end{cases}$$

Beweis: Man rechnet zunächst nach, daß $\operatorname{div} F = 0$ ist auf $\mathbb{R}^n \setminus a$. Im Fall $a \notin G$ kann der Integralsatz mit G angewendet werden und ergibt die Behauptung. Im Fall $a \in G$ wählen wir eine Kugel $K_r(a) \subset G^\circ$ und bilden $G_a := G \setminus K_r(a)$. ν_a bezeichne das äußere Einheitsnormalenfeld an G_a. Der Integralsatz angewendet mit G_a ergibt nun

$$0 = \int_{\partial G_a} \langle F, \nu_a \rangle \, dS = \int_{\partial G} \langle F, \nu_a \rangle \, dS + \int_{\partial K_r(a)} \langle F, \nu_a \rangle \, dS.$$

Auf $\partial_r G$ stimmt ν_a mit dem äußeren Einheitsnormalenfeld an G überein und auf $\partial K_r(a)$ ist $\nu_a(x) = -\dfrac{1}{r} \cdot (x-a)$. Damit folgt

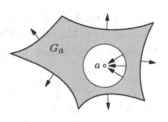

$$\int_{\partial G} \langle F, \nu \rangle \, dS = \frac{1}{r^{n-1}} \int_{\partial K_r(a)} 1 \, dS = \omega_n.$$

Anwendung: Das Gaußsche Gesetz der Elektrostatik. Für das von Ladungen $q_1, \ldots, q_s$ in Punkten $a_1, \ldots, a_s \in \mathbb{R}^3 \setminus \partial G$ erzeugte Feld

$$E(x) = \sum_{k=1}^{s} q_k \cdot \frac{x - a_k}{\|x - a_k\|^3}$$

folgt aus (7)

$$\int_{\partial G} E \, \overrightarrow{dS} = 4\pi \cdot \sum_{a_k \in G} q_k = 4\pi \cdot \text{Gesamtladung in } G.$$

Wir kommen zur Formulierung des Integralsatzes in der Ebene mittels 1-Formen. Dabei legen wir $\mathscr{C}^1$-Polyeder zugrunde, wie sie oft in Anwendungen auftreten.

Korollar: *Es sei $G \subset \mathbb{R}^2$ ein $\mathscr{C}^1$-Polyeder wie folgt: Es gibt eine endliche Punktmenge $P \subset \partial G$ sowie paarweise disjunkte meßbare 1-dimensionale Untermannigfaltigkeiten $M_1, \ldots, M_q$ so, daß gilt:*

(i) *$(\partial G) \setminus P \subset M_1 \cup \cdots \cup M_q \subset \partial_r G$;*

(ii) *M_k ist die Spur einer Einbettung $\gamma_k \colon (a_k, b_k) \to \mathbb{R}^2$, die so orientiert sei, daß für die äußere Einheitsnormale im Punkt $\gamma_k(t)$ gilt:*

$$(*) \qquad \boldsymbol{\nu}\big(\gamma_k(t)\big) = -\mathrm{D}\left(\frac{\dot{\gamma}_k(t)}{\|\dot{\gamma}_k(t)\|}\right).$$

(D bezeichnet den Drehoperator $(x,y) \mapsto (-y, x)$.)

Es sei weiter $u\,\mathrm{d}x + v\,\mathrm{d}y$ eine stetige 1-Form auf G. Diese sei in G° stetig differenzierbar, und $v_x - u_y$ sei über G° integrierbar. Dann gilt

$$(8) \qquad \boxed{\int\limits_G (v_x - u_y)\,\mathrm{d}(x,y) = \sum_{k=1}^{q} \int\limits_{\gamma_k} u\,\mathrm{d}x + v\,\mathrm{d}y.}$$

Für die rechte Seite dieser Formel schreibt man kurz $\int_{\partial G} u\,\mathrm{d}x + v\,\mathrm{d}y$. Die Formel erhält damit die Gestalt

$$(8') \qquad \int\limits_G (v_x - u_y)\,\mathrm{d}(x,y) = \int\limits_{\partial G} u\,\mathrm{d}x + v\,\mathrm{d}y.$$

Beweis: Das Feld $F := (v, -u)$ ist stetig auf G und daher beschränkt. F ist also über M_k integrierbar. Mit $(*)$ und der Gramschen Determinante $\dot{\gamma}_k^{\mathsf{T}} \cdot \dot{\gamma}_k = \|\dot{\gamma}_k\|^2$ erhält man für das Integral

$$\int\limits_{(M_k, \boldsymbol{\nu})} F\,\overrightarrow{\mathrm{d}S} = \int\limits_{M_k} \langle F, \boldsymbol{\nu}\rangle\,\mathrm{d}S = -\int\limits_{a_k}^{b_k} \langle F \circ \gamma_k, \mathrm{D}\dot{\gamma}_k\rangle\,\mathrm{d}t = \int\limits_{a_k}^{b_k} \big(u\dot{x}_k + v\dot{y}_k\big)\,\mathrm{d}t.$$

Folglich ist die rechte Seite in (8) gleich $\int_{\partial G} F\,\overrightarrow{\mathrm{d}S}$. Da auf der linken Seite in (8) das Integral der Divergenz von F steht, ergibt der Gaußsche Integralsatz die Behauptung. $\qquad\qquad\square$

Bemerkung: Die Forderung $(*)$ an die Orientierung der Kurven $\gamma_1, \ldots, \gamma_q$ wird manchmal so ausgesprochen: *G hat links von $\gamma_1, \ldots, \gamma_q$ zu liegen.* Ist M_k die Nullstellenmenge einer $\mathscr{C}^1$-Funktion q_k mit $q_k(x,y) \leq 0$ für $(x,y) \in G$, so

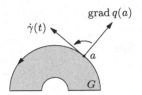

besagt (∗), daß der Normalenvektor $\operatorname{grad} q_k(a)$ im Punkt $a = \gamma_k(t)$ und der Tangentialvektor $\dot{\gamma}_k(t)$ ein positiv orientiertes 2-Bein bilden. Dazu gleichwertig ist, daß $\det\!\big(\operatorname{grad} q_k(a),\, \dot{\gamma}_k(t)\big) > 0$.

Folgerung 1 (Flächenformel von Leibniz): *Der Flächeninhalt eines* $\mathscr{C}^1$*-Polyeders G wie im Korollar ist durch folgendes Randintegral gegeben:*

$$v_2(G) = \frac{1}{2} \int\limits_{\partial G} -y \,\mathrm{d}x + x \,\mathrm{d}y.$$

Vgl. Band 1, 12.5.

Folgerung 2 (ein Cauchyscher Integralsatz): *Es sei* $G \subset \mathbb{C}$ *ein* $\mathscr{C}^1$*-Polyeder wie im Korollar und f eine stetige Funktion auf G, die in* G° *holomorph ist. Dann gilt:*

$$\int\limits_{\partial G} f(z) \,\mathrm{d}z = 0.$$

Beweis: Aus (8′) folgt in Verbindung mit den Cauchy-Riemannschen Differentialgleichungen

$$\int\limits_{\partial G} f \,\mathrm{d}z = \int\limits_{\partial G} u \,\mathrm{d}x - v \,\mathrm{d}y + \mathrm{i} \int\limits_{\partial G} u \,\mathrm{d}y + v \,\mathrm{d}x$$

$$= \int\limits_{G} (-v_x - u_y) \,\mathrm{d}(x,y) + \mathrm{i} \int\limits_{G} (u_x - v_y) \,\mathrm{d}(x,y) = 0. \qquad \square$$

12.5 Beweis des Gaußschen Integralsatzes

Wir beweisen den Integralsatz zunächst für Vektorfelder, deren Träger in einem Quader wie in Lemma 2 liegt; sodann für Vektorfelder, deren Träger eine kompakte Teilmenge von $G \setminus \partial_s G$ ist; dieser Fall wird mittels einer Zerlegung der Eins auf den ersten zurückgeführt. Der allgemeine Fall schließlich wird durch eine kompakte Ausschöpfung von $G \setminus \partial_s G$ erledigt.

Vorweg ein einfaches Lemma.

Lemma 6: *Es sei* $U \subset \mathbb{R}^n$ *eine offene Menge und f eine stetig differenzierbare Funktion in U mit kompaktem Träger. Dann gilt*

$$\int\limits_{U} \partial_k f \,\mathrm{d}x = 0, \quad k = 1, \ldots, n.$$

Beweis: Da f außerhalb einer kompakten Teilmenge von U verschwindet, genügt es, die Behauptung für $U = \mathbb{R}^n$ zu zeigen. Im Fall $n = 1$ ergibt sich diese sofort aus dem Hauptsatz der Differential- und Integralrechnung. Aus diesem Fall folgt dann die Behauptung für $n > 1$ mühelos mit dem Satz von Fubini. $\qquad \square$

Hilfssatz 1: *Es sei* $Q' \subset \mathbb{R}^{n-1}$ *ein offener Quader,* $h \colon Q' \to \mathbb{R}$ *eine* $\mathscr{C}^1$*-Funktion,* Γ *der Graph von* h *und* Z *eine der beiden Mengen*

$$\{(x', x_n) \in Q' \times \mathbb{R} \mid x_n \leq h(x')\}$$

oder

$$\{(x', x_n) \in Q' \times \mathbb{R} \mid x_n \geq h(x')\}.$$

Ferner sei $F = (F_1, \ldots, F_n)$ *ein stetiges Vektorfeld auf* Z *wie folgt:*

1. F *ist stetig differenzierbar in* $Z \setminus \Gamma$ *und* $\operatorname{div} F$ *ist über* $Z \setminus \Gamma$ *integrierbar;*

2. $F(x) = 0$ *außerhalb einer kompakten Menge* $K \subset Z$.

Dann gilt:

$$\int_Z \operatorname{div} F \, \mathrm{d}x = \int_{\partial Z} F \, \overrightarrow{\mathrm{d}S}.$$

Beweis: Wir beweisen die Behauptung für die erste der beiden Mengen.

Für $\varepsilon > 0$ setzen wir

$$Z_\varepsilon := \{(x', x_n) \in Z \mid x_n \leq h(x') - \varepsilon\}.$$

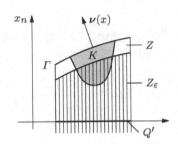

Nach dem Satz von Fubini gilt

$$(9) \qquad \int_{Z_\varepsilon} \operatorname{div} F \, \mathrm{d}x = \sum_{k=1}^{n} \underbrace{\int_{Q'} \left(\int_{-\infty}^{h(x')-\varepsilon} \partial_k F_k(x', x_n) \, \mathrm{d}x_n \right) \mathrm{d}x'}_{=: I_k}.$$

Auswertung der I_k: Im Fall $k = n$ gilt offensichtlich

$$I_n = \int_{Q'} F_n\big(x', h(x') - \varepsilon\big) \, \mathrm{d}x'.$$

Der Fall $k < n$: Es sei

$$f(x') := \varphi\big(x', h(x') - \varepsilon\big) \quad \text{mit} \quad \varphi(x', \xi) := \int_{-\infty}^{\xi} F_k(x', x_n) \, \mathrm{d}x_n.$$

f ist eine $\mathscr{C}^1$-Funktion auf Q' und hat die partielle Ableitung

$$\partial_k f(x') = \partial_k \varphi\big(x', h(x') - \varepsilon\big) + \partial_n \varphi\big(x', h(x') - \varepsilon\big) \cdot \partial_k h(x')$$

$$= \int_{-\infty}^{h(x')-\varepsilon} \partial_k F_k(x', x_n) \, \mathrm{d}x_n + F_k\big(x', h(x') - \varepsilon\big) \cdot \partial_k h(x').$$

Ferner ist $f(x') = 0$ für $x' \in K' := \mathrm{pr}(K)$; dabei bezeichne pr die Projektion $Z \to Q'$. Wegen Voraussetzung 2 ist K' kompakt. Nach Lemma 6 gilt also

$$\int_{Q'} \partial_k f(x') \, dx' = 0.$$

Damit erhalten wir

$$I_k = -\int_{Q'} F_k\big(x', h(x') - \varepsilon\big) \cdot \partial_k h(x') \, dx'.$$

Einsetzen der für die I_k errechneten Werte in (9) ergibt

$$(10) \qquad \int_{Z_\varepsilon} \mathrm{div}\, F \, dx = \int_{Q'} \Big\langle F\big(x', h(x') - \varepsilon\big),\, N(x') \Big\rangle \, dx';$$

dabei ist

$$N(x') := \big(-\partial_1 h(x'), \ldots, -\partial_{n-1} h(x'),\, 1\big)^{\mathsf{T}}.$$

Wir lassen in (10) ε gegen Null gehen. Da aufgrund der Voraussetzung 1 $|\mathrm{div}\, F|$ über $Z \setminus \Gamma$ integrierbar ist, kann der Ausschöpfungssatz in 8.2 angewendet werden; mit diesem ergibt sich auf der linken Seite

$$\lim_{\varepsilon \downarrow 0} \int_{Z_\varepsilon} \mathrm{div}\, F \, dx = \int_{Z \setminus \Gamma} \mathrm{div}\, F \, dx = \int_Z \mathrm{div}\, F \, dx.$$

Zuletzt wurde davon Gebrauch gemacht, daß Γ eine Nullmenge ist.

Für den Grenzübergang auf der rechten Seite beachte man, daß durch $(x', \varepsilon) \mapsto \big\langle F(x', h(x') - \varepsilon),\, N(x') \big\rangle$ eine stetige Funktion auf $Q' \times [0; \infty)$ mit kompaktem Träger definiert wird. Mit den Vertauschungssätzen für parameterabhängige Integrale folgt also

$$\lim_{\varepsilon \downarrow 0} \int_{Q'} \Big\langle F\big(x', h(x') - \varepsilon\big),\, N(x') \Big\rangle \, dx' = \int_{Q'} \Big\langle F\big(x', h(x')\big),\, N(x') \Big\rangle \, dx'.$$

Nach Beispiel 3 in 12.1 stellt das Integral rechts das Integral $\int_\Gamma \langle F, \nu \rangle \, dS$ dar. Da F in $\partial Z \setminus \Gamma$ verschwindet, ist dieses Integral gleich dem über ganz ∂Z erstreckten. Insgesamt ergibt sich

$$\lim_{\varepsilon \downarrow 0} \int_{Q'} \Big\langle F(x', h(x') - \varepsilon),\, N(x') \Big\rangle \, dx' = \int_{\partial Z} \langle F, \nu \rangle \, dS.$$

Aus (10) folgt also mit $\varepsilon \downarrow 0$ die Behauptung. $\qquad\qquad\qquad\square$

Bemerkung: Hilfssatz 1 gilt selbstverständlich analog, wenn an Stelle der Variablen x_n eine andere Variable x_k ausgezeichnet wird.

Hilfssatz 2: *Der Gaußsche Integralsatz gilt unter der zusätzlichen Vor-aussetzung, daß $F(x) = 0$ außerhalb einer kompakten Menge $K \subset G$, die den singulären Rand $\partial_s G$ nicht trifft.*

Beweis: Wir ordnen jedem $a \in K$ eine offene Umgebung U_a wie folgt zu:

1. Für $a \in G^\circ$ sei $U_a = G^\circ$.

2. Für $a \in \partial_r G$ sei U_a eine Quaderumgebung wie in Lemma 2.

Gewisse endlich viele dieser Umgebungen überdecken K; $U_1, \dots, U_s$ seien solche. Weiter seien dann $\psi_1, \dots, \psi_s$ $\mathscr{C}^1$-Funktionen auf $\mathbb{R}^n$ so, daß gilt:

(i) $\psi_1(x) + \cdots + \psi_s(x) = 1$ auf K.

(ii) Der Träger von ψ_i ist eine kompakte Menge $K_i \subset U_i$.

Damit setzen wir $F_i := \psi_i F$. Die F_i sind stetige Vektorfelder auf G mit den Eigenschaften:

(i) $F_1(x) + \cdots + F_s(x) = F(x)$ auf G.

(ii) $F_i(x) = 0$ außerhalb der kompakten Menge $K \cap K_i$.

Für jedes Vektorfeld F_i, $i = 1, \dots, s$, gilt nun:

(11) $$\int_G \operatorname{div} F_i \, dx = \int_{\partial G} F_i \, \overrightarrow{dS}.$$

Begründung: Für $U_i = G^\circ$ sind beide Integrale Null; das links stehende nach Lemma 6; das rechts stehende, weil dann F_i auf ∂G verschwindet. Für ein U_i der zweiten Art wurde (11) in Hilfssatz 1 bewiesen.

Durch Summation der Formeln (11) über $i = 1, \dots, s$ ergibt sich die Behauptung. $\square$

Dem Beweis des Gaußschen Integralsatzes im allgemeinen Fall schicken wir noch ein sehr einfaches aber wichtiges Lemma voraus.

Lemma 7: *Zu konzentrischen Würfeln $W \subset W^* \subset \mathbb{R}^n$ mit Kantenlängen r bzw. $2r$ gibt es eine $\mathscr{C}^1$-Funktion p auf $\mathbb{R}^n$ mit den Eigenschaften:*

1. $0 \le p \le 1$ *auf* $\mathbb{R}^n$;

2. $p = 1$ *auf* W;

3. $p = 0$ *außerhalb* W^*;

4. $\|\operatorname{grad} p\| \le \dfrac{c}{r} \cdot 1_{W^*}$, *wobei c eine von W unabhängige Konstante ist.*

Beweis: Es sei $\varphi \colon \mathbb{R} \to [0; 1]$ eine $\mathscr{C}^1$-Funktion mit $\varphi = 1$ auf $[-1; 1]$ und $\varphi = 0$ außerhalb $[-2; 2]$. Ist $(a_1, \dots, a_n)$ der Mittelpunkt von W, so setze man

$$p(x) := \prod_{k=1}^n \varphi\left(\frac{2}{r}(x_k - a_k)\right).$$

p hat offensichtlich die Eigenschaften 1, 2, 3 und wegen der Abschätzung $\left|\partial_k p(x)\right| \leq \frac{2}{r} \cdot \left|\varphi'\left(\frac{2}{r}(x_k - a_k)\right)\right|$ auch die Eigenschaft 4, und zwar mit der Konstanten $c = 2\sqrt{n}\,\|\varphi'\|_{[-2;2]}$. □

Beweis des Integralsatzes: Sei $\varepsilon > 0$ gegeben. Der reguläre Rand von G ist offen in ∂G, der singuläre also abgeschlossen. Somit ist $\partial_s G$ wegen der Kompaktheit von G kompakt. Es gibt daher endlich viele offene Würfel $W_1, \ldots, W_m$ mit Kantenlängen $r_1, \ldots, r_m$ derart, daß

$$(12) \qquad \partial_s G \subset \bigcup_{k=1}^{m} W_k \qquad \text{und} \qquad \sum_{k=1}^{m} r_k^{n-1} < \varepsilon.$$

Weiter sei W_k^* der zu W_k konzentrische offene Würfel mit der Kantenlänge $2r_k$. Gemäß Lemma 7 wählen wir sodann $\mathscr{C}^1$-Funktionen $p_1, \ldots, p_m$ auf $\mathbb{R}^n$ mit folgenden Eigenschaften:

1. $0 \leq p_k \leq 1$ auf $\mathbb{R}^n$.

2. $p_k = 1$ auf W_k.

3. $p_k = 0$ außerhalb W_k^*.

4. $\|\operatorname{grad} p_k\| \leq \frac{c}{r} \cdot \mathbf{1}_{W_k^*}$ mit einer nur von n abhängigen Konstanten c.

Zu jedem $\varepsilon > 0$ seien solche $W_1, \ldots, W_m$ und $p_1, \ldots, p_m$, $m = m(\varepsilon)$, gewählt. Wir setzen damit

$$\psi_\varepsilon := \prod_{k=1}^{m}(1 - p_k).$$

ψ_ε ist stetig differenzierbar auf $\mathbb{R}^n$, und es gilt:

1^ψ. $0 \leq \psi_\varepsilon \leq 1$ auf $\mathbb{R}^n$.

2^ψ. $\psi_\varepsilon = 0$ auf $W_1 \cup \cdots \cup W_m$.

3^ψ. $\psi_\varepsilon = 1$ außerhalb $W_1^* \cup \cdots \cup W_m^*$. Insbesondere ist $\psi_\varepsilon(x) = 1$, falls

$$d(x, \partial_s G) > 2\sqrt{n}\,\varepsilon^{1/(n-1)} \geq 2\sqrt{n} \cdot \max\{r_1, \ldots, r_m\}.$$

4^ψ. $\|\operatorname{grad} \psi_\varepsilon\| \leq c \cdot \sum_{k=1}^{m} \frac{1}{r_k} \cdot \mathbf{1}_{W_k^*}$.

5^ψ. $\lim_{\varepsilon \downarrow 0} \psi_\varepsilon(x) = 1$ in jedem Punkt $x \in G \setminus \partial_s G = G^\circ \cup \partial_r G$.

Die Eigenschaften 1^ψ, 2^ψ, 3^ψ folgen aus den Eigenschaften 1, 2, 3 der p_k; beim Zusatz in 3^ψ beachte man noch (12). Eigenschaft 4^ψ folgt aus 4, da

$$\|\operatorname{grad} \psi_\varepsilon\| = \left\| \sum_{k=1}^{m} \left(\operatorname{grad}(1 - p_k) \cdot \prod_{i \neq k}(1 - p_i) \right) \right\| \leq \sum_{k=1}^{m} \|\operatorname{grad} p_k\|.$$

Eigenschaft 5^ψ schließlich folgt aus der zweiten Feststellung in 3^ψ.

Nach diesen Vorbereitungen betrachten wir jetzt das Vektorfeld $F_\varepsilon :=$ $\psi_\varepsilon \cdot F$. Außerhalb des Kompaktums $G \setminus (W_1 \cup \cdots \cup W_m)$ verschwindet dieses Feld. Nach Hilfssatz 2 gilt also

$$(13) \qquad \int_G \operatorname{div} F_\varepsilon \, dx = \int_{\partial G} F_\varepsilon \, \overrightarrow{dS}.$$

Wir untersuchen die beiden Integrale in (13) beim Grenzübergang $\varepsilon \downarrow 0$. Der Integrand links besitzt die Zerlegung

$$\operatorname{div} F_\varepsilon = \psi_\varepsilon \operatorname{div} F + \langle \operatorname{grad} \psi_\varepsilon, F \rangle.$$

$\psi_\varepsilon \operatorname{div} F$ hat für jedes $\varepsilon > 0$ die nach Voraussetzung über G° integrierbare Majorante $|\operatorname{div} F|$. Ferner konvergiert $\psi_\varepsilon \operatorname{div} F$ mit $\varepsilon \downarrow 0$ auf G° punktweise gegen $\operatorname{div} F$. Nach dem Satz von der majorisierten Konvergenz gilt also

$$\lim_{\varepsilon \downarrow 0} \int_G \psi_\varepsilon \operatorname{div} F \, dx = \int_G \operatorname{div} F \, dx.$$

Weiter erhalten wir mit einer oberen Schranke C für $\|F\|$:

$$\left| \int_G \langle \operatorname{grad} \psi_\varepsilon, F \rangle \, dx \right| \leq \int_G \|\operatorname{grad} \psi_\varepsilon\| \cdot \|F\| \, dx$$

$$\leq Cc \cdot \sum_{k=1}^m \frac{1}{r_k} \int_G \mathbf{1}_{W_k^*} \, dx \qquad \text{(nach } 4^\psi\text{)}$$

$$\leq Cc \, 2^n \sum_{k=1}^m r_k^{n-1} \leq 2^n Cc \cdot \varepsilon \qquad \text{(nach (12))}.$$

Das abgeschätzte Integral geht also mit $\varepsilon \downarrow 0$ gegen Null. Für das in (13) links stehende Integral erhalten wir somit

$$(14) \qquad \lim_{\varepsilon \downarrow 0} \int_G \operatorname{div} F_\varepsilon \, dx = \int_G \operatorname{div} F \, dx.$$

Wir betrachten jetzt das in (13) rechts stehende Integral. Auf die Schar der Funktionen $\langle F_\varepsilon, \boldsymbol{\nu} \rangle = \psi_\varepsilon \cdot \langle F, \boldsymbol{\nu} \rangle$ ($\boldsymbol{\nu}$ das äußere Einheitsnormalenfeld an G) kann der Satz von der majorisierten Konvergenz für die Integration über Untermannigfaltigkeiten angewendet werden ($\psi_\varepsilon \cdot \langle F, \boldsymbol{\nu} \rangle$ hat die beschränkte Majorante $|\langle F, \boldsymbol{\nu} \rangle|$, und diese ist wegen der vorausgesetzten Meßbarkeit der Randhyperfläche integrierbar), und er liefert

$$(15) \quad \lim_{\varepsilon \downarrow 0} \int_{\partial G} F_\varepsilon \, \overrightarrow{dS} = \lim_{\varepsilon \downarrow 0} \int_{\partial_r G} \langle F_\varepsilon, \boldsymbol{\nu} \rangle \, dS = \int_{\partial_r G} \langle F, \boldsymbol{\nu} \rangle \, dS = \int_{\partial G} F \, \overrightarrow{dS}.$$

Mit (14) und (15) folgt aus (13) der Integralsatz. $\qquad \qquad \square$

12.6 Die Greenschen Formeln

Zu den besonders wichtigen Anwendungen des Gaußschen Integralsatzes gehören die Greenschen Formeln. In der Potentialtheorie (darunter versteht man die Theorie der Differentialgleichung $\Delta u = f$) sind sie unentbehrlich.

Die Greenschen Formeln: *Sei $G \subset \mathbb{R}^n$ ein $\mathscr{C}^1$-Polyeder, dessen Rand eine meßbare Hyperfläche ist. Für $f, g \in \mathscr{C}^2(G)$ gilt dann*

$$\int_G \langle \operatorname{grad} f, \operatorname{grad} g \rangle \, dx = \int_{\partial G} f \, \partial_\nu g \, dS - \int_G f \, \Delta g \, dx;$$

$$\int_G (f \, \Delta g - g \, \Delta f) \, dx = \int_{\partial G} (f \, \partial_\nu g - g \, \partial_\nu f) \, dS.$$

Dabei ist $\partial_\nu h := \langle \nu, \operatorname{grad} h \rangle$ die Ableitung von h in Richtung des äußeren Einheitsnormalenfeldes ν an G.

Beweis: Die erste Formel ergibt sich durch Anwendung des Gaußschen Integralsatzes auf das Vektorfeld $F := f \operatorname{grad} g$; für dieses gilt nämlich $\operatorname{div} F = \langle \operatorname{grad} f, \operatorname{grad} g \rangle + f \, \Delta g$ und $\langle F, \nu \rangle = f \, \partial_\nu g$. Die zweite Formel folgt durch Subtraktion der ersten Formeln für die Paare f, g und g, f. $\square$

Historisches. George Green (1793–1841; Autodidakt) hat seine Formeln 1828, also vor der Gaußschen Publikation des Integralsatzes, als Privatdruck veröffentlicht. Diese Arbeit nahm viele Ergebnisse der Untersuchung von Gauß vorweg, blieb aber fast völlig unbekannt. Von Green stammen auch wichtige Beiträge zur Theorie der Wellenausbreitung.

Mit Hilfe der Greenschen Formeln leiten wir nun eine Grundeigenschaft der harmonischen Funktionen her.

Satz (Mittelwerteigenschaft der harmonischen Funktionen): *Es sei $h: U \to \mathbb{R}$ eine harmonische Funktion auf der offenen Menge $U \subset \mathbb{R}^n$. Dann gilt für jede in U enthaltene Kugel $\overline{K}_r(a)$*

$$(16) \qquad h(a) = \frac{1}{\omega_n r^{n-1}} \int_{\partial K_r(a)} h \, dS;$$

dabei bezeichnet ω_n den Flächeninhalt der $(n-1)$-dimensionalen Einheits-Sphäre.

Bemerkung: Im Fall $n = 2$ haben wir (16) bereits in 6.7 mit Hilfe der Cauchyschen Integralformel hergeleitet.

Beweis: Im Fall $n = 1$ ist h eine lineare Funktion und (16) besagt für diese lediglich $h(a) = \frac{1}{2}\big(h(a - r) + h(a + r)\big)$. Im Folgenden sei $n > 1$.

Wir nehmen $a = 0$ an und wenden die zweite Greensche Formel auf die Kugelschale $G := \overline{K}_r(0) \setminus K_\rho(0)$, $\rho < r$, und das Funktionenpaar (h, N) an, wobei N die in 2.3 (16) eingeführte harmonische Funktion in $\mathbb{R}^n \setminus 0$ sei:

$$N(x) := \begin{cases} \ln \|x\| & \text{im Fall } n = 2, \\ -1/\|x\|^{n-2} & \text{im Fall } n > 2. \end{cases}$$

N ist bis auf einen konstanten Faktor das sog. Newton-Potential in $\mathbb{R}^n \setminus 0$. Da h und N in einer Umgebung von G harmonisch sind, erhält man

$$\int_{S_\rho} \Big(h\, \partial_\nu N - N\, \partial_\nu h\Big)\, \mathrm{d}S = \int_{S_r} \Big(h\, \partial_\nu N - N\, \partial_\nu h\Big)\, \mathrm{d}S.$$

Die erste Greensche Formel angewendet mit $G = \overline{K}_r(a)$ und dem Funktionenpaar $(1, h)$ ergibt $\int_{S_r} \partial_\nu h\, \mathrm{d}S = 0$; ebenso erhält man $\int_{S_\rho} \partial_\nu h\, \mathrm{d}S = 0$. Da N auf S_ρ und S_r konstant ist, folgt weiter

$$\int_{S_\rho} h\, \partial_\nu N\, \mathrm{d}S = \int_{S_r} h\, \partial_\nu N\, \mathrm{d}S.$$

Nun ist $\partial_\nu N(x) = \dfrac{1}{\|x\|^{n-1}}$ wegen $\operatorname{grad} N(x) = \dfrac{1}{\|x\|^{n-2}}$. Man erhält also

(∗) $$\frac{1}{\rho^{n-1}} \int_{S_\rho} h\, \mathrm{d}S = \frac{1}{r^{n-1}} \int_{S_r} h\, \mathrm{d}S.$$

Bezeichnet m_ρ das Minimum von h auf S_ρ und M_ρ das Maximum, so gilt

$$m_\rho \omega_n \leq \frac{1}{\rho^{n-1}} \int_{S_\rho} h\, \mathrm{d}S \leq \omega_n M_\rho.$$

Hieraus und aus (∗) ergibt sich mit $\rho \to 0$ die Behauptung.   □

Bemerkung: Die Mittelwerteigenschaft charakterisiert die harmonischen Funktionen. Man kann nämlich zeigen: *Eine stetige Funktion* $h\colon U \to \mathbb{R}$ *auf einer offenen Menge* U *ist genau dann harmonisch, wenn für jede Kugel* $\overline{K}_r(a) \subset U$ *die Formel* (16) *gilt.*

Folgerung (Maximumprinzip für harmonische Funktionen): *Es sei* $U \subset \mathbb{R}^n$ *eine zusammenhängende offene Menge und* h *eine reelle harmonische Funktion auf* U. *Wenn* h *ein Maximum annimmt, dann ist* h *konstant.*

Beweis: Sei M das Maximum von h auf U. Wir stellen zunächst fest:

a) h ist auf jeder Kugel $K_r(b) \subset U$ konstant, falls $h(b) = M$.
Für jedes $\rho \in (0; r)$ gilt nach der Mittelwerteigenschaft

$$\omega_n \rho^{n-1} \cdot M = \int_{\partial K_\rho(b)} h \, dS \le \int_{\partial K_\rho(b)} M \, dS = \omega_n \rho^{n-1} \cdot M,$$

was aus Stetigkeitsgründen nur gilt, wenn $h(x) = M$ für jedes $x \in \partial K_\rho(b)$.

b) Sei jetzt $U_M := \{ x \in U \mid h(x) = M \}$. U_M ist nicht leer und abgeschlossen in U. U_M ist auch offen in U; denn zu $b \in U_M$ gibt es eine Kugel $K_r(b) \subset U$ und auf dieser ist h nach dem Vorangehenden konstant; also gilt $K_r(b) \subset U_M$. Wegen des Zusammenhangs von U ist also $U_M = U$. $\square$

Als Beispiel für Anwendungen der Greenschen Formeln in der Mathematischen Physik bringen wir einen Energieerhaltungssatz.

Beispiel: Ein Energieerhaltungssatz für Lösungen der Wellengleichung

Es sci $G \subset \mathbb{R}^n$ ein $\mathscr{C}^1$-Polyeder mit meßbarem Rand und die Funktion $u \in \mathscr{C}^2(G \times \mathbb{R})$ erfülle folgende Bedingungen:

(I) $\Delta_x u - u_{tt} = 0$ *auf* $G \times \mathbb{R}$;

(II) $u = 0$ *auf* $\partial G \times \mathbb{R}$.

Dann ist

$$E(t) := \int_G \left(u_t(x,t)^2 + \|\mathrm{grad}_x \, u(x,t)\|^2 \right) dx, \quad t \in \mathbb{R},$$

konstant.

(Δ_x und grad_x beziehen sich auf die Ortsvariable $x \in G$.)

Beweis: Wir zeigen: $\dfrac{dE}{dt} = 0$.

Durch Vertauschen von Differentiation und Integration und Anwendung der ersten Greenschen Formel erhält man

$$\frac{d}{dt} \int_G \|\mathrm{grad}_x \, u\|^2 \, dx = 2 \int_G \langle \mathrm{grad}_x \, u, \, \mathrm{grad}_x \, u_t \rangle \, dx$$

$$= 2 \int_{\partial G} u_t \cdot \partial_\nu u \, dS - 2 \int_G u_t \cdot \Delta_x u \, dx.$$

Die Randbedingung (II) impliziert $u_t(x,t) = 0$ für $x \in \partial G$. Das Randintegral ist also Null. Die Wellengleichung (I) und eine nochmalige Vertauschung von Differentiation und Integration liefern schließlich

$$\frac{d}{dt} \int_G \|\mathrm{grad}_x \, u\|^2 \, dx = -\int_G \frac{d}{dt}(u_t^2) \, dx = -\frac{d}{dt} \int_G u_t^2 \, dx. \qquad \square$$

12.7　Aufgaben

Sofern nichts anderes festgelegt wird, bezeichnet G ein $\mathscr{C}^1$-Polyeder im $\mathbb{R}^n$, dessen Rand meßbar ist. Vektoren schreiben wir als Zeilen.

1. Es sei $T \subset \mathbb{R}^3$ der in 11.1 (3) eingeführte Torus. Man berechne

   a) nach zwei verschiedenen Methoden das Einheitsnormalenfeld ν auf T mit $\nu(R + a, 0, 0) = (1, 0, 0)$;

   b) für das Vektorfeld $F(x, y, z) := (x, y, z)$ das Integral $\int_{(T,\nu)} F \, \overrightarrow{dS}$.

2. Es sei $r \colon [a; b] \to \mathbb{R}$ eine stückweise stetig differenzierbare Funktion, die höchstens endlich viele Nullstellen hat. Man zeige, daß der Rotationskörper $A = \{(x, y, z) \in \mathbb{R}^3 \mid x^2 + y^2 \leq r^2(z),\ z \in [a; b]\}$ ein $\mathscr{C}^1$-Polyeder ist, und berechne sein äußeres Einheitsnormalenfeld. Ferner berechne man

$$\int_{\partial A} F \, \overrightarrow{dS}, \quad F(x, y, z) := (x + y,\ y + z,\ z + x).$$

3. Es sei $G \subset \mathbb{R}^3$ und $F := (0, 0, -\rho z)$, $\rho \in \mathbb{R}$. Man zeige

$$-\int_{\partial G} F \, \overrightarrow{dS} = \rho v_3(G).$$

(Interpretation als *Archimedisches Prinzip*: Die Auftriebskraft in einer Flüssigkeit der Dichte ρ ist gleich dem Gewicht der verdrängten Flüssigkeitsmenge.)

4. Man zeige: Für jedes konstante Vektorfeld c gilt

$$\int_{\partial G} c \, \overrightarrow{dS} = 0.$$

5. Es sei $f \colon \mathbb{R}^n \to \mathbb{R}$ eine $\mathscr{C}^2$-Funktion, die homogen vom Grad $k > 0$ ist; Letzteres bedeutet: $f(tx) = t^k f(x)$ für alle $t \in \mathbb{R}_+$ und $x \in \mathbb{R}^n$. Man zeige:

$$\int_{\overline{K}_1(0)} \Delta f \, dx = k \int_{S^{n-1}} f \, dS.$$

Hinweis: f erfüllt die Identität $f'(x)\, x = k\, f(x)$; siehe 2.8 Aufgabe 4.

Es seien $k_1, \ldots, k_n$ ganze Zahlen ≥ 0; man berechne

$$\int_{S^{n-1}} x_1^{k_1} \cdots x_n^{k_n} \, dS.$$

6. Es sei $F \colon G \to \mathbb{R}^n$ ein $\mathscr{C}^1$-Vektorfeld und $f \colon G \to \mathbb{R}$ eine $\mathscr{C}^1$-Funktion. Dann gilt als partielle Integration:

$$\int_G \langle \operatorname{grad} f, F \rangle \, dx = \int_{\partial G} f F \, \overrightarrow{dS} - \int_G f \operatorname{div} F \, dx.$$

7. Es sei F ein $\mathscr{C}^2$-Vektorfeld auf G. Man zeige:

$$\int_{\partial G} \operatorname{rot} F \, \overrightarrow{\mathrm{d}S} = 0.$$

8. Es seien (M_1, ν_1) und (M_2, ν_2), zwei orientierte, meßbare $(n-1)$-dimensionale Untermannigfaltigkeiten des $\mathbb{R}^n$, zu denen es ein $\mathscr{C}^1$-Polyeder G mit folgender Eigenschaft gibt:

   (i) $\partial_r G = M_1 \cup M_2$,

   (ii) das äußere Einheitsnormalenfeld ν von G stimmt auf M_i mit ν_i überein: $\nu \mid M_i = \nu_i$, $i = 1, 2$.

   Dann gilt für jedes $\mathscr{C}^2$-Vektorfeld F auf G

$$\int_{(M_1, \nu_1)} \operatorname{rot} F \, \overrightarrow{\mathrm{d}S} = \int_{(M_2, \nu_2)} \operatorname{rot} F \, \overrightarrow{\mathrm{d}S}.$$

9. Es sei v eine harmonische Funktion in einer Umgebung von G. Man zeige:

   a) $\int_{\partial G} \partial_\nu v \, \mathrm{d}S = 0$;

   b) $\int_{\partial G} v \, \partial_\nu v \, \mathrm{d}S = \int_G \|\operatorname{grad} v\|^2 \, \mathrm{d}x$.

   Man folgere: Ist G zusammenhängend und gilt $\partial_\nu v = 0$ auf ∂G, so ist v konstant.

10. Die *inhomogene Cauchysche Integralformel*. Es sei $G \subset \mathbb{C} = \mathbb{R}^2$ ein $\mathscr{C}^1$-Polyeder wie im Korollar zum Gaußschen Integralsatz und f eine stetige Funktion auf G, die in G° stetig differenzierbar ist. Mit

$$\overline{\partial} f = \frac{\partial f}{\partial \overline{z}} := \frac{1}{2}\left(\frac{\partial f}{\partial x} + \mathrm{i}\frac{\partial f}{\partial y}\right)$$

gilt dann an jeder Stelle $a \in G$

$$f(a) = \frac{1}{2\pi\mathrm{i}} \int_{\partial G} \frac{f(z)}{z-a} \, \mathrm{d}z - \frac{1}{\pi} \int_G \frac{\overline{\partial} f(z)}{z-a} \, \mathrm{d}(x, y).$$

11. Es sei G ein $\mathscr{C}^1$-Polyeder und φ eine diffeomorphe Abbildung einer Umgebung von G. Dann ist auch $\varphi(G)$ ein $\mathscr{C}^1$-Polyeder.

12. Man konstruiere ein $\mathscr{C}^1$-Polyeder, dessen Rand keine meßbare Hyperfläche ist.

13. Läßt sich eine reguläre Hyperfläche des $\mathbb{R}^n$ mit zwei Kartengebieten überdecken, deren Durchschnitt zusammenhängt, so ist sie orientierbar.

14. Die Voraussetzung im Gaußschen Integralsatz „F ist stetig auf G" kann nicht durch die schwächere „F ist stetig auf $G \setminus \partial_s G$" ersetzt werden. Man verifiziere dies an dem Gegenbeispiel mit

$$G := \left\{ (x,y) \in \mathbb{R}^2 \,\middle|\, x \geq 0,\, y \geq 0,\, x^2 + y^2 \leq 1 \right\}, \quad F(x,y) := \frac{1}{x^2 + y^2} \begin{pmatrix} x \\ y \end{pmatrix}.$$

Man zeige:

$$\int_G \operatorname{div} F \, \mathrm{d}(x,y) = 0, \quad \text{aber} \quad \int_{\partial G} F \, \overrightarrow{\mathrm{d}S} = \frac{\pi}{2}.$$

15. Die Spur der Parameterdarstellung $\gamma \colon [0; 2\pi] \times \left(-\frac{1}{2}; \frac{1}{2}\right) \to \mathbb{R}^3$,

$$\gamma(u,v) := \begin{pmatrix} (1 + v \cos \frac{u}{2}) \sin u \\ (1 + v \cos \frac{u}{2}) \cos u \\ v \sin \frac{u}{2} \end{pmatrix},$$

ist ein Möbiusband M. Man zeige, daß M nicht orientierbar ist, und berechne seinen Flächeninhalt.

13 Der Integralsatz von Stokes

Zur Integration einer Funktion über eine Untermannigfaltigkeit des $\mathbb{R}^n$ in Kapitel 11 bedienten wir uns lokaler Parameterdarstellungen, wobei die Invarianz gegen Parameterwechsel durch den Maßtensor bewirkt wurde. Dieser involvierte die euklidische Metrik des umgebenden $\mathbb{R}^n$ und stellt in seiner linearen Version die Volumina von d-Spaten dar. Nun ist es einer Analysis auf Mannigfaltigkeiten angemessener, mit Objekten zu arbeiten, deren Natur bereits die nötigen Invarianzeigenschaften mitbringt. Für die Theorie der Kurvenintegrale in Kapitel 5 hatten wir in den 1-Formen Integranden, deren Integration keine Metrik im $\mathbb{R}^n$ erfordert. Die höherdimensionalen Analoga, nämlich die Differentialformen vom Grad d, erweisen sich auch als die „richtigen" Integranden für die Integration über d-dimensionale (orientierte) Mannigfaltigkeiten. Man definiert Differentialformen als Felder alternierender d-Linearformen. (Alternierende d-Linearformen messen Flüsse durch orientierte d-Spate.) Die Differentialformen und nicht etwa kontravariante Vektorfelder stellen auch den mathematischen Begriff dar, der zahlreiche physikalische Größen, zum Beispiel der Elektrodynamik, sachgerecht beschreibt; siehe [1] und [14].

Wir bringen in diesem Kapitel eine Einführung in den Kalkül der Differentialformen und beweisen in gewisser Weiterentwicklung des Integralsatzes von Gauß den Integralsatz von Stokes.

13.1 Alternierende Multilinearformen

Definition: Unter einer *alternierenden k-Form*, kurz auch k-Form, auf einem $\mathbb{R}$-Vektorraum V verstehen wir eine Abbildung $\omega\colon V^k \to \mathbb{C}$, die in jeder der k Variablen $\mathbb{R}$-linear ist und bei Vertauschen zweier Variablen das Vorzeichen ändert,

$$\omega(v_1,\dots,v_k) = -\omega(v_1,\dots,v_j,\dots,v_i,\dots,v_k) \quad \text{für } i < j.$$

Die alternierenden k-Formen auf V bilden einen $\mathbb{C}$-Vektorraum, den wir mit $\mathrm{Alt}^k(V)$ bezeichnen; zusätzlich setzen wir noch $\mathrm{Alt}^0(V) := \mathbb{C}$.

Beispiel: Die Determinante auf $\mathbb{R}^n$. Darunter versteht man bekanntlich die durch die Normierung $\det(e_1, \ldots, e_n) := 1$ eindeutig bestimmte alternierende n-Form auf $\mathbb{R}^n$. Jede weitere alternierende n-Form ω auf $\mathbb{R}^n$ ist ein skalares Vielfaches von ihr: $\omega = \alpha \cdot \det$, $\alpha := \omega(e_1, \ldots, e_n)$.

Eine fundamentale Operation im Raum der alternierenden Multilinearformen ist das *Dachprodukt*. Für Formen $\omega \in \mathrm{Alt}^r(V)$ und $\eta \in \mathrm{Alt}^s(V)$ definiert man dieses Produkt durch

$$(\omega \wedge \eta)(v_1, \ldots, v_{r+s}) :=$$

$$\frac{1}{r!s!} \sum_{\tau \in \mathcal{S}^{r+s}} \operatorname{sign} \tau \cdot \omega(v_{\tau(1)}, \ldots, v_{\tau(r)}) \cdot \eta(v_{\tau(r+1)}, \ldots, v_{\tau(r+s)});$$

dabei bezeichnet $\mathcal{S}^p$ die Gruppe der Permutationen der Zahlen $1, \ldots, p$.

Wir notieren zunächst einige Spezialfälle:

1. Für $\omega = c \in \mathrm{Alt}^0(V) = \mathbb{C}$ ist $\omega \wedge \eta = c\eta$.

2. Für $\omega, \eta \in \mathrm{Alt}^1(V)$ ist $\omega \wedge \eta$ gegeben durch

$$(\omega \wedge \eta)(v_1, v_2) = \omega(v_1)\eta(v_2) - \omega(v_2)\eta(v_1).$$

3. Für $\omega \in \mathrm{Alt}^r(V)$ und $\eta \in \mathrm{Alt}^1(V)$ gilt

$$(\omega \wedge \eta)(v_1, \ldots, v_{r+1}) = \sum_{i=1}^{r+1} (-1)^{r+1-i}\, \omega(v_1, \ldots, \widehat{v_i}, \ldots, v_{r+1}) \cdot \eta(v_i);$$

dabei bezeichnet $(v_1, \ldots, \widehat{v_i}, \ldots, v_{r+1})$ das r-Tupel, das durch Streichen des i-ten Elements v_i aus dem $(r+1)$-Tupel $(v_1, \ldots, v_{r+1})$ entsteht.

Man sieht leicht, daß das Dachprodukt einer Form aus $\mathrm{Alt}^r(V)$ und einer aus $\mathrm{Alt}^s(V)$ eine Form in $\mathrm{Alt}^{r+s}(V)$ ergibt. Das Dachprodukt ist ferner distributiv, assoziativ sowie antikommutativ im folgenden Sinn:

$$\eta \wedge \omega = (-1)^{rs}\omega \wedge \eta, \quad \omega \in \mathrm{Alt}^r(V),\ \eta \in \mathrm{Alt}^s(V).$$

Die Distributivität ist unmittelbar klar, die Antikommutativität leicht einzusehen und für die Assoziativität verweisen wir etwa auf Kowalsky, H.-J., und Michler, G.: Lineare Algebra, W. de Gruyter 1995, Kapitel 10.

Wegen der Assoziativität sind Produkte von mehr als zwei Faktoren unabhängig von der Klammerung. Insbesondere ist das Produkt $\varphi_1 \wedge \cdots \wedge \varphi_k$ von k Linearformen wohldefiniert. Wegen der Antikommutativität ist ein solches Produkt Null, falls zwei der Linearformen gleich sind; ferner gilt bei jeder Permutation τ von $1, \ldots, k$

$$\varphi_{\tau(1)} \wedge \cdots \wedge \varphi_{\tau(k)} = \operatorname{sign} \tau \cdot \varphi_1 \wedge \cdots \wedge \varphi_k.$$

Lemma: *Für* $\varphi_1, \ldots, \varphi_k \in \mathrm{Alt}^1(V)$ *gilt*

(1)
$$(\varphi_1 \wedge \cdots \wedge \varphi_k)(v_1, \ldots, v_k) = \det(\varphi_i(v_j)).$$

Man beweist diese Formel mühelos durch Induktion nach k, wobei der Induktionsschluß aufgrund des dritten Spezialfalls des Dachproduktes durch den Entwicklungssatz für Determinanten erbracht wird. $\qquad\square$

Es sei n die Dimension von V, $1 \leq n < \infty$, und $e_1, \ldots, e_n$ eine Basis. Man hat dazu die sogenannte *duale Basis* $\delta^1, \ldots, \delta^n \in \mathrm{Alt}^1(V)$; diese besteht gerade aus den durch $\delta^i(e_j) = \delta_{ij}$ eindeutig bestimmten Linearformen auf V. Wir betrachten deren Produkte $\delta^{i_1} \wedge \cdots \wedge \delta^{i_k}$. Sind zwei der Faktoren gleich, so ist $\delta^{i_1} \wedge \cdots \wedge \delta^{i_k} = 0$; sind die Faktoren jedoch paarweise verschieden, so folgt mit dem Lemma

$$\delta^{i_1} \wedge \cdots \wedge \delta^{i_k}(e_{j_1}, \ldots, e_{j_k}) = \begin{cases} \mathrm{sign}\,\tau, & \text{falls } (j_1, \ldots, j_k) \text{ durch die Permu-} \\ & \text{tation } \tau \text{ aus } (i_1, \ldots, i_k) \text{ entsteht,} \\ 0 & \text{sonst.} \end{cases}$$

Satz: *Die k-Formen $\delta^{i_1} \wedge \cdots \wedge \delta^{i_k}$ mit $1 \leq i_1 < \cdots < i_k \leq n$ bilden eine Basis für $\mathrm{Alt}^k(V)$; jede alternierende k-Form ω auf V besitzt genau eine Darstellung*

(2)
$$\omega = \sum_{i_1 < \cdots < i_k} a_{i_1 \ldots i_k} \, \delta^{i_1} \wedge \cdots \wedge \delta^{i_k}, \quad a_{i_1 \ldots i_k} \in \mathbb{C};$$

dabei ist

$$a_{i_1 \ldots i_k} = \omega(e_{i_1}, \ldots, e_{i_k}).$$

Insbesondere hat $\mathrm{Alt}^k(V)$ die $\mathbb{C}$-Dimension $\binom{n}{k}$ und speziell $\mathrm{Alt}^n(V)$ die Dimension 1; ferner ist $\mathrm{Alt}^k(V) = 0$ für $k > n$.

Beweis: Die angegebenen k-Formen sind linear unabhängig: Aus

$$\delta = \sum_{i_1 < \cdots < i_k} a_{i_1 \ldots i_k} \, \delta^{i_1} \wedge \cdots \wedge \delta^{i_k} = 0$$

folgt nämlich für alle k-Tupel $(j_1, \ldots, j_k)$ mit $j_1 < \cdots < j_k$

$$a_{j_1 \ldots j_k} = \delta(e_{j_1}, \ldots, e_{j_k}) = 0.$$

Ferner hat jede k-Form ω die Darstellung (2); die durch die rechte Seite in (2) definierte k-Form hat nämlich für alle k-Tupel $(e_{j_1}, \ldots, e_{j_k})$ mit $j_1 < \cdots < j_k$ dieselben Werte wie ω und ist daher gleich ω. $\qquad\square$

Eine Operation auf k-Formen, die wir laufend ausführen werden, ist das *Zurückholen* von einem Vektorraum W auf einen Vektorraum V mittels einer linearen Transformation $T\colon V \to W$. Eine solche induziert in der Gegenrichtung eine lineare Transformation $T^*\colon \mathrm{Alt}^k(W) \to \mathrm{Alt}^k(V)$; für $\omega \in \mathrm{Alt}^k(W)$ definiert man $T^*\omega$ durch

$$T^*\omega(v_1,\ldots,v_k) := \omega(Tv_1,\ldots,Tv_k).$$

Man verifiziert leicht die folgenden Rechenregeln:

(i) $T^*(\omega \wedge \eta) = T^*\omega \wedge T^*\eta$.

(ii) $(T \circ S)^* = S^* \circ T^*$.

Besondere Bedeutung hat für uns die Transformation der n-Formen eines n-dimensionalen Vektorraums unter einem Endomorphismus.

Satz (Transformation einer n-Form): *Es sei V ein n-dimensionaler $\mathbb{R}$-Vektorraum und $T\colon V \to V$ eine lineare Abbildung von V in sich. Dann gibt es eine Konstante $c \in \mathbb{C}$ derart, daß $T^*\omega = c\,\omega$ für jede alternierende n-Form $\omega \in \mathrm{Alt}^n(V)$. Wird T bezüglich einer Basis durch die Matrix A beschrieben, so ist $c = \det A$:*

(3)
$$T^*\omega = \det A \cdot \omega.$$

Beweis: Es sei ω_0 eine alternierende n-Form, die den 1-dimensionalen Vektorraum $\mathrm{Alt}^n(V)$ aufspannt, und c die Konstante mit $T^*\omega_0 = c\,\omega_0$. Da jede weitere Form $\omega \in \mathrm{Alt}^n(V)$ ein Vielfaches von ω_0 ist, $\omega = \lambda\omega_0$ mit $\lambda \in \mathbb{C}$, folgt auch für diese $T^*\omega = c\,\omega$.

Es sei nun $\{e_1,\ldots,e_n\}$ irgendeine Basis von V und $Te_j = \sum_i a_{ij}e_i$. Wir berechnen c für die n-Form $\omega_0 = \delta^1 \wedge \cdots \wedge \delta^n$, wobei $\{\delta^1,\ldots,\delta^n\}$ die zu $\{e_1,\ldots,e_n\}$ duale Basis ist. Wegen $\delta^i(Te_j) = \sum_k a_{kj}\delta_{ik} = a_{ij}$ ergibt sich mit (1)

$$\bigl(T^*(\delta^1 \wedge \cdots \wedge \delta^n)\bigr)(e_1,\ldots,e_n) = \delta^1 \wedge \cdots \wedge \delta^n(Te_1,\ldots,Te_n)$$

$$= \det(a_{ij}) = \det A \cdot (\delta^1 \wedge \cdots \wedge \delta^n)(e_1,\ldots,e_n),$$

d. h.,

$$T^*(\delta^1 \wedge \cdots \wedge \delta^n) = \det A \cdot (\delta^1 \wedge \cdots \wedge \delta^n). \qquad \square$$

Bemerkung: Da die Konstante c im Beweis des Satzes für jede den Endomorphismus T repräsentierende Matrix deren Determinante ist, nennt man c auch die *Determinante von T*, $\det T := c$. Damit lautet (3)

(3′)
$$T^*\omega = \det T \cdot \omega.$$

13.2 Differentialformen auf offenen Teilmengen des $\mathbb{R}^n$

Wir erweitern in diesem Abschnitt den in Kapitel 5 eingeführten Begriff der
1-Form zu dem der Differentialform höheren Grades, indem wir neben Feldern von Linearformen auch Felder alternierender Multilinearformen zulassen. Die Definitionen und Feststellungen des vorangehenden Abschnitts
betreffen die Situation in einem einzelnen Punkt und sind sinngemäß zu
übertragen. Ein neues Element jedoch bringt die Differentiation.

I. Begriff und Algebra der Differentialformen

Definition: Unter einer *Differentialform vom Grad k* oder *äußeren k-
Form*, kurz k-Form, auf einer offenen Teilmenge $U \subset \mathbb{R}^n$ versteht man eine
Abbildung $\omega: U \to \mathrm{Alt}^k(\mathbb{R}^n)$, d. h. eine Vorschrift, die jedem Punkt $x \in U$
eine alternierende, k-fach lineare Abbildung $\omega(x): (\mathbb{R}^n)^k \to \mathbb{C}$ zuordnet.
Statt $\omega(x)$ schreiben wir auch ω_x.

Die 0-Formen sind gerade die Funktionen $U \to \mathbb{C}$, die 1-Formen die
Pfaffschen Formen. Bei punktweiser Addition und Multiplikation mit Konstanten bilden die k-Formen einen $\mathbb{C}$-Vektorraum $\mathscr{A}^k(U)$. Ebenfalls punktweise erklärt man das Dachprodukt: $(\omega \wedge \eta)_x := \omega_x \wedge \eta_x$. Dieses ist gemäß 13.1 distributiv, assoziativ und antikommutativ.

Eine wichtige Darstellung der Differentialformen gewinnt man mit Hilfe
der Differentiale $dx_1, \ldots, dx_n$ der Koordinatenfunktionen $x_i: \mathbb{R}^n \to \mathbb{R}$.
Diese Differentiale bilden in jedem Punkt $u \in \mathbb{R}^n$ die duale Basis zur
Standardbasis $e_1, \ldots, e_n$ des Vektorraums $\mathbb{R}^n$: $dx_i(u)e_j = \delta_{ij}$, siehe 5.1.
Nach dem Darstellungssatz des vorangehenden Abschnitts besitzt also jede
äußere k-Form ω auf U in $u \in U$ eine und nur eine Darstellung durch die
speziellen äußeren k-Formen $dx_{i_1} \wedge \cdots \wedge dx_{i_k}$ mit $1 \le i_1 < \cdots < i_k \le n$:

$$\omega(u) = \sum_{i_1 < \cdots < i_k} a_{i_1 \ldots i_k}(u)\, dx_{i_1} \wedge \cdots \wedge dx_{i_k};$$

dabei ist

(4)
$$\boxed{a_{i_1 \ldots i_k}(u) = \omega(u)(e_{i_1}, \ldots, e_{i_k}).}$$

Mit den hierdurch definierten *Koeffizientenfunktionen* $a_{i_1 \ldots i_k}: U \to \mathbb{C}$
schreibt man

$$\omega = \sum_{i_1 < \cdots < i_k} a_{i_1 \ldots i_k}\, dx_{i_1} \wedge \cdots \wedge dx_{i_k}.$$

Z.B. haben die n-Formen Darstellungen mit einer Funktion $a: U \to \mathbb{C}$:

(4^n) $\omega = a\, dx_1 \wedge \cdots \wedge dx_n, \qquad a(u) = \omega(u)(e_1, \ldots, e_n).$

Beispiel: Es sei $\alpha = x\,\mathrm{d}x + \mathrm{e}^y\,\mathrm{d}y$ und $\beta = 2\mathrm{d}y \wedge \mathrm{d}z + y^2\mathrm{d}x \wedge \mathrm{d}z$. Unter Anwendung des Distributiv- und Assoziativgesetzes sowie der Produktregeln $\mathrm{d}x_i \wedge \mathrm{d}x_i = 0$ und $\mathrm{d}x_i \wedge \mathrm{d}x_j = -\mathrm{d}x_j \wedge \mathrm{d}x_i$ erhält man

$$\alpha \wedge \beta = \left(2x - y^2\mathrm{e}^y\right)\mathrm{d}x \wedge \mathrm{d}y \wedge \mathrm{d}z.$$

Die Differentialform ω heißt *stetig* oder *differenzierbar* oder *von der Klasse* $\mathscr{C}^p$, wenn die Abbildung $\omega\colon U \to \mathrm{Alt}^k(\mathbb{R}^n)$ diese Eigenschaft hat. Man zeigt leicht, daß dies gleichwertig damit ist, daß alle Koeffizientenfunktionen $a_{i_1\ldots i_k}$ die betreffende Eigenschaft haben.

II. Zurückholen von Differentialformen

Es sei $\Phi\colon \Omega \to U$ eine stetig differenzierbare Abbildung in einer offenen Menge $\Omega \subset \mathbb{R}^m$. Φ induziert in jedem Punkt $x \in \Omega$ eine lineare Abbildung $\mathrm{d}\Phi(x)\colon \mathbb{R}^m \to \mathbb{R}^n$. Weiter sei ω eine k-Form auf U. Man definiert dann das *Zurückholen von* ω *mittels* Φ *nach* Ω dadurch, daß man für jeden Punkt $x \in \Omega$ die auf $\mathbb{R}^n$ erklärte k-Form $\omega\bigl(\Phi(x)\bigr)$ mittels $\mathrm{d}\Phi(x)$ nach $\mathbb{R}^m$ zurückholt:

$$(5) \qquad \boxed{\bigl(\Phi^*\omega\bigr)(x) := \bigl(\mathrm{d}\Phi(x)\bigr)^*\omega\bigl(\Phi(x)\bigr)}$$

Ausführlich bedeutet dies: Für $v_1,\ldots,v_k \in \mathbb{R}^m$ gilt

$$(5') \qquad \boxed{\bigl(\Phi^*\omega\bigr)_x(v_1,\ldots,v_k) = \omega_{\Phi(x)}\bigl(\mathrm{d}\Phi(x)v_1,\ldots,\mathrm{d}\Phi(x)v_k\bigr).}$$

Eine 0-Form, d.h. eine Funktion $\omega = f$, wird also zurückgeholt wie für Funktionen üblich: $\Phi^*f = f \circ \Phi$. Ferner ist das Zurückholen einer n-Form im Fall $m = n$ wegen (3) gegeben durch

$$(6) \qquad \boxed{\bigl(\Phi^*\omega\bigr)(x) = \det \Phi'(x) \cdot \omega\bigl(\Phi(x)\bigr).}$$

Aufgrund dieses Transformationsverhaltens werden sich die Differentialformen vom Grad n als die natürlichen Integranden für die Integration über orientierte n-dimensionale Mannigfaltigkeiten erweisen.

Da Φ^* punktweise definiert ist, hat man für das Zurückholen die Regeln:

(i) $\Phi^*(\omega_1 + \omega_2) = \Phi^*\omega_1 + \Phi^*\omega_2$,

(ii) $\Phi^*(\omega \wedge \eta) = \Phi^*\omega \wedge \Phi^*\eta$.

Nach diesen Regeln holt man eine k-Form $\omega = \sum a_{i_1\ldots i_k}\, dy_{i_1} \wedge \cdots \wedge y_{i_k}$ auf U nach Ω zurück, indem man die Koeffizienten $a_{i_1\ldots i_k}$ und die Differentiale dy_i für sich zurückholt. Zur Berechnung der $\Phi^* dy_i$ sei Φ durch seine Komponenten gegeben:

$$\Phi(x) = \begin{pmatrix} \Phi_1(x_1, \ldots, x_m) \\ \vdots \\ \Phi_n(x_1, \ldots, x_m) \end{pmatrix}.$$

$(\Phi^* dy_i)(x)$ ist nach $(5')$ die lineare Abbildung, die einem Vektor $v \in \mathbb{R}^m$ die Zahl $dy_i\big(d\Phi(x)v\big)$ zuordnet; diese ist gerade die i-te Komponente $d\Phi_i(x)(v)$ von $d\Phi(x)(v)$; es gilt also

$$\Phi^* dy_i = d\Phi_i = \sum_{\mu=1}^{m} \partial_\mu \Phi_i\, dx_\mu.$$

Für $\omega = \sum a_{i_1\ldots i_k}\, dy_{i_1} \wedge \cdots \wedge y_{i_k}$ ergibt sich damit

(7)
$$\boxed{\; \Phi^* \omega = \sum \big(a_{i_1\ldots i_k} \circ \Phi\big)\, d\Phi_{i_1} \wedge \cdots \wedge d\Phi_{i_k}. \;}$$

Beispiel: Die 2-Form im $\mathbb{R}^3$

(*) $$\omega = x\, dy \wedge dz + y\, dz \wedge dx + z\, dx \wedge dy$$

soll mittels $\gamma\colon \mathbb{R}^2 \to \mathbb{R}^3$,

(8)
$$\gamma(u,v) = \begin{pmatrix} x(u,v) \\ y(u,v) \\ z(u,v) \end{pmatrix} = \begin{pmatrix} \cos u \cos v \\ \sin u \cos v \\ \sin v \end{pmatrix},$$

nach $\mathbb{R}^2$ zurückgeholt werden. (Das Paar (u,v) stellt sphärische Koordinaten des Punktes $\gamma(u,v) \in S^2$ dar; siehe 11.1 Beispiel 4.1.) Die Differentiale der Komponenten von γ in $(u,v) \in \Omega$ sind

$$\begin{aligned} dx_{(u,v)} &= -\sin u \cos v\, du - \cos u \sin v\, dv, \\ dy_{(u,v)} &= \cos u \cos v\, du - \sin u \sin v\, dv, \\ dz_{(u,v)} &= \cos v\, dv. \end{aligned}$$

Setzt man diese und die Komponentenfunktionen von γ in (*) ein, erhält man nach kurzer Umformung unter Beachtung der Formeln $du \wedge du = 0$, $dv \wedge dv = 0$ und $dv \wedge du = -du \wedge dv$

(9) $$\gamma^* \omega_{(u,v)} = \cos v\, du \wedge dv.$$

Man beachte, daß die Koeffizientenfunktion von $\gamma^* \omega$ auch als Maßtensor von γ auftrat; siehe 11.3 Beispiel 2 sowie 13.8.

III. Die äußere Ableitung von Differentialformen

Wir dehnen die in Kapitel 2 eingeführte Operation d, die jeder differenzierbaren Funktion ihr Differential zuordnet, auf k-Formen aus.

Satz und Definition der äußeren Ableitung: *Es gibt genau eine Möglichkeit, jeder differenzierbaren k-Form ω in einer offenen Menge $U \subset \mathbb{R}^n$ eine $(k+1)$-Form $d\omega$ zuzuordnen, $k = 0, 1, 2, \ldots$, derart, daß folgende vier Forderungen erfüllt werden:*

(i) d *ist linear:* $d(\omega_1 + \omega_2) = d\omega_1 + d\omega_2$.

(ii) *Für jede differenzierbare Funktion $f \colon U \to \mathbb{C}$ ist df das in Kapitel 2 eingeführte Differential.*

(iii) *Es gilt die* Produktregel: *Für jede differenzierbare k-Form ω und jede weitere differenzierbare Form η ist*

$$d(\omega \wedge \eta) = d\omega \wedge \eta + (-1)^k \omega \wedge d\eta.$$

(iv) d *hat die* Komplexeigenschaft: *Für jede 2-mal stetig differenzierbare Differentialform ω gilt*

$$d^2\omega = d(d\omega) = 0.$$

$d\omega$ heißt *Differential* oder auch *äußere Ableitung* von ω.

Bemerkung: Die Komplexeigenschaft wird sich als komprimierte Formulierung und Weiterentwicklung des Satzes von Schwarz über die Vertauschbarkeit der partiellen Ableitungen einer $\mathscr{C}^2$-Funktion erweisen. Sie spielt in der Kohomologietheorie der Mannigfaltigkeiten eine fundamentale Rolle.

Beweis: Unter der Voraussetzung, daß es eine Operation d mit den genannten vier Eigenschaften gibt, leiten wir dafür eine explizite Darstellung her. Zunächst gewinnt man durch Induktion aus (iii) und (iv) die weitere Regel

$$d\bigl(dx_{i_1} \wedge \cdots \wedge dx_{i_k}\bigr) = 0, \quad k \geq 1.$$

Zusammen mit (i), (ii) und (iii) ergibt sich dann für eine beliebige differenzierbare Form $\sum_{i_1 < \cdots < i_k} a_{i_1 \ldots i_k} \, dx_{i_1} \wedge \cdots \wedge dx_{i_k}$ mit den Abkürzungen $a_I := a_{i_1 \ldots i_k}$ und $dx_I := dx_{i_1} \wedge \cdots \wedge dx_{i_k}$

(10)
$$d\Bigl(\sum_I a_I \, dx_I\Bigr) = \sum_I da_I \wedge dx_I.$$

Hiernach ist $d\omega$ für jede differenzierbare k-Form ω eindeutig bestimmt.

Wir zeigen nun umgekehrt, daß die durch (10) definierte Operation die Forderungen des Satzes erfüllt. Die ersten beiden erfüllt sie offensichtlich.

Zum Nachweis der Produktregel genügt es aus Linearitätsgründen, sie für $\omega = a\,\mathrm{d}x_I$ und $\eta = b\,\mathrm{d}x_J$ zu zeigen, und dabei dürfen wir uns weiter auf den Fall $I \cap J = \varnothing$ beschränken, da andernfalls beide Seiten in der Produktformel Null sind. Im Fall $I \cap J = \varnothing$ gilt nun:

$$
\begin{aligned}
\mathrm{d}(\omega \wedge \eta) &= \mathrm{d}(ab) \wedge \mathrm{d}x_I \wedge \mathrm{d}x_J \\
&= (\mathrm{d}a)b \wedge \mathrm{d}x_I \wedge \mathrm{d}x_J + a\,(\mathrm{d}b) \wedge \mathrm{d}x_I \wedge \mathrm{d}x_J \\
&= (\mathrm{d}a) \wedge \mathrm{d}x_I \wedge b\,\mathrm{d}x_J + (-1)^k a\,\mathrm{d}x_I \wedge \mathrm{d}b \wedge \mathrm{d}x_J \\
&= \mathrm{d}\omega \wedge \eta + (-1)^k \omega \wedge \mathrm{d}\eta.
\end{aligned}
$$

Die Komplexeigenschaft $\mathrm{d}^2 = 0$ weisen wir zunächst für 0-Formen nach:

$$
\begin{aligned}
\mathrm{d}(\mathrm{d}a) &= \mathrm{d}\Big(\sum_{i=1}^{n} \partial_i a\,\mathrm{d}x_i\Big) = \sum_{i=1}^{n} \mathrm{d}(\partial_i a) \wedge \mathrm{d}x_i \\
&= \sum_{i=1}^{n}\Big(\sum_{j=1}^{n} (\partial_j \partial_i a)\,\mathrm{d}x_j\Big) \wedge \mathrm{d}x_i = \sum_{i<j} (\partial_j \partial_i a - \partial_i \partial_j a)\,\mathrm{d}x_j \wedge \mathrm{d}x_i = 0.
\end{aligned}
$$

Für eine k-Form $\omega = a\,\mathrm{d}x_I$ folgt mit (10) und der Produktregel weiter

$$
\mathrm{d}\mathrm{d}\omega = \mathrm{d}\big(\mathrm{d}a \wedge \mathrm{d}x_I\big) = \mathrm{d}^2 a \wedge \mathrm{d}x_I - \mathrm{d}a \wedge \mathrm{d}(\mathrm{d}x_I) = 0.
$$

Damit erhält man aus Linearitätsgründen allgemein $\mathrm{d}^2 = 0$. $\qquad\square$

Beispiele:

1. $\mathrm{d}\big(x\,\mathrm{d}y - y\,\mathrm{d}x\big) = \mathrm{d}x \wedge \mathrm{d}y - \mathrm{d}y \wedge \mathrm{d}x = 2\,\mathrm{d}x \wedge \mathrm{d}y.$

2. $\mathrm{d}\big(\mathrm{e}^{xyz}\mathrm{d}x \wedge \mathrm{d}z\big) = -xz\mathrm{e}^{xyz}\mathrm{d}x \wedge \mathrm{d}y \wedge \mathrm{d}z.$

3. Es sei $\omega = \displaystyle\sum_{i=1}^{n} a_i\,\mathrm{d}x_i$ eine stetig differenzierbare 1-Form. Dann ist

$$
\mathrm{d}\omega = \sum_{i=1}^{n} \mathrm{d}a_i \wedge \mathrm{d}x_i = \sum_{i=1}^{n}\Big(\sum_{k=1}^{n} \partial_k a_i\,\mathrm{d}x_k\Big) \wedge \mathrm{d}x_i = \sum_{i<k} (\partial_i a_k - \partial_k a_i)\,\mathrm{d}x_i \wedge \mathrm{d}x_k.
$$

Die in 5.4 (8) angegebene Bedingung $\partial_i a_k - \partial_k a_i = 0$, $i, k = 1, \ldots, n$, für die Geschlossenheit einer 1-Form ω lautet damit kurz: $\mathrm{d}\omega = 0$.

Eine weitere wichtige Eigenschaft der äußeren Ableitung ist ihre Vertauschbarkeit mit dem Zurückholen von Differentialformen.

Lemma: *Es sei $\Phi\colon \Omega \to U$ 2-mal stetig differenzierbar. Dann ist für jede differenzierbare Form ω auf U auch $\Phi^*\omega$ differenzierbar, und es gilt*

$$(11) \qquad \boxed{\Phi^*(\mathrm{d}\omega) = \mathrm{d}(\Phi^*\omega).}$$

Beweis: Wir zeigen die Behauptung zunächst für eine 0-Form, d. h. für eine Funktion $a\colon U \to \mathbb{C}$. Nach der Kettenregel ist mit a auch die zurückgeholte

Funktion $\Phi^* a = a \circ \Phi$ differenzierbar und hat das Differential

$$d(\Phi^* a) = \sum_{j=1}^{m} \frac{\partial(a \circ \Phi)}{\partial x_j} \, dx_j = \sum_{j=1}^{m} \sum_{i=1}^{n} \left(\frac{\partial a}{\partial y_i} \circ \Phi \right) \frac{\partial \Phi_i}{\partial x_j} \, dx_j.$$

Andererseits ergibt die Transformationsformel (7)

$$\Phi^*(da) = \Phi^* \left(\sum_{i=1}^{n} \frac{\partial a}{\partial y_i} \, dy_i \right) = \sum_{i=1}^{n} \left(\frac{\partial a}{\partial y_i} \circ \Phi \right) d\Phi_i.$$

Damit ist (11) für 0-Formen gezeigt. Für eine Differentialform höheren Grades $\omega = \sum a_{i_1 \ldots i_k} \, dy_{i_1} \wedge \cdots \wedge dy_{i_k}$ erhält man aus (7) aufgrund der Produktregel und der Komplexeigenschaft $d^2 = 0$

$$d(\Phi^* \omega) = \sum_{i_1, \ldots, i_k} d(\Phi^* a_{i_1 \ldots i_k}) \wedge d\Phi_{i_1} \wedge \cdots \wedge d\Phi_{i_k}.$$

Andererseits ergibt sich mit (10) und $\Phi^* \, dy_i = d\Phi_i$

$$\Phi^*(d\omega) = \sum_{i_1, \ldots, i_k} \Phi^*(da_{i_1 \ldots i_k}) \wedge d\Phi_{i_1} \wedge \cdots \wedge d\Phi_{i_k}.$$

In Verbindung mit der bereits bewiesenen Formel $d(\Phi^* a) = \Phi^*(da)$ für Funktionen folgt die Formel (11) damit allgemein.   □

13.3 Differentialformen auf Untermannigfaltigkeiten des $\mathbb{R}^N$

Wir führen nun den Begriff der Differentialform auf Untermannigfaltigkeiten des $\mathbb{R}^N$ ein. Das wesentliche Hilfsmittel bilden lokale Parameterdarstellungen der Untermannigfaltigkeiten.

Es sei M eine n-dimensionale $\mathscr{C}^1$-Untermannigfaltigkeit des $\mathbb{R}^N$. Nach Lemma 1 in 11.3 besitzt M eine offene Überdeckung $\{U_\alpha\}_{\alpha \in A}$, wobei U_α die Spur einer Einbettung $\gamma_\alpha : \Omega_\alpha \to M$ ist, Ω_α eine offene Menge im $\mathbb{R}^n$. Im Weiteren verwenden wir die Bezeichnungen

$$U_{\alpha\beta} := U_\alpha \cap U_\beta \qquad \text{und} \qquad \Omega_{\alpha\beta} := \gamma_\alpha^{-1}(U_{\alpha\beta}).$$

Im Fall $U_{\alpha\beta} \neq \emptyset$ gibt es nach dem Satz in 11.1 einen Diffeomorphismus $T_{\alpha\beta} : \Omega_{\alpha\beta} \to \Omega_{\beta\alpha}$ derart, daß für $u \in \Omega_{\alpha\beta}$ gilt:

(12) $$\boxed{\gamma_\alpha(u) = \gamma_\beta \circ T_{\alpha\beta}(u).}$$

Eine Kollektion $\{\gamma_\alpha\}_{\alpha \in A}$ von Einbettungen mit $\bigcup_{\alpha \in A} \text{Spur}\, \gamma_\alpha = M$ nennen wir einen *Atlas aus Einbettungen für* M und die $T_{\alpha\beta}$ die dazugehörigen *Übergangsdiffeomorphismen*. Gelegentlich bezeichnen wir das γ_α-Urbild in Ω_α eines Punktes $x \in U_\alpha$ mit x_α; (12) lautet damit $x_\beta = T_{\alpha\beta}(x_\alpha)$.

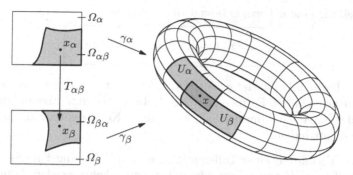

Zwei Einbettungen und der dazugehörige Übergangsdiffeomorphismus

Der Tangentialraum $T_x M$ in einem Punkt $x \in M$ ist nach den einleitenden Feststellungen in 11.1 im Fall $x \in U_\alpha$ das Bild der linearen Einbettung $d\gamma_\alpha(x_\alpha)\colon \mathbb{R}^n \to \mathbb{R}^N$,

$$(13) \qquad T_x M = d\gamma_\alpha(x_\alpha)\,\mathbb{R}^n.$$

Definition (Differentialform auf einer Untermannigfaltigkeit):
Unter einer *Differentialform vom Grad k*, kurz *k-Form*, auf M versteht man eine Vorschrift ω, die jedem Punkt $x \in M$ eine alternierende k-Form $\omega(x) - \omega_x$ auf dem Tangentialraum $T_x M$ zuordnet:

$$\omega_x\colon (T_x M)^k \to \mathbb{C}.$$

Beispiel: Jede k-Form ω auf einer $\mathbb{R}^N$-Umgebung von M induziert eine k-Form auf M dadurch, daß man an jedem Punkt $x \in M$ die alternierende k-Form $\omega_x\colon (\mathbb{R}^N)^k \to \mathbb{C}$ auf $(T_x M)^k$ einschränkt. Die so gewonnene k-Form auf M bezeichnen wir mit $\omega\,|\,M$.

Die Addition und die Dachmultiplikation von Differentialformen auf M erklärt man punktweise. Folglich gelten dafür die früher notierten Rechenregeln weiter.

Jede k-Form ω auf M induziert durch Zurückholen mittels $\gamma_\alpha\colon \Omega_\alpha \to U_\alpha$ eine k-Form $\omega_\alpha := \gamma_\alpha^* \omega$ auf Ω_α; diese wird wie in (5') für Vektoren $v_1, \ldots, v_k \in \mathbb{R}^n$ erklärt durch

$$(14) \qquad \omega_\alpha(u)(v_1, \ldots, v_k) := \omega\big(\gamma_\alpha(u)\big)\big(d\gamma_\alpha(u)v_1, \ldots, d\gamma_\alpha(u)v_k\big).$$

Im Fall $U_{\alpha\beta} \neq \emptyset$ stehen die zurückgeholten Formen $\omega_\alpha = \gamma_\alpha^* \omega$ und $\omega_\beta = \gamma_\beta^* \omega$ wegen (12) in der *Verträglichkeitsbeziehung*

$$(15) \qquad \omega_\alpha = T_{\alpha\beta}^* \omega_\beta;$$

speziell für eine n-Form ω besagt diese nach (6)

$$(15^n) \qquad \boxed{\omega_\alpha(x_\alpha) = \det T'_{\alpha\beta}(x_\alpha) \cdot \omega_\beta(x_\beta).}$$

Die Form ω heißt *stetig, differenzierbar* oder *von der Klasse $\mathscr{C}^p$*, wenn alle zurückgeholten Formen ω_α, $\alpha \in A$, die betreffende Eigenschaft haben, und das ist genau dann der Fall, wenn deren Koeffizientenfunktionen diese Eigenschaft haben.

Das Verfahren, einer Differentialform ω auf M eine Familie $\{\omega_\alpha\}_{\alpha \in A}$ von Differentialformen zuzuordnen, kann umgekehrt werden. Man gewinnt dadurch ein Mittel zur Konstruktion von Differentialformen auf M.

Heftungslemma: *Gegeben seien k-Formen ω_α auf den Parameterräumen Ω_α eines Atlas $\{\gamma_\alpha\}_{\alpha \in A}$ aus Einbettungen, die die Verträglichkeitsbedingung (15) erfüllen. Dann gibt es eine (und nur eine) k-Form ω auf M mit $\gamma_\alpha^* \omega = \omega_\alpha$ für alle $\alpha \in A$.*

Beweis: Zur Definition von ω in einem Punkt x wähle man eine Einbettung γ_α mit $x \in \operatorname{Spur}\gamma_\alpha$ und setze dann für ein k-Tupel $(h_1, \ldots, h_k)$ von Vektoren aus $\mathrm{T}_x M$ $\;\omega(x)(h_1, \ldots, h_k) := \omega_\alpha(x_\alpha)(v_1, \ldots, v_k)$, wobei v_i das Urbild zu h_i unter dem Isomorphismus $\mathrm{d}\gamma_\alpha(x_\alpha)\colon \mathbb{R}^n \to \mathrm{T}_x M$ sei. Wegen (15) hängt diese Konstruktion nicht von der gewählten Einbettung ab. $\square$

Mit Hilfe der Heftungstechnik definieren wir nun die Ableitung einer differenzierbaren k-Form. Mit Rücksicht auf das Lemma im letzten Abschnitt betrachten wir dabei nur Mannigfaltigkeiten M der Klasse $\mathscr{C}^2$. Wir dürfen dann annehmen, daß auch alle Einbettungen und Übergangsdiffeomorphismen von der Klasse $\mathscr{C}^2$ sind.

Definition (Ableitung einer Differentialform): Unter der *Ableitung* einer differenzierbaren k-Form ω auf M verstehen wir die eindeutig bestimmte $(k+1)$-Form $\mathrm{d}\omega$ derart, daß für alle Einbettungen eines Atlas $\{\gamma_\alpha\}$

$$(16) \qquad \boxed{\gamma_\alpha^* \, \mathrm{d}\omega = \mathrm{d}\omega_\alpha, \quad \omega_\alpha := \gamma_\alpha^* \omega.}$$

Rechtfertigung: Die in den Parameterbereichen Ω_α erklärten $(k+1)$-Formen $\mathrm{d}\omega_\alpha$, $\alpha \in A$, weisen die im Heftungslemma geforderte Verträglichkeit auf, wie man mit (11) sofort sieht: $\mathrm{d}\omega_\alpha = \mathrm{d}(T^*_{\alpha\beta}\omega_\beta) = T^*_{\alpha\beta}(\mathrm{d}\omega_\beta)$. Die Forderung (16) bestimmt also in eindeutiger Weise eine Differentialform $\mathrm{d}\omega$. $\square$

Beispiel: Die Einschränkung $\omega|M$ einer differenzierbaren k-Form ω auf einer $\mathbb{R}^N$-Umgebung von M ist differenzierbar, und es gilt $\mathrm{d}(\omega|M) = (\mathrm{d}\omega)|M$.

Die für die lokalen Repräsentanten gültigen Ableitungsregeln implizieren sofort die analogen Regeln für Differentialformen auf M:

(i) $d(\omega_1 + \omega_2) = d\omega_1 + d\omega_2$;

(ii) $d(\omega \wedge \eta) = d\omega \wedge \eta + (-1)^k \omega \wedge d\eta$, ω eine k-Form;

(iii) $d^2\omega = 0$, ω eine $\mathscr{C}^2$-Form.

13.4 Orientierung von Untermannigfaltigkeiten

Bei der Definition des Integrals einer n-Form über eine n-dimensionale Untermannigfaltigkeit $M \subset \mathbb{R}^N$ müssen wir an entscheidender Stelle den Transformationssatz anwenden, und dieser involiert den Betrag einer Funktionaldeterminante. Andererseits bringt ein Koordinatenwechsel für eine n-Form nach (15^n) die Funktionaldeterminante selbst ins Spiel und nicht deren Betrag. Zur Vermeidung dieser Diskrepanz legen wir der Integration von Differentialformen orientierte Mannigfaltigkeiten zugrunde. Für Hyperflächen im euklidischen $\mathbb{R}^n$ haben wir den Orientierungsbegriff in 12.1 mittels stetiger Einheitsnormalenfelder erklärt. Eine Orientierung einer beliebigen Mannigfaltigkeit definieren wir als stetige Verteilung von Orientierungen in den einzelnen Tangentialräumen. Zuvor besprechen wir den Orientierungsbegriff für Vektorräume.

I. Der Orientierungsbegriff für endlich-dimensionale $\mathbb{R}$-Vektorräume

Der Orientierungsbegriff beruht auf der Tatsache, daß die Menge $\mathscr{B}(V)$ der geordneten Basen in jedem endlich-dimensionalen $\mathbb{R}$-Vektorraum $V \neq 0$ aufgrund des folgenden Lemmas in zwei disjunkte Klassen zerfällt. Es sei $\dim V = n$. Unter einer *geordneten Basis in V* versteht man ein Element $B = (b_1, \ldots, b_n)$ des n-fachen direkten Produktes V^n, wobei die Vektoren $b_1, \ldots, b_n$ eine Basis bilden. $\mathscr{B}(V)$ ist als Teilmenge von V^n mit einer Topologie versehen. Die geordneten Basen in V nennt man auch *n-Beine*. Im Fall $V = \mathbb{R}^n$ identifizieren wir ein n-Bein $B = (b_1, \ldots, b_n)$ mit der $(n \times n)$-Matrix, deren Spalten $b_1, \ldots, b_n$ sind, und $\mathscr{B}(\mathbb{R}^n)$ mit $\mathrm{GL}(n, \mathbb{R})$.

Lemma: *Folgende drei Aussagen über zwei n-Beine $A = (a_1, \ldots, a_n)$ und $B = (b_1, \ldots, b_n)$ in V sind äquivalent:*

(i) *A und B können in $\mathscr{B}(V)$ stetig ineinander deformiert werden; das meint: Es gibt eine stetige Abbildung $\beta \colon [0; 1] \to \mathscr{B}(V)$ mit $\beta(0) = A$ und $\beta(1) = B$.*

(ii) *Die Determinante des Automorphismus $T \colon V \to V$ mit $Ta_i = b_i$ ist positiv.*

(iii) *Für eine (und dann jede) reelle alternierende n-Form $\omega \neq 0$ auf V haben $\omega(A)$ und $\omega(B)$ dasselbe Vorzeichen.*

Gegebenenfalls heißen A und B *gleichorientiert.* Ferner heißt ein Automorphismus $T \colon V \to V$ *orientierungstreu,* wenn für ein (und dann jedes) n-Bein A das Bild TA die gleiche Orientierung hat wie A, was genau dann der Fall ist, wenn $\det T > 0$.

Beweis: Die Implikation (i) $\Rightarrow$ (ii) ergibt sich mit dem Zwischenwertsatz: Bezeichnet $T(t) \colon V \to V$ den Automorphismus, der das n-Bein $A = \beta(0)$ in das n-Bein $\beta(t)$ transformiert, so stellt $t \mapsto \det T(t)$ eine nullstellenfreie stetige Funktion auf dem Deformationsintervall $[0;1]$ dar. Nun ist $\det T(0) = 1$ wegen $T(0) = \mathrm{id}$; damit folgt $\det T(1) > 0$.

Die Äquivalenz (ii) $\Longleftrightarrow$ (iii) folgt aus $\omega(B) = \det T \cdot \omega(A)$, siehe (3′).

Zu zeigen bleibt die Implikation (ii) $\Rightarrow$ (i). Wir führen diesen Nachweis mittels einer Basis von V auf den Nachweis im Fall $V = \mathbb{R}^n$ zurück. Bezüglich einer solchen Basis werden die n-Beine A und B durch Matrizen A' bzw. B' aus $\mathrm{GL}(n, \mathbb{R})$ dargestellt. Wegen $\det B' = \det T \cdot \det A'$ besagt dann (ii), daß $\det A'$ und $\det B'$ dasselbe Vorzeichen haben. Die Aussage (i) ergibt sich daher aus dem Satz: *Die Untergruppe $\mathrm{GL}^+(n, \mathbb{R})$ von $\mathrm{GL}(n, \mathbb{R})$ der Matrizen mit positiver Determinante ist wegzusammenhängend.* Zum Beweis dafür siehe 1.5.   □

Nach dem Lemma zerfällt die Menge $\mathscr{B}(V)$ aller n-Beine in zwei disjunkte Teilmengen jeweils gleichorientierter n-Beine; mittels einer reellen alternierenden n-Form $\omega \neq 0$ kann man diese beiden beschreiben als

$$\{B \in \mathscr{B}(V) \mid \omega(B) > 0\} \qquad \text{bzw.} \qquad \{B \in \mathscr{B}(V) \mid \omega(B) < 0\}.$$

Jede dieser beiden Teilmengen heißt eine *Orientierung* von V; und zwar heißt die erste *positiv bezüglich ω,* die zweite *negativ.* Diejenige Orientierung des $\mathbb{R}^n$, die bezüglich der Determinante positiv ist, bezeichnet man als dessen *positive Orientierung;* sie besteht gerade aus den n-Beinen $A = (a_1, \ldots, a_n)$ mit $\det A > 0$ und enthält das n-Bein $(e_1, \ldots, e_n)$.

Im Folgenden werden wir des öfteren eine Orientierung von einem Vektorraum auf einen anderen übertragen. Die Möglichkeit dazu beruht darauf, daß jeder Isomorphismus $\varphi \colon V \to W$ gleichorientierte n-Beine B_1 und B_2 in V in gleichorientierte n-Beine in W abbildet; dies ergibt sich sofort mit dem Kriterium (iii) des Lemmas, da für jede n-Form ω auf W $\omega(\varphi B_i) = \varphi^* \omega(B_i)$ gilt, $i = 1, 2$. Ein Isomorphismus induziert also eine bijektive Abbildung des Paares der zwei Orientierungen von V auf das Paar der zwei Orientierungen von W. Insbesondere ist es sinnvoll zu sagen, *ein Isomorphismus $\varphi \colon \mathbb{R}^n \to V$ übertrage die positive Orientierung des $\mathbb{R}^n$ auf V;* und zwar ist die durch φ übertragene positive Orientierung auf V gerade jene, welche das n-Bein $(\varphi e_1, \ldots, \varphi e_n)$ enthält. Ferner gilt:

(Or): *Zwei Isomorphismen* $\varphi_1, \varphi_2 \colon \mathbb{R}^n \to V$ *definieren genau dann dieselbe Orientierung auf* V, *wenn der Automorphismus*

$$T := \varphi_2^{-1} \circ \varphi_1 \colon \mathbb{R}^n \to \mathbb{R}^n$$

orientierungstreu ist, d. h., wenn er eine positive Determinante hat.

II. Orientierung von Untermannigfaltigkeiten

Definition: Eine n-dimensionale Untermannigfaltigkeit $M \subset \mathbb{R}^N$ heißt *orientierbar*, wenn es eine Vorschrift gibt, die in stetiger Weise jedem Punkt $x \in M$ eine der beiden Orientierungen des Tangentialraums $T_x M$ zuordnet; dabei heiße eine Zuordnung von Orientierungen *stetig*, wenn es zu jedem Punkt $p \in M$ eine Einbettung $\gamma \colon \Omega \to M$ mit $p \in \gamma(\Omega)$ gibt so, daß man für jedes $u \in \Omega$ bei der Übertragung der positiven Orientierung des $\mathbb{R}^n$ durch den Isomorphismus $d\gamma(u) \colon \mathbb{R}^n \to T_{\gamma(u)} M$ die vorgeschriebene Orientierung von $T_{\gamma(u)} M$ erhält; anders formuliert: Wenn für jedes $u \in \Omega$ das n-Bein $d\gamma(u)(e_1, \ldots, e_n)$ zur vorgeschriebenen Orientierung von $T_{\gamma(u)} M$ gehört.

M heißt *orientiert*, wenn eine Vorschrift gewählt ist, die jedem $x \in M$ in stetiger Weise eine Orientierung von $T_x M$ zuordnet. Eine Einbettung wie vorhin nennt man dann *orientierungstreu*.

Wendet man die Feststellung (Or) auf die Situation

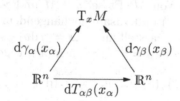

an, erhält man für die Orientierung einer Mannigfaltigkeit die folgende Charakterisierung mittels eines Atlas.

Lemma: *Für eine n-dimensionale Untermannigfaltigkeit $M \subset \mathbb{R}^N$ gilt:*

(i) *Ist M orientiert, so sind für jeden Atlas $\{\gamma_\alpha\}_{\alpha \in A}$ orientierungstreuer Einbettungen auch die Übergangsdiffeomorphismen $T_{\alpha\beta}$ orientierungstreu; d. h., es ist $\det T'_{\alpha\beta}(x_\alpha) > 0$ für alle $\alpha, \beta \in A$ mit $U_{\alpha\beta} \neq \emptyset$ und alle $x_\alpha \in \Omega_{\alpha\beta}$.*

(ii) *Ist $\{\gamma_\alpha\}_{\alpha \in A}$ ein Atlas von Einbettungen mit orientierungstreuen Übergangsdiffeomorphismen $T_{\alpha\beta}$ für $U_{\alpha\beta} \neq \emptyset$, so ist M orientierbar derart, daß die Einbettungen orientierungstreu werden. Wir nennen diese Orientierung die vom Atlas $\{\gamma_\alpha\}$ induzierte Orientierung auf M.*

Besonders zweckmäßig ist es, zur Formulierung der Orientierbarkeit und zur Festlegung von Orientierungen Differentialformen zu verwenden. Dazu eine Vorbemerkung. Jede n-Form ω auf einem n-dimensionalen Vektorraum V hat die Eigenschaft: Entweder gilt $\omega(A) \neq 0$ für jedes n-Bein A in V oder für keines. Entsprechend sagen wir: Eine n-Form ω auf einer n-dimensionalen Mannigfaltigkeit M habe in $x \in M$ *keine Nullstelle*, wenn $\omega_x(A) \neq 0$ gilt für ein (und dann jedes) n-Bein A in $T_x M$.

Orientierbarkeitskriterium: *Eine n-dimensionale Untermannigfaltigkeit $M \subset \mathbb{R}^N$ ist genau dann orientierbar, wenn es auf ihr eine nullstellenfreie stetige reelle Differentialform ω vom Grad n gibt. Gegebenenfalls erhält man eine Orientierung von M dadurch, daß man jedem Punkt $x \in M$ als Orientierung von $T_x M$ die Gesamtheit der n-Beine $(v_1, \ldots, v_n)$ mit*

$$(17) \qquad\qquad \omega_x(v_1, \ldots, v_n) > 0$$

zuordnet. Man nennt sie die bezüglich ω positive oder auch von ω induzierte Orientierung auf M. Eine Einbettung γ ist bezüglich der von ω induzierten Orientierung orientierungstreu, wenn für alle $u \in \Omega$ gilt:

$$\omega_{\gamma(u)}\big(\mathrm{d}\gamma(u)e_1, \ldots, \mathrm{d}\gamma(u)e_n\big) > 0.$$

Beweis: a) Es sei ω eine Differentialform wie im Satz. Zu zeigen ist die Stetigkeit der durch (17) festgelegten Zuordnung von Orientierungen in den Tangentialräumen von M. Es sei $p \in M$ und $\gamma \colon \Omega \to M$ irgendeine Einbettung mit $p \in \gamma(\Omega)$ und zusammenhängendem Ω. Die zurückgeholte n-Form $\gamma^*\omega$ hat die Darstellung $\gamma^*\omega = a\,\mathrm{d}u_1 \wedge \cdots \wedge \mathrm{d}u_n$, wobei die Koeffizientenfunktion a in $u = \gamma^{-1}(x)$ nach (4^n) gegeben ist durch

$$(17^*) \qquad a(u) = (\gamma^*\omega)_u\big(e_1, \ldots, e_n\big) = \omega_x\big(\mathrm{d}\gamma_u e_1, \ldots, \mathrm{d}\gamma_u e_n\big).$$

Die Voraussetzung über ω besagt, daß a stetig, reell und nullstellenfrei ist; da ferner Ω zusammenhängt, hat a in Ω ein einheitliches Vorzeichen. Im Fall $a > 0$ gehört daher für jeden Punkt $u \in \Omega$ das n-Bein $\mathrm{d}\gamma_u\big(e_1, \ldots, e_n\big)$ zu der durch (17) ausgezeichneten Orientierung von $T_{\gamma(u)}M$, d.h., die angegebene Zuordnung ist stetig. Im Fall $a < 0$ schalten wir vor die Einbettung γ die Spiegelung σ an der Hyperebene $u_1 = 0$ des $\mathbb{R}^n$ und setzen $\tilde{\Omega} := \sigma\Omega$ und $\tilde{\gamma} := \gamma \circ \sigma^{-1}$. Dann ist auch $\tilde{\gamma} \colon \tilde{\Omega} \to M$ eine Einbettung, und für jeden Punkt $\tilde{u} = \sigma(u) \in \tilde{\Omega}$ gilt

$$\omega_x\big(\mathrm{d}\tilde{\gamma}_{\tilde{u}}e_1, \ldots, \mathrm{d}\tilde{\gamma}_{\tilde{u}}e_n\big) = \omega_x\big(-\mathrm{d}\gamma_u e_1, \mathrm{d}\gamma_u e_2, \ldots, \mathrm{d}\gamma_u e_n\big) = -a(u) > 0.$$

Für jeden Punkt $\tilde{u} \in \tilde{\Omega}$ gehört also das n-Bein $\mathrm{d}\tilde{\gamma}_{\tilde{u}}(e_1, \ldots, e_n)$ zu der durch (17) erklärten Orientierung von $T_{\tilde{\gamma}_{\tilde{u}}}M = T_x M$.

b) Es sei M orientiert. Wir wählen einen Atlas $\{\gamma_\alpha\}_{\alpha \in A}$ aus Einbettungen derart, daß jeder Isomorphismus $d\gamma_\alpha(u)\colon \mathbb{R}^n \to T_x M$, $x = \gamma_\alpha(u)$, die positive Orientierung des $\mathbb{R}^n$ auf $T_x M$ überträgt. Weiter sei ω_α die n-Form in $U_\alpha := \operatorname{Spur} \gamma_\alpha$, für die $\omega_\alpha(x)\big(d\gamma_\alpha(u)e_1, \ldots, d\gamma_\alpha(u)e_n\big) := 1$ gilt; durch diese Forderung ist ω_α erklärt, da eine alternierende n-Form auf einem n-dimensionalen Vektorraum durch ihren Wert auf *einem* n-Bein festgelegt ist. ω_α nimmt auf jedem n-Bein in $T_x M$, das die gleiche Orientierung hat wie $d\gamma_\alpha(u)(e_1, \ldots, e_n)$, einen positiven Wert an. Ferner ist ω_α stetig, da die Koeffizientenfunktion a der zurückgeholten Form $\gamma_\alpha^* \omega$ wie in (17*) aufgrund der Definition von ω_α die Konstante 1 ist. Ausgehend von den n-Formen ω_α auf U_α, $\alpha \in A$, konstruieren wir mit Hilfe einer Zerlegung der Eins eine n-Form ω auf M.

Es sei $\{\varepsilon_\alpha\}$ eine der Überdeckung $\{U_\alpha\}$ untergeordnete lokal-endliche Zerlegung der Eins mit kompakten Trägern $\operatorname{Tr} \varepsilon_\alpha \subset U_\alpha$. Jede n-Form $\varepsilon_\alpha \omega_\alpha$ setzen wir durch Null fort zu einer stetigen n-Form $\tilde\omega_\alpha$ auf M und bilden $\omega := \sum_{\alpha \in A} \tilde\omega_\alpha$. ω ist eine stetige n-Form auf M, und für jedes $x \in M$ nimmt ω_x auf dem n-Bein $d\gamma_\alpha(u)(e_1, \ldots, e_n)$, $x = \gamma_\alpha(u)$, einen positiven Wert an, da mindestens ein $\tilde\omega_\alpha$ einen positiven Wert annimmt und die übrigen Werte ≥ 0. $\qquad\square$

Folgerung 1: *Eine zusammenhängende orientierbare n-dimensionale Untermannigfaltigkeit M des $\mathbb{R}^N$ besitzt genau zwei Orientierungen. Ist ω eine nullstellenfreie stetige reelle n-Form auf M, so sind diese beiden die von ω und die von $-\omega$ induzierten Orientierungen. Jede der beiden Orientierungen ist bereits festgelegt durch ein n-Bein im Tangentialraum eines einzigen Punktes von M.*

Beweis: Es seien ω_1 und ω_2 nullstellenfreie stetige reelle n-Formen auf M. Dann gibt es zu jedem $x \in M$ eine reelle Zahl $f(x) \neq 0$ mit $\omega_1(x) = f(x)\omega_2(x)$, da $\operatorname{Alt}^n(T_x M)$ die $\mathbb{C}$-Dimension 1 hat und $\omega_1(x)$ und $\omega_2(x)$ reell sind. Ferner gibt es zu einer Einbettung $\gamma\colon \Omega \to M$ stetige Funktionen a_i mit $\gamma^* \omega_i = a_i\, du_1 \wedge \cdots \wedge du_n$; damit gilt $f \circ \gamma = a_1/a_2$, und es folgt, daß $f\colon M \to \mathbb{R}$ stetig ist. Wegen des Zusammenhangs von M gilt also $f > 0$ auf ganz M oder $f < 0$. Im ersten Fall definieren ω_1 und ω_2 dieselbe Orientierung auf M, im zweiten Fall verschiedene Orientierungen. $\qquad\square$

Folgerung 2: *Auf der n-dimensionalen Untermannigfaltigkeit M gebe es $N - n$ stetige Vektorfelder $\nu_1, \ldots, \nu_{N-n}\colon M \to \mathbb{R}^N$ derart, daß an jeder Stelle $x \in M$ die Vektoren $\nu_1(x), \ldots, \nu_{N-n}(x)$ zusammen mit $T_x M$ den Vektorraum $\mathbb{R}^N$ aufspannen. Dann ist M orientierbar; eine Orientierung ist gegeben durch die n-Beine $(v_1, \ldots, v_n)$ in $T_x M$, $x \in M$, mit*

$$\det\big(\nu_1(x), \ldots, \nu_{N-n}(x),\, v_1, \ldots, v_n\big) > 0.$$

Beweis: Es sei ω die n-Form auf M, die für $v_1, \ldots, v_n \in T_x M$ durch

$$\omega_x(v_1, \ldots, v_n) := \det(\boldsymbol{\nu}_1(x), \ldots, \boldsymbol{\nu}_{N-n}(x), v_1, \ldots, v_n)$$

erklärt ist. ω ist nullstellenfrei; ferner stetig; denn die mit einer Einbettung γ zurückgeholte n-Form $\gamma^* \omega$ hat gemäß (17*) die Koeffizientenfunktion

$$a(u) := \det(\boldsymbol{\nu}_1(\gamma(u)), \ldots, \boldsymbol{\nu}_{N-n}(\gamma(u)), \partial_1 \gamma(u), \ldots, \partial_n \gamma(u)),$$

und diese ist stetig. Das Orientierbarkeitskriterium ergibt schließlich die Behauptung. $\qquad \square$

Korollar: *Die Nullstellenmenge M einer $\mathscr{C}^1$-Abbildung $f: U \to \mathbb{R}^{N-n}$, U eine offene Menge im $\mathbb{R}^N$ und $0 \in \mathbb{R}^{N-n}$ ein regulärer Wert von f, ist orientierbar.*

Beweis: Wir versehen den $\mathbb{R}^N$ zusätzlich mit der euklidischen Metrik. Dann spannen die Gradientenfelder $\operatorname{grad} f_1, \ldots, \operatorname{grad} f_{N-n}$ der Komponentenfunktionen von f nach dem Korollar in 3.5.III in jedem Punkt $x \in M$ zusammen mit $T_x M$ den Vektorraum $\mathbb{R}^N$ auf. $\qquad \square$

Zum Schluß betrachten wir noch Hyperflächen im euklidischen $\mathbb{R}^{n+1}$. Wir zeigen unter anderem, daß die dafür in 12.1 gegebene Definition der Orientierbarkeit mittels eines Einheitsnormalenfeldes zu der in diesem Abschnitt aufgestellten Definition gleichwertig ist.

Satz: *Eine reguläre Hyperfläche M im euklidischen $\mathbb{R}^{n+1}$ ist genau dann orientierbar, wenn es auf ihr ein stetiges Einheitsnormalenfeld $\boldsymbol{\nu}$ gibt. Gegebenenfalls erhält man eine Orientierung dadurch, daß man in jedem Tangentialraum $T_x M$, $x \in M$, als Orientierung die Gesamtheit der n-Beine $(v_1, \ldots, v_n)$ auszeichnet, für welche*

$$(18) \qquad\qquad \det(\boldsymbol{\nu}(x), v_1, \ldots, v_n) > 0;$$

das sind gerade die n-Beine, für welche die $(n+1)$-Beine $(\boldsymbol{\nu}(x), v_1, \ldots, v_n)$ im $\mathbb{R}^{n+1}$ positiv orientiert sind. Diese Orientierung nennt man die von $\boldsymbol{\nu}$ induzierte Orientierung. Eine Einbettung $\gamma: \Omega \to U$ ist genau dann bezüglich der von einem Einheitsnormalenfeld $\boldsymbol{\nu}$ induzierten Orientierung orientierungstreu, wenn für alle $x \in U$, $u = \gamma^{-1}(x)$, gilt:

$$\det(\boldsymbol{\nu}(x), \partial_1 \gamma(u), \ldots, \partial_n \gamma(u)) > 0;$$

gleichwertig damit ist, daß das äußere Produkt $\partial_1 \gamma(u) \wedge \cdots \wedge \partial_n \gamma(u)$ ein positives Vielfaches des Normalenvektors $\boldsymbol{\nu}(x)$ ist.

Beweis: Auf M existiere ein stetiges Einheitsnormalenfeld. Die Orientierbarkeit von M und die Aussagen zur Orientierung sind bereits mit der Folgerung 2 und dem Orientierbarkeitskriterium bewiesen.

Es sei umgekehrt M orientierbar und $\{\gamma_\alpha\}$ ein orientierungstreuer Atlas. Damit definieren wir zunächst für $x \in U_\alpha := \mathrm{Spur}\,\gamma_\alpha$

$$N_\alpha(x) := \partial_1 \gamma_\alpha(x_\alpha) \wedge \cdots \wedge \partial_n \gamma_\alpha(x_\alpha), \quad x_\alpha = \gamma_\alpha^{-1}(x).$$

Der Vektor $N_\alpha(x)$ ist von Null verschieden und steht auf $T_x M$ senkrecht, da die Faktoren linear unabhängig sind und den Tangentialraum aufspannen. Für $x \in U_\alpha \cap U_\beta$ gilt ferner wegen $\gamma'_\alpha(x_\alpha) = \gamma'_\beta(x_\beta) \cdot T'_{\alpha\beta}(x_\alpha)$ nach Definition des äußeren Produktes von Vektoren

$$N_\alpha(x) = N_\beta(x) \cdot \det T'_{\alpha\beta}(x_\alpha) = N_\beta(x) \cdot \left| \det T'_{\alpha\beta}(x_\alpha) \right|,$$

wobei man den Betrag wegen der Orientierungstreue des Atlas setzen darf. Damit ergibt sich

$$\boldsymbol{\nu}_\alpha(x) := \frac{N_\alpha(x)}{\|N_\alpha(x)\|} = \frac{N_\beta(x)}{\|N_\beta(x)\|} =: \boldsymbol{\nu}_\beta(x).$$

Die Vektoren $\boldsymbol{\nu}_\alpha(x)$ sind also unabhängig von der Einbettung erklärt, definieren somit ein stetiges Einheitsnormalenfeld auf M. Die von diesem Einheitsnormalenfeld auf M induzierte Orientierung stimmt auch mit der bereits vorhandenen überein, da

$$\det\big(\boldsymbol{\nu}_\alpha(x), \partial_1 \gamma_\alpha(x_\alpha), \ldots, \partial_n \gamma_\alpha(x_\alpha)\big) = \big\langle \boldsymbol{\nu}_\alpha(x), N_\alpha(x) \big\rangle > 0. \qquad \square$$

Beispiel: Wir betrachten die 2-Sphäre $S^2 \subset \mathbb{R}^3$. Das Einheitsnormalenfeld $\boldsymbol{\nu}: S^2 \to \mathbb{R}^3$, $\boldsymbol{\nu}(x) := x$, induziert auf ihr eine Orientierung. Ein 2-Bein (v_1, v_2) von Tangentialvektoren in $x \in S^2$ gehört genau dann zu der von $\boldsymbol{\nu}$ induzierten Orientierung, wenn das 3-Bein $(\boldsymbol{\nu}(x), v_1, v_2)$ im $\mathbb{R}^3$ positiv orientiert ist, d.h., wenn $\det(\boldsymbol{\nu}(x), v_1, v_2) > 0$; beispielsweise gehört das 2-Bein (e_1, e_2) im Nordpol von S^2 zu dieser Orientierung.

Es sei weiter $A := \{(x, 0, z) \in S^2 \mid x \leq 0\}$. Die längs des Meridians A geschlitzte Sphäre $S^2 \setminus A$ ist die Spur der Einbettung $\gamma: \Omega \to S^2 \setminus A$,

$$(19) \qquad \gamma(u, v) = \begin{pmatrix} \cos u \, \cos v \\ \sin u \, \cos v \\ \sin v \end{pmatrix}, \quad \Omega := (-\pi; \pi) \times \left(-\frac{\pi}{2}; \frac{\pi}{2} \right).$$

Wir zeigen, daß diese bezüglich $\boldsymbol{\nu}$ orientierungstreu ist. Dazu genügt es wegen des Zusammenhangs von $S^2 \setminus A$ zu zeigen, daß in dem einen Punkt $x = \gamma(0, 0) = (1, 0, 0)$ das 3-Bein $B := (\boldsymbol{\nu}(x), \partial_1 \gamma(0, 0), \partial_2 \gamma(0, 0))$ des $\mathbb{R}^3$ positiv orientiert ist. Eine kurze Rechnung ergibt $B = (e_1, e_2, e_3)$, also $\det B > 0$. Somit ist γ orientierungstreu.

13.5 Integration von Differentialformen

Wir führen nun das Integral einer n-Form über eine n-dimensionale orientierte Untermannigfaltigkeit $M \subset \mathbb{R}^N$ ein. Dabei verfolgen wir weitgehend dieselbe Strategie wie bei der Definition des Integrals einer Funktion über eine Untermannigfaltigkeit des *euklidischen* $\mathbb{R}^N$ in Kapitel 11: Zunächst wird das Integral bezüglich Einbettungen erklärt; sodann wird die Integration über ganz M mit Hilfe einer Zerlegung der Eins auf Integrationen bezüglich Einbettungen zurückgeführt. Das Transformationsverhalten der n-Formen erübrigt dabei den Maßtensor, erfordert aber statt dessen eine Orientierung der Mannigfaltigkeit. Den Ausgangspunkt bildet die

Definition (Integration einer n-Form über eine Menge im $\mathbb{R}^n$):
Eine n-Form $\omega = a \, dx_1 \wedge \cdots \wedge dx_n$ in einer Teilmenge $\Omega \subset \mathbb{R}^n$ heißt *integrierbar* über Ω, wenn ihre Koeffizientenfunktion a über Ω (Lebesgue-)integrierbar ist, und dann definiert man als *Integral von* ω das Integral von a:

$$\int_\Omega \omega := \int_\Omega a(x) \, dx.$$

Zum Beispiel ist die Form $dx_1 \wedge \cdots \wedge dx_n$ genau dann über Ω integrierbar, wenn Ω meßbar ist, und dann ist ihr Integral das Volumen von Ω. Aus diesem Grund bezeichnet man $dx_1 \wedge \cdots \wedge dx_n$ als *Volumenform* des $\mathbb{R}^n$.

I. Integration bezüglich einer Einbettung

Im Folgenden sei M eine n-dimensionale Untermannigfaltigkeit eines $\mathbb{R}^N$.

Definition (Integration bezüglich einer Einbettung): Eine n-Form ω auf der Spur einer Einbettung $\gamma \colon \Omega \to M$ heißt *integrierbar bezüglich der Einbettung*, wenn die in den Parameterraum $\Omega \subset \mathbb{R}^n$ zurückgeholte n-Form $\gamma^*\omega = a \, du_1 \wedge \cdots \wedge du_n$ über diesen integrierbar ist, und dann heißt deren Integral das *Integral von* ω *bezüglich* γ:

$$\int_\gamma \omega := \int_\Omega \gamma^*\omega = \int_\Omega a \, du.$$

In Kapitel 5 hatten wir für das Kurvenintegral einer stetigen 1-Form $\omega = \sum_{i=1}^{N} a_i \, dx_i$ längs einer $\mathscr{C}^1$-Kurve $\gamma \colon [a;b] \to \mathbb{R}^N$ die Formel

$$\int_\gamma \omega = \int_{(a;b)} \left(\sum_{i=1}^{N} a_i\big(\gamma(t)\big) \cdot \dot\gamma_i(t) \right) dt.$$

Die dabei auftretende Differentialform $\left(\sum_{i=1}^{N}(a_i \circ \gamma)\,\dot{\gamma}_i\right)\mathrm{d}t$ ist gerade die auf das Parameterintervall zurückgeholte 1-Form $\gamma^*\omega$. Die Formeln für das Integral längs einer Kurve und bezüglich einer Einbettung im Höherdimensionalen sind also identisch.

Beispiel: Es sei ω die Einschränkung der im $\mathbb{R}^3$ durch

$$x\,\mathrm{d}y \wedge \mathrm{d}z + y\,\mathrm{d}z \wedge \mathrm{d}x + z\,\mathrm{d}x \wedge \mathrm{d}y$$

gegebenen 2-Form auf die 2-Sphäre S^2. Es sei $A := \{(x,0,z) \in S^2 \mid x \leq 0\}$. $S^2 \setminus A$ ist die Spur der in (19) angegebenen Einbettung $\gamma\colon \Omega \to S^2 \setminus A$. Um ω längs γ zu integrieren, ermittelt man zunächst $\gamma^*\omega$. Diese Rechnung haben wir bereits im Beispiel in 13.2.II durchgeführt; sie ergab $\gamma^*\omega_{(u,v)} = \cos v\,\mathrm{d}u \wedge \mathrm{d}v$. Damit erhalten wir als Integral von ω bezüglich γ

$$(20) \qquad \int_{\gamma} \omega = \int_{\Omega} \cos v\,\mathrm{d}(u,v) = \int_{-\pi/2}^{\pi/2}\left(\int_{-\pi}^{\pi} \cos v\,\mathrm{d}u\right)\mathrm{d}v = 4\pi. \qquad \square$$

Wir wenden uns nun der Frage zu, inwieweit die Integrierbarkeit und das Integral einer Differentialform bereits durch die Spur der Einbettung $\gamma\colon \Omega \to U$ bestimmt sind.

Lemma: *Es seien* $\gamma_i\colon \Omega_i \to U$, $i = 1, 2$, *zwei Einbettungen mit derselben Spur* U. *Dann gilt für jede n-Form ω auf U: Ist ω bezüglich γ_1 integrierbar, so auch bezüglich γ_2, und im Fall der Integrierbarkeit gilt*

$$\int_{\gamma_1} \omega = \int_{\gamma_2} \omega, \quad \textit{falls } \gamma_1 \textit{ und } \gamma_2 \textit{ gleichorientiert sind,}$$

und

$$\int_{\gamma_1} \omega = -\int_{\gamma_2} \omega, \quad \textit{falls } \gamma_1 \textit{ und } \gamma_2 \textit{ entgegengesetzt orientiert sind.}$$

Die Integrierbarkeit einer Differentialform auf U hängt also nicht von der verwendeten Einbettung ab. Somit ist es legitim, gegebenenfalls von *Integrierbarkeit über die Spur einer Einbettung* zu sprechen.

Beweis: Es sei $T\colon \Omega_1 \to \Omega_2$ der Diffeomorphismus mit $\gamma_1 = \gamma_2 \circ T$. Zwischen den Koeffizientenfunktionen der in die Parameterbereiche Ω_i zurückgeholten n-Formen $\gamma_i^*\omega = a_i\,\mathrm{d}u_1 \wedge \cdots \wedge \mathrm{d}u_n$, $i = 1, 2$, besteht dann nach (15^n) die Beziehung

$$(21) \qquad a_1 = (a_2 \circ T)\cdot \det T'.$$

Die Funktionaldeterminante hat aus Stetigkeitsgründen in jeder Zusammenhangskomponente von Ω_1 ein einheitliches Vorzeichen; in jeder solchen gilt also $a_1 = (a_2 \circ T) \cdot |\det T'|$ oder $a_1 = -(a_2 \circ T) \cdot |\det T'|$. Nach dem Transformationssatz sind daher a_1 und a_2 zugleich integrierbar oder zugleich nicht. Mit diesem Satz ergeben sich auch die Beziehungen zwischen den Integralwerten: Bei gleicher Orientierung von γ_1 und γ_2 ist $\det T' > 0$ in ganz Ω_1, und es folgt

$$\int_{\gamma_1} \omega = \int_{\Omega_1} a_1 \, dx = \int_{\Omega_1} (a_2 \circ T) \cdot |\det T'| \, dx = \int_{\Omega_2} a_2 \, dy = \int_{\gamma_2} \omega;$$

bei entgegengesetzter Orientierung ist $\det T' < 0$ in Ω_1, und dann folgt

$$\int_{\gamma_1} \omega = \int_{\Omega_1} a_1 \, dx = -\int_{\Omega_1} (a_2 \circ T) \cdot |\det T'| \, dx = -\int_{\Omega_2} a_2 \, dy = -\int_{\gamma_2} \omega. \quad \square$$

Wenngleich sich der Wert des Integrals $\int_\gamma \omega$ einer integrierbaren Differentialform auf U bei einem Parameterwechsel unter Umständen ändert, kann man doch für eine solche Differentialform eine L^1-Halbnorm unabhängig von einer speziellen Einbettung definieren.

Es sei ω eine über die Spur U einer Einbettung $\gamma\colon \Omega \to U$ integrierbare n-Form. Die Koeffizientenfunktion von $\gamma^*\omega = a \, du_1 \wedge \cdots \wedge du_n$ ist dann über Ω integrierbar und nach den Eigenschaften des Lebesgue-Integrals auch ihr Betrag $|a|$. Ferner gilt für die von zwei beliebigen Einbettungen $\gamma_i\colon \Omega_i \to U$, $i = 1, 2$, induzierten Koeffizientenfunktionen a_1, a_2 nach (21) $|a_1| = |\det T'| \cdot |a_2 \circ T|$, was die Gleichheit der Integrale $\int_{\Omega_1} |a_1| \, dx$ und $\int_{\Omega_2} |a_2| \, dy$ zur Folge hat. Diesen von der Einbettung unabhängigen Integralwert nennen wir die L^1-*Halbnorm von ω auf U* und bezeichnen ihn mit $\|\omega\|_U$ oder auch mit $\int_U |\omega|$:

$$(22) \qquad \boxed{\quad \|\omega\|_U = \int_U |\omega| := \int_\Omega |a| \, du. \quad}$$

II. Integration über eine orientierte Untermannigfaltigkeit

In Analogie zur Integration von Funktionen führen wir die Integration von Differentialformen auf einer Untermannigfaltigkeit mit Hilfe einer Zerlegung der Eins auf die Integration bezüglich Einbettungen zurück. Nun ist nach obigem Lemma das Integral einer Differentialform nur im Rahmen gleichorientierter Einbettungen von einer speziellen Einbettung unabhängig. Dieser Tatsache tragen wir dadurch Rechnung, daß wir der Integration von Differentialformen orientierte Mannigfaltigkeiten zugrundelegen.

Im Folgenden sei M eine orientierbare n-dimensionale Untermannigfaltigkeit des $\mathbb{R}^N$ mit einer fest gewählten Orientierung. Unter einem *orientierten Atlas* für M verstehen wir einen Atlas $\{\gamma_\alpha\}_{\alpha \in A}$, der aus lauter orientierungstreuen Einbettungen besteht.

Wir definieren zunächst das Integral für n-Formen ω auf M, deren Träger in der Spur U einer orientierungstreuen Einbettung $\gamma \colon \Omega \to M$ liegt. (Der *Träger* von ω ist die M-abgeschlossene Hülle der Menge der Punkte $x \in M$ mit $\omega(x) \neq 0$.) Die Form ω heiße *integrierbar über* M, wenn $\omega \,|\, U$ bezüglich γ integrierbar ist, und dann definiert man als *Integral über* M

$$\int\limits_M \omega := \int\limits_\gamma \omega = \int\limits_\Omega \gamma^*\omega.$$

Nach obigem Lemma hängt diese Definition nicht von der Wahl der Einbettung ab, sofern diese orientierungstreu ist.

Schließlich definieren wir für eine über M integrierbare n-Form ω, deren Träger in der Spur U einer Einbettung liegt, in leichter Erweiterung von (22)

$$\|\omega\|_M = \int\limits_M |\omega| := \int\limits_U |\omega \,|\, U|.$$

Man beweist und definiert nun im wesentlichen wörtlich wie in Abschnitt 11.5 für Funktionen:

Satz und Definition (Integration einer n-Form über eine orientierte n-dimensionale Untermannigfaltigkeit $M \subset \mathbb{R}^N$): *Eine n-Form ω auf M heißt* integrierbar über M, *wenn es eine einem orientierten Atlas untergeordnete Zerlegung $\{\varepsilon_i\}_{i \in \mathbb{N}}$ der Eins gibt derart, daß gilt:*

1. Jede der n-Formen $\varepsilon_i\omega$, $i \in \mathbb{N}$, ist über M integrierbar;

2. $\displaystyle\sum_{i=1}^\infty \int_M \varepsilon_i \,|\omega| < \infty$.

Sind diese Bedingungen für eine Zerlegung der Eins erfüllt, dann auch für jede andere, die einem orientierten Atlas für M untergeordnet ist. Der Wert der folgenden Reihe hängt nicht von der Wahl der Zerlegung $\{\varepsilon_i\}$ ab und heißt das Integral von ω *über die orientierte Mannigfaltigkeit M:*

$$\boxed{\int\limits_M \omega := \sum_{i=1}^\infty \int\limits_M \varepsilon_i\omega.}$$

Man beachte: In dem Symbol $\int_M \omega$ wird M als Untermannigfaltigkeit mit fest gewählter Orientierung unterstellt. Streng genommen müßte man auch einen Hinweis auf die gewählte Orientierung aufnehmen.

Mit Hilfe der Integration über M erklärt man auch die Integration über Teilmengen von M. Man sagt, die n-Form ω auf einer Teilmenge $A \subset M$ sei *integrierbar über* A, wenn ihre triviale Fortsetzung ω_A auf M über M integrierbar ist. (ω_A ist wie für Funktionen erklärt durch $\omega_A(x) := \omega(x)$ für $x \in A$ und $\omega_A(x) := 0$ für $x \in M \setminus A$.) Gegebenenfalls setzt man

$$\int_A \omega = \int_M \omega_A.$$

Analog wie für Funktionen in 11.5 bzw. 11.7 beweist man mühelos die folgenden Aussagen; in diesen sei M stets eine n-dimensionale orientierte Untermannigfaltigkeit eines $\mathbb{R}^N$.

Satz: *Jede stetige n-Form auf einer kompakten Teilmenge $A \subset M$ ist über A integrierbar. Insbesondere ist jede stetige n-Form auf einer kompakten Mannigfaltigkeit über diese integrierbar.*

Satz: *ω und $\tilde{\omega}$ seien n-Formen auf M, die außerhalb einer Nullmenge zur Dimension n übereinstimmen. Ist ω über M integrierbar, so ist es auch $\tilde{\omega}$, und dann gilt*

$$\int_M \tilde{\omega} = \int_M \omega.$$

Satz: *Es sei $A \subset M$ eine abgeschlossene Nullmenge zur Dimension n. Dann gilt: Eine n-Form ω auf M ist genau dann über M integrierbar, wenn sie über $M \setminus A$ integrierbar ist; gegebenenfalls gilt*

$$\int_M \omega = \int_{M \setminus A} \omega.$$

Beispiel: Wir führen das Beispiel aus Teilabschnitt I weiter. Auf S^2 wählen wir als Orientierung die vom Normalenfeld $\nu \colon S^2 \to \mathbb{R}^3$, $\nu(x) := x$, induzierte Orientierung. Die in (19) angegebene Einbettung $\gamma \colon \Omega \to S^2 \setminus A$ ist bezüglich ν orientierungstreu; siehe das Beispiel in 13.4. Ferner ist der Meridian $A \subset S^2$ als Teilmenge einer 1-dimensionalen Mannigfaltigkeit eine 2-Nullmenge. Bezüglich der von ν induzierten Orientierung auf S^2 ergibt sich also mit (20)

$$\int_{S^2} \omega = \int_{S^2 \setminus A} \omega = \int_\gamma \omega = 4\pi.$$

Man beachte, daß der Wert des Integrals gleich dem Flächeninhalt von S^2 ist. Die Differentialform, über die hier integriert wurde, ist die sogenannte Volumenform der Sphäre; siehe 13.8 (27).

13.6 Glatt berandete Teilmengen einer Untermannigfaltigkeit

In diesem Abschnitt beschreiben wir die Integrationsbereiche, die wir im Satz von Stokes zugrundelegen. M sei dabei stets eine orientierte n-dimensionale Untermannigfaltigkeit eines $\mathbb{R}^N$. Da in diesem und den weiteren Abschnitten die Ableitung von Funktionen und Formen auftritt, setzen wir ab jetzt voraus, daß M von der Klasse $\mathscr{C}^2$ sei. Die topologischen Begriffe in der folgenden Definition beziehen sich auf M als Grundraum.

Definition (Glatt berandete Teilmenge von M): Eine Teilmenge $G \subset M$ heißt *glatt berandet*, wenn es zu jedem Randpunkt $a \in \partial G$ eine Umgebung $U \subset M$ von a und in dieser eine $\mathscr{C}^1$-Funktion $q\colon U \to \mathbb{R}$ mit $dq(x) \neq 0$ für alle $x \in U$ gibt so, daß

$$G \cap U = \{x \in U \mid q(x) \le 0\}.$$

Die Zugehörigkeit einer Funktion q auf einer offenen Menge $U \subset M$ zur Klasse $\mathscr{C}^1$ bedeutet: Es gibt zu jedem $x \in U$ eine Einbettung $\gamma\colon \Omega \to M$ mit $x \in \gamma(\Omega) \subset U$ derart, daß die nach $\Omega \subset \mathbb{R}^n$ zurückgeholte Funktion $q \circ \gamma$ zur Klasse $\mathscr{C}^1$ gehört. Die Forderung $dq_x \neq 0$ besagt, daß die Linearform $dq_x\colon T_xM \to \mathbb{R}$ nicht die Form Null ist. Eine Funktion q wie in der Definition nennen wir eine *die Teilmenge G in U beschreibende Funktion*. Bei Verkleinerung von U geht eine beschreibende Funktion in eine ebensolche über.

Beispiele: 1. Die abgeschlossene untere Halbsphäre $\overline{S^n_-} = \{x \in S^n \mid x_{n+1} \le 0\}$ ist eine glatt berandete Teilmenge der S^n. $\overline{S^n_-}$ wird beschrieben durch die Funktion $q\colon S^n \to \mathbb{R}$ mit $q(x) = x_{n+1}$. Deren Differential $dq_a\colon T_aS^n \to \mathbb{R}$, $a \in S^n$, ist gegeben durch $dq_a v = v_{n+1}$. Da die Tangentialräume T_aS^n der von Nord- und Südpol N, S verschiedenen Punkte a Vektoren v mit $v_{n+1} \neq 0$ enthalten, ist $dq_a \neq 0$ für $a \neq N, S$.

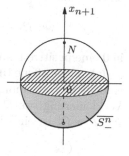

2. Jedes $\mathscr{C}^1$-Polyeder im $\mathbb{R}^n$, das nur reguläre Randpunkte hat, ist eine glatt berandete Teilmenge des $\mathbb{R}^n$.

Die Grundlage für das Weitere liefert ein Lemma, nach dem M in der Nähe eines Randpunktes einer glatt berandeten Teilmenge G Parameterdarstellungen besitzt, durch die $G \cap U$ im Halbraum

$$H^n := \{x \in \mathbb{R}^n \mid x_1 \le 0\}$$

modelliert wird.

Lemma (G-angepaßte Einbettung): *Zu jedem Randpunkt a einer glatt berandeten Teilmenge $G \subset M$ gibt es eine orientierungstreue Einbettung $\gamma \colon \Omega \to U$ mit $a \in U$ wie folgt:*

(i) *G wird in U durch eine $\mathscr{C}^1$-Funktion beschrieben;*

(ii) *$G \cap U = \gamma(\Omega_-)$, wobei $\Omega_- := \Omega \cap H^n$;*

    $\partial G \cap U = \gamma(\Omega_0)$, wobei $\Omega_0 := \Omega \cap \partial H^n$.

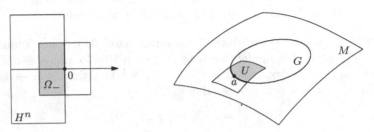

Zur G-angepaßten Einbettung

Beweis: Wir gehen aus von irgendeiner orientierungstreuen Einbettung $\gamma_1 \colon \Omega_1 \to U_1$ mit $a \in U_1$, $0 \in \Omega_1$ und $\gamma_1(0) = a$. Nach einer geeigneten Verkleinerung von U_1 und Ω_1 dürfen wir annehmen, daß es in U_1 eine Funktion q gibt, die G in U_1 beschreibt. Die zurückgeholte Funktion $q_1 := q \circ \gamma_1$ hat in 0 eine Nullstelle, und ihr Differential $dq_1 = \gamma_1^* dq$ ist $\neq 0$ in ganz Ω_1. Wir wählen sodann lineare Funktionen $l_2, \dots, l_n \colon \mathbb{R}^n \to \mathbb{R}$ mit $l_k(0) = 0$ derart, daß die Abbildung

$$\Phi \colon \Omega_1 \to \mathbb{R}^n, \quad \Phi(y) := \bigl(q_1(y), l_2(y), \dots, l_n(y)\bigr)^{\mathsf{T}}$$

in 0 eine positive Funktionaldeterminante hat. Nach dem Umkehrsatz gibt es daher eine offene Umgebung $\Omega_1' \subset \Omega_1$ von 0, die durch Φ diffeomorph auf eine offene Umgebung Ω von $\Phi(0) = 0$ abgebildet wird. Notfalls nach einer Verkleinerung von Ω_1' und Ω gilt $\det \Phi' > 0$ in ganz Ω_1'. Die Umkehrung $\Psi \colon \Omega \to \Omega_1'$ ist ein Diffeomorphismus, mit dem für $u = (u_1, \dots, u_n) \in \Omega$

$$u_1 = q_1\bigl(\Psi(u)\bigr) = q \circ \gamma_1 \circ \Psi(u)$$

gilt. Hiernach hat die Einbettung $\gamma := \gamma_1 \circ \Psi \colon \Omega \to U$ mit $U := \gamma_1(\Omega_1')$ die Eigenschaft (ii). Ferner wird G in U durch die Einschränkung $q \,|\, U$ beschrieben. Schließlich ist γ orientierungstreu wegen $\det \Psi' > 0$. $\square$

Als nächstes untersuchen wir den mit zwei G-angepaßten Einbettungen $\gamma_\alpha \colon \Omega_\alpha \to U_\alpha$ und $\gamma_\beta \colon \Omega_\beta \to U_\beta$ gegebenen Übergangsdiffeomorphismus $T \colon \Omega_{\alpha\beta} \to \Omega_{\beta\alpha}$. $T_1, \dots, T_n$ seien dessen Komponenten. Nach Teil (ii) des Lemmas ist $T_1\bigl(0, u_2, \dots, u_n\bigr) = 0$ und $T_1\bigl(u_1, u_2, \dots, u_n\bigr) \le 0$, falls $u_1 \le 0$.

Damit folgt

(23)
$$\partial_k T_1(0, u_2, \ldots, u_n) \begin{cases} \geq 0 & \text{für } k = 1, \\ = 0 & \text{für } k > 1. \end{cases}$$

T' hat hiernach in den Punkten $u = (0, u_2, \ldots, u_n)$ die Bauart

(23')
$$T'(0, u_2, \ldots, u_n) = \begin{pmatrix} \partial_1 T_1 & \vdots & 0 & \cdots & 0 \\ \cdots & \cdots & \cdots & \cdots & \cdots \\ \partial_1 T_2 & \vdots & & & \\ \vdots & \vdots & & \dfrac{\partial(T_2, \ldots, T_n)}{\partial(u_2, \ldots, u_n)} & \\ \partial_1 T_n & \vdots & & & \end{pmatrix} \Bigg|_{(0, u_2, \ldots, u_n)}.$$

Da γ_α und γ_β orientierungstreu sind, ist $\det T'(u) > 0$. Mit (23) folgt also

(23⁺)
$$\partial_1 T_1(0, u_2, \ldots, u_n) > 0 \quad \text{und} \quad \det \frac{\partial(T_2, \ldots, T_n)}{\partial(u_2, \ldots, u_n)} > 0.$$

Der Rand ∂G als orientierte Untermannigfaltigkeit

Im Weiteren sei G eine glatt berandete Teilmenge von M. Wir zeigen, daß ihr Rand eine orientierbare $(n-1)$-dimensionale Untermannigfaltigkeit ist, und legen in bestimmter Weise eine Orientierung fest.

Es sei $a \in \partial G$ und $\gamma: \Omega \to U$ eine G-angepaßte Einbettung mit $u \in U$. Wir verwenden dann folgende Bezeichnungen:

$$\tilde{\Omega} := \{\tilde{u} \in \mathbb{R}^{n-1} \mid (0, \tilde{u}) \in \Omega \cap \partial H^n\},$$

$$\tilde{U} := U \cap \partial G,$$

$$\tilde{\gamma}(\tilde{u}) := \gamma(0, \tilde{u}) \text{ für } \tilde{u} \in \tilde{\Omega}.$$

$\tilde{\gamma}: \tilde{\Omega} \to \tilde{U}$ ist offenbar eine Einbettung mit $a \in \tilde{U}$. Damit folgt bereits, daß ∂G *eine $(n-1)$-dimensionale Untermannigfaltigkeit des $\mathbb{R}^N$ ist.*

Es sei nun $\{\gamma_\alpha\}_{\alpha \in A}$ eine Familie G-angepaßter Einbettungen derart, daß jeder Randpunkt von G in der Spur einer dieser Einbettungen liegt. $\{\tilde{\gamma}_\alpha\}_{\alpha \in A}$ stellt dann einen Atlas für ∂G dar. Den Übergangsdiffeomorphismus zu zwei Einbettungen $\tilde{\gamma}_\alpha: \tilde{\Omega}_\alpha \to \tilde{U}_\alpha$ und $\tilde{\gamma}_\beta: \tilde{\Omega}_\beta \to \tilde{U}_\beta$ bezeichnen wir mit $\tilde{T}_{\alpha\beta}$. Seine Funktionalmatrix ist mit der Funktionalmatrix des Übergangsdiffeomorphismus $T_{\alpha\beta}$ zu γ_α und γ_β durch (23') verknüpft: Für $\tilde{u} \in \tilde{\Omega}_{\alpha\beta} = \tilde{\gamma}_\alpha^{-1}(\tilde{U}_\alpha \cap \tilde{U}_\beta)$ ist

$$T'_{\alpha\beta}(0, \tilde{u}) = \begin{pmatrix} * & \vdots & 0 & \cdots & 0 \\ \cdots & \cdots & \cdots & \cdots & \cdots \\ * & \vdots & & & \\ \vdots & \vdots & & \tilde{T}'_{\alpha\beta}(\tilde{u}) & \\ * & \vdots & & & \end{pmatrix},$$

und nach (23^+) gilt det $\tilde{T}'_{\alpha\beta}(\tilde{u}) > 0$ für $\tilde{u} \in \tilde{\Omega}_{\alpha\beta}$. Mit dem Lemma in 13.4 folgt daher:

Der Rand von G ist eine orientierbare Untermannigfaltigkeit des $\mathbb{R}^N$.

Wir legen nun eine Orientierung fest durch die folgende Konvention:

Orientierungskonvention: Als Orientierung auf dem Rand einer glatt berandeten Teilmenge G einer orientierten Untermannigfaltigkeit $M \subset \mathbb{R}^N$ wählt man diejenige, in der alle $\tilde{\gamma}_\alpha$, $\alpha \in A$, orientierungstreu sind. Die so festgelegte Orientierung auf ∂G heißt die *von M induzierte Orientierung*, und den so *orientierten Rand von G* bezeichnet man ebenfalls mit ∂G.

Beispiel: H^n als glatt berandete Teilmenge des $\mathbb{R}^n$

Offensichtlich ist $\iota := \mathrm{id} \colon \mathbb{R}^n \to \mathbb{R}^n$ eine H^n-angepaßte Einbettung; dabei sind mit den oben verwendeten Bezeichnungen:

$\Omega = \mathbb{R}^n$ und $U = \mathbb{R}^n$,

$\Omega_- = H^n$ und $\Omega_0 = \partial H^n$;

ferner sind:

$\tilde{\Omega} = \mathbb{R}^{n-1}$ und $\tilde{U} = \partial H^n$,

$\tilde{\iota} \colon \mathbb{R}^{n-1} \to \partial H^n$ die durch $\tilde{\iota}(\tilde{u}) = (0, \tilde{u})$ definierte Abbildung.

Nach obiger Konvention ist die vom $\mathbb{R}^n$ auf ∂H^n induzierte Orientierung jene, in der $\tilde{\iota}$ orientierungstreu ist. Bezeichnet $\tilde{e}_1, \ldots, \tilde{e}_{n-1}$ das Standard-$(n-1)$-Bein des $\mathbb{R}^{n-1}$, so wird die auf ∂H^n induzierte Orientierung repräsentiert durch das $(n-1)$-Bein $(\mathrm{d}\tilde{\iota}\,\tilde{e}_1, \ldots, \mathrm{d}\tilde{\iota}\,\tilde{e}_{n-1}) = (e_2, \ldots, e_n)$.

Beschreibung der Orientierung von ∂G durch $(n-1)$-Beine

Zur Beschreibung der in der Konvention festgelegten Orientierung von ∂G durch $(n-1)$-Beine in $\mathrm{T}_a \partial G$ verwenden wir eine gewisse Verallgemeinerung des Begiffs des äußeren (Normalen-)Vektors, den wir bei den $\mathscr{C}^1$-Polyedern im euklidischen $\mathbb{R}^n$ hatten. Zunächst eine Bezeichnung:

$$\mathbb{R}^n_+ := \left\{ \sum_{i=1}^n \lambda_i e_i \;\middle|\; \lambda_1 > 0 \right\}.$$

Es sei a ein Randpunkt von G und $\gamma \colon \Omega \to U$ dazu eine G-angepaßte Einbettung; für $u \in \Omega_0$ sei $\gamma(u) = a$. Mit Hilfe des Isomorphismus $\mathrm{d}\gamma(u) \colon \mathbb{R}^n \to \mathrm{T}_a M$ übertragen wir $\mathbb{R}^n_+$ auf $\mathrm{T}_a M$; wir setzen:

$$\mathrm{T}^+_a G := \mathrm{d}\gamma(u)\,\mathbb{R}^n_+ = \left\{ \sum_{i=1}^n \lambda_i\,\mathrm{d}\gamma(u)e_i \;\middle|\; \lambda_1 > 0 \right\}.$$

Diese Festsetzung hängt nicht von der verwendeten Einbettung ab, wie man mit (23^+) ohne Mühe verifiziert. Wir sagen, die Vektoren aus $\mathrm{T}^+_a G$ *weisen in den Außenraum von G*, kurz *nach außen*.

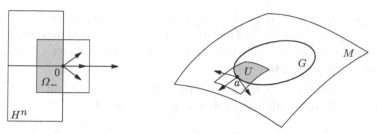

Drei Vektoren aus $\mathbb{R}^n_+$ und ihre Bilder unter $\mathrm{d}\gamma(u)$ in $\mathrm{T}^+_a G$

Wir deuten die Vektoren aus $\mathrm{T}^+_a G$ noch geometrisch. Dazu sehen wir einen Vektor $w \in \mathbb{R}^n$ als den Tangentialvektor $\dot{\alpha}_w(0)$ der durch $\alpha_w(t) = u + tw$ gegebenen Kurve in Ω an ($|t|$ so klein, daß $\alpha_w(t) \in \Omega$). Deren Bildkurve $\gamma \circ \alpha_w$ in M geht durch $\gamma \circ \alpha_w(0) = a$ und hat für $t = 0$ den Tangentialvektor $(\gamma \circ \alpha_w)^{\!\boldsymbol{\cdot}}(0) = \mathrm{d}\gamma(u)w \in \mathrm{T}_a M$. Die Vektoren aus $\mathrm{T}^+_a G$ sind danach die Tangentialvektoren $(\gamma \circ \alpha_w)^{\!\boldsymbol{\cdot}}(0)$ der Bilder der Kurven α_w mit $w \in \mathbb{R}^n_+$, und letztere sind genau jene Kurven α_w, die für $t > 0$ außerhalb von H^n verlaufen: $\alpha_w(t) \in \mathbb{R}^n \setminus H^n$.

Die Eigenschaft des äußeren Normalenvektors $\nu(a)$, in einem regulären Randpunkt a eines $\mathscr{C}^1$-Polyeders im euklidischen $\mathbb{R}^n$ „nach außen zu weisen", drückt sich in der Positivität der Ableitung einer beschreibenden Funktion q in Richtung $\nu(a)$ aus: $\mathrm{d}q_a(\nu(a)) = \langle \operatorname{grad} q(a), \nu(a) \rangle > 0$, siehe den Beweis zu Lemma 3 in 12.2. Wir zeigen, daß die Vektoren aus $\mathrm{T}^+_a G$ durch eine analoge Eigenschaft ausgezeichnet sind.

Es sei $\gamma \colon \Omega \to U$ eine G-angepaßte Einbettung und $q \colon U \to \mathbb{R}$ eine G beschreibende Funktion. Die nach Ω zurückgeholte Funktion $q^* = q \circ \gamma$ hat nach Teil (ii) des Lemmas auf Ω_0 den Wert Null und auf Ω_- Werte ≤ 0; das impliziert für alle $u \in \Omega_0$ $\partial_k q^*(u) = 0$, $k = 2, \ldots, n$, und $\partial_1 q^*(u) \geq 0$. Nun ist $\mathrm{d}q^*(u) \neq 0$ für alle $u \in \Omega$ wegen $\mathrm{d}q(x) \neq 0$ für alle $x \in U$. Damit folgt $\partial_1 q^*(u) > 0$ für alle $u \in \Omega_0$. Mit diesen Informationen über die partiellen Ableitungen von q^* berechnen wir $\mathrm{d}q_a v$ für $v \in \mathrm{T}_a M$ in den Punkten $a = \gamma(u)$, $u \in \Omega_0$. Hat v die Darstellung $v = \sum_{i=1}^n \lambda_i \, \mathrm{d}\gamma_u e_i$, erhalten wir

$$\mathrm{d}q_a v = \sum_{i=1}^n \lambda_i \, \mathrm{d}q_a(\mathrm{d}\gamma_u e_i) = \sum_{i=1}^n \lambda_i \, \mathrm{d}(q \circ \gamma)_u \, e_i$$

$$= \sum_{i=1}^n \lambda_i \, \partial_i q^*(u) = \lambda_1 \, \partial_1 q^*(u).$$

$\mathrm{d}q_a v$ hat hiernach dasselbe Vorzeichen wie λ_1. Damit folgt:

Lemma: *Ist q eine Funktion, die G in einer Umgebung eines Punktes $a \in \partial G$ beschreibt, so gilt:*

$$\mathrm{T}^+_a G = \{ v \in \mathrm{T}_a M \mid \mathrm{d}q_a v > 0 \}.$$

Satz: *Ein $(n-1)$-Bein $(w_2, \ldots, w_n)$ in $T_a \partial G$ gehört genau dann zu der von M auf ∂G induzierten Orientierung, wenn für einen und dann jeden nach außen weisenden Vektor $v \in T_a^+ G$ das n-Bein $(v, w_2, \ldots, w_n)$ zur Orientierung von $T_a M$ gehört.*

Beweis: Es sei $\gamma \colon \Omega \to U$ eine G-angepaßte Einbettung mit $a \in U$ und $\tilde{\gamma} \colon \tilde{\Omega} \to \tilde{U}$ die dazu erklärte Einbettung in ∂G. Mit $\tilde{u} = \tilde{\gamma}^{-1}(a) \in \tilde{\Omega}$ gilt

$$T_a \partial G = d\tilde{\gamma}_{\tilde{u}} \, \mathbb{R}^{n-1} = d\gamma(0, \tilde{u}) \begin{pmatrix} 0 \\ \mathbb{R}^{n-1} \end{pmatrix}.$$

Dabei geht das Standard-$(n-1)$-Bein des $\mathbb{R}^{n-1}$ über in das $(n-1)$-Bein $d\gamma(0, \tilde{u})(e_2, \ldots, e_n)$ des Tangentialraums $T_a \partial G$. Dieses repräsentiert nach der Orientierungskonvention die von M in $T_a \partial G$ induzierte Orientierung, während $d\gamma(0, \tilde{u})e_1$ in den Außenraum von G weist. Wir schreiben zur Abkürzung $b_i := d\gamma(0, \tilde{u})e_i$ für $i = 1, \ldots, n$. Es sei $\tilde{A} \colon T_a \partial G \to T_a \partial G$ der Automorphismus mit $\tilde{A}b_i = w_i$, $i = 2, \ldots, n$; ferner sei für $v \in T_a M$ A der Automorphismus $T_a M \to T_a M$ mit $Ab_1 = v$ und $Ab_i = w_i$, $i = 2, \ldots, n$. Hat v die Darstellung $v = \sum_{i=1}^{n} \lambda_i b_i$, so gilt

$$\det A = \lambda_1 \cdot \det \tilde{A}.$$

Daraus folgt: $\det \tilde{A}$ ist genau dann positiv, wenn $\det A$ und λ_1 das gleiche Vorzeichen haben; anders formuliert: Die $(n-1)$-Beine $(w_2, \ldots, w_n)$ und $(b_2, \ldots, b_n)$ repräsentieren genau dann dieselbe Orientierung in $T_a \partial G$, wenn für einen und dann jeden Vektor $v \in T_a^+ G = \left\{ \sum_{i=1}^{n} \lambda_i b_i \mid \lambda_1 > 0 \right\}$ die n-Beine $(v, w_2, \ldots, w_n)$ und $(b_1, b_2, \ldots, b_n)$ dieselbe Orientierung in $T_a M$ repräsentieren. □

Für eine reguläre Hyperfläche M im euklidischen $\mathbb{R}^{n+1}$ führen wir die erzielte Charakterisierung noch weiter. Sei φ eine $\mathscr{C}^1$-Funktion in einer Umgebung $V \subset \mathbb{R}^{n+1}$ von $a \in \partial G$, deren Einschränkung $q = \varphi | M \cap V$ die Teilmenge G in $M \cap V$ beschreibt. Weiter sei $\boldsymbol{\nu}$ das Einheitsnormalenfeld auf M, das die Orientierung angibt. Ein $(n-1)$-Bein $(w_2, \ldots, w_n)$ in $T_a \partial G$ gehört genau dann zu der von M auf ∂G induzierten Orientierung, wenn für mindestens einen Vektor $v \in T_a^+ G$ das n-Bein $(v, w_2, \ldots, w_n)$ zur Orientierung von $T_a M$ gehört. Ein n-Bein $(v, w_2, \ldots, w_n)$ gehört nach dem letzten Satz in 13.4 genau dann zur Orientierung von $T_a M$, wenn

$$(*) \qquad\qquad \det\big(\boldsymbol{\nu}(a), v, w_2, \ldots, w_n\big) > 0.$$

Wir formulieren diese Bedingung weiter um. Da $T_a M$ und $\boldsymbol{\nu}(a)$ den Vektorraum $\mathbb{R}^{n+1}$ aufspannen, besitzt $\operatorname{grad} \varphi(a)$ eine Zerlegung

$$\operatorname{grad} \varphi(a) = v(a) + \lambda \boldsymbol{\nu}(a)$$

mit $v(a) \in T_a M$ und $\lambda \in \mathbb{R}$; hierbei ist die Projektion $v(a)$ nicht Null, sonst wäre für jedes $v \in T_a M$ $d\varphi_a v = \langle \operatorname{grad} \varphi(a), v \rangle = \lambda \langle \nu(a), v \rangle = 0$ im Widerspruch dazu, daß φ die Menge G in $M \cap V$ beschreibt. Zusammen mit $\langle v(a), \nu(a) \rangle = 0$ folgt weiter

$$dq_a v(a) = \langle \operatorname{grad} \varphi(a), v(a) \rangle = \|v(a)\|^2 > 0.$$

Die Projektion von $\operatorname{grad} \varphi(a)$ weist also in den Außenraum von G: $v(a) \in T_a^+ G$. Wegen

$$\det\big(\nu(a), v(a), w_2, \ldots, w_n\big) = \det\big(\nu(a), \operatorname{grad} \varphi(a), w_2, \ldots, w_n\big)$$

erhalten wir in Verbindung mit der Bedingung (∗) schließlich:

Folgerung: *Ist φ eine $\mathscr{C}^1$-Funktion in einer Umgebung $V \subset \mathbb{R}^{n+1}$ des Punktes $a \in \partial G$, die G in $M \cap V$ beschreibt, so gilt: Ein $(n-1)$-Bein $(w_2, \ldots, w_n)$ in $T_a \partial G$ gehört genau dann zu der von (M, ν) auf ∂G induzierten Orientierung, wenn*

$$\det\big(\nu(a), \operatorname{grad} \varphi(a), w_2, \ldots, w_n\big) > 0.$$

Beispiel: Für den beim klassischen Satz von Stokes vorliegenden Fall $M \subset \mathbb{R}^3$, siehe 13.8, besagt diese Folgerung:

Ein Tangentialvektor $\tau \in T_a \partial G$ repräsentiert genau dann die von (M, ν) auf ∂G induzierte Orientierung, wenn mit einer Funktion φ, die G in einer Umgebung von a beschreibt,

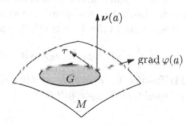

$$\det\big(\nu(a), \operatorname{grad} \varphi(a), \tau, \big) > 0$$

gilt, d. h., wenn die Vektoren $\nu(a)$, $\operatorname{grad} \varphi(a)$ und τ in dieser Reihenfolge oder auch in der Reihenfolge $\operatorname{grad} \varphi(a)$, τ, $\nu(a)$ ein positiv orientiertes 3-Bein im $\mathbb{R}^3$ bilden.

Als konkretes Beispiel betrachten wir die untere Halbsphäre $\overline{S_-^2}$ der S^2. In Beispiel 1 zu Beginn dieses Abschnittes haben wir gezeigt, daß sie eine glatt berandete Teilmenge der S^2 ist. Diese sei mit dem äußeren Einheitsnormalenfeld ν, $\nu(x) = x$, orientiert. Ein Tangentialvektor an den Rand von $\overline{S_-^2}$ im Punkt $a = (a_1, a_2, 0) \in \partial \overline{S_-^2}$ ist der Vektor $\tau(a) := (a_2, -a_1, 0)$. *Dieser repräsentiert die von ν auf $\partial \overline{S_-^2}$ induzierte Orientierung.* Denn mit dem Gradienten $(0, 0, 1)$ der die Halbsphäre beschreibenden Funktion $\varphi(x) = x_3$ gilt

$$\det(\nu, \operatorname{grad} \varphi, \tau)\Big|_a = \det \begin{pmatrix} a_1 & 0 & a_2 \\ a_2 & 0 & -a_1 \\ 0 & 1 & 0 \end{pmatrix} = a_1^2 + a_2^2 > 0.$$

13.7 Der Satz von Stokes

Satz von Stokes: *Es sei M eine orientierte n-dimensionale $\mathscr{C}^2$-Unter-mannigfaltigkeit eines $\mathbb{R}^N$ und G eine glatt berandete kompakte Teilmenge von M, deren Rand ∂G mit der von M induzierten Orientierung versehen ist. Dann gilt für jede stetig differenzierbare $(n-1)$-Form ω auf M*

$$\boxed{\int_G \mathrm{d}\omega = \int_{\partial G} \omega.}$$

Historisches. George Stokes (1819–1903), Professor der Physik auf dem berühmten Lehrstuhl in Cambridge, den einst Newton innehatte, fand den nach ihm benannten Satz bei Untersuchungen zur Hydrodynamik. Seine Version des Satzes verwendet allerdings Vektorfelder im euklidischen $\mathbb{R}^3$. Diese Version leiten wir im nächsten Abschnitt aus dem hier angegebenen Integralsatz ab. Dem ursprünglichen Satz von Stokes kam in der Elektrodynamik von Maxwell (1831–1879) grundlegende Bedeutung zu. Inzwischen hat sich unter dem Einfluß der Relativitätstheorie der Differentialformenkalkül auch für die Maxwellsche Theorie als besonders sachgemäß erwiesen, siehe [1] und [14], und entsprechend der Integralsatz in der Differentialformenversion.

Der Beweis des Satzes wird in mehreren Etappen erbracht.

Hilfssatz 1: *Für jede stetig differenzierbare $(n-1)$-Form ω auf $\mathbb{R}^n$ mit kompaktem Träger gilt*

$$\int_{H^n} \mathrm{d}\omega = \int_{\partial H^n} \omega.$$

Beweis: Es sei $\omega = \sum_{j=1}^n a_j\, \mathrm{d}x_1 \wedge \cdots \widehat{\mathrm{d}x_j} \cdots \wedge \mathrm{d}x_n$, wobei $a_1,\ldots,a_n$ $\mathscr{C}^1$-Funktionen auf $\mathbb{R}^n$ mit kompaktem Träger sind. Dann ist

$$\int_{H^n} \mathrm{d}\omega = \sum_{j=1}^n (-1)^{j-1} \int_{H^n} \frac{\partial a_j}{\partial x_j}\, \mathrm{d}x_1 \mathrm{d}x_2 \cdots \mathrm{d}x_n.$$

Wir formen die einzelnen Summanden mit Hilfe des Satzes von Fubini um. Zunächst integrieren wir im j-ten Summanden über die j-te Variable; nach dem Hauptsatz der Differential- und Integralrechnung erhalten wir dabei

$$\int_{-\infty}^{0} \frac{\partial a_1}{\partial x_1}\, \mathrm{d}x_1 = a_1 \Big|_{-\infty}^{0} = a_1(0, x_2, \ldots, x_n)$$

und für $j = 2, \ldots, n$

$$\int_{-\infty}^{\infty} \frac{\partial a_j}{\partial x_j}\, \mathrm{d}x_j = a_j \Big|_{-\infty}^{\infty} = 0.$$

Damit ergibt sich

$$\int\limits_{H^n} d\omega = \int\limits_{\mathbb{R}^{n-1}} a_1\,(0, x_2, \ldots, x_n)\,\mathrm{d}x_2 \ldots \mathrm{d}x_n.$$

Wir kommen zur Berechnung des Randintegrals $\int_{\partial H^n} \omega$; dabei ist ∂H^n mit der vom $\mathbb{R}^n$ gemäß der Konvention in 13.6 induzierten Orientierung versehen. Eine orientierungstreue Einbettung $\tilde{\iota}\colon \mathbb{R}^{n-1} \to \partial H^n$ hatten wir im Beispiel im Anschluß an jene Konvention angegeben: $\tilde{\iota}(u_1, \ldots, u_{n-1}) := (0, u_1, \ldots, u_{n-1})$. Mit dieser Einbettung gilt

$$\int\limits_{\partial H^n} \omega = \int\limits_{\mathbb{R}^{n-1}} \tilde{\iota}^*\omega,$$

und wegen $\tilde{\iota}^*\omega = (a_1 \circ \tilde{\iota})\,\mathrm{d}u_1 \wedge \ldots \wedge \mathrm{d}u_{n-1}$ erhalten wir

$$\int\limits_{\partial H^n} \omega = \int\limits_{\mathbb{R}^{n-1}} a_1\,(0, u_1, \ldots, u_{n-1})\,\mathrm{d}u_1 \cdots \mathrm{d}u_{n-1}.$$

Damit ist der Hilfssatz bewiesen. □

Hilfssatz 2a: *Der Satz von Stokes gilt unter der zusätzlichen Voraussetzung, daß der Träger von ω kompakt ist und in der Spur einer G-angepaßten Einbettung $\gamma\colon \Omega \to U$ liegt.*

Beweis: Mit den Bezeichnungen des Lemmas über G-angepaßte Einbettungen und wegen $\mathrm{Tr}\,\omega \subset U$ gilt

$$\int\limits_G \mathrm{d}\omega = \int\limits_{G \cap U} \mathrm{d}\omega = \int\limits_{\Omega_-} \gamma^*\mathrm{d}\omega = \int\limits_{\Omega_-} \mathrm{d}\gamma^*\omega.$$

$\gamma^*\omega$ ist eine stetig differenzierbare $(n-1)$-Form in Ω mit kompaktem Träger. Wir setzen sie durch Null auf ganz $\mathbb{R}^n$ fort und bezeichnen auch die Fortsetzung mit $\gamma^*\omega$. Für diese gilt nach Hilfssatz 1

$$\int\limits_{\Omega_-} \mathrm{d}\gamma^*\omega = \int\limits_{H^n} \mathrm{d}\gamma^*\omega = \int\limits_{\partial H^n} \gamma^*\omega.$$

Andererseits haben wir wegen $\mathrm{Tr}\,\omega \subset U$ und wegen $\partial G \cap U = \gamma(\Omega_0)$

$$\int\limits_{\partial G} \omega = \int\limits_{\partial G \cap U} \omega = \int\limits_{\Omega_0} \gamma^*\omega = \int\limits_{\partial H^n} \gamma^*\omega.$$

Damit ist die Behauptung bewiesen. □

Hilfssatz 2b: *Der Satz von Stokes gilt unter der zusätzlichen Voraussetzung, daß der Träger von ω eine kompakte Teilmenge von G ist und in der Spur einer orientierungstreuen Einbettung $\gamma\colon \Omega \to U$ liegt.*

Beweis: Aufgrund der Voraussetzung über den Träger von ω ist $\omega(x) = 0$ für $x \in \partial G$. Das Randintegral hat daher den Wert Null.

Für das Integral über G erhält man zunächst wegen $\operatorname{Tr}\omega \subset G\cap U$

$$\int_G \mathrm{d}\omega = \int_U \mathrm{d}\omega = \int_\Omega \gamma^*\mathrm{d}\omega = \int_\Omega \mathrm{d}\gamma^*\omega.$$

Da der Träger der zurückgeholten Form $\gamma^*\omega$ eine kompakte Teilmenge von Ω ist, dürfen wir nach einer eventuellen Verschiebung von Ω annehmen, daß er sogar im Halbraum H^n liegt. Außerdem sei $\gamma^*\omega$ durch Null auf $\mathbb{R}^n$ fortgesetzt. Wegen $\gamma^*\omega|\partial H^n = 0$ erhalten wir dann mit Hilfssatz 1

$$\int_\Omega \mathrm{d}\gamma^*\omega = \int_{H^n} \mathrm{d}\gamma^*\omega = \int_{\partial H^n} \gamma^*\omega = 0.$$

Damit ist der Hilfssatz bewiesen. $\square$

Beweis des Satzes von Stokes: Wir führen den Satz mit Hilfe einer Zerlegung der Eins auf die Hilfssätze 2a und 2b zurück.

Als erstes wählen wir eine Überdeckung von G durch spezielle offene Mengen U_x mit $x \in U_x$ wie folgt:

a) Ist x ein Randpunkt von G, dann sei U_x die Spur einer G-angepaßten Einbettung;

b) ist x kein Randpunkt von G, dann sei U_x die Spur einer orientierungstreuen Einbettung, wobei $U_x \subset G^\circ$.

Wegen der Kompaktheit von G überdecken bereits gewisse endlich viele $U_1, \ldots, U_p$ ganz G.

Weiter seien dann $\varepsilon_1, \ldots, \varepsilon_p$ stetig differenzierbare Funktionen auf M wie folgt:

a) Der Träger der $(n-1)$-Form ε_i ist eine kompakte Teilmenge von U_i;

b) $\sum\limits_{i=1}^{p} \varepsilon_i(x) = 1$ für $x \in G$.

Der Träger von $\varepsilon_i\omega$ ist dann ebenfalls eine kompakte Teilmenge von U_i. Auf jede der Differentialformen $\varepsilon_1\omega, \ldots, \varepsilon_p\omega$ ist also einer der Hilfssätze 2a oder 2b anwendbar; damit erhalten wir

$$(*) \qquad \sum_{i=1}^{p} \int_G \mathrm{d}(\varepsilon_i\omega) = \sum_{i=1}^{p} \int_{\partial G} \varepsilon_i\omega.$$

Die linke Seite formen wir mittels $\mathrm{d}(\varepsilon_i\omega) = \mathrm{d}\varepsilon_i \wedge \omega + \varepsilon_i\,\mathrm{d}\omega$ um; wegen $\sum_{i=1}^{p}\varepsilon_i = 1$ auf G ist dort $\sum_{i=1}^{p}\mathrm{d}\varepsilon_i = \mathrm{d}\left(\sum_{i=1}^{p}\varepsilon_i\right) = 0$; damit ergibt sich

$$\sum_{i=1}^{p} \int_G \mathrm{d}(\varepsilon_i\omega) = \sum_{i=1}^{p} \int_G \varepsilon_i\,\mathrm{d}\omega = \int_G \mathrm{d}\omega.$$

Die rechte Seite in $(*)$ hat wegen $\sum_{i=1}^{p}\varepsilon_i = 1$ auf ∂G den Wert $\int_{\partial G}\omega$. Damit ist der Satz von Stokes bewiesen. $\square$

Bemerkung: Man kann den Integralsatz von Stokes für allgemeinere Teilmengen einer orientierten n-dimensionalen Untermannigfaltigkeit M eines $\mathbb{R}^N$ beweisen, nämlich für Analoga der $\mathscr{C}^1$-Polyeder im $\mathbb{R}^n$, d. h. für kompakte Teilmengen, deren Rand bis auf eine Hausdorff-Nullmenge zur Dimension $n-1$ glatt ist; wir nennen solche Teilmengen $\mathscr{C}^1$-*Polyeder in* M. Führt man den Beweis des Satzes von Stokes wie beim Integralsatz von Gauß weiter, erhält man allgemeiner: *Der Satz von Stokes gilt auch, falls* G *ein* $\mathscr{C}^1$-*Polyeder mit meßbarem Rand in* M *ist und* ω *eine stetig differenzierbare* $(n-1)$-*Form auf* M.

13.8 Die klassische Version des Satzes von Stokes

Die Integralsätze der klassischen Vektoranalysis arbeiten mit Vektorfeldern im euklidischen $\mathbb{R}^3$ und nicht mit Differentialformen. Mit Hilfe der euklidischen Metrik lassen sich aber den Vektorfeldern Differentialformen zuordnen. Der Satz von Stokes führt dann zu den klassischen Integralsätzen von Gauß und Stokes.

In diesem Abschnitt bezeichne $\mathbb{R}^N$ stets den euklidischen Raum $\mathbb{R}^N$ und M eine orientierte n-dimensionale $\mathscr{C}^2$-Untermannigfaltigkeit.

I. Das Flächenelement dS als Differentialform

Für eine Funktion f auf M haben wir in Kapitel 11 den Begriff des Integrals über M erklärt und das Integral mit $\int_M f\,\mathrm{d}S$ bezeichnet. Das Symbol dS deuten wir nun als eine mit dem Maßtensor und der Orientierung von M verknüpfte Differentialform vom Grad n und das Integral $\int_M f\,\mathrm{d}S$ entsprechend als Integral der n-Form $f\,\mathrm{d}S$.

Sind $\gamma_i\colon \Omega_i \to U_i$, $i = 1,2$, zwei orientierungstreue Einbettungen mit $U_1 \cap U_2 \neq \emptyset$, so besteht zwischen ihren Gramschen Determinanten mit dem Übergangsdiffeomorphismus $T\colon \Omega_{12} \to \Omega_{21}$ die Beziehung

$$\sqrt{\mathrm{g}^{\gamma_1}(u)} = \det T'(u) \cdot \sqrt{\mathrm{g}^{\gamma_2}(Tu)}, \quad u \in \Omega_{12};$$

siehe den Beweis des zweiten Lemmas in 11.3. Aufgrund dieser Beziehung gibt es nach dem Heftungslemma in 13.3 genau eine n-Form auf M, welche wir sogleich mit dS bezeichnen, derart, daß für jede orientierungstreue Einbettung $\gamma\colon \Omega \to U$ die zurückgeholte Form $\gamma^*\,\mathrm{d}S$ die Darstellung hat:

(24)
$$\left(\gamma^*\,\mathrm{d}S\right)_u = \sqrt{\mathrm{g}^{\gamma}(u)}\,\mathrm{d}u_1 \wedge \cdots \wedge \mathrm{d}u_n.$$

dS heißt *die von der euklidschen Metrik des* $\mathbb{R}^N$ *induzierte Volumenform auf* M, im Fall einer 2-dimensionalen Mannigfaltigkeit auch *Flächenform*. Man beachte, daß die traditionelle Bezeichnung dS nicht impliziert, daß die Volumenform eine Ableitung sei.

Die definierende Formel (24) zeigt unmittelbar, wie die Volumenform auf das die Orientierung von $T_x M$ in $x = \gamma(u)$ repräsentierende n-Bein $(\partial_1 \gamma(u), \ldots, \partial_n \gamma(u))$ wirkt. Gemäß (4^n) ergibt sich:

$$(25) \qquad (\mathrm{d}S)_x \big(\partial_1 \gamma(u), \ldots, \partial_n \gamma(u) \big) = \big(\gamma^* \, \mathrm{d}S \big)_u (e_1, \ldots, e_n) = \sqrt{g^\gamma(u)}.$$

Die Volumenform ist also stetig wegen der Stetigkeit des Maßtensors und induziert wegen $\sqrt{g^\gamma(u)} > 0$ gemäß dem Orientierbarkeitskriterium in 13.4 die auf M *vorhandene Orientierung*.

Es sei nun f eine Funktion auf M. Dann ist $f \, \mathrm{d}S$ eine Differentialform vom Grad n auf M. Diese ist genau dann bezüglich einer orientierungstreuen Einbettung $\gamma \colon \Omega \to U$ integrierbar, wenn die zurückgeholte n-Form $\gamma^*(f \, \mathrm{d}S) = (f \circ \gamma) \cdot \sqrt{g^\gamma} \, \mathrm{d}u_1 \wedge \cdots \wedge \mathrm{d}u_n$ über Ω integrierbar ist. Diese Bedingung ist nun aber auch gerade die Bedingung für die Integrierbarkeit der Funktion f längs γ. Gegebenenfalls gilt mit der Bezeichnung von 11.3

$$\int_\gamma f \, \mathrm{d}S = \int_\Omega \gamma^*(f \, \mathrm{d}S) = \int_\Omega (f \circ \gamma) \cdot \sqrt{g^\gamma} \, \mathrm{d}u = \int^\gamma f.$$

Mit anderen Worten: *Die n-Form $f \, \mathrm{d}S$ ist genau dann bezüglich einer orientierungstreuen Einbettung γ integrierbar, wenn die Funktion f bezüglich γ integrierbar ist, und dann haben die Integrale denselben Wert.* Da die Definition der Integrierbarkeit und des Integrals über die ganze Mannigfaltigkeit M für eine Differentialform und für eine Funktion dasselbe Reduktionsverfahren auf die Integrierbarkeit und die Integrale bezüglich Einbettungen aus einem Atlas verwendet, ergibt sich allgemeiner:

Die n-Form $f \, \mathrm{d}S$ ist genau dann über die orientierte Mannigfaltigkeit M integrierbar, wenn die Funktion f über M integrierbar ist, und dann haben die Integrale denselben Wert.

Das Symbol $\int_M f \, \mathrm{d}S$ darf demnach als Integral sowohl der n-Form $f \, \mathrm{d}S$ als auch der Funktion f gelesen werden. Insbesondere gilt mit der Volumenform im Fall der Meßbarkeit von M $\quad \int_M \mathrm{d}S = v_n(M)$.

Zur Übersetzung des Satzes von Stokes in die Version mit Vektorfeldern brauchen wir die Darstellung der Volumenform einer Hyperfläche durch das orientierende Einheitsnormalenfeld.

Satz (Volumenform und Einheitsnormalenfeld): *Es sei M eine reguläre Hyperfläche im $\mathbb{R}^{n+1}$ mit der Orientierung durch ein Einheitsnormalenfeld $\nu\colon M \to \mathbb{R}^{n+1}$. Dann gilt:*

(i) *Für Vektoren $v_1,\ldots,v_n \in \mathrm{T}_x M$, $x \in M$, ist*

$$(\mathrm{d}S)_x(v_1,\ldots,v_n) = \det\big(\nu(x),\, v_1,\ldots,v_n\big).$$

(ii) *Bezeichnet ν_k die k-te Komponente von ν, so ist*

$$\nu_k\,\mathrm{d}S \;=\; (-1)^{k-1}\,\mathrm{d}x_1 \wedge \cdots \widehat{\mathrm{d}x_k} \cdots \wedge \mathrm{d}x_{n+1} \,\Big|\, M \quad und$$

(26)

$$\mathrm{d}S \;=\; \sum_{k=1}^{n+1} (-1)^{k-1}\nu_k\,\mathrm{d}x_1 \wedge \cdots \widehat{\mathrm{d}x_k} \cdots \wedge \mathrm{d}x_{n+1} \,\Big|\, M.$$

Bemerkung: Die nicht-orientierte Version zu (i),

$$\big|(\mathrm{d}S)_x(v_1,\ldots,v_n)\big| = \big|\det\big(\nu(x),\, v_1,\ldots,v_n\big)\big|,$$

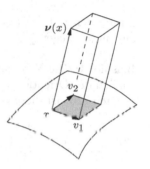

hat eine einfache geometrische Bedeutung: Das n-dimensionale Volumen des von den Tangentialvektoren $v_1,\ldots,v_n \in \mathrm{T}_x M$ aufgespannten Spates ist gleich dem $(n+1)$-dimensionalen Volumen des Spates, den die Vektoren $v_1,\ldots,v_n$ und der zu ihnen senkrechte Einheitsvektor $\nu(x)$ aufspannt.

Beweis des Satzes: (i) Es genügt, die Behauptung für das n-Bein $\big(\partial_1\gamma(u),\ldots,\partial_n\gamma(u)\big)$ zu zeigen, wobei $\gamma\colon \Omega \to U$ eine orientierungstreue Einbettung sei mit $x = \gamma(u) \in U$. Da $\nu(x)$ ein Einheitsnormalenvektor auf $\mathrm{T}_x M$ ist, erhält man mit 11.2 (6′) und 11.3 (11) zunächst

$$\det\big(\nu(x),\, \partial_1\gamma(u),\ldots,\partial_n\gamma(u)\big) = \pm\sqrt{\mathrm{g}^\gamma(u)}.$$

Da die Determinante wegen der Orientierungstreue von γ positiv ist, folgt nach dem letzten Satz in 13.4

$$\det\big(\nu(x),\, \partial_1\gamma(u),\ldots,\partial_n\gamma(u)\big) = \sqrt{\mathrm{g}^\gamma(u)}.$$

Zusammen mit (25) beweist das die Behauptung (i).

(ii) Es genügt wieder zu zeigen, daß die n-Formen der beiden Seiten auf dem n-Bein $\big(\partial_1\gamma(u),\ldots,\partial_n\gamma(u)\big)$, γ wie oben, den gleichen Wert haben. Der Wert der links stehenden n-Form in $x = \gamma(u)$ ist nach (25)

$$\nu_k(x)\big(\mathrm{d}S\big)_x\big(\partial_1\gamma(u),\ldots,\partial_n\gamma(u)\big) = \nu_k(x)\sqrt{\mathrm{g}^\gamma(u)}.$$

Den Wert der rechts stehenden n-Form berechnen wir mit der Formel (1) in 13.1. Zunächst erinnern wir daran, daß $\mathrm{d}x_i(v)$ die i-te Komponente des Vektors v ist. Bezeichnet Γ_k die quadratische n-reihige Matrix, die aus der Matrix mit den Spalten $\partial_1\gamma(u),\ldots,\partial_n\gamma(u)$ durch Streichen der k-ten Zeile entsteht, so gilt wegen $\mathrm{d}x_i\big(\partial_j\gamma(u)\big)=\partial_j\gamma_i(u)$ nach jener Formel

$$(*)\qquad \big(\mathrm{d}x_1\wedge\cdots\widehat{\mathrm{d}x_k}\cdots\wedge\mathrm{d}x_{n+1}\big)\big(\partial_1\gamma(u),\ldots,\partial_n\gamma(u)\big)=\det\Gamma_k(u).$$

Nach Definition des äußeren Produktes von Vektoren ist $(-1)^{k-1}\det\Gamma_k(u)$ die k-te Komponente des Vektors $\partial_1\gamma(u)\wedge\cdots\wedge\partial_n\gamma(u)$. Dieser hat die Länge $\sqrt{g^\gamma(u)}$ und ist wegen der Orientierungstreue von γ ein positives Vielfaches des Einheitsvektors $\nu(x)$; damit folgt

$$(-1)^{k-1}\det\Gamma_k(u)=\nu_k(x)\cdot\sqrt{g^\gamma(u)}.$$

Zusammen mit $(*)$ beweist das die erste Formel in (ii). Die zweite folgt aus dieser wegen $\sum_{k=1}^n\nu_k^2=1$. $\square$

Beispiel 1: Die Volumenform der n-Sphäre S^n im euklidischen $\mathbb{R}^{n+1}$ bezüglich der Orientierung durch das äußere Einheitsnormalenfeld ν, $\nu(x)=x$; nach (26) ist diese gegeben durch

$$(27)\qquad \mathrm{d}S=\sum_{k=1}^{n+1}(-1)^{k-1}x_k\,\mathrm{d}x_1\wedge\cdots\widehat{\mathrm{d}x_k}\cdots\wedge\mathrm{d}x_{n+1}\;\Big|\;S^n.$$

Vgl. damit das Beispiel in 13.5.

Beispiel 2: Der Gaußsche Integralsatz für ein $\mathscr{C}^1$- Polyeder $G\subset\mathbb{R}^n$ mit regulärem Rand. G ist in der Terminologie von 13.6 eine glatt berandete kompakte Teilmenge des $\mathbb{R}^n$, wobei ∂G durch das äußere Einheitsnormalenfeld orientiert wird. Weiter sei $F=(F_1,\ldots,F_n)$ ein $\mathscr{C}^1$-Vektorfeld auf G. Wir betrachten dazu die $(n-1)$-Form

$$\omega:=\sum_{k=1}^n(-1)^{k-1}F_k\,\mathrm{d}x_1\wedge\cdots\widehat{\mathrm{d}x_k}\cdots\wedge\mathrm{d}x_n.$$

Für diese erhält man einerseits

$$\int_G \mathrm{d}\omega=\int_G(\partial_1F_1+\cdots+\partial_nF_n)\,\mathrm{d}x_1\wedge\ldots\wedge\mathrm{d}x_n=\int_G \operatorname{div}F\mathrm{d}x,$$

und andererseits aufgrund von (26)

$$\int_{\partial G}\omega=\int_{\partial G}\Big(\sum_1^n F_k\nu_k\Big)\mathrm{d}S=\int_{\partial G}\langle F,\nu\rangle\mathrm{d}S=\int_{\partial G}F\,\overrightarrow{\mathrm{d}S}.$$

Der Satz von Stokes ergibt damit

$$\int\limits_G \operatorname{div} F = \int\limits_{\partial G} F \, \overrightarrow{\mathrm{d}S} \, .$$

In der angegebenen Situation ist also der Integralsatz von Gauß im Satz von Stokes enthalten. Umgekehrt lassen die vorangehenden Umformungen auch erkennen, daß in dieser Situation der Satz von Stokes aus dem von Gauß folgt: *Für $\mathscr{C}^1$-Vektorfelder auf glatt berandeten kompakten Teilmengen des euklidischen $\mathbb{R}^n$ besagen beide Integralsätze dasselbe.*

II. Der klassische Satz von Stokes

Der klassische Satz von Stokes handelt von der Integration eines Vektorfeldes, das in einer Umgebung einer orientierten 2-dimensionalen Untermannigfaltigkeit des euklidischen $\mathbb{R}^3$ gegeben ist. Wir leiten ihn nun aus der Differentialformenversion her.

Für die anvisierte Formulierung benötigen wir die Darstellung der Volumenform $\mathrm{d}S$ einer 1-dimensionalen Untermannigfaltigkeit M durch ein orientiertes Einheitstangentialfeld. Man nennt diese Form auch *Bogenelement* und bezeichnet sie nun mit $\mathrm{d}s$. Unter einem *orientierten Einheitstangentialfeld* auf M versteht man eine stetige Abbildung $\tau : M \to \mathbb{R}^N$ derart, daß $\tau(x)$ in jedem Punkt $\tau \in M$ folgende Eigenschaften hat:

(i) $\tau(x) \in \mathrm{T}_x M$ und $\|\tau(x)\| = 1$;

(ii) $\tau(x)$ repräsentiert die Orientierung von $\mathrm{T}_x M$.

Wegen $\dim \mathrm{T}_x M = 1$ gibt es höchstens ein orientiertes Einheitstangentialfeld.

Lemma (Bogenelement und orientiertes Einheitstangentialfeld):

Auf jeder orientierten 1-dimensionalen Untermannigfaltigkeit M eines $\mathbb{R}^N$ gibt es genau ein orientiertes Einheitstangentialfeld τ. Mit diesem gilt:

(i) *Für jeden Vektor $v \in \mathrm{T}_x M$ ist $\mathrm{d}s_x(v) = \langle \tau(x), v \rangle$.*

(ii) *Bezeichnet τ_k die k-te Komponente von τ, so ist $\tau_k \, \mathrm{d}s = \mathrm{d}x_k \mid M$.*

Beweis: Man definiere $\tau(x)$ mit Hilfe einer orientierungstreuen Einbettung $\gamma : I \to U$ mit $x \in U$, I ein offenes Intervall, durch $\tau(x) := \dot\gamma(t)/\|\dot\gamma(t)\|$, wobei $t := \gamma^{-1}(x)$. Diese Festsetzung hängt nicht von der gewählten Einbettung γ ab: Sind $\gamma_i : I_i \to U_i$, $i = 1, 2$, zwei orientierungstreue Einbettungen mit $\gamma_i(t_i) = x$, so gilt nämlich nach (12) $\dot\gamma(t_1) = \dot\gamma_2\big(T(t_1)\big) \cdot \dot T(t_1)$, wobei $T : I_{12} \to I_{21}$ ein Diffeomorphismus mit positiver Ableitung ist. Damit ist die Existenz eines orientierten Einheitsnormalenfeldes gezeigt.

Zum Nachweis von (i) sei γ eine Einbettung wie oben. Für $v = \dot{\gamma}(t)$, $x = \gamma(t)$, ergibt sich nach (25) und Definition von $\boldsymbol{\tau}(x)$

$$(\mathrm{d}s)_x(\dot{\gamma}(t)) = \sqrt{\mathrm{g}^\gamma(t)} = \sqrt{\dot{\gamma}^\mathsf{T}(t) \cdot \dot{\gamma}(t)} = \|\dot{\gamma}(t)\| = \langle \boldsymbol{\tau}(x), \dot{\gamma}(t)\rangle.$$

Damit folgt (i), da $\dot{\gamma}(t)$ den Tangentialraum $\mathrm{T}_x M$ aufspannt.

Zum Nachweis von (ii) zeigen wir die Behauptung für den Basisvektor $\boldsymbol{\tau}(x)$ von $\mathrm{T}_x M$; das genügt. Mit (i) erhalten wir dafür in $x \in M$

$$\boldsymbol{\tau}_k(x)\,\mathrm{d}s_x(\boldsymbol{\tau}(x)) = \boldsymbol{\tau}_k(x) = \mathrm{d}x_k(\boldsymbol{\tau}(x)). \qquad \square$$

Klassischer Integralsatz von Stokes: *Es sei F ein $\mathscr{C}^1$-Vektorfeld in einer offenen Menge V des euklidischen $\mathbb{R}^3$. Weiter sei $M \subset V$ eine 2-dimensionale Untermannigfaltigkeit, die durch ein Einheitsnormalenfeld $\boldsymbol{\nu}$ orientiert ist, und G eine glatt berandete kompakte Teilmenge von M. Die von M auf ∂G induzierte Orientierung werde durch das Einheitstangentialfeld $\boldsymbol{\tau}$ repräsentiert. Dann gilt:*

$$\boxed{\int_G \langle \operatorname{rot} F, \boldsymbol{\nu}\rangle\,\mathrm{d}S = \int_{\partial G} \langle F, \boldsymbol{\tau}\rangle\,\mathrm{d}s.}$$

Zur Erinnerung: Nach dem letzten Beispiel in 13.6 ist $\boldsymbol{\tau}(x) \in \mathrm{T}_x \partial G$ dadurch ausgezeichnet, daß mit dem Gradienten einer G beschreibenden Funktion φ das 3-Bein $(\operatorname{grad}\varphi(x),\, \boldsymbol{\tau}(x),\, \boldsymbol{\nu}(x))$ positiv orientiert ist.

Beweis: Wir ordnen dem Vektorfeld $F = (F_1, F_2, F_3)$ die 1-Form

$$\omega_F = F_1\,\mathrm{d}x_1 + F_2\,\mathrm{d}x_2 + F_3\,\mathrm{d}x_3$$

zu. Dann erhalten wir wegen

$$\langle \operatorname{rot} F, \boldsymbol{\nu}\rangle = (\partial_2 F_3 - \partial_3 F_2)\nu_1 + (\partial_3 F_1 - \partial_1 F_3)\nu_2 + (\partial_1 F_2 - \partial_2 F_1)\nu_3$$

aufgrund von (26)

$$\begin{aligned}
\langle \operatorname{rot} F, \boldsymbol{\nu}\rangle\,\mathrm{d}S &= (\partial_2 F_3 - \partial_3 F_2)\,\mathrm{d}x_2 \wedge \mathrm{d}x_3 \\
&\quad + (\partial_3 F_1 - \partial_1 F_3)\,\mathrm{d}x_3 \wedge \mathrm{d}x_1 + (\partial_1 F_2 - \partial_2 F_1)\,\mathrm{d}x_1 \wedge \mathrm{d}x_2 \\
&= \mathrm{d}\omega_F \mid M.
\end{aligned}$$

Andererseits ist nach Teil (ii) des letzten Lemmas

$$\langle F, \boldsymbol{\tau}\rangle\,\mathrm{d}s = (F_1\boldsymbol{\tau}_1 + F_2\boldsymbol{\tau}_2 + F_3\boldsymbol{\tau}_3)\,\mathrm{d}s = \omega_F \mid M.$$

Die Differentialformenversion des Satzes von Stokes ergibt damit die Behauptung. $\qquad \square$

13.9 Der Brouwersche Fixpunktsatz

Als schöne Anwendung des Satzes von Stokes in der Topologie beweisen wir den Brouwerschen Fixpunktsatz. Ein wesentliches Hilfsmittel dazu ist der folgende auch für sich interessante Satz.

Retraktionssatz: *Es sei G ein glatt berandetes Kompaktum im $\mathbb{R}^n$. Dann gibt es keine $\mathscr{C}^2$-Abbildung $\Phi\colon G \to \mathbb{R}^n$ mit $\Phi(G) \subset \partial G$ und $\Phi \mid \partial G = \mathrm{id}$.*

Beweis: Angenommen, es gibt eine solche Abbildung. Wir betrachten dann die $(n-1)$-Form auf $\mathbb{R}^n$

$$\omega := x_1\,\mathrm{d}x_2 \wedge \cdots \wedge \mathrm{d}x_n.$$

Wir zeigen zunächst, daß die zurückgeholte n-Form $\Phi^*\mathrm{d}\omega$ Null ist: Nach Definition ist für beliebige Vektoren $v_1,\ldots,v_n \in \mathbb{R}^n$ an jeder Stelle $x \in G$

$$\left(\Phi^*\mathrm{d}\omega\right)_x(v_1,\ldots,v_n) = (\mathrm{d}\omega)_{\Phi(x)}\left(\Phi'_x v_1,\ldots,\Phi'_x v_n\right).$$

Die Vektoren $\Phi'_x v_1,\ldots,\Phi'_x v_n$ sind wegen $\Phi(G) \subset \partial G$ Tangentialvektoren an ∂G. Da $\mathrm{T}_x\partial G$ die Dimension $n-1$ hat, sind diese n Vektoren linear abhängig. Folglich gilt $\left(\Phi^*\mathrm{d}\omega\right)_x(v_1,\ldots,v_n) = 0$ für jedes n-Tupel von Vektoren $v_1,\ldots,v_n \in \mathbb{R}^n$; d. h., es ist $\Phi^*\mathrm{d}\omega = 0$.

Mit dem Satz von Stokes erhalten wir nun

$$\int\limits_{\partial G} \Phi^*\omega = \int\limits_{G} \mathrm{d}\Phi^*\omega = \int\limits_{G} \Phi^*\mathrm{d}\omega = 0.$$

Andererseits operiert Φ auf ∂G als Identität, so daß

$$\Phi^*\omega\,\big|_{\partial G} = \omega\,\big|_{\partial G} = x_1\mathrm{d}x_2 \wedge \cdots \wedge \mathrm{d}x_n\,\big|_{\partial G}$$

gilt; damit folgt wieder mit dem Satz von Stokes

$$0 = \int\limits_{\partial G} \Phi^*\omega = \int\limits_{G} \mathrm{d}x_1 \wedge \mathrm{d}x_2 \wedge \cdots \wedge \mathrm{d}x_n = v_n(G),$$

also ein Widerspruch.   □

Mit Hilfe des Retraktionssatz beweist man nun wörtlich wie im Fall $n = 2$ in 5.5 die folgende Vorstufe des Brouwerschen Fixpunktsatzes:

Jede $\mathscr{C}^2$-Abbildung $f\colon E \to E$ der abgeschlossenen Einheitskugel des euklidischen $\mathbb{R}^n$ in sich besitzt mindestens einen Fixpunkt.

Den eigentlichen Fixpunktsatz leiten wir daraus durch ein Approximationsargument her.

Brouwerscher Fixpunktsatz: *Es sei E ein kompakter metrischer Raum, der zur abgeschlossenen Einheitskugel des euklidischen $\mathbb{R}^n$ homöomorph ist. Dann hat jede stetige Abbildung $f \colon E \to E$ mindestens einen Fixpunkt.*

Beweis: Ohne Einschränkung dürfen wir annehmen, daß E selbst die abgeschlossene Einheitskugel des euklidischen $\mathbb{R}^n$ ist.

Nach dem Weierstraßschen Approximationssatz angewendet auf die Komponenten von f gibt es zu jedem $\varepsilon > 0$ Polynome $p_1, \ldots, p_n$ so, daß mit der Abbildung $p = (p_1, \ldots, p_n) \colon E \to \mathbb{R}^n$ für alle $x \in E$

$$\left\| f(x) - p(x) \right\| < \varepsilon$$

gilt. $p^* := \dfrac{1}{1+\varepsilon} p$ bildet dann E wegen $f(E) \subset E$ ebenfalls in E hinein ab; dabei gilt für alle $x \in E$

$$\left\| f(x) - p^*(x) \right\| \le \left\| f(x) - p(x) \right\| + \left\| p(x) - p^*(x) \right\|$$

$$< \varepsilon + \left\| p(x) \right\| \cdot \left| 1 - \frac{1}{1+\varepsilon} \right| < \varepsilon + (1+\varepsilon)\frac{\varepsilon}{1+\varepsilon} = 2\varepsilon.$$

Hätte f keinen Fixpunkt, so hätte $\left\| f(x) - x \right\|$ in E ein positives Minimum μ. Man wähle nun p und p^* zu $\varepsilon := \mu/2$. p^* hat nach der oben angegebenen Vorstufe einen Fixpunkt $x_0 \in E$, und für diesen gilt dann

$$\left\| f(x_0) - x_0 \right\| = \left\| f(x_0) - p^*(x_0) \right\| < \mu,$$

im Widerspruch zur Definition von μ. $\qquad\qquad\qquad\qquad\qquad\qquad$ $\square$

Als ein Beispiel für die vielfältigen Anwendungsmöglichkeiten des Brouwerschen Fixpunktsatzes beweisen wir abschließend einen Satz von Perron und Frobenius, der für stochastische Matrizen Bedeutung hat.

Satz von Perron-Frobenius: *Es sei A eine $(n \times n)$-Matrix mit lauter positiven Koeffizienten. Dann hat A einen Eigenwert $\lambda > 0$ und zu diesem einen Eigenvektor $v = (v_1, \ldots, v_n)$ mit $v_i \ge 0$ für $i = 1, \ldots, n$.*

Beweis: Es bezeichne $\| \ \|_1$ die 1-Norm auf dem $\mathbb{R}^n$; ferner $\triangle$ das $(n-1)$-dimensionale Simplex $\{ x \in \mathbb{R}^n \mid x_i \ge 0$ für $i = 1, \ldots, n$ und $\|x\|_1 = 1 \}$. Für $x \in \triangle$ ist $Ax \ne 0$ und durch

$$f(x) := Ax / \left\| Ax \right\|_1$$

wird eine stetige Abbildung $f \colon \triangle \to \triangle$ definiert. Diese besitzt nach dem Satz von Brouwer einen Fixpunkt $v \in \triangle$. Wegen $Av = \left\| Av \right\|_1 v$ ist v ein Eigenvektor zu A und $\left\| Av \right\|_1$ sein Eigenwert. $\qquad\qquad\qquad$ $\square$

13.10 Aufgaben

1. Man zeige: Die durch die Zuordnung $\omega \colon \mathbb{R}^n \to \mathrm{Alt}^{n-1}(\mathbb{R}^n)$ mit

$$\omega(x)(v_1, \ldots, v_{n-1}) := \det(x, v_1, \ldots, v_{n-1}) \quad \text{für} \quad v_1, \ldots, v_{n-1} \in \mathbb{R}^n$$

definierte $(n-1)$-Form hat die Darstellung

$$\omega = \sum_{k=1}^{n} (-1)^{k-1} x_k \, \mathrm{d}x_1 \wedge \cdots \widehat{\mathrm{d}x_k} \cdots \wedge \mathrm{d}x_n.$$

2. Es sei ω die Windungsform auf $\mathbb{R}^2 \setminus \{0\}$, $\omega = \dfrac{-y \, \mathrm{d}x + x \, \mathrm{d}y}{x^2 + y^2}$, und P_2 die Polarkoordinatenabbildung. Man berechne $P_2^* \omega$.

3. Man berechne die Ableitung $\mathrm{d}\omega$ der 2-Form in $\mathbb{R}^3 \setminus \{0\}$

$$\omega = \frac{1}{r^3} \bigl(x \, \mathrm{d}y \wedge \mathrm{d}z + y \, \mathrm{d}z \wedge \mathrm{d}x + z \, \mathrm{d}x \wedge \mathrm{d}y \bigr), \quad r = \sqrt{x^2 + y^2 + z^2}.$$

4. Man betrachte im $\mathbb{R}^{2n}$ mit den Koordinatenfunktionen $x_1, \ldots, x_n$, $y_1, \ldots, y_n$ die 2-Form

$$\omega = \mathrm{d}x_1 \wedge \mathrm{d}y_1 + \mathrm{d}x_2 \wedge \mathrm{d}y_2 + \ldots + \mathrm{d}x_n \wedge \mathrm{d}y_n.$$

Man zeige:

a) $\mathrm{d}\omega = 0$.

b) Die n-te äußere Potenz von ω hat die Darstellung

$$\underbrace{\omega \wedge \ldots \wedge \omega}_{n \text{ Faktoren}} = (-1)^{n(n-1)/2} n! (\mathrm{d}x_1 \wedge \ldots \wedge \mathrm{d}x_n) \wedge (\mathrm{d}y_1 \wedge \ldots \wedge \mathrm{d}y_n).$$

5. Man berechne die Volumenformen des in 11.1 (3′) angegebenen Torus bezüglich seiner beiden Orientierungen.

6. Es sei ω eine k-Form in einer offenen Menge $V \subset \mathbb{R}^m$ und $\varPhi \colon U \to V$ eine $\mathscr{C}^1$-Abbildung in einer offenen Menge $U \subset \mathbb{R}^n$, deren Bild $\varPhi(U)$ in einer Untermannigfaltigkeit einer Dimension $< k$ enthalten ist. Anhand der Definition von $\varPhi^*$ zeige man, daß $\varPhi^* \omega = 0$.

7. Es sei $f = (f_1, \ldots, f_k) \colon U \to \mathbb{R}^k$ eine $\mathscr{C}^1$-Abbildung in einer offenen Menge $U \subset \mathbb{R}^n$. Man zeige, daß $0 \in \mathbb{R}^k$ genau dann ein regulärer Wert von f ist, wenn in jedem Punkt $x \in f^{-1}(0)$ $\mathrm{d}f_1 \wedge \ldots \wedge \mathrm{d}f_k \neq 0$ gilt.

8. Eine $\mathscr{C}^1$-Form α auf einer Untermannigfaltigkeit M des $\mathbb{R}^N$ heißt *geschlossen*, falls $\mathrm{d}\alpha = 0$; ferner heißt eine Differentialform β *exakt*, falls es auf M eine differenzierbare Form ω mit $\mathrm{d}\omega = \beta$ gibt. Man zeige: Ist α geschlossen und β exakt, so ist auch $\alpha \wedge \beta$ exakt.

9. Es sei U ein Sterngebiet im $\mathbb{R}^3$ (mit Zentrum 0).

a) Man beweise, daß es zu jeder stetig differenzierbaren 2-Form α in U mit $d\alpha = 0$ eine 1-Form β mit $d\beta = \alpha$ gibt.

Diese Aussage ist ein Spezialfall des Poincaréschen Lemmas. Sie gilt nicht, wenn U nur einfach zusammenhängt; siehe Aufgabe 16.

Beweisskizze: α habe die Darstellung

$$\alpha = a_1 dy \wedge dz + a_2 dz \wedge dx + a_3 dx \wedge dy.$$

Dann hat die mit der Kontraktion $H \colon U \times [0; 1] \to U$, $(u, t) \mapsto tu$, nach $U \times [0; 1]$ zurückgeholte 2-Form $H^*\alpha$ die Darstellung

$$H^*\alpha = (a_1 \circ H) \cdot t\big(ydt \wedge dz - zdt \wedge dy\big) + \text{analoge Terme}$$
$$+ \text{Terme ohne } dt.$$

Weiter setze man unter Vernachlässigung der dt-freien Terme

$$\beta := IH^*\alpha = \left(\int\limits_0^1 (a_1 \circ H)tdt\right)(ydz - zdy) + \dots.$$

Dann gilt $d\beta = \alpha$.

Man ermittle zu $\alpha = ydx \wedge dy$ alle 1-Formen β mit $d\beta = \alpha$.

b) Man zeige, daß es zu jedem $\mathscr{C}^1$-Vektorfeld F auf einem Sterngebiet $U \subset \mathbb{R}^3$ mit div $F = 0$ ein Feld B mit rot $B = F$ gibt.

10. Es sei ω eine $\mathscr{C}^1$-Form auf einer Untermannigfaltigkeit M eines $\mathbb{R}^N$. Man zeige: Es gibt im $\mathbb{R}^N$ eine $\mathscr{C}^1$-Form $\tilde{\omega}$ mit $\tilde{\omega} \,|\, M = \omega$.

Hinweis: Man konstruiere lokal Fortsetzungen und verklebe diese mit Hilfe einer Zerlegung der Eins.

11. Es sei $h \colon \Omega \to \mathbb{R}$ eine $\mathscr{C}^1$-Funktion auf einer offenen Menge $\Omega \subset \mathbb{R}^2$ und $\Gamma \subset \mathbb{R}^3$ der Graph von h. Ferner sei

$$\omega = a \, dx \wedge dy + b \, dy \wedge dz + c \, dz \wedge dx$$

eine stetige 2-Form in einer Umgebung von Γ. γ bezeichne die übliche Einbettung $\Omega \to \Gamma$. Man berechne $\gamma^*\omega$ und führe das Integral $\int_\gamma \omega$ im Existenzfall auf ein Integral über Ω zurück.

12. Es sei $M \subset \mathbb{R}^3$ das Paraboloid $\{(x, y, z) \mid x^2 + y^2 = z\}$, so orientiert, daß das 2-Bein (e_2, e_1) die Orientierung in $T_{(0,0,0)}M$ repräsentiert. Man zeige, daß $G := \{(x, y, z) \in M \mid z \leq 1\}$ eine glatt berandete Teilmenge ist, und berechne auf zwei Weisen

$$\int_G \Big[x \, dx \wedge dy + y \, dy \wedge dz + z \, dz \wedge dx\Big].$$

13. Ein Heißluftballon habe die Form einer Sphären-
kappe vom Radius R und Öffnungsdurchmesser
$d < 2R$ gemäß Skizze. Das heiße Gas dringt durch
die poröse Oberfläche mit der Geschwindigkeit
$v = \operatorname{rot} F$, $F(x,y,z) = (-y,x,0)^{\mathsf{T}}$.

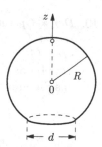

Man berechne den Fluß $\int_B v\, \overrightarrow{\mathrm{d}S}$ durch die Ballon-
oberfläche B sowohl direkt als auch mit Hilfe des
Satzes von Stokes.

14. Es sei M eine kompakte orientierte n-dimensionale Untermannigfaltig-
keit eines $\mathbb{R}^N$ und ω eine stetige n-Form auf M mit $\omega_x(v_1,\ldots,v_n) > 0$
für jedes positiv orientierte n-Bein $(v_1,\ldots,v_n)$ in T_xM. Man zeige:

$$\int_M \omega > 0.$$

15. Es sei M eine zusammenhängende kompakte orientierte n-dimensio-
nale Untermannigfaltigkeit eines $\mathbb{R}^N$ und ω eine stetig differenzierbare
$(n-1)$-Form auf M. Man zeige, daß

$$\int_M \mathrm{d}\omega = 0$$

gilt, und folgere, daß $d\omega$ eine Nullstelle besitzt.

Hinweis: M ist die Vereinigung von zwei glatt berandeten Teilmengen G_1
und G_2, deren Ränder ∂G_1 und ∂G_2 als Mengen gleich sind.

16. Es sei ω die in Aufgabe 3 erklärte 2-Form in $\mathbb{R}^3 \setminus \{0\}$. Man zeige, daß

$$\int_{S^2} \omega \mid S^2 = 4\pi$$

gilt und folgere mit Aufgabe 15, daß es in $\mathbb{R}^3 \setminus \{0\}$ keine stetig differenzierbare 1-Form β mit $\mathrm{d}\beta = \omega$ gibt. Man beachte, daß $\mathbb{R}^3 \setminus \{0\}$
nach 5.6 Aufgabe 12 einfach zusammenhängend ist, und vergleiche das
Ergebnis mit Satz 6 in 5.5.

17. Es seien M_1 und M_2 orientierbare Untermannigfaltigkeiten von $\mathbb{R}^{N_1}$
bzw. $\mathbb{R}^{N_2}$. Dann ist $M_1 \times M_2$ eine orientierbare Untermannigfaltigkeit
von $\mathbb{R}^{N_1+N_2}$.

18. Es sei M eine n-dimensionale Untermannigfaltigkeit eines $\mathbb{R}^N$. Unter
dem *Tangentialbündel* von M versteht man die Menge

$$\mathrm{T}M := \Big\{(x,v) \in \mathbb{R}^{2N} \mid x \in M,\, v \in \mathrm{T}_xM\Big\}.$$

Man zeige, daß $\mathrm{T}M$ eine $2n$-dimensionale orientierbare Untermannigfaltigkeit des $\mathbb{R}^{2N}$ ist (orientierbar auch dann, wenn M es nicht ist!).

19. *Der ∗-Operator.* Dieser ordnet jeder k-Form ω eine $(n-k)$-Form $*\omega$
zu. Ist $I = (i_1 < \cdots < i_k)$ ein geordnetes Index-k-Tupel, so bezeichne
$*I = (j_1 < \cdots < j_{n-k})$ das komplementäre geordnete Index-$(n-k)$-
Tupel, das aus den Zahlen $\{1,\ldots,n\} \setminus \{i_1,\ldots,i_k\}$ gebildet wird. Ist σ
das Signum der Permutation $(i_1,\ldots,i_k,j_1,\ldots,j_{n-k})$, so definiert man

$$* \, \mathrm{d}x_I := (-1)^\sigma \mathrm{d}x_{*I}.$$

Schließlich definiert man für eine k-Form $\omega = \sum a_I \, \mathrm{d}x_I$ auf $U \subset \mathbb{R}^n$

$$*\omega := \sum a_I * \mathrm{d}x_I.$$

Man zeige:

a) $\mathrm{d}x_I \wedge * \, \mathrm{d}x_I = \mathrm{d}x_1 \wedge \ldots \wedge \mathrm{d}x_n = $ Volumenform des $\mathbb{R}^n$.

   Für eine 1-Form $\omega = a_1 \, \mathrm{d}x_1 + a_2 \, \mathrm{d}x_2$ im $\mathbb{R}^2$ ist

$$*\omega = a_1 \, \mathrm{d}x_2 - a_2 \, \mathrm{d}x_1.$$

   Für eine 2-Form $\omega = a_{12} \, \mathrm{d}x_1 \wedge \mathrm{d}x_2 + a_{13} \, \mathrm{d}x_1 \wedge x_3 + a_{23} \, \mathrm{d}x_2 \wedge \mathrm{d}x_3$
   im $\mathbb{R}^3$ ist
$$*\omega = a_{12} \, \mathrm{d}x_3 - a_{13} \, \mathrm{d}x_2 + a_{23} \, \mathrm{d}x_1.$$

b) Ist F ein $\mathscr{C}^1$-Vektorfeld im euklidischen $\mathbb{R}^n$, so gilt mit der F assoziierten 1-Form ω_F (zu deren Definition siehe 5.1)

$$\mathrm{d}(*\omega_F) = (\mathrm{div}\, F) \, \mathrm{d}x_1 \wedge \ldots \wedge x_n.$$

c) Ist f eine $\mathscr{C}^2$-Funktion im euklidischen $\mathbb{R}^n$, so gilt

$$\mathrm{d} * (\mathrm{d}f) = \Delta f \, \mathrm{d}x_1 \wedge \ldots \wedge \mathrm{d}x_n.$$

d) Ist f ein $\mathscr{C}^1$-Vektorfeld im euklidischen $\mathbb{R}^3$, so gilt

$$* \, \mathrm{d}\omega_F = \omega_{\mathrm{rot}\, F}.$$

Literatur

[1] ABRAHAM, R., MARSDEN, J. E., RATIU, T.: *Manifolds, Tensor Analysis, and Applications.* Springer, Second Edition 1988.

[2] AMANN, H., ESCHER, J.: *Analysis I, II.* Birkhäuser, Basel, 1999.

[3] DO CARMO, M.: *Differential Forms and Applications.* Springer, 1994.

[4] FORSTER, O.: *Analysis 1, 2, 3.* Vieweg, 1976.

[5] FREITAG, E., BUSAM, R.: *Funktionentheorie.* Springer, 1993.

[6] HUBBARD, J. H., WEST, B.: *Differential Equations: A Dynamical Systems Approach I, II.* Springer, 1991, 1995.

[7] JÄNICH, K.: *Vektoranalysis.* Springer, 1992.

[8] JOST, J.: *Postmodern Analysis.* Springer 1998.

[9] KOECHER, M.: *Lineare Algebra und Analytische Geometrie.* Springer, 1985.

[10] KÖNIG, H.: *Ein einfacher Beweis des Integralsatzes von Gauß.* Jahresbericht der DMV Bd. 66, 1964.

[11] KOWALSKY, H.-J., MICHLER, G.: *Lineare Algebra.* W. de Gruyter, 1995.

[12] REMMERT, R.: *Funktionentheorie I, II.* Grundwissen Mathematik 5, Springer 1989.

[13] RUDIN, W.: *Real and Complex Analysis.* McGraw Hill, 1987.

[14] SCHOTTENLOHER, M.: *Geometrie und Symmetrie in der Physik.* Vieweg, 1994.

[15] STORCH, U., WIEBE, H.: *Lehrbuch der Mathematik I, II, III.* B. I. Wissenschaftsverlag, 1994.

[16] WALTER, W.: *Gewöhnliche Differentialgleichungen.* Springer, 5. Auflage 1992.

[17] WHITNEY, H.: *Geometric Integration Theory.* Princeton University Press, 1947.

Bezeichnungen

$\Vert\ \Vert$	Norm in einem Vektorraum; im $\mathbb{R}^n$ oft die euklidische Norm 1
$\Vert\ \Vert_p$	p-Norm, L^p-Norm, L^p-Halbnorm 7, 239, 334
$\Vert\ \Vert_A$	Supremumsnorm bezüglich der Menge A 7
$\Vert\ \Vert_{\mathrm{L}(V,W)}$	Operatornorm in $\mathrm{L}(V,W)$ 26
$\Vert\ \Vert_\infty$	Maximumsnorm 7
$\vert\alpha\vert$	Betrag des Multiindex α 319
$\widehat{v}_i$	Streichen des Elementes v_i 400
$\int_{\mathbb{R}^n} f(x)\,\mathrm{d}x,\ \int f\,\mathrm{d}^n x,\ \int f\,\mathrm{d}x$	Lebesgue-Integral von f über $\mathbb{R}^n$ 242
$\int_A f(x)\,\mathrm{d}x$	Lebesgue-Integral von f über A 244
$\int_M f\,\mathrm{d}S$	Integral der Funktion f über die Untermannigfaltigkeit M 363
$\int_{\partial G} F\,\overrightarrow{\mathrm{d}S}$	Integral des Vektorfeldes F über den Rand des $\mathscr{C}^1$-Polyeders G 382
$\int_{(M,\boldsymbol{\nu})} F\,\overrightarrow{\mathrm{d}S}$	Integral des Vektorfeldes F über die durch $\boldsymbol{\nu}$ orientierte Mannigfaltigkeit M 378
$\int_A^B \omega$	Integral der 1-Form ω von A nach B bei Wegunabhängigkeit 183
$\int_\gamma \omega$	Integral der Differentialform ω längs γ 180, 418
$\int_M \omega$	Integral der Form ω über die orientierte Mannigfaltigkeit M 421
$\int_\Omega \omega$	Integral der n-Form über $\Omega \subset \mathbb{R}^n$ 418
$\langle\ ,\ \rangle$	Skalarprodukt 7
∇f	Nabla-f 52
$\wedge$	äußeres Produkt, auch Dachprodukt 352, 400
$\mathbf{1}_A$	charakteristische Funktion der Menge A 236
$\mathscr{A}^*$	Einheitengruppe der Algebra $\mathscr{A}$ 40
A_y	Schnittmenge von $A \subset X \times Y$ zu $y \in Y$ 249
$\mathrm{Alt}^k(V)$	Vektorraum der alternierenden k-Formen auf V 399
$\mathscr{C}^k(U)$	Vektorraum der k-mal stetig differenzierbaren Funktionen auf U 59
$\mathscr{C}_c^k(U)$	Vektorraum der $\mathscr{C}^k$-Funktionen auf U mit kompaktem Träger 323
$d(a,b)$	Abstand der Punkte a und b 1, 7
$\mathrm{d}f,\ \mathrm{d}^{(p)}f$	Differential bzw. Differential der Ordnung p von f 46, 61, 88
$\mathrm{d}_X f$	partielles Differential von f längs des Unterraumes X 112
$\mathrm{d}\omega$	Ableitung der äußeren k-Form ω 406

$\partial_h f$	Ableitung von f in Richtung h 48, 90
$\partial_{i_1\ldots i_k} f$	k-te partielle Ableitung 59
$\partial_v f$	Ableitung von f längs des Vektorfeldes v 132
∂^α	partielle Ableitung zum Multiindex α 319
∂M	Rand der Menge M 5
$\partial_r G,\ \partial_s G$	regulärer bzw. singulärer Rand des $\mathscr{C}^1$-Polyeders G 380
Δ^n	Standardsimplex im $\mathbb{R}^n$ 255
$\Delta^{\alpha_1,\ldots,\alpha_n}_{a_1,\ldots,a_n}$	verallgemeinertes Simplex 302
Δ	Laplace-Operator 61
Δ^Ψ	der mittels Ψ zurückgeholte Laplace-Operator 173
$\mathrm{Diag}(\lambda_1,\ldots,\lambda_n)$	Diagonalmatrix mit den Elementen $\lambda_1,\ldots,\lambda_n$ 41
div	Divergenz 169
$\mathbb{E}$	Einheitskreisscheibe in $\mathbb{C}$ 208
exp	Exponentialabbildung 41
$f',\ f''$	erste bzw. zweite Ableitung von f 47, 60, 88
f'_X	partielle Ableitung von f nach dem Unterraum X 112
f_{x_ν}	partielle Ableitung von f nach x_ν 48
f_A	triviale Fortsetzung der Funktion $f\colon A \to \mathbb{C}$ 244
$f^+,\ f^-$	positiver bzw. negativer Anteil von f 244
$\widehat{f}$	Fourier-Transformierte zu f 325
$\widehat{f}(k)$	k-ter Fourierkoeffizient bzgl. eines ONS 339
$f \otimes g$	Tensorprodukt von f und g 295
$f * g$	Faltung von f und g 317
$\mathrm{GL}(n,\mathbb{K})$	allgemeine lineare Gruppe
$\mathrm{GL}^+(n,\mathbb{R})$	$= \{A \in \mathrm{GL}(n,\mathbb{R}) \mid \det A > 0\}$
grad f	Gradient von f 52
$\mathbb{H}$	obere Halbebene in $\mathbb{C}$ 219
$\mathscr{H}(M)$	Menge aller Häufungspunkte von M 6
H_f	Hesse-Matrix von f 60
$H_n,\ h_n$	Hermitesches Polynom bzw. Hermitesche Funktion 331, 332
Inv	Inversenbildung 40
J_α	Besselfunktion der Ordnung α 297
$K(I)$	Kugelschale zum Intervall I 51
$K_r(a)$	offene Kugel mit Mittelpunkt a und Radius r 1, 8
$\overline{K}_r(a)$	abgeschlossene Kugel mit Mittelpunkt a und Radius r 3
$K^*_r(a)$	punktierte Kreisscheibe um a mit Radius r 212
$\mathbb{K}$	gemeinsame Bezeichnung für $\mathbb{R}$ und $\mathbb{C}$ 6
$\mathbb{K}^{n \times m}$	Raum der $(n \times m)$-Matrizen mit Elementen in $\mathbb{K}$ 7
κ_n	Volumen der Einheitskugel im euklidischen $\mathbb{R}^n$ 292
$\mathrm{L}(V,W)$	Vektorraum der stetigen linearen Abbildungen $V \to W$ 26

Namen- und Sachverzeichnis

Fette Seitenzahlen verweisen auf eine Definition oder die Formulierung eines Satzes, kursive auf ein Beispiel oder eine Aufgabe bzw. eine historische Bemerkung.

Quellen der Abbildungen: S. 18: Günter Fritz. S. 78: Institut für leichte Flächentragwerke Stuttgart. S. 128, 174: Thomas Zeitlhöfler. S. 3, 49, 63, 72 unten, 135, 166, 175, 181, 190, 194, 195, 201, 214, 221, 225, 252, 253, 277: Frank Hofmaier. S. 378: Kilian Königsberger. Alle übrigen Abbildungen wurden von Johannes Küster erstellt.

Gesetzt von Johannes Küster in TeX (LaTeX) aus der European Computer Modern (ec-Fonts Version 1.0) unter Verwendung von Zeichensätzen der American Mathematical Society, von Ralph Smith, von Olaf Kummer und von Johannes Küster. Überarbeitet und teilweise neu gesetzt von Frank Hofmaier.

Die Abbildungen wurden in METAPOST erstellt, in wenigen Fällen mit Hilfe von Maple V.
TeX ist eingetragenes Warenzeichen der American Mathematical Society.
METAPOST ist eingetragenes Warenzeichen der AT&T Bell Laboratories.
Maple V ist eingetragenes Warenzeichen der Waterloo Maple Software.

Druck und Bindung: Strauss GmbH, Mörlenbach